平面几何

证明方法全书

沈文选　著

哈尔滨工业大学出版社

内容简介

全书共分三篇。第一篇介绍了 21 种平面几何证明方法;第二篇介绍了 14 种常见问题的求解思路;第三篇介绍了几何图形的基本性质,如三角形中的巧合点问题、三角形中的数量及位置关系问题等。本书在归纳、总结平面几何的概念、定理、公式的基础上,更贴近数学竞赛的命题方向、命题内容。适合于优秀的初高中学生尤其是数学竞赛选手、初高中数学教师和中学数学奥林匹克教练员使用,也可作为高等师范院校、教育学院、教师进修学院数学专业开设的"竞赛数学"课程教材及国家级、省级骨干教师培训班参考用书。

图书在版编目(CIP)数据

平面几何证明方法全书/沈文选著. —哈尔滨:哈尔滨工业大学出版社,2005.8(2024.3 重印)

ISBN 978-7-5603-2215-5

Ⅰ.平⋯ Ⅱ.沈⋯ Ⅲ.平面几何课-中学-教学参考资料 Ⅳ.G634.633

中国版本图书馆 CIP 数据核字(2005)第 093618 号

策划编辑   刘培杰
责任编辑   李广鑫
封面设计   卞秉利
出版发行   哈尔滨工业大学出版社
社   址   哈尔滨市南岗区复华四道街 10 号   邮编 150006
传   真   0451-86414749
网   址   http://hitpress.hit.edu.cn
印   刷   哈尔滨久利印刷有限公司
开   本   787mm×960mm   1/16   印张 32.75   字数 550 千字
版   次   2005 年 9 月第 1 版   2024 年 3 月第 17 次印刷
书   号   ISBN 978-7-5603-2215-5
定   价   48.00 元

前　言

谁看不起欧氏几何,谁就好比是从国外回来看不起自己的家乡。

——H．G．费德

平面几何,在数学里占有举足轻重的地位。在历史上,《几何原本》的问世奠定了数学科学的基础,平面几何中提出的问题,诱发出了一个又一个重要的数学概念和有力的数学方法;在现代,计算机科学的迅猛发展,几何定理机器证明的突破性进展,以及现代脑心理学的重大研究成果——"人脑左右半球功能上的区别"获诺贝尔奖,使得几何学研究又趋于复兴活跃。几何学的方法和代数的、分析的、组合的方法相辅相成,扩展着人类对数与形的认识。

几何,不仅仅是对我们所生活的空间进行了解、描述或解释的一种工具,而且是我们为认识绝对真理而进行的直观可视性教育的合适学科,是训练思维、开发智力不可缺少的学习内容。青少年中的数学爱好者,大多数首先是平面几何爱好者。平面几何对他们来说,同时提供了生动直观的图像和严谨的逻辑结构,这有利于发掘青少年的大脑左右两个半球的潜力,促使学习效率增强,智力发展完善,为今后从事各类创造活动打下坚实的基础,其他学科内容是无法替代的。正因为如此,在数学智力竞赛中,在数学奥林匹克中,平面几何内容占据着十分显著的位置。平面几何试题以优美和精巧的构思吸引着广大数学爱好者,以丰富的知识、技巧、思想给我们的研究留下思考和开拓的广阔余地。

如果我们把数学比做巍峨的宫殿,那么平面几何恰似这宫殿门前的五彩缤纷的花坛,它吸引着人们更多地去了解数学科学,研究数学科学。

数学难学,平面几何难学,这也是很多人感受到了的问题,这里面有客观因素,也有主观因素,有认识问题,也有方法问题。学习不得法也许是其中的一个重要的根源。要学好平面几何,就要学会求解平面几何问题。如果把求解平面几何问题比做打仗,那么解题者的"兵力"就是平面几何基本图形的性质,解题者的"兵器"就是求解平面几何问题的基本方法,解题者的"兵法"就是求解各类典型问题的基本思路。如果说,装备精良"兵器",懂得诸子"兵法",部署优势"兵力"是夺取战斗胜利的根本保证,那么,掌握求解平面几何问题的基本方法,熟悉各类典型问题的基本思路,善用基本图形的性质,就是解决平面几何问题的基础。

基于上述考虑,我积多年的研究成果,并把我陆续发表在各级报刊杂志上的文章进行删增、整理、汇编,还参阅了近几年各类报刊杂志上关于平面几何解

·1·

题研究的文章,著成了这本《平面几何证明方法全书》。

全书每章各节开头都是低起点,以便让广大数学爱好者能轻松入门,能较快地进入角色。全书所安排的近 500 道例题都是比较典型的平面几何问题,不仅有多种解法,而且有多级梯度,覆盖面广,即使高等师范院校的数学教育专业的学生,甚至是参加全国数学冬令营的学生,阅读之后也会有较大收益的。在每章的后面安排了大量的习题,以提供实战的场地,并进行针对性练兵,其中一些也是有关章节内容的补充。

限于作者的水平,书中的疏漏之处在所难免,敬请读者批评指正。

沈文选

2005 年 7 月于长沙

目　录

第一篇 装备精良"兵器"
——掌握基本方法

> 一般地,解题之成功,在很大的程度上依赖于选择一种最适宜的方法.
>
> ——惠特霍斯(Whitworth)
>
> 数学方法是数学之精髓.
>
> ——若瓦利斯(Novalis)

　　解决任何一道数学问题,都会应用这样或那样的方法,只不过是繁与简,通法与特法之分罢了.不同的解题者甚至其中每一个解题者解同一道题也许都会有许许多多不同的解法,这些解法都是解题者灵活而成功地运用数学基本解题方法的体现.法国生理学家贝尔纳曾指出:"良好的方法使我们更好地发挥运用天赋的才能,而拙劣的方法则会抑制才能的发挥."灵活、适宜地运用基本方法就是我们求解数学问题的良好途径.因此,我们只有熟练掌握基本解题方法,才能为灵活而成功的应用打下基础,也才有可能不断地提高解题能力.

　　熟练掌握求解平面几何问题的基本方法尤为重要.许多学习者可能有这样的体验:在求解平面几何问题时,往往要经过一段迂回曲折的道路,试了一种方案又一种方案,画了一条又一条辅助线,最后也许会尝到成功的愉悦,但也会陷入束手无策的困境,且后者的情形往往比前者多得多.有人说:"几何几何,想破脑壳",就是描述求解平面几何问题的困难程度的.因此,我们在求解平面几何问题时,要想使解决问题的道路变直变短,从而获得佳径,首先要熟练掌握其求解的基本方法,才有可能触类旁通获得良好的方法.

第一章　分析法　综合法

在逻辑学中,所谓分析,就是把思维对象分解为各个组成部分、方面和要素,分别加以研究的思维方法.它在思维方式上的特点,在于它从事物的整体上深入地认识事物的各个组成部分,从而认识事物的内在本质或整体规律;所谓综合,是在思维中把对象的各个组成部分、方面、要素联结和统一起来进行考察的方法.它在思维方式方面的特点是在分析的基础上,进行科学的概括,把对各个部分、各种要素的认识统一为对事物整体的认识,从而达到从总体上把握事物的本质和规律的目的.

在数学研究及学习中,把分析与综合的思维方法运用到几何的逻辑证明或推导中,就形成了求解几何问题的分析法与综合法.

分析法是由命题的结论入手,承认它是正确的,执果索因,寻求在什么情况下结论才是正确的.这样一步一步逆而推之,直到与题设会合,于是就得出了由题设通往结论的思维过程.

综合法则是由命题的题设入手,通过一系列正确推理,逐步靠近目标,最终获得结论.

无论是分析法还是综合法,都要经历一段认真思考的过程.分析法先认定结论为真,倒推而上,容易启发思考,每一步推理都有较明确的目的,知道推理的依据,了解思维的过程;综合法由题设推演,支路较多,可以应用的定理也较多,往往不知应如何迈步,这是它的缺点,而优点在于叙述简明,容易使人理解解题的步骤.

一、分析法

在由结论向已知条件的寻求追溯过程中,由于题设条件的不同,或已知条件之间关系的隐蔽程度的不同等,寻求追溯的形式、程度有差异,因而分析法常分为选择型分析法、可逆型分析法、构造型分析法、设想型分析法等几种类型.

1.选择型分析法

选择型分析法解题,就是从要求解的结论 B 出发,希望能一步步把问题转化,但又难以互逆转化,进而转化为分析要得到结论 B 需要什么样(充分)的条件,并为此在探求的"三岔口"作方向猜想和方向择优.假设有条件 C 就有结论 B,即 C 就为选择找到的使 B 成立的(充分)条件($C \Rightarrow B$);同样地,再分析在什么样的条件下能选择得到 C,即 $D \Rightarrow C$,…,最终追溯到此结论成立或原命题的某一充分条件(或充分条件组)恰好是已知条件或已知结论 A 为止.

在运用选择型分析法解题时,常使用一系列短语:"只需 …… 即可"来刻画.具体来说,若可找到 $D \Rightarrow B$,欲证"$A \Rightarrow B$",只需证"$A \Rightarrow D$"即可.

例1 如图 1.1.1,四边形 $ABCD$ 的一条对角线 BD 平行于两对对边之交点的连线 EF,求证:AC 平分 BD.

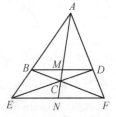

分析 欲证的是线段等量关系,可试运用成比例线段转化为探讨,但又不易直接证(若作辅助线证另当别论),从而运用分析法来求解.

证明 设 AC 交 BD 于 M,交 EF 于 N,则 $\dfrac{BM}{EN} = \dfrac{MD}{NF}$.

图 1.1.1

要证 $BM = MD$,作方向猜测,只需证明 $EN = NF$ 或 $\dfrac{BM}{MD} = \dfrac{EN}{NF} = 1$ 即可. 3

但我们立即意识到这不容易证,再作方向猜测,欲证 $BM = MD$,只需证明 $BM^2 = MD^2$ 或 $\dfrac{BM}{MD} = \dfrac{MD}{BM}$ 即可.而 $\dfrac{BM}{MD} = \dfrac{EN}{NF}$,从而只需证 $\dfrac{MD}{BM} = \dfrac{EN}{NF}$ 即可.又只需证 $\dfrac{MD}{EN} = \dfrac{BM}{NF}$ 即可.而 $\dfrac{MD}{EN} = \dfrac{MC}{CN} = \dfrac{BM}{NF}$,故欲证结论获证.

例2 如图 1.1.2,设 P 为 $\triangle ABC$ 的内点,过 P 作 AB,BC,CA 的平行线分别为 FG,DE,HK,它们与 $\triangle ABC$ 三边构成的小三角形的面积为 $S_{\triangle PKD} = S_1$,$S_{\triangle PFH} = S_2$,$S_{\triangle PEG} = S_3$,令 $S_{\triangle ABC} = S$.求证:$S = (\sqrt{S_1} + \sqrt{S_2} + \sqrt{S_3})^2$.

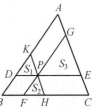

图 1.1.2

分析 由题设,有一系列相似三角形,应运用相似形面积比等于相似系数比的平方来求解.

证明 要证 $S = (\sqrt{S_1} + \sqrt{S_2} + \sqrt{S_3})^2$.作方向猜测,只需证

$$\frac{\sqrt{S_1} + \sqrt{S_2} + \sqrt{S_3}}{\sqrt{S}} = 1$$

即可.

此时则需把 $\dfrac{\sqrt{S_1}}{\sqrt{S}}, \dfrac{\sqrt{S_2}}{\sqrt{S}}, \dfrac{\sqrt{S_3}}{\sqrt{S}}$ 用线段比表示出来

$$\frac{\sqrt{S_1}}{\sqrt{S}} = \frac{DK}{AB} = \frac{DP}{BC} = \frac{PK}{AC}$$

$$\frac{\sqrt{S_2}}{\sqrt{S}} = \frac{FH}{BC} = \frac{PF}{AB} = \frac{PH}{AC}$$

$$\frac{\sqrt{S_3}}{\sqrt{S}} = \frac{PE}{BC} = \frac{GE}{AC} = \frac{PG}{AB}$$

然而,若随便选取 $\dfrac{\sqrt{S_1}}{\sqrt{S}}, \dfrac{\sqrt{S_2}}{\sqrt{S}}, \dfrac{\sqrt{S_3}}{\sqrt{S}}$,则会陷入繁杂的推导而毫无结果.于是需方向择优,并只需选取分母相同的三式,例如分母为 AB 的三式即可.

此时,又只需注意到 $AB = DK + DB + AK = DK + PF + PG$ 即可.故原命题获证.

在寻找追溯中间环节的充分条件时,若某一环节的充分条件不止一个,常表明这道题的证法不止一种.看下例.

例 3　如图 1.1.3,已知 $\angle ACE = \angle CDE = 90°$,点 B 在 CE 上,$CA = CB = CD$,过 A, C, D 三点的圆交 AB 于 F.求证:F 为 $\triangle CDE$ 的内心.

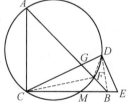

图 1.1.3

证明　要证 F 为 $\triangle CDE$ 的内心,只需证 (1) DF 平分 $\angle CDE$;(2) CF 平分 $\angle DCB$ 即可.

要证 (1),只需证 $\angle CDF = \angle FDE = 45°$ 即可 ($\angle CDE = 90°$). 而 A, C, F, D 共圆,有 $\angle CDF = \angle CAF$.只需证 $\angle CAB = 45°$ 即可,而这由题设即得.

要证 (2),只需证 $\angle BCF = \angle DCF$ 即可.要证这两个角相等,可有如下一系列途径:

1) 只需证 $\triangle BCF \cong \triangle DCF$ 即可.

因为 $CD = CB$,且 $\angle FBC = \angle CDF = 45°$,只需证 $DF = FB$ 即可.又只需证 $\angle FDB = \angle FBD$ 即可.而由 $CD = CB$ 有 $\angle CDB = \angle CBD$.故结论获证.

2) 只需证 $\angle DCF = \dfrac{1}{2}\angle DCE$ 即可.

而 $\angle DCF = 180° - \angle CDF - \angle CFD = 135° - \angle CFD$,则只需证 $\angle CFD = 135° - \dfrac{1}{2}\angle DCE$ 即可.由 A,C,F,D 四点共圆,有

$$\angle CFD = 180° - \angle CAD = 180° - (90° - \dfrac{1}{2}\angle ACD) =$$

$$90° + \dfrac{1}{2}\angle ACD = 135° - \dfrac{1}{2}\angle DCE$$

故结论获证.

3) 设 BC 交圆于 M,则只需证 $\overset{\frown}{DF} = \overset{\frown}{FM}$ 即可.

只需证 $DF = FM$ 即可.而又只需 $FM = FB$,$DF = FB$ 即可.要证 $FM = FB$,只需证 $\angle FMB = \angle MBF = 45°$ 即可,而这可根据题设及 A,C,M,F 共圆推得.

要证 $DF = FB$,同1).故结论获证.

4) 由三角形内角平分线性质定理的逆定理,只需证 $\dfrac{BC}{CG} = \dfrac{BF}{GF}$(其中 G 为 CD 与 AB 的交点)即可.

而由 $\triangle ACG \backsim \triangle DGF$,有 $\dfrac{AC}{CG} = \dfrac{DF}{GF}$,则只需 $AC = BC$,$DF = BF$ 即可.又因为 $AC = BC$ 已知,只需证 $DF = BF$ 即可.要证 $DF = FB$,同1).故结论获证. 5

2. 可逆型分析法

如果在从结论向已知条件追溯的过程中,每一步都是推求的等价(充分必要)条件,那么这种分析法又叫可逆型分析法.因而,可逆型分析法是选择型分析法的特殊情形,用可逆型分析法证明的命题用选择型分析法一定能证明,反之用选择型分析法证明的命题,用可逆型分析法不一定能证明.

可逆型分析法的证明中,常用符号"$\Leftrightarrow$"来表示,或用一系列"则需证 ……"来表示,并最后指出"上述每步可逆,故命题成立".

例4 直角 $\triangle ABC$ 中,a,b 为直角边长,c 为斜边长.求证:$\dfrac{a+b}{\sqrt{2}} \leqslant c$.

证明 由于 $a > 0,b > 0,c > 0$.

欲证不等式 $\Leftrightarrow a + b \leqslant \sqrt{2}c \Leftrightarrow$

$$(a+b)^2 \leqslant (\sqrt{2}c)^2 \Leftrightarrow$$

$$a^2 + 2ab + b^2 \leqslant 2c^2 \xleftarrow{\quad c^2 = a^2 + b^2 \quad}$$

$$2ab \leqslant a^2 + b^2 \Leftrightarrow$$
$$(a - b)^2 \geqslant 0$$

而最后的不等式显然成立,故命题获证.

例 5 凸四边形的四边边长分别为 a, b, c, d,两对角线长为 e, f,则四边形的面积

$$S = \frac{1}{4}\sqrt{4e^2f^2 - (a^2 + c^2 - b^2 - d^2)^2}$$

证明 欲证 $S = \frac{1}{4}\sqrt{4e^2f^2 - (a^2 + c^2 - b^2 - d^2)^2}$

则需证 $\qquad 16S^2 = 4e^2f^2 - (a^2 + c^2 - b^2 - d^2)^2$

注意到计算四边形的另一形式的面积公式(由三角形面积公式推导而来),

两对角线夹角为 α 时,$S = \frac{1}{2}ef \cdot \sin\alpha$,则需证

$$4e^2f^2 \cdot \sin^2\alpha = 4e^2f^2 - (a^2 + c^2 - b^2 - d^2)^2$$

即 $\qquad (a^2 + c^2 - b^2 - d^2)^2 = 4e^2f^2 \cdot \cos^2\alpha$

则需证 $\qquad a^2 + c^2 - b^2 - d^2 = \pm 2ef \cdot \cos\alpha$

再注意到三角形中的余弦定理,对于图 1.1.4,有

图 1.1.4

$$a^2 = e_1^2 + f_2^2 - 2e_1f_2 \cdot \cos\alpha$$
$$b^2 = f_2^2 + e_2^2 - 2e_2f_2 \cdot \cos(180° - \alpha) =$$
$$\qquad f_2^2 + e_2^2 + 2e_2f_2 \cdot \cos\alpha$$
$$c^2 = e_2^2 + f_1^2 - 2e_2f_1 \cdot \cos\alpha$$
$$d^2 = e_1^2 + f_1^2 + 2e_1f_1 \cdot \cos\alpha$$

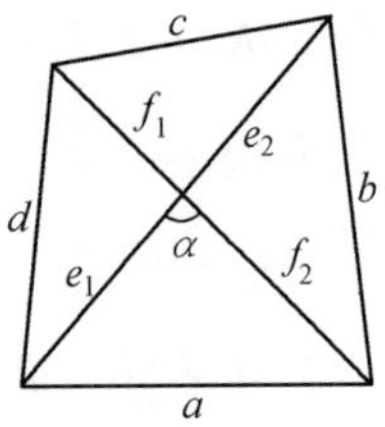

则 $a^2 + c^2 - b^2 - d^2 = 2\cos\alpha(e_1f_2 + e_2f_1 + e_2f_2 + e_1f_1) =$
$$2ef \cdot \cos\alpha$$

当两对角线夹角 α 为图 1.1.4 中 α 的补角时

$$a^2 + c^2 - b^2 - d^2 = -2ef \cdot \cos\alpha$$

上述步骤每步均可逆,故原结论获证.

注:此例的结论,称为布瑞须赖德尔(Bretschneider,1808 ~ 1878)公式.

3. 构造型分析法

如果在从结论向已知条件追溯的过程中,在寻找新的充分条件的转化"三岔口"处,需采取相应的构造型措施:如构造一些条件,作某些辅助图等,进行探讨、推导,才能追溯到原命题的已知条件(或稍作变形处理)的分析法又叫做

构造型分析法.

例6　如图1.1.5,AD 是 $\triangle ABC$ 的中线,任意引直线 CF 交 AB 于 F,交 AD 于 E.求证:$\dfrac{AE}{ED} = \dfrac{2AF}{FB}$.

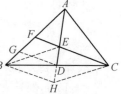

分析　注意到题设中有中点,而求证式是一个比较特殊的比例式.需要转化来求解.

图1.1.5

证法1　欲证 $\dfrac{AE}{ED} = \dfrac{2AF}{FB}$,只需证 $\dfrac{AE}{2ED} = \dfrac{AF}{FB}$ 即可.

若延长 AD 至 H,使 $DH = DE$,则只需证 $FE \parallel BH$.而由题设,D 为 BC 中点,则 $BHCE$ 为平行四边形,即有 $FE \parallel BH$.故原命题获证.

证法2　欲证 $\dfrac{AE}{ED} = \dfrac{2AF}{FB}$,只需证 $\dfrac{AE}{ED} = \dfrac{AF}{FB/2}$ 即可.

若取 FB 的中点 G,则只需证 $EF \parallel DG$ 即可.而由题设,D 为 BC 中点,即 DG 为 $\triangle BCF$ 的中位线,即有 $DG \parallel EF$.故原命题获证.

例7　如图1.1.6,设凸四边形 $ABCD$ 的边长分别为 a,b,c,d,两条对角线长为 e,f.求证:$e^2f^2 = a^2c^2 + b^2d^2 - 2abcd \cdot \cos(A + C)$.

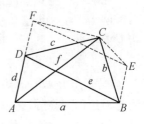

证明　欲证
$$e^2f^2 = a^2c^2 + b^2d^2 - 2abcd \cdot \cos(A + C)$$
只需证

图1.1.6

$$e^2 = \left(\frac{ac}{f}\right)^2 + \left(\frac{bd}{f}\right)^2 - 2\left(\frac{ac}{f}\right) \cdot \left(\frac{bd}{f}\right) \cdot \cos(A + C)$$

即可.这种形式符合三角形中的余弦定理形式,则需对原图形分析比较,再构作出一顶角大小为 $A + C$ 的三角形,且这个角的两夹边应等于 $\dfrac{ac}{f}$,$\dfrac{bd}{f}$.此时,则只需作相似三角形即可.

在图1.1.6中,在 BC,CD 边上向外作 $\triangle BEC \backsim \triangle CDA$,作 $\triangle CFD \backsim \triangle ABC$,则有 $\angle FCE = \angle A + \angle C$,且 $EC = \dfrac{bd}{f}$,$FC = \dfrac{ac}{f}$,于是

$$EF^2 = EC^2 + FC^2 - 2EC \cdot FC \cdot \cos \angle ECF =$$
$$\left(\frac{bd}{f}\right)^2 + \left(\frac{ac}{f}\right)^2 - 2\left(\frac{bd}{f}\right)\left(\frac{ac}{f}\right) \cdot \cos(A + C)$$

此时,只需证 $BD = EF$ 即可.又只需证 $BEFD$ 为平行四边形即可.而由图知 $BE = DF = \dfrac{bc}{f}$,则只需证 $BE \parallel DF$ 即可.又只需证 $\angle EBD + \angle BDF = 180°$ 即

7

可.

由图可知

$$\angle EBD + \angle BDF = \angle EBC + \angle CBD + \angle BCD + \angle CDF =$$
$$\angle ACD + \angle CBD + \angle BDC + \angle ACB = 180°$$

故原命题获证.

注:1) 此例是布瑞须赖德尔发现的"四边形余弦定理".

2) 由此例可得托勒密(Ptolemy)定理:在四边形中, $ef \leqslant ac + bd$, 并且等号当且仅当四边形 $ABCD$ 内接于圆时成立.

4. 设想型分析法

在向已知条件的追溯过程中,借助于有根据的设想、假定,形成"言之成理"的新构思,再进行"持之有据"的验证逐步地找出正确途径的分析法又称为设想型分析法.

在求解一些关于位置关系、轨迹、作图等问题时,常采用这种方法.

例 8 在一个已知锐角三角形的三边上各找一点,使以这三点为顶点的三角形周长最小.

解 我们设想所求三点组成的周长最小的 $\triangle DEF$ 是个特殊三角形. 即 D, E, F 是三角形 ABC 三边上的特殊点,如三边的中点,三高的垂足,三条角平分线与对边的交点等. 又从题设要求 $\triangle ABC$ 为锐角三角形来设想,似乎三高的垂足可能性更大(中点、角平分线交点对三角形不作特殊要求). 因为只有锐角三角形这个条件才能保证三高的垂足在三边上.

此时,又不妨再设想所求的 $\triangle DEF$ 是 $\triangle ABC$ 的垂足三角形(如图 1.1.7).

当 D, E 固定,要使 $EF + FD$ 最小,必须有

$$\angle EFA = \angle DFB = \gamma(光行最速原理)$$

同理 $\angle BDF = \angle CDE = \alpha$, $\angle CED = \angle AEF = \beta$

则
$$\begin{cases} \beta + \gamma = \pi - A \\ \beta + \alpha = \pi - B \\ \alpha + \beta = \pi - C \end{cases} \Rightarrow \begin{cases} \alpha = A \\ \beta = B \\ \gamma = C \end{cases}$$

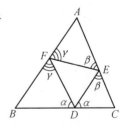

图 1.1.7

于是 $\triangle DBF \backsim \triangle DEC \backsim \triangle AEF \backsim \triangle ABC$ ①

不难验证,只有当 D, E, F 恰为三高的垂足时才能满足条件①. 再设 $BC = a$, $AC = b$, $AB = c$, $AF = z$, $BD = x$, $CE = y$. 由 $\triangle DBF \backsim \triangle ABC$, 有 $a : c = (c - z) : x$ 或 $ax = c^2 - cz$.

同理,便有方程组

$$\begin{cases} ax + cz = c^2 \\ ax + by = a^2 \\ by + cz = b^2 \end{cases} \xrightarrow[\text{代　换}]{\text{余弦定理}} \begin{cases} x = c \cdot \cos B \\ y = a \cdot \cos C \\ z = b \cdot \cos A \end{cases}$$

所以 D, E, F 确为三边上的垂足.

例9　已知两边求作三角形,使这两边上的中线互相垂直.

解　假定合乎要求的 $\triangle ABC$ 已经作出,如图1.1.8,AB, AC 为已知的两条边,BD 与 CE 分别为 AC 与 AB 上的中线,且 $BD \perp CE$.

现在,我们来追溯这个三角形的成图线索.作出三角形的一条已知的边,例如 AC,这较容易,问题在于第三个顶点 B 如何确定.

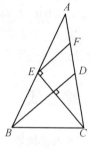

图 1.1.8

要确定 B,则只需先确定 AB 的中点 E.而根据 $BD \perp CE$ 的条件,可过 E 作 $EF \parallel BD$ 交 AD 于 F,且知 $\angle FEC = 90°$,F 为 AD 中点.此时,若以 $\frac{1}{2}AB$ 为半径,以 A 为圆心作弧,则有可能与以 $FC = \frac{3}{4}AC$ 为直径的圆相交,此交点即为 E.因此当且仅当 $\frac{1}{2}AB < AC < 2AB$ 时两圆弧有惟一交点.此时作图的线索已完全探明,图由此即可作出.

例10　如图1.1.9,在 $\triangle ABC$ 中,$AB = BC$,求在此三角形内部且到底边的距离等于到两腰的距离的几何平均值的点的轨迹.

解　假定 M 是轨迹上的一点,又设 $MH \perp AC$ 于 H,$ME \perp AB$ 于 E,$MF \perp BC$ 于 F.按条件,应有 $MH^2 = ME \cdot MF$.显然,A, C 两点满足条件,因此它们都是轨迹上的特殊点.

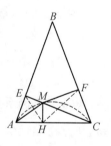

图 1.1.9

现在考虑 M 的一般位置,看看它对 A, C 两个定点而言,其位置有何特征.

由于 A, C 是定点,M 为动点,于是可设点 M 对 AC 的张角有条件限制,可进一步假定 $\angle AMC$ 为定角,于是只需找 $\angle AMC$ 与定角 $\angle HME$($\angle HME = 180° - \angle A$),$\angle EMF$($\angle EMF = 180° - \angle B$),$\angle HMF$($\angle HMF = 180° - \angle C$)之间的关系.

而由 H, C, F, M 四点共圆,有 $\angle MFH = \angle MCH$,若假定 $\triangle HMF \backsim$

$\triangle AMC$，则有 $\angle AMC = \angle HMF = 180° - \angle C$ 为定角，但这只需证 $\angle MHF = \angle MAC$ 即可.

又由 A, H, M, E 四点共圆，有 $\angle HEM = \angle HAM$，于是又只需证 $\angle HEM = \angle MHF$ 即可.

而由 $MH^2 = EM \cdot FM$ 有 $EM : MH = MH : FM$，又

$$\angle EMH = 180° - \angle A, \angle FMH = 180° - \angle C = 180° - \angle A = \angle EMH$$

即知 $\triangle EMH \backsim \triangle HMF$，从而 $\angle HEM = \angle MHF$ 获证.

故 M 点应在以 AC 为弦，弓形角为 $180° - \angle C$ 的一个弓形弧（位于 $\triangle ABC$ 内）上. 这个弓形弧就是我们所探求的轨迹.

二、综合法

深入发掘题设内涵，充分运用已知条件，是熟练地运用综合法解题的关键.

例 11 如图 1.1.10，设 $\triangle ABC$ 三边长为 a, b, c. D 为 $\triangle ABC$ 内部一点，且 $DA = a', DB = b', DC = c', \angle DBA = \beta_1, \angle DCA = \gamma_1, \angle DAB = \alpha_2, \angle DCB = \gamma_2, \angle DAC = \alpha_3, \angle DBC = \beta_3$. 求证：

$$\frac{\sin(\beta_1 + \gamma_1)}{aa'} = \frac{\sin(\alpha_2 + \gamma_2)}{bb'} = \frac{\sin(\alpha_3 + \beta_3)}{cc'}$$

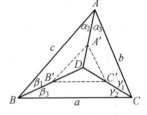

图 1.1.10

分析 所证结论呈三角形的正弦定理形式，因此需发掘题设内涵，看能否作出一个三角形使之边角均满足所证结论的形式.

证明 在 DA 所在的射线上任取一点 A'，作 $\angle DA'B' = \angle DBA = \beta_1$ 交 DB 于 B'，作 $\angle DA'C' = \angle DCA = \gamma_1$ 交 CD 于 C'，如图 1.1.10. 又不妨设 $DA' = b'c'k$（k 是比例系数），则由 $\triangle DA'B' \backsim \triangle DBA, \triangle DA'C' \backsim \triangle CDA$ 得 $DB' = a'c'k, DC' = a'b'k$. 所以 $\dfrac{DB'}{DC'} = \dfrac{c'}{b'} = \dfrac{DC}{DB}$，从而 $\triangle DB'C' \backsim \triangle DCB$. 因此

$$B'C' = \frac{BC}{DB} \cdot DC' = \frac{a}{b'} \cdot a'b'k = aa'k$$

同理 $$A'B' = cc'k, A'C' = bb'k$$

又因为 $\triangle A'B'C'$ 的三内角为

$$\angle A' = \beta_1 + \gamma_1, \angle B' = \alpha_2 + \gamma_2, \angle C' = \alpha_3 + \beta_3$$

故由正弦定理即可得结论.

对于条件较少的命题，在运用综合法求解时，应注意寻找并作出那些能沟

通已知与未知,使问题所涉及的边、角、比值等图形条件得到汇聚的辅助线作为突破口,这样就容易入手,有时还会有开阔的思路,而作出多种解法.

例 12 在 $\triangle ABC$ 的三边 BC,CA,AB 或其延长线上有点 D,E,F,不妨设如图 1.1.11 所示.

(1) 若 D,E,F 三点共直线,则

$$\frac{AF}{FB} \cdot \frac{BD}{DC} \cdot \frac{CE}{EA} = 1$$

(2) 若 $\dfrac{AF}{FB} \cdot \dfrac{BD}{DC} \cdot \dfrac{CE}{EA} = 1$,则 D,E,F 三点共直线.

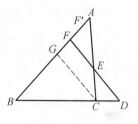

图 1.1.11

证明 (1) 过 C 作 $CG \parallel DF$ 交 AB 于 G,则

$$\frac{BD}{DC} = \frac{BF}{FG}, \frac{CE}{EA} = \frac{GF}{FA}$$

所以 $$\frac{AF}{FB} \cdot \frac{BD}{DC} \cdot \frac{CE}{EA} = \frac{AF}{FB} \cdot \frac{BF}{FG} \cdot \frac{GF}{FA} = 1$$

(2) 过 D,E 作一直线交 AB(或其延长线) 于 F',则有

$$\frac{AF'}{F'B} \cdot \frac{BD}{DC} \cdot \frac{CE}{EA} = 1$$

由已知 $\dfrac{AF}{FB} \cdot \dfrac{BD}{DC} \cdot \dfrac{CE}{EA} = 1$,故 $\dfrac{AF'}{F'B} = \dfrac{AF}{FB}$.由合比性质,$\dfrac{AF'}{AB} = \dfrac{AF}{AB}$,即 $AF' = AF$.

所以 F' 与 F 重合,即 D,E,F 三点共线.

对于(1),还可有如下思路:

思路 1 过 C 作 $CH \parallel BA$ 交 DF 于 H……

思路 2 过 A 作 $AP \parallel BD$ 交 DF 的延长线于 P……

思路 3 分别过 A,B,C 向 DF 所在直线作垂线段……

思路 4 过 A 作 $AQ \parallel FD$ 交 BD 的延长线于 Q……

思路 5 连 BE,并运用面积比……

思路 6 还可以运用正弦定理转化线段比.

注:此例结论称为梅涅劳斯(Menelaus)定理.

对于有多个条件的命题,在运用综合法求解时,应注意选择具有充实内容和丰富意义的条件作为突破口,这样较容易入手.

例 13 如图 1.1.12,在 $\triangle ABC$ 中,$AB = AC$,D 是底边 BC 上一点,E 是线段 AD 上一点,且 $\angle BED = 2\angle CED = \angle A$.求证:$BD = 2CD$.

证法 1 从 $\angle BED = \angle A$ 出发,若注意到 $AB = AC$ 可推得 $\angle B = \angle C$,

11

则自然想到延长 ED 至 F,使 $EF = EB$,并连接 BF,推得 $\angle BFA = \angle BCA$,则 A,B,F,C 四点共圆.

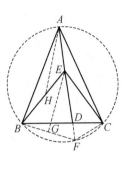

连接 CF,有 $\angle AFC = \angle ABC = \angle ACB = \angle AFB$. 于是

$$BD : CD = BF : CF \qquad ①$$

作 $EG \perp BF$ 于 G,则

$$BG = GF, \angle FEG = \angle GEB = \frac{1}{2} \angle A$$

图 1.1.12

在 $\triangle EGF$ 和 $\triangle ECF$ 中,EF 为公用边,$\angle EFG = \angle GED = \frac{1}{2} \angle A, \angle EFC = \angle EFG$,从而 $\triangle EGF \cong \triangle ECF$. 所以 $GF = CF$,从而 $BF : CF = 2 : 1$.

再由 ① 式,即知 $BD = 2CD$.

证法 2 从 $\angle CED = \frac{1}{2} \angle A$ 出发,若注意由 $AB = AC$ 可推得 $\angle ABC + \frac{1}{2} \angle A = 90°$,则容易想到应过 C 作 $CF \perp EC$,交 ED 的延长线于 F. 于是有 $\angle AFC = \angle ABC$,有 A,B,F,C 共圆.(下同证法 1,略)

证法 3 从 $\angle BED = 2\angle CED$ 出发,若注意到 $\triangle EBD$ 和 $\triangle ECD$ 有共同的高,则自然想到应用三角形面积公式,得

$$\frac{BD}{CD} = \frac{S_{\triangle EBD}}{S_{\triangle ECD}} = \frac{\frac{1}{2} EB \cdot ED \cdot \sin A}{\frac{1}{2} EC \cdot ED \cdot \sin \frac{A}{2}} = \frac{2BE \cdot \cos \frac{A}{2}}{CE} \qquad ②$$

作 $\angle BED$ 的平分线 EG,作 $BG \perp EG$ 于 G,则有 $EG = EB \cdot \cos \frac{A}{2}$. 再同证法 1,可证 $EG = EC$,从而 $EC = EB \cdot \cos \frac{A}{2}$. 故由 ② 式知 $BD = 2CD$.

证法 4 从 $\angle EBD = 2\angle CED = \angle A$ 出发,若注意到等腰三角形顶点的补角等于其底角的两倍,则不难知道应在 EB 上取一点 H,使 $EH = EA$. 连 AH,则

$$\angle AHE = \angle HAE = \frac{1}{2} \angle BED = \angle CED = \frac{1}{2} \angle A$$

因此 $\angle BHA = \angle AEC$. 又因为

$$AB = AC, \angle ABH = \angle BAE = \angle A - \angle BAD = \angle CAE$$

于是 $\triangle ABH \cong \triangle CAE$. 从而 $BH = AE = HE, AH = CE$. 再对 $\triangle AEH$ 应用正弦定理,有

$$AH : \sin\angle AEH = HE : \sin\angle HAE$$

故
$$CE = AH = BE \cdot \cos\frac{A}{2}$$

由证法 3 可知问题获证(下略).

证法 5 从 $AB = AC$ 出发,若注意到 $\angle ABE = \angle A - \angle BAE = \angle CAE$, $\angle AEB = 180° - \angle A$ 以及 $\angle AEC = 180° - \frac{1}{2}\angle A$,则自然可想到对 $\triangle ABE$ 和 $\triangle ACE$ 分别应用正弦定理.所以,有

$$AE : \sin\angle ABE = AB : \sin\angle AEB$$

$$CE : \sin\angle CAE = AC : \sin\angle AEC$$

则
$$AE = \frac{AB \cdot \sin\angle ABE}{\sin A}, CE = \frac{AC \cdot \sin\angle CAE}{\sin\frac{A}{2}}$$

于是
$$CE = 2AE \cdot \cos\frac{A}{2}$$

由证法 4 知,$BE = 2AE$,从而

$$CE = BE \cdot \cos\frac{A}{2}$$

再由证法 3 可知问题获证.

证法 6 从 $AB = AC$ 出发,若注意到 $\angle ABE = \angle A - \angle BAE = \angle CAE = \theta$,及证法 4 中知 $BE = 2AE$,先在 $\triangle ABD$,$\triangle ADC$ 中分别运用正弦定理,然后相比,则有

$$\frac{BD}{DC} = \frac{AB \cdot \sin(A - \theta)}{AC \cdot \sin\theta} = \frac{\sin(A - \theta)}{\sin\theta}$$

再对 $\triangle ABE$ 应用正弦定理,有

$$\frac{BE}{AE} = \frac{\sin(A - \theta)}{\sin\theta}$$

即证.

证法 7 综合考虑出发,延长 BE 交 $\triangle ABC$ 外接圆于 P,再由 $\triangle EPA$ 与 $\triangle ABC$ 相似证得 $EP = AE$,又由 $\angle CPB = \angle A = \angle BED$ 知 $DE \parallel CP$ 即证.

在由已知条件着手,根据已知定义、公理、定理逐步推导出求解的结论的过程中,由于思考的角度不同,立足点不同,综合法常分为分析型综合法、奠基型综合法、媒介型综合法、解析型综合法等几种类型.

1. 分析型综合法

我们把分析法解题的叙述顺序逆过来,稍加整理而得到的解法称为分析型

13

综合法.(例略)

2. 奠基型综合法

在由已知条件着手较难时,或没有熟悉的模式可供化归推导时,我们可倾向于寻找简单的模式(特例),然后将一般情形化归到这个简单的模式上来.这样的综合法称为奠基型综合法.

例 14 如图 1.1.13,由任一点 P 向等边 $\triangle ABC$ 的三条高 AD,BE,CF 作垂线段.求证:这三条垂线段中最长的一条是其余两条的和.

分析 由于 $\triangle ABC$ 的特殊性与点 P 的任意性,我们应寻找其中的相关内部规律,于是有下述解法.

证明 首先考虑其特殊情形:点 P 在一边上,如图 1.1.13(1),作 $PG \perp BE$ 于 G,作 $PH \perp CF$ 于 H,则由正三角形性质,有 $PG = \dfrac{1}{2}BP$,$PH = \dfrac{1}{2}PC$,而

$$PG + PD = \frac{1}{2}BP + PD = \frac{1}{2}(BP + 2PD) =$$

$$\frac{1}{2}(BD + PD) = \frac{1}{2}(DC + PD) = \frac{1}{2}PC = PH$$

故此时结论获证.

再考虑一般情形,如图 1.1.13(2),(3),此时,只需作出 $PQ \perp AD$(或其延长线).并延长 PQ 就可构成前述特殊情形(下略).从而结论获证.

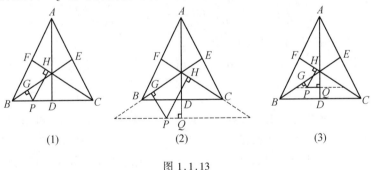

(1)　　　　　　(2)　　　　　　(3)

图 1.1.13

3. 媒介型综合法

当问题给出的已知条件较少且看不出与所求结论的直接联系时,或条件关系松散难以利用时,去有意识地寻找、选择并应用媒介实现过渡,这样的综合法

称之为媒介型综合法.

例15 (斯特瓦尔特定理)设 D 是 $\triangle ABC$ 底边 BC 上任一点,则 $AD^2 \cdot BC = AB^2 \cdot CD + AC^2 \cdot BD - BC \cdot BD \cdot CD$.

证明 在 $\triangle ADB$ 和 $\triangle ABC$ 中

$$\cos \angle ADB = \frac{AD^2 + BD^2 - AB^2}{2AD \cdot BD}$$

$$\cos \angle ADC = \frac{AD^2 + CD^2 - AC^2}{2AD \cdot CD}$$

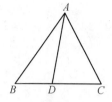

图 1.1.14

因为 $\cos \angle ADB = -\cos \angle ADC$,所以

$$\frac{AD^2 + BD^2 - AB^2}{2AD \cdot BD} = -\frac{AD^2 + CD^2 - AC^2}{2AD \cdot CD}$$

所以 $AD^2(BD + CD) =$

$$AB^2 \cdot CD + AC^2 \cdot BD - BD \cdot CD(BD + CD)$$

将 $BD + CD = BC$ 代入即证得结论.

类似于上例,还可证明如下定理.

(1)(阿波罗尼斯定理)设 AD 是 $\triangle ABC$ 的中线,则 $AB^2 + AC^2 = 2(AD^2 + BD^2)$.($\triangle ADB$ 和 $\triangle ADC$ 中用余弦定理).

(2)(斯库顿定理)在 $\triangle ABC$ 中,AD 为 $\angle BAC$ 的平分线,则 $AD^2 = AB \cdot AC - BD \cdot CD$.(在 $\triangle CAD$ 和 $\triangle BAD$ 中,用 $\cos \angle CAD = \cos \angle BAD$).

(3)(托勒密定理)在圆内接四边形 $ABCD$ 中,$AC \cdot BD = AB \cdot CD + AD \cdot BC$.(在 $\triangle BAD$ 和 $\triangle BCD$ 中,用 $\cos \angle BAD = -\cos \angle BCD$,又在 $\triangle ABC$ 和 $\triangle ACD$ 中用 $\cos \angle ABC = -\cos \angle ADC$,分别整理出 BD^2,AC^2 的表达式,再相乘即证).

例16 如图 1.1.15,若一直线 l 截首尾相接的平面折线 $ABCD$ 的各边(或其延长线)AB,BC,CD,DA 于 P,E,Q,F.则

$$\frac{AP}{PB} \cdot \frac{BE}{EC} \cdot \frac{CQ}{QD} \cdot \frac{DF}{FA} = 1$$

分析 由题设条件和所证结论,可联想到运用梅涅劳斯定理来帮助求解.

证明 l 至少与 BD,AC 之一条相交,不妨设 l 与 BD 相交于 O.

由于 $\triangle ABD$ 被直线 PFO 所截,则

$$\frac{AP}{PB} \cdot \frac{BO}{OD} \cdot \frac{DF}{FA} = 1$$

又因为 $\triangle BCD$ 被直线 PEO 所截,则

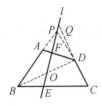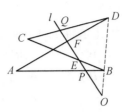

图 1.1.15

$$\frac{BE}{EC} \cdot \frac{CQ}{QD} \cdot \frac{DO}{OB} = 1$$

以上两式相乘,便证得结论.

注:此例结论可称为四边形中的梅涅劳斯定理.此例还有如下一系列推论.

(1)直线 l 截四边形 $ABCD$ 的三边 AB,BC,DA 所在直线于 P,E,F,而 $l \parallel CD$,则

$$\frac{AP}{PB} \cdot \frac{BE}{EC} \cdot \frac{DF}{FA} = 1$$

(2)若 E 是 $\triangle PBC$ 的边 BC 上一点,直线 l 交 PA,PE,PC 或其延长线于 A,F,D,则

$$\frac{AF}{FD} = \frac{BE}{EC} \cdot \frac{PC}{PD} \cdot \frac{PA}{PB}$$

(3)若直线过四边形 $ABCD$ 对角线交点 O,且与一双对边 AB,CD 分别相交于 E,F,则

$$\frac{AE}{EB} \cdot \frac{BO}{OD} \cdot \frac{DF}{FC} \cdot \frac{CO}{OA} = 1$$

例17　如图 1.1.16,设凸六边形 $ABCDEF$ 中,$AB = BC = CD$,$DE = EF = FA$,$\angle BCD = \angle EFA = 60°$,设 G 和 H 是这六边形内部两点,使得 $\angle AGB = \angle DHE = 120°$.求证:$AG + GB + GH + DH + HE \geqslant CF$.

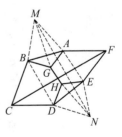

图 1.1.16

分析　要证的是一些折线段的和不小于一直线段,需转化成共端点的直线段与折线段,为此,还需由题设条件寻求中间媒介来转化.

证明　分别以 AB,DE 为边向凸六边形外各作等边 $\triangle ABM$,$\triangle DEN$.连 BD,EA,GM,HN,MN.

由题可知,凸六边形 $ABCDEF$ 与凸六边形 $AMBDNE$ 全等,从而 $MN = CF$.

再注意下面命题:如图1.1.17,P为等边$\triangle ABC$外接

圆$\overset{\frown}{BC}$上任一点,则$PA = PB + PC$.并以此作为引理,对

于图1.1.16,有

$$GA + GB = GM, DH + HE = HN$$

而$MGHN$是与MN共端点的折线段,则

$$GM + GH + HN \geqslant MN$$

故 $AG + GB + GH + DH + HE \geqslant CF$

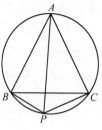

图 1.1.17

4.解析型综合法

解题时,运用解析法的思想制订解题的大体计划和方向,然后并不真用解析法来实现这个计划,而用综合法来实现.这种综合法我们称之为解析型综合法.

例18 如图1.1.18,在四边形$ABCD$中,已知$\angle B$为直角,对角线$AC = BD$,过AB, CD之中点E, G作中垂线交于N;过BC, AD之中点F, H作中垂线交于M.求证:B, M, N三点共直线.

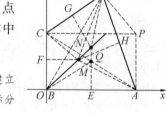

图 1.1.18

分析1 取BA, BC所在直线分别为x轴,y轴,建立平面直角坐标系.设$AB = a, BC = b, A, B, C, D$之坐标分别为$(a, 0), (0, 0), (0, b), (x_0, y_0)$.

由$AC = BD$,有$a^2 + b^2 = x_0^2 + y_0^2$.

GN上的点应满足方程

$$(x - x_0)^2 + (y - y_0)^2 = x^2 + (y - b)^2$$

由此得GN的方程为

$$x_0 x + (y_0 - b)y = \frac{a^2}{2} \qquad ①$$

同理,HM的方程为 $(x_0 - a)x + y_0 y = \frac{b^2}{2}$

因N在AB的中垂线上,故可设$N\left(\frac{a}{2}, N_y\right)$,代入①式,得

$$N_y = \frac{a}{2} \cdot \frac{(a - x_0)}{(y_0 - b)}$$

同理,求得 $M_x = \frac{b}{2} \cdot \frac{(b - y_0)}{x_0 - a}$

于是 $k_{BN} = \frac{N_y - 0}{a/2 - 0} = -\frac{a - x_0}{b - y_0}$

而 $k_{BM} = \frac{b/2 - 0}{M_x - 0} = -\frac{a - x_0}{b - y_0} = k_{BN}$

所以 B，M，N 三点共线.

上述证三点共线的斜率相等,这相当于证了 $\angle MBA = \angle NBA$.于是得如下综合法证法:

证法 1 由 $BD = AC$，$MD = MA$，$MB = MC$,知 $\triangle BMD \cong \triangle CMA$.从而 $\angle MBC = \angle MCB = \angle MDA = \angle MAD$(注意 $\angle CMB = \angle AMD$).于是

$$\angle MBA = 90° - \angle MBC = 90° - \angle ACB + \angle ACM =$$
$$\angle CAB + \angle NBD(由 \triangle NBD \backsim \triangle NAC) =$$
$$\angle CAB + \angle NAC = \angle NAB = \angle NBA$$

故 B，M，N 三点共直线.

分析 2 由分析 1 知, $k_{BM} = k_{BN} = -\dfrac{a - x_0}{b - y_0}$,由此便发现 BM(或 BN)和通过 (a,b)，(x_0,y_0) 两点的线段垂直. (x_0,y_0) 就是点 D,在图上作出表示 (a,b) 的点 P,边 PA，PC，PD,得到 $PABC$ 是矩形. $PB = AC = BD$,即知 P，D 在以 B 为圆心的圆上.既然 $BM \perp PD$，BM 一定和 PD 的垂直平分线重合. BN 亦然.这样,可得到一种简捷的综合法证法:

证法 2 作 $PA \perp AB$，$PC \perp BC$,则直线 NE 垂直平分 PC，MF 垂直平分 PA.连 PD,由于 N 是 CD，PC 之中垂线交点,故 N 为 $\triangle PDC$ 之外心,即 N 在 PD 的中垂线上.

同理, M 为 $\triangle PDA$ 之外心,即 M 在 PD 的中垂线上.由题设 $PA = AC = DB$,故 B 也在 PD 之中垂线上.

故 B，M，N 三点共线于 PD 之中垂线.

分析 3 由分析 2 知, PD 的中垂线应平分 $\angle PBD$,且 PB 与 AC 之交点为 AC 中点,于是又得到更简捷的综合法证法:

证法 3 设 Q 为 AC 的中点,则 $QB = QA$.又因为 $NB = NA$,故 $\angle NAC = \angle QBN$,从而 $\angle NBD = \angle NBQ$.故 N 在 $\angle DBQ$ 的平分线上.

同理, M 也在 $\angle DBQ$ 的平分线上.

故 B，M，N 三点共线于 $\angle DBQ$ 的平分线.

上例是由解析法拓展出的三个综合证法.这是由于解析法目标明确,可以引导我们走向正确思考的道路.所以,我们应注意适时运用这种启发解题的有力手段.

由解析法拓展综合法常有三种类型:1)直接把解析法的语言译成综合法语言;2)通过观察解析法的证明过程而得到启发,找到综合法的入手途径;3)用解析法指出努力方向,然后用综合法的手段来实现.上述例题的三种证法从某个侧面也说明了这三种类型.

上面,我们分别介绍了分析法与综合法.在解题时,这两种方法可单独使用,也可结合使用,在分析中有综合,在综合中有分析,交叉使用去论证、求解问题.

练习题 1.1

1.设 E 为 $\triangle ABC$ 的中线 AD 上任意一点,且 $\angle B > \angle C$.求证:$\angle EBC > \angle ECB$.

2.在矩形 $ABCD$ 内,M 是 AD 的中心,N 是 BC 的中心,在线段 CD 的延长线上取一点 P,用 Q 表示直线 PM 和 AC 的交点,求证:$\angle QNM = \angle MNP$.

3.在 $\triangle ABC$ 中,D 为 AB 上一点,$AD = AC$,F 是 BC 上的点,$DE \parallel BC$,DA 恰好平分 $\angle EDF$.求证:$BF : DF = AD : AE$.

4.设正方形 $ABCD$ 中,E 为 CD 的中点,F 为 EC 的中点.求证:$\angle DAE = \frac{1}{2}\angle FAB$.

5.$\triangle ABC$ 中,$CA = CB$,D,E 分别在 CA,CB 上,并且 $CE = CD$.过 C,D 作 AE 的垂线分别交 AB 于 G,H.若 $\angle ACB = 90°$,求证:$BG = GH$.

6.在 $\square ABCD$ 中,作 $CE \perp AB$ 于 E,$CF \perp AD$ 于 F,连 EF 交 BD 的延长线于 P.求证:$\angle ACP = 90°$.

7.在等腰梯形 $ABCD$ 中,$AB \parallel CD$.求证:$AC^2 = AD^2 + AB \cdot CD$.

8.自圆 O 外一点 A 引切线,切点为 B,过 AB 的中点 M 作割线交圆于 C,D,连 AC 并延长交圆于 E,连 AD 交圆于 F 点.求证:$EF \parallel AB$.

9.设等腰直角 $\triangle ABC(\angle B = 90°)$ 的腰 AB 上的中线为 CD,$BE \perp CD$,延长交 AC 于 F.求证:$\angle FDA = \angle CDB$.

10.锐角 $\triangle ABC$ 的 $\angle A$ 的平分线与外接圆交于另一点 A_1.B_1,C_1 与此类似,直线 A_1A 与 $\angle B$,$\angle C$ 的外角平分线交于 A_0 点.B_0,C_0 与此类似.求证:$\triangle A_0B_0C_0$ 的面积是六边形 $AC_1BA_1CB_1$ 的面积的二倍.

11.已知 C 为圆的直径 AB 上一点,在圆上求两个关于 AB 对称的点 X 和 Y,使 $YC \perp XA$.

12.在平面给定一个圆 S 和过圆心 O 的直线 l,过点 O 作任意的圆心在直线 l 上的圆 S',求 S 和 S' 的公切线与 S' 相切的点 M 的集合.

13.$\square ABCD$ 外接于 $\square EFGH$,E 在 AB 上,F 在 BC 上,G 在 CD 上.则其对角线 AC,BD,EG,HF 共点.

14.已知 D,E 分别是正 $\triangle ABC$ 的边 BC 和 CA 上的点,且 $AE = CD$,AD 交

19

BE 于 P,若 $BQ \perp AD$ 于 Q,求证:$BP = 2PQ$.

15.设 P 为 $\triangle ABC$ 内一点,且有 $\angle PAC = \angle PBC$,过 P 作 BC,AC 的垂线,垂足为 L,M,又 D 是 AB 的中点.求证:$DM = DL$.

16.在直角梯形 $ABCD$ 中,$\angle DAB = \angle CBA = 90°$,$\triangle DBC$ 是等边三角形.现以 AB 为边向形外作正 $\triangle ABE$,连 CE 交 BD 于 F.求证:CE 被 BD 平分于 F.

17.E,F 分别是四边形 $ABCD$ 的边 BC,AD 的中点,EF 的延长线交 BA,CD 的延长线于 G,H.

(1) 若 $AB = CD$,则 $\angle BGH = \angle EHC$;

(2) 若 $\angle BGE = \angle EHC$,则 $AB = CD$.

18.若 P 为 $\triangle ABC$ 的 BC 边上一点,且 $AB \neq AC$,$PA^2 = AB \cdot AC - BP \cdot PC$,则 AP 平分 $\angle A$.(斯库顿定理的逆定理)

19.若 E,F 为四边形 $ABCD$ 的 AB,CD 边上的点,且 $\dfrac{AE}{EB} = \dfrac{DF}{FC} = \dfrac{m}{n}$,$AD = b$,$BC = a$,$AD$ 与 BC 的夹角为 θ,则 $(m + n)^2 EF^2 = (am)^2 + (bn)^2 + 2am \cdot bn \cdot \cos\theta$.

20.在锐角 $\triangle ABC$ 中,$AC > AB$,AD,BE,CF 是三条高,$DH \perp AC$ 于 H,$DG \perp AB$ 于 G,HG 交 CB 的延长线于 P.求证:$PB : PC = BD^2 : DC^2$.

21.圆内接四边形 $ABCD$ 的一双对边 DA,CB 相交于 E,过 E 的直线交 AB 于 N,交 CD 于 M,且 M 是 CD 的中点.求证:$AN : NB = EA^2 : EB^2$.

第二章　反证法　同一法

　　我们在证明数学问题时,有些情形不易甚至不能直接证明.这时,不妨证明它的等效命题成立,因而也能间接地达到目的,这种证法称为间接证法.在证明平面几何问题时常采用间接证法.

　　反证法、同一法是两种典型的间接证法.

一、反证法

1.什么是反证法

　　一般地说,在证明一个命题时,正面不易入手,就从命题结论的反面入手,先假设结论的反面成立,如果由此假设(必须使用这个条件)进行严格推理,推导出的结果与已知条件、公理、定理、定义、假设等之一相矛盾,或者推出两个互相矛盾的结果,就证明了"结论反面成立"的假设是错误的,从而得出结论的正面成立.这种证题方法就叫做反证法.

　　有些问题,从正面证相当困难,采用反证法却易于奏效,原因很简单,要证命题"若 A 则 B",已知条件只有 A,采用反证法时,增添了一个条件 $\bar{B}$(非 B),事情当然好办一些.况且反证法无须专门去证某一特定的结论,只要寻出矛盾即可.从理论上讲,$\bar{B}$(更确切地说是 $A \wedge \bar{B}$)是假的,由它出发可以导出任何结论,特别是可以导出 B.通常的做法是寻出一个荒谬的结果:矛盾(从而 $\bar{B}$ 一定是错的).所以,反证法也称为归谬法.

　　例1　求证:在同一平面内,同一条直线的垂线与斜线必相交.

　　已知:如图1.2.1,$AC \perp AB$,BD 与 AB 斜交.求证:AC 与 BD 相交.

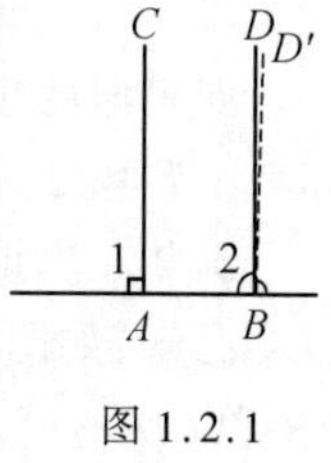

　　证法1　假设 AC,BD 不相交,则 $AC /\!/ BD$.

　　由题设 $AC \perp AB$,则 $BD \perp AB$.这与题设 BD 与 AB 斜交矛

图 1.2.1

21

盾.从而假设不成立,故原命题成立.

证法 2　假设 AC, BD 不相交,则 $AC /\!/ BD$,从而 $\angle 1 = \angle 2$,如图 1.2.1,又由题设 $AC \perp AB$,知 $\angle 1 = 90°$,则 $\angle 2 = 90°$,这与直线的斜线(即斜交)的定义矛盾,从而假设不成立,故原命题成立.

证法 3　假设 AC, BD 不相交,则 $BD /\!/ AC$.由题设 $AC \perp AB$,又作 $BD' \perp AB$,则 $BD' /\!/ AC$.所以 BD 与 BD' 重合.

再由题设 BD 与 AB 斜交,而 BD' 与 AB 垂直相交,所以 BD 与 BD' 不重合.

于是, BD 与 BD' 既重合又不重合,自相矛盾,从而假设不成立,故原命题成立.

在上面的例子中,由反证假设,证法 1 推出了与已知条件矛盾的结果,证法 2 推出了与已知定义矛盾的结果,证法 3 推出了两个互相矛盾的结论,都达到了证明原命题的目的.

从上面的讨论可以看出,反证法的逻辑原理如下: $A \Rightarrow B$ 与 $A \wedge \bar{B}$ 互相矛盾的两个判断,根据矛盾律,两个互相矛盾的判断不能同真,必有一假.在 $A \wedge \bar{B}$ 的假设下,通过符合逻辑的推理,出现了矛盾,故 $A \wedge \bar{B}$ 假.又根据排中律(在同时间同关系之下,矛盾命题既不能同真,也不能同假,必定一真一假),两个互相矛盾的判断不能都假,必有一真,因为 $A \wedge \bar{B}$ 假,故 $A \Rightarrow B$ 真.

反证法证题通常是如下三个步骤:

(1) 反设.作出与结论相反的假设,通常称这种假设为反证假设.

(2) 归谬.利用反证假设和已知条件,进行符合逻辑的推理,推出与某个已知条件、公理、定义等相矛盾的结果.根据矛盾律,即在推理和论证的过程中,在同时间、同关系下,不能对同一对象作出两个相反的论断,可知反证假设不成立.

(3) 得出结论.根据排中律,即在同一论证过程中,命题 P 和命题非 P 有且仅有一个是正确的,可知原结论成立.

反证法又可以分为以下两类.

(1) 单一归谬法

如果命题结论的反面只有一种情况,则从反证假设之后,推出矛盾的证法称单一归谬法.

例 2　求证:圆内不过圆心的两弦(非直径的弦)必不能互相平分.

已知:如图 1.2.2, AB 和 CD 为圆 O 的相交于 P 的任意两非直径的弦.求证: AB 和 CD 不可能互相平分于 P.

证法 1　假定 AB 和 CD 互相平分于 P,连 OP.

因为 P 为 AB 的中点,所以 $OP \perp AB$.

又因为 P 为 CD 的中点,所以 $OP \perp CD$.

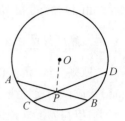

这就是说,OP 垂直于过 P 的两条直线.显然,与已知的公理矛盾,所以这是不可能的.

由此可知,前面的假定是错误的,即 AB 和 CD 是不可能互相平分的.于是命题得到了证明.

证法 2　假定非直径的弦 AB,CD 互相平分于 P,则

图 1.2.2

$AP = PB,CP = PD$.由相交弦定理,有 $AP \cdot BP = CP \cdot DP$,即 $AP^2 = DP^2$,亦即 $AP = DP$.从而 $AP = DP = CP = DP$,也就是 P 点到圆上的四点等距离,可见 P 是圆心,那么 AB,CD 都是直径,这与题设"非直径的弦"矛盾.因而 AB,CD 不能互相平分.

(2) 穷举归谬法

如果结论的反面不止一种情况,则需分别在种种情况下一一推出矛盾,从而证明原结论成立,这种方法称为穷举归谬法.

例 3　在两个三角形中,两边及其中大边所对的角对应相等,则两个三角形全等(本命题也是证明两个三角形全等的判定定理).

已知:如图 1.2.3,在 $\triangle ABC$ 和 $\triangle A'B'C'$ 中,$AB = A'B'$,$AC = A'C'$,$\angle B = \angle B'$,且 $AC > AB$,求证:$\triangle ABC \cong \triangle A'B'C'$.

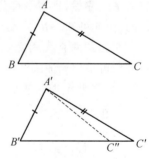

分析　为了证 $\triangle ABC \cong \triangle A'B'C'$,根据已知条件,只要能证明 $BC = B'C'$ 即可.

证明　采用反证法.假设 $BC \neq B'C'$,则有两种情况:1) $BC < B'C'$;2) $BC > B'C'$.

图 1.2.3

1) 若 $BC < B'C'$,则可在 $B'C'$ 上取 $B'C'' = BC$,连 $A'C''$,则 $\triangle ABC \cong \triangle A'B'C''$.于是 $AC = A'C''$.

但已知 $AC = A'C'$,从而 $A'C'' = A'C'$.在等腰 $\triangle A'C''C'$ 中,$\angle C' = \angle A'C''C'$,但 $\angle A'C''C'$ 是 $\triangle A'B'C''$ 中 $\angle A'C''B'$ 的补角.所以 $\angle A'C''C' > \angle B'$,所以 $\angle C' > \angle B'$.

在 $\triangle A'B'C'$ 中,因为 $\angle C' > \angle B'$,所以 $A'B' > A'C'$.

显然,这个结论与题设 $A'B' < A'C'$ 矛盾.所以 BC 不小于 $B'C'$.

2) 若 $BC > B'C'$,则同样可以推得 $AB > AC$,也与题设矛盾.所以 BC 不大于 $B'C'$.

23

由 1),2) 可知 $BC = B'C'$. 于是证得 $\triangle ABC \cong \triangle A'B'C'$.

2. 何时用反证法

原则上说,由假设命题结论的反面成立推出矛盾比直接证明原命题更容易时,就应该用反证法. 证题的实践告诉我们,尽管用反证法证明的命题难以精确归类,但在以下几种情况下,可采用反证法.

(1) 某些基本定理

在一个学科开始时,由于可以用到的定理等依据甚少,从已知出发能推出的结论甚少,不易找出直接推证关系时,常采用反证法.

例 4 在同一平面内,如果两条直线都和第三条直线平行,那么这两条直线也互相平行.

已知:如图 1.2.4,在同一平面内,直线 AB,CD 和 EF,且 $AB /\!/ EF$,$CD /\!/ EF$. 求证:$AB /\!/ CD$.

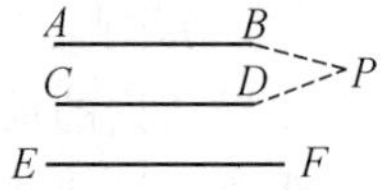

证明 在同一平面内,假设 AB 不平行于 CD,则 AB 与 CD 相交,设其交点为 P.

图 1.2.4

已知 $AB /\!/ EF$,$CD /\!/ EF$,这就是说过 P 点有两条直线 AB 和 CD 都平行于直线 EF,显然,这与平行公理(欧氏几何)矛盾,从而假定 AB 不平行于 CD 是错误的. 由此可知,$AB /\!/ CD$. 证毕.

又如,"两直线相交只有一个交点.""两直线平行则同位角相等."等基本定理均可采用反证法证明.

(2) 某些定理的逆定理

例如定理:在一个三角形中,如果两条边不等,那么它们所对的角也不等. 大边所对的角较大. 其逆定理就可采用反证法证明.

(3) 命题的结论涉及"否定"的论断

例 5 凸四边形的两条对角线分别为 a,b. 求证:该四边形有一边的长度不超过 $\frac{1}{2}\sqrt{a^2+b^2}$.

证明 假设凸四边形 $ABCD$ 的各边都大于 $l\left(l = \frac{1}{2}\sqrt{a^2+b^2}\right)$. 分别以 A,C 为圆心,以 l 为半径作圆,则 B,D 在这些圆周之外,且 $AC = a$,如图 1.2.5.

设 E,F 为两圆交点,AC 与 EF 交于 M 点,则

$$EF = 2EM = 2\sqrt{l^2 - \left(\frac{a}{2}\right)^2} = b$$

可证 $BD > EF$. 事实上,设 AC,BD 相交于 O. 若 $AO \leqslant AM$,则 BD 大于 BD

与圆 A 相交的弦 KL,而 KL 不小于 EF;若 $AO >$ AM,则 BD 大于 BD 与圆 C 相交的弦,它又不小于 EF.但 $BD = b = EF$,得出矛盾.所以四边形至少有一边的长度不大于 l.证毕.

(4)有些命题的结论中涉及"至多……"或"至少……"这种形式,也常用反证法证明

例 6 如图 1.2.6,D,E,F 分别是 $\triangle ABC$ 三边(端点除外)BC,CA,AB 上任意一点. 求证:$\triangle AEF,\triangle BDF,\triangle CDE$ 中至少有一个面积不大于 $\triangle ABC$ 的面积的 $\frac{1}{4}$.

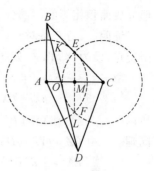

图 1.2.5

证明 令 $BD = d,CD = e,CE = f,AE = a,AF = b,BF = c$.

假设 $S_{\triangle AEF},S_{\triangle BDF},S_{\triangle CDE}$ 均大于 $\frac{1}{4}S_{\triangle ABC}$,则由

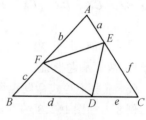

图 1.2.6

$$S_{\triangle CDE} = \frac{1}{2}ef \cdot \sin C$$

及

$$S_{\triangle ABC} = \frac{1}{2}(d + e)(f + a)\sin C$$

有

$$\frac{1}{2}ef \cdot \sin C > \frac{1}{4} \cdot \frac{1}{2}(d + e)(f + a)\sin C$$

因为 $\sin C > 0$,所以

$$ef \geq \frac{1}{4}(d + e)(f + a)$$

同理

$$ab > \frac{1}{4}(a + f)(b + c),\quad cd > \frac{1}{4}(d + e)(b + c)$$

所以

$$abcdef > (\frac{1}{4})^3(d + e)^2(f + a)^2(b + c)^2 \qquad ①$$

但 $(d + e)^2 \geq 4de$,即 $de \leq \frac{1}{4}(d + e)^2$.同理

$$bc \leq \frac{1}{4}(b + c)^2,fa \leq \frac{1}{4}(f + a)^2$$

所以

$$abcdef \leq (\frac{1}{4})^3(d + e)^2(f + a)^2(b + c)^2 \qquad ②$$

显然,① 与 ② 矛盾.所以原命题得证.

(5)命题结论以"惟一","共点"等形式出现时

例 7 在凸六边形 $ABCDEF$ 中,对角线 AD,BE,CF 中的每一条都把六边

25

形分成面积相等的两部分.求证:这三条对角线交于一点.

证明 若三条对角线不共点,则这三条对角线有三个交点,设为 X,Y,Z,如图 1.2.7.

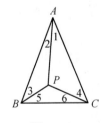

图 1.2.7

由 $S_{ABCD} = S_{BCDE}$ 有 $S_{\triangle ABX} = S_{\triangle XDE}$,即由面积公式有

$$AX \cdot BX = DX \cdot EX$$

所以 $\qquad (AY + XY)(BZ + XZ) = DX \cdot EX$

同理 $\qquad (CZ + YZ)(DX + XY) = AY \cdot FY$

$$(EX + XZ)(FY + YZ) = CZ \cdot BZ$$

以上三式相乘有

$$AY \cdot BZ \cdot CZ \cdot DX \cdot EX \cdot FY = (AY + XY)(BZ + XZ)(CZ + YZ)(DX + XY)(EX + XZ)(FY + YZ)$$

另一方面,由于 XY,XZ,YZ 均大于零,因此,上式左边必小于右边,此与上式矛盾.故原命题获证.

(6) 某些不等式命题也可采用反证法

例 8 如图 1.2.8,在 $\triangle ABC$ 中,$AB = AC$,P 是形内一点,且 $\angle APB > \angle APC$.求证:$PC > PB$.

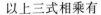

图 1.2.8

证明 假定 PC 不大于 PB,则有 1)$PC = PB$;2)$PC < PB$ 两种情况.

若 $PC = PB$,由 $AB = AC$,AP 公用,有 $\triangle APB \cong \triangle APC$,所以 $\angle APB = \angle APC$,这与题设 $\angle APB > \angle APC$ 矛盾.从而有 $PC \neq PB$.

若 $PC < PB$,在 $\triangle PAB$ 及 $\triangle PAC$ 中,由题设 $AB = AC$,AP 公用,则知 $\angle 1 > \angle 2$.

但题设 $\angle APB > \angle APC$,所以 $\angle 3 < \angle 4$.

又因为 $AB = AC$,所以 $\angle ABC = \angle ACB$,所以 $\angle 5 = \angle 6$.在 $\triangle PBC$ 中,因为 $\angle 5 > \angle 6$,所以 $PC > PB$,显然这与前面的假定 $PC < PB$ 矛盾.故 $PC > PB$.

综上,便得到了证明.

(7) 有些问题正面处理情况较多、较繁杂时,用反证法可以"直捣黄龙",尽快求解

例 9 设凸五边形 $ABCDE$ 的各边相等,并且 $\angle A \geqslant \angle B \geqslant \angle C \geqslant \angle D \geqslant \angle E$.求证:这五边形是正五边形.

证明 由于本题需证 $\angle A = \angle B = \angle C = \angle D = \angle E$.正面处理这串等式不太容易.用反证法只需证其中一对角不等即可.假设 $\angle A > \angle E$,如图1.2.9中,$\triangle ABE$ 与 $\triangle EAD$ 均为等腰三角形,并且腰 $AB = AE = ED$,从而有 $BE > AD$.

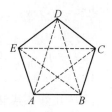

图1.2.9

再由 $\triangle ABD$ 与 $\triangle EBD$ 及上式,得 $\angle BDE > \angle ABD$.

而由 $CB = CD$,得 $\angle CDB = \angle CBD$.此式与上述不等式相加得 $\angle CDE > \angle CBA$.而这与已知 $\angle B \geqslant \angle D$ 矛盾.从而 $\angle A \leqslant \angle E$,故 $\angle A = \angle E$.

由此,便证得 $\angle A = \angle B = \angle C = \angle D = \angle E$.

3.怎样用好反证法

用反证法证题时,首先必须在分清条件和结论的基础上,正确作出与命题结论相反的反证假设.有些命题,有若干个命题与其等价,在采用反证法时,要寻找对于反面结论更简单、更容易入手的一个作反证假设.作反证假设时,要强调一个"反"字,即对命题结论的否定要彻底(一般当结论的反面有很多种情况时不宜用反证法),除此之外,我们还需注意如下几点:

(1) 推出的矛盾要鲜明,要形式化,导出的必须是确实的假命题或矛盾命题,不能似是而非.

(2) 作好用反证法时的图设

用反证法证平面几何问题时,由于假设和命题的事实是相矛盾的,因此,在图设中不可能用一个图形把两个相互矛盾的方面同时反映出来,所以作图时,我们常常作技术处理.反证法证题时的图设大致可分三类:第一类是按假设和题设事实无法作出的,此时,我们应对事实作全部的歪曲,也就是在证题过程中作出一个假设成立的图形,如例5、例7等;第二类是在正确的图形中,添补局部与事实不符的图形,如例1、例3、例4等;第三类是按题设可以正确作出图形的,此类图不必加以歪曲,如例2、例6等.

(3) 弄清反证假设的逻辑形式

当命题的结论 B 的逻辑形式比较复杂时,要正确作出反证假设 $\bar{B}$,需要弄清 B 的逻辑形式与 $\bar{B}$ 的逻辑形式之间的关系.

1) 当 $B = P \vee Q$ 时,则 $\bar{B} = \bar{P} \wedge \bar{Q}$;当 $B = P \wedge Q$ 时,则 $\bar{B} = \bar{P} \vee \bar{Q}$.(其中 $\vee$ 为析取符号,表"或";$\wedge$ 为合取符号,表"且")可参见例3、例8.

2) 当 $B = \forall x[P]$(即对于任意的 x,有性质 P)时,则 $\bar{B} = \exists x[\bar{P}]$(即存

在某个 x 没有性质 P)(下同).可参见例9,练习题第6题.

3)当 $B = \exists x[P]$ 时,则 $\bar{B} = \forall x[\bar{P}]$.可参见例5、例6.

4)当 $B = \exists x \forall y[P]$ 时,则 $\bar{B} = \forall x \exists y[\bar{P}]$.可参见练习题第2题.

5)当 $B = \forall x \exists y[P]$ 时,则 $\bar{B} = \exists x \forall y[\bar{P}]$.可参见练习题第5题.

(4)用好在其他证法中的局部反证

例10 若凸四边形 $ABCD$ 的对角线 AC 与 BD 相交于 O,过点 O 的直线分别与 AB,CD 相交于 M,N.若 $S_{\triangle OMB} > S_{\triangle OND}$,$S_{\triangle OCN} > S_{\triangle OAM}$.求证:$S_{\triangle OAM} + S_{\triangle OBC} + S_{\triangle OND} > S_{\triangle OAD} + S_{\triangle OBM} + S_{\triangle OCN}$.

证明 由 $S_{\triangle OMB} > S_{\triangle OND}$ 及 $S_{\triangle OCN} > S_{\triangle OAM}$,有

$$OM \cdot OB > ON \cdot OD \qquad ①$$

$$ON \cdot OC > OM \cdot OA \qquad ②$$

由 ① × ②,有

$$OB \cdot OC > OA \cdot OD \qquad ③$$

故 $OB > OD$,$OC > OA$ 中至少有一式成立.

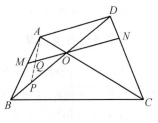

图 1.2.10

下面我们证明③中的 $OB > OD$,$OC > OA$ 同时成立.

不妨设 $OB > OD$,用反证法证 $OC > OA$ 也成立.

假设 $OC \leqslant OA$,由已知 $S_{\triangle OCN} > S_{\triangle OAM}$,则有 $ON > OM$.在线段 OB 上取点 P,使 $OP = OD$,连 AP 交 OM 于 Q,则 $OQ < OM < ON$,由此有

$$S_{\triangle AOD} = S_{\triangle APO} = S_{\triangle AQO} + S_{\triangle QPO} < S_{\triangle AMO} + S_{\triangle OND} <$$

$$S_{\triangle ONC} + S_{\triangle OND} = S_{\triangle DOC}$$

即 $S_{\triangle AOD} < S_{\triangle DOC}$,与 $OC \leqslant AO$ 相矛盾.故知

$$OB > OD, OC > OA \qquad ④$$

此时,又不妨设 $ON \geqslant OM$,由④式在 OB 内取点 P,使 $OP = OD$,连 AP 与 OM 相交于 Q,则必有 $OQ < OM \leqslant ON$,由此推得

$$S_{\triangle AOD} = S_{\triangle APO} = S_{\triangle AQO} + S_{\triangle QPO} < S_{\triangle AOM} + S_{\triangle OND} \qquad ⑤$$

在 ④ 的基础上,用类似方法可以证得

$$S_{\triangle OMB} + S_{\triangle OCN} < S_{\triangle OBC} \qquad ⑥$$

故由⑤,⑥即可知原命题成立.

(5)适度运用反证法

通过前述若干例题说明,反证法的确是一种重要的证题方法,从正面入手遇到较大困难时,用反证法去探讨很有必要.但并非每一道题都必须用反证法,

并非符合前面所讲的 7 种类型的题都必须用反证法,滥用反证法是错误的.因为,它不利于提高学习者的推理能力.有些学习者在解题中多次应用反证法,其实整理一下,可以"负负得正",根本没证明问题.如果不用反证法就能解决问题,应提倡从正面入手,不用反证法.

二、同一法

1. 什么是同一法

当一个命题的条件和结论都惟一存在,它们所指的概念是同一概念时,这个命题与它的某一逆命题等效,这个原理叫做同一原理.对于符合同一原理的命题,当正面直接证明有困难时,可以改证其等效的逆命题.这种证明方法称为同一法.

同一法证平面几何问题的步骤是:

(1) 作出符合命题结论的图形;

(2) 证明所作图形符合已知条件;

(3) 根据惟一性,确定所作的图形与已知图形相吻合;

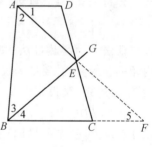

(4) 断定原命题的真实性.

例 11 若梯形两底的和等于一腰,则这腰同两底所夹的两角的平分线必过对腰的中点.

已知:梯形 $ABCD$ 中,$AD \parallel BC$,$AB = AD + BC$,E 为 CD 的中点,如图 1.2.11.求证:$\angle BAD$ 的平分线与 $\angle ABC$ 的平分线都通过 CD 的中点 E.

图 1.2.11

分析 由于线段中点是惟一的,而一个角的平分线也是惟一的.从而本题符合同一原理,故可用同一法证.

证法 1 连结 AE 并延长与 BC 的延长线交于 F,则容易证明 $\triangle AED \cong \triangle FCE$.所以 $AD = CF$.所以

$$BF = BC + CF = BC + AD = AB$$

所以 $\angle 2 = \angle 5$,而 $\angle 1 = \angle 5$,所以 $\angle 1 = \angle 2$.这就是说,AE 是 $\angle BAD$ 的平分线.

同理,$\angle 3 = \angle 4$,即 BE 是 $\angle ABC$ 的平分线.

由于一条线段的中点是惟一的,一个角的平分线也是惟一的,所以 $\angle DAB$ 和 $\angle ABC$ 的平分线都过 CD 的中点 E.故原命题获证.

证法 2 设 $\angle BAD$ 与 $\angle ABC$ 的平分线 AG 与 BG 相交于 G,又设 AB 的中点为 F,连结 EF,则 EF 为梯形 $ABCD$ 的中位线(图略),即有

$$EF = \frac{1}{2}(AD + BC)$$

因为 $AB = AD + BC$,所以 $EF = \frac{1}{2}AB = AF = FB$,从而 $\angle FAE = \angle FEA$,而 $EF \parallel AD$ 有 $\angle DAE = \angle FEA$.

所以 $\angle FAE = \angle DAE$,即 AE 是 $\angle DAB$ 的平分线.而 AG 是 $\angle DAB$ 的平分线,所以 AE 与 AG 重合.

同理,BE 与 BG 重合,而两条直线的交点只有一个,所以 E 和 G 重合,即 AG,BG 都过 E 点.

例 12 (莫莱(Morley)定理)将任意三角形的各角三等分,则每两个角的相邻的三等分线的交点构成正三角形.

分析 直接去证颇为困难.由于两直线的交点是惟一的(即作为正三角形的顶点是确定的),而一个角的三等分也是惟一的,从而本题符合同一原理,故用同一法证.

证法 1 (单墫证法)如图 1.2.12,AZ,AY,BZ,BX,CX,CY 均是 $\triangle ABC$ 的内角的三等分线.要证 $\triangle XYZ$ 是正三角形,为此,设 $\triangle ABC$ 的内角 A,B,C 分别为 3α,3β,3γ.又设 CY,BZ 延长后相交于 D,类似地定义 E,F.

在 $\triangle BDC$ 中,$\angle BDC = 180° - 2(\beta + \gamma)$,$X$ 是内心,DX 平分 $\angle BDC$,因此以 YZ 为底(在 X 的异侧)作含 $180° - 2(\beta + \gamma)$ 的弓形弧,弓形弧的中点就是 D(只有这样,XD 才能平分 $\angle BDC$).因此,由任一个正 $\triangle XYZ$ 出发,可以定出 D 点,同样可以定出 E,F 点,延长 DZ,FX 得交点 B',同样可得 C',A'.

我们来证明 $\triangle A'B'C'$ 的内角恰好是 3α,3β,3γ,而且 $A'Y$,$A'Z$,$B'Z$,$B'X$,$C'X$,$C'Y$ 是其三等分线.

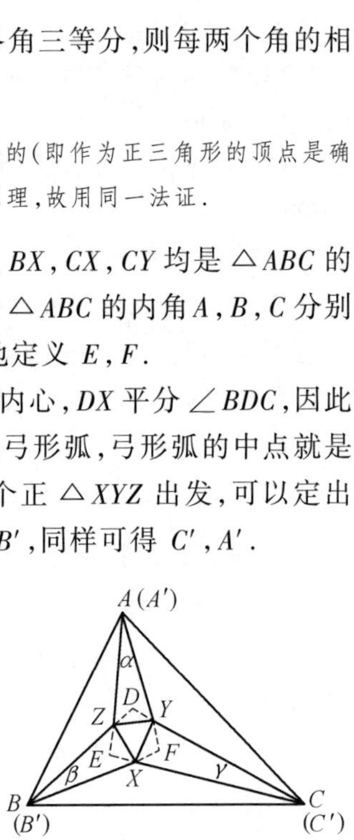

由 $\quad \angle DZY = \angle DYZ = \beta + \gamma$

可得

$\angle B'ZX = 180° - 60° - (\beta + \gamma) = 120° - (\beta + \gamma)$

同样,$\angle B'XZ = 120° - (\beta + \gamma)$.注意到 $\alpha + \beta + \gamma = 60°$,可得

图 1.2.12

$$\angle XB'Z = 180° - [120° - (\beta + \gamma)] - [120° - (\beta + \alpha)] = \beta$$

同样,$\angle XC'Y = \gamma$.可得

$$\angle B'X'C' = \beta + \gamma + \angle B'DC' = 90° + \frac{1}{2}\angle B'CD' \qquad ①$$

显然 $\triangle B'DC'$ 的内心 I 应在 $\angle B'DC'$ 的平分线上,而易知 $\angle B'IC' = 90° + \frac{1}{2}\angle B'DC'$.显然在这平分线上满足这一条件的点只有一个.现在 DX 平分 $\angle B'DC'$,而且 ① 式成立,所以 X 就是内心 I.

同理,Y,Z 也分别为 $\triangle EA'C'$,$\triangle FA'B'$ 的内心.于是 $B'X,B'Z$ 是 $\angle A'B'C'$ 的三等分线,$\angle A'B'C' = 3\beta$;$A'E,A'Y$ 是 $\angle B'A'C'$ 的三等分线,$\angle B'A'C' = 3\alpha$;$C'Y,C'X$ 是 $\angle A'C'B'$ 的三等分线,$\angle A'C'B' = 3\gamma$.

由 $\triangle A'B'C' \backsim \triangle ABC$,不妨设 $\triangle A'B'C'$ 就是 $\triangle ABC$(否则将 $\triangle A'B'C'$ 连同整个图形适当地放缩).由于三等分线及相应的交点均是惟一的,故 $\triangle XYZ$ 是正三角形.

证法 2 提示:先作正 $\triangle X'Y'Z'$,再在其外侧作 $\triangle A'Y'Z'$,$\triangle B'Z'X'$,$\triangle C'X'Y'$,使得 $\angle A'Y'Z' = \angle B'X'Z' = 60° + \gamma$,$\angle A'Z'Y' = \angle C'X'Y' = 60° + \beta$.$\angle B'Z'X' = \angle C'Y'X' = 60° + \alpha$.再证 $\angle B' = 3\beta,\angle C' = 3\gamma,\angle A' = 3\alpha$ 即可.

2.怎样用好同一法

(1)正确理解同一原理

命题的条件和结论都惟一存在,并不一定指的是命题的条件和结论都只包含惟一的事项,惟一的事项是指事项的个数只有一个,而惟一存在是指图形具有惟一一种性质特征.所以,我们看一命题是否符合同一原理,一定要看这个命题的条件和结论是否惟一存在.所指的概念是否为同一概念,而不能被条件和结论中事物的个数所迷惑.

(2)只需选择一个与原命题等价的逆命题来证明即可

一个命题的条件和结论惟一存在,它的逆命题的条件和结论是否一定也是惟一存在的呢?不一定,一个命题的逆命题可能有好多个,往往不能保证每个逆命题的条件和结论都惟一存在,这时我们只需选择一个与原命题等效的逆命题来证明即可.

例 13 在 $\triangle ABC$ 中,$\angle B = 75°$,BC 上的高等于 BC 的一半,求证:$AC = BC$.

分析　题设中条件 $\angle B = 75°$ 和 $AD = \frac{1}{2}BC$(有两条事项),以及结论 $AC = BC$ 都是惟一存在的(仅指定它的存在惟一,不是指有几条事项),所以可将题设中两条件分别与结论互换,可得两个等价的逆命题(互换时必须注意:条件的惟一存在性;在同等数量的前提下才是可行的,否则得到的逆命题不一定与原命题等价,或者根本不成立):

1)在 $\triangle ABC$ 中,若 $AC = BC$,且 BC 上的高 $AD = \frac{1}{2}BC$,则 $\angle B = 75°$.

2)在 $\triangle ABC$ 中,若 $AC = BC$,且 $\angle B = 75°$,则 BC 上的高 $AD = \frac{1}{2}BC$.

在这两个等效逆命题中,只需证明其中一个逆命题即可.下面证1).

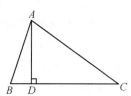

图 1.2.13

证明　在 $\triangle ABC$ 中,已知(作出) $AC = BC$,今设 BC 上的高是 AD,且 $AD = \frac{1}{2}BC$.如图 1.2.13,于是有 $AD = \frac{1}{2}AC$.

在 Rt$\triangle ADC$ 中,便有 $\angle C = 30°$,从而 $\angle B = \frac{1}{2}(180° - 30°) = 75°$.

逆命题得证,由于它符合同一原理,且已证明它的一个逆命题真确,所以原命题也真确.

(3) 注意分断式命题与它的逆命题同时成立或同一成立

例14　(斯坦纳(Steiner)定理) $\triangle ABC$ 中,BE,CF 分别为 $\angle ABC$,$\angle ACB$ 的平分线.证明:1)如果 $BE = CF$,那么 $AB = AC$;2)如果 $BE > CF$,那么 $AB > AC$;3)如果 $BE < CF$,那么 $AB < AC$.

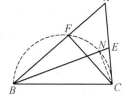

分析　我们可以转证这个分断式命题的逆命题.

图 1.2.14

证明　用同一法证.首先设 $AB > AC$,来证 $BC > CF$.由于 $\angle ACB > \angle ABC$,$\angle ACF > \angle ABE$,在 $\angle FCA$ 内可以作 $\angle FCN = \angle ABE$,CN 交 BE 于 N,N 在线段 BE 内部,$BE > BN$,于是 F,B,C,N 四点共圆,如图 1.2.14.在这个圆中,由于

$$\frac{1}{2}\angle A + \angle BCF + \angle FCN = 90° > \angle BCN > \angle ABC$$

所以弦 $BC > CF$.因此,有 $BE > CF$.

如果 $AB < AC$,那么根据刚才所证有 $BE < CF$;如果 $AB = AC$,显然 $BE = CF$.

综合,命题获证.

(4) 抓住同一法的精髓,善于转换命题

例 15 在 $\triangle ABC$ 中,已知 $AB = AC$,$\angle A = 100°$,BD 是 $\angle ABC$ 的平分线并交 AC 于 D.求证:$BC = BD + AD$.

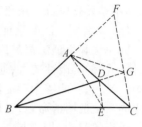

图 1.2.15

分析 要证明两条线段 BD,AD 之和等于另一条线段 BC,要善于转化到一条线段上来讨论.

证法 1 若在 BC 上取 E,使 $EC = AD$,然后证得 $BE = BD$ 即可,但 $BE = BD$ 并不容易直接证明,于是我们转而考虑"如果 $BE = BD$,那么 $EC = AD$"(转换命题).

容易知道 $\angle ABC = \angle ACB = 40°$,$\angle DBE = 20°$,若在 BC 上取 E 使 $BE = BD$,则 $\angle BED = \dfrac{1}{2}(180° - 20°) = 80°$,从而

$$\angle EDC = \angle BED - \angle ACB = 40° = \angle ACB$$

故 $EC = ED$ ①

剩下的问题是证明 $ED = AD$,即证

$$\angle DAE = \angle DEA$$ ②

如果 ② 式成立,易知 $\angle DAE = \dfrac{1}{2}\angle EDC = 20° = \angle DBE$,从而必有 A,B,E,D 共圆.这一推理是可逆的,因此只需证明 A,B,E,D 共圆.而我们有很多已知的角,特别是 $\angle EDC = 40° = \angle ABC$,所以 A,B,E,D 共圆,从而 ②,① 式均成立.

注:由上可见常用的分析法经常伴随着同一法的思想.

证法 2 若延长 BD 到 G,使 $DG = DA$,然后证明 $BG = BC$,即 $\angle GCD = 40°$.但这样做似有困难,于是又变通一下,改为作 $\angle GCD = 40°$,CG 交 BD 的延长线于 G,然后证明 $DG = DA$.这时

$$\angle BCG = 40° + 40° = 80°,\angle GBC = 20°$$

所以 $\angle BGC = 180° - 80° - 20° = 80° = \angle BCG$

所以 $BC = BG = BD + DG$ ③

延长 CG 交 BA 的延长线于 F,则

$$\angle FAC = 180° - \angle BAC = 80° = \angle BGC$$

所以 A,D,G,F 四点共圆.所以

$$\angle DAG = \angle DFG,\angle AGD = \angle AFD$$

在 $\triangle BFC$ 中,BG,CA 都是角平分线,所以 FD 也是 $\angle BFC$ 的平分线,从而 $\angle DAG = \angle AGD$,即有 $AD = DG$.故由上式及 ③ 便导出 ① 式.

33

由上例可看到:遇到困难时,同一法可以帮助我们变更问题,绕过障碍,所谓"灵活性",在很大程度上就表现在善于变换问题,改弦更张,绕过面临的困难,而不是死死坚持一条路,身陷泥潭,不能自拔.

(5)认清同一法与反证法的联系与区别

同一法和反证法都是间接证题方法,同一法与反证法的适用范围是不同的,同一法的局限性较大,通常只适合于符合同一原理的命题;反证法的适用范围则广泛一些.能够用反证法证明的命题,一般不一定能用同一法证,但对于能够用同一法证明的命题,一般都能用反证法证明.如果我们把同一法的证明步骤作适当的改造,即在同一法的第一步前加一步"作出与命题步骤相反的假定",把同一法的第三、四步改作"根据同一性而出现两个不同图形这是矛盾的,由此原命题得证",那么原来的同一法就变成了反证法.

练习题 1.2

1.求证:若凸四边形有一双对边中点的连线等于另一双对边的和的一半,则另一双对边必互相平行.

2.求证:在平面上不存在这样的四个点 A,B,C,D,使得 $\triangle ABC$,$\triangle BCD$,$\triangle CDA$,$\triangle DAB$ 都是锐角三角形.

3.四边形 $PQRS$ 的四边 PQ,QR,RS,SP 上各有一点 A,B,C,D.已知 $ABCD$ 是平行四边形,而且它的对角线和 $PQRS$ 的对角线(四线)都交于一点 O.求证:$PQRS$ 也是平行四边形.

4.在凸四边形 $ABCD$ 中,已知 $AB + BD \leqslant AC + CD$.求证:$AB < AC$.

5.设 A,B,C,D 是平面上四点,其中任意三点不共线.求证:总能在其中选出三点,使这三点所组成的三角形至少有一个内角不大于 $45°$.

6.边长相等的凸五边形各内角均小于 $120°$,求证:它的所有内角皆为钝角.

7.试证:$\triangle ABC$ 内不存在这样一点 P,使得过 P 点的任意一条直线把 $\triangle ABC$ 的面积分成相等的两部分.

8.从 n 个机场各起飞一架飞机,都飞行到最近的一个城市机场.求证:任何一个机场降落的飞机都不超过 6 架.

9.在矩形 $ABCD$ 中,$AB = 2BC$,E 是 CD 上一点,且 $\angle CBE = 15°$.求证:$AB = AE$.

10.线段 AB 的中点为 M,从 AB 上的另一点 C 向直线的一侧引线段 CD,令 CD 的中点为 N,BD 的中点为 P,MN 的中点为 Q.求证:直线 PQ 平分线段 AC.

11.在等腰 $\triangle ABC$ 中,$AB = AC$,顶角 A 等于底角的一半,D 是 AC 上的一点,且 $AD = BC$.求证:(1)$\angle ABD = \angle CBD$;(2)$BD = BC$.

12.设有一个非等腰直角 $\triangle ABC$,$\angle C = 90°$,作斜边 AB 的垂直平分线 DE

与 AB 交于 D 点,与 $\angle C$ 的平分线交于 E 点,则 $CD = DE$.

13.以等边 $\triangle ABC$ 的边 BC 为直径,所作的圆与 AB 交于 D,与 AC 交于 E,线段 DE 的三等分点为 M,N.求证:AM,AN 的延长线三等分下面半个圆周.

14.在 $\triangle ABC$ 中,$\angle A = 90°$,以 AB 为直径作圆,CD 是切线,D 为切点,E 在 AB 上,DE 与 BC 交于 M,$DM = ME$,则 $DE \perp AB$.

15.已知 $\triangle ABC$ 为正三角形,D 为 BC 中点,E,F 分别为线段 AB,AC 上的点,若 $\angle EDF = 60°$,求证:$\triangle AEF$ 的周长为 $\triangle ABC$ 周长的一半.

16.设 P,Q 为线段 BC 上两定点,且 $BP = CQ$,A 为 BC 外一动点,当 A 运动到使 $\angle BAP = \angle CAQ$ 时,$\triangle ABC$ 是什么三角形?试证明你的结论.

17.在 $\triangle ABC$ 中,E 为 AB 上的点,D 为 AC 上的点,且 $BE = CD$,BD 交 CD 于 I,$\angle BIC = 90° + \dfrac{1}{2}\angle BAC$.求证:$BE = ED = CD$.

18.已知 D 是 $\triangle ABC$ 的 AC 边上一点,$AD : DC = 2 : 1$,$\angle C = 45°$,$\angle ADB = 60°$.求证:AB 是 $\triangle BCD$ 的外接圆的切线.

19.$\triangle ABC$ 的内切圆分别与 BC,CA,AB 相切于 D,E,F,$DP \perp EF$ 于 P.求证:PD 平分 $\angle BPC$.

20.已知 AB 为半圆的直径,C,D 为半圆上两点,$CE \perp AB$ 于 E,$DF \perp AB$ 于 F,AC 交 BD 于 Q,DE 交 CF 于 P.求证:$PQ \perp AB$.

21.在等腰直角 $\triangle ABC$ 中,$AB = AC$,O 为内部一点,$\angle AOB = 75°$,$\angle AOC = 150°$,求证:$OA = OC$,$OB = AB$.

35

22.设 $\triangle ABC$ 为锐角三角形,高 AH 与中线 BM 相交于点 L,与角平分线 CK 相交于点 N,中线 BM 与角平分线 CK 相交于点 P,点 L,N,P 互不相同.求证:$\triangle LNP$ 不可能为正三角形.

第三章　面积法

　　我们在求解平面几何问题的时候,根据几何量与涉及的有关图形面积之间的内在联系,用面积表示有关几何量,从而把要论证的几何量之间的关系化为有关面积之间的关系,并通过图形面积的等积变换对所证问题来进行求解的一种方法,我们称之为面积法.面积法具有直观性较强、联系较广、便于条件与结论之间的搭桥、表述简明等特点,颇受广大数学学习者的重视和欢迎.

一、面积法解题的基本依据

1.几个面积公式

　　设在 $\triangle ABC$ 中,角 A,B,C 所对的边依次为 a,b,c,h_a 为 a 边上的高,R 为外接圆的半径,r 为内切圆的半径,p 为三边长之和的一半,$S_{\triangle ABC}$ 表示 $\triangle ABC$ 的面积,则有

$(1)\ S_{\triangle ABC} = \dfrac{1}{2}ah_a;$
　　　　　　　　$(2)\ S_{\triangle ABC} = \dfrac{1}{2}bc \cdot \sin A;$

$(3)\ S_{\triangle ABC} = \dfrac{abc}{4R};$
　　　　　　　　$(4)\ S_{\triangle ABC} = \dfrac{a^2 \cdot \sin B \cdot \sin C}{2\sin(B + C)};$

$(5)\ S_{\triangle ABC} = \sqrt{p(p - a)(p - b)(p - c)};\ (6)\ S_{\triangle ABC} = rp;$

　　设凸四边形 $ABCD$ 的边长为 a,b,c,d,两对角线长为 e,f,两对角线夹角为 θ,S_{ABCD} 表示四边形 $ABCD$ 的面积,则有

$(7)\ S_{ABCD} = \dfrac{1}{2}ef \cdot \sin \theta;$

$(8)\ S_{ABCD} = \dfrac{1}{4}\sqrt{4e^2f^2 - (a^2 + c^2 - b^2 - d^2)^2};$

　　若记 $p = \dfrac{1}{2}(a + b + c + d)$,$2\varphi$ 为一双对角和,则

$(9)\ S_{ABCD} = \sqrt{(p - a)(p - b)(p - c)(p - d) - abcd \cdot \cos^2\varphi};$

　　注:由 $a^2 + d^2 - 2ad \cdot \cos A = b^2 + c^2 - 2bc \cdot \cos C$ 有

$$\frac{1}{2}S_{ABCD} = ad \cdot \sin A + bc \cdot \sin C$$

由此两式分别平方再相加整理即得第 9 个公式. 还有

(10) $S_{\square} = ah_a$；(11) $S_{梯形} = \frac{1}{2}(上底 + 下底)高$

等.

2. 几个常用的等积变形定理

(1) 面积分割原理: 一个图形的面积等于它的各部分面积的和;

(2) 两个全等图形的面积相等;

(3) 等底(含同底)等高的两个三角形面积相等;反之若两个三角形等高(或等底)且等积,则它们等底(或等高);

(4) 等积平行定理: $S_{\triangle A_1 BC} = S_{\triangle A_2 BC}$;且点 A_1, A_2 在 BC 的同侧 $\Leftrightarrow A_1A_2 \parallel BC$.

3. 几个常用的面积比定理

(1) 两相似图形的面积比等于其相似比的平方;

(2) 两个同(等)底的三角形(平行四边形)的面积比等于这边上对应高的比;

(3) 两个同(等)高的三角形(平行四边形)的面积比等于它们底边的比;

(4) 夹在两条平行线间的两个平面图形,被平行于这两条平行线的任意直线所截,如果截得两条线段之比总等于一个常数 λ,那么这两个平面图形的面积之比为 λ;

(5) 共边比例定理: 若 $\triangle PAB$ 与 $\triangle QAB$ 的公共边所在的直线与直线 PQ 交于 M,则 $\dfrac{S_{\triangle PAB}}{S_{\triangle QAB}} = \dfrac{PM}{QM}$;

(6) 共角比例定理: 若在 $\triangle ABC$ 与 $\triangle A'B'C'$ 中,$\angle A = \angle A'$ 或 $\angle A + \angle A' = 180°$,则 $\dfrac{S_{\triangle ABC}}{S_{\triangle A'B'C'}} = \dfrac{AB \cdot AC}{A'B' \cdot A'C'}$;

(7) 内接于同一圆的两个三角形的面积比等于三边乘积的比.

4. 几个重要结论

(1) 三角形的三条中线将该三角形分成面积相等的六个小三角形.

(2) 平行四边形两条对角线将该平行四边形分成面积相等的四个三角形.

(3) 平行四边形一边上任一点与对边两端点的连线将该平行四边形分成面积相等的两部分.

(4) 平行四边形内任一点与四顶点的连线将其分成四个三角形,则对顶的两三角形面积之和相等.

(5) 任意凸四边形两对角线将该四边形分成四个三角形,对顶的两三角形面积之积相等.

注:(5) 的条件可改为一对角线上一点与四顶点连线所分四个三角形,结论仍成立;(5) 的条件若变为梯形,则含有腰的两个小三角形面积相等,且结论仍成立.

关于三角形与四边形的面积,我们还有如下一系列重要结论,它们也有广泛的应用.下面以例题的形式介绍.

例 1 (三角形的边延拓或外含三角形结论) 设 $\triangle ABC$ 的面积为 S,若延长 $\triangle ABC$ 的边 AB, CB, CA 至 B', C', A',使 $BB' = \lambda_1 AB$, $CC' = \lambda_2 BC$, $AA' = \lambda_3 CA$,得一个新 $\triangle A'B'C'$,且记其面积为 S',则

$$\frac{S'}{S} = 1 + \lambda_1 + \lambda_2 + \lambda_3 + \lambda_1\lambda_2 + \lambda_2\lambda_3 + \lambda_3\lambda_1$$

证明 如图 1.3.1,连 $A'B$, $B'C$, $C'A$,则在 $\triangle B'CB$ 和 $\triangle BCA$ 中,有 $\dfrac{S_{\triangle B'CB}}{S} = \lambda_1$. 在 $\triangle CB'C'$ 和 $\triangle BB'C$ 中,有 $\dfrac{S_{\triangle CB'C'}}{S_{\triangle BB'C}} = \lambda_2$.

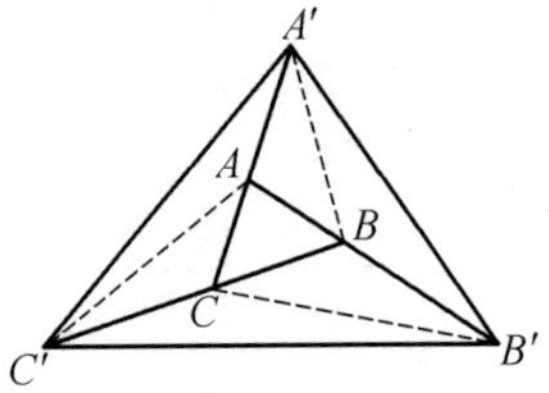

所以 $\dfrac{S_{\triangle CB'C'}}{S} = \lambda_1\lambda_2$, $\dfrac{S_{\triangle BB'C}}{S} = \lambda_1 + \lambda_1\lambda_2$.

同理,$\dfrac{S_{\triangle CC'A'}}{S} = \lambda_2 + \lambda_2\lambda_3$, $\dfrac{S_{\triangle AB'A'}}{S} = \lambda_3 + \lambda_3\lambda_1$.

由此,即证得结论成立.

图 1.3.1

例 2 (三角形的内含与内接三角形结论) 称分别连结三角形的顶点与对边上任意一点所得线段围成的三角形为其内含三角形;称三角形三顶点在另一三角形三边上时为其内接三角形. 如图 13.2,$\triangle PQR$ 是 $\triangle ABC$ 的内含三角形,$\triangle DEF$ 为其内接三角形,且 $AF:FB = \lambda_1$, $BD:DC = \lambda_2$, $CE:EA = \lambda_3$. 则

(1) $\dfrac{S_{\triangle PQR}}{S_{\triangle ABC}} = \dfrac{(1 - \lambda_1\lambda_2\lambda_3)^2}{(1 + \lambda_3 + \lambda_1\lambda_3)(1 + \lambda_1 + \lambda_1\lambda_2)(1 + \lambda_2 + \lambda_2\lambda_3)}$;

(2) $\dfrac{S_{\triangle DEF}}{S_{\triangle ABC}} = \dfrac{1 + \lambda_1\lambda_2\lambda_3}{(1 + \lambda_1)(1 + \lambda_2)(1 + \lambda_3)}$.

证明　(1) 如图 1.3.2,连 AR,则

$$\frac{S_{\triangle ERC}}{S_{\triangle ERA}} = \frac{CE}{EA} = \lambda_3$$

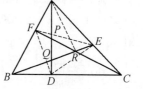

图 1.3.2

从而

$$\frac{S_{\triangle ARC}}{S_{\triangle ERC}} = \frac{1 + \lambda_3}{\lambda_3}$$

又因为

$$\frac{S_{\triangle AFC}}{S_{\triangle BFC}} = \frac{S_{\triangle AFR}}{S_{\triangle BFR}} = \frac{AF}{FB} = \lambda_1$$

所以

$$\frac{S_{\triangle ARC}}{S_{\triangle BRC}} = \frac{S_{\triangle AFC} - S_{\triangle AFB}}{S_{\triangle BFC} - S_{\triangle BFR}} = \frac{AF}{FB} = \lambda_1$$

所以

$$S_{\triangle BRC} = \frac{S_{\triangle ARC}}{\lambda_1} = \frac{1 + \lambda_3}{\lambda_1 \lambda_3} \cdot S_{\triangle ERC} \qquad ①$$

而

$$S_{\triangle BEC} = S_{\triangle BRC} + S_{\triangle ERC} = \frac{1 + \lambda_3 + \lambda_1 \lambda_3}{\lambda_1 \lambda_3} \cdot S_{\triangle ERC}$$

$$\frac{S_{\triangle BEC}}{S_{\triangle ABC}} = \frac{CE}{CA} = \frac{\lambda_3}{1 + \lambda_3}$$

$$S_{\triangle BEC} = \frac{\lambda_3}{1 + \lambda_3} \cdot S_{\triangle ABC}$$

即有

$$S_{\triangle ERC} = \frac{\lambda_1 \lambda_3}{1 + \lambda_3 + \lambda_1 \lambda_3} \cdot \frac{\lambda_3}{1 + \lambda_3} \cdot S_{\triangle ABC}$$

将上式代入 ① 式得

$$S_{\triangle BRC} = \frac{\lambda_3}{1 + \lambda_3 + \lambda_1 \lambda_3} \cdot S_{\triangle ABC}$$

同理　$S_{\triangle APC} = \dfrac{\lambda_1}{1 + \lambda_1 + \lambda_1 \lambda_2} \cdot S_{\triangle ABC}, S_{\triangle AQB} = \dfrac{\lambda_2}{1 + \lambda_2 + \lambda_2 \lambda_3} \cdot S_{\triangle ABC}$

故由 $S_{\triangle PQR} = S_{\triangle ABC} - S_{\triangle APC} - S_{\triangle AQB} - S_{\triangle BRC}$ 即证.

(2) 由

$$\frac{S_{\triangle AEF}}{S_{\triangle ABC}} = \frac{AF}{AB} \cdot \frac{AE}{AC} = \frac{\lambda_1}{(1 + \lambda_1)(1 + \lambda_3)}$$

$$\frac{S_{\triangle BDF}}{S_{\triangle ABC}} = \frac{BD}{BC} \cdot \frac{BF}{BA} = \frac{\lambda_2}{(1 + \lambda_2)(1 + \lambda_1)}$$

$$\frac{S_{\triangle CED}}{S_{\triangle ABC}} = \frac{CE}{CA} \cdot \frac{CD}{CB} = \frac{\lambda_3}{(1 + \lambda_3)(1 + \lambda_2)}$$

及

$$S_{\triangle ABC} - (S_{\triangle AEF} + S_{\triangle BDF} + S_{\triangle CED}) = S_{\triangle DEF}$$

即证.

注:显然当 $S_{\triangle PQR} = 0 \Leftrightarrow AD, BE, CF$ 共点 $\Leftrightarrow \lambda_1 \lambda_2 \lambda_3 = 1$,此即为塞瓦(Seva)

定理;当 $\lambda_1 = \lambda_2 = \lambda_3$ 时,有 $\dfrac{S_{\triangle PQR}}{S_{\triangle ABC}} = \dfrac{(1 - \lambda_1)^2}{1 + \lambda_1 + \lambda_1^2}$.

39

例3 （涉及垂足的锐角三角形面积比结论）在锐角 $\triangle ABC$ 中，D，E，F 分别是在 BC，AC，AB 边上的高的垂足，则

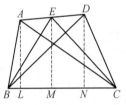

图 1.3.3

(1) $\dfrac{S_{\triangle AEF}}{S_{\triangle ABC}} = \cos^2 A$，$\dfrac{S_{BCEF}}{S_{\triangle ABC}} = \sin^2 A$，$\dfrac{S_{\triangle AEF}}{S_{BCEF}} = \cot^2 A$；

(2) $S_{\triangle DEF} = 2S_{\triangle ABC} \cdot \cos A \cdot \cos B \cdot \cos C \leqslant \dfrac{1}{4} S_{\triangle ABC}$.

证明 提示：(1) 略；(2) 注意到 (1) 中的结论.

由 $S_{\triangle EFD} = S_{\triangle ABC} - S_{\triangle AEF} - S_{\triangle BDF} - S_{\triangle CDE}$ 即证.（可参见本篇第六章中例 13）

例4 （面积的定比分点公式）如图 1.3.4，在凸四边形 $ABCD$ 中，E 是 AD 上一点，$AE : ED = \lambda$，则

$$S_{\triangle EBC} = \frac{S_{\triangle ABC} + \lambda \cdot S_{\triangle DBC}}{1 + \lambda}$$

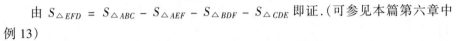

图 1.3.4

证明 设 L，M，N 分别为 A，E，D 在直线 BC 上的射影（垂线的垂足），则在梯形 $NDAL$ 中，有

$$EM = \frac{AL + \lambda \cdot DN}{1 + \lambda}.$$（此即为线段的定比分点公式）

对上式两边同乘以 $\dfrac{1}{2} BC$，即可得到结论.

例5 （凸四边形的一个面积公式）如图 1.3.5，在凸四边形 $ABCD$ 中，E，F 分别是 AB，CD 的中点，则 $S_{ABCD} = S_{\triangle ABF} + S_{\triangle CDE}$.

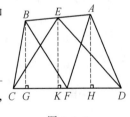

图 1.3.5

证明 分别作 $BG \perp CD$ 于 G，$AH \perp CD$ 于 H，$EK \perp CD$ 于 K，设 $BG = h_1$，$AH = h_2$，$EK = h$，$CF = FD = a$，则在梯形 $GHAB$ 中，有 $h_1 + h_2 = 2h$，则

$$S_{\triangle BCF} + S_{\triangle AFD} = \frac{1}{2} a(h_1 + h_2) = ah$$

又因为

$$S_{\triangle CDE} = \frac{1}{2} CD \cdot h = ah$$

故

$$S_{ABCD} = (S_{\triangle BCF} + S_{\triangle AFD}) + S_{\triangle ABF} = S_{\triangle CDE} + S_{\triangle ABF}$$

注：此即为任意凸四边形的面积等于一组对边中点分别与对边两端点连线和对边组成的两个三角形的面积之和.

二、面积法的解题方式

面积法可解有关面积的题(题中条件或结论明显出现面积的题),也可解其中不出现面积的题.

1. 解面积问题

解这类题的基本方式是用不同的方法计算同一块面积,列出等式,再作适当变换,演化出所要的结论.

在前面几道例题的求解中,充分体现了这种方式,下面再看几例.

例6 在 $\triangle ABC$ 内取一点 P,使 $S_{\triangle ABP} = S_{\triangle BCP} = S_{\triangle CAP}$.求证:$P$ 是 $\triangle ABC$ 的重心.

证明 只需证 AP,BP,CP 的延长线都平分对边.因为三者完全相仿,故只需证其中之一.设直线 AP 交 BC 于 D,由共边比例定理和已知条件,得 $BD : DC = S_{\triangle ABP} : S_{\triangle ACP} = 1$,即证.

例7 如图 1.3.6,E,F 分别是 $\square ABCD$ 的边 AB 和 AD 的中点.线段 CE 和 BF 相交于点 K,点 M 在线段 EC 上,并且 $BM // KD$.证明:$\triangle KFD$ 和梯形 $KBMD$ 的面积相等.

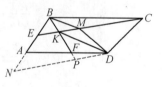

图 1.3.6

证明 过 D 作 $DN // CE$ 交 BA 的延长线于 N,交 BF 的延长线于 P.显然 $EN = CD = 2BE$.又

$$BK : KP = BE : EN = 1 : 2$$

由 $\triangle BKC \backsim \triangle FPD$ 有

$$FP : BK = FD : BC = 1 : 2$$

因此

$$FP : KP = 1 : 4$$

由 $\triangle KPD \backsim \triangle BKM$ 得

$$KD : BM = KP : BK = 2$$

则

$$S_{\triangle KPD} : S_{\triangle BKM} = KP^2 : BK^2 = 4$$

又

$$S_{\triangle KFD} : S_{\triangle KPD} = KF : KP = (KP - FP) : KP = 3 : 4$$

所以

$$S_{\triangle KFD} = \frac{3}{4} S_{\triangle KPD} = 3 S_{\triangle BKM}$$

再由 $BM // KD$,有

$$S_{\triangle KMD} : S_{\triangle BKM} = KD : BM = 2$$

41

则 $S_{\triangle KMD} = 2S_{\triangle BKM}$. 于是
$$S_{KBMD} = S_{\triangle BKM} + S_{\triangle KMD} = 3S_{\triangle BKM} = S_{\triangle KFD}$$

例 8 设 $\triangle ABC$ 的面积为 1，B_1，B_2 和 C_1，C_2 分别是边 AB，AC 的三等分点，连结 B_1C，B_2C，BC_1，BC_2，求它们所围成的四边形的面积.

解 如图 $1.3.7$，设 BC_2 交 CB_2 于 R，交 B_1C 于 S；BC_1 交 B_1C 于 P，交 B_2C 于 Q，由梅氏定理，有
$$\frac{BS}{SC_2} \cdot \frac{C_2C}{CA} \cdot \frac{AB_1}{B_1B} = 1$$

又因为 $\dfrac{C_2C}{CA} = \dfrac{1}{3}, \dfrac{AB_1}{B_1B} = \dfrac{1}{2}$

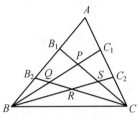

图 1.3.7

有 $\dfrac{BS}{SC_2} = 6, \dfrac{BS}{BC_2} = \dfrac{6}{7}$

由梅氏定理，有
$$\frac{BR}{RC_2} \cdot \frac{C_2C}{CA} \cdot \frac{AB_2}{B_2B} = 1 \Rightarrow \frac{BR}{BC_2} = \frac{3}{5}$$
$$\frac{BQ}{QC} \cdot \frac{C_1C}{CA} \cdot \frac{AB_2}{B_2B} = 1 \Rightarrow \frac{BQ}{BC_1} = \frac{3}{7}$$
$$\frac{BP}{PC_1} \cdot \frac{C_1C}{CA} \cdot \frac{AB_1}{B_1B} = 1 \Rightarrow \frac{BP}{BC_1} = \frac{3}{4}$$

又因为 $S_{\triangle BC_1C_2} = \dfrac{C_1C_2}{AC} \cdot S_{\triangle ABC} = \dfrac{1}{3}$

所以
$$S_{PQRS} = S_{\triangle BPS} - S_{\triangle BQR} = \left(\frac{BP}{BC_1} \cdot \frac{BS}{BC_2} - \frac{BQ}{BC_1} \cdot \frac{BR}{BC_2} \right) \cdot S_{\triangle BC_1C_2} = \frac{9}{70}$$

2. 解非面积问题——证教材中定理

求解非面积问题的基本方式也是利用已知图形中不同的边和角来表示同一个面积关系，并得到这些边和角的一个或几个关系式，然后根据已知条件，从这些关系式中消去与问题无关的量，就可得到欲求解的几何结论. 下面，我们从两个方面举例介绍.

例 9（勾股定理）在 $\triangle ABC$ 中，$\angle C = 90°$，求证：$AC^2 + BC^2 = AB^2$.

证法 1 作 $CD \perp AB$ 于 D，所设边长如图，由 $\mathrm{Rt}\triangle CBD \backsim \triangle \mathrm{Rt}\triangle ABC$，及 $\mathrm{Rt}\triangle ACD \backsim \mathrm{Rt}\triangle ABC$，有

$$\frac{S_{\triangle CBD}}{a^2} = \frac{S_{\triangle ACD}}{b^2} = \frac{S_{\triangle ABC}}{c^2} = \lambda \ (\lambda \neq 0)$$

从而　　　　　$S_{\triangle CBD} = a^2\lambda, S_{\triangle ACD} = b^2\lambda, S_{\triangle ABC} = c^2\lambda$

由 $S_{\triangle CBD} + S_{\triangle ACD} = S_{\triangle ABC}$ 有

$$a^2\lambda + b^2\lambda = c^2\lambda$$

故 $a^2 + b^2 = c^2$，即 $BC^2 + AC^2 = AB^2$.

证法 2　如图 1.3.8，延长 CA 到 F，使 $AF =$ a，作 $EF \perp AF$，并且 $EF = b$，则 $\triangle AEF \cong$ $\triangle BCA$，易知 $\triangle AEB$ 为等腰直角三角形.因为

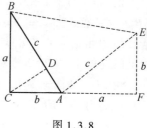

$$S_{梯形BCFE} = \frac{1}{2}(a + b)^2$$

又因为 $S_{梯形BCFE} = 2S_{\triangle ABC} + S_{\triangle ABE} = ab + \frac{1}{2}c^2$

即　　　　　$\frac{1}{2}(a + b)^2 = ab + \frac{1}{2}c^2$

从而 $a^2 + b^2 = c^2$，即 $BC^2 + AC^2 = AB^2$.

图 1.3.8

例 10　（平行线分线段成比例定理）设 $l_1 \parallel l_2 \parallel l_3$，直线 AC，DF 分别交 l_1，l_2, l_3 于 A, B, C 和 D, E, F 点.求证：$AB : BC = DE : EF$.

证明　如图 1.3.9，连 AE, DB, BF, CE，则

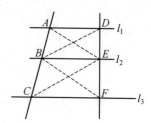

$$\frac{S_{\triangle ABE}}{S_{\triangle BCE}} = \frac{AB}{BC}, \frac{S_{\triangle DBF}}{S_{\triangle EFB}} = \frac{DE}{EF}$$

由 $l_1 \parallel l_2 \parallel l_3$，有

$$S_{\triangle ABE} = S_{\triangle DBE}, S_{\triangle BCE} = S_{\triangle EFB}$$

由上即有 $AB : BC = DE : EF$.

类似于上例，可证"三角形一边的平行线的判定定理"：若 $AD : AB = AE : AC$，则 $DE \parallel BC$.

图 1.3.9

例 11　（三角形内角平分线性质定理）AD 为 $\triangle ABC$ 的 $\angle BAC$ 的平分线，求证：$AB : AC = BD : DC$.

证明　如图 1.3.10，过 D 作 $DE \perp AB$ 于 E，$DF \perp AC$ 于 F，则 $DE = DF$，于是

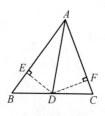

$$\frac{S_{\triangle ABD}}{S_{\triangle ACD}} = \frac{\frac{1}{2}AB \cdot DE}{\frac{1}{2}AC \cdot DF} = \frac{AB \cdot DE}{AC \cdot DF} = \frac{AB}{AC}$$

图 1.3.10

43

又因为 $\dfrac{S_{\triangle ABD}}{S_{\triangle ACD}} = \dfrac{BD}{DC}$,所以 $\dfrac{AB}{AC} = \dfrac{BD}{DC}$.

3. 解非面积问题 —— 求解各类问题

例 12 P 是 $\triangle ABC$ 中 $\angle A$ 平分线上的任一点,过 C 作 $CE \parallel PB$,交 AB 延长线于 E,过 B 作 $BF \parallel PC$ 交 AC 延长线于 F.求证:$BE = CF$.

证明 如图 1.3.11,连结 PE,PF,由 $PC \parallel BF$ 有 $S_{\triangle PCF} = S_{\triangle PBC}$.又因为 $PB \parallel CE$ 有 $S_{\triangle PBE} = S_{\triangle PBC}$.所以 $S_{\triangle PCF} = S_{\triangle PBE}$.

而 P 是 $\angle A$ 的平分线上的点,P 点到 BE 及 CF 的距离相等,即 $\triangle PCF$ 的 CF 边上的高等于 $\triangle PBE$ 的 BE 边上的高,从而 $BE = CF$.

例 13 如图 1.3.12,在 $\triangle ABC$ 中,AH 是 BC 边上的高,O 是 AH 上任一点,CO 交 AB 于 D,BO 交 AC 于 E,连 DH,EH.求证:$\angle DHO = \angle EHO$.

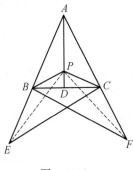

图 1.3.11

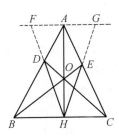

图 1.3.12

证明 过点 A 作 BC 的平行线分别交 HD,HE 的延长线于 F,G,则有

$$\frac{AG}{HC} = \frac{AE}{EC} = \frac{S_{\triangle BAE}}{S_{\triangle BCE}} = \frac{S_{\triangle OAE}}{S_{\triangle OCE}}$$

所以

$$AG = HC \cdot \frac{S_{\triangle AOB}}{S_{\triangle BOC}}$$

同理

$$AF = BH \cdot \frac{S_{\triangle AOC}}{S_{\triangle BOC}}, \quad BH = HC \cdot \frac{S_{\triangle AOB}}{S_{\triangle AOC}}$$

由上述三式,有

$$\frac{AG}{AF} = \frac{HC}{BH} \cdot \frac{S_{\triangle AOB}}{S_{\triangle AOC}} = 1$$

即 $AG = AF$,故 AH 是 FG 的中垂线,故 $\angle DHO = \angle EHO$.

例 14 如图 1.3.13,O 为 $\triangle ABC$ 内任意一点,求证:$(1) \dfrac{AC'}{A'B} \cdot \dfrac{BA'}{A'C} \cdot \dfrac{CB'}{B'A} =$

1；(2) $\dfrac{AO}{AA'} + \dfrac{BO}{BB'} + \dfrac{CO}{CC'} = 2$.

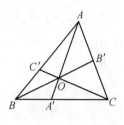

证明 (1) 由共边比例定理,有

$$\dfrac{AC'}{C'B} = \dfrac{S_{\triangle AOC}}{S_{\triangle BOC}}, \quad \dfrac{BA'}{A'C} = \dfrac{S_{\triangle AOB}}{S_{\triangle AOC}}, \quad \dfrac{CB'}{B'A} = \dfrac{S_{\triangle BOC}}{S_{\triangle AOB}}.$$

此三式相乘即证得结论.

注:此结论称为塞瓦(Seva)定理,其逆定理可仿梅氏定理的逆定理的证法(本篇第一章中例12)而证.

图 1.3.13

(2) 欲证结论成立,只需证

$$\dfrac{AO}{2AA'} + \dfrac{BO}{2BB'} + \dfrac{CO}{2CC'} = 1$$

成立即可,由

$$\dfrac{AO}{AA'} = \dfrac{S_{\triangle AOB}}{S_{\triangle AA'B}} = \dfrac{S_{\triangle AOC}}{S_{\triangle AA'C}} = \dfrac{S_{\triangle AOB} + S_{\triangle AOC}}{S_{\triangle AA'B} + S_{\triangle AA'C}} = \dfrac{S_{\triangle AOB} + S_{\triangle AOC}}{S_{\triangle ABC}}$$

有

$$\dfrac{AO}{2AA'} = \dfrac{S_{\triangle AOB} + S_{\triangle AOC}}{2S_{\triangle ABC}}$$

同理

$$\dfrac{BO}{2BB'} = \dfrac{S_{\triangle BOC} + S_{\triangle AOB}}{2S_{\triangle ABC}}, \dfrac{CO}{2CC'} = \dfrac{S_{\triangle BOC} + S_{\triangle AOC}}{2S_{\triangle ABC}}$$

由上式三式相加整理即可证得原结论成立.

例15 如图 1.3.14,直线 DE 平行于 $\triangle ABC$ 的 BC 边,直线 AB, AC 分别交直线 DE 于 D, E 两点,P 为 DE 上任意一点,直线 BP 交 AC 于 N,直线 CP 交 AB 于 M,且 D 分 AB 所得的比为 $\lambda(\lambda \in \mathbf{R}, \lambda \neq -1)$,$M$ 分 AB 所得比为 λ_1,N 分 AC 所得比为 λ_2,求证:$\lambda = \lambda_1 + \lambda_2$.

45

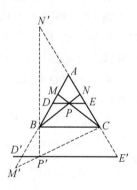

证明 当 $\lambda > 0$ 时,D,E 分别内分 AB,AC,则有

$$\dfrac{AM}{MB} + \dfrac{AN}{NC} = \dfrac{S_{\triangle PAB} + S_{\triangle PAC}}{S_{\triangle PBC}} =$$

$$\dfrac{S_{\triangle ABC} - S_{\triangle PBC}}{S_{\triangle PBC}} =$$

图 1.3.14

$$\dfrac{AC - EC}{EC} = \dfrac{AE}{EC} = \lambda$$

故有 $\lambda_1 + \lambda_2 = \lambda$. 当 $\lambda < 0$ 时,也类似可证(略).

注:当 $\lambda = 1$ 时,即为 $\dfrac{AM}{MB} + \dfrac{AN}{NC} = 1$.

例16 已知凸多边形 $A_1A_2 \cdots A_n$,在它的边 A_1A_2 上取两点 B_1 和 D_2,在

A_2A_3 上取 B_2 和 D_3,$\cdots$,在 A_nA_1 上取 B_n 和 D_1,作平行四边形 $A_1B_1C_1D_1$,
$A_2B_2C_2D_2$,$\cdots$,$A_nB_nC_nD_n$,并且直线 A_1C_1,A_2C_2,$\cdots$,A_nC_n 交于点 O. 证明:$A_1B_1 \cdot$
$A_2B_2 \cdot \cdots \cdot A_nB_n = A_1D_1 \cdot A_2D_2 \cdot \cdots \cdot A_nD_n$.

分析 如图 1.3.15,连 OB_i,OD_i($i = 1,2,\cdots,n$),可
以发现,欲证等式的两边分别是 $\triangle OA_iB_i$ 的边 A_iB_i 的乘积
和 $\triangle OA_iD_i$ 的边 A_iD_i 的乘积($i = 1,2,\cdots,n$). 而 $\triangle OA_iB_i$ 与
$\triangle DA_iD_i$ 均为共边三角形,故可考虑用共边三角形面积的
性质来证.

证明 由于 $A_iB_iC_iD_i$ 是平行四边形,所以
B_iD_i 被 A_iO 平分,由共边比例定理有

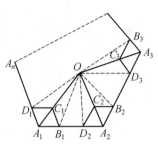

图 1.3.15

$$S_{\triangle OA_iB_i} = S_{\triangle OA_iD_i} \quad (i = 1,2\cdots)$$

从而有

$$S_{\triangle OA_1B_1} \cdot S_{\triangle OA_2B_2} \cdot \cdots \cdot S_{\triangle OA_nB_n} = S_{\triangle OA_1D_1} \cdot S_{\triangle OA_2D_2} \cdot \cdots \cdot S_{\triangle OA_nD_n}$$

46

设点 O 到 A_1A_2,A_2A_3,$\cdots$,A_nA_1 的距离分别为 h_1,h_2,$\cdots$,h_n,以 A_iB_i 与对应
高的乘积的一半代替 $S_{\triangle OA_iB_i}$,以 A_iD_i 与对应高的乘积的一半代替 $S_{\triangle OA_iD_i}$,代入
上式后,两边约去共同因子,即得欲证等式.

例 17 如图 1.3.16,从 $\triangle ABC$ 的顶点 A 到对边 BC
的三等分点 E,F 作线段 AE,AF,过顶点 B 的中线 BD 被
这些线段分成连比 $x:y:z$,设 $x \geqslant y \geqslant z$,求 $x:y:z$.

解 设 BD 交 AE 于 G,交 AF 于 H,则 $BG = x$,$GH = y$,$HD = z$.

由等高三角形性质知

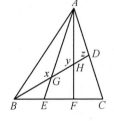

图 1.3.16

$$x:y:z = S_{\triangle ABG} : S_{\triangle AGH} : S_{\triangle AHD}$$

视 $\triangle AHD$ 为 $\triangle ABC$ 的内含三角形,注意例 2 的结论,取 $\lambda_1 = \dfrac{AA}{AB} = 0$,$\lambda_2 = \dfrac{BF}{FC} = 2$,$\lambda_3 = \dfrac{CD}{DA} = 1$,则得

$$S_{\triangle AHD} = \frac{1}{10}S_{\triangle ABC}$$

同理

$$S_{\triangle AGD} = \frac{1}{4}S_{\triangle ABC}$$

所以

$$S_{\triangle AGH} = S_{\triangle AGD} - S_{\triangle AHD} = \frac{3}{20}S_{\triangle ABC}$$

而
$$S_{\triangle ABD} = \frac{1}{2} S_{\triangle ABC}$$

所以
$$S_{\triangle ABG} = S_{\triangle ABD} - S_{\triangle AGD} = \frac{1}{4} S_{\triangle ABC}$$

所以
$$x : y : z = S_{\triangle ABG} : S_{\triangle AGH} : S_{\triangle AHD} = \frac{1}{4} : \frac{3}{20} : \frac{1}{10} = 5 : 3 : 2$$

练习题 1.3

1. E, F 分别是正方形 $ABCD$ 的两边 AB, BC 的中点, AF, CE 交于 G 点. 若正方形的面积为 1, 求四边形 $AGCD$ 的面积.

2. E 是平行四边形 $ABCD$ 边 BC 的中点, AE 交 BD 于 G, 如果 $\triangle BEG$ 的面积为 1. 求平行四边形 $ABCD$ 的面积.

3. 已知 $\triangle ABC$ 的重心为 $G, AG = 3, BG = 4, CG = 5$, 求 $\triangle ABC$ 的面积.

4. 设点 P 是平行四边形 $ABCD$ 内任一点, $S_{\triangle APB} : S_{\square ABCD} = 2 : 5$. 求 $S_{\triangle CPD} : S_{\square ABCD}$.

5. 已知边长为 a 的正方形 $ABCD$ 中, E 为 AD 的中点, P 为 CE 的中点, F 为 BP 的中点, 求 $\triangle BFD$ 的面积.

6. 设点 A 是半径为 1 的圆 O 外一点, $OA = 2$, AB 是圆 O 的切线, B 是切点, 弦 $BC \parallel OA$, 连 AC, 求 $\triangle ABC$ 与弓形 BC 的面积和.

7. 设 X 为凸四边形 $PQRS$ 的边 QR 上任意一点, 过 Q 作平行于 PX 的直线与过 R 作的平行于 SX 的直线交于 Y. 设 S_A 是 $\triangle PSY$ 的面积, S_B 是 $PQRS$ 的面积, 则 S_A 与 S_B 的大小关系怎样?

8. $\square ABCD$ 的边 AB, BC, CD, DA 上分别有点 E, H, F, G, 且 $EF \parallel BC$, $GH \parallel AB$, EF 与 GH 交于 P. 若 $S_{\square GPFD} = 10, S_{\square PHCF} = 8, S_{\square EBHP} = 16$, 求 $S_{\square AEPG}$.

9. 在 $\triangle PQC$ 外侧, 作等边 $\triangle PCB$ 和等边 $\triangle QDC$, 设 BQ 与 PD 交于 G, 连接 CG. 求证: $\angle BGC = \angle DGC$.

10. 在已知 $\triangle ABC$ 内求作一点 O, 使得 $S_{\triangle AOB} : S_{\triangle BOC} : S_{\triangle AOC} = 1 : 3 : 4$, 写出作图过程.

11. $\triangle ABC$ 中, $\angle A = 60°$, 此三角形的内切圆切 BC 于 D, 已知 $BD = m, DC = n$, 求 $S_{\triangle ABC}$.

12. 锐角 $\triangle ABC$ 的 $\angle A = 60°$, 以 BC 为直径的圆交 AB 于 D, 交 AC 于 E, 连 DE, 求 $S_{\triangle ADE} : S_{BCED}$.

13. 锐角 $\triangle ABC$ 中, $AB = 4, AC = 5, BC = 6, AD, BE, CF$ 分别是边 BC, CA, AB 上的高, D, E, F 为垂足, 求 $S_{\triangle DEF} : S_{\triangle ABC}$.

14. 四边形 $ABCD$ 中, M, N 分别是对角线 AC, BD 的中点, 又 AD, BC 的延长线交于 P. 求证: $S_{\triangle PMN} = S_{ABCD}/4$.

15.设 AD , BE , CF 为 $\triangle ABC$ 的内角平分线, a , b , c 为边长,求证: $\dfrac{S_{\triangle DEF}}{S_{\triangle ABC}} = \dfrac{2abc}{(a+b)(b+c)(c+a)}$.

16.设 D , E 分别在 $\triangle ABC$ 的边 AC 和 BA 上, BD 交 CE 于 F ,且 $AE = EB$, $AD : DC = 2 : 3$, $S_{\triangle ABC} = 40$.求 S_{AEFD} .

17.设 $\square ABCD$ 的面积为 1 , E , F 分别为 AD , DE 的中点,连 BE , EC 交 AF 于 P , Q 两点,求 $S_{\triangle EPQ}$.

18.给定凸四边形 $ABCD$,边 AB 和 CD 的中点分别为 K 和 M ,线段 AM 和 DK 交于 P ,线段 BM 和 CK 交于 Q .求证: $S_{MPKQ} = S_{\triangle BQC} + S_{\triangle APD}$.

19.在凸四边形 $ABCD$ 中,连结对边中点线段相交于 O .求证: $S_{\triangle AOB} + S_{\triangle COD} = \dfrac{1}{2} S_{ABCD}$.

20.在凸四边形 $ABCD$ 中, E , F 和 G , H 分别为一组对边 AB 和 CD 上的三等分点.求证: $S_{EPGH} = \dfrac{1}{3} S_{ABCD}$.

21.设 D , E 为 $\triangle ABC$ 的 BC 边上的点,且 $\angle BAD = \angle CAE$.求证: $\dfrac{BD \cdot BE}{CD \cdot CE} = \dfrac{AB^2}{AC^2}$.

22.在 $\triangle ABC$ 中, $DE \parallel BC$ 交 AB 于 D ,交 BC 于 E , $AF \parallel EB$ 交 BC 于 F , $AG \parallel DC$ 交 BC 于 G .求证: $BF = CG$.

23.在 $\square ABCD$ 中, E , F 分别是 AD , AB 上的点,且 $BE = DF$, BE 与 DF 相交于 O .求证: $\angle OCB = \angle DOC$.

24.经过 $\angle XOZ$ 的平分线上的一点 A ,任作一直线与 OX , OZ 分别相交于 P , Q .求证: $\dfrac{1}{OP} + \dfrac{1}{OQ}$ 等于定值.

25.已知 $ABCD$ 为一圆外切梯形, E 是对角线 AC 和 BD 的交点, r_1 , r_2 , r_3 , r_4 分别是 $\triangle ABE$, $\triangle BCE$, $\triangle CDE$ 和 $\triangle DAE$ 的内切圆半径.求证: $\dfrac{1}{r_1} + \dfrac{1}{r_2} = \dfrac{1}{r_3} + \dfrac{1}{r_4}$.

26.两个全等的正 $\triangle PQR$, $\triangle P'Q'R'$ 相交于 A , B , C , D , E , F . $AB = a_1$, $BC = b_1$, $CD = a_2$, $DE = b_2$, $EF = a_3$, $FA = b_3$.求证: $a_1^2 + a_2^2 + a_3^2 = b_1^2 + b_2^2 + b_3^2$.请标明 A , B , C , D , E , F 的具体位置.

27.四条直线 AB , BC , CD , DA 两两相交组成的图形称为完全四边形.试证完全四边形的三条对角线 AC , BD , EF (BA 与 CD 交于 E , BC 与 AD 交于 F)的中点共直线.

第四章　　割补法

在求解平面几何问题时,根据问题的题设和结论,合理适当地将原来的图形割去一部分,或补上一部分,变成一个特殊的、简单的、整体的、熟悉的图形,使原来问题的本质得到充分显示,通过对新图形的分析,探索原来问题的答案.我们把这种方法称之为割补法.

一、挖掘题设内涵,进行图形割补拼凑重组

在众多的平面几何问题中,题目所给出的图形往往是不规则的,这就使我们难于辨别其类型,看清其本质,思维受阻,给解题造成困境.因此,我们必须挖掘题设内涵,将原图形进行加工处理 —— 割补拼凑重组,还其本来面貌,展现其本质属性.

1. 既割又补,探其奥妙

例1　在等边凸六边形 $ABCDEF$ 中,$\angle A + \angle C + \angle E = \angle B + \angle D + \angle F$.求证:$\angle A = \angle D$,$\angle B = \angle E$,$\angle C = \angle F$.

这个问题的证法很多,但都不如下面的割补法简洁.

证法1　如图 1.4.1,进行切割拼凑重组:连 AE,AC,EC.由题设有 $\angle B + \angle D + \angle F = 360°$,又因为 $AB = BC = \cdots = FA$,于是 $\triangle AEF,\triangle ABC,\triangle CDE$ 可拼成一个大三角形,且它与 $\triangle ACE$ 全等(证略).由此可得 $CD \parallel OE \parallel AF,AB \parallel OC \parallel ED,BC \parallel AO \parallel FE$.故 $\angle A = \angle D,\angle B = \angle E,\angle C = \angle F$.

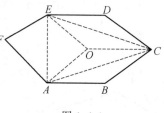

图 1.4.1

从上述证明过程可以看出:题设中的等边凸六边形的条件改为对边彼此相等的凸六边形,结论仍然成立.

证法2　如图 1.4.2,给定六边形 $ABCDEF$ 的对边都相等,任意三个没有公共夹边的角之和为 360°,进行补形拼凑:把二个和已知六边形全等的六边形的

49

这三个角的顶点放在一起,我们可以使它们的三个角组成一个周角,由图形全等性质,可以断定四边形 $AA'CE$ 和 $AA'C'C$ 是平行四边形,从而顶点 E, C, C' 在一条直线上.由六边形全等,还可推出 $\angle FEC = \angle BCC'$,因而有 $EF \parallel BC$. 同理,可证得六边形 $ABCDEF$ 的另两双对边平行,这就意味着它的对角相等.

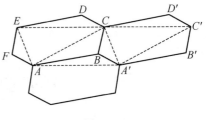

图 1.4.2

上述两个证明过程使我们看到:对图形进行割补,可以使我们更清楚地认识这类图形的本质属性:对边彼此相等的凸六边形中,三组对角或者彼此分别相等,或者一组中的每个角皆小于它的对角.

2. 多次割补拼凑重组,大开眼界

例 2 在 $\triangle ABC$ 中,三内角用 A, B, C 表示,则

$$\left(\csc \frac{A}{2} + \csc \frac{B}{2} + \csc \frac{C}{2}\right)^2 \geq 9 + \left(\cot \frac{A}{2} + \cot \frac{B}{2} + \cot \frac{C}{2}\right)^2$$

其中等号当且仅当 $\triangle ABC$ 为正三角形时成立.

此不等式的证法很多,我们选择用割补法证明,这种证法确可让人大开眼界.

证明 设 I 为 $\triangle ABC$ 的内心,内切圆半径为 r,依次记 AE, BF, CD 之长为 u, v, w(见图 1.4.3(1)).

沿 AI, BI, CI, DI, EI, FI 割开,由此可把 $\triangle ABC$ 拆拼成一矩形(见图 1.4.3(2)),将此三个全等的矩形拼成一个大矩形(见图 1.4.3(3)).

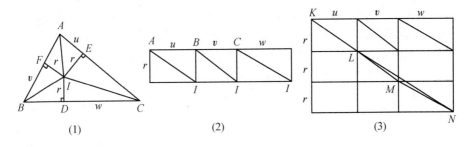

(1) (2) (3)

图 1.4.3

显见,折线段 $KLMN$ 之长应不小于对角线 KN 之长.即

$$AI + BI + CI \geqslant \sqrt{(3r)^2 + (u + v + w)^2}$$

上式两端平方并除以 r^2,得

$$\left(\frac{AI}{r} + \frac{BI}{r} + \frac{CI}{r}\right)^2 \geqslant 9 + \left(\frac{u}{r} + \frac{v}{r} + \frac{w}{r}\right)^2$$

此即为欲证的不等式.且等号成立的充要条件是图1.4.3(3)中对角线 KN 与折线 $KLMN$ 重合,即需 $u = v = w$,也即需 $\angle A = \angle B = \angle C$,由此即证.

3.多种割补,解法多多

例3 如图1.4.4,在四边形 $ABCD$ 中,$\angle B = \angle C = 60°$,$BC = 1$,以 CD 为直径作圆与 AB 相切于点 M,且交 BC 于点 E,求线段 BE 的长度.

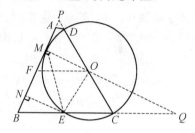

图 1.4.4

分析 仔细观察图形和题设条件,用分割的方法可以把图形分割为特殊的三角形和特殊的四边形,也可以用补形的方法把图形补成特殊三角形,因而可获得多种解法.

解法1 (割出等腰三角形)连 OM,则 $OM \perp AB$,因而由题设易知 $\angle COM = 150°$.连 OE,易知 $\triangle COE$ 为等边三角形,从而可知 $\triangle EOM$ 为等腰直角三角形,即有 $OM = OE = CE$,$\angle BME = \angle EMO = 45°$,从而

$$ME = \sqrt{2}\,OE = \sqrt{2}\,CE = \sqrt{2}(1 - BE)$$

由 $EM : \sin 60° = BE : \sin 45°$ 知 $ME = \dfrac{\sqrt{6}}{2}BE$.

由 $\sqrt{2}(1 - BE) = \dfrac{\sqrt{6}}{2}BE$ 求得 $BE = 4 - 2\sqrt{3}$.

解法2 (割出平行四边形)连 OE,易知 $OE = CE$ 且 $OE /\!/ AB$.连 OM,则 $OM \perp AB$,过 O 作 $OF /\!/ BC$ 交 AB 于 F,可得 $\square BEOF$.从而

$$MF = \frac{1}{2}OF = \frac{1}{2}BE, \quad FB = OE = CE = 1 - BE$$

而

$$BM^2 = BE \cdot 1 = BE$$

所以

$$\left(\frac{1}{2}BE + 1 - BE\right)^2 = BE$$

即 $BE^2 - 8BE + 4 = 0$.故 $BE = 4 - \sqrt{3}$.

解法3 (割出正方形)连 OM,OE,过 E 作 $EN \perp BM$ 于 N,则 $EOMN$ 为正方形.从而

51

$$BN = \frac{1}{2}BE, MN = OE = CE = 1 - BE$$

所以
$$BM = \frac{1}{2}BE + 1 - BE$$

从而
$$(\frac{1}{2}BE + 1 - BE)^2 = BM^2 = BE \cdot 1 = BE$$

即有 $BE = 4 - 2\sqrt{3}$.

解法 4 （补成正三角形）延长 BA 和 CD 并相交于 P，则 $\triangle BCP$ 为正三角形，从而 $CP = BP = BC = 1$，由切割线定理知

$$BM^2 = BE \cdot BC = BE, (1 - BM)^2 = PM^2 = PD \cdot PC = 1 - CD$$

连 OE，易知 $OC = EC$，所以

$$(1 - BM)^2 = 1 - 2CE = 1 - 2(1 - BE) = 2BE - 1$$

于是
$$(1 - \sqrt{BE})^2 = 2BE - 1$$

即有 $BE = 4 - 2\sqrt{3}$.

解法 5 （补出直角三角形）连 MO 并延长与 BC 的延长线交于 Q，则 $MQ \perp AB$，且 $\angle Q = 30°$，从而 $BM = \frac{1}{2}(1 + CP)$.连 OE，易知 OC 为 $Rt\triangle EQO$ 斜边上的中线，即 $CP = CE = 1 - BE$，代入上式得 $BM = 1 - \frac{1}{2}BE$，而 $BM^2 = BE$，所以 $\sqrt{BE} = 1 - \frac{1}{2}BE$，得 $BE = 4 - 2\sqrt{3}$.

二、根据题设特征,巧补各类图形

1. 补出三角形

例 4 设四边形 $ABCD$ 的面积为 1，将边 AB 三等分，分点为 E, F，使得 $AE = EF = FB$，又将 DC 三等分，分点为 H, G，使得 $DH = HG = GC$，连接 EH, FG.求证：$S_{EFGH} = \frac{1}{3}$.（参见练习题 1.3 第 10 题）

分析 如图 1.4.5，若能证得 $S_1 = S_2 = S_3$ 或 $S_1 + S_3 = 2S_2$，则命题均成立.但因 S_1, S_2, S_3 均是不规则四边形，寻找它们的面积表达式较繁琐.如果延长 BA，CD 交于 M，则可将 S_1, S_2, S_3 分别补成三角形，它们的表达式就容易找到了.

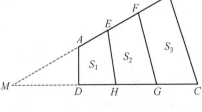

图 1.4.5

证明 由如上分析,记 $MA = m, AE = EF = FB = a, MD = n, DH = HG = GC = b, \angle AMD = \theta$,则

$$S_1 = S_{\triangle MEH} - S_{\triangle MAD} = \frac{1}{2}(m + a)(n + b)\sin\theta - \frac{1}{2}mn \cdot \sin\theta =$$

$$\frac{1}{2}(an + bm + ab)\sin\theta$$

$$S_2 = S_{\triangle MFG} - S_{\triangle MEH} = \frac{1}{2}(m + 2a)(n + 2b)\sin\theta -$$

$$\frac{1}{2}(m + a)(n + b)\sin\theta =$$

$$\frac{1}{2}(an + bm + 3ab)\sin\theta$$

$$S_3 = S_{\triangle MBC} - S_{\triangle MFG} = \frac{1}{2}(m + 3a)(n + 3b)\sin\theta -$$

$$\frac{1}{2}(m + 2a)(n + 2b)\sin\theta =$$

$$\frac{1}{2}(an + bm + 5ab)\sin\theta$$

所以 $S_1 + S_3 = 2S_2, S_2 = \frac{1}{3}$.

2. 补出直角三角形

如果图形中有直角或相邻两角互余的情况,可考虑通过整形、补成或补出直角三角形来解题.

例5 如图 1.4.6,四边形 $ABCD$ 中,$\angle B = \angle D = 90°$,$\angle A = 60°$,$AB = 4, AD = 5$,求 $BC : CD$.

解 延长 AD, BC 交于点 E,因 $\angle B = \angle D = 90°$,则得两个直角三角形 $\triangle ABE$ 和 $\triangle CDE$. 由题设知 $AE = 2AB = 8$,$DE = 3$.

在 Rt$\triangle CDE$ 中,可求得 $CD = \sqrt{3}, CE = 2\sqrt{3}$. 在 Rt$\triangle ABE$ 中,可求得 $BE = 4\sqrt{3}, BC = 2\sqrt{3}$. 所以

$$BC : CD = 2\sqrt{3} : \sqrt{3} = 2$$

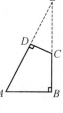

图 1.4.6

例6 如图 1.4.7,梯形 $ABCD$ 中,$AB \parallel CD, \angle A + \angle B = 90°, AB = a, CD = b, E, F$ 分别是 AB, CD 的中点,求 EF 的长度.

解 由 $\angle A + \angle B = 90°$,可将梯形补成直角三角形. 延长 AD, BC 相交于

G,则 $\triangle ABG$ 是直角三角形. 连 GF 并延长交 AB 于 E'.

由 $AB /\!/ CD$,有 $DF : AE' = FC : E'B$,而 $DF =$
FC,于是 $AE' = E'B$,即 E' 与 E 重合. 又因为

$$GE = \frac{1}{2}AB = \frac{1}{2}a, \quad GF = \frac{1}{2}CD = \frac{1}{2}b$$

则
$$EF = \frac{1}{2}(a - b)$$

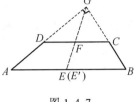

图 1.4.7

3. 补出等腰三角形

如果图形涉及三角形或四边形某角的平分线,或三角形一边上的中线(或高)与角平分线有联系,可考虑补出等腰三角形来.

例7 如图 1.4.8,在 $\triangle ABC$ 中,$AC = BC$,$\angle ACB =$
$90°$,D 是 AC 上一点,且 AE 垂直 BD 的延长线于 E,又有
$AE = \frac{1}{2}BD$.求证:BD 平分 $\angle ABC$.

证明 整个图形不够完整,延长 AE,BC 交于 K,只
需证 $\triangle BAK$ 为等腰三角形.

由 $\angle KAC = \angle KBE$,$AC = BC$,知 $Rt\triangle AKC \cong$

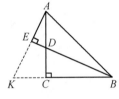

图 1.4.8

$Rt\triangle BDC$.所以 $BD = AK$,而 $AE = \frac{1}{2}BD$,即知 E 是 AK 中点,又 $BE \perp AK$,即
知 BD 是等腰 $\triangle ABK$ 的顶角 $\angle ABK$ 的平分线,故结论获证.

例8 如图 1.4.9,在梯形 $ABCD$ 中,$AB /\!/ DC$,CE 是
$\angle BCD$ 的平分线,$CE \perp AD$ 于 E,$DE = 2AE$,CE 把梯形
分成面积为 S_1 和 S_2 的两部分,若 $S_1 = 1$,求 S_2.

解 延长 CB 与 DA 交于 F,设 $S_{\triangle ABF} = S_3$.由 CE 平
分 $\angle BCD$,$CE \perp AD$,知 $\triangle CDF$ 为等腰三角形,则 $S_1 =$
$S_2 + S_3$.

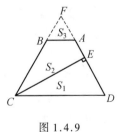

图 1.4.9

又因为 $DE = 2AE$ 及 $AB /\!/ CD$,知 $AF = \frac{1}{4}DF$.所以

$$\frac{S_3}{S_1 + S_2 + S_3} = \frac{S_3}{2S_1} = (\frac{AF}{DF})^2 = \frac{1}{16}$$

而 $S_1 = 1$,则 $S_3 = \frac{1}{8}$,故 $S_2 = \frac{7}{8}$.

54

4. 补出正三角形

如果多边形有一个内角为 60° 或 120°,可考虑将图形补成或补出一个正三角形.

例 9 在 $\triangle ABC$ 中,已知点 E 是边 BC 的中点,D 在 AC 上,$AC = 1$,$\angle BAC = 60°$,$\angle ABC = 100°$,$\angle DEC = 80°$,求 $S_{\triangle ABC} + 2S_{\triangle CDE}$ 的值.

解 如图 1.4.10,将原图形补成以 AC 为边的正 $\triangle ACF$.易知 B 点必在 AF 上,作 $\angle BCF$ 的平分线交 AF 于 G,则

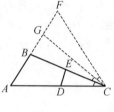

$$\angle FCG = \angle GCB = \angle ACB = 20°$$

且 $\angle FGC = 100° = \angle ABC$,于是

$$\angle CBG = \angle CGB = \angle DEC = 80°$$

从而 $\triangle CGB \backsim \triangle CDE$,且相似比为 2,即

$$S_{\triangle CBG} = 4S_{\triangle CDE}$$

图 1.4.10

所以

$$2S_{\triangle ABC} + 4S_{\triangle CDE} = S_{\triangle ACF} = \frac{\sqrt{3}}{4}$$

故所求值为 $\frac{\sqrt{3}}{8}$.

例 10 凸六边形 $ABCDEF$ 的六个内角都相等,$AB = a$,$BC = b$,$CD = c$,$DE = d$,求六边形 $ABCDEF$ 的面积 S.

解 如图 1.4.11,由题设可将六边形补形构成正 $\triangle LMN$.设 $EF = x$,$FA = y$,则

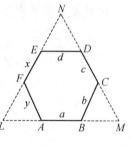

$$y + a + b = b + c + d = d + x + y$$

解得 $x = a + b - d$,$y = c + d - a$.显然 $\triangle END$,$\triangle BCM$,$\triangle AFL$ 都是正三角形.故

图 1.4.11

$$S = \frac{\sqrt{3}}{4}\left[(b + c + d)^2 - b^2 - d^2 - y^2\right] = \frac{\sqrt{3}}{4}\left[2(a + b)(c + d) - a^2 - d^2\right]$$

5. 补出平行四边形或梯形

如果图形中有一对边互相平行或相等,则可考虑补出平行四边形或梯形.

例 11 在等腰 $\triangle ABC$ 的两腰 AB,AC 上分别取两点 E 与 F,使 $AE = CF$,若 $BC = 2$,求证:$EF \geq 1$.

55

证明 如图 1.4.12,以 BC 与 BE 为两边作出平行四边形 $BCDE$,连 DF.在 $\triangle AEF$ 和 $\triangle CDF$ 中,$\angle ACD = \angle A$,$CF = AE$,$CD = BE = AF$,所以 $\triangle AEF \cong \triangle CDF$,故 $DF = EF$.从而

$$EF + DF = 2EF \geqslant DE = BC = 2$$

故 $EF \geqslant 1$.

例 12 凸六边形 $ABCDEF$ 中,$\angle A = \angle B = \angle C = \angle D = \angle E = \angle F$,且 $AB + BC = 11$,$FA - CD = 3$,求 $BC + DE$.

解 由题意知,$AF \parallel CD$,$AB \parallel ED$,则可将六边形补形成平行四边形 $MCNF$,如图 1.4.13.显然它是一个平行四边形,其中一个内角为 $60°$,$\triangle AMB$ 和 $\triangle DEN$ 均为等边三角形.从而

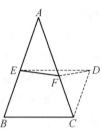

图 1.4.12

$$MC = AB + BC = 11$$
$$FA = MF - AM = CN - AB = CD + DE - AB$$

于是 $FA - CD = ED - AB$,又 $FA - CD = 3$,则 $ED - AB = 3$,故 $BC + DE = 14$.

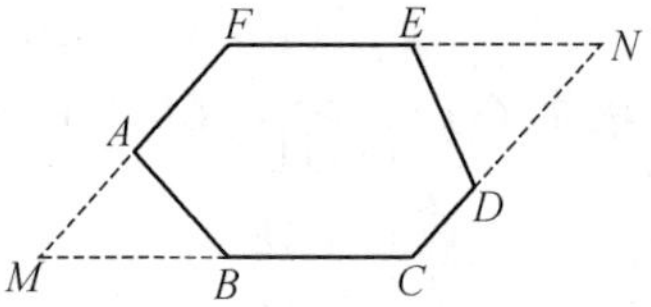

注:此例也可补成正三角形或梯形求解.

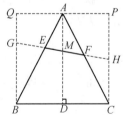

图 1.4.13

6.补出矩形或正方形

如果多边形有一个内角为 $135°$ 或 $45°$ 或 $90°$,补成特殊三角形较困难时,或涉及特殊三角形也较难求解时,可考虑补形出矩形或正方形.

例如,对于例 11,我们可将等腰 $\triangle ABC$ 补形成以 BC 为一边的矩形 $BCPQ$,且使 PQ 经过点 A,如图 1.4.14.又作 $AD \perp BC$ 于 D,AD 交 EF 于 M,双向延长 EF 分别交 BQ,CP 于 G,H.易知 $PC \parallel AD \parallel QB$,且 $HM = MG$.所以

$$HF : HM = CF : CA, ME : MG = AE : AB$$

又因为

$$CF = AE, CA = AB, HM = MG$$

所以

$$HF = ME, FM = HM - HF = MG - ME = EG$$

所以 $GH = 2EF$.而 $GH \geqslant BC = 2$,由此即有 $EF \geqslant 1$.

图 1.4.14

例 13 已知四边形 $ABCD$ 中,$\angle ABC = 135°$,$\angle BCD = 120°$,$AB = \sqrt{6}$,$BC = 5 - \sqrt{3}$,$CD = 6$,求 AD 的长.

解　如图1.4.15,作 $DQ \perp BC$ 的延长线于 Q,作 $AM \perp CB$ 的延长线于 M,$DN \perp MA$ 的延长线于 N,则 $MNDQ$ 为矩形.

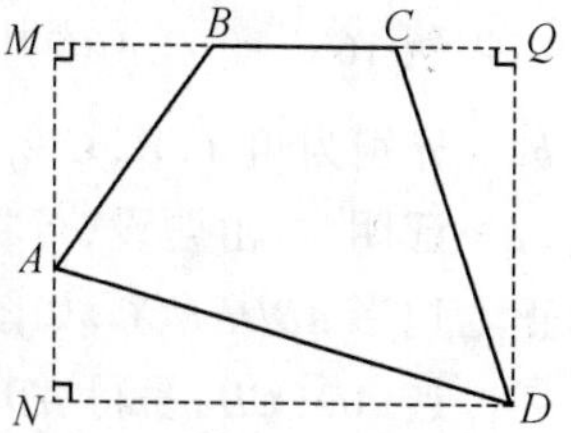

由 $\angle ABC = 135°$,$AB = \sqrt{6}$,有 $MA = MB = \sqrt{3}$.

由 $\angle BCD = 120°$,$CD = 6$,有 $CQ = 3$,$DQ = 3\sqrt{3}$.

又因为

$$DN = MQ = MB + BC + CQ = 8$$

$$AN = MN - AM = QD - AM = 2\sqrt{3}$$

所以　　　　$AD = \sqrt{AN^2 + ND^2} = 2\sqrt{19}$

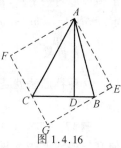

图 1.4.15

例14　如图1.4.16,在 $\triangle ABC$ 中,$AD \perp BC$ 于 D,$\angle CAB = 45°$,$BC = 3$,$CD = 2$,求 $S_{\triangle ABC}$.

解　作 $\angle EAB = \angle BAD$,$\angle FAC = \angle CAD$,再过 B 作 $GE \parallel AF$,过 C 作 $FG \parallel AE$ 得平行四边形 $AFGE$.

可证 $Rt\triangle AEB \cong Rt\triangle ADB$,$Rt\triangle AFC \cong Rt\triangle ADC$,从而知 $AFGE$ 为正方形.

设 $AF = AD = x$,则 $BG = x - 3$,$CG = x - 2$,由

$$(x - 3)^2 + (x - 2)^2 = (2 + 3)^2$$

得 $x = 6$(舍去负值),则 $S_{\triangle ABC} = 15$ 为所求.

图 1.4.16

7.补出正多边形

例15　在 $\triangle ABC$ 中,三边长分别为 a,b,c,若 $\angle A = 60°$,则

$$S_{\triangle ABC} = \frac{\sqrt{3}}{4}[a^2 - (b - c)^2]$$

证明　如图1.4.17,则 $\angle A = 60°$,则 $\angle B + \angle C = 120°$.于是可用六个这样的三角形拼成边长为 a 的一个六角形花环,里边是以 $b - c(b > c)$ 为边长的小正六边形,从而

$$6S_{\triangle ABC} = S_{外正六边形} - S_{小正六边形} = \frac{3\sqrt{3}}{2}[a^2 - (b - c)^2]$$

故　　　　$S_{\triangle ABC} = \frac{3}{4}[a^2 - (b - c)^2]$

注:若题设中 $\angle A = 120°$,则补形成正三角形证得

$$S_{\triangle ABC} = \frac{\sqrt{3}}{12}[a^2 - (b - c)^2]$$

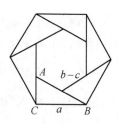

图 1.4.17

57

第四章　割补法

例 16 在 △ABC 中,若 ∠A:∠B:∠C = 4:2:1,则 $\dfrac{1}{a}$ + $\dfrac{1}{b}$ = $\dfrac{1}{c}$(a,

b,c 分别为角 A,B,C 所对的边长).

证明 由题设,可将 △ABC 补形成以 AB 为边长的
正七边形 $ABDEFCG$,如图 1.4.18.

连 AD,CD,易得 AD = AC = b,CD = BC = a,由于
正多边形内接于圆,在圆内接四边形 $ABDC$ 中,由托勒密
定理,有 bc + ac = ab,两边同除以 abc 即得所证结论.

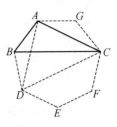

图 1.4.18

8. 补出圆

这种补形法就是根据题目中条件,按照圆的性质等
添补出圆.

例 17 如图 1.4.19,在梯形 $ABCD$ 内作半圆,
使其与梯形上底及两腰相切,且直径在下底上,若
AB = 2,CD = 3,求下底 BC 的长.

解 补全圆,作平行于 AD 的圆 O 的切线 EF,
分别交 AB,DC 的延长线于 E,F. 易证 BC 为梯形
$AEFD$ 的中位线,则

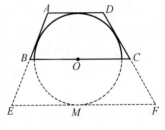

图 1.4.19

$$AE = 2AB = 4,DF = 2DC = 6$$

又因为梯形 $AEFD$ 外切于圆 O,则

$$AD + EF = AE + DF = 10$$

故

$$BC = \frac{1}{2}(AD + EF) = 5$$

例 18 如图 1.4.20,已知 AB = BC = CA = AD,
$AH \perp CD$ 于 H,$CP \perp BC$ 交 AH 于 P,求证:

$$S_{\triangle ABC} = \frac{\sqrt{3}}{4}AP \cdot BD$$

证明 由题设多条线段相等,可以 A 为圆心,AB 为
半径作圆. 在 △PAC 和 △CBD 中,由

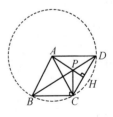

图 1.4.20

$$\angle PAC = \angle CBD \xlongequal{m} \frac{1}{2}\overset{\frown}{CD},\angle ACP = \angle BDC = 30°$$

从而 △PAC ∽ △CBD,即有 AC:BD = AP:BC,即 $AC \cdot BC$ = $AP \cdot BD$. 故

$$S_{\triangle ABC} = \frac{1}{2}AB \cdot BC \cdot \sin60° = \frac{\sqrt{3}}{4}AP \cdot BD$$

58

9. 补对称图

由于整个数学世界充满了对称之美,当遇到某些较难求解的平面几何问题时,也应注意运用点的中心对称或对称图、线段的中心或轴对称图来添补图形.

例 19 如图 1.4.21,设 a,b,c 表示 $\triangle ABC$ 的顶点 A,B,C 所对的边长,h 表 AB 边上的高,求证:(1) $a+b \geqslant \sqrt{c^2+4h^2}$;(2)当已知 $\triangle ABC$ 具备什么条件时,上述结论中的等号成立?

解 (1)过 C 作 $CD \parallel AB$,作 A 关于 CD 的对称点 A',连 BA' 与 CA',则 $AD = A'D = h$,$CA' = b$.

在 $\text{Rt}\triangle BAA'$ 中,$BA' = \sqrt{c^2+4h^2}$,故 $a+b \geqslant \sqrt{c^2+4h^2}$.

(2)分析所作的图形,可知当 A' 在 BC 的延长线上时,有 $BC + CA' = BA'$,此时有 $\angle CAB = \angle DCA = \angle A'CD = \angle ABC$,即当 $\triangle ABC$ 为等腰三角形时(1)中结论的等号成立.

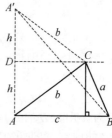

图 1.4.21

例 20 直角 $\angle POQ$ 内有一动点 C,试在 OP 上求一点 A,在 OQ 上求一点 B,使 $BC + CA$ 等于定长 l,且四边形 $AOBC$ 面积最大.

解 观察已知图形的结构,它给人一种不完整的感觉.补对称图形如图 1.4.22,得八边形 $AC'B'C''A'C'''BC$.于是当八边形面积最大时,四边形 $AOBC$ 的面积也最大.由于 $BC + CA$ 为定长 l,这意味着八边形周长为定值 $4l$.我们知道,周长为定值的八边形中以正八边形面积最大.所以,当 C 在 $\angle POQ$ 的平分线上,且 $OA = OB = OC = \dfrac{1}{4\sin 22.5°}$ 时,四边形 $AOBC$ 的面积最大.

59

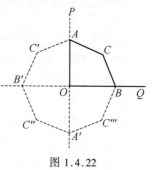

图 1.4.22

三、分析题设结构,善用出入相补

平面几何问题的出入相补证法,是中国几何学的特色解题方法.这种方法反映了平面图形最重要的特征 —— 两个等形或等积的平面图形总可以通过出入相补的方法转化为全等图形或易于计算面积的图形.

例 21 如图 1.4.23,在等腰 $\triangle ABC$ 中,$AB = AC$,$\angle A = 120°$,点 D 在边 BC

上,且 $BD = 1, DC = 2$,求 AD 之长.

解 由题设条件,可把 $\triangle ABD$ 割下移置到 $\triangle ACD'$ 处,由 $\angle ACB = \angle ABC = \angle CAD'$, $AD = D'C$ 知四边形 $DCD'A$ 为等腰梯形.

作 $AM \perp CD$ 于 M,则可求得

$$AM = MC \cdot \tan 30° = \frac{\sqrt{3}}{2}. DM = \frac{1}{2}$$

在 $\text{Rt}\triangle ADM$ 中,可求得

$$AD = \sqrt{AM^2 + DM^2} = 1$$

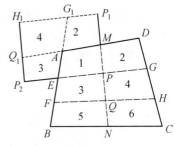

图 1.4.23

由上例可以看出:这里的等形出入相补,就是将题设的有关图形予以割补,使最后得到的图形便于我们求解,并合乎题的要求.从这个意义上说,出入相补法可视为等积(面积)变换的特殊情形.

例22 $ABCD$ 为任意四边形,E, F, G, H 分别为 AB 与 CD 的三等分点,而 M, N 分别为 AD,BC 的中点,求证:EG, FH 被 MN 平分,而且 MN 被 EG, FH 三等分.

60

证明 连结 MN, EG, FH,将 $ABCD$ 分成六个小四边形分别记为 $1, 2, 3, 4, 5, 6$,如图 1.4.24.

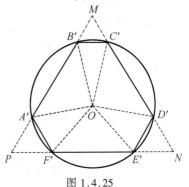

图 1.4.24

将 $2, 3, 4$ 三个四边形移置如图所示处,显然 $\angle AMP + \angle AMP_1 = 180°$,从而 P, M, P_1 共直线,同理 P, E, P_2 共直线,P_2, Q_1, H_1 共直线,H_1, G_1,P_1 共直线,又从原图中可知 $\angle Q_1 P_2 E = \angle G_1 P_1 M, \angle EPM = \angle Q_1 H_1 G_1$,因此,四边形 $P_2 P P_1 H_1$ 为平行四边形,同时可知 E, M, Q_1, G_1 分别为其四边中点,故 $MEQ_1 G_1$ 也为平行四边形.从而 $EQ_1 = MG_1 = EQ = MG$,$EM = Q_1 G_1 = QG$,即 $MEQG$ 为平行四边形.故对角线 MQ, EG 互相平分,即 MQ 被 EG 平分.

同理,可证得 FH 与 PN 互相平分,由此即得结论.

例23 六边形 $ABCDEF$ 内接于圆 O,且 $AB = BC = CD = \sqrt{3} + 1$, $DE = EF = FA = 1$,求 S_{ABCDEF}.

解 用已知的六边形沿各顶点和外接圆圆心的连线分割六边形成六个三

角形(图略),把这六个三角形移置到如图1.4.25 所示处,拼合成边长相间为 $\sqrt{3}+1$ 和1的六边形.这个六边形与原来的六边形内接于同样大的圆,它的各个顶角都等于120°,因此,可以在边长为1的边上补上一个正三角形,从而把六边形扩大为一个边长是 $3+\sqrt{3}$ 的正三角形.故所求

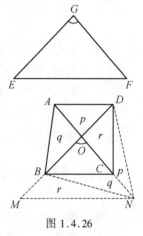

$$S_{ABCDEF} = S_{\triangle PMN} - 3S_{\triangle PA'F'} = \frac{9}{2}(2+\sqrt{3})$$

例24 如图1.4.26,若四边形 $ABCD$ 的两条对角线和它们的夹角分别等于一个三角形的两边及其夹角,则它们的面积相等.

证明 设在四边形 $ABCD$,$\triangle EGF$ 中,$AC = GF$,$BD = EG$,$\angle BOC = \angle EGF$,如图1.4.26.

延长 OB 至 M,使 $OM = GE$,延长 OC 至 N,使 $ON = GF$,易证 $\triangle OMN \cong \triangle GEF$.于是

$S_{\triangle GEF} = S_{\triangle OMN} =$

$S_{\triangle MNB} + S_{\triangle BNO} = S_{\triangle DON} + S_{\triangle BNO} =$

$S_{\triangle BCD} + S_{\triangle BCN} + S_{\triangle DCN} =$

$S_{\triangle BCD} + S_{\triangle ABO} + S_{\triangle ADO} = S_{ABCD}$

图 1.4.26

显然,此例是利用等积(面积)出入相补而获证的.

练习题 1.4

61

1.用补形法解本篇第三章中例17.

2.一个六边形的六个内角都是120°,连续四边的长依次为1,3,3,2.求六边形的周长.

3.凸五边形 $ABCDE$ 中,$\angle A = \angle B = 120°$,$EA = AB = BC = 2$,$CD = DE = 4$.求这个五边形的面积.

4.在四边形 $ABCD$ 中,$\angle A = 60°$,$\angle B = \angle C = 90°$,$CD = 2$,$CB = 11$,求 AC 的长.

5.利用补圆证明勾股定理.

6.设凸四边形 $ABCD$ 的顶点在一个圆周上,另一个圆的圆心 O 在边 AB 上,且与四边形的其余三边相切.求证:$AD + BC = AB$.

7.M 是 $Rt\triangle ABC$ 斜边 BC 的中点,P,Q 分别在 AB,AC 上.求证:$\triangle MPQ$ 的周长大于 BC.

8.圆内接八边形的四条边长为1,另四条边长为2,求其面积.

第五章 代数法

对于某些平面几何问题,倘若能将其看做代数问题的实际应用或转化为代数问题来处理,则既不失几何证明或求解的优美,又能为我们提供了更为灵活、广阔的求解途径.我们把运用代数概念,应用代数知识,建立代数模型(如函数、方程、方程组、不等式、多项式等),进行代数运算来处理平面几何问题,从而求解出平面几何问题的结论的方法称之为代数法.

一、适时使用计算手段

有一类平面几何问题,表面上结论并不复杂,但用常规方法较难发现图形间的直接关系,而在数量关系上较明显,或在条件中给出了较多的数据及数量关系,则可借助计算进行求解.

1.直接计算

例1 如图1.5.1,AD 是 $\triangle ABC$ 外角 $\angle EAC$ 的平分线,并交 $\triangle ABC$ 的外接圆于 D,以 CD 为直径的圆分别交 BC,AC 于 P,Q.求证:线段 PQ 把 $\triangle ABC$ 的周长二等分.

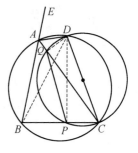

图 1.5.1

证明 连 DQ,DB,DP,则由题设有 $\angle DCB = \angle EAD = \angle DAC = \angle DBC$,即有 $DB = DC$.又因为 $DQ \perp AC, DP \perp BC$,从而 $CP = \dfrac{1}{2}BC$.在四边形 $ABCD$ 中,应用托勒密定理,有

$$AC \cdot BD = BC \cdot AD + DC \cdot AB$$

所以
$$AC - AB = \frac{BC \cdot AD}{BD} = \frac{2BP \cdot AD}{BD}$$

又由 Rt$\triangle ADQ \backsim$ Rt$\triangle BDP$,有

$$AQ = \frac{BP \cdot AD}{BD}$$

所以
$$AC - AB = 2AQ$$

即
$$AQ = \frac{1}{2}(AC - AB)$$

故
$$CQ + CP = (CA - AQ) + \frac{1}{2}BC =$$

$$\left[CA - \frac{1}{2}(AC - AB) \right] + \frac{1}{2}BC =$$

$$\frac{1}{2}(AC + AB + BC)$$

即 QP 平分 $\triangle ABC$ 的周长.

例 2 如图 1.5.2,圆周 S_1, S_2, S_3 和 S_4 的
圆心 O_1, O_2, O_3 和 O_4 都在圆周 S 上. S_1 与 S_2 相
交于 A_1, B_1；S_2 与 S_3 相交于 A_2, B_2；S_3 与 S_4 相
交于 A_3, B_3；S_4 与 S_1 相交于 A_4, B_4. 并且 $A_1,$
A_2, A_3, A_4 在圆周 S 上,而 B_1, B_2, B_3, B_4 是不同
的点都在圆周 S 的内部.证明：$B_1B_2B_3B_4$ 为矩
形.

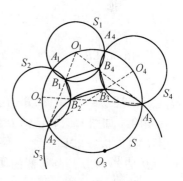

图 1.5.2

证明 先证 B_1 点在线段 O_1A_2 上.由
$\triangle B_1O_1O_2 \cong \triangle A_1O_1O_2$ 有 $\angle B_1O_1O_2 =$
$\angle A_1O_1O_2$.又由 $O_2A_1 = O_2A_2$,有 $\angle A_2O_1O_2 = \angle A_1O_1O_2$.于是 $\angle B_1O_1O_2 =$
$\angle A_2O_1O_2$.因此点 B_1 在线段 O_1A_2 上.

同理,点 B_4 在线段 O_1A_3 上,点 B_2 在线段 O_2A_3 上,点 B_3 在线段 O_4A_2 上.
下求 $\angle B_4B_1B_2$ 的大小.

$$\angle B_4B_1B_2 = 2\pi - \angle B_4B_1O_1 - \angle O_1B_1O_2 - \angle O_2B_1B_2 =$$

$$2\pi - \frac{1}{2}(\pi - \angle B_1O_1B_4) - \angle O_1A_1O_2 - \frac{1}{2}(\pi - \angle B_1O_2B_2) =$$

$$\pi + \frac{1}{2}(\angle B_1O_1B_4 + \angle B_1O_2B_2) - \angle O_1A_1O_2$$

而
$$\angle B_1O_1B_4 + \angle B_1O_2B_2 = \angle A_3O_1O_2 - \angle B_1O_1O_2 + \angle A_3O_2O_1 - \angle B_1O_2O_1 =$$

$$\pi - \angle O_1A_3O_2 - (\pi - \angle O_1B_1O_2) =$$

$$\angle O_1A_1O_2 - (\pi - \angle O_1A_1O_2) = 2\angle O_1A_1O_2 - \pi$$

所以
$$\angle B_4B_1B_2 = \pi + \frac{1}{2}(2\angle O_1A_1O_2 - \pi) - \angle O_1A_1O_2 = \frac{\pi}{2}$$

同理可证四边形 $B_1B_2B_3B_4$ 的其余各角均为直角.所以 $B_1B_2B_3B_4$ 是矩形.

2.进行代换后计算

例3 如图 1.5.3,在 △ABC 中,∠A = 90°,∠B = 2∠C,∠B 的平分线交 AC 于 D,AE ⊥ BC 于 E,DF ⊥ BC 于 F.求证:

$$\frac{1}{BE \cdot DF} = \frac{1}{AE \cdot BF} + \frac{1}{AE \cdot BE}$$

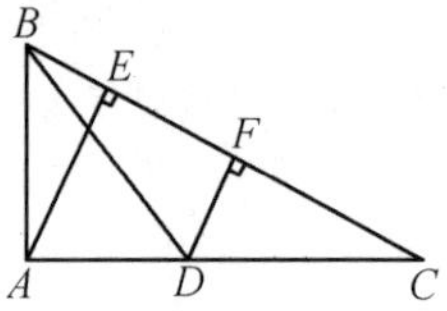

图 1.5.3

证明 由 ∠B = 2∠C = 30°,设 AB = x,则 BC = 2x,$BE = \frac{1}{2}x$,$DF = DA = \frac{\sqrt{3}}{3}x$,$BD = \frac{2}{3}\sqrt{3}x$.

在 Rt△AEB 中,$AE^2 = AB^2 - BE^2 = x^2 - \frac{1}{4}x^2$,有 $AE = \frac{\sqrt{3}}{2}x$.又有 $BF = AB = x$.

将上述 BE,DF,AE,BF 代入欲证式两边即证.

例4 如图 1.5.4,已知 D 是 △ABC 的边 AC 上的一点,AD : DC = 2 : 1,∠C = 45°,∠ADB = 60°,求证:AB 是 △BCD 的外接圆的切线.

证明 设 DC = a,由 AD : DC = 2 : 1,则 AD = 2a.过 B 作 BE ⊥ AC 于 E,设 DE = x.

在 Rt△BED 中,∠BDE = 60°,则 $BE = \sqrt{3}DE = \sqrt{3}x$.在 △BEC 中,BE = EC = x + a,则由 $x + a = \sqrt{3}x$,有 $x = \frac{1}{2}(\sqrt{3} + 1)a$.

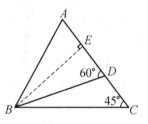

图 1.5.4

在 Rt△ABE 中

$$AE = AD - DE = 2a - x = \frac{1}{2}(3 - \sqrt{3})a$$

$$BE = x + a = \frac{1}{2}(3 + \sqrt{3})a$$

由

$$AB^2 = AE^2 + BE^2 = \left[\frac{1}{2}(3 - \sqrt{3})a\right]^2 + \left[\frac{1}{2}(3 + \sqrt{3})a\right]^2 = 6a^2$$

$$AD \cdot AC = 2a \cdot 3a = 6a^2$$

有

$$AB^2 = AD \cdot AC.$$

再由切割线定理的逆定理即证得 AB 是 △BCD 外接圆的切线.

3.应用公式转化后计算

例5 如图 1.5.5,设 $\triangle ABC$ 的外接圆半径、内切圆半径、内心分别为 $R,r,$ $I.AI$ 与边 BC 和外接圆的交点分别为 $D',D.$ 对于 BI,CI 分别类似有 $E',E,F',$ $F.$ 求证:

$$\frac{DD'}{D'A} + \frac{EE'}{E'B} + \frac{FF'}{F'C} = \frac{R-r}{r}$$

证明 在 $\triangle AD'B$ 中,由正弦公式,有(以下 $\sin A =$ $\sin\angle BAC, \sin B = \sin\angle ABC, \sin C = \sin\angle ACB$)

$$AD' = \frac{AB \cdot \sin\angle ABD'}{\sin\angle BD'A} = \frac{2R \cdot \sin B \cdot \sin C}{\sin\angle BD'A}$$

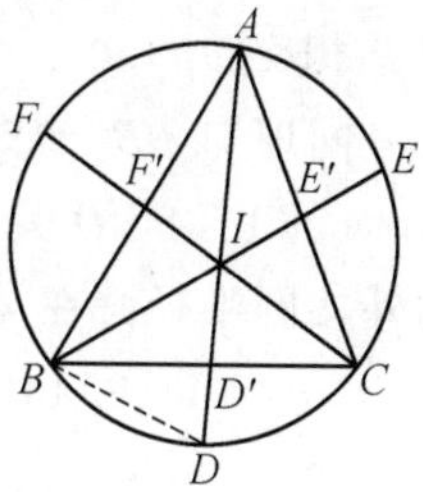

同理 $$DD' = \frac{2R \cdot \sin^2 \dfrac{A}{2}}{\sin\angle BD'A}$$

从而 $$\frac{DD'}{D'A} = \frac{\sin \dfrac{A}{2}}{\sin B \cdot \sin C}$$

图 1.5.5

同理 $$\frac{EE'}{E'B} = \frac{\sin^2 \dfrac{B}{2}}{\sin C \cdot \sin A}, \frac{FF'}{F'C} = \frac{\sin^2 \dfrac{C}{2}}{\sin A \cdot \sin B}$$

所以

$$\frac{DD'}{D'A} + \frac{EE'}{E'B} + \frac{FF'}{F'C} = \frac{1}{2\sin A \cdot \sin B \cdot \sin C}[\sin A(1-\cos A) +$$

$$\sin B(1-\cos B) + \sin C(1-\cos C)] =$$

$$\frac{1}{2\sin A \cdot \sin B \cdot \sin C}[\sin A + \sin B + \sin C -$$

$$\frac{1}{2}(\sin 2A + \sin 2B + \sin 2C)] =$$

$$\frac{1}{2\sin A \cdot \sin B \cdot \sin C}(4\cos \frac{A}{2} \cdot \cos \frac{B}{2} \cdot \cos \frac{C}{2} -$$

$$\frac{1}{2} \cdot 4\sin A \cdot \sin B \cdot \sin C) =$$

$$\frac{1}{4\sin \dfrac{A}{2} \cdot \sin \dfrac{B}{2} \cdot \sin \dfrac{C}{2}}(1 - 4\sin \frac{A}{2} \cdot \sin \frac{B}{2} \cdot \sin \frac{C}{2}) =$$

$$\frac{R}{r}(1 - \frac{r}{R}) = \frac{R-r}{r}$$

65

第五章 代数法

例6 如图 1.5.6,设 $\triangle ABC$ 的外心为 O,若 O 关于 BC,CA,AB 的对称点分别为 A',B',C'. 试证:(1)AA',BB',CC' 交于一点 P;(2)若 BC,CA,AB 的中点分别为 A_1,B_1,C_1,则 P 为 $\triangle A_1 B_1 C_1$ 的外心.

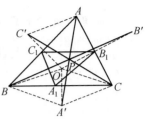

图 1.5.6

证明 (1)由四边形 $OBA'C$ 对角线互相平分知 $AC' \parallel OB$.同理,$A'C \parallel OB$,从而 $A'C \parallel AC'$,则四边形 $AC'A'C$ 为平行四边形,故知 AA',CC' 在它们的中点 P 相交.

同理知 BB' 也过 P 点,即 AA',BB',CC' 交于一点 P.

(2)由 A',O 关于 BC 对称,易知 $\angle BCA' = 90° - \angle A$,且 $A'C = R(\triangle ABC$ 的外接圆半径).在 $\triangle ACA'$ 中,由余弦公式有

$$AA'^2 = R^2 + b^2 - 2Rb \cdot \cos(C + 90° - A) =$$
$$R^2 + b^2 - 2Rb(\sin A \cdot \cos C - \sin C \cdot \cos A) =$$
$$R^2 + bc - (ab \cdot \cos C - bc \cdot \sin A) =$$
$$R^2 + b^2 + c^2 - a^2$$

同理 $\quad BB'^2 = R^2 + a^2 + c^2 - b^2, CC'^2 = R^2 + a^2 + b^2 - c^2$

而 $\quad PB^2 = \frac{1}{4}(R^2 + a^2 + c^2 - b^2), PC^2 = \frac{1}{4}(R^2 + a^2 + b^2 - c^2)$

在 $\triangle PBC$ 中,由中线长公式(或阿波罗尼斯定理),有

$$PA_1^2 = \frac{1}{4}\left[2(PB^2 + PC^2) - a^2\right] -$$
$$\frac{1}{4}\left[\frac{1}{2}(R^2 + a^2 + b - c^2 + R^2 + a^2 + c^2 - b^2) - a^2\right] = \frac{1}{4}R^2$$

同理,$PB_1^2 = \frac{1}{4}R^2, PC_1^2 = \frac{1}{4}R^2$.故 P 为 $\triangle A_1 B_1 C_1$ 的外心.

二、巧妙借助代数模型

有些平面几何问题,若就事论事地去做,往往因纷繁复杂而使人不得要领,但若能恰当地引入代数模型,巧妙地将问题化归到代数模型上去讨论,往往会大为简化,有时还可收到出奇制胜的效果.

1.借助函数模型

例7 如图 1.5.7,已知一个四边形 $ABCD$ 的面积等于 1;H,G 和 E,F 分别

为 AD 和 BC 的 n 等分点(靠近端点).求证:四边形

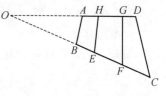

$EFGH$ 的面积为 $\dfrac{n-2}{n}$.(本篇第四章中例4的推广)

证明 在 $AD \parallel BC$ 的特殊情形下,本题的结论显然成立.下面讨论 AD 不平行于 BC 时情形.

设 AD 与 BC 交于点 O,此时,OA,OB,$\angle AOB$

图 1.5.7

以及 $BC:AD$ 都是定值.设 $OA = a$,$OB = b$,$\angle AOB = \theta$,$BC = \lambda AD$.可暂不管 H,$G(E,F)$ 是 $AD(CD)$ 的 n 等分点,只考虑 $AH = GD$,$BE = FC$,则 $BE = FC = \lambda AH = \lambda GD$.又令 $AH = x$,$AD = m$,则有

$$S_{\triangle OGF} = \frac{1}{2}(a + m - x)(b + \lambda m - \lambda x)\sin\theta$$

$$S_{\triangle OEH} = \frac{1}{2}(a + x)(b + \lambda x)\sin\theta$$

于是 $S_{EFHG} = S_{\triangle OGF} - S_{\triangle OEH}$ 是 x 的二次函数式,不妨设为

$$f(x) = px^2 + qx + r$$

利用等定数法可定出 p,q,r 的值.当 $x = 0$ 时,$S_{\triangle OGF} = S_{\triangle ODC}$,$S_{\triangle OEH} = S_{\triangle OAB}$,所以 $S_{EFGH} = 1$,即 $f(0) = 1$,知 $r = 1$.

当 $x = \dfrac{m}{2}$ 时,$S_{\triangle OFG} = S_{\triangle OEH}$,所以 $S_{EFGH} = 0$,即

$$f\left(\frac{m}{2}\right) = \frac{m^2}{4}p + \frac{m}{2}q + 1 = 0$$

当 $x = m$ 时,$S_{\triangle OFG} = S_{\triangle OAB}$,$S_{\triangle OEH} = S_{\triangle OCD}$,所以 $S_{EFGH} = -1$,即

$$f(m) = m^2 p + mq + 1 = -1$$

由上可解出 $p = 0$,$q = -\dfrac{2}{m}$,而 $r = 1$,故

$$f(x) = 1 - \frac{2x}{m}$$

令 $x = \dfrac{m}{n}$,即得 $S_{EFGH} = \dfrac{n-2}{n}$.

例8 如图1.5.8,水平直线 m 通过圆 O 的中心,直线 $l \perp m$,l 与 m 相交于 M,点 M 在圆心的右侧,直线 l 上不同的三点 A,B,C 在圆外,且位于直线 m 上方,A 点离 M 点最远,C 点离 M 点最近,AP,BQ,CR 为圆 O 的三条切线,P,Q,R 为切点.试证:(1)l 与圆 O 相切时,$AB \cdot CR + BC \cdot AP = AC \cdot BQ$;(2)$l$ 与圆 O

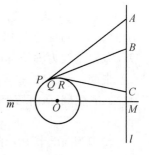

图 1.5.8

67

相交时,$AB \cdot CR + BC \cdot AP < AC \cdot BQ$;(3)$l$ 与圆 O 相离时,$AB \cdot CR + BC \cdot AP > AC \cdot BQ$.

证明 设圆 O 的半径为 r,$OM = a$,则由 $AM^2 + OM^2 - OP^2 = AP^2$ 有

$$AP = \sqrt{AM^2 + a^2 - r^2} = \sqrt{AM^2 + x}$$

其中,$x = a^2 - r^2$.

同理 $$BQ = \sqrt{BM^2 + x}, CR = \sqrt{CM^2 + x}$$

作函数 $f(x) = AB \cdot \sqrt{CM^2 + x} + BC \cdot \sqrt{AM^2 + x} - AC \cdot \sqrt{BM^2 + x}$

$$g(x) = (AB \cdot \sqrt{CM^2 + x} + BC \cdot \sqrt{AM^2 + x})^2 - (AC \cdot \sqrt{BM^2 + x})^2 =$$
$$2AB \cdot BC[\sqrt{x^2 + (AM^2 + CM^2)x + AM^2 \cdot CM^2} - x - AM \cdot CM]$$

$$\varphi(x) = \sqrt{x^2 + (AM^2 + CM^2)x + (AM^2 \cdot CM^2)^2} - (x + AM \cdot CM)^2 =$$
$$(AM - CM)^2 x$$

则 $f(x), g(x), \varphi(x), x$ 全同正负.

(1)l 与圆 O 相切时,$x = 0$,则 $\varphi(0) = 0 \Rightarrow g(0) = 0 \Rightarrow f(0) = 0$,由此结论获证;

(2)l 与圆 O 相交时,$x < 0$,则 $\varphi(x) < 0 \Rightarrow g(x) < 0 \Rightarrow f(x) < 0$,由此结论获证;

(3)l 与圆 O 相离时,$x > 0$,则 $\varphi(x) > 0 \Rightarrow g(x) > 0 \Rightarrow f(x) > 0$,由此结论获证.

注:在 $g(x)$ 的简化中,注意用 $AM = AB + BC + CM$,$BM = BC + CM$,$AC = AB + BC$ 进行代换.

2. 借助方程模型

例 9 如图 1.5.9,四边形 $ABCD$ 外切于圆 O,$AC \perp BD$ 于 E 点,P, Q, R, S 分别为边 AB, BC, CD, DA 上的切点.求证:四边形是以一条对角线为轴的对称图形.

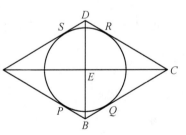

图 1.5.9

证明 设 $AB = a, BC = b, CD = c, DA = d$.由圆 O 内切于四边形 $ABCD$,则

$$a + c = b + d \qquad ①$$

又因为 $AC \perp BD$ 于 E,则

$$a^2 + c^2 = AE^2 + BE^2 + CE^2 + DE^2 = b^2 + d^2 \qquad ②$$

$(①^2 - ②)\dfrac{1}{2}$ 得

$$ac = bd \hspace{4cm} ③$$

由 ①,③ 两式知,a,c 和 b,d 均为一元二次方程 $x^2 - (a+c)x + ac = 0$ 的两个根,于是有 $a = b,c = d$ 或 $a = d,c = b$.

当 $a = b,c = d$ 时,$\triangle ABD \cong \triangle CBD$,则四边形 $ABCD$ 以 BD 为对称轴.

当 $a = d,b = c$ 时,$\triangle ABC \cong \triangle ADC$,则四边形 $ABCD$ 以 AC 为对称轴.

综上,四边形 $ABCD$ 是以一条对角线为轴的对称图形.

例 10　如图 1.5.10,一个给定的凸五边形 $ABCDE$ 有下列性质:$\triangle ABC,\triangle BCD,\triangle CDE,\triangle DEA,\triangle EAB$ 的面积都等于 1.求证:每个具有上述性质的不同的五边形都有相同的面积,进而证明存在着任意多个具有上述性质的五边形.

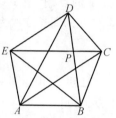

图 1.5.10

证明　由 $S_{\triangle BCD} = S_{\triangle CDE} = 1$,知 $BE \parallel CD$.同理,$BD \parallel AE$,$CE \parallel AB$.设 BD 与 EC 交于点 P,则 $ABPE$ 为平行四边形.从而 $S_{\triangle BPE} = S_{\triangle ABE} = 1$.令 $S_{\triangle PCD} = x$,则

$$S_{\triangle BCP} = S_{\triangle PED} = 1 - x$$

由

$$\frac{S_{\triangle BCP}}{S_{\triangle CDP}} = \frac{BP}{PD} = \frac{S_{\triangle BPE}}{S_{\triangle PED}}$$

得

$$\frac{1 - x}{x} = \frac{1}{1 - x}$$

即 $x^2 - 3x + 1 = 0$.解之得 $x = \dfrac{1}{2}(3 - \sqrt{3})$(舍去大于 1 的根).因此

$$S_{ABCD} = S_{\triangle ABE} + S_{\triangle BPE} + S_{\triangle BCD} + S_{\triangle PDE} = 3 + (1 - x) = \frac{1}{2}(5 + \sqrt{5})$$

是常数.

易知这样的五边形有任意多个.例如,任作一个面积为 1 的 $\triangle ABE$,就可以作出平行四边形 $ABPE$,在此基础上就可以作出合乎条件的凸五边形.

例 11　如图 1.5.11,在圆内接四边形 $ABCD$ 中,$AB = AD$.求证:$AC^2 = BC \cdot DC + AB^2$.

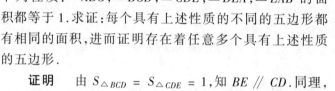

图 1.5.11

证明　设 $BC = x_1,DC = x_2,\angle BCA = \angle ACD = \theta$,由余弦定理,有

$$AB^2 = AC^2 + x_1^2 - 2AC \cdot x_1 \cdot \cos\theta$$

$$AD^2 = AC^2 + x_2^2 - 2AC \cdot x_2 \cdot \cos\theta$$

因为 $AB = AD$,由上述两式得 x_1, x_2 是方程

$$x^2 - 2AC \cdot x \cdot \cos\theta + AC^2 - AB^2 = 0$$

的两根.从而

$$x_1 \cdot x_2 = AC^2 - AB^2$$

即

$$AC^2 = BC \cdot DC + AB^2$$

例 12 如图 1.5.12,在 $\triangle ABC$ 中,D, E 分别是 BC, AB 上的点,且 $\angle 1 = \angle 2 = \angle 3$.如果 $\triangle ABC, \triangle EBD$, $\triangle ADC$ 的周长依次为 m, m_1, m_2.求证:

$$\frac{m_1 + m_2}{m} \leqslant \frac{5}{4}$$

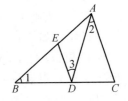

图 1.5.12

证明 由 $\angle 1 = \angle 2 = \angle 3$,有 $\triangle ABC \backsim \triangle EBD \backsim$ $\triangle DAC$,则

$$\frac{m_1}{m} = \frac{ED}{AC} = \frac{BD}{BC} = \frac{BC - DC}{BC}, \frac{m_2}{m} = \frac{DC}{AC} = \frac{AC}{BC}$$

从而

$$\frac{m_1}{m} + \frac{m_2}{m} = \frac{BC - DC}{BC} + \frac{DC}{AC} = 1 + \left(\frac{1}{AC} - \frac{1}{BC}\right)DC =$$

$$1 + \left(\frac{1}{AC} - \frac{1}{BC}\right) \cdot \frac{AC^2}{BC} = -\left(\frac{AC}{BC}\right)^2 + \frac{AC}{BC} + 1$$

令 $\dfrac{AC}{BC} = x$,则得方程

$$x^2 - x + \frac{m_1 + m_2}{m} - 1 = 0$$

由判别式 $\Delta = (-1)^2 - 4\left(\dfrac{m_1 + m_2}{m} - 1\right) \geqslant 0$,可得 $\dfrac{m_1 + m_2}{m} \leqslant \dfrac{5}{4}$.

3. 借助方程组模型

例 13 如图 1.5.13,设 P 为 $\triangle ABC$ 内一点,AP, BP, CP 的延长线交 $\triangle ABC$ 的三边于 D, E, F.求证:若 $S_{\triangle APF} = S_{\triangle BPD} = S_{\triangle CPE}$,则 P 为 $\triangle ABC$ 的重心.

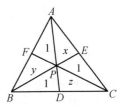

图 1.5.13

证明 不妨设 $S_{\triangle APF} = 1, S_{\triangle APE} = x, S_{\triangle BPF} = y$, $S_{\triangle CPD} = z$.由

$$\frac{AP}{PD} = \frac{y+1}{1} = \frac{x+1}{z}, \frac{BP}{PE} = \frac{z+1}{1} = \frac{y+1}{x}$$

$$\frac{CP}{PF} = \frac{x+1}{1} = \frac{z+1}{y}$$

有
$$
\begin{cases}
yz + z = x + 1 \\
xz + x = y + 1 \\
xy + y = z + 1
\end{cases}
\Rightarrow
\begin{cases}
z - x = (x - y)(1 + z) & ① \\
x - y = (y - z)(1 + x) & ② \\
y - z = (z - x)(1 + y) & ③
\end{cases}
$$

若 $x = y$ 代入 ① 得 $z = x$,从而 $x = y = z$,再由 $yz + z = x + 1$ 得 $x = 1$,故 $x = y = z = 1$.

若 $x \neq y$,则 $y \neq z, z \neq x$,由 ① × ② × ③ 得
$$(1 + x)(1 + y)(1 + z) = 1 \qquad\qquad ④$$

因为 x, y, z 均为正数,则 $1 + x > 1, 1 + y > 1, 1 + z > 1$ 从而方程 ④ 无解. 故方程组仅有正整数解 $x = y = z = 1$. 此时,$AF = FB, BD = DC, CE = EA$, 即 P 为 $\triangle ABC$ 的重心.

例 14 如图 1.5.14,设 I 是 $\triangle ABC$ 的内心,$ID \perp BC$ 于 D,且 $AB \cdot AC = 2BD \cdot DC$.求证:$BA \perp AC$.

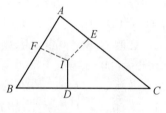

图 1.5.14

证明 设 $IE \perp AC$ 于 E,$IF \perp AB$ 于 F.由题设知 $BD = BF, CD = CE, AE = AF$.

设 $BD = x, CD = y, AE = z, BC = a$, $AC = b, AB = c$,则
$$
\begin{cases}
x + y = a \\
y + z = b \\
z + x = c
\end{cases}
\Rightarrow
\begin{cases}
x = p - b \\
y = p - c \\
z = p - a
\end{cases}
$$

其中,$p = \dfrac{1}{2}(a + b + c)$.代入已知条件式,化简整理得
$$2p^2 - 2(b + c)p + bc = 0$$

因为
$$\frac{1}{2}(a + b + c) = p > \frac{1}{2}(b + c)$$

故
$$p = \frac{b + c + \sqrt{b^2 + c^2}}{2} = \frac{a + b + c}{2}$$

因此,$a^2 = b^2 + c^2$,即 $BA \perp AC$.

4.借助不等式模型

例 15 如图 1.5.14,I 为 $\triangle ABC$ 内一点 D, E, F 分别为 I 到 BC, CA, AB 各边所引垂线的垂足,求使 $\dfrac{BC}{ID} + \dfrac{CA}{IE} + \dfrac{AB}{IF}$ 为最小的点 I.

第五章 代数法

71

解 设 $S_{\triangle ABC} = S$,则

$$BC \cdot ID + CA \cdot IE + AB \cdot IF = 2S$$

由柯西(Cunchy)不等式,有

$$(BC + CA + AB)^2 \leqslant \left[\left(\sqrt{\frac{BC}{ID}} \right)^2 + \left(\sqrt{\frac{CA}{IE}} \right)^2 + \left(\sqrt{\frac{AB}{IF}} \right)^2 \right] \left[(\sqrt{BC \cdot ID})^2 + (\sqrt{CA \cdot IE})^2 + (\sqrt{AB \cdot IF})^2 \right]$$

即

$$\frac{BC}{ID} + \frac{CA}{IE} + \frac{AB}{IF} \geqslant \frac{(BC + CA + AB)^2}{2S}$$

上式等号当且仅当 $ID = IE = IF$ 时成立.因而,使 $\dfrac{BC}{ID} + \dfrac{CA}{IE} + \dfrac{AB}{IF}$ 为最小的点 I 是 $\triangle ABC$ 的内心.

例 16 如图 1.5.15,过一圆的弦 AB 的中点 M,引任意两弦 CD 和 EF,连结 CF 与 ED 交弦 AB 于 Q,P.求证: $PM = MQ$.

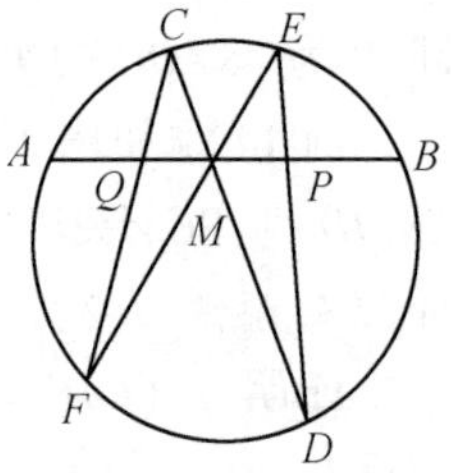

图 1.5.15

证明 设 $QM \geqslant PM$,则 $QM^2 \geqslant MP^2$,即 $-QM^2 \leqslant -MP^2$.由 $AM = MB$,有

$$AM^2 - QM^2 \leqslant MB^2 - MP^2$$

即 $(AM + QM)(AM - QM) \leqslant (MB + MP)(MB - MP)$

于是

$$AQ \cdot BQ \leqslant BP \cdot AP \qquad\qquad ①$$

由相交弦定理

$$AQ \cdot BQ = CQ \cdot FQ \qquad\qquad ②$$

$$BP \cdot AP = EP \cdot PD \qquad\qquad ③$$

把②,③代入①得

$$CQ \cdot FQ \leqslant EP \cdot PD \qquad\qquad ④$$

由正弦定理

$$CQ = \frac{\sin\angle CMQ}{\sin\angle QCM} \cdot QM$$

$$FQ = \frac{\sin\angle QME}{\sin\angle QFM} \cdot QM$$

$$EP = \frac{\sin\angle EMP}{\sin\angle MEP} \cdot PM$$

$$DP = \frac{\sin\angle PMD}{\sin\angle MDP} \cdot PM$$

注意到其中对顶角相等,同弧上圆周角相等,将上述四式代入④得 $QM^2 \leqslant PM^2$,即 $QM \leqslant PM$.

但已设 $QM \geqslant PM$. 故 $QM = PM$.

5.借助多项式模型

对于多项式的恒等定理:对于 $n+1$ 个不相等的 x 值,如果次数不超过 n 的两个多项式 $f(x)$ 和 $g(x)$ 的值都相等,那么这两个多项式相等.我们也可以应用到某些平面几何问题的证明上来.

例 17 设 AD 为 $\triangle ABC$ 的 BC 边上的中线,过 C 引任一直线交 AD 于 E,交 AB 于 F,如图 1.5.16.求证:

$\dfrac{AE}{ED} = \dfrac{2AF}{FB}$.(参见本篇第一章中例 6)

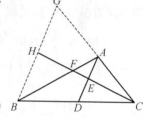

图 1.5.16

证明 设关于 AE 的多项式

$$f(AE) = \frac{AE}{ED} - \frac{2AF}{FB}$$

易知这是一个关于 AE 的一次多项式.

当 $AE = \dfrac{2}{3}AD$ 时,E 为 $\triangle ABC$ 的重心,故 $AF = FB$,从而

$$\frac{AE}{ED} - \frac{2AF}{FB} = 2 - 2 = 0$$

即 $\dfrac{2}{3}AD$ 为多项式 ① 的根.

当 $AE = \dfrac{1}{2}AD$ 时,过 B 作 $BG \parallel AD$ 交 CA 的延长线于 G,交 CF 的延长线于 H.因为 $AE = \dfrac{1}{2}AD$,则 CH 为 $\triangle BGC$ 边 BG 上的中线,而 AD 为 $\triangle ABC$ 中 BC 边中线,故 BA 为 $\triangle BGC$ 中 GC 边上的中线,即 F 为 $\triangle BGC$ 的重心,从而 $AF = \dfrac{1}{2}FB$.所以

$$\frac{AE}{ED} - \frac{2AF}{FB} = 1 - 1 = 0$$

即 $\dfrac{1}{2}AD$ 也为多项式 ① 的根.但 $\dfrac{2}{3}AD \neq \dfrac{1}{2}AD$,由多项式恒等定理,有

$$\frac{AE}{ED} - \frac{2AF}{FB} \equiv 0$$

故原题正确.

例 18 如图 1.5.17,设 $CEDF$ 是一个已知圆的内接矩形,过 D 作该圆的切线与 CE 的延长线相交于点 A,与 CF 的延长线相交于点 B.求证:$\dfrac{BF}{AE} = \dfrac{BC^3}{AC^3}$.

73

证明 设关于 BF 的一次多项式

$$f(BF) = \frac{BF}{AE} - \frac{BC^3}{AC^3} \qquad ①$$

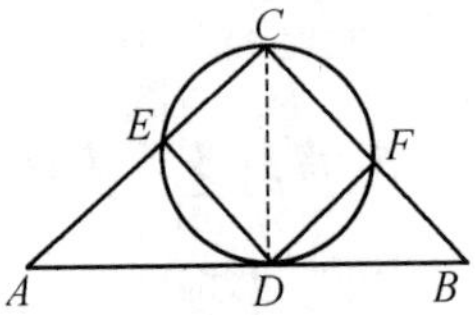

图 1.5.17

当 $BF = FD$ 时,由题设有 $BF = FD = FC$,$AE = ED = EC$,而 $FC = DE$,所以 $BF = AE$,$AC = BC$,故

$$\frac{BF}{AE} - \frac{BC^3}{AC^3} = 1 - 1^3 = 0$$

即 FD 为多项式 ① 的根.

当 $BF = \frac{1}{2}FD$ 时,由 $\mathrm{Rt}\triangle BFD \backsim \mathrm{Rt}\triangle DEA \backsim \mathrm{Rt}\triangle BCA \backsim \mathrm{Rt}\triangle DFC$,有

$$DE = \frac{1}{2}AE, \quad DF = \frac{1}{2}FC = \frac{1}{2}DE, \quad BC = \frac{1}{2}AC$$

即

$$BF = \frac{1}{2}FD = \frac{1}{4}DE = \frac{1}{8}AE$$

从而

$$\frac{BF}{AE} - \frac{BC^3}{AC^3} = \frac{1}{8} - \left(\frac{1}{2}\right)^3 = 0$$

即 $\frac{1}{2}FD$ 亦为多项式 ① 的根.但 $FD \neq \frac{1}{2}FD$,故由多项式恒等定理有

$$\frac{BF}{AE} = \frac{BC^3}{AC^3} \equiv 0$$

即原命题成立.

注:利用多项式恒等定理求解平面几何等式问题的技巧可从上述例子中领会.从上述例子也可以看到:利用多项式恒等定理证几何等式题,其实质是将一般问题特殊化,既然等式在任何情况下成立,就选取几个特殊情形验证.这可使复杂问题简单化.

练习题 1.5

1.正方形 $ABCD$ 中,E 为 CD 中点,作 AE 的中垂线交 AB 的延长线于 F,EF 与 BC 交于 N.求证:$\dfrac{BN}{DC} = \dfrac{1}{2}$.

2.在 $\triangle ABC$ 中,AD 是 BC 上的高,且 $AD = BC$,H 是垂心,M 为 BC 的中点.求证:$HM + DH = \dfrac{1}{2}BC$.

3.在 $\triangle ABC$ 中,$\angle A = 90°$,以 BC 为一边向外作正方形 $BCDE$,连 AD,AE 与 BC 交于 F,G.求证:$BF^2 + CG^2 + FG^2 = BC^2$.

4.设 P 是正方形 $ABCD$ 形内一点,$PA = 5$,$PB = 8$,$PC = 13$,求正方形

$ABCD$ 的面积.

5.设 PT 与圆 O 相切于点 T,直线 PB 交圆 O 于点 A 和 B,求证:$PA + PB > 2PT$.

6.在 $\triangle ABC$ 中,已知 $\angle B = 60°$,$AC = 1$,求证:$AB + BC \leq 2$.

7.半径为 r 的圆 O 内切 $\triangle ABC$ 于 D,E,F,$\angle C = 60°$,$\angle C$ 的对边 $c = \sqrt{3}$. 求 r 的取值范围.

8.边长为 p 的正方形 $ABCD$ 内接于边长为 q 的正方形 $EFGH$,试求 $\dfrac{q - p}{p}$ 的取值范围.

9.$\triangle ABC$ 中,$\angle A = 60°$,$\dfrac{AB}{AC} = m$,$\angle A$ 的平分线交对边 BC 于 D,$DE \perp AB$ 于 E,$DF \perp AC$ 于 F.设 $t = \dfrac{S_{\triangle DEF}}{S_{\triangle ABC}}$.求证:当 t 取得最大值时,$\triangle ABC$ 为正三角形.

10.已知 $\triangle ABC$ 中,D 为 AB 边上任意一点,$DE \parallel BC$,DE 与 AC 交于 E,$\square DEFG$ 的边 FG 在 BC 所在的直线上,设 $DE = x$,$BC = a$,求证:$S_{\square DEFG} \leq \dfrac{1}{2} S_{\triangle ABC}$.

11.在 $\triangle ABC$ 中,$\angle C = 135°$,CD 是角平分线,$DE \perp AC$ 于 E,$DF \perp BC$ 于 F.求证:$S_{\triangle EDF} \leq \dfrac{1}{8} S_{\triangle ABC}$.

12.已知正方形 $ABCD$ 的边长为 $\sqrt{2} + 1$,圆 O' 过正方形的顶点 A 和对角线的交点 O,分别交 AB,AD 于 F,E,圆 O' 的半径为 $\dfrac{\sqrt{3}}{2}$,求 $\tan \angle AOF$ 的值.

13.$\triangle ABC$ 中,$AB = AC = 2$,BC 边上有100个不同的点 P_1,P_2,$\cdots$,P_{100},记 $m_i = AP_i^2 + BP_i \cdot P_iC (i = 1,2,\cdots,100)$,则 $m_1 + m_2 + \cdots + m_{100}$ 的值为多少?

14.直线 l_1,l_2,l_3,l_4 相交于点 O,过 l_1 上任意一点 P 作 $PP_1 \parallel l_4$ 交 l_2 于 P_1,过 P_1 作 $P_1P_2 \parallel l_2$ 交 l_3 于 P_2,过 P_2 作 $P_2P_3 \parallel l_2$ 交 l_4 于 P_3,过 P_3 作 $P_3Q \parallel l_3$ 交 l_1 于 Q,求证:$OQ \geq \dfrac{1}{4} OP$.

15.在圆 O 内,弦 $CD \parallel EF$,且与直径 AB 成45° 角,若 CD 与 EF 分别交直径 AB 于 P,Q,且圆 O 的半径为1.求证:$PC \cdot QE + PD \cdot QF < 2$.

第六章 参量法 三角法

剖析众多的数学问题,尤其是综合性较强的数学题,常因条件之间的关联比较隐蔽、松散而表现得错综复杂,这时,我们如能仔细分析比较题设条件之间或条件与结论之间的异同点,以及潜存着的数量关系或位置关系上的特殊联系,抓住其中的共性量,将其作为承上启下,左右逢源的参(媒介)量,围绕它来展开变换、推证和运算而最后又消去它,这样常能方便地认清解题途径,恰当而适时地将各条件纳入解题过程,并运用各有关条件和定理、性质,灵活地获得所需的结论.我们把这种引入量求解数学问题的方法称之为参量法.参量法也是一种代数法.

求解平面几何问题的参量法,常引入线段、角度、面积、比值等作为参量.特别应当注意到有关角度或引入角度参量后,运用三角知识,进行三角运算以及运用正弦定理、余弦定理等来沟通几何与三角的关系而求解平面几何问题的方法又称之为三角法.

一、参量法

1.引入线段参量

线段是几何图形的基本元素之一,它对几何图形的位置、形状、大小等,起着十分明显的作用.在解决几何问题时,选取一条或几条线段,用一个或几个字母表示它们,以便于结合代数知识对线段进行必要的运算或由线段表达式的变形来沟通已知与可知,未知与需知以及它们之间的联系.

例1 已知 $\triangle ABC$ 的底边 $BC = 2$,高 $AD = 1$,在 BC 上任取一点 M,过 M 作 $MN \parallel AC$ 交 AB 于 N,作 $MP \parallel AB$ 交 AC 于 P.试求 M 点在何处时,$\triangle MNP$ 的面积最大?

分析 如图 1.6.1,由于 MN 及 MP 分别平行于 CA 及 BA,所以 $\angle NMP = \angle A$,但随着点 M 位置的移动,MN 及 MP 的长度随之变动,因而 $S_{\triangle MNP}$ 也随之变动,而 BM 在 BC 上的长

度决定了 $\triangle MNP$ 面积的大小.因此,选取线段 BM 为参量.

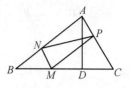

解　令 $BM = x$,由 $MN /\!/ AC$,有

$$MN : AC = x : 2$$

由 $MP /\!/ BA$,有

$$MP : AB = (2 - x) : 2$$

图 1.6.1

由

$$\frac{S_{\triangle MNP}}{S_{\triangle ABC}} = \frac{\frac{1}{2} MN \cdot MP \cdot \sin\angle NMP}{\frac{1}{2} AB \cdot AC \cdot \sin\angle A} = \frac{MN \cdot MP}{AB \cdot AC} = \frac{x(2 - x)}{4}$$

及

$$S_{\triangle ABC} = \frac{1}{2} BC \cdot AD = 1$$

有

$$S_{\triangle MNP} = -\frac{1}{4} x^2 + \frac{1}{2} x = -\frac{1}{4}(x - 1)^2 + \frac{1}{4}$$

所以当 $x = 1$ 时,$S_{\triangle MNP}$ 有极大值 $\frac{1}{4}$.故当点 M 位于 BC 的中点时,$S_{\triangle MNP}$ 最大

为 $\frac{1}{4}$.

例 2　在凸四边形 $ABCD$ 中,$AB = AD$,$CB = CD$,求证:(1) 它内切一个圆;(2) 当且仅当 $AB \perp BC$ 时它外接一个圆;(3) 如果 $AB \perp BC$,设内切圆、外接圆半径分别为 r,R,则内切圆圆心与外接圆圆心之间的距离的平方为 $R^2 + r^2 - r\sqrt{4R^2 + r^2}$.

分析　(1)、(2) 较易推证.对于(3),由题设条件可知两圆心在对角线 AC 上,而两圆心间的距离受顶点 B(或 D)位置的影响.而求证结论为一定值,若 R 是定值,则当 AB,BC 的长度变化时,r 也随之变化,但它们之间有内在联系,故应考虑选取线段 AB 和 BC 作为参量.

证明　(1)由题中条件,$AB + CD = AD + BC$.因此四边形 $ABCD$ 有内切圆.

(2) 由于 $\triangle ABC \cong \triangle ADC$,因此 $\angle B = \angle C$,所以,当且仅当 $\angle B = \frac{1}{2}(\angle B + \angle D) = 90°$,即 $\angle B = 90°$,亦即 $AB \perp BC$ 时,四边形 $ABCD$ 有外接圆.

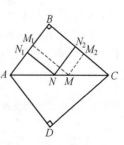

(3) 设以 N 为圆心的内切圆和边 AB,BC 分别切于 N_1,N_2.而外接圆圆心 M 在边 AB,BC 上的射影为 M_1,M_2.注意 N 与 M 都在四边形 $ABCD$ 的对称轴 AC 上.

图 1.6.2

77

记 $AB = x, B = y$. 由 $\triangle AN_1N \backsim \triangle ABC$, 有

$$\frac{x}{y} = \frac{AB}{BC} = \frac{AN_1}{N_1N} = \frac{x-r}{r}$$

即

$$xy = r(x+y)$$

又由

$$x^2 + y^2 = AB^2 + BC^2 = AC^2 = 4R^2$$

有

$$(x+y)^2 = x^2 + 2xy + y^2 = 4R^2 + 2r(x+y)$$

解方程得

$$x + y = r + \sqrt{r^2 + 4R^2}$$

再由 $NM^2 = N_1M_1^2 + N_1M_2^2 = (BN_1 - \frac{1}{2}AB)^2 + (BN_1 - \frac{1}{2}BC)^2 =$

$$(r - \frac{1}{2}x)^2 + (4 - \frac{1}{2}y)^2 = \frac{1}{4}(x^2 + y^2) - r(x+y) + 2r^2 =$$

$$R^2 - r(r + \sqrt{r^2 + 4R^2}) + 2r^2 = R^2 + r^2 - r\sqrt{r^2 + 4R^2}$$

这就是所要证明的结论.

注:(3) 中结论对同时具有内切圆与外接圆的任意四边形都成立.

例3 已知一边,它所对的角及此角的平分线,求作三角形.

已知:角 α 及两线段 a, t_a.

求作:$\triangle ABC$, 使 $BC = a$, $\angle A = \alpha$, $\angle A$ 的平分线 $AT = t_a$.

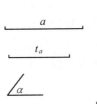
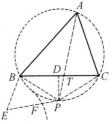

图 1.6.3

分析 设 $\triangle ABC$ 已经作出,作 $\triangle ABC$ 的外接圆,延长 AT 交圆于 P,由 AT 平分 $\angle BAC$,则 P 为 $\overset{\frown}{BPC}$ 的中点.连 PB, PC,则在 $\triangle PBC$ 中,$BC = a, \angle PBC = \angle PCB = \frac{1}{2}\alpha$,所以等腰 $\triangle PBC$ 可以作出.若能求出线段 PT 的长,则问题可解决.为此,选取 $PT = x$ 为参量,令 $PB = PC = l$.

由 $\triangle PBT \backsim \triangle PAB$, 有 $x : l = l : (x + t_a)$, 即有 $x^2 + t_a x - l^2 = 0$, 解得

$$x = \sqrt{(\frac{t_a}{2})^2 + l^2} - \frac{1}{2}t_a(\text{舍去负根})$$

根据上式,即可作出线段 x.

作法 (1) 作 $\triangle PBC$, 使 $BC = a, \angle PBC = \angle PCB = \frac{1}{2}\alpha$;

(2) 过 B 引 $BE \perp BP$ 并使 $BE = \frac{1}{2}t_a$, 连 EP, 在 EP 上截取 $EF = EB = \frac{1}{2}t_a$;

(3) 以 P 为圆心, PF 为半径画弧交 BC 于 T;

(4) 连接 PT 并延长至 A, 使 $TA = t_a$, 连 AB, AC, 则 $\triangle ABC$ 为所求三角形.

证明　(略)

讨论　本题有无解答, 取决于 T 点是否存在. 若过 P 作 $PD \perp BC$ 于 D, 则又取决于 PT 是否大于 PD. 由

$$PD = \frac{1}{2} a \cdot \tan \frac{\alpha}{2}, \quad l = \frac{1}{2} a \cdot \sec \frac{\alpha}{2}$$

有

$$PF = \frac{1}{2} \sqrt{t_a^2 + a^2 \cdot \sec^2 \frac{\alpha}{2}} - \frac{1}{2} t_a$$

有

$$PF - PD = \frac{a t_a \left(\frac{a}{2 t_a} - \tan \frac{\alpha}{2} \right)}{\sqrt{t_a^2 + a^2 \cdot \sec^2 \frac{\alpha}{2}} + a \cdot \tan \frac{\alpha}{2}}$$

注意 $\frac{\alpha}{2}$ 必为锐角, 故当 $\tan \frac{\alpha}{2} \leqslant \frac{a}{2 t_a}$ 时, 本题有一解 (虽可作的 T 有两个位置, 但由此作出的两个三角形全等); 当 $\tan \frac{\alpha}{2} > \frac{a}{2 t_a}$ 时, 本题无解.

2. 引入线段比参量

例 4　如图 1.6.4, 在四边形 $ABCD$ 中, $\triangle ABD$, $\triangle BCD$, $\triangle ABC$ 的面积比是 $3:4:1$, 点 M, N 分别在 AC, CD 上, 且满足 $AM : AC = CN : CD$. 若 B, M, N 三点共线. 求证: M, N 分别是 AC, CD 的中点.

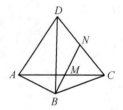

79

图 1.6.4

分析　由题设条件, 可发现比例式 $AM : AC = CN : CD$. 起着关键作用, 既与欲证为中点的 M, N 直接有关, 又对应于图中各个三角形的面积比, 因此应选取为参量.

证明　记 $S_{\triangle ABC} = 1$, 设 $AM : AC = x(0 < x < 1)$, 则

$$S_{\triangle BCM} = (1 - x) S_{\triangle ABC} = 1 - x$$

又 $CN : CD = x$, 则 $S_{\triangle BCN} = x \cdot S_{\triangle BCD} = 4x$. 由

$$S_{\triangle MCN} = \frac{1}{2} MC \cdot CN \cdot \sin \angle MCN$$

$$S_{\triangle ACD} = \frac{1}{2} AC \cdot CD \cdot \sin \angle ACD$$

两式相除有　$S_{\triangle MCN} = (1 - x) x \cdot S_{\triangle ACD} = 6x(1 - x)$

因为
$$S_{\triangle BCN} = S_{\triangle BCM} + S_{\triangle MCN}$$

所以
$$4x = 1 - x + 6x(1 - x)$$

由此解得 $x_1 = \dfrac{1}{2}$, $x_2 = -\dfrac{1}{3}$(不合题意,舍去).

故知 M, N 分别是 AC, CD 的中点.

例5 如图 1.6.5,在 $\triangle ABC$ 的 AB 边上取点 P(异于 A, B),而在边 BC 和 AC 上分别取点 Q 和 R,使得四边形 $PQCR$ 是平行四边形.设线段 AQ 和 PR 相交于点 M,线段 BR 和 PQ 相交于点 N.求证:$S_{\triangle AMP} + S_{\triangle BNP} = S_{\triangle CQR}$.

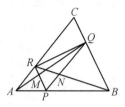

图 1.6.5

证明 设 $AP : PB = x : y$.据成比例线段定理,有

$$\frac{AR}{RC} = \frac{AP}{PB} = \frac{x}{y}, \frac{BQ}{QC} = \frac{BP}{PA} = \frac{y}{x}$$

$$\frac{AM}{MQ} = \frac{x}{y}, \frac{BN}{RN} = \frac{y}{x}$$

因此
$$\frac{S_{\triangle AMP}}{S_{\triangle ABQ}} = \frac{AP \cdot AM}{AB \cdot AQ} = \frac{AP}{AB} \cdot \frac{AM}{AQ} = \frac{x^2}{(x + y)^2}$$

同理
$$\frac{S_{\triangle BNP}}{S_{\triangle ABR}} = \frac{y^2}{(x + y)^2}$$

注意到
$$\frac{S_{\triangle ABQ}}{S_{\triangle ABC}} = \frac{y}{x + y}, \frac{S_{\triangle ABR}}{S_{\triangle ABC}} = \frac{x}{x + y}$$

于是有
$$\frac{S_{\triangle AMP}}{S_{\triangle ABC}} = \frac{x^2 y}{(x + y)^3}, \frac{S_{\triangle BNP}}{S_{\triangle ABC}} = \frac{xy^2}{(x + y)^3}$$

因此
$$\frac{S_{\triangle AMP} + S_{\triangle BNP}}{S_{\triangle ABC}} = \frac{x^2 y + xy^2}{(x + y)^3} = \frac{xy}{(x + y)^2} = \frac{CQ}{CB} \cdot \frac{CR}{CA} = \frac{S_{\triangle CQR}}{S_{\triangle ABC}}$$

故 $S_{\triangle AMP} + S_{\triangle BNP} = S_{\triangle CQR}$.

3. 引入面积参量

例6 如图 1.6.6,E, F 分别在矩形 $ABCD$ 的边 BC 和 CD 上,若 $\triangle CEF$, $\triangle ABE$, $\triangle ADF$ 的面积分别为 $3,4,5$.求 $\triangle AEF$ 的面积.

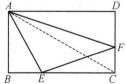

图 1.6.6

解 连 AC,设 $S_{\triangle AEC} = x$, $S_{\triangle CAF} = y$.由 $ABCD$ 为矩形,有 $x + 4 = y + 5$,即 $x = y + 1$.

在 $\triangle ABC$ 和 $\triangle AEC$ 中,有

$$(x + 4) : x = BC : EC$$

在 $\triangle ACF$ 和 $\triangle ECF$ 中,有

$$y : 3 = AD : EC$$

由 $AD = BC$,有 $\qquad (x + 4) : x = y : 3$

于是注意到 $x = y + 1$ 可求得 $x = 6, y = 5$.

故 $S_{\triangle AEF} = x + y - 3 = 8$ 为所求.

注:从求解过程知,题设改为平行四边形 $ABCD$,结论仍成立.

例7 如图 1.6.7,在凸五边形 $ABCDE$ 中,AC, AD 分别与 BE 交于点 S, R;CA, CE 分别与 BD 交于点 T, P;CE 与 AD 交于点 Q. 若 $S_{\triangle ASR} = S_{\triangle BTS} = S_{\triangle CPT} = S_{\triangle DQP} = S_{\triangle ERQ} = 1$,求 S_{PQRST}.

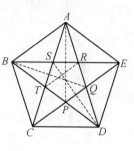

图 1.6.7

解 设 $S_{PQRST} = x$. 由 $S_{\triangle BST} = S_{\triangle ASR}$ 有 $S_{\triangle BTR} = S_{\triangle ATR}$,从而 $BA \parallel TR$.所以

$$\frac{S_{\triangle STD}}{S_{\triangle SBT}} = \frac{TD}{BT} = \frac{RD}{AR} = \frac{S_{\triangle SRD}}{S_{\triangle SAR}}$$

从而 $\qquad S_{\triangle STD} = S_{\triangle SRD} = \frac{1}{2}(x + 1)$

同理 $\qquad S_{\triangle APQ} = S_{\triangle BPQ} = \frac{1}{2}(x + 1)$

由 $S_{\triangle APQ} = S_{\triangle BPQ}$ 得 $BA \parallel PQ$,从而 $BA \parallel CE$.

同理,$BC \parallel AD, CD \parallel BE, DE \parallel CA, EA \parallel DB$.由 $AE \parallel BD$ 得

$$\frac{S_{\triangle ASD}}{S_{\triangle DST}} = \frac{AS}{ST} = \frac{ES}{SB} = \frac{S_{\triangle STE}}{S_{\triangle SBT}}$$

所以 $\qquad \dfrac{1 + \dfrac{1}{2}(x + 1)}{\dfrac{1}{2}(x + 1)} = \dfrac{\dfrac{1}{2}(x + 1)}{1}$

即 $\qquad \dfrac{x + 3}{x + 1} = \dfrac{x + 1}{2}$

从而 $x^2 = 5$,故 $x = \sqrt{5}$ 为所求.由 $AC \parallel DE$ 有

$$S_{\triangle ARE} = S_{\triangle SRD} = \frac{1}{2}(\sqrt{5} + 1)$$

同理 $\qquad S_{\triangle ABS} = S_{\triangle BCT} = S_{\triangle CDP} = S_{\triangle DEQ} = \frac{1}{2}(\sqrt{5} + 1)$

可求得 $S_{ABCDE} = \dfrac{1}{2}(15 + 7\sqrt{5})$.

例8 如图 1.6.8,设 O 为 $\triangle ABC$ 内任一点,直线 AO, BO, CO 分别交对边于 A', B', C'.求证:

81

$$\frac{AO}{OA'} + \frac{BO}{OB'} + \frac{CO}{OC'} \geqslant 6$$

证明　令 $S_{\triangle BOC} = x, S_{\triangle AOC} = y, S_{\triangle AOB} = z$,则

$$\frac{AO}{OA'} = \frac{z+y}{x}, \frac{BO}{OB'} = \frac{x+z}{y}, \frac{CO}{OC'} = \frac{y+x}{z}$$

所以　$\dfrac{AO}{OA'} + \dfrac{BO}{OB'} + \dfrac{CO}{OC'} = \dfrac{yz(y+z) + zx(z+x) + xy(x+y)}{xyz} =$

$$\frac{y^2+z^2}{yz} + \frac{z^2+x^2}{zx} + \frac{x^2+y^2}{xy} \geqslant 6$$

其中等号当且仅当 $x = y = z$ 时成立,即 O 为 $\triangle ABC$ 的重心时等号成立.

由上例可以看到:对于图 1.6.8 中的有关三角形引入面积参量,可以表示有关的线段比.其实,我们还可以引入一系列面积参量,经探讨,这些参量之间还有很多美妙的关系,运用这些关系可以帮助我们简单求解一系列有关三角形的几何问题.

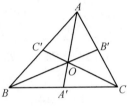

图 1.6.8

令 $S_{\triangle ABC} = \lambda_0, S_{\triangle A'B'C'} = \mu_0, S_{\triangle OBC} = \lambda_1, S_{\triangle OAC} = \lambda_2, S_{\triangle OAB} = \lambda_3,$ $S_{\triangle OB'C'} = \mu_1, S_{\triangle OA'C'} = \mu_2, S_{\triangle OA'B'} = \mu_3, S_{\triangle AB'C'} = v_1, S_{\triangle BA'C'} = v_2, S_{\triangle CA'B'} = v_3.$ 则有

结论 1　$\dfrac{v_1}{\lambda_0} = \dfrac{\mu_1}{\lambda_1}$;

结论 2　$\dfrac{\mu_0}{\lambda_0} = \dfrac{2\mu_1}{\lambda_2 + \lambda_3} = \dfrac{2\mu_2}{\lambda_3 + \lambda_1} = \dfrac{2\mu_3}{\lambda_1 + \lambda_2} = \dfrac{2\lambda_1\lambda_2\lambda_2}{(\lambda_2 + \lambda_3)(\lambda_3 + \lambda_1)(\lambda_1 + \lambda_2)}$;

结论 3　$\lambda_1 + \lambda_2 + \lambda_3 = \lambda_0 = \dfrac{\lambda_1 v_1}{\mu_1} = \dfrac{\lambda_2 v_2}{\mu_2} = \dfrac{\lambda_3 v_3}{\mu_3}$;

结论 4　$\mu_1 + \mu_2 + \mu_3 = \mu_0 = \dfrac{2\lambda_1 v_1}{\lambda_2 + \lambda_3} = \dfrac{2\lambda_2 v_2}{\lambda_3 + \lambda_1} = \dfrac{2\lambda_3 v_3}{\lambda_1 + \lambda_2}.$

证明提示:对于结论 1,在 $\triangle CB'B$(对直线 AO),$\triangle BCC'$(对直线 AO) 中分别用梅氏定理,再注意到共角三角形面积的比即证.对于结论 2,3,4 注意到共角三角形面积的比即证.

例 9　在 $\triangle ABC$ 中,O 为 AA' 与 BB' 的交点,A' 在 BC 上,B' 在 AC 上,且 $S_{\triangle AOB'} = 3, S_{\triangle OAB} = 2, S_{\triangle OA'B} = 1.$ 求 $S_{\triangle CA'B'}.$

解　注意到上述结论 2,3,且符号意义同上,有

$$\lambda_3 = 2$$

$$S_{\triangle AOB'} = \frac{AB'}{AC} \cdot S_{\triangle OAC} = \frac{\lambda_3}{\lambda_3 + \lambda_1} \cdot \lambda_2 = 3$$

$$S_{\triangle OA'B} = \frac{A'B}{BC} \cdot S_{\triangle OBC} = \frac{\lambda_3}{\lambda_2 + \lambda_3} \cdot \lambda_1 = 1$$

由上解得　　　　$\lambda_1 = S_{\triangle OBC} = 10, \lambda_2 = S_{\triangle OAC} = 18$

从而　　　　　　$\mu_3 = \frac{\lambda_1 \lambda_2 \lambda_3}{(\lambda_2 + \lambda_3)(\lambda_3 + \lambda_1)} = \frac{3}{2}$

$$v_3 = \frac{\mu_3}{\lambda_3}(\lambda_1 + \lambda_2 + \lambda_3) = \frac{45}{2}$$

故　$S_{\triangle A'B'C} = \frac{45}{2}$.

4.引入角参量

例 10　如图 1.6.9,设 A_1, A_2 是 $\triangle ABC$ 的 BC 边上的两点,若 $\angle BAA_1 = \angle CAA_2$,则

$$\frac{AB^2}{AC^2} = \frac{BA_1}{A_1C} \cdot \frac{BA_2}{A_2C}$$

证明　设 $\angle BAA_1 = \angle CAA_2 = \alpha, \angle A_1AA_2 = \beta$,则

$$\frac{S_{\triangle ABA_1}}{S_{\triangle AA_1C}} = \frac{\frac{1}{2}AB \cdot AA_1 \cdot \sin \alpha}{\frac{1}{2}AC \cdot AA_1 \cdot \sin(\alpha + \beta)} = \frac{BA_1}{A_1C}$$

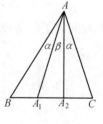

图 1.6.9

即　　　　　　　$\frac{AB \cdot \sin \alpha}{AC \cdot \sin(\alpha + \beta)} = \frac{BA_1}{A_1C}$

同理　　　　　　$\frac{AB \cdot \sin(\alpha + \beta)}{AC \cdot \sin \alpha} = \frac{BA_2}{A_2C}$

上述两式相乘即证得结论成立.

注:1) 此命题的逆命题也是成立的,运用同一法,在 BC 上取 A' 使 $\angle BAA_1 = \angle CAA'$,证明 A' 与 A_2 重合即可.

2) 当 A_1 与 A_2 重合即为三角形内角平分线性质,因此该命题可看做三角形内角平分线性质的推广.

例 11　如图 1.6.10,在 $\triangle ABC$ 的边 AB, AC, BC 上依次取点 C', B', A',使得线段 AA',

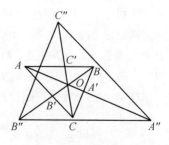

图 1.6.10

BB', CC' 相交于一点 O. 点 A'', B'', C'' 依次是 A, B, C 关于 A', B', C' 的对称点.

求证: $S_{\triangle A''B''C''} = 3S_{\triangle ABC} + 4S_{\triangle A'B'C'}$.

证明 设 $\angle AOB = \varphi$, 则

$$2S_{\triangle AOB} = AO \cdot BO \cdot \sin \varphi, 2S_{\triangle AOB'} = AO \cdot B'O \cdot \sin \varphi$$

$$2S_{\triangle BOA'} = BO \cdot A'O \cdot \sin \varphi, 2S_{\triangle A'OB'} = A'O \cdot B'O \cdot \sin \varphi$$

因此

$$S_{\triangle A''OB''} = \frac{1}{2} A''O \cdot B''O \cdot \sin \varphi = \frac{1}{2}(AO + 2A'O)(BO + 2B'O)\sin \varphi =$$

$$S_{\triangle AOB} + 2S_{\triangle AOB'} + 2S_{\triangle BOA'} + 4S_{\triangle A'OB'}$$

同理

$$S_{\triangle A''OC''} = S_{\triangle AOC} + 2S_{\triangle AOC'} + 2S_{\triangle COA'} + 4S_{\triangle A''OC''}$$

$$S_{\triangle B''OC''} = S_{\triangle BOC} + 2S_{\triangle BOC'} + 2S_{\triangle COB'} + 4S_{\triangle B'OC''}$$

于是

$$S_{\triangle A''B''C''} = S_{\triangle A''OC''} + S_{\triangle C''OA''} + S_{\triangle A''OB''} = 3S_{\triangle ABC} + 4S_{\triangle A'B'C'}$$

上述两例,我们引入了角参量,虽没有用到多少三角知识和三角运算,也顺利地完成了从条件向结论的过渡,从这点上说,这种参量法还不是典型的三角法.

二、三角法

三角法解题包括解含三角式和不含三角式的平面几何问题,这两种问题可称之为显式问题和隐式问题.

1. 显式问题

例 12 在凸四边形 $ABCD$ 中,用 A, B, C, D 表示其内角,求证:

$$\frac{\sin A}{BC \cdot CD} + \frac{\sin C}{DA \cdot AB} = \frac{\sin B}{CD \cdot DA} + \frac{\sin D}{AB \cdot BC}$$

证明 对于 ▱$ABCD$ 结论显然成立. 对于非平行四边形 $ABCD$, 如图 1.6.11, 不妨设 AD 不平行于 BC. 延长 AD, BC 相交于 E. 令 $AB = a$, $BC = b$, $CD = c$, $DA = d$, $CE = x$, $DE = y$.

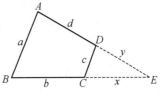

图 1.6.11

在 $\triangle ABE$ 中, 由正弦定理, 有

$$\frac{a}{\sin E} = \frac{b + x}{\sin A} = \frac{d + y}{\sin B}$$

可得
$$x = \frac{a \cdot \sin A}{\sin E} - b, y = \frac{a \cdot \sin B}{\sin E} - d$$

在 $\triangle CDE$ 中,由正弦定理,有

$$\frac{x}{\sin D} = \frac{y}{\sin C} = \frac{c}{\sin E} \Rightarrow x = \frac{c \cdot \sin D}{\sin E}, y = \frac{c \cdot \sin C}{\sin E}$$

所以
$$\frac{a \cdot \sin A}{\sin E} - b = \frac{c \cdot \sin D}{\sin E}$$

$$\frac{a \cdot \sin B}{\sin E} - d = \frac{c \cdot \sin C}{\sin E}$$

所以
$$\frac{\sin E}{ac} = \frac{\sin A}{bc} - \frac{\sin D}{ab} = \frac{\sin B}{cd} - \frac{\sin C}{ad}$$

亦即
$$\frac{\sin A}{BC \cdot CD} + \frac{\sin C}{DA \cdot AB} = \frac{\sin B}{CD \cdot DA} + \frac{\sin D}{AB \cdot BC}$$

注:对于凹四边形 $ABCD$,结论也成立.这个结论也可看做四边形中的一种正弦定理形式.

例 13 设 AD, BE, CF 分别是 $\triangle ABC$ 的三条高线,D, E, F 分别为垂足,如图 1.6.12.求证:

$$\frac{S_{\triangle DEF}}{S_{\triangle ABC}} = 2 \mid \cos A \cdot \cos B \cdot \cos C \mid$$

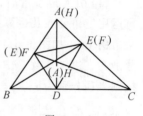

图 1.6.12

证明 若 $\triangle ABC$ 为直角三角形,结论显然成立. 若 $\triangle ABC$ 为锐角三角形,容易求出 $\triangle DEF$ 的三内角分别为

$$\angle DEF = 180° - 2B, \angle EDF = 180° - 2A, \angle DFE = 180° - 2C$$

设 $\triangle ABC$ 与 $\triangle DEF$ 的外接圆半径分别为 R 和 R_1,则由三角形面积公式,知

$$S_{\triangle ABC} = 2R^2 \cdot \sin A \cdot \sin B \cdot \sin C$$

$$S_{\triangle DEF} = 2R_1^2 \cdot \sin(180° - 2A) \cdot \sin(180° - 2B) \cdot \sin(180° - 2C) =$$
$$2R_1^2 \cdot \sin 2A \cdot \sin 2B \cdot \sin 2C$$

下证 $R = 2R_1$.

由 $\triangle AEF \backsim \triangle ABC$,有

$$EF = \frac{BC \cdot AE}{AB} \qquad \qquad ①$$

在 $\mathrm{Rt}\triangle ABE$ 中
$$\cos A = \frac{AE}{AB} \qquad \qquad ②$$

所以
$$2R_1 = \frac{EF}{\sin\angle EDF} = \frac{EF}{\sin(180° - 2A)} = \frac{EF}{2\sin A \cdot \cos A}$$

将 ①,② 代入上式,即得 $2R_1 = \dfrac{BC}{2\sin A} = R$

所以 $\dfrac{S_{\triangle DEF}}{S_{\triangle ABC}} = \dfrac{2R_1^2 \cdot \sin 2A \cdot \sin 2B \cdot \sin 2C}{2R^2 \cdot \sin A \cdot \sin B \cdot \sin C} = 2\cos A \cdot \cos B \cdot \cos C$

若 $\triangle ABC$ 为钝角三角形,不妨设 $\angle A$ 为钝角. 此时,可求出 $\triangle DEF$ 的三个内角分别为 $\angle DFE = 2C, \angle DEF = 2B, \angle EDF = 2A - 180°$,并且仿上亦证得 $R = 2R_1$,从而有

$$\dfrac{S_{\triangle DEF}}{S_{\triangle ABC}} = -2\cos A \cdot \sin B \cdot \cos C$$

综上,对任意三角形 ABC 均有上述结论.

2. 隐式问题

运用三角法求解隐式问题,常有如下几种思路:

(1) 引入角参量后,根据题设借助于三角知识将有关关系转化为三角式,再运用三角公式及运算进行求解.

86   **例 14** 如图 1.6.13,在锐角 $\triangle ABC$ 中,AD, BE, CF 分别为三边 BC, AC, AB 上的高,设 $\triangle ABC$ 的内切圆、外接圆半径分别为 r, R,$\triangle EDF$ 与 $\triangle ABC$ 的周长分别为 p, P. 求证:$\dfrac{p}{P} = \dfrac{r}{R}$.

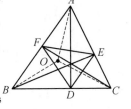

图 1.6.13

证明 由题设知 $DC = AC \cdot \cos C, EC = BC \cdot \cos C$,从而 $\triangle DEC \backsim \triangle ABC$,于是 $DE = AB \cdot \cos C$.

同理,$EF = BC \cdot \cos A, DF = AC \cdot \cos B$,故

$$p = DE + EF + FD = AB \cdot \cos C + BC \cdot \cos A + AC \cdot \cos B$$

设 O 为 $\triangle ABC$ 的外心,则

$$S_{\triangle OBC} = \dfrac{1}{2}R^2 \cdot \sin 2A = \dfrac{1}{2}R \cdot BC \cdot \cos A$$

同理 $S_{\triangle AOC} = \dfrac{1}{2}R \cdot AC \cdot \cos B, S_{\triangle AOB} = \dfrac{1}{2}R \cdot AB \cdot \cos C$

故 $\dfrac{1}{2}Pr = S_{\triangle ABC} = \dfrac{1}{2}R(BC \cdot \cos A + AC \cdot \cos B + AB \cdot \cos C) = \dfrac{1}{2}Rp$

由此即证.

例 15 求一个直角三角形,它的边都是整数,并且它的每个角都可以用圆规和直尺将它三等分.

解　取角 α，使得 $6\alpha < 90°$，且 $\tan\alpha \in \mathbf{Q}$(有理数集)(适合 $\tan\alpha = \dfrac{1}{4}$ 的 α 即是一例).则

$$\tan 2\alpha = \frac{2\tan\alpha}{1-\tan^2\alpha}, \tan 3\alpha = \frac{\tan 2\alpha + \tan\alpha}{1-\tan 2\alpha \cdot \tan\alpha}, \cos\alpha = \frac{1-\tan^2\alpha}{1+\tan^2\alpha}$$

$$\sin 2\alpha = \frac{2\tan\alpha}{1+\tan^2\alpha}, \cos 6\alpha = \frac{1-\tan^2 3\alpha}{1+\tan^2 3\alpha}, \sin 6\alpha = \frac{2\tan 3\alpha}{1+\tan^2 3\alpha}$$

都是有理数.因此,当直角 $\triangle A_1 B_1 C_1$ 适合 $\angle C_1 = 90°$，$\angle A_1 = 6\alpha$，$A_1 B_1 = 1$，$A_1 C_1 = \cos 6\alpha$，$B_1 C_1 = \sin 6\alpha$ 时各边长都是有理数.于是它相似于一个边长为整数的 $\triangle ABC$(例如当 $\tan\alpha = \dfrac{1}{4}$ 时，$\triangle ABC$ 的边长为 $AB = 4\,913$，$AC = 495$，$BC = 4\,888$).另一方面,适合 $\angle C_2 = 90°$，$\angle A_2 = 2\alpha$，$A_2 B_2 = 1$，$A_2 C_2 = \cos 2\alpha$，$B_2 C_2 = \sin 2\alpha$ 的三角形的各边长也都是有理数.因此可以借助圆规和直尺作出角 $2\alpha = \dfrac{1}{3}\angle A_1$，即将 $\triangle ABC$ 中的 $\angle A$ 三等分.因为等于 $30°$ 的角同样也能作出，而 $\dfrac{1}{3}\angle B = \dfrac{1}{3}(\angle C - \angle A) = 30° - 2\alpha$，所以 $\triangle ABC$ 的每一个角都可以用圆规和直尺三等分，从而 $\triangle ABC$ 满足题设的条件.

注:这里的直尺是无刻度的,这里的尺规作图是指能用有理数表示表达式的作图.

(2) 根据题设，借助于正弦定理、余弦定理将有关关系转化为三角式，再运用三角公式及运算进行求解.

例 16　已知 a,b,c 是 $\triangle ABC$ 的三边边长，S 是该三角形的面积.求证:
$a^2 + b^2 + c^2 \geqslant 4\sqrt{3}S$.

证法 1　由 $a^2 + b^2 + c^2 = a^2 + b^2 + a^2 + b^2 - 2ab \cdot \cos C =$

$$2(a^2 + b^2 - ab \cdot \cos C) \geqslant$$

$$2(2ab - ab \cdot \cos C) =$$

$$2ab(2 - \cos C) = 4S \cdot \frac{2 - \cos C}{\sin C}$$

但由

$$\cos\left(\frac{\pi}{3} - C\right) = \frac{1}{2}\cos C + \frac{\sqrt{3}}{2}\sin C \leqslant 1$$

得

$$\frac{2 - \cos C}{\sin C} \geqslant \sqrt{3}$$

所以

$$a^2 + b^2 + c^2 \geqslant 4\sqrt{3}S$$

证法 2　由 $a^2 + b^2 + c^2 = 2ab \cdot \cos A + 2ac \cdot \cos B + 2ab \cdot \cos C$

87

有 $$a^2 + b^2 + c^2 = 4S(\cot A + \cot B + \cot C)$$

因为 $$a^2 + b^2 + c^2 > 0, 4S > 0$$

则 $$\cot A + \cot B + \cot C > 0$$

利用恒等式 $$\cot A \cdot \cot B + \cot B \cdot \cot C + \cot C \cdot \cot A = 1$$

及不等式

$$(\cot A + \cot B + \cot C)^2 \geqslant 3(\cot A \cdot \cot B + \cot B \cdot \cot C + \cot C \cdot \cot A)$$

可得 $$\cot A + \cot B + \cot C \geqslant \sqrt{3}$$

故 $$a^2 + b^2 + c^2 \geqslant 4\sqrt{3}S$$

例 17 设点 M 在给定的等边 $\triangle ABC$ 的外接圆周上. 求证: $MA^4 + MB^4 + MC^4$ 与点 M 的选择无关.

证明 不妨设点 M 在以 O 为圆心且半径为 R 的外

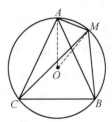

接圆中的弧 $\overset{\frown}{AB}$ 上,如图 1.6.14.设 $\angle AOM = \alpha$,则

$$MA = 2R \cdot \sin\frac{\alpha}{2}$$

图 1.6.14

$$MB = 2R \cdot \sin\frac{1}{2}(\angle AOB - \angle AOM) = 2R \cdot \sin(60° - \frac{\alpha}{2})$$

$$MC = 2R \cdot \sin\frac{1}{2}(\angle AOC + \angle AOM) = 2R \cdot \sin(60° + \frac{\alpha}{2})$$

因此

$$\begin{aligned}
\frac{MA^4 + MB^4 + MC^4}{R^4} &= 16\left[\sin^4\frac{\alpha}{2} + \sin^4(60° - \frac{\alpha}{2}) + \sin^4(60° + \frac{\alpha}{2})\right] = \\
&= 4\{(1 - \cos\alpha)^2 + [1 - \cos(120° - \alpha)]^2 + \\
&\quad [1 - \cos(120° + \alpha)]^2\} = \\
&= 12 - 8[\cos\alpha + \cos(120° - \alpha) + \cos(120° + \alpha)] + \\
&\quad 4[\cos^2\alpha + \cos^2(120° - \alpha) + \cos^2(120° + \alpha)] = \\
&= 12 - 8\cos\alpha + 8\cos\alpha + 6 - 2\cos2\alpha - \\
&\quad 2 \cdot 2\cos240° \cdot \cos2\alpha = \\
&= 18 - 2\cos2\alpha + 2\cos2\alpha = 18
\end{aligned}$$

它与点 M 的选取无关.

注:在运用正弦定理、余弦定理时,要善于运用其变形式及其推论,例如,正弦定理的变形就有 $a : b = \sin A : \sin B$, $a = \dfrac{b \cdot \sin A}{\sin B}$, $a = 2R \cdot \sin A$, $\sin A = \dfrac{a}{2R}$ 等,其推论有

1) 设半径为 R 的圆内接凸多边形的边长分别为 $a_1, a_2, \cdots, a_n$, 其所对的圆周角分别为 $\theta_1, \theta_2, \cdots, \theta$, 则 $\dfrac{a_1}{\sin \theta_1} = \dfrac{a_2}{\sin \theta_2} = \cdots = \dfrac{a_n}{\sin \theta_n}$.

2) $\alpha, \beta, \gamma, \alpha_1, \beta_1, \gamma_1$ 均为正角, 且 $\alpha + \beta + \gamma = \alpha_1 + \beta_1 + \gamma_1 = 180°$, 若 $\sin \alpha : \sin \beta : \sin \gamma = \sin \alpha_1 : \sin \beta_1 : \sin \gamma_1$, 则 $\alpha = \alpha_1, \beta = \beta_1, \gamma = \gamma_1$.

注: 运用此结论可直接证明本篇第四章中例1.

3) 设 D 为等腰 $\triangle ABC$ 的底边 BC 上任一点, $\angle BAD = \alpha$, $\angle DAC = \beta$, 则 $\dfrac{BD}{\sin \alpha} = \dfrac{DC}{\sin \beta}$.

例18 如图 1.6.15, 设圆 O 是 $\triangle ABC$ 的 BC 边外的旁切圆, D, E, F 分别是圆 O 与 BC, CA 和 AB 的切点. 若 OD 与 EF 交于 K, 求证: AK 平分 BC.

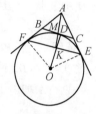

图 1.6.15

证明 设 AK 与 BC 交于点 M, 连 OE, OF. 因为

$$\angle ABC = \angle DOF = \angle B, \quad \angle ACB = \angle DOE = \angle C$$

所以 $\triangle EOF$ 中, 运用上述推论 3) 有

$$\frac{FK}{\sin B} = \frac{KE}{\sin C}$$

又在 $\triangle AEF$ 中用此推论

$$\frac{FK}{\sin \angle FAK} = \frac{AF}{\sin \angle AKF} = \frac{AE}{\sin \angle AKE} = \frac{KE}{\sin \angle KAE}$$

有

$$\frac{\sin B}{\sin \angle FAK} = \frac{\sin C}{\sin \angle KAE}$$

故

$$\frac{BM}{MC} = \frac{\dfrac{BM}{AM}}{\dfrac{MC}{AM}} = \frac{\dfrac{\sin \angle FAK}{\sin B}}{\dfrac{\sin \angle KAE}{\sin C}} = 1$$

由此即证得结论.

(3) 根据题设, 借助于含有三角式的重要结论将有关关系转化为三角式, 再运用三角公式及运算进行求解.

这些常用的重要结论, 有

结论1 (张角公式) 如图 1.6.15, D 为 $\triangle ABC$ 的 BC 边上一点, $\angle BAD = \alpha, \angle DAC = \beta$, 则

$$\frac{BD}{DC} = \frac{AB \cdot \sin \alpha}{AC \cdot \sin \beta} \qquad ①$$

$$\frac{\sin(\alpha + \beta)}{AD} = \frac{\sin \beta}{AB} + \frac{\sin \alpha}{AC} \qquad ②$$

证明 由 $\dfrac{BD}{DC} = \dfrac{S_{\triangle ABD}}{S_{\triangle ACD}} = \dfrac{\frac{1}{2}AB \cdot AD \cdot \sin\alpha}{\frac{1}{2}AC \cdot AD \cdot \sin\beta} = \dfrac{AB \cdot \sin\alpha}{AC \cdot \sin\beta}$ 即证 ①.

由 $\dfrac{1}{2}AB \cdot AD \cdot \sin\alpha + \dfrac{1}{2}AD \cdot AC \cdot \sin\beta =$

$\dfrac{1}{2} \cdot AB \cdot AC \cdot \sin(\alpha+\beta)$,两边同除以 $AB \cdot AD \cdot AC$

即证得 ②.

结论 2 (三弦公式)如图 1.6.16,AB,AD,AC 为

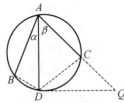

图 1.6.16

圆 O 中三弦,$\angle BAD = \alpha$,$\angle DAC = \beta$,则

$$AD \cdot \sin(\alpha+\beta) = AC \cdot \sin\alpha + AB \cdot \sin\beta$$

证明 连 BD,DC,作 $\angle CDQ = \angle BDA$,DQ 与 AC 的延长线于 Q,则易知

$\triangle DCQ \backsim \triangle DBA$,从而 $\angle DQC = \alpha$,$DQ : AD = CQ : AB$.

在 $\triangle ADQ$ 中应用正弦定理,并注意到

$$\sin\angle ADQ = \sin(\alpha+\beta)$$

有 $\qquad (AC + CQ) : \sin(\alpha+\beta) = AD : \sin\alpha = DQ : \sin\beta$

所以 $\qquad AD \cdot \sin(\alpha+\beta) = (AC + CQ)\sin\alpha$,$DQ : AD = \sin\beta : \sin\alpha$

所以 $\qquad CQ : AB = \sin\beta : \sin\alpha$

从而 $\qquad CQ \cdot \sin\alpha = AB \cdot \sin\beta$

故 $\qquad AD \cdot \sin(\alpha+\beta) = AC \cdot \sin\alpha + AB \cdot \sin\beta$

注:可用同一法证得其逆命题亦成立(即证得 A,B,D,C 共圆).

结论 3 设 A,B,C 为 $\triangle ABC$ 的内角,BC 边上的高为 AD,则

$$\dfrac{BC}{AD} = \cot B + \cot C$$

证明 由 $\dfrac{BD}{AD} = \cot B$,$\dfrac{DC}{AD} = \cot C$ 即证.

结论 4 设 D 为 $\mathrm{Rt}\triangle ABC$ 的斜边 AB 所在直线上一点,则

$$\dfrac{BD}{AD} = \dfrac{\tan\angle BCD}{\tan B}$$

证明 由 $\qquad \dfrac{BD}{DA} = \dfrac{S_{\triangle BCD}}{S_{\triangle ACD}} = \dfrac{\frac{1}{2}BC \cdot CD \cdot \sin\angle BCD}{\frac{1}{2}AC \cdot CD \cdot \sin\angle ACD} =$

$\dfrac{BC}{AC} \cdot \dfrac{\sin\angle BCD}{\sin\angle ACD} = \dfrac{1}{\dfrac{AC}{BC}} \cdot \dfrac{\sin\angle BCD}{\cos\angle BCD}$

90

及

$$\frac{AC}{BC} = \tan B$$

即有

$$\frac{BD}{DA} = \frac{\tan \angle BCD}{\tan B}$$

例 19　如图 1.6.17,若 $\triangle ABC$ 各角顶点与对边 n 等分点的连线中,相邻两条连线分别交于 P, Q, R. 则 $\triangle PQR \backsim \triangle ABC$,且相似比为 $(n-2):(2n-1)$.

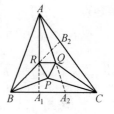

图 1.6.17

证明　在 $\triangle ABA_1$ 中与 $\triangle ABC$ 中运用上述结论 1①,得

$$\frac{AR}{A_1R} = \frac{AB \cdot \sin \angle ABR}{A_1B \cdot \sin \angle A_1BR}$$

因为 $A_1B = \frac{1}{n}BC$,所以

$$\frac{AR}{A_1R} = n \cdot \frac{AB \cdot \sin \angle ABR}{BC \cdot \sin \angle A_1BR} \qquad ①$$

因为

$$AB_2 = \frac{1}{n}AC = \frac{1}{n}(AB_2 + B_2C)$$

$$\frac{AB \cdot \sin \angle ABR}{BC \cdot \sin \angle A_1BR} = \frac{AB_2}{B_2C}$$

所以

$$\frac{AB \cdot \sin \angle ABR}{BC \cdot \sin \angle A_1BR} = \frac{AB_2}{B_2C} = \frac{1}{n-1}$$

91

将其代入 ① 式得

$$\frac{AR}{A_1R} = \frac{n}{n-1}$$

所以

$$\frac{AR}{AA_1} = \frac{n}{2n-1}$$

同理

$$\frac{AQ}{AA_2} = \frac{n}{2n-1}$$

所以 $RQ \parallel BC$ 且

$$RQ : A_1A_2 = n : (2n-1)$$

所以

$$\frac{RQ}{BC} = \frac{n-2}{2n-1} \left(因为 A_1A_2 = \left(1 - \frac{2}{n}\right)BC\right)$$

同理

$$\frac{QR}{AB} = \frac{n-2}{2n-1}, \frac{PR}{AC} = \frac{n-2}{2n-1}$$

故 $\triangle PQR \backsim \triangle ABC$ 且相似比为 $(n-2):(2n-1)$.

例 20　在等形 $ABCD$ 中,$AB = AD$,$BC = CD$,经 AC 与 BD 的交点 O 任作两条两直线 分别交 AD 于 E,交 BC 于 F,交 AB 于 G,交 CD 于 H. GF,EH 分别交 BD 于 I, J,如图 1.6.18.求证:$IO = OJ$.

证明　令 $\angle DOE = \alpha, \angle DOH = \beta, OA = a, BO = OD = b, OC = c$,则

在 △GOF 中用上述结论1②,得

$$\frac{\sin \alpha}{OG} + \frac{\sin \beta}{OF} = \frac{\sin(\alpha + \beta)}{IO}$$

整理得　　$IO = \dfrac{OF \cdot OG \cdot \sin(\alpha + \beta)}{OF \cdot \sin \alpha + OG \cdot \sin \beta}$

又在 △AOB 和 △BOC 中应用上述结论1②,有

$$OG = \frac{ab}{a \cdot \cos \beta + b \cdot \sin \beta}, OF = \frac{bc}{b \cdot \sin \alpha + c \cdot \cos \alpha}$$

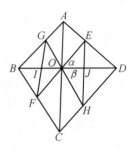

图 1.6.18

从而　　$IO = \dfrac{abc \cdot \sin(\alpha + \beta)}{ac \cdot \sin(\alpha + \beta) + b(a + c)\sin \alpha \cdot \sin \beta}$

注意到上式关于 α,β 是对称的,由对顶角的关系,在计算 OJ 时,只需把 α,β 的位置变换一下,其结果仍和上式中得到的一样,故 IO = OJ.

例 21　如图 1.6.19,已知 △ABC 中,AB > AC,∠A 的一个外角平分线交外接圆于 E,过 E 作 EF ⊥ AB 于 F.求证:2AF = AB − AC.

证明　设 ∠DAE = ∠EAF = α,则 ∠BAC = 180° −2α,对三弦 AE,AB,AC 用三弦公式(即结论2),得

$AE \cdot \sin(180° - 2\alpha) + AC \cdot \sin \alpha = AB \cdot \sin(180° - \alpha)$

即　　$AE \cdot \sin 2\alpha + AC \cdot \sin \alpha = AB \cdot \sin \alpha$

则　　　　　$2AE \cdot \cos \alpha = AB - AC$

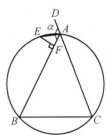

图 1.6.19

又在 Rt△AEF 中,$AE \cdot \cos \alpha = AF$,故 2AF = AB − AC.

例 22　已知 AD 是锐角 △ABC 的高,O 是 AD 上任意一点,连 BO,CO,并分别延长交 AC,AB 于 F,E,连 DE,DF.求证:∠EDO = ∠FDO.(参见本篇第三章中例 13)

证明　如图 1.6.20,设 ∠FDO = α,∠EDO = β.在 Rt△ADC 和 Rt△ADB 中,由上述结论4,有

$$\frac{\tan \beta}{\tan \angle DAC} = \frac{EA}{EC}, \frac{\tan \alpha}{\tan \angle DAB} = \frac{FA}{FB}$$

两式相除,有

$$\frac{\tan \beta}{\tan \alpha} = \frac{EA}{EC} \cdot \frac{FB}{FA} \cdot \frac{\tan \angle DAC}{\tan \angle DAB}$$

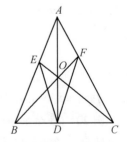

图 1.6.20

92

而

$$\frac{\tan \angle DAC}{\tan \angle DAB} = \frac{\dfrac{DC}{AD}}{\dfrac{BD}{AD}} = \frac{DC}{DB}$$

所以

$$\frac{\tan \beta}{\tan \alpha} = \frac{EA}{EC} \cdot \frac{FB}{FA} \cdot \frac{DC}{DB} = 1(塞瓦定理)$$

所以 $\tan \beta = \tan \alpha$. 由于 α, β 为锐角, 故 $\alpha = \beta$.

例 23 在 $\triangle ABC$ 中, 角 C 为钝角, AB 边上的高为 h, 求证: $AB > 2h$.

证明 由上述结论 3, 有

$$\frac{AB}{h} = \cot A + \cot B = \frac{\cos A \cdot \sin B + \cos B \cdot \sin A}{\sin A \cdot \sin B} =$$

$$\frac{2\sin C}{\cos(A - B) + \cos C} \geqslant \frac{2\sin C}{1 + \cos C} = 2\tan \frac{C}{2}$$

因为 $90° < C < 180°$, 所以 $45° < \dfrac{C}{2} < 90°$. 所以 $\tan \dfrac{C}{2} > 1$. 于是 $\dfrac{AB}{h} > 2$. 即 $AB > 2h$.

练习题 1.6

1. 用参量法(引入角参量或面积参量)证本篇第一章中例 6.

2. 设等腰梯形的最大边长为 13, 周长为 28. (1) 设梯形的面积为 27, 求它的边长; (2) 这种梯形的面积能否等于 27.001?

3. 在凸四边形 $ABCD$ 的边 AB 及 BC 上分别取 E 及 F 点, 使线段 DE 及 DF 三等分对角线 AC. 已知 $\triangle ADE$ 及 $\triangle CDF$ 的面积都等于四边形 $ABCD$ 面积的 $\dfrac{1}{4}$. 求证: $ABCD$ 为平行四边形.

4. 在 $\triangle ABC$ 中, E 是 BC 的中点, D 在 AC 上, 且 $2AD = DC$, AE 与 BD 交于 F, 求 $S_{\triangle DEF}$ 和 $S_{\triangle ACF}$.

5. 在 $\triangle A_1 A_2 A_3$ 中, B_2, B_3 分别在 $A_1 A_3, A_1 A_2$ 上, $A_2 B_2$ 交 $A_3 B_3$ 于 P, 且 $A_1 B_3 = B_3 A_2, A_1 B_2 : B_2 A_3 = 2 : 3, S_{\triangle A_1 A_2 A_3} = 40$. 求 $S_{A_1 B_3 PB_2}$.

6. 在 $\triangle A_1 A_2 A_3$ 中, B_2 在 $A_1 A_3$ 上, B_3 在 $A_1 A_2$ 上, $A_2 B_2$ 与 $A_3 B_3$ 交于 P, 且 $S_{\triangle A_1 B_2 B_3} = 5, S_{\triangle PA_3 B_2} = 3$. 求 $S_{\triangle A_1 A_2 A_3}$.

7. 用三角法证练习题 1.4 中第 6 题.

8. 在等腰三角形 ABC 中, 顶角 $B = 20°$, 在边 BC, AB 上分别取点 D, E, 有 $\angle DAC = 60°, \angle ACE = 50°$, 求 $\angle ADE$.

9. 用正弦定理或其推论证本章例 19.

93

10. $\triangle ABC$ 的 $\angle A$ 的平分线与 $\triangle ABC$ 的外接圆相交于 D, I 是 $\triangle ABC$ 的内心, M 是边 BC 的中点, P 是 I 关于 M 的对称点(设点 P 在圆内).延长 DP 与外接圆相交于点 N.试证:在 AN, BN, CN 三条线段中,必有一条线段是另两条线段之和.

11. 在平行四边形 $ABCD$ 的每边上依次取点 K, L, M, N,若四边形 $KLMN$ 的面积等于平行四边形 $ABCD$ 的面积的一半,则四边形 $KLMN$ 至少有一条对角线平行于平行四边形的边,试证明之.

12. 已知 D, E, F 分别在 $\triangle ABC$ 的三边 BC, CA, AB 上,D' 与 D 关于 BC 的中点对称,E' 与 E 关于 AC 的中点对称,F' 与 F 关于 AB 的中点对称,求证: $S_{\triangle DEF} = S_{\triangle D'E'F'}$.

13. 设 P 是正五边形 $ABCDE$ 的外接圆的 $\overset{\frown}{AB}$ 上任一点,求证: $PC + PE = PA + PB + PD$.

14. AC 是 $\square ABCD$ 较长的对角线,过 C 作 $CF \perp AF$, $CE \perp AE$.求证: $AB \cdot AE + AD \cdot AF = AC^2$.

94

15. 用参量法证明本篇第二章中例14.(斯坦纳定理)

16. 设 M 是圆 O 的弦 AB 的中点,过 M 作圆 O 的任两条弦 CD, EF.连 CF, DE 分别交 AB 于 G, H.求证: $MG = MH$.(蝴蝶定理,参见本章中例17)

17. 已知锐角 $\triangle ABC$ 的 $\angle A$ 的平分线交 BC 于 L,交外接圆于 N,过 L 分别作 $LK \perp AB$ 于 K, $LM \perp AC$ 于 M,求证: $S_{AKNM} = S_{\triangle ABC}$.

18. 已知 C, D 是以 AB 为直径的半圆上两定点,E 为 AB 任一点,求证: $\tan \angle ACE \cdot \tan \angle BDE = \tan \angle BAC \cdot \tan \angle DBA$.

19. 已知 $\triangle ABC$ 中,$a = 10$, $c - b = 8$,求证: $\tan \dfrac{B}{2} \cdot \cot \dfrac{C}{2} = \dfrac{1}{9}$.

20. 已知 Rt$\triangle ABC$ 的斜边 BC 被 n 等分,其中 n 是奇数,从 A 看包含 BC 中点的那一份的视角为 α,设直角三角形斜边上的高为 h,斜边为 a.求证: $\tan \alpha = \dfrac{4nh}{(n^2 - 1)a}$.

第七章　　几何变换法

数学的生命在于不断变换,凭借变换能充分发掘数学各部分的内在联系并获得应用实效.变换不但是解答难题的锐利武器,而且在现代数学理论中也发挥着巨大的作用.

某些平面几何问题,由于图形中的几何性质比较隐晦,条件分散,题设与结论间的某些元素的相互关系在所给的图形中不易发现,使之难以思考而感到束手无策.如果我们能对图形作各种恰当的变换,把原图形或原图形中的一部分从原来的位置变换到另一个位置,或作某种变化,往往能使图形的几何性质明白显现,分散的条件得到汇聚,就能使题设和结论中的元素由分散变为集中,相互间的关系变得清楚明了,从而能将求解问题灵活转化,变难为易.我们把这种恰当地进行图形变换来求解平面几何问题的方法称为几何变换法.

将几何图形按照某种法则或规则变换成另一种几何图形的过程叫做几何变换.平面几何中的几何变换主要有合同变换、相似变换、等积变换以及反演变换.

下面,我们通过一些例题说明如何利用这些变换来解题.

一、合同变换法

在一个几何变换(以下简称变换)f下,如果任意两点之间的距离等于变化后的两点之间的距离,则称 f 是一个合同变换.

合同变换只改变图形的相对位置,不改变其形状和大小.合同变换有三种基本类型:平移变换,轴反射变换,旋转变换.

1.平移变换

将平面图形上的每一个点都按一个定方向移动定距离的变换叫做平移变换.记为 $T(\vec{a})$,定方向$\vec{a}$ 称为平移方向,定距离称为平移距离.

显然,在平移变换下,两对应线段平行(或共线)且相等.因此,凡已知条件

95

中含有平行线段,特别是含有相等线段的平面几何问题,往往可用平移变换简单处理.平移时可移线段,也可移角或整个图形.

例1 如图1.7.1,在 $\triangle ABC$ 中,在 AB,AC 上分别取 BE,CD,使 $BE = CD$.连 BD,CE.若 BD,CE 的中点 M, N 的连线交 AB 于 P,交 AC 于 Q.求证:$AP = AQ$.

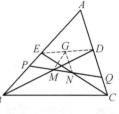

分析 要证有公共端点的两线段相等,常常是证它们是等腰三角形的两腰,即证两底角相等.但已知条件太分散,无法直接证明,需集中,采用平移变换有如下证法.

图1.7.1

证明 连接 ED,并取其中点 G,连 MG,NG,则 $\angle APQ \xrightarrow{\text{平移}} \angle GMN$, $\angle AQP \xrightarrow{\text{平移}} \angle GNM$.由题设,$M,N$ 分别是 BD,CE 的中点,且 $BE = CD$,显然有 $\angle GMN = \angle GNM$,即 $\angle APQ = \angle AQP$,故 $AP = AQ$.

例2 如图1.7.2,A',B',C' 分别是 $\triangle ABC$ 的边 BC,CA,AB 的中点;O_1,O_2,O_3,I_1,I_2,I_3 分别是 $\triangle AB'C',\triangle C'A'B,\triangle B'CA'$ 的外心和内心.求证: $\triangle O_1O_2O_3 \cong \triangle I_1I_2I_3$.

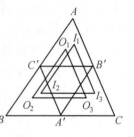

分析 运用三角形全等的判定定理,不易入手,运用平移有如下证法.

图1.7.2

证明 由三角形中位线性质知,线段 $C'B,B'A'$, AC' 不仅相等且方向一致.故有平移变换 T:使 $\triangle AB'C' \xrightarrow{T} \triangle C'A'B$,于是 $O_1 \xrightarrow{T} O_2,I_1 \xrightarrow{T} I_2$,从而 $O_1O_2 \underline{\parallel} I_1I_2 \underline{\parallel} AC'$.

同理,$O_1O_3 \underline{\parallel} I_1I_3,O_2O_3 \underline{\parallel} I_2I_3$.故 $\triangle O_1O_2O_3 \cong \triangle I_1I_2I_3$.

例3 如图1.7.3,已知平面上三个半径相等的圆圆 O_1,圆 O_2,圆 O_3 两两相交于 A,B,C,D,E,F.求证:弧 $\overparen{AB},\overparen{CD},\overparen{EF}$ 的和等于180°.

证明 设这三个圆心与交点的连线如图所示,易知 AO_2DO_1 为平行四边形,即 $O_2D \underline{\parallel} AO_1$.同理 $O_3E \underline{\parallel} BO_1,O_3F \underline{\parallel} CO_2$.

于是,分别将圆 O_2,圆 O_3 平移使之与圆 O_1 重合.设 $CD \xrightarrow{\text{平移}} C'D',EF \xrightarrow{\text{平移}} E'F'$,则 A,O_1,D' 共线,B,O_1,E' 共线,C',O_1,F' 共线.由此即知 $\angle AO_1B + \angle CO_2D + \angle EO_3F = \angle AO_1B + \angle C'O_1D' + \angle E'O_1F' = 180°$

96

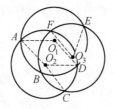 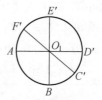

图 1.7.3

2.轴反射变换

如果直线 l 垂直平分连接两点 A,A' 的线段 AA',则称两点 A,A' 关于直线 l 对称.其中 $A'(A)$ 叫做点 $A(A')$ 关于直线 l 的对称点.

把平面上图形中任一点都变到它关于定直线 l 的对称点的变换,叫做关于直线 l 的轴反射变换,记为 $S(l)$,直线 l 叫做反射轴.

显然,在轴反射变换下,对应线段相等,两对应直线或者相交于反射轴上,或者与反射轴平行.通过轴反射变换构成(或部分构成)轴对称图形是处理平面几何问题的重要思想方法.

例 4　如图 1.7.4,过等腰 $\triangle ABC (AB = BC)$ 的顶点 B 作直线 $l /\!/ AC$,在 l 上取一点 O,以 O 为圆心作圆,切 AC 于 D,分别交 AB,BC 于 E,F.求证:弧 $\overparen{EDF}$ 之长与圆心 O 无关.

证明　因为任意符合条件的圆,其半径总等于以 B 为顶点的等腰 $\triangle ABC$ 的高.把 E,D,F 以直线 l 为对称轴反射到 E',D',F',则有

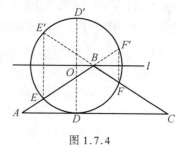

图 1.7.4

$$\overparen{EDF} = \overparen{E'D'F'}, \angle E'BO = \angle OBE$$

又因为 $l /\!/ AC$,有 $\angle OBA = \angle BAC$,而 $\angle BAC = \angle ACB$,则 $\angle E'BO = \angle ACB$,即 F,B,E' 三点共直线.

同理,E,B,F' 三点也共线.

于是,$\angle EBF$ 可以由 $\overparen{EDF}$ 与 $\overparen{E'D'F'}$ 和的一半来度量,即由 $\overparen{EDF}$ 来度量,而 $\angle EBF$ 的大小与圆心 O 是无关的,故 $\overparen{EDF}$ 之长也圆心 O 无关.

例 5　如图 1.7.5,设 $ABCD$ 是一块正方形纸板,用平行于 BC 的直线 PQ 和 RS 将之等分为三个矩形,折叠纸板,使点 C 落到 AB 上的 C' 点处,S 点落在 PQ 上的 S' 点处,且 $BC' = 1$,试求 AC' 的长.

解 由题可知,$C'D'$ 与 CD,$C'T$ 与 CT 关于直线 TM 对称,由线对称性质知 $C'T = CT$,$C'S = CS$.

设 $AC' = x$,$BT = y$,在 Rt$\triangle BC'T$ 中

$$y^2 + 1 = (x + 1 - y)^2$$

即

$$y = \frac{x^2 + 2x}{2(x + 1)}$$

又由 $\triangle PC'S' \backsim \triangle BTC$ 有 $\frac{PC'}{BT} = \frac{C'S'}{C'T}$,即

$$\frac{x - \frac{1}{3}(x + 1)}{y} = \frac{\frac{1}{3}(x + 1)}{x + 1 - y}$$

亦即

$$2x^2 + x - 3xy = 1$$

由 ①,② 得 $x^3 = 2$,即 AC 的长为 $\sqrt[3]{2}$.

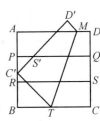

①

②

图 1.7.5

例 6 如图 1.7.6,P 为 $\triangle ABC$ 内一点,点 P 关于边 AB,BC,CA 的对称点分别为 P_1,P_2,P_3,则

(1) $P_1 P_2 = PB \sqrt{2(1 - \cos 2B)}$,$P_2 P_3 = PC \sqrt{2(1 - \cos 2C)}$,$P_3 P_1 = PA \sqrt{2(1 - \cos 2A)}$.

(2) $\angle P_1 P_2 P_3 = \angle BPC - \angle A$,$\angle P_2 P_3 P_1 = \angle CPA - \angle B$,$\angle P_3 P_1 P_2 = \angle APB - \angle C$.

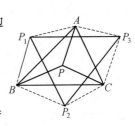

图 1.7.6

证明 顺次连 $AP_1 BP_2 CP_3 A$.

(1) 由 P_1,P_2 分别是点 P 关于 AB,BC 的对称点知

$$P_1 B = P_2 B = PB, \angle P_1 BP_2 = 2\angle B$$

由

$$P_1 P_2^2 = P_1 B^2 + P_2 B^2 - 2P_1 B \cdot P_2 B \cdot \cos \angle P_1 BP_2$$

有

$$P_1 P_2 = PB \sqrt{2(1 - \cos 2B)}$$

同理可证其余两式.

(2) 由轴对称性质知 $\angle BPC = \angle BP_2 C$,$\angle P_1 BP_2 = 2\angle B$,$\angle P_2 CP_3 = 2\angle C$,$P_1 B = P_2 B$,$P_2 C = P_3 C$.从而

$$\angle P_1 P_2 P_3 = \angle BP_2 C - (\angle BP_2 P_1 + \angle CP_2 P_3) =$$

$$\angle BPC - \left[\frac{1}{2}(180° - 2\angle B) + \frac{1}{2}(180° - 2\angle C)\right] =$$

$$\angle BPC - [180° - (\angle B + \angle C)] = \angle BPC - \angle A$$

同理可证其余两式.

注:对于具有共性"已知三角形内一点到三顶点的距离和三内角解三角形"的问题,通过构造点对称的三角形,运用此例结论可以得到新颖的解题方法,可

参见练习题1.7中的7～10题.

例7 已知锐角 $\triangle ABC$ 的外接圆半径为 R,点 D,E,F 分别在边 BC,CA, AB 上.求证:AD,BE,CF 是 $\triangle ABC$ 的三条高的充要条件是 $S_{\triangle} = \dfrac{R}{2}(EF + FD + DE)$.

证明 设 $EF + FD + DE = l$.如图1.7.7,以 BC 为轴作轴反射变换,设 $E \xrightarrow{S(BC)} E_1$,同理 $E \xrightarrow{S(AB)} E_2$.则

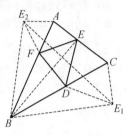

图 1.7.7

$$BE_2 = BE = BE_1, DE_1 = DE, E_2F = FE$$

设 AC 边上高为 h_b,则 $BE \geqslant h_b$.显然

$$l = E_2F + FD + DE_1 \geqslant E_1E_2$$

又因为 $\angle E_1BE_2 = 2\angle ABC$,于是

$$E_1E_2 = 2BE_1 \cdot \sin\angle ABC = 2BE \cdot \sin\angle ABC \geqslant 2h_b \cdot \sin\angle ABC = \frac{2S}{R}$$

从而 $l \geqslant \dfrac{2S}{R}$,故 $S \leqslant \dfrac{R}{2}l$.等式成立 $\Leftrightarrow BE = h_b$,且 E_2, F, D, E_1 四点共直线.

当 $BE = h_b$,且 E_2, F, D, E_1 四点共线时,有 $\angle BE_1C = \angle BE_2A = 90°$. 由于 $\angle E_1BE_2 = 2\angle ABC$,$BE_1 = BE_2$,则

$$\angle BE_1E_2 = \angle BE_2E_1 = 90° - \angle ABC$$

又 $\angle BE_1E_2 = 90° - \angle DE_1C$,从而 $\angle DEC = \angle DE_1C = \angle ABC$,于是 $A,B,D,$ E 四点共圆,从而 $\angle ADB = \angle AEB = 90°$.同理 $\angle BFC = 90°$,因此,AD,BE,CF 是 $\triangle ABC$ 的三条高.

反之,当 AD,BE,CF 是 $\triangle ABC$ 的三条高时,显然有 E_2, F, D, E_1 四点共直线,且 $BE = h_b$.

故 $S = \dfrac{R}{2}l \Leftrightarrow AD, BE, CF$ 是 $\triangle ABC$ 的三条高.

3.旋转变换

将平面上图形中每一点都绕一个定点 O 按定方向(逆时针或顺时针)转动定角 θ 的变换,叫做旋转变换,记为 $R(O,\theta)$.点 O 叫做旋转中心,θ 叫做转幅或旋转角.易知,在旋转变换下,两对应线段相等,两对应直线的交角等于转幅.特别是在转幅为 $90°$ 的旋转变换下,两对应线段垂直且相等.

对于已知条件中含有正方形或等腰三角形或其他特殊图形问题,往往可运

用旋转变换来处理.

例8 如图 1.7.8,△ABC 和 △ADE 是两个不全等的等腰直角三角形($AC > AE$),现固定 △ABC 而将 △ADE 绕A 在平面上旋转.试证:不论 △ADE 旋转到什么位置,线段 EC 上必存在一点 M,使 △BDM 为腰直角三角形.

图 1.7.8

证明 因 △ABC 与 △ADE 不全等,所以,不论 △ADE 在平面上绕点 A 旋转到什么位置,B 与 D,C 与 E 皆不会重合,设 △ADE 绕点 A 在平面上旋转到任一固定位置如图 1.7.8 所示.

考虑绕点 B 逆时针旋转 $90°$ 的变换 $R(B,90°)$,则 $A \xrightarrow{R(B,90°)} C$,$D \xrightarrow{R(B,90°)} D'$,于是 $CD' \perp AD$ 且 $CD' = AD$,但 $DE \perp AD$ 且 $DE = AD$,从而 $CD' \underline{\underline{/\!/}} DE$,即 DD' 与 EC 互相平分,即 CE 的中点 M 亦为 DD' 的中点.因此 DD' 为等腰直角 △BDD' 的斜边,故 △BDM 为等腰直角三角形.

注:此例也可用轴反射变换而证.

例9 如图 1.7.9,在 △ABC 的外侧作 △BCP,△CAQ,△ABR,使 $\angle PBC = \angle QAC = 45°$,$\angle PCB = \angle QCA = 30°$,$\angle RAB = \angle RBA = 15°$.求证:$RQ = RP$ 且 $RQ \perp RQ$.

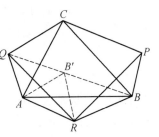

图 1.7.9

证明 运用旋转变换 $R(R,90°)$,则 $B \xrightarrow{R(R,90°)} B'$.此时 $RB' = RB = AR$,$\angle ARB' = 150° - 90° = 60°$,即 △RAB' 为正三角形.于是 $\angle B'AB = 60° - 15° = 45°$,$\angle ABB' = 45° - 15° = 30°$,从而 △ABB' ∽ △ACQ ∽ △BCQ,则

$$\frac{AB'}{AB} = \frac{AQ}{AC} = \frac{BP}{BC} \qquad ①$$

由
$$\angle QAB' = 45° + \angle B'AC = \angle CAB$$

有 △AB'Q ∽ △ABC,亦有 $\frac{AQ}{AC} = \frac{BQ'}{BC}$.注意到 ① 有 $\frac{BP}{BC} = \frac{B'Q}{BC}$,故 $BP = B'Q$.

又由 △AB'Q ∽ △ABC,有
$$\angle RB'Q = 60° + \angle ABC = \angle RBP$$

则 △RBP $\xrightarrow{R(R,90°)}$ △RB'Q,故 $RQ = RP$,且 $RQ \perp RP$.

100

例 10 如图 1.7.10,在 $\triangle ABC$ 中,如果 $\angle B$,$\angle C$ 的平分线 BD 和 CE 相等,那么 $AB = AC$.(参见本篇第二章中例 14)

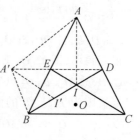

图 1.7.10

证明 因 $BD = CE$,且二者不相平行,一定可以通过一次旋转变换使其重合.这个旋转中心,就是线段 BE,CD 中垂线之交点 O.现在进行旋转变换,使 CE 重合于 BD,即

$$\triangle AEC \xrightarrow{R(O,\angle BOE)} \triangle A'BD$$

设 BD 与 CD 交于 I,则 AI 平分 $\angle A$.在这个旋转变换下,AI 的对应线为 $A'I'$.因 $\angle BA'D = \angle BAD$,则 A',B,D,A 四点共圆,从而 $\angle AA'D = \angle ABD$.又因为

$$\angle AID = \angle ABD + \frac{1}{2}\angle A = \angle AA'D + \frac{1}{2}\angle BA'D = \angle AA'I'$$

则 A,A',I',I 四点共圆,但 $AI \xrightarrow{R(O,\angle BOE)} A'I'$,故 $AA'I'I$ 为等腰梯形,从而 $AA' \parallel II'$,亦即 $AA' \parallel DB$,所以 AA',BD 也为等腰梯形.所以

$$AB = A'D' \xrightarrow{R(O,\angle BOE)} AC$$

4. 中心对称变换

101

中心对称变换实际上是旋转变换中当旋转角 $\theta = 180°$ 时的情形.

例 11 如图 1.7.11,在 $\triangle ABC$ 中,M 为 BC 的中点,P,R 分别在 AB,AC 上,Q 为 AM 与 PR 的交点,证明:若 Q 为 PR 的中点,则 $PR \parallel BC$.

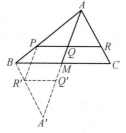

图 1.7.11

证明 以 M 为中心作中心对称变换,则 $C \xrightarrow{R(M,180°)} B$,设 $Q \xrightarrow{R(M,180°)} Q'$,$A \xrightarrow{R(M,180°)} A'$,$R \xrightarrow{R(M,180°)} R'$,则 $R'Q' \underset{=}{\parallel} QR$.但 Q 为 PR 的中点,所以 $R'Q' \underset{=}{\parallel} PQ$,从而 $PR' \parallel AA'$.于是 $BR' : R'A' = BP : PA$,又 $BR' = CR$,$R'A' = RA$,因此,$CR : RA = BP : PA$,故 $PR \parallel BC$.

例 12 如图 1.7.12,CE,AF 是 $\triangle ABC$ 的两条中线,$\angle EAF = \angle ECF = 30°$,求证:$\triangle ABC$ 是正三角形.

证明 由 $\angle EAF = \angle ECF = 30°$ 知 A,E,F,C 四点共圆,若设圆心为 O,则 $\angle EOF = 60°$,若能证明 O 在 AC 上,即证.

作 $O \xrightarrow{R(E,180°)} O_1$, $O \xrightarrow{R(F,180°)} O_2$, 则 $AO = O_1B$,

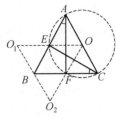

$CO = O_2B$, 且 OO_1, OO_2 等于圆 O 的直径, 所以 $\triangle OO_1O_2$ 是正三角形, 即 O_1O_2 等于圆 O 的直径, 而 $O_1O_2 = O_1B + O_2B$, 故 O_1, B, O_2 共直线.

又因为 E 是 AB 的中点, 即 B 是 A 关于 E 的对称点, 所以 $AO \parallel O_1B$, 即 $AO \parallel O_1O_2$.

同理, $OC \parallel O_1O_2$. 因此 O 在 AC 上.

图 1.7.12

二、相似变换法

在一个几何变换 f 下, 若对于平面上任意两点 A, B, 以及对应点 A', B', 总有 $A'B' = kAB$ (k 为非零实数), 则称这个变换 f 是一个相似变换. 非零实数 k 叫做相似比, 相似比为 k 的相似变换记为 $H(k)$.

显然, 相似变换既改变图形的相对位置, 也改变图形的大小, 但不改变图形形状. 当 $k = 1$ 时, $H(1)$ 就是合同变换. 讨论相似变换时, 常讨论位似变换以及位似旋转变换.

1. 图形的相似

例 13　如图 1.7.13, 圆 O_1, 圆 O_2 外切于 A, 半径分别为 r_1 和 r_2, PB, PC 分别为两圆的切线, B, C 为切点, $PB : PC = r_1 : r_2$, PA 交圆 O_2 于 E 点. 求证: $\triangle PAB \backsim \triangle PEC$.

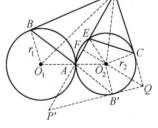

图 1.7.13

证法 1　连 O_1A, O_1B, PO_1, PO_2, O_2A, O_2C, 则 O_1, A, O_2 三点共线.

由 $PB : PC = r_1 : r_2$, 有 $\mathrm{Rt}\triangle PBO_1 \backsim \mathrm{Rt}\triangle PCO_2$, 从而

$$\angle BPO_1 = \angle O_2PC, \quad PO_1 : PO_2 = r_1 : r_2 = O_1A : O_2A$$

于是 PA 为 $\angle O_1PO_2$ 的平分线, 即 $\angle O_1PA = \angle APO_2$.

连 O_2E, 由 $\angle O_1AP = \angle O_2EP$ 知 $\angle O_1AP = \angle O_2EP$, 从而 $\triangle O_1AP \backsim \triangle O_2EP$. 于是 $PA : PE = r_1 : r_2$, 即 $PA : PE = PB : PC$, 又由 $\angle O_1PA = \angle APO_2$, $\angle BPO_1 = \angle O_2PC$ 知 $\angle BPA = \angle CPE$, 故 $\triangle PAB \backsim \triangle PEC$.

证法 2　延长 BA 交圆 O_2 于 B', 过 B' 作直线平行于 PB 交 PA 延长线于 P',

交 PC 于 Q. 连 O_1B, O_1A, O_2A, O_2B', 则由 O_1, A, O_2 三点共线, $\angle O_1AB = \angle O_2AB'$, 所以 $\angle O_1BA = \angle O_1B'A$, 故 $O_1B \parallel O_2B'$.

又 $PB \parallel P'B'$, $O_1B \perp PB$, 则 $O_2B' \perp P'Q$, 即 $P'Q$ 为圆 O_2 的切线, B' 为切点.

因为 $PB \parallel P'B'$, $\triangle ABP \backsim \triangle AB'P'$, 所以 $PB : P'B' = AB : AB'$.

由 $\triangle AO_1B \backsim \triangle AO_2B'$, 知 $AB : AB' = r_1 : r_2$. 又 $PB : PC = r_1 : r_2$, 所以 $PB : P'B' = BP : PC$, 故 $P'B' = PC$. 又 $QC = QB'$, 则 $QP' = QP$. 设 QO_2 交 PA 于 F, 则 FQ 为 $\angle Q$ 的平分线. 所以 $O_2F \perp AE$, $AF = FE$. 又 $P'F = PF$, 所以 $P'A = PE$. 又 $\angle B'P'A = \angle CPE$, $P'B' = PC$, 所以 $\triangle P'AB' \cong \triangle PEC$, 故 $\triangle PAB \backsim \triangle PEC$.

2. 位似变换

设 O 是平面上一定点, H 是平面上的变换, 若对于任一双对应点 A, A', 都有 $OA = kOA'$(k 为非零实数), 则称 H 为位似变换. 记为 $H(O, k)$, O 叫做位似中心, k 叫做位似比或位似系数. A 与 A' 在 O 点的同侧时 $k > 0$, 此时 O 为外分点, 此种变换称为正位似(或顺位似); A 与 A' 在 O 点的两侧时 $k < 0$, 此时 O 为内分点, 此种变换称为反位似(或逆位似).

显然, 位似变换是特殊的相似变换. 有此问题借助于位似变换求解比相似变换更简洁.

例如, 对于例13, 可用位似变换简解如下:

考虑以 A 为位似中心, 把圆 O_1 变成圆 O_2, $\triangle PAB$ 变成 $\triangle P'AB'$, 则 $P'B'$ 切圆 O_2 于 B', $PB : P'B' = r_1 : r_2 = PB : PC$, 从而 $P'B' = PC$.

延长 $P'B'$ 交 PC 的延长线于 Q, 则 $QB' = QC$. 所以 $\triangle PQP'$ 是等腰三角形. 连 QO_2 并延长交 AE 于 F, 则 $QF \perp AE$, 故 QF 平分 AE, 则 $AP' = PE$, 由此知 $\triangle PEC \cong \triangle P'AB' \backsim \triangle PAB$.

例 14 如图 1.7.14, BK 是锐角 $\triangle ABC$ 的高, 以 BK 为直径作圆分别交 AB, BC 于 E, F. 过 E, F 分别引所作圆的切线. 证明: 两切线的交点在过顶点 B 的 $\triangle ABC$ 的中线所在的直线上.

证明　我们只要证明类似的结论: 对于以 B 为位似中心, 与以 BK 为直径的圆位似的圆也有类似性质, 则原命题结论即可成立.

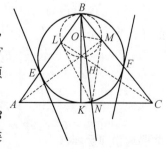

图 1.7.14

设 $\triangle ABC$ 的三条高 AM , BK , CL 相交于 H ,则以 BH 为直径的圆 O 与以 BK 为直径的圆位似,且它过点 M , L .

如图 1.7.14,因 $OM = OB$,则

$$\angle OMB = \angle OBM = 90° - \angle ACB$$

设 N 为 AC 的中点,连 MN ,则

$$\angle AMN = \angle MAN = 90° - \angle ACB$$

从而 $\angle AMN = \angle OMB$.于是

$$\angle OMN = \angle OMA + \angle AMN = \angle OMA + \angle OMB = \angle AMB = 90°$$

所以 MN 是圆 O 的切线.同理, LN 也是圆 O 的切线.

由位似图形性质的对应性,以 BK 为直径的圆也有同样的性质.

例 15 如图 1.7.15,在同一平面上有三个圆 c_1 , c_2 , c_3 ,其半径分别为 r_1 , r_2 , r_3 ,每圆在其他两圆之外,且 $r_1 > r_2$, $r_1 > r_3$.圆 c_1 和圆 c_2 的外公切线的交点为 A (A 在圆 c_3 外),过 A 引圆 c_3 的两条切线;圆 c_1 和圆 c_3 的外公切线的交点为 B (B 在圆 c_2 外),过 B 引圆 c_2 的两条切线.求证:这两对切线所围成的四边形有内切圆,并求内切圆的半径.

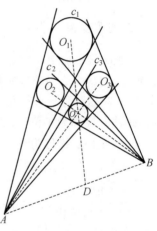

图 1.7.15

证明 多圆应注意其间的位似关系,设 O_i 为 c_i 的圆心($i = 1,2,3$).设 AO_3 与 BO_2 的交点为 O .显然, A 是圆 c_2 和圆 c_1 的外位似心, B 是圆 c_3 与圆 c_1 的外位似心.若以 O 为圆心,作圆 c 使其与圆 c_3 的外位似心为 A ,又作圆 c' 使其与圆 c_2 的外位似心为 B ,则按位似变换的复合(乘积)可知, c , c' 分别与 c_1 的外位似心同为 O_1O 与 AB 的惟一交点 D ,所以 c , c' 应重合即为所求圆.

设圆 c 的半径为 r ,以 B 为位似中心把 A 变到 D ,再以 O 为位似中心把 D 变到 O_1 ,结果是以 O_2 为位似中心把 A 变到 O_1 ,复合位似比是

$$\frac{|BD|}{|BA|} \cdot \frac{|OO_1|}{|OD|} = \frac{|O_2O_1|}{|O_2A|}$$

同理

$$\frac{|AD|}{|AB|} \cdot \frac{|OO_1|}{|OD|} = \frac{|O_3O_1|}{|O_3B|}$$

此两式相加整理便求得

$$r = \frac{r_1 r_2 r_3}{r_1 r_2 - r_1 r_3 - r_2 r_3}$$

3. 位似旋转变换

具有共同中心的位似变换 $H(O,k)$ 和旋转变换 $R(O,\theta)$ 复合便得位似旋转变换 $S(O,\theta,k)$,即

$$S(O,\theta,k) = H(O,k) \cdot R(O,\theta) = R(O,\theta) \cdot H(O,k)$$

例如,对于本章中例8,可运用位似旋转变换简证如下:

设 $\triangle ADE$ 在旋转过程中的任一位置如图 1.7.8. 考虑这样两个位似旋转变换:$S(E,45°,\frac{\sqrt{2}}{2})$ 和 $S(C,45°,\frac{\sqrt{2}}{2})$. 在第一个变换下,点 D 变到点 A,EC 的中 M 变到 M';在第二个变换下,点 A 变到点 B,M' 变到 M. 因此 M 是两个变换的复合的不变点,由于 $S(E,45°,\sqrt{2}) \cdot S(C,45°,\frac{\sqrt{2}}{2}) = S(M,90°,1)$,在这个复合变换下点 D 变到点 B,所以 $\angle DMB = 90°$,又 $DM = BM$. 由此即证得命题成立.

例16 如图 1.7.16,设凸五边形 $ABCDE$ 中,$\triangle ABC$ 和 $\triangle CDE$ 是等边三角形. 证明:如果 O 是 $\triangle ABC$ 的中心,而点 M,N 是线段 BD 与 AE 的中点,则 $\triangle OME \backsim \triangle OND$.

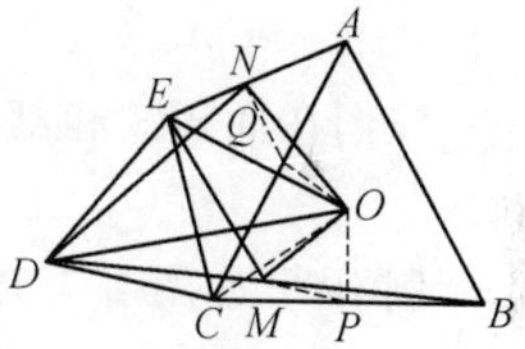

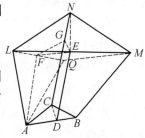

图 1.7.16

证明 设 P,Q 分别为 BC,AC 的中点. 注意到,若将 $\triangle OPM$ 绕点 O(顺时针方向)旋转 $60°$,然后作以中心为 O 且系数为 2 的位似变换,则它变为 $\triangle OCE$. 事实上,由于 $\angle COP = 60°$,且点 O 是等边 $\triangle ABC$ 的中心,所以 $CO = 2CP$,因此在所说的变换下点 P 变为点 C. 其次,由于 PM 是 $\triangle BCD$ 的中位线,所以 $PM \parallel DC$,$\angle DCE = 60°$,$EC = DC = 2PM$,因此线段 PM 变为线段 CE,从而 $\triangle OPM$ 变为 $\triangle OCE$. 于是有 $\angle POM = 60°$,$EO = 2MO$.

同理,经绕点 O(按逆时针方向)旋转 $60°$ 的变换及以 O 为中心且系数为 2 的位似变换,将 $\triangle OQN$ 变为 $\triangle OCD$. 从而得到 $\angle NOD = 60°$,$DO = 2NO$. 因此,$\triangle NOD \backsim \triangle MOE$.

例17 如图 1.7.17,$\triangle ABC \backsim \triangle LMN$($AC = BC$,$LN = MN$,顶点按逆时针方向顺序排列),并在同一平面内,而且 $AL = BM$. 求证:CN 平行于 AB 和 LM 的中心的连线.

证明 如图 1.7.17,作 $\square ABMQ$. 因 $AL = BM$ 及 $BM = AQ$,故 $AL = AQ$,即 $\triangle ALQ$ 为等腰三角形. 若 F

图 1.7.17

为 LQ 的中点,则 $AF \perp LQ$.又 E 为 LM 的中点,则 FE 是 $\triangle QLM$ 的中位线.设 D 为 AB 的中点,则 $EF = \dfrac{1}{2} QM = \dfrac{1}{2} AB = AD$ 及 $FE \parallel QM \parallel AD$.因此 $AFED$ 是平行四边形,即 $AF \parallel DE$.又 $AF \perp LQ$.故 $DE \perp LQ$.

平移 $\triangle ADC$,使点 A 重合于点 F,点 D 重合于点 E,则点 C 移到点 G.$\triangle ADC \cong \triangle FEG$,$AF \parallel CG \parallel DE$ 及 $CG = DE$.

由 $\triangle ACD \backsim \triangle LEN$ 得 $\triangle FEG \backsim \triangle LEN$,且 $FE : LE = GE : NE$.又因 $\angle GEF = \angle NEL = 90°$,故 $\angle GEN = \angle LEF$.因此 $\triangle GEN \backsim \triangle FEL$.进而由 $\triangle FEL$ 可由 $\triangle GEN$ 绕点 E 旋转 $90°$ 并经位似变换而得到.由此得 $GN \perp LF$,即 $GN \parallel LQ$.又 $GC \perp LQ$,即 G,C,N 都在垂直于 LQ 的一条直线上.因此 $CN \parallel AF$,即 $CN \parallel DE$.

三、等积变换法

我们在面积法和割补法中介绍了一些等积变换法解题的例子,在此再看两例.

例18 如图 $1.7.18$,以 $\triangle ABC$ 的两边 AB,AC 的边作任意平行四边形 $ABDE$ 和 $ACGF$,延长 DE,GF 相交于点 P,再以 BC 为边作 $\square BMNC$,使 $BM \underline{\parallel} PA$.求证:$S_{\square ABDE} + S_{\square ACGF} = S_{\square BMNC}$.

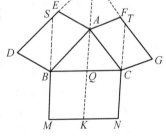

图 $1.7.18$

证明 要证的是面积等式,注意到等积变换,延长 MB 交 DE 于 S,延长 NC 交 GF 于 T,则

$$S_{\triangle DBS} = S_{\triangle EAP}, \quad S_{\triangle TCG} = S_{\triangle PAF}$$

$$S_{\square BAPS} + S_{\square ACTP} = S_{\square MNCB}$$

由此即可证得结论成立.

例19 如图 $1.7.19$,试证:任意两个等积的矩形可放置于平面上,使得任意一条与其中一个矩形相交的水平线将与另一个矩形也相交,并且被截得相同长度的线段.

证明 如图 $1.7.19$ 所示,将等积的矩形 $A_1B_1C_1D_1$ 与 $A_2B_2C_2D_2$ 的顶点 D_1 与 D_2 重合,然后将较短边 A_1D_1 与较长边 A_2D_2 重叠,较长边 C_1D_1 与较短边 C_2D_2 重叠.

分别过 D_1,C_1,A_1 引直线 C_2A_1 的垂线段,设长度分别为 h_1,h_2,h_3,于是

$$\frac{h_2}{h_1} = \frac{C_1 C_2}{C_2 D_2}, \quad \frac{h_1}{h_3} = \frac{A_1 D_1}{A_1 A_2}$$

上两式两边相乘得

$$\frac{h_2}{h_3} = \frac{C_1 C_2 \cdot A_1 D_1}{C_2 D_2 \cdot A_1 A_2} =$$

$$\frac{S_{A_1 B_1 C_1 D_1} - A_1 D_2 \cdot C_2 D_2}{S_{A_2 B_2 C_2 E_2} - A_1 D_1 \cdot C_2 D_2} = 1$$

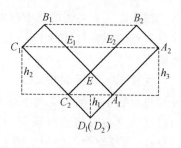

图 1.7.19

故 $C_1 A_2 /\!/ C_2 A_1$,于是 $S_{\square A_1 C_2 C_1 E_1} = S_{\square A_1 C_2 E_2 A_2}$,从而 $S_{\triangle C_1 E_1 B_1} = S_{\triangle E_2 A_2 B_2}$.又 $C_1 E_1 = C_2 A_1 = E_2 A_2$,所以 $B_1 B_2 /\!/ C_2 A_1$.

今将 $C_2 A_1$ 设为平向,则任意一条与其中一个矩形相交的水平直线必与另一个矩形相交,并且被两个矩形截得的线段长度相等.

四、反演变换法

设 O 为平面 α 上一定点,对于 α 上任意异于点 O 的点 A,有在 OA 所在直线上的点 A',满足 $OA \cdot OA' = k \neq 0$,则称法则 I 为平面 α 上的反演变换,记为 $I(O, k)$.其中 O 为反演中心或反演极,k 为反演幂;A 与 A' 在点 O 的两侧时 $k < 0$,否则 $k > 0$;A 与 A' 为在此反演变换下的一对反演点(或反点),显然 A 与 A' 互为反点(但点 O 的反点不存在或为无穷远点);点 A 集的象 A' 集称为此反演变换下的反演形(或反形).

107

由于 $k < 0$ 时的反演变换 $I(O, k)$ 是反演变换 $I(O, |k|)$ 和以 O 为中心的中心对称变换的复合,我们只就 $k > 0$ 讨论反演变换即可.令 $r = \sqrt{k}$,则 $OA \cdot OA' = r^2$.此时,反演变换的几何意义则可如图 1.7.20 所示,并称以 O 为圆心,r 为半径的圆为反演变换 $I(O, r^2)$ 的基圆.

由此几何意义,我们可作出与 AA' 垂直的过 A 的直线 l 及过 A' 的直线 l' 的反形分别为图 1.7.21 中圆 c' 及圆 c,反之以 OA 和 OA' 为直径的圆 c,圆 c' 的反形分别为直线 l',l.

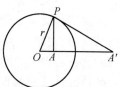

图 1.7.20

由反演变换($k > 0$)的定义及几何意义,即推知反演变换有下列有趣性质:

性质 1 基圆上的点仍变为自己,基圆内的点(O 除外)变为基圆外的点,反之亦然.

性质 2 不共线的任意两对反演点必共圆,过一对反演点的圆必与基圆正交(即交点处两圆的切线互相垂直).

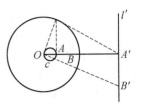

性质 3 过反演中心的直线变为本身(中心除外),过反演中心的圆变为不过反演中心的直线,特别地过反演中心的相切两圆变为不过反演中心的两平行直线;过反演中心的相交圆变为不过反演中心的相交直线.

性质 4 不过反演中心的直线变为过反演中心的圆,且反演中心在直线上射影的反点是过反演中心的直径的另一端点(如图 1.7.21);不过反演中心的圆变为不过反演中心的圆,特别地(1)以反演中心为圆心的圆变为同心圆;(2)不过反演中心的相切(交)圆变为不过反演中心的相切(交)圆;(3)圆(O_1, R_1)和圆(O_2, R_2)若以点 O 为反演中心,反演幂为 $k(k > 0)$,则 $R_1 = \dfrac{k \cdot R_2}{|OO_2^2 - R_2^2|}$,$OO_1 = \dfrac{k \cdot OO_2}{|OO_2^2 - R_2^2|}$.

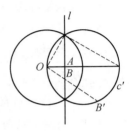

图 1.7.21

性质 5 在反演变换下,(1)圆和圆、圆和直线、直线和直线的交角保持不变;(2)共线(直线或圆)点(中心除外)的反点共反形线(圆或直线),共点(中心除外)线的反形共反形点.

我们仅证命题:"圆和直线相切,如果切点不与反演中心重合,在反演下保持相切,否则得到一对平行直线"及"相交圆之间的交角保持不变".

事实上,若切点不与反演中心重合,则反演后圆的象与直线的象仍具有一个公共点,即保持相切.若切点与反演中心重合,则反演后,直线变为自身,以 A 为圆心的圆变为垂直于 OA 的直线,即得到一对平行直线.

两圆相交时,我们过其一交点分别引两圆的切线 l_1 和 l_2.由上所证,圆与直线的相切在反演下仍然保持,因此,圆的象之间的交角等于它们的切线的象之间的交角.在以 O 为中心的反演下,直线 $l_i (i = 1, 2)$ 变为自身或者变为与 l_i 平行的直线在点 O 相切的圆.因此,在以 O 为中心的反演下,直线 l_1 和 l_2 的象之间的角即是这两条直线之间的交角.证毕.

其他性质的证明也不难(也可参见本篇第十章中例 12),限于篇幅从略.

运用反演变换是解决直线与圆有关的平面几何问题的一种重要方法.

108

1.求解直线与圆、圆与圆的相切问题

例 20 已知两相切圆 c_1，c_2，点 P 在根轴上，即在与两圆心连线垂直的公切线上.试用圆规和直尺作所有的圆 c，使得 c 与 c_1，c_2 相切，且过点 P.

解 以 P 为圆心，过 c_1 与 c_2 的切点作圆 c_3，可知圆 c_3 分别与 c_1，c_2 直交，设 c_1，c_2 的两条公切线 l_1，l_2（l_1，l_2 不过 c_1 与 c_2 的切点）.

作图形关于 c_3 的反演，圆 c_1 和 c_2 因与 c_3 直交而保持不变，l_1，l_2 分别变成圆 B_1，B_2，且均通过反演中心 P.因 l_1，l_2 与 c_1，c_2 相切，所以 B_1，B_2 亦与这两个圆相切.

B_1，B_2 是具有上述性质的仅有的两个圆.若还有另一个圆，通过关于 c_3 的反演，可得到三条 c_1，c_2 的公切线，且均不是根轴，这是不可能的.故 B_1，B_2 即为所求.

2.证明点共圆、点共直线

例 21 在四个圆中，每一个圆都和其他的两个圆外切.证明四个切点共圆.

分析 设 A，B，C，D 为四个切点，要证明这四点共圆，可以其中一点为反演中心，在反演下，如果其他三点的反点共线，再作同样的反演，则根据性质 3 和性质 4 即可获证.

证明 作以 A 为中心的反演.在反演下，切于点 A 的一对圆变为一对平行直线，另两个圆则变为互相外切且分别与平行线之一相切的两圆.如图 1.7.22，下证切点 B'，C'，D' 共线.事实上，设 K 和 L 是两圆圆心，则有 $KD' \parallel LB'$，且 K，C'，L 三点共线，则有 $\angle D'KC' = \angle B'LC'$.连 $B'C'$，$C'D'$，则

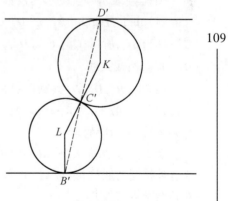

图 1.7.22

109

$$\angle D'C'K = \frac{1}{2}(180° - \angle D'KC') = \frac{1}{2}(180° - \angle B'LC') = \angle B'C'L$$

从而 B'，C'，D' 共线.在以 A 为中心的相同反演下，由于 B 与 B'，C 与 C'，D 与 D' 互为反点，由性质 4 和性质 3，在第二次反演下，B'，C'，D' 的反点 B，C，D 必共圆且过 A.

例 22 如图 1.7.23,设圆 O_1,O_2 相切于点 A,过 A 的直线 l 分别交圆 O_1,O_2 于 C_1,C_2,过点 C_1,C_2 的圆 O 分别再交圆 O_1,O_2 于 B_1,B_2,圆 n 为 $\triangle AB_1B_2$ 的外接圆.圆 k 与圆 n 相切于 A,分别交圆 O_1,O_2 于 D_1,D_2.求证:(1)点 C_1,C_2,D_1,D_2 共圆或共线;(2)当且仅当 AC_1,AC_2 为圆 O_1,O_2 的直径时,B_1,B_2,D_1,D_2 共圆.

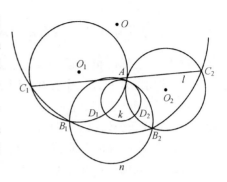

图 1.7.23

分析 由于题设中的 A 点是个特殊点,两对圆均相切于该点.还有一直线过该点,不妨取 A 为反演中心,证点 C_1,C_2,D_1,D_2 的反点共圆即得(1),证直线 l 与圆 O_1(或圆 O_2)的反形垂直即得(2).

证明 以 A 为反演中心作反演,将各点的反点标以星号.由于圆 O_1,O_2 相切于 A,则其反形 O_1^* 与 O_2^* 为平行线.同样 n^* 与 k^* 为平行线,$B_1^* B_2^* D_2^* D_1^*$ 为平行四边形,如图 1.7.24.

用($\Leftrightarrow$)表示等价变形与反演等价变换双重意义,则

(1)由于直线 $B_1^* B_2^*$ // $D_1^* D_2^*$,而圆 O^* 过点 C_1^*,C_2^*,B_1^*,B_2^*,所以 C_1^*,C_2^*,D_1^*,D_2^* 共圆.从而 C_1,C_2,D_1,D_2 共圆或共线.

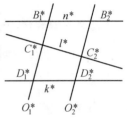

图 1.7.24

(2)B_1,B_2,D_1,D_2 共圆($\Leftrightarrow$)B_1^*,B_2^*,D_1^*,D_2^* 共圆($\Leftrightarrow$)$B_1^* B_2^* D_2^* D_1^*$ 为矩形($\Leftrightarrow$)$\angle C_1^* D_1^* D_2^* = 90°$($\Leftrightarrow$)$\angle C_1^* C_2^* D_2^* = 90°$($\Leftrightarrow$)$l^* \perp O_1^*$($\Leftrightarrow$)$AC_1$,$AC_2$ 分别为圆 O_1,O_2 的直径.

例 23 如图 1.7.25,双心四边形是指既有内切圆又有外接圆的四边形.求证:这样的四边形的双心与对角线交点共线.

证明 设双心四边形 $ABCD$ 的外心、内心分别为 O,I,对角线交点 K.考虑到如下引理:

引理 1 对圆外切四边形 $ABCD$,设切点为 P,Q,R,S,则 PR,QS 的交点就是对角线 AC,BD 的交点 K.

引理 2 若 K 为圆 I 内一定点,则对点 K 张直角的弦 EF 的中点的轨迹是一个圆,圆心为 IK 的中点 M.

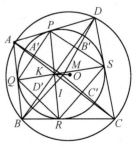

图 1.7.25

引理3　在引理1中,若 $ABCD$ 有外接圆,则 $PR \perp QS$.

由引理3, PQ, QR, RS, SP 对点 K 张直角,因而它们的中点 A', B', C', D' 均在以 IK 的中点 M 为圆心的一个圆上.

由于 IA 与 PQ 相交于 A',所以 A' 就是以 I 为反演中心,圆 I 为反演圆时, A 经反演所得的象.同样 B', C', D' 分别为 B, C, D 的象.因此圆 O 经过反演成为 $A'B'C'D'$ 的外接圆,从而 O 与这圆的圆心 M,反演中心 I 共线.于是 O 在直线 IM 上,因此 O, I, K 共线.

例24　如图1.7.26, H 是 $\triangle ABC$ 的垂心, P 是任一点,由 H 向 PA, PB, PC 引垂线 HL, HM, HN 与 BC, CA, BA 的延长线相交于 X, Y, Z.求证: X, Y, Z 三点共线.

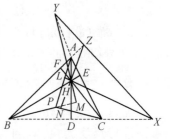

图 1.7.26

分析　H 是一特殊点,若作为反演中心,则只需 X, Y, Z 的反点与 H 共圆.

证明　设 $\triangle ABC$ 的高线交 BC, CA, AB 的垂足为 D, E, F.则
$$HA \cdot HD = HB \cdot HE = HC \cdot HF$$
又 A, D, L, X 共圆有
$$HL \cdot HX = HA \cdot HD$$
同理　　$$HM \cdot HY = HB \cdot HE, HN \cdot HZ = HC \cdot HF$$

以 H 为反演中心,则 L 与 X, N 与 Z, M 与 Y 均互为反点,又 L, P, N, H 共圆, L, P, M, H 共圆,有 L, N, M, H 共圆,故 X, Z, Y 三点共线.

3.求解线段关系式

例25　如图1.7.27,在圆内接凸四边形中,求证:其两对角线长的乘积等于对边长的乘积之和.(托勒密定理)

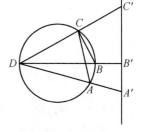

图 1.7.27

分析　要证明的线段关系式中线段端点在圆上,可考虑以圆上的一点为反演中心,此圆上的点的反点在一条直线上组成线段关系式.

证明　如图1.7.27所示,设 $ABCD$ 为圆内接四边形,并以 D 为反演中心, r^2 为反演幂.由于 A, B, C 在过反演中心 D 的圆上,故 A, B, C 的反点在不过反

演中心 D 的直线 l 上,由

$$\frac{A'B'}{AB} = \frac{DB'}{DA}(性质 2)$$

有

$$A'B' = \frac{AB \cdot DB'}{DA} \cdot \frac{DB}{DB} = \frac{AB \cdot r^2}{DA \cdot DB}$$

同理

$$B'C' = \frac{BC \cdot r^2}{DB \cdot DC}, A'B' = \frac{AC \cdot r^2}{DA \cdot DC}$$

而 $A'B' + B'C' = A'C'$,故

$$AB \cdot CD + AD \cdot BC = AC \cdot BD$$

例 26 (欧拉定理)设 R 是 $\triangle ABC$ 的外接圆半径,r 是 $\triangle ABC$ 的内切圆半径,d 为外心 O 与内心 I 之间的距离,则 $d^2 = R^2 - 2Rr$.

分析 所证结论涉及两圆半径及圆心距,可考虑运用性质 4 中(3)来解答.

证明 设 $\triangle ABC$ 的内切圆圆 I 为反演基圆.I 为反演中心.对 $\triangle ABC$ 的外接圆进行反演变换,设 A,B,C 的反点为 A',B',C'.则圆 ABC 的反形是圆 $A'B'C'$.

设 D,E,F 是圆 I 与 AB,BC,CA 的切点,由内切圆的性质,易知 A',B',C' 分别是 DF,DE,EF 的中点.则 $\triangle A'B'C'$ 与 $\triangle EFD$ 相似,且相似比为 $\frac{1}{2}$,故圆 $A'B'C'$ 的半径等于 $\frac{1}{2}r$.

对于互为反形的两个圆圆 ABC 和圆 $A'B'C'$,由性质 4 中的(3)有

$$\frac{r}{2} = \frac{r^2 R}{R^2 - d^2}$$

故

$$d^2 = R^2 - 2Rr$$

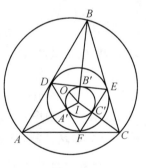

图 1.7.28

4.证明角相等

例 27 如图 1.7.29,已知 A 为平面上两半径不等的圆 O_1 和圆 O_2 的一个交点,两外公切线 P_1P_2,Q_1Q_2 分别切两圆于 P_1,P_2,Q_1,Q_2;M_1,M_2 分别为 P_1Q_1,P_2Q_2 的中点.求证:$\angle O_1AO_2 = \angle M_1AM_2$.

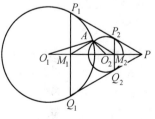

图 1.7.29

证明 注意到两相交不等圆是以其外公切线的交点 P 为反演中心,反演幂为 $k = PP_1 \cdot PP_2$ 的反形.A 的反点仍为 A,O_1 与 M_2,O_2 与 M_1 各互为反点.由反演变换的保角性,即得 $\angle O_1AO_2 = \angle M_2AM_1$.

5. 求解其他问题

例 28 如图 1.7.30,设 P 与 Q 是圆 C 内满足 $CP = CQ$ 的任意两点.试确定圆 C 上一点 Z 的位置使 $PZ + QZ$ 为最小.

解 设圆 C 的半径为 r,令

$$\lambda = \frac{|PC|}{r} = \frac{|QC|}{r}$$

以 C 为反演中心,圆 C 为基圆,得 P,Q 的反点 P',Q',且圆 CPQ 的反形为直线 $P'Q'$.

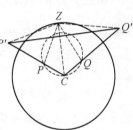

图 1.7.30

在圆 C 上任取一点设为 Z,连 ZP,ZC,ZQ,ZP',ZQ'.由

$$|CP'| \cdot |CP| = |CQ'| \cdot |CQ| = |CZ|^2 = r^2$$

则 $\triangle CZP' \backsim \triangle CPZ$,$\triangle CZQ' \backsim \triangle CQZ$,则有

$$\lambda = \frac{|PC|}{|ZC|} = \frac{|PZ|}{|ZP'|} = \frac{|QZ|}{|ZQ'|} = \frac{|PZ| + |QZ|}{|ZP'| + |ZQ'|}$$

从而可清楚地看出在圆 C 上选择 Z 使得 $|PZ| + |QZ|$ 极小与 $|ZP'| + |ZQ'|$ 极小是一样的.

若直线 $P'Q'$ 与 QC 相交,则极小值在两个(可能只一个)交点中之任何一点达到.若直线 $P'Q'$ 与 QC 不相交,这极小值在圆 C 上接近于直线 $P'Q'$ 的点 A(PQ 的中垂线与圆 C 的交点)处达到.(当 $P'Q'$ 切圆 C 于 A 时,则 $|AP'| + |AQ'| < |ZP'| + |ZQ'|$ 对于直线的所有别的点 Z 成立.当然对于圆 C 的所有点 Z 也成立).

练习题 1.7

1. 设点 P 与矩形 $ABCD$ 的顶点 A,D 所连的两条线段都与 BC 边相交,由点 B 向直线 PD 所作的垂线与由点 C 向直线 PA 所作的垂线交于点 Q.求证:若 P,Q 不重合,则 PQ 与 AD 互相垂直.

2. 分别以 O_1,O_2,O_3 为圆心的三个相等的圆交于一点 K,且 A_1,A_2,A_3 是其余的交点.求证:$\triangle O_1O_2O_3 \cong \triangle A_1A_2A_3$.

3. 已知在圆 O 内,弦 $CD /\!/$ 直径 AB,P 为 AB 上任意一点.求证:$PC^2 + PD^2 =$

$PA^2 + PB^2$.

4.设 $\angle MON = 20°$，A 为 OM 上一点，$OA = 4\sqrt{3}$，D 为 ON 上一点，$OD = 8\sqrt{3}$，C 为 AM 上任意一点，B 是 OD 上任一点，那么折线 $ABCD$ 的长 $AB + BC + CD$ 的最小值是多少？

5.设 EF 为正方形 $ABCD$ 的对折线（E 在 AB 上，F 在 CD 上）将 $\angle A$ 沿 DK（K 在 AE 上）折叠，使它的顶点 A 落在 EF 上的点 G．求 $\angle DKG$ 的度数．

6.已知点 E 和 G 分别是凸四边形 $ABCD$ 的边 AB 与 CD 的中点，矩形 $EFGH$ 的顶点 F，H 分别在 BC，AD 上．求证：$S_{EFGH} = \dfrac{1}{2} S_{ABCD}$．

7.在等边 $\triangle ABC$ 内有一点 P，若 $PA = 3$，$PB = 4$，$PC = 5$，求此三角形的面积．

8.P 为正方形内一点，若 $PA = a$，$PB = 2a$，$PC = 3a(a > 0)$．求(1)$\angle APB$ 的度数；(2)正方形边长．

9.设 D 为边长为 a，b，c 的 $\triangle ABC$ 内一点，且 $\angle ADB = \angle BDC = \angle CDA = 120°$，若正 $\triangle QMR$ 内有一点 P，使得 $PM = a$，$PR = b$，$PQ = c$，求证：正三角形的边长为 $AD + BD + CD$．

10.设 O 为锐角 $\triangle ABC$ 内一点，$\angle AOB = \angle BOC = \angle COD = 120°$，$P$ 是 $\triangle ABC$ 内任意一点，求证：$PA + PB + PC \geqslant OA + OB + OC$．

11.已知正方形 $ABCD$ 内一点 E，E 到 A，B，C 三点距离之和的最小值为 $\sqrt{2} + \sqrt{6}$ 求正方形边长．

12.设正 $\triangle ABC$ 内接于半径为 R_1 的圆，圆心为 O，圆外一点 P，$PO = R_2(R_2 > R_1)$．求证：三线段 PA，PB，PC 能构成三角形，并求其面积．

13.三个相等的圆有一个公共点 Q，并且都在一个已知三角形内，每一个圆与三角形的两条边相切．求证：三角形内心 I，外心 O 与已知点 Q 共线．

14.点 P 在圆 ABC 的 $\overset{\frown}{BC}$ 上，$\angle APB$，$\angle APC$ 的平分线分别交 AB，AC 于 Q，R．求证：Q，R 与 $\triangle ABC$ 的内心 I 共线．

15.$ABCD$ 和 $A'B'C'D'$ 是同一国家的同一区域的正方形地图，但按不同比例尺画出，并且 $ABCD$ 重叠于 $A'B'C'D'$ 内．求证：小地图上有一点 O 一定和大地图上表示同一地点的 O' 重合．

16.$\triangle ABC$ 为正三角形，$MP /\!/ BC$，M 在 AB 上，P 在 AC 上，D 为 $\triangle AMP$ 的外心，E 为 BP 的中点，求 $\angle DEC$ 和 $\angle CDE$．

17.设 A，B，C，D 是同一平面上不共圆的四点，求证：$AB \cdot CD + BC \cdot AD >$

$AC \cdot BD$.

18.在同心圆 O_1, O 中,大圆半径是小圆半径的两倍,小圆 O 的内接四边形 $ABCD$ 的各边延长线顺次交大圆 O_1 于 B_1, C_1, D_1, A_1.则 $A_1B_1 + B_1C_1 + C_1D_1 + D_1A_1 \geqslant 2(AB + CB + CD + DA)$.

19.四边形 $ABCD$ 内接于圆 O,对角线 AC 与 BD 相交于 P.设 $\triangle ABP$, $\triangle BCP$, $\triangle CDP$, $\triangle DAP$ 的外接圆圆心分别为 O_1, O_2, O_3, O_4.求证:OP, O_1O_3, O_2O_3 三直线共点.

115

所有的权威都赞同这样的观点,即柏拉图研究几何学或某些严密科学对于他研究哲学是必不可少的准备。在柏拉图的学校入口处张榜通告:"不熟悉几何学的人请勿入内。"据传,柏拉图确曾拒绝过不通晓几何学的人作为他的学生。

—— 巴尔(Ball, W. W. R.)

第八章　坐标法

　　在求解平面几何问题时,我们把通过建立坐标系,将几何的基本对象(点)和代数的基本对象(数)联系起来,使平面图形问题转化为有关点的坐标的代数问题来研究求解的方法称之为坐标法.

　　坐标法是 16 世纪数学领域最重要的成果之一.今天,坐标法的内容更加丰富多彩,它提供了把几何量代数化的多种途径,它是数形结合的桥梁.

　　采用坐标法求解平面几何问题,需注意的是:

　　(1) 尽可能将平面几何问题化为简单的代数问题.为此,需要选择恰当的坐标系,采用便于推导的方程形式,结合并利用几何知识,注意各表达式的几何意义等;

116

　　(2) 要善于运用各种代数技巧,还要注意式的对称性、轮换性,选用合适的参数及曲线系,巧妙地消元,并有条不紊地推演计算.

一、平面直角坐标

　　运用平面直角坐标法解题,经常要用到下列基本公式.

　　(1) 两点 $A(x_1, y_1)$,$B(x_2, y_2)$ 之间的距离公式

$$|AB| = \sqrt{(x_1 - x_2)^2 + (y_1 - y_2)^2}$$

　　(2) $A(x_1, y_1)$,$B(x_2, y_2)$ 两点连线的斜率为

$$k_{AB} = \tan \alpha = \frac{y_2 - y_1}{x_2 - x_1}(\alpha \neq \frac{\pi}{2}, x_1 = x_2)$$

其中,α 为直线 AB 的倾斜角.

　　(3) 定点 $P(x, y)$ 分线段 AB 的比为 $\lambda(\lambda \neq -1)$ 的定比分点公式

$$x = \frac{x_1 + \lambda x_2}{1 + \lambda}, y = \frac{y_1 + \lambda y_2}{1 + \lambda}$$

其中,$A(x_1, y_1)$,$B(x_2, y_2)$.

　　特别地,若有 $A(x_1, y_1)$,$B(x_2, y_2)$,$C(x_3, y_3)$,则 $\triangle ABC$ 的重心 $G(x_0, y_0)$

的坐标为

$$x_0 = \frac{1}{3}(x_1 + x_2 + x_3), y_3 = \frac{1}{3}(y_1 + y_2 + y_3)$$

(4) 过点 $P(x_0, y_0)$ 且斜率为 k 直线方程为 $y - y_0 = k(x - x_0)$;在 y 轴上截距为 b,斜率为 k 的直线方程为 $y = kx + b$;过两点 $P_1(x_1, y_1)$,$P_2(x_2, y_2)$ 的直线方程为 $\frac{y - y_1}{y_2 - y_1} = \frac{x - x_1}{x_2 - x_1}$;在 x 轴,y 轴上的截距分别为 a,b(均不为 0)的直线方程为 $\frac{x}{a} + \frac{y}{b} = 1$;直线方程的一般形式为 $Ax + By + C = 0(A, B$ 不全为 0).

(5) 两直线 l_1,l_2 存在斜率,则

$$l_1 /\!/ l_2 \Leftrightarrow k_1 = k_2; l_1 \perp l_2 \Leftrightarrow k_1 \cdot k_2 = -1$$

(6) 斜率为 k_1,k_2 的直线 l_1 与 l_2 的夹角公式

$$\tan \theta = \left| \frac{k_2 - k_1}{1 + k_1 k_2} \right|$$

(7) 点 $P(x_0, y_0)$ 到直线 $Ax + By + C = 0$ 的距离

$$d = \frac{|Ax_0 + By_0 + C|}{\sqrt{A^2 + B^2}}$$

(8) 三点 $A(x_1, y_1)$,$B(x_2, y_2)$,$C(x_3, y_3)$ 组成的三角形的面积公式

117

$$S_{\triangle ABC} = \frac{1}{2} \begin{vmatrix} x_1 & y_1 & 1 \\ x_2 & y_2 & 1 \\ x_3 & y_3 & 1 \end{vmatrix}$$

的绝对值.

(9) 圆心 $C(x_0, y_0)$,半径为 r 的圆的方程为

$$(x - x_0)^2 + (y - y_0)^2 = r^2$$

圆心 $C(-\frac{D}{2}, -\frac{E}{2})$,半径为 $\frac{1}{2}\sqrt{D^2 + E^2 - 4F}$ 的圆的方程为

$$x^2 + y^2 + Dx + Ey + F = 0 \quad (D^2 + E^2 - 4F > 0) \qquad ①$$

(10) 切点为 (x_0, y_0) 的圆 ① 的切线方程为

$$x_0 x + y_0 y + D \cdot \frac{x_0 + x}{2} + E \cdot \frac{y_0 + y}{2} + F = 0$$

(11) 过圆 $x^2 + y^2 = r^2$ 外一点 (x_1, y_1) 的两条切线的切点弦方程为

$$x_1 x + y_1 y = r^2$$

第八章　坐标法

（12）过两直线（或圆）$f_1(x,y) = 0, f_2(x,y) = 0$ 的交点的曲线系方程为
$$f_1(x,y) + \lambda f_2(x,y) = 0$$

下面给出运用直角坐标法解题的一些例子.

例1 如图 1.8.1，给定任一锐角 $\triangle ABC$ 及高 AH，在 AH 上任取一点 D，连 BD 并延长交 AC 于 E，连 CD 且延长交 AB 于 F. 求证：$\angle AHE = \angle AHF$. （参见本篇第三章中例13）

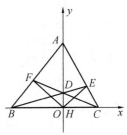

图 1.8.1

证明 今取 BC 与 AH 所在直线为 x 轴，y 轴建立平面直角坐标系. 设 A, B, C, D 的坐标分别为 $(0, a), (b, 0), (c, 0), (0, d)$，则 BD, AC 所在直线的方程分别为

$$\frac{x}{b} + \frac{y}{d} = 1, \quad \frac{x}{c} + \frac{y}{a} = 1$$

它们的交点 E 的坐标为

$$\left(\frac{bc(d-a)}{cd-ab}, \frac{ab(b-c)}{ab-cd} \right)$$

即

$$k_{HE} = \frac{ad(b-c)}{bc(a-d)}$$

同理

$$k_{HF} = -\frac{ad(b-c)}{bc(a-d)}$$

从而 $\angle AHE = \angle AHF$.

注：也可不求出点 E, F 的坐标，由两直线方程相减得 HE 的方程为

$$x\left(\frac{1}{b} - \frac{1}{c} \right) + y\left(\frac{1}{d} - \frac{1}{a} \right) = 0$$

同理得 HF 的方程为
$$x\left(\frac{1}{c} - \frac{1}{b} \right) + y\left(\frac{1}{d} - \frac{1}{a} \right) = 0$$

由此看斜率关系即证. 这是用坐标法解题避免繁杂计算常采用的技巧.

例2 设 H 为锐角 $\triangle ABC$ 的垂心，由 A 向以 BC 为直径的圆作切线 AP, AQ，切点分别为 P, Q. 求证：P, H, Q 三点共线.

证明 如图 1.8.2，以 BC 所在直线为 x 轴，BC 的中垂线为 y 轴建立直角坐标系. 设 $B(-1, 0), C(1, 0), A(x_0, y_0), (x_0^2 + y_0^2 > 1)$，则以 BC 为直径的圆的方程为 $x^2 + y^2 = 1$.

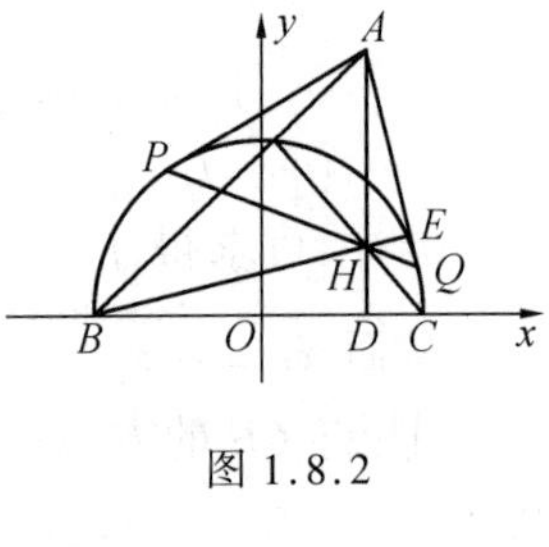

由解析几何知识得直线 PQ 的方程是

$$x_0 x + y_0 y = 1 \qquad \qquad ①$$

图 1.8.2

118

直线 AD 的方程是 $\qquad\qquad x = x_0$ ②

直线 BE 的方程是 $\qquad\qquad y = -\dfrac{x_0 - 1}{y_0}(x + 1)$ ③

由②,③得垂心 $H\left(x_0, \dfrac{1 - x_0^2}{y}\right)$,显然由此知 H 在直线 PQ 上.

例3 如图 1.8.3,在四边形 $ABCD$ 中,$AB = AD$,$BC = CD$.过 AC,BD 的交点 O 任作两条直线,分别交 AD 于 E,交 BC 于 F,交 AB 于 G,交 CD 于 H.GF,EH 分别交 BD 于 I,J.求证:$IO = OJ$.(参见本篇第六章中例19)

证法1 显然 AC 是 BD 的中垂线,以 O 为原点,BD,AC 所在直线为 x 轴,y 轴建立平面直角坐标系.设 $A(0, a)$,$B(-b, 0)$,$C(0, c)$,$D(b, 0)$.则直线 AB 的方程为

$$-\frac{x}{b} + \frac{y}{a} - 1 = 0 \qquad ①$$

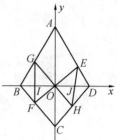

图 1.8.3

设 GH 的方程为 $\qquad\qquad x - ky = 0$ ②

(当 GH 与 BD 重合时,结论显然成立,所以总可假定 GH 的方程如上),则过 G 的直线 GF 应为

$$-\frac{x}{b} + \frac{y}{a} - 1 + \lambda(x - ky) = 0 \qquad ③$$

同样,设 EF 的方程为 $\qquad\qquad x - hy = 0$ ④

则过 F 的直线 GF 的方程应为

$$-bx + \frac{y}{c} - 1 + \mu(x - hy) = 0 \qquad ⑤$$

由于③,⑤为同一直线对应系数应相等,所以 $\lambda = \mu$,并且

$$\frac{1}{a} - \lambda k = \frac{1}{c} - \lambda h$$

即

$$\lambda = \frac{1}{k - h}\left(\frac{1}{a} - \frac{1}{c}\right)$$

在③中令 $y = 0$ 即得 I 的横坐标为 $x_1 = \left(-\dfrac{1}{b} + \lambda\right)^{-1}$.

同样,可求得 J 的横坐标为 $x_J = \left(\dfrac{1}{b} + \lambda'\right)^{-1}$,其中,$\lambda' = \dfrac{1}{k - h}\left(\dfrac{1}{c} - \dfrac{1}{a}\right)$.

从而 $x_1 = -x_J$,即 $IO = OJ$.

注:将 GH 的方程写成②,而不是通常的 $y = kx$,是为了使③,⑤中待定参数相等,省却许多麻烦.运用直线系方程是坐标法的一个重要技巧.如果分别写

119

出有关直线方程,而求点 E,F,G,H 坐标,再求出 EH,GF 的方程而求 I,J 的横坐标将会使计算量大大增加.此外,注意到字母的对称性,如 J 的横坐标可以立即写出,不必再一步步推导.这些都是坐标法的技巧.

证法 2 设 EH 的方程为 $\qquad \dfrac{x}{e}+\dfrac{y}{h}=1 \qquad\qquad$ ⑥

由于 AD 的方程为 $\qquad\qquad \dfrac{x}{b}+\dfrac{y}{a}=1 \qquad\qquad$ ⑦

两式相减得 $\qquad x\left(\dfrac{1}{e}-\dfrac{1}{b}\right)+y\left(\dfrac{1}{h}-\dfrac{1}{a}\right)=0 \qquad$ ⑧

这就是 OE 的方程,因为它过原点 O(无常数项),也过 ⑥,⑦ 的交点 E.

同样,OH 的方程为

$$x\left(\dfrac{1}{e}-\dfrac{1}{b}\right)+y\left(\dfrac{1}{h}-\dfrac{1}{c}\right)=0 \qquad\qquad ⑨$$

设 GF 的方程为 $\qquad\qquad \dfrac{x}{g}+\dfrac{y}{f}=1 \qquad\qquad$ ⑩

则 OF,OG 的方程分别为

$$x\left(\dfrac{1}{g}+\dfrac{1}{b}\right)+y\left(\dfrac{1}{f}-\dfrac{1}{a}\right)=0 \qquad\qquad ⑪$$

$$x\left(\dfrac{1}{g}+\dfrac{1}{b}\right)+y\left(\dfrac{1}{f}-\dfrac{1}{c}\right)=0 \qquad\qquad ⑫$$

由于 ⑧ 与 ⑪,⑨ 与 ⑫ 是同一条直线,所以

$$\frac{\dfrac{1}{e}-\dfrac{1}{d}}{\dfrac{1}{g}+\dfrac{1}{b}}=\frac{\dfrac{1}{h}-\dfrac{1}{a}}{\dfrac{1}{f}-\dfrac{1}{a}}=\frac{\dfrac{1}{h}-\dfrac{1}{c}}{\dfrac{1}{f}-\dfrac{1}{c}}$$

由比的性质 $\quad \dfrac{\dfrac{1}{e}-\dfrac{1}{b}}{\dfrac{1}{g}+\dfrac{1}{b}}=\dfrac{\left(\dfrac{1}{h}-\dfrac{1}{a}\right)-\left(\dfrac{1}{h}-\dfrac{1}{c}\right)}{\left(\dfrac{1}{f}-\dfrac{1}{a}\right)-\left(\dfrac{1}{f}-\dfrac{1}{c}\right)}=1$

从而 $g=-e$,即 $IO=OJ$.

注:若 $EH /\!/ y$ 轴,即 $\dfrac{y}{h}$ 这一项应当略去,或者 $GF /\!/ y$ 轴,也作同样处理,推导依然成立.

从上述几例可以看出:仅与直线(没有圆)有关的问题,运用直角坐标法是有把握解决的.

例 4 在一个平面上,c 为一个圆周,直线 l 是圆周的一条切线,M 为 l 上一点.试求出具有如下性质的所有点 P 的集合:在直线 l 上存在两个点 Q 和 R,使

得 M 是线段 QR 的中点,且 c 是 $\triangle PQR$ 的内切圆.

解　如图 1.8.4,以直线 l 为 x 轴,M 点为原点建立平面直角坐标系.设 c 的圆心 $A(a,b)$,又设 $P(x_1,y_1)$,$Q(-c,0)$,$R(c,0)$,则 y_1 大于圆 A 的直径 $2b$,否则与题设矛盾.

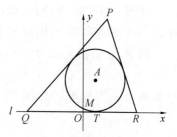

图 1.8.4

PR 的方程为

$$y_1 x + (c - x_1)y - cy_1 = 0$$

PQ 的方程为

$$y_1 x - (c + x_1)y + cy_1 = 0$$

由 PQ 和 PR 与圆 A 相切,则有

$$\frac{|\,y_1 a + (c - x_1)b - cy_1\,|}{\sqrt{y_1^2 + (c - x_1)^2}} = b$$

$$\frac{|\,y_1 a - (c + x_1)b + cy_1\,|}{\sqrt{y_1^2 + (c + x_1)^2}} = b$$

上述两式两边平方后相减后整理得

$$4cy_1(ay_1 - bx_1 - ab) = 0$$

因为 $cy_1 \neq 0$,所以　　　　　$ay_1 - bx_1 - ab = 0$

若 $a = 0$,即 A 在 y 轴上,由 $x_1 = 0$ 知满足条件的点 P 的集合是不含端点的射线 $\{(x_1,y_1) \mid x_1 = 0, y_1 > 2b\}$.

若 $a \neq 0$,则 $y_1 = \dfrac{b}{a}x_1 + b$,即满足条件的点 P 的集合是射线 $\{(x_1,y_1) \mid y_1 = \dfrac{b}{a}x_1 + b, y_1 > 2b\}$.

综合可知,点 P 的集合是过点 $(a,2b)$ 且平行于 MA 的直线位于 $y = 2b$ 上方的部分.故点 P 的集合是过 l 与 c 的切点关于圆心 A 的对称点且平行于 MA 的射线.

注:若将条件改为"c 是 $\triangle PQR$ 的内切圆或旁切圆",同理可求得点 P 的集合是过 l 与 c 的切点关于圆心 A 的对称点且平行于 MA 的直线除去被圆 c 截得的弦以及与 l 的交点.

例 5　如图 1.8.5,在圆 O 中,弦 GH 的中点为 M;P,Q 在直线 GH 上并且关于 M 对称,过 P 作割线交圆 O 于 C,D;过 Q 作割线交圆 O 于 B,A;AC,BD 分别交

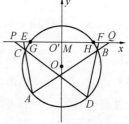

图 1.8.5

第八章　坐标法

PQ 于 E, F. 求证: $EM = MF$.

证明 以 M 为原点, GH 所在直线为 x 轴建立直角坐标系. 设圆心 O $(0, -a)$, 圆半径为 r, 则圆 O 的方程为 $x^2 + (y - a)^2 = r^2$.

设 P, Q 的横坐标为 $-b$, b; CD, AB 的方程为

$$y = k_1(x + b), y = k_2(x - b)$$

则知圆 O 与二直线 CD, AB(退化二次曲线)的曲线系方程为

$$x^2 + (y - a)^2 - r^2 + \lambda[y - k_1(x + b)][y - k_2(x - b)] = 0 \qquad ①$$

此方程表示过 C, A, D, B 四点的二次曲线, 特别地, 二直线 AC, DB(退化二次曲线)也包含在此曲线系 ① 中.

在 ① 式中, 令 $y = 0$ 得二次方程一次项系数为 0, 知 ① 式表示的任一二次曲线(包括退化二次曲线)与 x 轴(即 PQ 所在直线)的两交点横坐标 x_1, x_2 之和均为 0, 即 $x_1 + x_2 = 0$. 从而 E, F 的横坐标互为相反数, 即 $EO' = O'F$.

注: 由上述证法, 我们可以看到: 1) 过 P(或 Q)点的割线可改为过 P(或 Q)的切线, 结论仍然成立; 2) 可将圆变为一般的圆锥曲线, 结论仍然成立; 3) 若 P 与 Q 重合则为蝴蝶定理(参见本篇第五章中例 16). 由此可见, 直角坐标法有时比纯几何的方法更深入, 更易于获得普遍性的结论. 而这普遍性结论的证明并不困难, 甚至比特殊结论的证明还要容易. 这就是坐标法在解决问题中更容易揭示出问题实质(内在规律)的长处.

二、平面极坐标

运用平面极坐标法解题, 经常要用到下列基本公式:

(1) 由极点出发, 极角为 α 的射线方程为 $\theta = \alpha$. 若允许, 极径 ρ 可取负值, 则此方程表示过极点, 极角为 α 的直线.

(2) 法线辐角为 ω, 法线长为 p 的直线方程为 $\rho \cdot \cos(\theta - \omega) = p$. 特别地, 过点 $(a, 0)$, 与极轴垂直的直线方程为 $\rho \cdot \cos \theta = a(a > 0, -\frac{\pi}{2} < \theta < \frac{\pi}{2})$; 经过点 $(a, \frac{\pi}{2})$, 与极轴平行的直线方程为 $\rho \cdot \sin \theta = a(a > 0, 0 < \theta < \pi)$; 经过点 (ρ_0, θ_0), 法线辐角为 ω 的直线方程为 $\rho \cdot \cos(\theta - \omega) = \rho_0 \cdot \cos(\theta_0 - \omega)$; 经过点 (ρ_0, θ_0), 与极轴的倾斜角为 α 的直线方程为 $\rho \cdot \sin(\theta - \alpha) = \rho_0 \cdot \sin(\theta_0 - \alpha)$.

(3) 经过两已知点 $P_1(\rho_1, \theta_1)$ 和 $P_2(\rho_2, \theta_2)(\rho_1 \neq 0, \rho_2 \neq 0)$ 的直线方程为

$$\frac{\sin(\theta_2 - \theta_1)}{\rho} = \frac{\sin(\theta_2 - \theta)}{\rho_1} + \frac{\sin(\theta - \theta_1)}{\rho_2}$$

(4) 圆心为 $C(\rho_0, \theta_0)$,半径为 r 的圆的方程为 $\rho^2 - 2\rho\rho_0 \cdot \cos(\theta - \theta_0) + \rho_0^2 = r^2$.特别地,当圆心为 (r, θ_0) 时,方程为 $\rho = 2r \cdot \cos(\theta - \theta_0)$;当圆心为 $(r, 0)$ 时,方程为 $\rho = 2r \cdot \cos \theta (\theta \in [-\frac{\pi}{2}, \frac{\pi}{2}])$;当圆心为 $(r, \frac{\pi}{2})$ 时,方程为 $\rho = 2r \cdot \sin \theta (0 \leq \theta \leq \pi)$;当圆心为 $(0,0)$ 时,方程为 $\rho = r$.

圆心为 $C(\frac{1}{2}\sqrt{D^2 + E^2}, \arctan\frac{E}{D})$ 或 $(\frac{1}{2}\sqrt{D^2 + E^2}, \pi + \arctan\frac{E}{D})(D > 0)$,半径为 $\frac{1}{2}\sqrt{D^2 + E^2 - 4F}(D^2 + E^2 - 4F > 0)$ 的圆的方程为

$$\rho^2 + \rho(D \cdot \cos \theta + E \cdot \sin \theta) + F = 0 \quad (D^2 + E^2 - 4F > 0)$$

(5) 两点 $P_1(\rho_1, \theta_1), P_2(\rho_2, \theta_2)$ 之间的距离公式为

$$d = \sqrt{\rho_1^2 + \rho_2^2 - 2\rho_1\rho_2 \cdot \cos(\theta_1 - \theta_2)} \quad (\rho_1 > 0, \rho_2 > 0)$$

(6) 点 $P_0(\rho_0, \theta_0)$ 到直线 $\rho \cdot \cos(\theta - \omega) = p$ 的距离公式为

$$d = \pm[\rho_0 \cdot \cos(\theta_0 - \omega) - p] \geq 0$$

其中,直线不过极点,点 P_0 与极点在直线两侧时,取"−"号;过极点,点 P_0 在直线上方时取"+"号.

(7) $\triangle ABC$ 三顶点的极坐标为 $A(\rho_1, \theta_1), B(\rho_2, \theta_2), C(\rho_3, \theta_3)$,则 $\triangle ABC$ 的面积为

$$S_{\triangle ABC} = \frac{1}{2}|\rho_1\rho_2 \cdot \sin(\theta_2 - \theta_1) + \rho_2\rho_3 \cdot \sin(\theta_3 - \theta_2) + \rho_3\rho_1 \cdot \sin(\theta_1 - \theta_2)|$$

(8) 三点 $A(\rho_1, \theta_1), B(\rho_2, \theta_2), C(\rho_3, \theta_3)$ 共线的充要条件为

$$\frac{\sin(\theta_2 - \theta_1)}{\rho_1} + \frac{\sin(\theta_3 - \theta_1)}{\rho_2} + \frac{\sin(\theta_1 - \theta_2)}{\rho_3} = 0$$

其中,$\rho_1 \cdot \rho_2 \cdot \rho_3 \neq 0$.

(9) 当极点与直角坐标系原点重合时,极坐标 (ρ, θ) 与直角坐标 (x, y) 的关系为

$$\begin{cases} x = \rho \cdot \cos \theta \\ y = \rho \cdot \sin \theta \end{cases}, \quad \begin{cases} \rho^2 = x^2 + y^2 \\ \tan \theta = \frac{y}{x}(x \neq 0) \end{cases}$$

运用极坐标法解题,跟运用直角坐标法解题一样,首先要选择恰当的点为极点,恰当的射线为极轴建立极坐标系,再灵活运用上述公式求解.

例6 如图1.8.6,已知圆 O_1 与圆 O_2 外切于 D,作两圆的外公切线 AB,A,

123

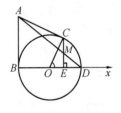

B 分别为圆 O_1，圆 O_2 上的切点，连 AO_1 交圆 O_1 于 C，过 C 作圆 O_2 的切线 CE，E 为切点.求证：$CE = CA$.

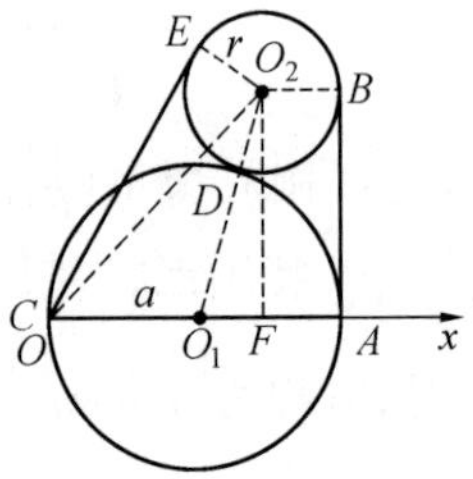

证明　以 C 为极点，使 CA 在极轴上建立极坐标系.

设圆 O_1 的方程为

$$\rho = 2a \cdot \cos\theta$$

圆 O_2 的方程为

$$\rho^2 - 2\rho_0\rho \cdot \cos(\theta - \theta_0) + \rho_0^2 - r^2 = 0$$

连 O_1O_2，CO_2，O_2E，作 $O_2F \perp CA$ 于 F.由

$$|CF|^2 = (2a - r)^2 = 4a^2 + r^2 - 4ar$$

$$|O_2F|^2 = |O_1O_2|^2 - |O_1F|^2 = (a + r)^2 - (a - r)^2 = 4ar$$

有

$$|CF|^2 + |O_2F|^2 = 4a^2 + r^2$$

即

$$\rho_0^2 = 4a^2 + r^2$$

亦即

$$\rho_E^2 = \rho_0^2 - r^2 = 4a^2, \quad \rho_E = 2a$$

故 $CE = CA$.

图 1.8.6

例 7　如图 1.8.7，从圆 O 外一点 A 引圆 O 的切线 AB，AC；B，C 是切点.BD 是圆 O 的直径，作 $CE \perp BD$ 于 E，AD 交 CE 于 M.求证：AD 平分 CE.

证明　以圆心 O 为极点，使 OD 在极轴上建立极坐标系.设 $C(r,\omega)$，$D(r,0)$，$B(r,\pi)$，$M(\rho_0,\theta_0)$，则切线 AC 的方程为 $\rho \cdot \cos(\theta - \omega) = r$，射线 OA 的方程为 $\theta = \frac{1}{2}(\omega + \pi)$.由此求得 $A\left(\dfrac{r}{\sin\omega/2}, \dfrac{\pi + \omega}{2}\right)$，则直线 AD 的方程为

图 1.8.7

$$\frac{\sin(\frac{\pi + \omega}{2} - 0)}{\rho} = \frac{\sin(\frac{\pi + \omega}{2} - \theta)}{r} + \frac{\sin\frac{\omega}{2} \cdot \sin\theta}{r}$$

即

$$2\rho \cdot \sin\theta \cdot \sin\frac{\omega}{2} = \cos\frac{\omega}{2}(r - \rho \cdot \cos\theta)$$

又知 $E(r \cdot \cos\omega, 0)$，则 CE 的方程为

$$\rho \cdot \cos\theta = r \cdot \cos\omega$$

将其代入上式得

$$2\rho \cdot \sin\theta = r \cdot \sin\omega$$

124

即有 $\qquad 2\rho_0 \cdot \sin \theta_0 = r \cdot \sin \omega$

而 $\qquad |ME| = \rho \cdot \sin \theta, |CE| = r \cdot \sin \omega$

即 $2|ME| = CE$,故 AD 平分 CE.

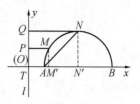

图 1.8.8

例 8 如图 1.8.8,已知半圆的直径 AB 长为 $2r$,半圆外的直线 l 与 BA 的延长线垂直于 T,$|AT| = 2a(2a < \dfrac{r}{2})$,半圆上有相异两点 M,N,它们与直线 l 的距离 $|MP|,|NQ|$ 满足条件 $\dfrac{|MP|}{|AM|} = \dfrac{|NQ|}{|AN|} = 1$.求证: $|AM| + |AN| = |AB|$.

证明 以 A 为极点,使 AB 在极轴上建立极坐标系.于是半圆的方程为 $\rho = 2r \cdot \cos \theta$.设 $M(\rho_M, \theta_1), N(\rho_N, \theta_2)$,则 $\rho_M = 2r \cdot \cos \theta_1, \rho_N = 2r \cdot \cos \theta_2$.

过 M,N 作 $MM' \perp AB$ 于 M',作 $NN' \perp AB$ 于 N',则

$$|MP| = 2a + 2r \cdot \cos^2 \theta_1, \quad |NQ| = 2a + 2r \cdot \cos^2 \theta_2$$

再由已知条件有 $\qquad \dfrac{2a + 2r \cdot \cos^2 \theta_1}{2r \cdot \cos \theta_1} = \dfrac{2a + 2r \cdot \cos^2 \theta_2}{2r \cdot \cos \theta_2} = 1$

亦有 $\qquad r \cdot \cos^2 \theta_1 - r \cdot \cos \theta_1 + a = 0, r \cdot \cos^2 \theta_2 - r \cdot \cos \theta_2 + a = 0$

此两式相减得 $\qquad r(\cos \theta_1 - \cos \theta_2)(\cos \theta_1 + \cos \theta_2 - 1) = 0$

而 $r(\cos \theta_1 - \cos \theta_2) \neq 0$,则 $\cos \theta_1 + \cos \theta_2 = 1$.故

$$|AM| + |AN| = 2r(\cos \theta_1 + \cos \theta_2) = 2r = |AB|$$

例 9 如图 1.8.9,从圆 O_1 外一点 A 引两条切线 AB, AC,且 B, C 为切点.连 BC,又从 A 引圆 O_1 的任意一条割线 APQ 交 BC 于 R.求证:

$$\frac{2}{AR} = \frac{1}{AP} + \frac{1}{AQ}$$

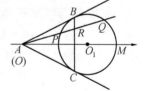

图 1.8.9

证明 以 A 为极点,使 AO_1 在极轴上建立极坐标系.设 $O_1(a, 0)$,圆 O_1 的半径为 r,$\angle BO_1 A = \omega(\omega \in (\dfrac{\pi}{2}, \pi))$,则点 M 的坐标为 $(a + r \cdot \cos \omega, 0)$,$BC$ 的方程为 $\rho \cdot \cos \theta = a + r \cdot \cos \omega$.

又设 AQ 的方程为 $\theta = \varphi$,则

$$\rho_R = \frac{a + r \cdot \cos \omega}{\cos \varphi}$$

令 $\angle BAO_1 = \alpha$,则 $\omega = \dfrac{\pi}{2} - \alpha, \sin \alpha = \dfrac{r}{a}$,于是

125

$$\rho_R = \frac{a - r \cdot \sin \alpha}{\cos \varphi} = \frac{a - r^2/a}{\cos \varphi} = \frac{a^2 - r^2}{a \cdot \cos \varphi}$$

即

$$\frac{2}{\rho_R} = \frac{2a \cdot \cos \varphi}{a^2 - r^2}$$

又圆 O_1 的方程为

$$\rho^2 - 2a\rho \cdot \cos \theta + a^2 - r^2 = 0$$

则

$$\frac{1}{AP} + \frac{1}{AQ} = \frac{1}{\rho_1} + \frac{1}{\rho_2} = \frac{\rho_1 + \rho_2}{\rho_1 \rho_2} = \frac{2a \cdot \cos \varphi}{a^2 - r^2} = \frac{2}{AR}$$

例 10　如图 1.8.10,在 $\triangle ABC$ 中, $AB = AC$,圆 O_1 内切于 $\triangle ABC$ 的外接圆 O,并且与 AB, AC 分别相切于 P, Q.求证: PQ 的中点 M 是 $\triangle ABC$ 的内心.

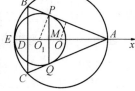

图 1.8.10

证明　以 O 为极点,使 OA 在极轴上建立极坐标系.设圆 O,圆 O_1 的半径分别为 R, r, AB 的方程为

$$\rho \cdot \cos(\theta - \omega) = R \cdot \cos \omega$$

其中, $\angle PO_1A = \omega$.由 $\dfrac{O_1P}{O_1A} = \cos \omega$,即

126

$$\frac{r}{2R - r} = \cos \omega$$

有

$$r(1 + \cos \omega) = 2R \cdot \cos \omega$$

又　$|OM| = |O_1O| - |O_1M| = (R - r) - r \cdot \cos \omega = R(1 - 2\cos \omega)$

则点 M 的坐标为 $(R(1 - 2\cos \omega), \pi)$.

因点 M 与极点在直线 AB 的同侧,则 M 到 AB 的距离为

$$d_M = -[R(1 - 2\cos \omega) \cdot \cos(\pi - \omega) - R \cdot \cos \omega] = 2R \cdot \cos \omega(1 - \cos \omega)$$

又　$|MD| = |EM| - |ED| = (r + r \cdot \cos \omega) - 2R \cdot \cos^2 \omega =$

$$2R \cdot \cos \omega(1 - \cos \omega)$$

故 $|MD| = d_M$,即 M 为 $\triangle ABC$ 的内心.

从上述各例可以看出:由于在极坐标 (ρ, θ) 中, ρ 表示线段长度灵活方便,并且能从极坐标方程中求出;角度 θ 使有关运算转化为三角函数运算,计算有公式可循,因此运用极坐标法解平面几何问题别具特色.

三、平面斜(仿射)坐标

平面斜(仿射)坐标系与平面直角坐标系的差别就在于两轴间的夹角及轴上单位长度不一定相同.在斜坐标系中,分点公式,直线方程的各种形式都与直角坐标系中的类似或相同.由直角坐标系变为斜坐标系,保持点和直线的结合

关系,保持直线的平行关系,保持两平行(或共线)线段的长度比,因此,在适当的斜坐标系中(或称为仿射变换 —— 把任意直线都变为直线的平面到自身的一一变换),任一个三角形可变为正三角形,梯形可变为等腰梯形,平行四边形可变为正方形,椭圆可变为圆等.

在斜坐标系中,两点 $P_1(x_1,y_1)$,$P_2(x_2,y_2)$ 间的距离公式为

$$|P_1P_2| = \sqrt{(x_1-x_2)^2 + (y_1-y_2)^2 + 2(x_1-x_2)(y_1-y_2)\cos\theta}$$

三点 $A(x_1,y_1)$,$B(x_2,y_2)$,$C(x_3,y_3)$ 组成的三角形的面积公式为

$$S_{\triangle ABC} = \frac{1}{2}\begin{vmatrix} x_1 & y_1 & 1 \\ x_2 & y_2 & 1 \\ x_3 & y_3 & 1 \end{vmatrix}\sin\theta$$

的绝对值.其中,θ 为两坐标的夹角.

例 11 如图 1.8.11,A,B,C 在直线 l 上,A',B',C' 在直线 l' 上.若 $AB' \parallel A'B$,$AC' \parallel A'C$,求证:$BC' \parallel B'C$.

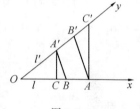

图 1.8.11

证明 设 l 与 l' 相交于 O(若 $l \parallel l'$ 则结论显然),可以 O 为原点,l,l' 分别为 x 轴,y 轴建立斜坐标系.并设 $A(a,0)$,$B(b,0)$,$C(c,0)$,$A'(0,a')$,$B'(0,b')$,$C'(0,c')$,则 AB' 与 $A'B$ 的方程分别为

$$\frac{x}{a} + \frac{y}{b'} = 1, \frac{x}{b} + \frac{y}{a'} = 1$$

因为 $AB' \parallel A'B$,则 $\dfrac{b'}{a} = \dfrac{a'}{b}$,即 $aa' = bb'$.

同理有 $bb' = cc'$,即 $\dfrac{c'}{b} = \dfrac{b'}{c}$.

这就说明直线 $BC'(\dfrac{x}{b} + \dfrac{y}{c'} = 1)$ 与直线 $B'C(\dfrac{x}{c} + \dfrac{y}{b'} = 1)$ 平行.

例 12 如图 1.8.12,设线段 AB 的中点为 M,从 AB 上任一点 C 向直线 AB 的一侧引线段 CD,令 CD 的中点为 N,BD 的中点为 P,MN 的中点为 Q.求证:直线 PQ 平分线段 AC.

证明 以 B 为原点,直线 BD,BA 为坐标轴建立斜坐标系.设 $A(0,a)$,$C(0,c)$,$D(d,0)$,则 $P(\dfrac{d}{2},0)$,

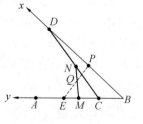

图 1.8.12

$M(0, \frac{a}{2})$，$N(\frac{d}{2}, \frac{c}{2})$，$Q(\frac{d}{4}, \frac{a+c}{4})$，$AC$ 的中点 E 的坐标为 $(0, \frac{a+c}{2})$．因 PE 的中点坐标为

$$x = \frac{1}{2}(\frac{d}{2} + 0) = \frac{d}{4}, y = \frac{1}{2}(0 + \frac{a+c}{2}) = \frac{a+c}{4}$$

从而点 Q 的坐标与线段 PE 的中点坐标相同，即 P，Q，E 共线，故 PQ 平分 AC．

例 13 如图 1.8.13，任意四边形 $ABCD$ 的对角线 AC，BD 的中点分别为 M，N；BA，CD 的延长线相交于 O．求证：$4S_{\triangle OMN} = S_{ABCD}$．（参见练习题 1.3 中第 4 题）．

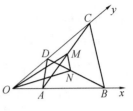

图 1.8.13

证明 以 O 为原点，AB，CD 所在直线为坐标轴建立斜坐标系．设四边形四顶点的坐标为 $A(2a, 0)$，$B(2b, 0)$，$C(0, 2c)$，$D(0, 2d)$，$\angle BOC = \theta (0 < \theta < \frac{\pi}{2})$，则 $M(a, c)$，$N(b, d)$．从而

128

$$S_{\triangle OMN} = \frac{1}{2} \begin{vmatrix} b & d \\ a & c \end{vmatrix} \sin\theta$$

的绝对值为 $\qquad \frac{1}{2} |bc - ad| \sin\theta$

$$S_{ABCD} = S_{\triangle OBC} - S_{\triangle OAD} = \frac{1}{2} \begin{vmatrix} 2b & 0 \\ 0 & 2c \end{vmatrix} \sin\theta - \frac{1}{2} \begin{vmatrix} 2a & 0 \\ 0 & 2d \end{vmatrix} \sin\theta =$$

$$2 |bc - ad| \sin\theta$$

故 $4S_{\triangle OMN} = S_{ABCD}$．

例 14 如图 1.8.14，线段 $AB /\!/ D_2C$，$AC /\!/ D_1B$，A 在 D_1D_2 上．求证：$S_{\triangle ABC}$ 是 $S_{\triangle ABD_1}$ 和 $S_{\triangle ACD_2}$ 的比例中项．

证明 因为梯形为仿射不变形，所以假设题中的两个梯形可由两个特殊的直角梯形经过选取特殊的斜坐标系后得到．如图 1.8.14 下图，设梯形 $C'B'A'D_2'$ 和梯形 $C'B'D_1'A'$ 皆为直角梯形，且 $C'D_2' = D_2'A' = MB' = $ 单位长 1．梯形 $A'D_2'C'B'$

$\xrightarrow{\text{仿射变换}}$ 梯形 AD_2CB，梯形 $A'C'B'D_1'$ $\xrightarrow{\text{仿射变换}}$

$ACBD_1$，则

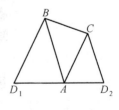

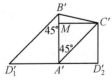

图 1.8.14

$$S_{\triangle A'B'C'} = \frac{1}{2} A'B' \cdot MC' = 1$$

$$S_{\triangle A'B'D_1'} = \frac{1}{2} A'B' \cdot A'D_1' = 2, S_{\triangle A'C'D_2'} = \frac{1}{2}$$

从而　　$S_{\triangle A'B'D_1'} \cdot S_{\triangle A'C'D_2'} = S^2_{\triangle A'B'C'}$

故 $S_{\triangle ABD_1} \cdot S_{\triangle ACD_2} = S^2_{\triangle ABC}$.

例15　如图1.8.15,设 AA', BB', CC' 交于点 O, BC 与 $B'C', CA$ 与 $C'A', AB$ 与 $A'B'$ 分别交于 X, Y, Z. 求证: X, Y, Z 三点共线.(戴沙格(Desorques)定理)

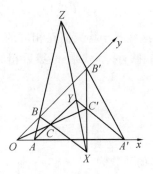

图1.8.15

证明　以 O 为原点,OA, OB 所在直线为 x 轴,y 轴建立斜坐标系.设 $A(1,0), A'(a,0), B(0,1), B'(0,b)$,则 $AB, A'B'$ 的方程分别为

$$x + y = 1, \frac{x}{a} + \frac{y}{b} = 1$$

它们的交点为 $Z(\frac{a(1-b)}{a-b}, \frac{b(1-a)}{b-a})$.设 $C(x_c, y_c), C'(kx_c, ky_c)$,则 $BC, B'C'$ 的方程分别为

$$(y_c - 1)x - x_c(y - 1) = 0, (ky_c - b)x - kx_c(y - b) = 0 \qquad ①$$

显然,点 X 在 ① 中两直线构成的直线系中.现在的问题是如何确定这直线系中的一条直线使得它通过 Z 点.为此,计算 ① 中两方程左端得 Z 的值

$$(y_c - 1) \cdot \frac{a(1-b)}{ab} - x_c[\frac{b(1-a)}{b-a} - 1] = \frac{a(1-b)}{a-b}(x_c + y_c - 1)$$

$$(ky_c - 1) \cdot \frac{a(1-b)}{a-b} - kx_c[\frac{b(1-a)}{b-a} - 1] = \frac{ab(1-b)}{a-b}(\frac{kx_c}{a} + \frac{ky_c}{b} - 1)$$

于是,点 Z 坐标满足

$$\frac{(y_c - 1)x - x_c(y - 1)}{(ky_c - b)x - kx_c(y - b)} = \frac{x_c + y_c - 1}{b(\frac{kx_c}{a} + \frac{ky_c}{b} - 1)}$$

换句话说直线 XZ 的方程为

$$(y_c - 1)x - x_c(y - 1) = \lambda[(\frac{ky_c}{b} - 1)x - \frac{kx_c}{b}y + kx_c] \qquad ②$$

其中　　　　　　$\lambda = \frac{x_c + y_c - 1}{kx_c/a + ky_c/b - 1}$

同理,$AC, A'C'$ 的方程分别为

$$y_c(x - 1) - (x_c - 1)y = 0, ky_c(x - a) - (kx_c - a)y = 0$$

129

而 YZ 的方程为

$$y_c(x-1) - (x_c-1)y = \lambda\left[\frac{ky_c}{a} \cdot x - \left(\frac{kx_c}{a}-1\right)y - ky_c\right] \qquad ③$$

(这些式子均只需在相应的①,② 中将字母 x 与 y, a 与 b 互换即可得出).将② 式乘 y_c,③ 式乘 x_c 然后相加,这时常数项为 0,而 x 的系数为

$$y_c\left[(y_c-1) - \lambda\left(\frac{ky_c}{b}-1\right) + x_c - \lambda \cdot \frac{kx_c}{a}\right] =$$

$$y_c\left[(x_c+y_c-1) - \lambda\left(\frac{kx_c}{a} + \frac{ky_c}{b} - 1\right)\right] = 0$$

y 的系数为

$$x_c\left[-y_c + \lambda \cdot \frac{ky_c}{b} - (x_c-1) + \lambda\left(\frac{kx_c}{a}-1\right)\right] =$$

$$x_c\left[-(x_c+y_c-1) + \lambda\left(\frac{kx_c}{a} + \frac{ky_c}{b} - 1\right)\right] = 0$$

所以得出一个恒等式,即②,③ 为同一直线,故 X,Y,Z 共线.

四、面积坐标(重心坐标)

130

平面上任取一个 $\triangle ABC$,充当坐标三角形.对于该平面上任意一点 M,将下述三角形面积比

$$S_{\triangle MBC} : S_{\triangle MCA} : S_{\triangle MAB} = \mu_1 : \mu_2 : \mu_3$$

叫做点 M 关于 $\triangle ABC$ 的面积坐标或重心坐标,记为

$$M = (\mu_1 : \mu_2 : \mu_3) = \{\mu_1, \mu_2, \mu_3\}$$

注意这里的 $S_{\triangle MBC}, S_{\triangle MCA}, S_{\triangle MAB}$ 都是带符号的.通常约定,顶点按逆时针方向排列的三角形面积为正,顶点按顺时针方向排列的三角形面积为负.这样,各个坐标分量 $\mu_i(i=1,2,3)$ 都是可正可负的.

由定义可知,某个点 M 的面积坐标既可记为 $(\mu_1 : \mu_2 : \mu_3)$,也可记为 $\{k\mu_1, k\mu_2, k\mu_3\}$,即其记法并非惟一,可以相差一个非 0 的常数因子(这类坐标叫做齐次坐标.通常用的直角坐标不是齐次坐标).当 $\mu_1 + \mu_2 + \mu_3 = 1$ 时,$(\mu_1 : \mu_2 : \mu_3)$ 称为规范面积坐标.

如以 a,b,c 表示 $\triangle ABC$ 三边,A,B,C 表示三内角,$p = \frac{1}{2}(a+b+c)$,$p_a = p - a, xa = -a^2 + b^2 + c^2$ 等等,则经计算得 $\triangle ABC$ 的各种"心"的面积坐标如下.

重心：$G(1:1:1) = G(\frac{1}{3}:\frac{1}{3}:\frac{1}{3})$；

内心：$I(a:b:c) = I(\sin A:\sin B:\sin C)$；

旁心：$I_a(-a:b:c)$，余类推；

垂心：$H(\frac{1}{x_a}:\frac{1}{x_b}:\frac{1}{x_c}) = H(\tan A:\tan B:\tan C)$；

外心：$O(a^2 x_a:b^2 x_b:c^2 x_c) = O(\sin 2A:\sin 2B:\sin 2C)$.

在运用面积坐标法解题时，经常还用到如下一些基本公式.

(1)$\triangle ABC$ 的顶点的直角坐标为 $A(x_1,y_1),B(x_2,y_2),C(x_3,y_3)$，点 $M(\alpha:\beta:\gamma)$ 的直角坐标为 (x,y)，则

$$x = \frac{\alpha x_1 + \beta x_2 + \gamma x_3}{\alpha + \beta + \gamma}, y = \frac{\alpha y_1 + \beta y_2 + \gamma y_3}{\alpha + \beta + \gamma}$$

(2)设 $P_1(\alpha_1:\beta_1:\gamma_1),P_2(\alpha_2:\beta_2:\gamma_2)$，$M$ 为 P_1P_2 上一点，且 $\dfrac{\overline{P_1M}}{\overline{MP_2}} = \dfrac{\lambda_2}{\lambda_1}$，则 M 的面积坐标为

$$((p_1\alpha_1 + p_2\alpha_2):(p_1\beta_1 + p_2\beta_2):(p_1\gamma_1 + p_2\gamma_2))$$

其中

$$p_i = \frac{\lambda_i}{\alpha_i + \beta_i + \gamma_i} \quad (i = 1,2)$$

(3)若 A,B,C（即坐标三角形三顶点）到直线 l 的距离分别为 h_a,h_b,h_c，$M(\alpha:\beta:\gamma)$ 为直线 l 上动点，则直线 l 的方程为 $h_a\alpha + h_b\beta + h_c\gamma = 0$.

(4)两直线 $h_a\alpha + h_b\beta + h_c\gamma = 0, h_a'\alpha + h_b'\beta + h_c'\gamma = 0$ 的交点的面积坐标为

$$((h_b h_c' - h_c h_b'):(h_c h_a' - h_a h_c'):(h_a h_b' - h_b h_a'))$$

(5)过两点$(\alpha_1:\beta_1:\gamma_1),(\alpha_2:\beta_2:\gamma_2)$ 的直线方程为

$$(\beta_1\gamma_2 - \gamma_2\gamma_1)\alpha + (\gamma_1\alpha_2 - \gamma_2\alpha_1)\beta + (\alpha_1\beta_2 - \alpha_2\beta_1)\gamma = 0$$

(6)三点$(\alpha_i:\beta_i:\gamma_i)(i = 1,2,3)$ 共线的充要条件为

$$\begin{vmatrix} \alpha_1 & \beta_1 & \gamma_1 \\ \alpha_2 & \beta_2 & \gamma_2 \\ \alpha_3 & \beta_3 & \gamma_3 \end{vmatrix} = 0$$

(7)三直线 $h_i\alpha + k_i\beta + l_i\gamma = 0(i = 1,2,3)$ 共点的充要条件为

$$\begin{vmatrix} h_1 & k_1 & l_1 \\ h_2 & k_2 & l_2 \\ h_3 & k_3 & l_3 \end{vmatrix} = 0$$

131

(8) 两条直线平行的充要条件的方程可分别写为

$$h\alpha + k\beta + l\gamma = 0$$

和

$$(h + t)\alpha + (k + t)\beta + (l + t)\gamma = 0$$

(9) 圆的方程为 $a_1\alpha^2 + b_1\beta^2 + c_1\gamma^2 + a_2\beta\gamma + b_2\gamma\alpha + c_2\alpha\beta = 0$,其中系数满足

$$(b_1 + c_1 - a_2) : (c_1 + a_1 - b_2) : (a_1 + b_1 - c_2) = a^2 : b^2 : c^2$$

其中,a,b,c 为坐标 $\triangle ABC$ 的三边长.

例 16　给定一个 $\triangle ABC$ 及内部一点 P,直线 AP,BP 及 CP 与对边的交点分别为 A',B',C'.求证:下列三个比值 $AP : PA', BP : PB', CP : PC'$ 中,至少有一个不大于 2,也至少有一个不小于 2.

证明　取 $\triangle ABC$ 为坐标三角形,设 P 关于 $\triangle ABC$ 的面积坐标为($\alpha : \beta : \gamma$),则 $\alpha + \beta + \gamma = 1$.因为

$$\frac{S_{\triangle PBC}}{S_{\triangle ABC}} = \frac{PA'}{AA'} = \alpha$$

所以

$$\frac{AP}{PA'} = \frac{1 - \alpha}{\alpha}$$

同理

$$\frac{BP}{PB'} = \frac{1 - \beta}{\beta}, \frac{CP}{PC'} = \frac{1 - \gamma}{\gamma}$$

如果这三个比值都大于 2,则有

$$1 - \alpha > 2\alpha, 1 - \beta > 2\beta, 1 - \gamma > 2\gamma$$

即

$$1 > 3\alpha, 1 > 3\beta, 1 > 3\gamma$$

以上三式相加得 $3 > 3(\alpha + \beta + \gamma) = 3$,矛盾.这说明三个比值 $AP : PA'$, $BP : PB', CP : PC'$ 中至少有一个不大于 2.同理可证,这三个比值中也至少有一个不能小于 2.

例 17　如图 1.8.16,设 $ABCD$ 为圆内接四边形,求证:$AD \cdot BC + AB \cdot CD = AC \cdot BD$(托勒密定理)

证明　取 $\triangle ABD$ 为坐标三角形,令 C 的面积坐标为 $(\mu_1 : \mu_2 : \mu_3)$.将 $A(1:0:0), B(0:1:0), D(0:0:1)$ 代入上述基本公式(9),得外接圆方程为

$$d^2\mu_2\mu_3 + a^2\mu_3\mu_1 + f^2\mu_1\mu_2 = 0$$

又　　$\mu_1 : \mu_2 : \mu_3 = S_{\triangle CDA} : S_{\triangle CAB} : S_{\triangle CBD} =$

$$\frac{dfe}{4R} \cdot \frac{abe}{4R}(-\frac{bcf}{4R})$$

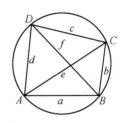

图 1.8.16

132

其中，R 为 $\triangle ABD$ 的外接圆半径，故

$$- d^2 aebfbc - a^2 bcfdfe + f^2 dfeabe = 0$$

亦即 $bd + ac = ef$，即

$$AD \cdot BC + AB \cdot CD = AC \cdot BD$$

例 18 如图 1.8.17，自 $\triangle ABC$ 的顶点 A 向其他两角的平分线 BE，CF 作垂线，垂足为 E，F. 求证：$EF \parallel BC$.

证明 取 $\triangle ABC$ 为坐标三角形，设 $E(\alpha_1 : \alpha_2 : \alpha_3)$，$F(\beta_1 : \beta_2 : \beta_3)$. $BC = a$，$AC = b$，$AB = c$，首先不难算出

$$\alpha_1 : \alpha_3 = a : c, \quad \alpha_2 : \alpha_3 = b \cdot \cos\left(C + \frac{B}{2}\right) : c \cdot \cos\frac{B}{2}$$

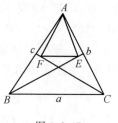

图 1.8.17

于是 $E = \left(a \cdot \cos\frac{B}{2} : b \cdot \cos\left(C + \frac{B}{2}\right) : c \cdot \cos\frac{B}{2}\right)$

同理 $F = \left(a \cdot \cos\frac{C}{2} : b \cdot \cos\frac{C}{2} : c \cdot \cos\left(B + \frac{C}{2}\right)\right)$

由上述基本公式 (5) 得 EF 的方程为

$$\begin{vmatrix} \alpha & \beta & \gamma \\ a \cdot \cos\frac{B}{2} & b \cdot \cos\left(C + \frac{B}{2}\right) & c \cdot \cos\frac{B}{2} \\ a \cdot \cos\frac{C}{2} & b \cdot \cos\frac{C}{2} & c \cdot \cos\left(B + \frac{C}{2}\right) \end{vmatrix} = 0$$

利用积化和差等三角公式得

$$(bc \cdot \sin A)\alpha - (ac \cdot \sin B)\beta - (ab \cdot \sin C)\gamma = 0$$

再用正弦定理有 $\alpha - \beta - \gamma = 0$，或 $2\alpha - (\alpha + \beta + \gamma) = 0$.

由上述基本公式 (8) 即知此直线与 $\alpha = 0$ 即 BC 平行，即证.

练习题 1.8

1. 若四边形一组对边的平方和等于另一组对边的平方和，则此四边形的两条对角线互相垂直.

2. 在直角 $\triangle ABC$ 中，$\angle C = 90°$，$\angle A$ 的平分线 AT 交 BC 于 T，$CD \perp AB$ 交 AT 于 Q，$TR \perp AB$ 于 R. 求证：$QR \parallel BC$.

3. 设任意六边形 $ABCDEF$，各边 AB，BC，CD，DE，EF，FA 的中点依次为 M，N，P，Q，R，S. 求证：$\triangle MPR$ 与 $\triangle NQS$ 的重心重合.

4. 自 $\triangle ABC$ 的垂心 H 引 $\angle A$ 的内、外角平分线的垂线，垂足分别为 E，F. 求证：E，F 与 BC 边上的中点 M 共线.

133

5.△ABC 的三外角平分线分别与其对边的延长线交于 D,E,F.求证:D, E,F 三点共线.

6.H 是 △ABC 的垂心,P 是任意一点.$HL \perp PA$ 于 L,交 BC 于 X;作 $HM \perp PB$ 于 M,交 CA 于 Y;作 $HN \perp PC$ 于 N,交 AB 于 Z.求证:X,Y,Z 三点共线.

7.已知 AB 是半圆的直径,直线 MN 切半圆于 C 点,$AM \perp MN$ 于 M,$BN \perp MN$ 于 N,$CD \perp AB$ 于 D,求证:(1)$CD = CM = CN$;(2)$CD^2 = AM \cdot BN$.

8.已知点 C 在以 AB 为直径的半圆上,$CD \perp AB$ 于 D,圆 O_1 与半圆 O_2,CD 以及 AB 分别相切于 M,N,E.求证:$AC = AE$.

9.已知 P 是正 △ABC 的外接圆 $\overset{\frown}{BC}$ 上的一点,求证:(1)$PA = PB + PC$;(2)$PA^2 = AB^2 + PB \cdot PC$.

10.已知定直线 OX,OY 及定点 C,过 C 任作一直线交 OX,OY 于 A,B.作 $BP \perp OX$,垂足为 P.作 $AQ \perp OY$,垂足为 Q.求证:PQ 过一定点.

11.用斜坐标法证本篇第一章中例 6.

12.在 △ABC 中,$AB = 12$,$AC = 16$,D 是 BC 的中点,E,F 分别在 AC,AB 上,直线 EF 与 AD 交于 P,若 $AE = 2AF$,求 $EP : PF$.

13.用面积坐标法证明:三角形的重心 G,内心 I,垂心 H 三点共线.

14.求证:△ABC 的重心 G,内心 I 及 Nagel 点(△ABC 的三个旁切圆在三边 BC,AC,AB 上的切点分别为 D,E,F,AD,BE,CF 的公共点称为 Nagel 点)共线.

15.求证:三角形的 Nagel 点到重心的距离等于重心到内心距离的 2 倍.

16.在 △ABC 上,D,E 分别是 AB,AC 上的一点,且 $AD = DB$,$AE = 2EC$,BE,CD 相交于 P.求证:$BF = 3FE$.

第九章 向量法

我们把运用向量研究、求解有关数学问题的方法称之为向量法.向量法的特点是形数结合,运算有法可循,因此向量法既有综合法的灵巧,又有坐标法的方便,能把综合法与坐标法有机地结合在一起.因而平面几何问题如用向量法来研究与求解,往往显得明快、简洁和容易入手,它克服了几何综合论证中常常需要添置若干辅助线而显得不易捉摸的缺点,同时又因为向量公式不依赖于坐标系,故向量法求解平面几何问题较之坐标法也具有一定的优越性.

一、向量的有关基础知识

（1）既有大小,又有方向的量称为向量,或从始点 A 到终点 B 的有向线段叫做向量,记为 $\overrightarrow{AB}$ 或 $\boldsymbol{a}$；始点与终点重合的向量叫做零向量,记作 $\boldsymbol{0}$；有向线段 $\overrightarrow{AB}$ 的长度称为向量 $\overrightarrow{AB}$ 的模（或长）,记作 AB 或 $|\boldsymbol{a}|$；如果两个向量平行并且同向,而且长度相等,即一个向量可以由另一个向量平移而得到,则认为这两个向量相等,我们对这两个向量可以不加区别.

模为1的向量叫做单位向量；设 P 是坐标平面内任意一点,O 是坐标原点,向量 $\overrightarrow{OP}$ 叫做点 P 的位置向量；两个模相等而方向相反的向量叫做互为逆向量,向量 $\boldsymbol{a}$ 的逆向量记为 $-\boldsymbol{a}$.

（2）两个向量的和是一个向量,它可以这样得到：以第一个向量 $\boldsymbol{a}$ 的终点作为第二个向量 $\boldsymbol{b}$ 的始点,从第一个向量的始点到第二个向量的终点所作的向量就表示这两个向量的和 $\boldsymbol{c}$,或将这两个向量 $\boldsymbol{a}$,$\boldsymbol{b}$ 的始点置于一处,并以它们为邻边作平行四边形,则将其共同始点为始点的对角线表示的向量 $\boldsymbol{c}$ 定义为 $\boldsymbol{a}+\boldsymbol{b}$,即 $\boldsymbol{c}=\boldsymbol{a}+\boldsymbol{b}$；可以将两个向量的和的定义推广到有限个向量的和的定义 $\boldsymbol{e}=\boldsymbol{a}_1+\boldsymbol{a}_2+\cdots+\boldsymbol{a}_n$；由此,可得 $\boldsymbol{a}_1+\boldsymbol{a}_2+\cdots+\boldsymbol{a}_n=\boldsymbol{0}$ 的充要条件是 $\boldsymbol{a}_1$,$\boldsymbol{a}_2$,$\cdots$,$\boldsymbol{a}_n$ 是首尾相连的一个封闭的 n 边形.

向量的减法是向量加法的逆运算,或若向量 $\boldsymbol{a}$ 和 $\boldsymbol{b}$ 共始点,从向量 $\boldsymbol{b}$ 的终点到向量 $\boldsymbol{a}$ 的终点所引的向量叫做差 $\boldsymbol{a}-\boldsymbol{b}$,显然 $\boldsymbol{a}-\boldsymbol{b}=\boldsymbol{a}+(-\boldsymbol{b})$.

若 λ 是实数,$\lambda\boldsymbol{a}$ 表示一个与 $\boldsymbol{a}$ 平行、同向并且长度为 $|\boldsymbol{a}|$ 的 λ 倍的向量,

135

则称 λa 为向量与数相乘.由此可得有两个向量 a,b 共线(平行于同一条直线的一组向量)的充要条件是 $a = \lambda b (\lambda \in \mathbf{R})$.

向量的加法及数乘运算具有数和式相同的运算性质(即加法满足交换律、结合律,数乘满足分配律).

(3) 两个向量 a 和 b 的数量积 $a \cdot b$ 是一个数量,它定义为 a 和 b 的长度以及它们之间夹角的余弦的乘积.记为 $a \cdot b = |a| \cdot |b| \cdot \cos(a,b)$,其中 (a,b) 表示向量 a 与 b 之间的夹角;向量的数量积运算满足交换律、结合律,且 $a \cdot a = a^2 = |a|^2 \geq 0$,等号当且仅当 $a = 0$ 时成立;由此可得两个向量相互垂直的充要条件是 $a \cdot b = 0$.

(4) 两个向量的向(矢)量积 $a \times b$ 是一个向量,它是一个与 a,b 均垂直的向量 c,其模 $|c| = |a| \cdot |b| \cdot \sin(a,b)$,其方向使得 a,b,c 符合右手法则;向量积满足结合律、分配律,且 $a \times a = 0$,$a \times b = -b \times a$.

(5) 在平面内建立直角(或斜)坐标系 xoy,i 和 j 分别是横轴和纵轴上的单位向量.把任一向量 a 的始点与坐标原点重合,设 a 的终点的坐标为 (x,y),则向量 a 可惟一地分解为两个向量 xi 和 yj 之和,即 $a = xi + yj$,xi 和 yj 分别叫做 a 在坐标轴上的分向量,(x,y) 叫做 a 的坐标或 a 的分量.

引入向量的坐标(或分量)以后,可知两个向量相等的充要条件是对应坐标(或分量)相等;向量的加、减、数乘、数量积运算可分别由对应坐标(或分量)加、减、相乘来定义,向量积可由 $a \times b = (x_1 i + y_1 j) \times (x_2 i + y_2 j) = (x_1 y_2 + x_2 y_1) i \times j$ 定义.

(6) 在平面内任取一定点 O 作为向量坐标系原点,那么任一点 P 与位置向量 $\overrightarrow{OP}$ 一一对应,我们若定义向量 $\overrightarrow{OP}$ 为点 P 的向量坐标并简记为 $\vec{P}$,定点 O 为向量坐标系(原点),则向量运算及有关公式可以更简洁地表示.例如在前面的有关运算中,将 a,b 分别换为 $\vec{A}$,$\vec{B}$ 即可,并且有

1) 任一向量 $\overrightarrow{AB} = \vec{B} - \vec{A}$;

2) A,B 两点间的线段或距离为 $AB = |\overrightarrow{AB}| = |\vec{B} - \vec{A}|$;

3) 设点 P 在线段 AB 所在直线上且分 AB 的比为 $\dfrac{\overrightarrow{AP}}{\overrightarrow{PB}} = \lambda (\lambda \neq -1)$,则由 1)

知点 P 的向量坐标为 $\vec{P} = \dfrac{\vec{A} + \lambda \vec{B}}{1 + \lambda}$;

特别地,P 为 AB 的中点($\lambda = 1$)时,有 $\vec{P} = \dfrac{\vec{A} + \vec{B}}{2}$;

4) 由 3)不难推知,A,B,C 三点共线的充要条件是,存在非零实数 λ_1,λ_2,

λ_3,有

$$\lambda_1\overrightarrow{A} + \lambda_2\overrightarrow{B} + \lambda_3\overrightarrow{C} = \mathbf{0} \text{ 且 } \lambda_1 + \lambda_2 + \lambda_3 = 0$$

5) 若 $\triangle ABC$ 三顶点 A,B,C 所对边的长分别为 a,b,c,且三顶点向量坐标已知,则可由 3),4) 推得其内心 I,重心 G 的向量坐标分别为

$$I = \frac{a\overrightarrow{A} + b\overrightarrow{B} + c\overrightarrow{C}}{a + b + c}, G = \frac{\overrightarrow{A} + \overrightarrow{B} + \overrightarrow{C}}{3}$$

6) 任意两点 A,B 的向量坐标满足三角形不等式

$$||\overrightarrow{A}| - |\overrightarrow{B}|| \leqslant |\overrightarrow{A} \pm \overrightarrow{B}| \leqslant |\overrightarrow{A}| + |\overrightarrow{B}|$$

其中,等号当且仅当 $\overrightarrow{A},\overrightarrow{B}$ 共线时成立;

7) 对于线段 AB 与 $CD,AB \perp CD \Leftrightarrow \overrightarrow{A} \cdot \overrightarrow{D} + \overrightarrow{B} \cdot \overrightarrow{C} = \overrightarrow{B} \cdot \overrightarrow{D} + \overrightarrow{A} \cdot \overrightarrow{C}$

$$AB^2 = \overrightarrow{AB} \cdot \overrightarrow{AB} = \overrightarrow{AB}^2 = (\overrightarrow{B} - \overrightarrow{A})^2$$

8) $S_{\triangle ABC} = \frac{1}{2}|AB| \cdot |AC| \cdot \sin A$ 有 $S_{\triangle ABC} = \frac{1}{2}|\overrightarrow{AB} \times \overrightarrow{AC}|$,且

$$S_{\triangle ABC} = \frac{1}{2}|\overrightarrow{A} \times \overrightarrow{B} + \overrightarrow{B} \times \overrightarrow{C} + \overrightarrow{C} \times \overrightarrow{A}|$$

特别地,当顶点 C 与原点 O 重合时,有

$$S_{\triangle ABO} = \frac{1}{2}|\overrightarrow{A} \times \overrightarrow{B}|$$

由此还可推知 $\overrightarrow{A} \times \overrightarrow{B} = \mathbf{0} \Leftrightarrow A,B,O$ 三点共线.

9) 给出三向量 $\overrightarrow{A},\overrightarrow{B},\overrightarrow{C}$,取它们之中两个的向量积,再和第三个作数量积,所得结果是一个数量,称为这三个向量的混合积.这样的混合积有 12 个,均记为 $(\overrightarrow{A},\overrightarrow{B},\overrightarrow{C})$,且 $(\overrightarrow{A},\overrightarrow{B},\overrightarrow{C}) = 0 \Leftrightarrow A,B,C$ 共面.

137

二、向量法解平面几何问题的方式与技巧

1.善于运用向量线性运算及性质

我们可运用向量的线性运算及性质来求解某些点的位置及线的平行等问题.

例 1　(参见本篇第八章中例 12)线段 AB 的中点为 M,从 AB 上另一点 C 向直线的一侧引线段 CD,令 CD 的中点为 N,BD 的中点为 P,MN 的中点为 Q,求证:直线 PQ 平分线段 AC.

证明　设 E 是 AC 的中点,则只需证 P,Q,E 三点共线即可,在所在平面内任取一点 O 作为向量坐标系原点,则有

$$\vec{P} = \frac{(\vec{B} + \vec{D})}{2}, \vec{E} = \frac{(\vec{A} + \vec{C})}{2}, \vec{Q} = \frac{(\vec{M} + \vec{N})}{2} = \frac{(\vec{A} + \vec{B} + \vec{C} + \vec{D})}{4}$$

从而 $\vec{P} - 2\vec{Q} + \vec{E} = \mathbf{0}$, 由公式(6)4) 即知结论成立.

例2 证明任一三角形的三条中线可以构成一个三角形.

证明 设 $\triangle ABC$ 的三条中线为 AD, BE, CF, 在 $\triangle ABC$ 所在平面内任取一点 O 作为向量坐标系原点. 由

$$\vec{AD} = \vec{AB} + \vec{BD} = \vec{AB} + \frac{\vec{BC}}{2}, \vec{BE} = \vec{BC} + \frac{\vec{CA}}{2}$$

$$\vec{CF} = \vec{CA} + \frac{\vec{BC}}{2}, \vec{AB} + \vec{BC} + \vec{CA} = \mathbf{0}$$

有 $$\vec{AD} + \vec{BE} + \vec{CF} = \frac{3}{2}(\vec{AB} + \vec{BC} + \vec{CA}) = \mathbf{0}$$

故由基础知识(2) 即知 AD, BE, CF 可以构成一个三角形.

例3 如图 1.9.1, 在 $\triangle OAB$ 中, $\angle AOB$ 为锐角, 自 $\triangle OAB$ 中任意一点 M(异于 O) 作 OA, OB 的垂线 MP, MQ, H 是 $\triangle OPQ$ 的垂心. 试求: 当点 M(1) 在 AB 上; (2) 在 $\triangle OAB$ 内部移动时, 点 H 的轨迹.

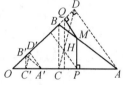

图 1.9.1

解 以 O 为原点建立向量坐标系.

(1) 由 $MP \perp OA, QH \perp OA$ 知 $MP \,/\!/\, QH$. 同理 $MQ \,/\!/\, PH$. 从而有

$$\vec{H} - \vec{P} = \vec{Q} - \vec{M} \qquad\qquad ①$$

令 $\dfrac{\vec{AM}}{\vec{AB}} = \lambda$, 则

$$\vec{M} = \vec{A} + (\vec{B} - \vec{A})\lambda = (1 - \lambda)\vec{A} + \lambda\vec{B} \qquad ②$$

设 C 是 B 至 OA 的垂线的垂足, D 是 A 至 OB 的垂线的垂足. 若 $(1 - \lambda)\vec{A} + \lambda\vec{C} = \vec{P}_1$, 则 P_1 是 OA 上的点, 由 ② 式得

$$\vec{M} - \vec{P}_1 = \lambda(\vec{B} - \vec{C})$$

故 $P_1M \,/\!/\, CB$, 即 $P_1M \perp OA$, 可知 P_1 即是点 P. 从而

$$\vec{P} = (1 - \lambda)\vec{A} + \lambda\vec{C}$$

同理 $$\vec{Q} = \lambda\vec{B} + (1 - \lambda)\vec{D}$$

将上两式及 ② 式代入 ① 式, 得

$$\vec{H} = (1 - \lambda)\vec{A} + \lambda\vec{C} + \lambda\vec{B} + (1 - \lambda)\vec{D} - (1 - \lambda)\vec{A} - \lambda\vec{B} = \lambda\vec{C} + (1 - \lambda)\vec{D}$$

当 $\lambda : 0 \to 1$ 时, M 自 A 移动至 B, 而 H 则自 D 移动至 C, 故点 H 的轨迹是线段 DC.

138

(2)$\triangle OAB$ 可看成是由无穷多的平行于 AB 的线段所组成,设 $A'B'$ 是这样的一条线段,以 C',D' 分别表示自 B' 至 OA 及自 A' 至 OB 的垂线的垂足.当 M 自 A' 移动至 B' 时,H 自 D' 移动至 C'.故当 M 在 $\triangle OAB$ 内移动时,点 H 的轨迹是 $\triangle OCD$ 的内部.

例 4　如图 1.9.2,凸四边形 $ABCD$ 的边是位于四边形 $ABCD$ 外的四个相似的等腰 $\triangle APB$,$\triangle BQC$,$\triangle CRD$,$\triangle DSA$ 的底边,若四边形 $PQRS$ 是矩形,且 $PQ \neq QR$.求证:$ABCD$ 是菱形.

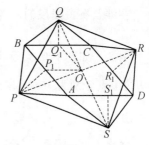

图 1.9.2

证明　设 P_1,Q_1,R_1,S_1 分别是边 AB,BC,CD,DA 的中点.设 $\overrightarrow{AB} = \boldsymbol{a}$,$\overrightarrow{BC} = \boldsymbol{b}$,$\overrightarrow{CD} = \boldsymbol{c}$,$\overrightarrow{DA} = \boldsymbol{d}$,则必有

$$\boldsymbol{a} + \boldsymbol{b} + \boldsymbol{c} + \boldsymbol{d} = 0$$

设 $\overrightarrow{P_1P} = \boldsymbol{a}_1$,$\overrightarrow{Q_1Q} = \boldsymbol{b}_1$,$\overrightarrow{R_1R} = \boldsymbol{c}_1$,$\overrightarrow{S_1S} = \boldsymbol{d}_1$,由条件知 $\boldsymbol{a}_1$,$\boldsymbol{b}_1$,$\boldsymbol{c}_1$,$\boldsymbol{d}_1$ 分别由向量 $\boldsymbol{a}$,$\boldsymbol{b}$,$\boldsymbol{c}$,$\boldsymbol{d}$ 旋转 $90°$ 且伸缩同样倍数(k 倍)而得.所以 $\boldsymbol{a}_1 + \boldsymbol{b}_1 + \boldsymbol{c}_1 + \boldsymbol{d}_1 = 0$.又 $\overrightarrow{PQ} = \overrightarrow{SR}$,即

$$\overrightarrow{PP_1} + \overrightarrow{P_1B} + \overrightarrow{BQ_1} + \overrightarrow{Q_1Q} = \overrightarrow{SS_1} + \overrightarrow{S_1D} + \overrightarrow{DR_1} + \overrightarrow{R_1R}$$

所以
$$-\boldsymbol{a}_1 + \frac{\boldsymbol{a}}{2} + \frac{\boldsymbol{b}}{2} + \boldsymbol{b}_1 = -\boldsymbol{d}_1 - \frac{\boldsymbol{d}}{2} - \frac{\boldsymbol{c}}{2} + \boldsymbol{c}_1$$

即
$$\boldsymbol{a}_1 - \boldsymbol{b}_1 + \boldsymbol{c}_1 - \boldsymbol{d}_1 = \frac{1}{2}(\boldsymbol{a} + \boldsymbol{b} + \boldsymbol{c} + \boldsymbol{d}) = 0$$

所以
$$\boldsymbol{a}_1 + \boldsymbol{c}_1 - \boldsymbol{b}_1 - \boldsymbol{d}_1 = 0$$

从而
$$\boldsymbol{a} + \boldsymbol{c} = \boldsymbol{b} + \boldsymbol{d} = 0$$

亦即 $AB \underline{\underline{\parallel}} CD$,故 $ABCD$ 为平行四边形.

下证若 $PQRS$ 为矩形(但不是正方形),则 $ABCD$ 一定是菱形.

设 $a = |\boldsymbol{a}|$,$b = |\boldsymbol{b}|$,O 是矩形对角形交点,令 $\angle ABC = \alpha$,在 $\triangle POP_1$ 中,有

$$OP^2 = \frac{1}{4}b^2 + k^2a^2 + kab \cdot \sin \alpha$$

在 $\triangle QOQ_1$ 中　　$OQ^2 = \frac{1}{4}a^2 + k^2b^2 + kab \cdot \sin \alpha$

因为 $OP = OQ$,所以

$$\left(k^2 - \frac{1}{4}\right)(a^2 - b^2) = 0$$

若 $k^2 = \frac{1}{4}$,即 $k = \frac{1}{2}$ 时,$\angle PBQ = \angle PAS$.(此时所作的等腰三角形均为

139

等腰直角三角形),则有 $\triangle PAS \cong \triangle PBQ$,亦有 $SP = PQ$,即有 $PQRS$ 为正方形,与题设矛盾.故 $a = b$,即 $ABCD$ 为菱形.

2. 善于运用向量的三角形不等式

在涉及有关线段的不等式问题时,常常可运用向量的三角形不等式来求解.

例 5 如图 1.9.3,设四边形 $ABCD$ 的两对角线 AC, BD 的中点分别为 M, N,求证:$\dfrac{1}{2} \mid AB - CD \mid \leqslant MN \leqslant \dfrac{1}{2}(AB + CD)$.

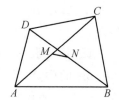

图 1.9.3

证法 1 由 $\overrightarrow{MN} = \overrightarrow{MA} + \overrightarrow{AB} + \overrightarrow{BN}$

$$\overrightarrow{MN} = \overrightarrow{MC} + \overrightarrow{CD} + \overrightarrow{DN}$$

有 $$2\overrightarrow{MN} = (\overrightarrow{MA} + \overrightarrow{MC}) + (\overrightarrow{AB} + \overrightarrow{CD}) + (\overrightarrow{BN} + \overrightarrow{DN})$$

因为 M, N 分别为 AC, BD 的中点,则

$$\overrightarrow{MA} + \overrightarrow{MC} = \mathbf{0},\ \overrightarrow{NB} + \overrightarrow{DN} = \mathbf{0}$$

所以 $$\overrightarrow{MN} = \frac{1}{2}(\overrightarrow{AB} + \overrightarrow{CD}),\ \mid \overrightarrow{MN} \mid = \frac{1}{2} \mid \overrightarrow{AB} + \overrightarrow{CD} \mid$$

但 $$\mid\mid \overrightarrow{AB} \mid - \mid \overrightarrow{CD} \mid\mid \leqslant \mid \overrightarrow{AB} + \overrightarrow{CD} \mid \leqslant \mid \overrightarrow{AB} \mid + \mid \overrightarrow{CD} \mid$$

所以 $$\frac{1}{2} \mid\mid \overrightarrow{AB} \mid - \mid \overrightarrow{CD} \mid\mid \leqslant \mid \overrightarrow{MN} \mid \leqslant \frac{1}{2}(\mid \overrightarrow{AB} \mid + \mid \overrightarrow{CD} \mid)$$

即 $$\frac{1}{2} \mid AB - CD \mid \leqslant MN \leqslant \frac{1}{2}(AB + CD)$$

特别是当 $AB /\!/ CD$,又 $\overrightarrow{AB}, \overrightarrow{CD}$ 反向时,在 $\mid\mid \overrightarrow{AB} \mid - \mid \overrightarrow{CD} \mid\mid \leqslant \mid \overrightarrow{AB} + \overrightarrow{CD} \mid$ 中等号成立.

证法 2 在四边形 $ABCD$ 所在平面内任取一点 O 作为向量坐标系原点,则

$$\overrightarrow{M} = \frac{1}{2}(\overrightarrow{A} + \overrightarrow{C}),\ \overrightarrow{N} = \frac{1}{2}(\overrightarrow{B} + \overrightarrow{D})$$

而 $$\overrightarrow{MN} = \overrightarrow{N} - \overrightarrow{M} = \frac{1}{2}(\overrightarrow{B} + \overrightarrow{D}) - \frac{1}{2}(\overrightarrow{A} + \overrightarrow{C}) = \frac{(\overrightarrow{D} - \overrightarrow{C}) - (\overrightarrow{A} - \overrightarrow{B})}{2}$$

故 $$\left\mid \left\mid \frac{\overrightarrow{D} - \overrightarrow{C}}{2} \right\mid - \left\mid \frac{\overrightarrow{A} - \overrightarrow{B}}{2} \right\mid \right\mid \leqslant \left\mid \frac{(\overrightarrow{D} - \overrightarrow{C}) - (\overrightarrow{A} - \overrightarrow{B})}{2} \right\mid =$$

$$\left\mid \frac{(\overrightarrow{D} - \overrightarrow{C}) + (\overrightarrow{B} - \overrightarrow{A})}{2} \right\mid \leqslant \left\mid \frac{\overrightarrow{D} - \overrightarrow{C}}{2} \right\mid + \left\mid \frac{\overrightarrow{B} - \overrightarrow{A}}{2} \right\mid$$

以下同证法 1(略).

例 6 设点 O 在 $\triangle ABC$ 的边 AB 上,且与顶点不重合.求证:$OC \cdot AB <$

$OA \cdot BC + OB \cdot AC.$

证明 取 C 为向量坐标系原点,令 $OA = \alpha AB$,$OB = \beta AB$,其中,$\alpha,\beta > 0$ 且 $\alpha + \beta = 1$.而

$$|\vec{CO}| = |\vec{O}| = \left| \frac{\vec{A} + \frac{\alpha}{\beta}\vec{B}}{1 + \frac{\alpha}{\beta}} \right| = |\beta\vec{A} + \alpha\vec{B}| < \beta|\vec{A}| + \alpha|\vec{B}|$$

所以 $OC \cdot AB < \beta \cdot AB|\vec{A}| + \alpha \cdot AB|\vec{B}| = OB \cdot AC + OA \cdot BC$

例 7 证明:在一个四边形中,两组对边中点的距离之和当且仅当该四边形为平行四边形时才等于它的半周长.

证明 设 K,L,M,N 是四边形 $ABCD$ 的 AB,BC,CD,DA 的中点,对边中点连线相交于 O,且取为向量坐标系原点,则

$$KM = |\vec{M} - \vec{K}| = \left| \frac{\vec{C} + \vec{D}}{2} - \frac{\vec{A} + \vec{B}}{2} \right| \leqslant$$

$$\frac{1}{2}(|\vec{D} - \vec{A}| + |\vec{C} - \vec{B}|) =$$

$$\frac{1}{2}(AD + BC)$$

同理 $$NL = |\vec{L} - \vec{N}| \leqslant \frac{1}{2}(AB + DC)$$

从而 $$KM + NL \leqslant \frac{1}{2}(AB + BC + CD + DA)$$

其中,等号当且仅当向量 $\overrightarrow{AD}$ 与 $\overrightarrow{BC}$ 共线,$\overrightarrow{AB}$ 与 $\overrightarrow{DC}$ 共线即四边形 $ABCD$ 为平行四边形时成立.

3.善于运用向量的数量积

我们可运用向量的数量积来求解有关线段的乘积式,两线的垂直(或与乘积式,两线垂直有关)等问题.

例 8 设 $\triangle ABC$ 的三条中线交于点 O,求证:$AB^2 + BC^2 + CA^2 = 3(OA^2 + OB^2 + OC^2)$.

证明 在 $\triangle ABC$ 所在平面内任取一点为向量坐标系原点,以 O 为重心,则

$$\vec{O} = \frac{1}{3}(\vec{A} + \vec{B} + \vec{C})$$

从而

$$OA^2 + OB^2 + OC^2 = (\vec{A} - \vec{O})^2 + (\vec{B} - \vec{O})^2 + (\vec{C} - \vec{O})^2 =$$

141

$$[\vec{A} - \frac{1}{3}(\vec{A} + \vec{B} + \vec{C})] + [\vec{B} - \frac{1}{3}(\vec{A} + \vec{B} + \vec{C})] +$$

$$[\vec{C} - \frac{1}{3}(\vec{A} + \vec{B} + \vec{C})] =$$

$$\frac{2}{3}(\vec{A}^2 + \vec{B}^2 + \vec{C}^2 - \vec{A} \cdot \vec{B} - \vec{B} \cdot \vec{C} - \vec{C} \cdot \vec{A}) =$$

$$\frac{1}{3}[(\vec{A} - \vec{B})^2 + (\vec{B} - \vec{C})^2 + (\vec{C} - \vec{A})^2] =$$

$$\frac{1}{3}(AB^2 + BC^2 + CA^2)$$

例 9 如图 1.9.4,设 O 是 $\triangle ABC$ 的外心,D 是 AB 的中点,E 是 $\triangle ACD$ 的重心,且 $AB = AC$. 求证:$OE \perp CD$.

证明 取 O 为向量坐标系原点,则

$$\vec{A}^2 = \vec{B}^2 = \vec{C}^2, \vec{D} = \frac{1}{2}(\vec{A} + \vec{B})$$

$$\vec{E} = \frac{1}{3}(\vec{A} + \vec{C} + \vec{D}) = \frac{1}{3}(\frac{3}{2}\vec{A} + \vec{C} + \frac{1}{2}\vec{B})$$

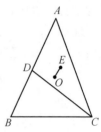

图 1.9.4

142

从而

$$\vec{CD} \cdot \vec{OE} = (\vec{D} - \vec{C}) \cdot (\vec{E} - \vec{O}) =$$

$$\frac{1}{12}(3\vec{A}^2 + \vec{B}^2 - 4\vec{C}^2 - 4\vec{A} \cdot \vec{C} + 4\vec{A} \cdot \vec{B})$$

由 $AB = AC$,有 $\vec{A} \cdot \vec{B} = \vec{A} \cdot \vec{C}$(因 O 为原点). 所以

$$\vec{CD} \cdot \vec{OE} = \frac{1}{12}(3\vec{A}^2 + \vec{B}^2 - 4\vec{C}^2) = 0$$

故 $OE \perp CD$.

例 10 如图 1.9.5,在 $\triangle ABC$ 中,$AB > AC$,BE,CF 分别为 AC,AB 边上的中线,且 BE,CF 交于点 O. 求证:$\angle OBC < \angle OCB$.

证明 因 E,F 是 AC,AB 的中点,则 $BO = \frac{2}{3}BE$,$CD = \frac{2}{3}CF$. 任取一点为向量坐标系原点,则

$$\vec{BE} = \vec{BA} + \frac{1}{2}\vec{AC}, \vec{CF} = \vec{CA} + \frac{1}{2}\vec{AB}$$

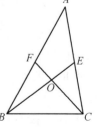

图 1.9.5

从而

$$\vec{BO} = \frac{3}{2}(\vec{BA} + \frac{1}{2}\vec{AC}) = \frac{2}{3}\vec{BA} + \frac{1}{3}\vec{AC}$$

同理
$$\overrightarrow{CO} = \frac{2}{3}\overrightarrow{CA} + \frac{1}{3}\overrightarrow{AB}$$

所以
$$\overrightarrow{BO}^2 = \frac{4}{9}\overrightarrow{AB}^2 + \frac{1}{9}\overrightarrow{AC}^2 - \frac{4}{9}\overrightarrow{AB} \cdot \overrightarrow{AC}$$

$$\overrightarrow{CO}^2 = \frac{4}{9}\overrightarrow{AC}^2 + \frac{1}{9}\overrightarrow{AB}^2 - \frac{4}{9}\overrightarrow{AB} \cdot \overrightarrow{AC}$$

$$\overrightarrow{BO}^2 - \overrightarrow{CO}^2 = \frac{1}{3}(\overrightarrow{AB}^2 - \overrightarrow{AC}^2) = \frac{1}{3}(AB^2 - AC^2) > 0$$

所以 $\overrightarrow{BO}^2 - \overrightarrow{CO}^2 > 0$，即 $BO^2 > CO^2$，即有 $\angle OCB > \angle OBC$．

例 11　见图 1.7.17，平面中有两个相似的等腰 $\triangle ABC$ 和 $\triangle LMN$（其中 $AC = BC, LN = MN$）且有 $AL = BM$．证明：CN 平行于 AB 和 LM 的中点的连线．（参见本篇第七章中例 17）

证明　设 LM 的中点为 E，AB 的中点为 D．在其平面内任取一点为向量坐标系原点，设 $\overrightarrow{AL} = \boldsymbol{a}, \overrightarrow{BM} = \boldsymbol{b}, \overrightarrow{DB} = \boldsymbol{c}, \overrightarrow{EM} = \boldsymbol{d}$．

将向量 $\boldsymbol{x}$ 按逆时针旋转 $90°$ 所得向量记作 $\boldsymbol{x}'$，则有 $(\boldsymbol{x} + \boldsymbol{y})' = \boldsymbol{x}' + \boldsymbol{y}'$．

由 $\triangle ABC \backsim \triangle LMN$，知 $DC : DB = EN : EM$．设比值为 k，则
$$\overrightarrow{DC} = k\boldsymbol{c}', \quad \overrightarrow{EN} = k\boldsymbol{d}'$$

由
$$\overrightarrow{AB} + \overrightarrow{BM} = \overrightarrow{AL} + \overrightarrow{LM}$$

有
$$2\boldsymbol{c} + \boldsymbol{b} = \boldsymbol{a} + 2\boldsymbol{d}$$

即
$$\boldsymbol{c} - \boldsymbol{d} = \frac{1}{2}(\boldsymbol{a} - \boldsymbol{b}), \quad (\boldsymbol{c} - \boldsymbol{d})' = \left(\frac{\boldsymbol{a} - \boldsymbol{b}}{2}\right)'$$

又
$$\overrightarrow{DE} = \boldsymbol{c} + \boldsymbol{b} - \boldsymbol{d} = \frac{1}{2}(\boldsymbol{a} + \boldsymbol{b})$$

$$\overrightarrow{CN} = \overrightarrow{CD} + \overrightarrow{DE} + \overrightarrow{EN} = -k\boldsymbol{c}' + \frac{1}{2}(\boldsymbol{a} + \boldsymbol{b}) + k\boldsymbol{d}' =$$

$$\frac{1}{2}(\boldsymbol{a} + \boldsymbol{b}) - k(\boldsymbol{c}' - \boldsymbol{d}') = \frac{\boldsymbol{a} + \boldsymbol{b}}{2} - k\left(\frac{\boldsymbol{a} - \boldsymbol{b}}{2}\right)'$$

因 $|\boldsymbol{a}| = |\boldsymbol{b}|$，有
$$\left(\frac{\boldsymbol{a} + \boldsymbol{b}}{2}\right)' \cdot \left(\frac{\boldsymbol{a} - \boldsymbol{b}}{2}\right)' = \frac{1}{4}(|\boldsymbol{a}|^2 - |\boldsymbol{b}|^2) = 0$$

即 $\dfrac{\boldsymbol{a} + \boldsymbol{b}}{2}$ 与 $\left(\dfrac{\boldsymbol{a} - \boldsymbol{b}}{2}\right)'$ 垂直，从而 $\dfrac{\boldsymbol{a} + \boldsymbol{b}}{2}$ 与 $\dfrac{\boldsymbol{a} - \boldsymbol{b}}{2}$ 平行．

不妨设 $\dfrac{\boldsymbol{a} - \boldsymbol{b}}{2} = \lambda\left(\dfrac{\boldsymbol{a} + \boldsymbol{b}}{2}\right)(\lambda \in \mathbf{R})$，则
$$\overrightarrow{CN} = (1 - k\lambda)\frac{\boldsymbol{a} + \boldsymbol{b}}{2} = (1 - k\lambda) \cdot \overrightarrow{DE}$$

故 $DE /\!/ CN$．

143

4.善于运用向量的矢量积

在涉及有关面积、平行、三点共线等问题时,运用向量的矢量积常常使问题的求解新颖而且极为便利.

例 12 (见本篇第八章中例13)任意四边形 $ABCD$ 的对角线 AC,BD 的中点分别为 M,N;BA,CD 的延长线相交于 O.求证:$4S_{\triangle OMN} = S_{ABCD}$.

证明 在 $ABCD$ 所在平面内任取一点为向量坐标系原点,由 B,A,O 与 C,D,O 分别共线,则 $\overrightarrow{OA} \times \overrightarrow{OB} = \mathbf{0}$ 且 $\overrightarrow{OC} \times \overrightarrow{OD} = \mathbf{0}$.设方向向量 $\boldsymbol{e} = (\overrightarrow{OB} \times \overrightarrow{OC})^0$,则

$$S_{\triangle OMN} \cdot \boldsymbol{e} = \frac{1}{2}(\overrightarrow{ON} \times \overrightarrow{OM}) = \frac{1}{2}\left[\frac{1}{2}(\overrightarrow{OD} + \overrightarrow{OB}) \times \frac{1}{2}(\overrightarrow{OA} + \overrightarrow{OC})\right] =$$

$$\frac{1}{8}(\overrightarrow{OB} \times \overrightarrow{OC} + \overrightarrow{OD} \times \overrightarrow{OA}) = \frac{1}{8}(2S_{\triangle OBC} - 2S_{\triangle OAD})\boldsymbol{e} =$$

$$\frac{1}{4}S_{ABCD} \cdot \boldsymbol{e}$$

由此即证.

例 13 如图 1.9.6,设 AD,BE,CF 分别是 $\triangle ABC$ 三边 BC,AC,AB 上的中线.求证:以三中线为边的新三角形面积等于 $\frac{3}{4}S_{\triangle ABC}$.

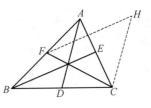

图 1.9.6

证明 由本章例 2 知三条中线可作一新三角形,如图 1.9.6 中 $\triangle CHF$.注意到

$$\overrightarrow{BE} \times \overrightarrow{CF} = -(\overrightarrow{AB} + \frac{1}{2}\overrightarrow{CA}) \times (\overrightarrow{CA} + \frac{1}{2}\overrightarrow{AB}) =$$

$$-(\overrightarrow{AB} \times \overrightarrow{CA} + \frac{1}{2}\overrightarrow{CA} \times \overrightarrow{CA} +$$

$$\frac{1}{2}\overrightarrow{AB} \times \overrightarrow{AB} + \frac{1}{4}\overrightarrow{CA} \times \overrightarrow{AB}) =$$

$$-\overrightarrow{AB} \times \overrightarrow{CA} - \frac{1}{4}\overrightarrow{CA} \times \overrightarrow{AB} =$$

$$\overrightarrow{AB} \times \overrightarrow{AC} - \frac{1}{4}\overrightarrow{AB} \times \overrightarrow{AC} = \frac{3}{4}\overrightarrow{AB} \times \overrightarrow{AC}$$

所以

$$|\overrightarrow{BE} \times \overrightarrow{CF}| = \frac{3}{4}|\overrightarrow{AB} \times \overrightarrow{AC}|$$

由此即证.

例 14 如图 1.9.7,求证:圆外切四边形 $ABCD$ 的两对角线中点 M,N 和圆

144

心 O 三点共线.

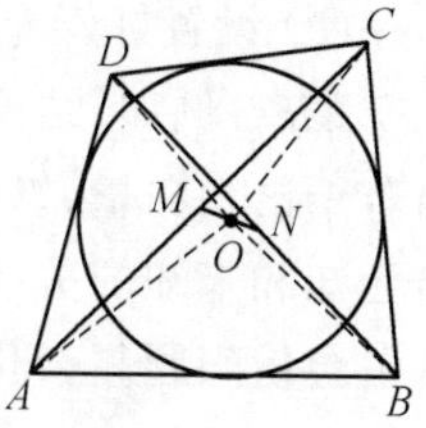

证明　在 $ABCD$ 所在平面内任取一点为向量坐标系原点,设 $e = (\overrightarrow{OA} \times \overrightarrow{OB})^0$, r 为圆 O 之半径,则

$$\overrightarrow{OM} \times \overrightarrow{ON} = \frac{1}{2}(\overrightarrow{OA} + \overrightarrow{OC}) \times \frac{1}{2}(\overrightarrow{OB} + \overrightarrow{OD}) =$$

$$\frac{1}{4}(\overrightarrow{OA} \times \overrightarrow{OB} + \overrightarrow{OC} \times \overrightarrow{OB} + \overrightarrow{OA} \times \overrightarrow{OD} +$$

$$\overrightarrow{OC} \times \overrightarrow{OD}) = \frac{1}{2}(S_{\triangle AOB} - S_{\triangle BOC} +$$

$$S_{\triangle COD} - S_{\triangle AOD})e = \frac{r}{2}(\overrightarrow{AB} - \overrightarrow{BC} + \overrightarrow{CD} - \overrightarrow{DA})e = \mathbf{0}$$

图 1.9.7

所以 $\overrightarrow{OM} /\!/ \overrightarrow{ON}$,即 O,M,N 三点共线.

例 15　如图 1.9.8,设 O 为锐角 $\triangle ABC$ 的外心,若 AO,BO,CO 分别交对边于 L,M,N,设 R 为圆 O 的半径,求证:

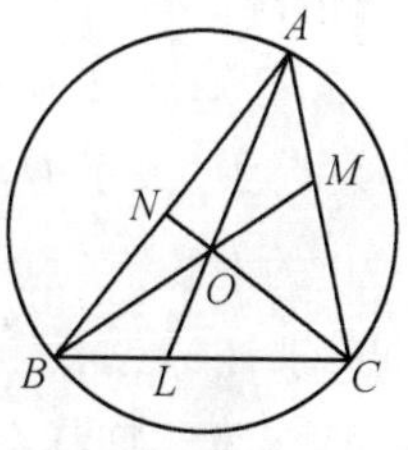

$$\frac{1}{AL} + \frac{1}{BM} + \frac{1}{CN} = \frac{2}{R}$$

证明　任取一点为原点,则

$$\overrightarrow{OB} - \overrightarrow{OA} = \overrightarrow{AB}, \overrightarrow{OC} - \overrightarrow{OA} = \overrightarrow{AC}$$

图 1.9.8

145

而

$$\overrightarrow{AB} \times \overrightarrow{AC} = (\overrightarrow{OB} - \overrightarrow{OA}) \times (\overrightarrow{OC} - \overrightarrow{OA}) =$$

$$\overrightarrow{OB} \times \overrightarrow{OC} - \overrightarrow{OB} \times \overrightarrow{OA} - \overrightarrow{OA} \times \overrightarrow{OC} =$$

$$\overrightarrow{OB} \times \overrightarrow{OC} + \overrightarrow{OA} \times \overrightarrow{OB} + \overrightarrow{OC} \times \overrightarrow{OA}$$

又因为 $\overrightarrow{AB} \times \overrightarrow{AC}, \overrightarrow{OB} \times \overrightarrow{OC}, \overrightarrow{OA} \times \overrightarrow{OB}, \overrightarrow{OC} \times \overrightarrow{OA}$ 均为共线向量且方向相同,所以

$$\frac{\overrightarrow{OB} \times \overrightarrow{OC}}{\overrightarrow{AB} \times \overrightarrow{AC}} + \frac{\overrightarrow{OA} \times \overrightarrow{OB}}{\overrightarrow{AB} \times \overrightarrow{AC}} + \frac{\overrightarrow{OC} \times \overrightarrow{OA}}{\overrightarrow{AB} \times \overrightarrow{AC}} = 1$$

由 $\overrightarrow{OB} \times \overrightarrow{OC}, \overrightarrow{AB} \times \overrightarrow{AC}$ 的几何意义得

$$\frac{\overrightarrow{OB} \times \overrightarrow{OC}}{\overrightarrow{AB} \times \overrightarrow{AC}} = \frac{OL}{AL} = \frac{AL - R}{AL} = 1 - \frac{R}{AL}$$

同理

$$\frac{\overrightarrow{OA} \times \overrightarrow{OB}}{\overrightarrow{AB} \times \overrightarrow{AC}} = 1 - \frac{R}{CN}, \frac{\overrightarrow{OC} \times \overrightarrow{OA}}{\overrightarrow{AB} \times \overrightarrow{AC}} = 1 - \frac{R}{BM}$$

由此即证.

从以上四个方面的例题中,我们可以看出用向量法求解平面几何问题通常需要以下步骤:

(1)建立恰当的向量坐标系,然后将问题中的条件、结论"翻译"成向量关系式.

（2）设置好媒介向量，很多时候条件中的向量关系式与结论中的向量关系式有距离．例如，结论中出现的某些向量，条件中没有，这就需要在图形中选择出若干已知向量，以这些向量为基础，将结论中出现的那些向量表示出来，以找出已知和未知的关系．但媒介向量的个数选取要恰当，少了不能达到证题目的，多了会使问题复杂化而不利于证题．

最后是化简或证明向量关系式．从作为条件的向量关系式出发应用向量性质，结合有关代数、几何知识，推得表示结论的向量关系式．

练习题 1.9

1．求证：$\triangle ABC$ 的重心 G 与顶点的距离等于它到对边中点 D, E, F 的距离的两倍．

2．已知三点 O_1, O_2, O_3 及另一点 M，且点 M_1 是点 M 关于 O_1 的对称点，点 M_2 是点 M_1 关于 O_2 的对称点，点 M_3 是点 M_2 关于 O_3 的对称点，点 M_4 是点 M_3 关于 O_1 的对称点，点 M_5 是点 M_4 关于 O_2 的对称点，点 M_6 是点 M_5 关于 O_3 的对称点．求证：点 M_6 与始点 M 重合．

3．求证：如果 $\triangle ABC$ 的重心 G 和它的边界的重心 G' 重合，则它是等边三角形．

4．求证：连接平行四边形 $ABCD$ 一个顶点 B 至对边 AD, DC 中点 E, F 的直线三等分对角线 AC．

5．在正方形 $ABCD$ 的一边 CD 上取一点 E，使 $BC + CE = AE$．又若 H 为 CD 的中点．求证：$\angle BAE = 2\angle DAH$．

6．在正方形 $ABCD$ 中，$BE \parallel AC, AC = CE, EC$ 的延长线交 BA 延长线于 F．求证：$\angle AFE = \angle AEF$．

7．一直线过 $\triangle ABC$ 的重心 G，且分别交 CA, CB 于 P, Q．若 $\dfrac{CP}{CA} = h, \dfrac{CQ}{CB} = k$．求证：$\dfrac{1}{h} + \dfrac{1}{k} = 3$．

8．在 $\triangle ABC$ 中，$AE : EB = 1 : 2$，D 是 AC 的中点，BD, CE 相交于点 O，求证：$2S_{\triangle ABC} - 5S_{\triangle OBC} = 0$．

9．$\triangle ABC$ 应满足什么条件，才使 $\angle A$ 的平分线和从 B 点引出的 $\triangle ABC$ 的中线互相垂直？

10．已知四边形 $ABCD$，求证：$\triangle ABC, \triangle BCD, \triangle CDA, \triangle DAB$ 的重心是与已知四边形相似的一个四边形的顶点．

11.设 O 为 $\triangle ABC$ 过顶点 C 向底边所引高线的垂足,过 O 点分别作 BC,AC 的垂线和 BC,AC 边高的垂线,垂足分别为 G,P,Q,F.求证:这四个垂足在一条直线上.

12.设 G 是 $\triangle ABC$ 的重心,M,N 各是 GB 及 GC 的中点,延长 AC 至 E 使 $CE = \dfrac{1}{2}AC$,又延长 AB 至 F,使 $BF = \dfrac{1}{2}AB$.求证:AG,ME,NF 三线共点.

13.求证:圆内接四边形 $A_1A_2A_3A_4$ 全等于四边形 $H_1H_2H_3H_4$,其中 H_1,H_2,H_3,H_4 分别是 $\triangle A_2A_3A_4,\triangle A_1A_3A_4,\triangle A_1A_2A_4,\triangle A_1A_2A_3$ 的垂心.

14.在 $\triangle ABC$ 中,点 P,Q,R 将它的周长三等分,且 P,Q 在 AB 边上.求证:$9S_{\triangle PQR} > 2S_{\triangle ABC}$.

15.设 P 为 $\triangle ABC$ 内切圆上任一点,顶点 A,B,C 所对边长为 a,b,c,试证:$a \cdot PA^2 + b \cdot PB^2 + c \cdot PC^2$ 为常数.

16.设点 O 在 $\triangle ABC$ 的边 AB 上,且与顶点不重合,则 $OC \cdot AB < OA \cdot BC + OB \cdot AC$.

17.求证:如果一个凸八边形的各个角都相等,而所有邻边边长之比都是有理数,则这个八边形的每组对边一定相等.

18.设四边形 $ABCD$ 与 $A'B'C'D'$ 各对应边相等,证明下列两个论断必有一个成立:

(1)$BE \perp AC$,且 $B'D' \perp A'C'$;

(2)直线 AC 与 $A'C'$ 分别和线段 BD 和 $B'D'$ 的垂直平分线的交点 M 与 M' 满足 $MA \cdot M'C' = MC \cdot M'A'$,且它们要么同时分别落在 AC 和 $A'C'$ 上,要么同时落在它们的延长线上.

19.设 $\triangle ABC$ 的三边两两不相等,其垂心,内心,重心分别为 H,I,G.试证:$\angle HIG > \dfrac{\pi}{2}$.

20.若三个半径为 r 的圆都经过同一点 O,而另外三个交点为 P_1,P_2,P_3,则 $\triangle P_1P_2P_3$ 的外接圆半径也是 r.(Johnson 定理)

147

第十章　复数法

复数 $z = x + y\mathrm{i}(x, y \in \mathbf{R}, \mathrm{i}^2 = -1)$ 可以用点 $Z(x, y)$ 和向量 $\overrightarrow{OZ}$ (O 为复平面坐标系原点) 表示, 复数集与复平面上的点集与复平面上以坐标原点发出的向量集 (位置向量集) 具有一一对应关系, 复数的加法和减法的几何意义就是向量的加法和减法, 用一个实数去乘复数的几何意义相当于数乘向量的运算. 若设 $z = r(\cos\theta + \mathrm{i}\sin\theta)$, 复数 z_1 与向量 $\overrightarrow{OZ_1}$ 对应, 那么 $z \cdot z_1$ 的几何意义是把向量 $\overrightarrow{OZ_1}$ 绕点 O 逆时针方向旋转 θ 角, 再把 $|\overrightarrow{OZ_1}|$ 变为原来的 r 倍, 而 $\dfrac{z_1}{z}(z \neq 0)$ 的几何意义则是把向量 $\overrightarrow{OZ_1}$ 绕点 O 顺时针方向旋转 θ 角, 再把 $|OZ_1|$ 变为原来的 $\dfrac{1}{r}$ 倍. 根据复数及其运算的几何意义, 平面上某些图形的几何关系可以通过复数关系来刻画, 从而一些平面几何问题就可以通过一系列复数运算, 巧妙地导出所需的结果, 我们把这种运用复数知识来求解问题的方法称为复数法.

由此也可知, 凡是利用平面向量知识能解的几何问题, 用复数也可以解出. 但是, 复数的乘法的几何意义不同于向量的一般乘法 (数量积或向量积), 它表示为向量的拉伸与旋转的合成. 利用这一特点, 使得复数在解决某些几何问题时, 比向量更方便.

一、基本几何量的复数表示及基本结论

(1) 设 z 是任意复数, $\mathrm{e}^{\mathrm{i}\theta} = \cos\theta + \mathrm{i}\sin\theta$ 是单位复数, 则 $z\mathrm{e}^{\mathrm{i}\theta}$ 所对应的向量是由向量 $\overrightarrow{OZ}$ (Z 点对应复数 z, 复平面原点为 O) 绕着原点 O 旋转 θ 角但不改变长度而得到, 即 $|z\mathrm{e}^{\mathrm{i}\theta}| = |z|$, $z\mathrm{e}^{\mathrm{i}\theta}$ 的辐角 $= z$ 的辐角 $+ \theta$.

(2) 单位圆周上 n 等分点对应的复数, 可由方程 $z^n = 1$ 的 n 个复根 $1, \varepsilon$, $\varepsilon^2, \cdots, \varepsilon^{n-1}$ (其中, $\varepsilon = \mathrm{e}^{\mathrm{i}\frac{2\pi}{n}} = \cos\dfrac{2\pi}{n} + \mathrm{i}\sin\dfrac{2\pi}{n}$) 分别乘以一个单位复数 $\mathrm{e}^{\mathrm{i}\theta}$ 而得到.

(3) 设 Z 是复平面上任意一点, Z 关于 x 轴的对称点 Z', 则它们对应的复数为共轭复数 z 与 $\bar{z}$, 且 $z \cdot \bar{z} = |z|^2 - |\bar{z}|^2$.

(4) 设 z_1, z_2, z_3 是复平面上对应复数 z_1, z_2, z_3 的三点(以下均同),则向量 $\overrightarrow{Z_1Z_2}$ 与 $\overrightarrow{Z_1Z_3}$ 的夹角 φ 为

$$\varphi = \arg\frac{z_3 - z_1}{z_2 - z_1} = \arg(z_3 - z_1) - \arg(z_2 - z_1)$$

向量 $\overrightarrow{Z_1Z_2}$ 与 $\overrightarrow{Z_1Z_3}$ 互相垂直的充要条件是 $\dfrac{z_3 - z_1}{z_2 - z_1}$ 等于纯虚数;

点 Z_3 到 Z_1 至 Z_2 连线的距离为

$$d = |\, z_3 - z_1 \,| \cdot \sin\varphi$$

或

$$d = \frac{\text{Im}\big[(z_3 - z_1)(\overline{z_2} - \overline{z_1})\big]}{|\, z_2 - z_1 \,|}$$

或

$$d = \frac{\text{Im}(\overline{z_1z_2} + \overline{z_2z_3} + \overline{z_3z_1})}{|\, z_2 - z_1 \,|}$$

其中, $\text{Im}(z)$ 表示复数 z 的虚部.

(5) 设向量 $\overrightarrow{ZZ_1}$ 到 $\overrightarrow{ZZ_2}$ 模的比为 $\mu(\mu \in \mathbf{R}^+)$,且向量 $\overrightarrow{ZZ_2}$ 到 $\overrightarrow{ZZ_1}$ 的角为 $\varphi(\varphi \in (-\pi, \pi])$,则

$$\lambda = \frac{\overrightarrow{Z_1Z}}{\overrightarrow{ZZ_2}} = \mu\big[\cos(\pi + \varphi) + \text{i}\sin(\pi + \varphi)\big]$$

且

$$z = \frac{z_1 + z_2}{1 + \lambda}$$

复平面上三点 Z, Z_1, Z_2 共线的充分必要条件是 $\dfrac{z_2 - z}{z_1 - z} = \mu(\mu$ 为一实数),或者复平面上三点 Z, Z_1, Z_2 共线的充分必要条件是存在三个不全为零的实数 α, β, γ,使得 $\alpha z + \beta z_1 + \gamma z_2 = 0$,且 $\alpha + \beta + \gamma = 0$.

(6) 设 $\triangle Z_1Z_2Z_3$ 是正向(字母按逆时针方向排列) 绕行的三角形,其点 Z_i 对应的复数为 z_i,则

$$S_{\triangle Z_1Z_2Z_3} = \frac{1}{2}|\, z_2 - z_1 \,| \cdot d = \frac{1}{2}\text{Im}(\overline{z_1z_2} + \overline{z_2z_3} + \overline{z_3z_1}) = $$

$$\frac{\text{i}}{4}\begin{vmatrix} 1 & 1 & 1 \\ z_1 & z_2 & z_3 \\ \overline{z_1} & \overline{z_2} & \overline{z_3} \end{vmatrix}$$

Z_1, Z_2, Z_3 共线的充分必要条件是

$$\begin{vmatrix} 1 & 1 & 1 \\ z_1 & z_2 & z_3 \\ \overline{z_1} & \overline{z_2} & \overline{z_3} \end{vmatrix} = 0$$

149

由上,我们还可推得:若 Z_1,Z_2,Z_3,Z_4 是逆时针方向绕行的四边形的四个顶点,则

$$S_{Z_1 Z_2 Z_3 Z_4} = \frac{1}{2} \text{Im}(\overline{z_1} z_2 + \overline{z_2} z_3 + \overline{z_3} z_4 + \overline{z_4} z_1)$$

(7) 设 $\triangle Z_1 Z_2 Z_3$ 的内心为 I,外心为 O,则

$$Z_O = \frac{|z_1|^2 \cdot (z_2 - z_3) + |z_2|^2 \cdot (z_3 - z_1) + |z_3|^2 \cdot (z_1 - z_2)}{\overline{z_1}(z_2 - z_3) + \overline{z_2}(z_3 - z_1) + \overline{z_3}(z_1 - z_2)}$$

$$Z_I = \frac{|z_2 - z_3| \cdot z_1 + |z_3 - z_1| \cdot z_2 + |z_1 - z_2| \cdot z_3}{|z_2 - z_3| + |z_3 - z_1| + |z_1 - z_2|}$$

(8) 四点 Z_1,Z_2,Z_3,Z_4 共圆的充分必要条件是

$$\frac{(z_1 - z_3)(z_2 - z_4)}{(z_1 - z_4)(z_2 - z_3)} = \mu \quad (\mu \text{ 为一实数})$$

(9) 设 $\triangle Z_1 Z_2 Z_3$ 与 $\triangle W_1 W_2 W_3$ 有相同绕向,则 $\triangle Z_1 Z_2 Z_3 \backsim \triangle W_1 W_2 W_3$ 的充分必要条件是

$$\frac{z_3 - z_1}{z_2 - z_1} = \frac{w_3 - w_1}{w_2 - w_1}$$

即行列式

$$\begin{vmatrix} 1 & 1 & 1 \\ z_1 & z_2 & z_3 \\ w_1 & w_2 & w_3 \end{vmatrix} = 0$$

(10) $\triangle Z_1 Z_2 Z_3$ 是正三角形的充分必要条件是

$$z_1^2 + z_2^2 + z_3^2 = z_1 z_2 + z_2 z_3 + z_3 z_3$$

或

$$(z_2 - z_3)^2 + (z_3 - z_1)^2 + (z_1 - z_2)^2 = 0$$

或

$$\frac{1}{z_2 - z_3} + \frac{1}{z_3 - z_1} + \frac{1}{z_1 - z_2} = 0$$

若 $\triangle Z_1 Z_2 Z_3$ 正向绕行,则为正三角形的充分必要条件是

$$z_1 + \varepsilon z_2 + \varepsilon^2 z_3 = 0$$

其中,$\varepsilon = e^{i\frac{2\pi}{3}}$ 为三次单位根.

二、复数法运用的方式与技巧

1.用向量法求解的问题也可用复数法求解

例1 (参见本篇第九章中例1或本篇第八章中例12)设线段 AB 的中点为

M,从 AB 上任一点 C 向直线 AB 的一侧引线段 CD,若令 CD 的中点为 N,BD 的中点为 P,MN 的中点为 Q,求证:直线 PQ 平分线段 AC.

证明 以点 M 为原点,AB 所在直线为实轴建立复平面,设 A,B,C,D 所对应的复数分别为 $-1,1,a(-1<a<1),z$,则点 N,P,Q 对应的复数分别为 $\frac{(a+z)}{2},\frac{(1+z)}{2},\frac{(a+z)}{4}$,如图 1.8.12.

设 PQ 的延长线与 AB 相交于 E,E 对应的复数为 z_E.由于 E,Q,P 三点共线,因此存在正实数 μ,使得 $\overrightarrow{EP}=\mu\overrightarrow{EQ}$,即

$$\frac{1}{2}(1+z)-z_E=\mu\left[\frac{1}{4}(a+z)-z_E\right]\Leftrightarrow(2-\mu)z=4z_E-2-\mu a-4\mu z_E.$$

由 z_E 为实数,上式右边为实数,故 $\mu=2$ 及 $4z_E-2-\mu a-4\mu z_E=0$,得 $z_E=\frac{1}{2}(a-1)$,即 E 为 AC 中点.

类似于上例,对于前面第九章中的例题和习题,只要稍作整理,便是用复数法解答的例子.

2.运用复数知识可有多种解法

例2 (参见本篇第七章中例8)$\triangle ABC$ 和 $\triangle ADE$ 是两个不全等的等腰直角三角形($AC>AE$),现固定 $\triangle ABC$,而将 $\triangle ADE$ 绕点 A 在平面上旋转.试证:不论 $\triangle ADE$ 旋转到什么位置,线段 EC 上必存在点 M,使得 $\triangle BMD$ 为等腰直角三角形.

证法1 把 $\triangle ABC$ 置放在复平面中,使 A,B,C 所对应的复数分别为 0,$ae^{\frac{\pi}{4}i},\sqrt{2}a(a>1)$.设 $AD=1$,则 D,E 所对应的复数分别为 $e^{\theta i},\sqrt{2}e^{(\theta+\frac{\pi}{4})i}$,$CE$ 中点 M 所对应的复数为 $\frac{1}{2}(\sqrt{2}a+\sqrt{2}e^{(\theta+\frac{\pi}{4})i})$,于是

$$|BD|=|ae^{\frac{\pi}{4}i}-e^{\theta i}|$$

$$|BM|=\left|ae^{\frac{\pi}{4}i}-\frac{1}{2}(\sqrt{2}a+\sqrt{2}e^{(\theta+\frac{\pi}{4})i})\right|=\frac{\sqrt{2}}{2}|ae^{\frac{\pi}{4}i}-e^{\theta i}|$$

$$|DM|=\left|e^{\theta i}-\frac{1}{2}(\sqrt{2}a+\sqrt{2}ae^{(\theta+\frac{\pi}{4})i})\right|=\frac{\sqrt{2}}{2}|ae^{\frac{\pi}{4}i}-e^{\theta i}|$$

从而 $$|BM|=|DM|=\frac{\sqrt{2}}{2}|BD|$$

由此即证 $\triangle BMD$ 为等腰直角三角形.

证法2 把 $\triangle ABC$ 置放在复平面上,使得 A,B,C 所对应的复数分别为 0,

$a\mathrm{e}^{\frac{\pi}{4}\mathrm{i}}, \sqrt{2}a(a>0)$. 设 $AD=1$, D, E 对应的复数为 $\mathrm{e}^{\theta\mathrm{i}}, \sqrt{2}\mathrm{e}^{(\theta+\frac{\pi}{4})\mathrm{i}}$, 并以 DB 为斜边作等腰直角 $\triangle DMB$(D,M,B 按顺时针方向), 点 D,M,B 对应的复数记为 $\vec{D}$, $\vec{M},\vec{B}$, 于是

$$\vec{M}-\vec{D}=(\vec{B}-\vec{D})\frac{1}{\sqrt{2}}\mathrm{e}^{-\frac{\pi}{4}\mathrm{i}}=\frac{\sqrt{2}}{2}[a-\mathrm{e}^{(\theta-\frac{\pi}{4})\mathrm{i}}]$$

则
$$\vec{M}=\vec{D}+(\vec{M}-\vec{D})=\mathrm{e}^{\theta\mathrm{i}}+\frac{\sqrt{2}}{2}[a-\mathrm{e}^{(\theta-\frac{\pi}{4})\mathrm{i}}]=\frac{\sqrt{2}}{2}[a+\mathrm{e}^{(\theta+\frac{\pi}{4})\mathrm{i}}]$$

故
$$\vec{M}=\frac{1}{2}[\sqrt{2}a+\sqrt{2}\mathrm{e}^{(\theta-\frac{\pi}{4})\mathrm{i}}]$$

这说明 M 是线段 EC 的中点.

证法 3 把 $\triangle ABC$ 置放在复平面中, 使得 A,B,C 所对应的复数分别为 0, $\mathrm{e}^{\frac{\pi}{4}\mathrm{i}}, \sqrt{2}$(其中令 $AB=1$). 先设 E 在 AC 上, 且设 E 对应的复数为 λ, 则 $0<\lambda<\sqrt{2}$, 且点 D 对应的复数为 $\frac{\lambda}{\sqrt{2}}\mathrm{e}^{-\frac{\pi}{4}\mathrm{i}}$.

当 $\triangle ADE$ 绕 A 旋转任一角度 θ 之后, 点 E 对应的复数为 $\lambda\mathrm{e}^{\mathrm{i}\theta}$, 而点 D 对应复数变为 $\frac{\lambda}{\sqrt{2}}\mathrm{e}^{(\theta-\frac{\pi}{4})\mathrm{i}}$. 取 EC 的中点为 M, 则点 M 对应的复数为 $\frac{1}{2}(\lambda\mathrm{e}^{\mathrm{i}\theta}+\sqrt{2})$. 考察三点 B,M,D 所对应的复数, 易见

$$\vec{M}(1+\mathrm{i})=\vec{M}\cdot\sqrt{2}\mathrm{e}^{\frac{\pi}{4}\mathrm{i}}=\lambda\cdot\frac{1}{\sqrt{2}}\mathrm{e}^{(\theta+\frac{\pi}{4})\mathrm{i}}+\mathrm{e}^{\frac{\pi}{4}\mathrm{i}}=\vec{D}\cdot\mathrm{i}+\vec{B}$$

由此得出
$$(\vec{B}-\vec{M})\mathrm{i}=\vec{D}-\vec{M}$$

即证.

证法 4 因 $|AB|>|AD|$, 故 B,D 不重合, 把两三角形放置在同一复平面中, 使 BD 中点为原点, BD 所在直线为实轴. 各顶点对应的复数用其顶点表示, 且设 $\vec{B}=-1, \vec{D}=1$, 则

$$\vec{E}-\vec{D}=(\vec{A}-\vec{D})(-\mathrm{i})=-(\vec{A}-1)\mathrm{i}$$

从而
$$\vec{E}=\vec{D}-(\vec{A}-1)\mathrm{i}=1-(\vec{A}-1)\mathrm{i}$$

同理
$$\vec{C}=\vec{B}+(\vec{A}-\vec{B})\mathrm{i}=-1+(\vec{A}+1)\mathrm{i}$$

设 BC 中点为 M, 则
$$\vec{M}=\frac{1}{2}(\vec{E}+\vec{C})=\mathrm{i}$$

这说明 $\triangle BMD$ 为等腰直角三角形.

证法 5 把两三角形放置在同一复平面中, 向量与对应复数可分别设为 $\vec{BA}$ 为 z_1, $\vec{BE}$ 为 z_2, 则 $\vec{BC}$ 为 $z_1\mathrm{i}$, $\vec{DA}$ 为 $z_2\mathrm{i}$, $\vec{AC}$ 为 $z_1\mathrm{i}-z_1$, $\vec{AE}$ 为 $z_2-z_1\mathrm{i}$, 从而 $\vec{CE}$ 为 $(z_1+z_2)-(z_1+z_2)\mathrm{i}$.

设 M 是所求的点,且记 $\overrightarrow{CM} = \lambda\overrightarrow{CE}(0 \le \lambda \le 1)$,则 $\overrightarrow{MB} = -(\overrightarrow{BC} + \overrightarrow{CM})$,于是 MB 对应的复数

$$z = -z_1\mathrm{i} - \lambda(z_1 + z_2) + \lambda(z_1 + z_2)\mathrm{i} = -\lambda(z_1 + z_2) - (1 - \lambda)z_1\mathrm{i} + \lambda z_2\mathrm{i}$$

$$z\mathrm{i} = (1 - \lambda)z_1 - \lambda z_2 - \lambda(z_1 + z_2)\mathrm{i} \qquad ①$$

又 $\overrightarrow{MD} = \overrightarrow{ME} - \overrightarrow{DE}$,则 $\overrightarrow{MD}$ 对应的复数

$$z' = (1 - \lambda)[(z_1 + z_2) - (z_1 + z_2)\mathrm{i}] - z_2 =$$

$$(1 - \lambda)z_1 - \lambda z_2 - (1 - \lambda)(z_1 + z_2)\mathrm{i} \qquad ②$$

若 $\triangle BMD$ 为等腰直角三角形,只需 $z\mathrm{i} = z'$,比较①②两式可知 $\lambda = 1 - \lambda$,即 $\lambda = \dfrac{1}{2}$,即 M 为 BC 中点.

3. 灵活运用复数知识求解各类问题

例3　$\triangle ABC$ 的顶角 A,B,C 所对的边长为 a,b,c.统一推导射影定理:$c = a \cdot \cos B + b \cdot \cos A$;正弦定理:$\dfrac{a}{\sin A} = \dfrac{b}{\sin B}$;余弦定理:$c^2 = a^2 + b^2 - 2ab \cdot \cos C$.

证明　在 $\triangle ABC$ 中,若设

$$w_1 = \cos A + \mathrm{i}\sin A, w_2 = \cos B + \mathrm{i}\sin B, w_3 = \cos C + \mathrm{i}\sin C$$

则有 $w_1 w_2 w_3 = -1, w_1 w_2 = -\bar{w}_3, w_1 w_3 = -\bar{w}_2$ 等等.

取边 AB 所在直线为实轴,建立复平面,则由 $\overrightarrow{AB} + \overrightarrow{BC} + \overrightarrow{CA} = 0$,有

$$c + a w_1 w_3 - b w_1 = 0$$

即

$$c = a\bar{w}_2 + b w_1$$

由实部为零,得

$$c = a \cdot \cos B + b \cdot \cos A$$

由虚部为零,得

$$a \cdot \sin B - b \cdot \sin A = 0$$

即

$$\frac{a}{\sin A} = \frac{b}{\sin B}$$

由 $c^2 = c \cdot \bar{c}$,有

$$c^2 = (a\bar{w}_2 + b w_1)(a w_2 + b\bar{w}_1) = a^2 + b^2 + ab(w_1 w_2 + \bar{w}_1 \bar{w}_2) =$$

$$a^2 + b^2 - ab(\bar{w}_3 + w) = a^2 + b^2 - 2ab \cdot \cos C$$

注:类似于例3可推导凸四边形中的射影定理,正弦定理,余弦定理.(可参见本篇第十一章中凸 n 边形射影定理).

例4　(参见练习题1.7第18题)已知凸四边形 $ABCD$,求证:$AB \cdot CD +$

153

$$BC \cdot AD \geqslant AC \cdot BD.$$

证法 1 取 B 为原点，BC 所在直线为实轴建立复平面，设 C,D,A 对应的复数分别为 $\vec{C},\vec{D},\vec{A}$，则

$$
\begin{aligned}
AB \cdot CD + AD \cdot BC &= |\vec{A}| \cdot |\vec{C} - \vec{D}| + |\vec{D} - \vec{A}| \cdot |\vec{C}| = \\
&\quad |\vec{A} \cdot \vec{C} - \vec{A} \cdot \vec{D}| + |\vec{D} \cdot \vec{C} - \vec{A} \cdot \vec{C}| \geqslant \\
&\quad |\vec{A} \cdot \vec{C} - \vec{A} \cdot \vec{D} + \vec{D} \cdot \vec{C} - \vec{A} \cdot \vec{C}| = \\
&\quad |\vec{D}| \cdot |\vec{C} - \vec{A}| = BD \cdot AC
\end{aligned}
$$

证法 2 将四边形 $ABCD$ 放置于复平面中，A,B,C,D 对应的复数用 $\vec{A},\vec{B},\vec{C},\vec{D}$ 表示，构造复数恒等式

$$(\vec{A} - \vec{B})(\vec{C} - \vec{D}) + (\vec{B} - \vec{C})(\vec{A} - \vec{D}) = (\vec{A} - \vec{C})(\vec{B} - \vec{D})$$

两边取模即得

$$|(\vec{A} - \vec{B})(\vec{C} - \vec{D}) + (\vec{B} - \vec{C})(\vec{A} - \vec{D})| = |(\vec{A} - \vec{C})(\vec{B} - \vec{D})|$$

而

$$|(\vec{A} - \vec{B})(\vec{C} - \vec{D}) + (\vec{B} - \vec{C})(\vec{A} - \vec{D})| \leqslant$$
$$|(\vec{A} - \vec{B})(\vec{C} - \vec{D})| + |(\vec{B} - \vec{C})(\vec{A} - \vec{D})|$$

所以

$$|(\vec{A} - \vec{B})(\vec{C} - \vec{D})| + |(\vec{B} - \vec{C})(\vec{A} - \vec{D})| \geqslant |(\vec{A} - \vec{C})(\vec{B} - \vec{D})|$$

即

$$AB \cdot CD + AD \cdot BC \geqslant BD \cdot AC$$

例 5 （参见本篇第八章中例 10）在 $\triangle ABC$ 中，$AB = AC$，有一个圆内切于 $\triangle ABC$ 的外接圆，并且与 AB,AC 分别相切于 P,Q，求证：P,Q 连线的中点是 $\triangle ABC$ 的内切圆圆心.

证明 设 A 点为原点，BC 中点为 E，以 AE 所在直线为实轴正向建立复平面，设小圆圆心为 O_1，大圆圆心为 O_2，大圆半径为 r，点 C 的辐角为 θ，于是 $|\vec{C}| = 2r \cdot \cos\theta$，$\vec{C} = 2r \cdot \cos\theta \cdot e^{i\theta}$，$\vec{B} = 2r \cdot \cos\theta \cdot e^{-i\theta}$，$\vec{A} = 0$，所以

$$|\vec{B} - \vec{C}| = 4r \cdot \cos\theta \cdot \sin\theta$$

设 $\triangle ABC$ 的内心为 I，用 $\mathrm{Re}(z)$ 表示数 z 的实部，则

$$
\mathrm{Re}(\vec{I}) = \frac{|\vec{B} - \vec{C}| \cdot \mathrm{Re}(\vec{A}) + |\vec{C} - \vec{A}| \cdot \mathrm{Re}(\vec{B}) + |\vec{A} - \vec{B}| \cdot \mathrm{Re}(\vec{C})}{|\vec{B} - \vec{C}| + |\vec{C} - \vec{A}| + |\vec{A} - \vec{B}|} =
$$

$$
\frac{2r \cdot \cos\theta \cdot 2r \cdot \cos^2\theta + 2r \cdot \cos\theta - 2r \cdot \cos^2\theta}{4r \cdot \cos\theta \cdot \sin\theta + 2r \cdot \cos\theta + 2r \cdot \cos\theta} = \frac{2r \cdot \cos^2\theta}{1 + \sin\theta}
$$

$$\mathrm{Im}(\vec{I}) = 0$$

记 PQ 的中点为 M，由

$$2r - \vec{O_1} = |\vec{P} - \vec{O_1}| = \vec{O_1} \cdot \sin\theta_1$$

故

$$\vec{O_1} = \frac{2r}{1 + \sin\theta}, \quad \vec{P} = \vec{O_1} \cdot \cos\theta \cdot e^{-i\theta} = \frac{2r \cdot \cos\theta}{1 + \sin\theta} e^{-i\theta}$$

由此得 $$R_e(\overrightarrow{M}) = R_e(\overrightarrow{P}) = \frac{2r \cdot \cos^2 \theta}{1 + \sin \theta}, \operatorname{Im}(\overrightarrow{M}) = 0$$

于是 $\overrightarrow{M} = \overrightarrow{I}$，即 PQ 的中点为 $\triangle ABC$ 的内心.

例6 如图 1.10.1，已知两个半径等于 1 的圆，其圆心距等于 1，在第一个圆上任取一点 A，在第二个圆上取关于连心线对称的两点 B_1, B_2. 试证：$|AB_1|^2 + |AB_2|^2 \geqslant 2$.

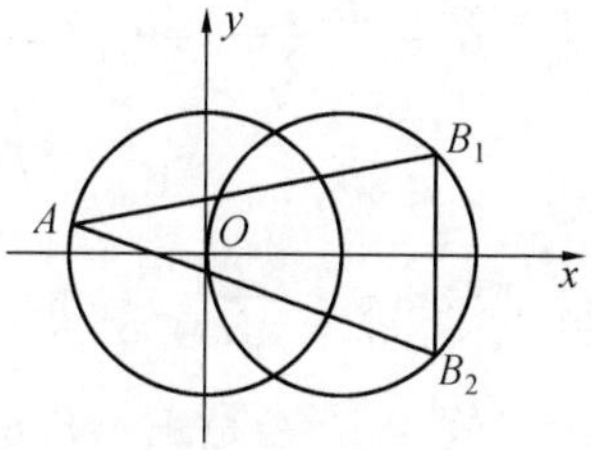

证明 如图建立复平面，设 A, B_1, B_2 对应的复数为 $z_1, z_2, \overline{z_2}$，且 $|z_1| = 1, |z_2 - 1| = 1$，则

图 1.10.1

$$|AB_1|^2 + |AB_2|^2 = |z_1 - z_2|^2 + |z_1 - \overline{z_2}|^2 =$$
$$|z_1|^2 + |z_2|^2 - 2\operatorname{Re}(z_1 \cdot \overline{z_2}) + |z_1|^2 +$$
$$|\overline{z_2}|^2 - 2\operatorname{Re}(z_1 \cdot z_2) = 2 + 2[|z_2|^2 -$$
$$\operatorname{Re}(z_1 \cdot z_2) - \operatorname{Re}(z_1 \cdot \overline{z_2}) - \operatorname{Re}(z_1 \cdot z_2)]$$

而 $$\operatorname{Re}(z_1 \cdot \overline{z_2}) + \operatorname{Re}(z_1 \cdot z_2) = 2\operatorname{Re}(z_1) \cdot \operatorname{Re}(z_2)$$

所以 $$|AB_1|^2 + |AB_2|^2 = 2 + 2[|z_2|^2 - 2\operatorname{Re}(z_1) \cdot \operatorname{Re}(z_2)]$$

又由 $$|z_2|^2 = |z_2 - 1 + 1|^2 = |z_2 - 1|^2 + 1^2 + 2\operatorname{Re}(z_2 - 1) =$$
$$2 + 2\operatorname{Re}(z_2 - 1) = 2[1 + \operatorname{Re}(z_2 - 1)] = 2\operatorname{Re}(z_2)$$

且 $0 \leqslant \operatorname{Re}(z_2) \leqslant 2, -1 \leqslant \operatorname{Re}(z_1) \leqslant 1$. 从而

155

$$|z_2|^2 - 2\operatorname{Re}(z_1) \cdot \operatorname{Re}(z_2) = 2\operatorname{Re}(z_2) - 2\operatorname{Re}(z_1) \cdot \operatorname{Re}(z_2) =$$
$$2\operatorname{Re}(z_2)[1 - \operatorname{Re}(z_1)] \geqslant 0$$

所以 $|AB_1|^2 + |AB_2|^2 \geqslant 2$.

例7 如图 1.10.2，已知圆内接六边形 $ABCDEF$ 的边满足关系 $AB = CD = EF = r$，r 为圆半径. 又设 G, H, K 分别是边 BC, DE, FA 的中点. 求证：$\triangle GHK$ 是正三角形.

证明 不妨假定顶点 A, B, C, D, E, F 按逆时针方向排列. 取圆心 O 为原点，OA 所在射线为实半轴正方向建立复平面. 又设圆 O 半径为 r，则 $AB = CD = EF = OA = r$，且 $\angle AOB = \angle COD = \angle EOF = \frac{\pi}{3}$. 从而

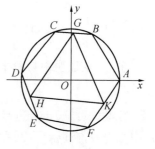

图 1.10.2

$$\overrightarrow{B} = re^{\frac{\pi}{3}i} = -re^{\frac{4\pi}{3}i} = -r\varepsilon^2, \overrightarrow{D} = \overrightarrow{C}e^{\frac{\pi}{3}i} = -\overrightarrow{C}\varepsilon^2, \overrightarrow{F} = \overrightarrow{E}re^{\frac{\pi}{3}i} = -\overrightarrow{E}\varepsilon^2$$

其中，$\varepsilon = e^{\frac{2\pi}{3}i}$ 是三次单位根. 于是

$$\vec{G} = \frac{\vec{B} + \vec{C}}{2} = \frac{1}{2}(-r\varepsilon^2 + \vec{C}), \vec{H} = \frac{\vec{D} + \vec{E}}{2} = \frac{1}{2}(-\vec{C}\varepsilon^2 + \vec{E})$$

$$\vec{K} = \frac{\vec{F} + \vec{A}}{2} = \frac{1}{2}(-\vec{E}\varepsilon^2 + r)$$

所以 $\quad \vec{G} + \varepsilon\vec{H} + \varepsilon^2\vec{K} = \frac{-r\varepsilon^2 + \vec{C}}{2} + \frac{-\vec{C} + \varepsilon\vec{E}}{2} + \frac{-\vec{E}\varepsilon + r\varepsilon^2}{2} = 0$

故 $\triangle GHK$ 是正三角形.

例 8 设 $P_1 P_2 \cdots P_n$ 是圆内接正 n 边形，P 是圆周上任一点. 求证：$PP_1^4 + PP_2^4 + PP_n^4$ 为一常数.

证明 取圆心为原点建立复平面，使 $\vec{P_k} = re^{\frac{2k\pi}{n}i}(k = 1, 2, \cdots, n, r$ 为圆的半径)，$\vec{P} = re^{i\theta}$，于是

$$PP_k^4 = |\vec{P} - \vec{P_k}|^4 = |re^{i\theta} - re^{i\frac{2k\pi}{n}}|^4 =$$

$$r^4[(e^{i\theta} - e^{i\frac{2k\pi}{n}})(e^{-i\theta} - e^{-i\frac{2k\pi}{n}})]^2 =$$

$$r^4(2 - e^{i\theta} \cdot e^{-i\frac{2k\pi}{n}} - e^{-i\theta} \cdot e^{i\frac{2k\pi}{n}})^2 =$$

$$r^4(6 + e^{2i\theta} \cdot e^{-i\frac{4k\pi}{n}} + e^{-2i\theta} \cdot e^{i\frac{4k\pi}{n}} - 4e^{i\theta} \cdot e^{-i\frac{2k\pi}{n}} - 4e^{-i\theta} \cdot e^{i\frac{2k\pi}{n}})$$

但

$$\sum_{k=1}^{n} e^{\pm i\frac{4k\pi}{n}} = \frac{e^{i\frac{4\pi}{n}}(1 - e^{\pm i\frac{4n\pi}{n}})}{1 - e^{\pm i\frac{4\pi}{n}}} = 0$$

$$\sum_{k=1}^{n} e^{\pm i\frac{2k\pi}{n}} = \frac{e^{\pm i\frac{2\pi}{n}}(1 - e^{\pm i\frac{2n\pi}{n}})}{1 - e^{\pm i\frac{2\pi}{n}}} = 0$$

所以 $\sum_{k=1}^{n} PP_k^4 = 6nr^2$. 即证.

注：1) 从证明中易看出，$\sum_{k=1}^{n} PP_k^2$ 也是一常数；

2) 类似可证，正 n 边形 $P_1 P_2 \cdots P_n$ 的半径为 r，中心为 O，在以 O 为圆心，a 为半径的圆上任取一点 P，则 $\sum_{k=1}^{n} PP_k^2$ 为常数 $n(a^2 + r^2)$.

例 9 如图 1.10.3，设 $\triangle ABC$ 是锐角三角形，在 $\triangle ABC$ 外分别作等腰直角形 $\triangle BCD$，

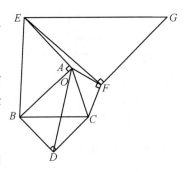

图 1.10.3

$\triangle ABE$, $\triangle CAF$, 且 $\angle BDC$, $\angle BAE$, $\angle CFA$ 为直角, 又在四边形 $BCFE$ 外作等腰直角 $\triangle EFG$, 且 $\angle EFG$ 为直角. 求证: $GA = \sqrt{2}AD$, $\angle GAD = 135°$.

证明　设 A 为原点建立复平面, 用向量表示对应的复数

$$\vec{G} = \overrightarrow{AG} = \overrightarrow{AF} + \overrightarrow{FG} = \overrightarrow{AF} + \overrightarrow{FE}(-\mathrm{i}) =$$
$$\overrightarrow{AF} + \mathrm{i} \cdot \overrightarrow{EF} = \overrightarrow{AF} + \mathrm{i}(\overrightarrow{EA} + \overrightarrow{AF}) =$$
$$(1 + \mathrm{i})\overrightarrow{AF} + \mathrm{i} \cdot \overrightarrow{EA} = (1 + \mathrm{i})\overrightarrow{AF} + \overrightarrow{BA}$$

又由于 $(-1 + \mathrm{i})\vec{D} = (-1 + \mathrm{i})\overrightarrow{AD} = \overrightarrow{DA} + \mathrm{i} \cdot \overrightarrow{AD} =$
$$\overrightarrow{DB} + \overrightarrow{BA} + \mathrm{i}(\overrightarrow{AC} + \overrightarrow{CD}) =$$
$$\overrightarrow{BA} + \overrightarrow{DB} + \mathrm{i} \cdot \overrightarrow{AC} + \overrightarrow{BD} =$$
$$\overrightarrow{BA} + \mathrm{i} \cdot \overrightarrow{AC} = \overrightarrow{BA} + \mathrm{i}(\overrightarrow{AF} + \overrightarrow{FC}) =$$
$$\overrightarrow{BA} + \mathrm{i} \cdot \overrightarrow{AF} + \overrightarrow{AF} = \overrightarrow{BA} + (1 + \mathrm{i})\overrightarrow{AF} =$$
$$(1 + \mathrm{i})\overrightarrow{AF} + \overrightarrow{BA}$$

比较得　　　$\overrightarrow{AG} = (-1 + \mathrm{i})\overrightarrow{AD} = \overrightarrow{AD} \cdot \sqrt{2}(\cos 135° + \mathrm{i}\sin 135°)$

故 $AG = \sqrt{2}AD$, $\angle GAD = 135°$.

例 10　如图 1.10.4, 以点 O 为中心的正 $n(n \geqslant 5)$ 边形的两个相邻顶点记为 A, B, $\triangle XYZ$ 与 $\triangle OAB$ 全等. 最初令 $\triangle XYZ$ 重叠于 $\triangle OAB$, 然后在平面上移动 XYZ, 使点 Y 和 Z 都沿着多边形周界移动一周, 而点 X 保持在多边形内移动, 求点 X 的轨迹.

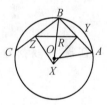

图 1.10.4

157

解　取 O 为原点建立复平面, 设点 C 是正 n 边形与 B 点相邻的另一顶点, 从 A, B, C 沿逆时针方向. 设在移动 $\triangle XYZ$ 的过程中的某一时刻, Y 在 AB 上, Z 在 BC 上, 按定比分点公式, 有

$$\vec{Y} = (1 - \lambda)\vec{A} + \lambda\vec{B} \quad (0 \leqslant \lambda \leqslant 1)$$
$$\vec{Z} = (1 - \mu)\vec{B} + \mu\vec{C} \quad (0 \leqslant \mu \leqslant 1)$$

令 $\varepsilon = \mathrm{e}^{\mathrm{i}\frac{2\pi}{n}}$, 则 $\vec{B} = \varepsilon\vec{A}$, $\vec{C} = \varepsilon\vec{B} = \varepsilon^2\vec{A}$, 且 $(\vec{Y} - \vec{X})\varepsilon = \vec{Z} - \vec{X}$. 从而

$$\vec{X} = \frac{\vec{Z} - \vec{Y}\varepsilon}{1 - \varepsilon} = \frac{1}{1 - \varepsilon}(\mu - \lambda)(\vec{C} - \vec{B}) = \frac{1}{1 - \varepsilon}(\mu - \lambda)(\varepsilon\vec{B} - \vec{B})$$

即　　　　　　　　　　$\vec{X} = -(\mu - \lambda)\vec{B}$

由于 $\mu - \lambda$ 为实数, 上式表明, 点 X 总在 O 与 B 决定的直线上, 其次, 由

$$|\vec{A}| = |\vec{Y} - \vec{X}| = |(1 - \lambda)\vec{A} + \mu\vec{B}| = |1 - \lambda + \mu\varepsilon| \cdot |\vec{A}|$$

得　　　　　　　　　　$|1 - \lambda + \mu\varepsilon| = 1$

则　　　　　　　　　　$1 \leqslant |1 - \lambda| + |\mu\varepsilon| = 1 - \lambda + \mu$

从而 $\mu > \lambda$, 可见点 X 将在从 B 到 O 的连线的延长线上移动.

下面考虑 X 离 O 的最远距离,由对称性和连续性知,X 离 O 的最远距离应在 $YB = ZB$ 时实现.因此,$\lambda + \mu = 1$ 或 $1 - \lambda = \mu$.设正 n 边形边长为 a,OB 交 XY 于 R,由

$$\frac{YR}{YB} = \frac{a/2}{\mu a} = \cos\frac{\pi}{n}$$

得 $2\mu = \dfrac{1}{\cos\dfrac{\pi}{n}}$.从而 X 到 O 的最远距离为

$$(\mu - \lambda)\,|\,\vec{B}\,| = (2\mu - 1)\,|\,\vec{B}\,| = \left(\frac{1}{\cos\dfrac{\pi}{n}} - 1\right)\frac{a}{2\sin\dfrac{\pi}{n}} =$$

$$a\left(1 - \cos\frac{\pi}{n}\right)/\sin\frac{2\pi}{n}$$

可见,所求轨迹是从 O 出发,背向多边形的每一个顶点画出的 n 条线段所组成的"星形",其长度都相等,由上式给出.

例 11　求证:当 n 为奇数 $2m + 1$,$A_1 A_2 \cdots A_n$ 为圆 O 的内接正 n 边形,P 为

弧 $\overset{\frown}{A_1 A_n}$ 上一点,则

$$|\,PA_1\,| + |\,PA_3\,| + \cdots + |\,PA_{2m+1}\,| = |\,PA_2\,| + |\,PA_4\,| + \cdots + |\,PA_{2m}\,|$$

证明　取点 O 为原点,建立复平面,则所证明的等式即为

$$\sum_{k=0}^{m} |\,\vec{P} - \varepsilon^{2k+1}\,| = \sum_{k=1}^{m} |\,\vec{P} - \varepsilon^{2k}\,|$$

其中,$\varepsilon = \mathrm{e}^{\frac{2\pi}{n}\mathrm{i}}$,由

$$\sum_{k=0}^{m} |\,\vec{P} - \varepsilon^{2k+1}\,| = \sum_{k=0}^{m} |\,\varepsilon^{-k}\,| \cdot |\,\vec{P} - \varepsilon^{2k+1}\,| =$$

$$\sum_{k=0}^{m} |\,\varepsilon^{-k} \cdot \vec{P} - \varepsilon^{k+1}\,| = \left|\,\sum_{k=0}^{m} \varepsilon^{-k} \cdot \vec{P} - \sum_{k=0}^{m} \varepsilon^{k+1}\,\right|$$

同样

$$\sum_{k=1}^{m} |\,\vec{P} - \varepsilon^{2k}\,| = \sum_{k=1}^{m} |\,\varepsilon^{-(m+k)}\,| \cdot |\,\vec{P} - \varepsilon^{2k}\,| =$$

$$\left|\,\sum_{k=1}^{m} \varepsilon^{-(m+k)} \cdot \vec{P} - \sum_{k=1}^{m} \varepsilon^{-m+k}\,\right| =$$

$$\left|\,\sum_{k=m+1}^{2m} \varepsilon^{-k} \cdot \vec{P} - \sum_{k=m+1}^{2m} \varepsilon^{k+1}\,\right|$$

由于

$$\sum_{k=0}^{m} \varepsilon^{-k} \cdot \vec{P} + \sum_{k=m+1}^{2m} \varepsilon^{-k} \cdot \vec{P} = \sum_{k=0}^{2m} \varepsilon^{-k} \cdot \vec{P} = 0$$

及

$$\sum_{k=0}^{m} \varepsilon^{k+1} + \sum_{k=m+1}^{2m} \varepsilon^{k+1} = \sum_{k=0}^{2m} \varepsilon^{k+1} = 0$$

于是 $\quad\left|-\sum_{k=0}^{m}\varepsilon^{-k}\cdot\vec{P}-\left(-\sum_{k=0}^{m}\varepsilon^{k+1}\right)\right|=\left|\sum_{k=m+1}^{2m}\varepsilon^{-k}\cdot\vec{P}-\sum_{k=m+1}^{2m}\varepsilon^{k+1}\right|$

由此即证.

注:特别地,当 $n=3$ 时,有 $|PA_1|+|PA_3|=|PA_2|$(参见图 1.1.17).

例 12 用复数法证明反演变换的性质:(1) 经过一对反点的圆与反演基圆正交;(2) 在反变换下,不共线的两对反点必共圆.

证明 (1) 取以 O 为圆心的单位圆为反演基圆. $re^{i\theta}$ 与 $\dfrac{1}{r}e^{i\theta}$ 的对应点为一对反点,过这两点作圆 Z_0,则有

$$|z_0-re^{i\theta}|=\left|Z_0-\frac{1}{r}e^{i\theta}\right|$$

即 $\quad(z_0-re^{i\theta})(\overline{z_0}-re^{-i\theta})=\left(z_0-\dfrac{1}{r}e^{i\theta}\right)\left(\overline{z_0}-\dfrac{1}{r}e^{-i\theta}\right)$

亦即 $\quad z_0\overline{z_0}-r(\overline{z_0}e^{i\theta}+z_0e^{-i\theta})+r^2=z_0\overline{z_0}-\dfrac{1}{r}(\overline{z_0}e^{i\theta}+z_0e^{-i\theta})+\dfrac{1}{r^2}$

亦即 $\quad \overline{z_0}e^{i\theta}+z_0e^{-i\theta}=r+\dfrac{1}{r}$

又 $1^2+|z_0-re^{i\theta}|^2=1+(z_0-re^{i\theta})(\overline{z_0}-re^{-i\theta})=1+z_0\overline{z_0}-r(\overline{z_0}e^{i\theta}+$

$z_0e^{-i\theta})+r^2=1+z_0\overline{z_0}-r\left(r+\dfrac{1}{r}\right)+r^2=|z_0|^2$

即反演基圆与圆 Z_0 半径的平方和等于两圆心距的平方,故两圆正交.

(2) 取原点 O 为反演中心(极),1 为反演幂作反演,Z_1,Z_2,O 不共线,Z_1,Z_2 的反点分别为 Z_3,Z_4,则 Z_1,Z_2,Z_3,Z_4 不共线,且

$$z_3=\frac{1}{\overline{z_1}},\quad z_4=\frac{1}{\overline{z_2}}$$

$$\mu=\frac{z_1-z_3}{z_1-z_4}\cdot\frac{z_2-z_4}{z_2-z_3}=\frac{(z_1\overline{z_1}-1)(z_2\overline{z_2}-1)}{(z_1\overline{z_2}-1)(\overline{z_1}z_2-1)}=\frac{(|z_1|^2-1)(|z_2|^2-1)}{|z_1\overline{z_2}-1|^2}$$

为实数,即知 Z_1,Z_2,Z_3,Z_4 四点共圆.

练习题 1.10

1.已知 $\square ABCD$ 中,B 为定点,点 P 内分对角线 AC 为 $2:1$,当 D 点在以 A 为圆心,3 为半径的圆周上运动时,求 P 的轨迹.

2.在等腰直角 $\triangle ABC$ 中,$\angle C=90°$,D 是边 BC 的中点,点 E 在边 AB 上且 $AE=2EB$.求证:$CE=\dfrac{2}{3}AD$.

3.凸四边形 $ABCD$ 围绕它所在平面内一点 O 逆时针方向转 $90°$,得到四边形 $A'B'C'D'$,P,Q,R,S 顺次是 $A'B,B'C,C'D,D'A$ 的中点.求证:$PR\perp QS$,

$PR = QS$.

4.在凸五边形 $ABCDE$ 中,$\angle ABC = \angle AED = 90°$,$\angle ACB = \angle ADE$,$M$ 在 CD 上,$MD = MC$.求证:$ME = MB$.

5.在 Rt$\triangle ABC$ 中,$\angle C = 90°$,$BC = \dfrac{1}{3}AC$,点 E 在 AC 上,且 $EC = 2AE$,求 $\angle CBE + \angle CBA$.

6.在正 n 边形 $A_0A_1\cdots A_{n-1}$ 中,求证:$\displaystyle\prod_{k=1}^{n-1} |A_0A_k| = n$.

7.若 a,b,c,d 顺次是凸四边形 $ABCD$ 的边长,$AC = f$,$BD = e$,则 $e^2f^2 = a^2c^2 + b^2d^2 - 2abcd \cdot \cos(A + C)$.(参见本篇第一章中例7)

8.平面上两圆相交,A 为一个交点.两点同时自 A 出发,以常速度分别在各自的圆周上依相同方向绕行.旋转一周后两点同时回到原出发点.证明:在这平面上有一定点 P,使得在任何时刻从 P 到两点的距离相等.

9.设 A 是正 n 边形 $A_1A_2\cdots A_n$ 的外接圆周上任一点,若圆半径为 r,则

$$\sum_{k=1}^{n} AA_k^{2m} = nC_{2m}^{m}r^{2m}\,(m \in \mathbf{N})$$

10.用复数法证明:(1)不通过反演中心的圆的反形仍是不过反演中心的圆;(2)与反演基圆正交的圆的反形是该圆自己.

11.设 O 是 $\triangle ABC$ 的外心,D 是 AB 中点,E 是 $\triangle ACD$ 的重心,$AB = AC$.求证:$OE \perp CD$.

12.在 $\triangle ABC$ 中,$\angle A = 60°$,过其内心 I 作直线平行于 AC 交 AB 于 F,在 BC 边上取点 P,使得 $3BP = BC$.求证:$\angle BFP = \dfrac{1}{2}\angle B$.

13.在 $\triangle ABC$ 中,$\angle C = 30°$,O 是外心,I 则内心,边 AC 上的点 D 与边 BC 上的点 E 使得 $AD = BE = AB$.求证:$OI \perp DE$ 且 $OI = DE$.

14.菱形 $ABCD$ 的内切圆 O 与各边依次切于 E,F,G,H,在 EF 与 GH 上分别作圆 O 的切线交 AB 与 M,交 BC 于 N,交 CD 于 P,交 DA 于 Q.求证:$MQ \parallel NP$.

15.考虑在同一平面上半径为 R 与 $r(R > r)$ 的两个同心圆,设 P 是小圆周上一定点,B 是大圆周上一动点.直线 BP 与大圆周相交于另一点 C,过 P 且与 BP 垂直的直线 l 与小圆周交于另一点 A.(1)表达式 $BC^2 + CA^2 + AB^2$ 所取值的集合;(2)求 AB 中点的轨迹.

第十一章　射影法

作出图形的射影(或投影),利用其射影的位置、射影图与原图形间的数量关系及射影图的性质来求解数学问题,有时是极为方便简洁的,我们称这种解题方法为射影法.利用射影法求解平面几何问题,主要是利用点的射影、线段的射影、中心投影及平面射影 变换等几种形式的射影方法及其特殊性质来转化问题的形式,沟通条件与结论而解决问题.

一、作出点的射影,显现求解媒介量

例 1　(参见本篇第一章中例6)设 AD 为 $\triangle ABC$ 的 BC 边上的中线,过 C 引任一直线 CEF 交 AD 于 E,交 AB 于 F.求证: $\dfrac{AE}{ED} = \dfrac{2AF}{FB}$.

证法 1　如图 1.11.1(1),设 A,B,D 三点在 EF 所在直线上的射影分别为 A',B',D'.于是

$$\frac{AE}{ED} = \frac{AA'}{DD'},\ \frac{AF}{FB} = \frac{AA'}{BB'},\ \frac{DD'}{BB'} = \frac{1}{2}$$

故

$$\frac{AE}{ED} = \frac{AA'}{DD'} = \frac{2AA'}{BB'} = \frac{2AF}{FB}$$

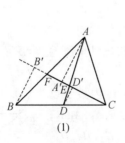

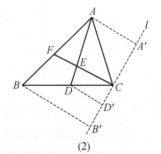

(1)　　　　　　　　　　(2)

图 1.11.1

证法 2　如图 1.11.1(2),设 A,B,D 三点在过 C 点且与 EF 垂直的直线 l 上的射影分别为 A',B',D'.于是

$$CB' = 2CD', \frac{AF}{FB} = \frac{A'C}{CB'}, \frac{AE}{CD} = \frac{A'C}{CD'}$$

从而
$$\frac{AF}{FB} = \frac{A'C}{2CD'} = \frac{AE}{2ED}$$

故
$$\frac{AE}{ED} = \frac{2AF}{FB}$$

例 2 （参见练习题 1.9 中第 14 题）如图 1.11.2，在 $\triangle ABC$ 中，P,Q,R 将其周长三等分，且 P,Q 在 AB 边上.求证：$\dfrac{S_{\triangle PQR}}{S_{\triangle ABC}} > \dfrac{2}{9}$.

证明 不妨设 $\triangle ABC$ 的周长为 1，设 L,H 分别为 C,R 在 AB 上的射影，则

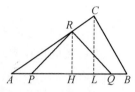

图 1.11.2

$$\frac{S_{\triangle PQR}}{S_{\triangle ABC}} = \frac{\frac{1}{2}PQ \cdot RH}{\frac{1}{2}AB \cdot CL} = \frac{PQ \cdot RH}{AB \cdot CL} = \frac{PQ}{AB} \cdot \frac{AR}{AC}$$

162 因为 $PQ = \dfrac{1}{3}$，$AB < \dfrac{1}{2}$，所以 $\dfrac{PQ}{AB} > \dfrac{2}{3}$. 因为

$$AP \leqslant AP + BQ = AB - PQ < \frac{1}{2} - \frac{1}{3} = \frac{1}{6}$$

$$AR = \frac{1}{3} - AP > \frac{1}{3} - \frac{1}{6} = \frac{1}{6}, AC < \frac{1}{2}$$

所以
$$\frac{AR}{AC} > \frac{\frac{1}{6}}{\frac{1}{2}} = \frac{1}{3}$$

故
$$\frac{S_{\triangle PQR}}{S_{\triangle ABC}} > \frac{2}{3} \cdot \frac{1}{3} = \frac{2}{9}$$

例 3 圆内接四边形被它的一条对角线分成两个三角形.证明：这两个三角形的内切圆半径之和与对角线的选取无关.

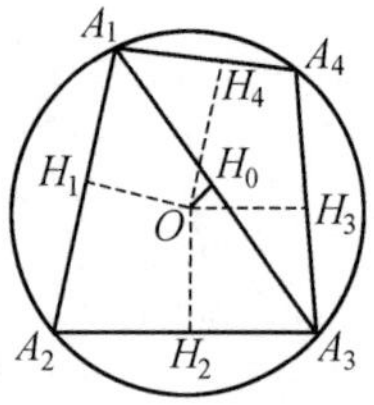

证明 如图 1.11.3，设四边形 $A_1A_2A_3A_4$ 内接于以 O 为圆心，半径为 R 的圆.再设点 O 在弦 A_1A_3, A_1A_2，A_2A_3, A_3A_4, A_4A_1 上的投影分别为点 H_0, H_1, H_2, H_3, H_4，记 $h_i = OH_i (i = 0,1,\cdots,4)$. 设 S_1, S_2 与 p_1, p_2 为 $\triangle A_1A_2A_3$ 与 $\triangle A_3A_4A_1$ 的面积与半周长，r_1, r_2 为其内切圆半径.为不失一般性，

图 1.11.3

不妨设 O 在 $\triangle A_1A_2A_3$ 中.对内接四边形 $A_3H_0OH_2,A_1H_1OH_0,A_2H_2OH_1$ 应用托勒密定理,并注意 H_0H_2,H_0H_1 是 $\triangle A_1A_2A_3$ 的中位线,则有

$$(R+r_1)p_1 = R\cdot H_0H_2 + R\cdot H_0H_1 + R\cdot H_1H_2 + S_1 =$$
$$(h_0\cdot H_2A_3 + h_2\cdot H_0A_3) + (h_0\cdot H_1A_1 + h_1\cdot H_0A_1) +$$
$$(h_2\cdot H_1A_2 + h_1\cdot H_2A_2) + \frac{1}{2}(h_1\cdot A_1A_2 + h_2\cdot A_2A_3 +$$
$$h_0\cdot A_3A_1) = (h_1 + h_2 + h_0)p_1$$

从而
$$R + r_1 = h_1 + h_2 + h_0$$

同理,由 $(R+r_2)p_2 = (h_3 + h_4 - h_0)p_2$,有 $R + r_2 = h_3 + h_4 - h_0$.

故在图 1.11.3 所示情形下,有 $r_1 + r = h_1 + h_2 + h_3 + h_4 - 2R$.

对一般情形,所求的内切圆半径之和等于 $h_1,h_2,h_3,h_4,2R$ 并赋以一定的符号之和.这些符号与点 O 相对四边形 $A_1A_2A_3A_4$ 的位置有关.因此,这个和与对角线的选取无关.

二、运用射影定理,转化求解关系式

(1) 线段的射影定理:长度为 l 的线段等于其射影长 l_0 与两线(线段和其射影)夹角 θ 的余弦之比,即 $l = \dfrac{l_0}{\cos\theta}$.

(2) 直角三角形中的射影定理:在 $\mathrm{Rt}\triangle ABC$ 中,$\angle C = 90°,D$ 为 C 在斜边 AB 上的射影,则 $AC^2 = AD\cdot AB;BC^2 = BD\cdot AB;CD^2 = AD\cdot DB$.

(3) 一般三角形中的射影定理:在 $\triangle ABC$ 中,内角 A,B,C 所对的边长分别为 a,b,c,则 $a = c\cdot\cos B + b\cdot\cos C;b = a\cdot\cos C + c\cdot\cos A;c = b\cdot\cos A + a\cdot\cos B$.

(4) 一般凸 n 边形的射影定理:在凸 n 边形 $A_1A_2\cdots A_n$ 中,设 $\boldsymbol{a}_k = \overrightarrow{A_kA_{k+1}}$ $(k = 1,2,\cdots,n,A_{n+1} = A_1)$,$\langle \boldsymbol{a}_i,\boldsymbol{a}_k \rangle$ 表示向量 $\boldsymbol{a}_i$ 与 $\boldsymbol{a}_k$ 所夹的角,则

$$|\boldsymbol{a}_k| = \sum_{\substack{i=1\\i\neq k}}^{n} |\boldsymbol{a}_i|\cdot\cos\langle\boldsymbol{a}_i,\boldsymbol{a}_k\rangle \quad (k = 1,2,\cdots,n)$$

注:由 $\sum\limits_{i=1}^{n}\boldsymbol{a}_i = \boldsymbol{0}$,考虑对应的复数虚部即可证得射影定理.因由 $\sum\limits_{i=1}^{n}\boldsymbol{a}_i = \boldsymbol{0}$

变形为 $-\boldsymbol{a}_k = \sum\limits_{\substack{i=1\\i\neq k}}^{n}\boldsymbol{a}_i$,两边平方后再整理(注意夹角的转换)即得凸 n 边形的余弦定理.

如上的一系列射影定理,可在转化有关关系式中发挥重要作用.

例 4 如图 1.11.4,作锐角 $\triangle ABC$ 的外接圆,并过点 A,B,C 分别作外接圆的切线,已知过点 A 与 C 的切线分别和过 B 的切线交于 M 与 N,$BP \perp AC$ 于 P.求证:BP 平分 $\angle MPN$.

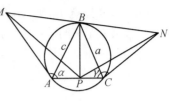

图 1.11.4

证明 要证 $\angle MPB = \angle BPN$,只需证 $\angle APM = \angle CPN$ 即可.又只需证 $\triangle APM \backsim \triangle CPN$ 即可.

设 $AB = c, BC = a, \angle BAC = \alpha, \angle BCA = \gamma$.

在等腰 $\triangle AMB$ 中,有 $\angle MAB = \angle ACB = \gamma$,则 $AM = \dfrac{c}{2\cos\gamma}$.同理 $CN = \dfrac{a}{2\cos\alpha}$.又 $AP = c \cdot \cos\alpha, PC = a \cdot \cos\gamma$.在 $\triangle APM$ 和 $\triangle CPN$ 中

$$\angle MAP = \alpha + \gamma = \angle NCP, \frac{AP}{AM} = 2\cos\alpha \cdot \cos\gamma = \frac{CP}{CN}$$

故有 $\triangle APM \backsim \triangle CPN$.

例 5 如图 1.11.5,AD 是 $\text{Rt}\triangle ABC$ 的斜边 BC 上的高,E 是 CB 延长线上的点,且 $\angle EAB = \angle BAD$.求证:$BD : DC = AE^2 : EC^2$.

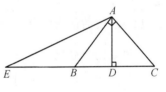

图 1.11.5

证明 由题设,知 $\angle C = \angle BAD = \angle EAB$,又因为 $\angle E$ 公用,有 $\triangle ABE \backsim \triangle CAE$,即有 $AB : AC = AE : EC$,亦即 $AB^2 : AC^2 = AE^2 : EC^2$.

又在 $\text{Rt}\triangle ABC$ 中,由射影定理有

$$AB^2 = BD \cdot BC, AC^2 = CD \cdot BC$$

即有

$$AB^2 : AC^2 = BD : CD$$

故

$$BD : CD = AE^2 : EC^2$$

例 6 如图 1.11.6,M 为 $\triangle ABC$ 内任意一点,$\triangle ABC$ 的半周长为 p,求证:

$$MA \cdot \cos \frac{1}{2} \angle BAC + MB \cdot \cos \frac{1}{2} \angle ABC + MC \cdot \cos \frac{1}{2} \angle ACB \geqslant p$$

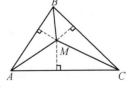

图 1.11.6

证明 令 $\angle MAC = \alpha_1, \angle MAB = \alpha_2, \angle MBA = \beta_1, \angle MBC = \beta_2, \angle MCB = \gamma_1, \angle MCA = \gamma_2$,则

$$\alpha_1 + \alpha_2 = \angle BAC = \alpha$$
$$\beta_1 + \beta_2 = \angle ABC = \beta$$
$$\gamma_1 + \gamma_2 = \angle ACB = \gamma$$

由
$$p = \frac{1}{2}(BC + AC + AB) = \frac{1}{2}(MC \cdot \cos\gamma_1 + MC \cdot \cos\gamma_2 +$$
$$MB \cdot \cos\beta_1 + MB \cdot \cos\beta_2 + MA \cdot \cos\alpha_1 + MA \cdot \cos\alpha_2) =$$
$$MC \cdot \cos\frac{\gamma}{2} \cdot \cos\frac{1}{2}(\gamma_1 - \gamma_2) +$$
$$MB \cdot \cos\frac{\beta}{2} \cdot \cos\frac{1}{2}(\beta_1 - \beta_2) +$$
$$MA \cdot \cos\frac{\alpha}{2} \cdot \cos\frac{1}{2}(\alpha_1 - \alpha_2) \leqslant$$
$$MC \cdot \cos\frac{\gamma}{2} + MB \cdot \cos\frac{\beta}{2} + MA \cdot \cos\frac{\alpha}{2}$$

当 $\alpha_1 = \alpha_2, \beta_1 = \beta_2, \gamma_1 = \gamma_2$,即 M 为 $\triangle ABC$ 的内心时,上式中等号成立.从而原不等式获证.

三、善用平面射影变换,巧解各类问题

1. 射影变换的基本知识

165

（1）如图 1.11.7,设 l 与 l' 是同一平面上的两条不同的直线,O 是这个平面上不在 l 和 l' 上的一点.经过点 O 与 l 上的点 A,B,C,…,各作直线 OA,OB,OC,…,若这些直线分别交 l' 于点 A',B',C',…,这样就说是确定了一个以点 O 为中心的中心投影 P,点 A' 叫做点 A 在中心投影 P 下的象点,点 A 叫做点 A' 的原象点,点 A 与 A' 叫做中心投影 P 的一双对应点;若 l 与 l' 相交,它们的交点是

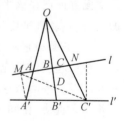

图 1.11.7

这个中心投影 P 的不动点;在中心投影 P 下没有象点的点称为 P 下的影消点.

在上述中心投影 P 下,我们有

性质 1 $\dfrac{AB}{BC} : \dfrac{A'B'}{B'C'} = \dfrac{OA}{OA'} : \dfrac{OC}{OC'}$.（可参见本篇第一章中例 16 后的推论(2)）

性质 2 若 $\dfrac{A'B'}{B'C'} = \lambda$,则 $\dfrac{B'B}{BO} = \dfrac{1}{1 + \lambda}\left(\dfrac{A'A}{AO} + \lambda \dfrac{C'C}{CO}\right)$.

证明 分别过 A',C' 作 $B'B$ 的平行线交 l 于 M,N,连 MC' 交 BB' 于 D,则

由 $\dfrac{A'B'}{B'C'} = \lambda$，有

$$\frac{B'D}{A'M} = \frac{1}{1+\lambda}, \frac{DB}{C'N} = \frac{\lambda}{1+\lambda}$$

从而

$$B'B = \frac{A'M + \lambda C'N}{1+\lambda}$$

所以

$$\frac{B'B}{BO} = \frac{1}{1+\lambda} \cdot \frac{A'M + \lambda C'N}{BO} =$$

$$\frac{1}{1+\lambda}\left(\frac{A'M}{BO} + \lambda\,\frac{C'N}{BO}\right) =$$

$$\frac{1}{1+\lambda}\left(\frac{A'A}{AO} + \lambda\,\frac{C'C}{CO}\right)$$

(2) 设 α_1 和 α_2 是空间两个平面，O 是不在这两个平面上的一点. 对平面 α_2 上的点 A，如果直线 OA 与平面 α_2 交于点 A'，就令 A' 与 A 对应. 这种映射叫做以 O 为中心，平面 α_1 到平面 α_2 的中心投影 P. 在中心投影 P 下，若平面 α_1 与 α_2 相交于直线 l，那么，过点 O 平行于 α_2 的平面与平面 α_1 的交线 l_0 其映射没有定义，在中心投影下其映射没有定义的直线称为在这个中心投影下的影消线. 显然，在中心投影下，不是影消线的直线的投影仍是直线. 中心投影不是平面 α_1 到平面 α_2 的一一映射，但是，把直线和平面扩充以后，可使这种映射变成为一一映射.

(3) 平行直线束的交点叫做无穷远点，若直线 l 属于对应无穷远点 M 的平行线束，就叫无穷远点 M 在直线上；若无穷远点在平面 α 的一条直线上，就叫这个无穷远点在该平面上；某个平面(全部空间中)的所有无穷远点的集合叫做无穷远直线(平面)；一直线和这直线上的无穷远点合在一起叫做扩充的直线；一个平面和它对应的无穷远直线合在一起叫做扩充的平面；空间和无穷远点合在一起叫做扩充的空间；普通的和无穷远的点(直线、平面)一起叫做广义的点(直线、平面)，这时普通点叫有限点；显见，通过任意两个广义点有惟一的一条广义直线. 在同一广义平面上的任两条广义直线恰有一个广义交点. 任意两个广义平面都相交于一条广义直线. 通过广义直线和不在它上面的一个广义点有惟一的广义平面. 若两个广义点在一广义平面上，则通过这两点引的广义直线在这个平面上. 此时，我们则可推出，中心投影对两个扩充平面来说，给出了一一映射. 此时，一个平面的影消线映射为另一个平面上的无穷远直线.

(4) 平面 α 到平面 β 的映射称为射影变换，如果它是中心投影与仿射变换的合成，也就是说，如果存在平面 $\alpha_0 = \alpha, \alpha_1, \alpha_2, \cdots, \alpha_{n-1}, \alpha_n = \beta$ 和平面 α_{i-1} 到 α_i 上的映射 $P_i(i = 1, 2, \cdots, n)$，它们中的每一个或者是中心投影，或者是仿射变换，同时 $P = P_n \cdot P_{n-1} \cdot \cdots \cdot P_1$；当平面 α 与平面 β 重合时，映射 P 叫做平面

α 的射影变换.

性质 3 1) 变无穷远直线为无穷远直线的平面射影是仿射变换；

2) 如果点 A,B,C,D 是平面 α 上同一直线 l 上的四点，$l\parallel l_0$，l_0 是平面 α 的射影变换 P 的影消线，则 $P(A)P(B):P(C)P(D)=AB:CD$.

3) 如果射影变换 P 变平行直线 l_1 和 l_2 为平行的直线，则或者 P 是仿射变换，或者 P 的影消线平行于直线 l_1 和 l_2.

证明 1) 因为变换 P 是扩充平面到扩充平面的一一映射，而无穷远直线变为无穷远直线，所有 P 把有限点的集合一一映射为有限点的集合. 因为映射 P 下直线变为直线，所以 P 是仿射变换.

2) 取平面 α 外任意一点 O，设平面 β 是过直线 l 且平行于由 l_0 和点 O 决定的平面. Q 是以 O 为中心平面 α 到平面 β 的中心投影与以 l 为轴平面 β 到平面 α 的空间旋转的合成. 变换 Q 的影消线也是 l_0，所以平面 α 的射影变换 $R=Q^{-1}\cdot P$ 变无穷远直线为无穷远直线. 由 1) 知，它是仿射变换，应保持直线上线段的比例关系. 又在变换 Q 下，直线 l 是不动直线，所以在变换 $P=Q\cdot R$ 下，比例式成立.

3) 由于平行直线 l_1 和 l_2 变为平行直线，这就是说，这些直线的无穷远点 M 变作无穷远点，亦即 M 在无穷远直线的逆象 l 上. 因此，或者 l 是无穷远直线，这时由 1) 知变换 P 是仿射的，或者 l 平行于直线 l_1 和 l_2.

性质 4 存在射影变换，分别变已知的不共线的四个点 A,B,C,D 为已知的不共线的四点 A',B',C',D'.

证明 可以证明，点 A,B,C,D 可以用射影变换为正方形的顶点. 设 E 和 F 分别是直线 AB 和 CD，直线 BC 和 AD 的交点. 如果直线 EF 是有限的，则存在平面 ABC 向某个平面 α 的中心投影，对这个中心投影来说，EF 是影消线. 作为射影中心可以取平面 ABC 外的任意点，而作为平面 α 是平行于平面 OEF 且不与它重合的任意平面. 在此情况下点 A,B,C,D 投影为平行四边形的顶点. 它借助仿射变换已经可以变为正方形. 如果直线 EF 也是无穷远直线，则 $ABCD$ 已经是平行四边形了.

性质 5 在平面上已知圆及圆内一点，则

1) 存在射影变换，它变已知圆为一个圆，而已知点为这个圆的中心.

2) 如果射影变换变已知圆为一个圆，而已知点变为它的中心，则影消线垂直于通过已知点直径.

证明 1) 设已知点分通过它的直径的比为 $p:q$. 考察平面 α 上中心为 O 的某个圆 S'，设 A 是由点 O 向平面 α 引垂线上的任一点. 在 A 为顶点，S 为底面

167

的圆锥表面上取点 B 和 C,使得 $BA : AC = p : q$,并且线段 BC 交圆锥的轴 AO 于点 M,则 AM 是 $\triangle ABC$ 的角平分线.因此,$BM : MC = BA : AC = p : q$.我们考察过 BC 且与平面 ABC 垂直的平面 β,设平面 β 与圆锥的交线是椭圆 S_1,显然,圆锥以及平面 β 关于平面 ABC 对称.所以 BC 是椭圆 S_1 的对称轴,于是,在某个仿射变换下,S_1 变作圆,BC 变作直径,而点 M 变作该直径为 $p : q$ 的分点.由此可见,作上述变换的逆变换,即可实现题中的要求.

2) 在 1) 的证明中已经给出了满足条件的射影变换,在这个变换下,影消线显然垂直于通过已知点的直径.

性质 6 存在射影变换,它变已知圆为圆,变已知的弦为它的直径.

证明 设 M 是已知弦上任意一点,由性质 4,存在射影变换变已知圆为圆,而点 M 变为它的中心.因此在射影变换下直线变作直线,已知弦变作直径.

性质 7 若在平面上给出一个圆和不与这圆相交的一条直线,则存在射影变换变已知圆为一个圆,而变已知直线为无穷远直线.

证明 设 S 是已知圆,AB 是已知直线,α 是包含它们的平面.在通过圆 S 的中心与平面 α 垂直的直线上任取一点 O,作平面 β 平行于平面 OAB.作以 O 为中心平面 α 到平面 β 的中心投影,则 AB 是这个投影下的影消线,它的射影是无穷远直线.由于圆 S 与 AB 不相交,它的射影是椭圆.再通过仿射变换,这个椭圆可以变作圆.

(5) 若点 M 内分线段 AB,点 N 外分线段 AB,且 $AM : MB = AN : NB$,则点 M,N 叫做调和分割线段 AB,或称 A,M,B,N 是一组调和点列.

显然,若 M,N 调和分割 AB,则 A,B 也调和分割 MN;若 M,N 调和分割 AB,且 O 为 AB 的中点,则

$$OB^2 = OM \cdot ON$$

若 M,N 调和分割 AB,则

$$\frac{2}{AB} = \frac{1}{AM} + \frac{1}{AN}$$

(6) 射影几何的基本定理:四条直线 AB,BC,CD,DA 两两相交于 A,B,C,D,E,F(此时或称完全四边形,或称四点形 $ABCD$),三条对角线 AC,BD,EF 所在的直线中的任两条与另一条的交点调和分割另一条对角线.

证明 如图 1.11.8,我们只证 $EM : MF = EN : NF$,其余留给读者.

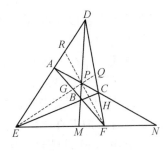

图 1.11.8

设 $\triangle EMD$ 中 EM 边上的高为 h,利用

$$2S_{\triangle EMD} = EM \cdot h = ED \cdot DM \cdot \sin\angle EDM$$

得

$$EM = \frac{1}{h} \cdot ED \cdot DM \cdot \sin\angle EDM$$

同理,再求出 MF,FN,EN 的类似的表达式.因而

$$\frac{EM}{MF} \cdot \frac{FN}{NE} = \frac{ED \cdot DM \cdot \sin\angle EDM}{FD \cdot DM \cdot \sin\angle FDM} \cdot \frac{FD \cdot DN \cdot \sin\angle FDN}{ED \cdot DN \cdot \sin\angle EDM} =$$

$$\frac{\sin\angle EDM}{\sin\angle FDM} \cdot \frac{\sin\angle FDN}{\sin\angle EDN}$$

同样得

$$\frac{AP}{PC} \cdot \frac{CN}{NA} = \frac{\sin\angle ADP}{\sin\angle CDP} \cdot \frac{\sin\angle CDN}{\sin\angle ADN}$$

所以

$$\frac{EM}{MF} \cdot \frac{FN}{NE} = \frac{AP}{PC} \cdot \frac{CN}{NA}$$

类似地可以证明

$$\frac{FM}{ME} \cdot \frac{EN}{NF} = \frac{\sin\angle FBM}{\sin\angle EBM} \cdot \frac{\sin\angle EBN}{\sin\angle FBN} =$$

$$\frac{\sin\angle ABP}{\sin\angle CBP} \cdot \frac{\sin\angle CBN}{\sin\angle ABN} = \frac{AP}{PC} \cdot \frac{CN}{NA}$$

由此可见,$\left(\frac{EM}{MF} \cdot \frac{NF}{EN}\right)^2 = 1$,即证得结论.

注:1) 在图 1.11.8 中,若点 N 趋于无穷,即 $AC /\!/ EF$,结论仍然成立.此时我们知 M 为 EF 的中点,由此又可推得 P 为 AC 的中点,这就变为本篇第一章中例 1 的情形.

2) 在图 1.11.8 中,有 9 组调和点列.

2. 射影变换解题举例

例 7 如图 1.11.9,设 D 为等腰直角三角形 ABC 的直角边 BC 的中点,E 在 AB 上,且 $AE:EB = 2:1$.求证:$CE \perp AD$.

证明 考虑以 C 为中心的中心投影,易如 $AE:EB$

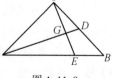

图 1.11.9

$= 2$,$CD:CB = \frac{1}{2}$,由

$$\frac{AG}{GD} : \frac{AE}{EB} = \frac{CA}{CA} : \frac{CD}{CB}$$

知 $\frac{AG}{GD} = 4$.设 $CD = x$,则

$$AB = 2x,\ AD = \sqrt{5}x,\ GD = \frac{\sqrt{5}}{5}x$$

169

所以 $CD:AD = DG:CD$,所以 $\triangle DCG \backsim \triangle DAC$.所以 $\angle CGD = \angle ACD = 90°$,因而 $CE \perp AD$.

例 8 如图 1.11.10,在梯形 $ABCD(AD /\!/ BC)$ 的对角线 AC 的延长线上取一点 P,过 P 与梯形两底的中点 K,L 的直线交 AB,CD 分别于点 M,N.求证:$MN /\!/ AD$.

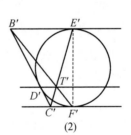

图 1.11.10

证明 连 BP,DP.分别考虑以 D,B 为中心的中心投影,令 $AC:CP = \lambda$,注意到 $AL:LD = CK:KB = 1$,则

$$\frac{CN}{ND} = \frac{1}{1+\lambda}\left(\frac{AL}{LD} + \lambda \cdot \frac{0}{DP}\right) = \frac{1}{1+\lambda}$$

$$\frac{CK}{KB} = \frac{1}{1+\lambda}\left(\frac{AM}{MB} + \lambda \cdot \frac{0}{BP}\right) = 1$$

故 $CN:ND = MB:AM$.因而 $MN /\!/ AD$.

例 9 如图 1.11.11(1),设 $\triangle ABC$ 的旁切圆切 BC 于 D,分别切边 AB 和 AC 的延长线于 E 和 F,设 T 是直线 BF 与 CE 的交点.求证:点 A,D 和 T 共线.

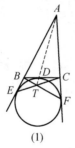
(1)

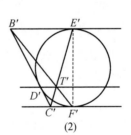
(2)

图 1.11.11

证明 由题设,若存在一个射影变换,使得点 A,D 和 T 的象共线,则问题结论获证.三点共线可以是这种情况:其中一点是某个平行直线束相对应的无穷远点,另外两点的连线却是这个平行直线束中的某一条.

由射影变换性质 6,存在一个射影变换变 $\triangle ABC$ 的旁切圆为一个圆,而弦 EF 变为圆的直径,在这个变换下,设 A',B',$\cdots$ 是点 A,B,$\cdots$ 的象.则 A' 是与垂直于直径 $E'F'$ 的直径束相对应的无穷远点.下面只要证明直线 $D'T'$ 确是这个直线束中的一条即可.如图 1.11.11(2).因 $\triangle T'B'E' \backsim \triangle T'F'C'$,所以

$$C'T' : T'E' = C'F' : B'E'$$

但由一点所引圆的两条切线相等,即有 $C'D' = C'F'$,$B'D' = B'E'$,因此

$$C'T' : T'E' = C'D' : D'B'$$

从而 $D'T' /\!/ B'E'$.故结论获证.

例 10 如图 1.11.12,已知 △ABC 和其内一点 T,设 P 和 Q 是由点 T 向直线 AB 和 AC 分别引垂线的垂足,而 R 和 S 是由点 A 向直线 TC 和 TB 分别引垂线的垂足.求证:直线 PR 和 QS 的交点 X 在直线 BC 上.

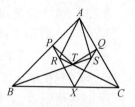

图 1.11.12

证明 由于 $\angle APT$,$\angle ART$,$\angle AST$,$\angle AQT$ 都是直角,所以点 A,P,R,T,S,Q 在线段 AT 为直径的圆上.于是归结为证明:直线 AP 和 TS,PR 和 SQ,RT 和 QA 的交点共线.为此,研究变为以 AT 为直径的圆为圆,变直线 BC 为无穷远直线的射影变换(性质 7),问题又归结为 A_1,P_1,R_1,T_1,S_1,Q_1 是圆上的点,$A_1P_1 /\!/ T_1S_1$,$R_1T_1 /\!/ Q_1A_1$,需证 $R_1P_1 /\!/ Q_1S_1$.

设 O 是圆心,因 $A_1P_1 /\!/ T_1S_1$,所以 $\angle P_1OT_1 = \angle S_1OA_1$,同理 $\angle T_1OQ_1 = \angle A_1OR_1$,两式相加,得 $\angle P_1OQ_1 = \angle S_1OR_1$,因此 $P_1R_1 /\!/ S_1Q_1$.

例 11 如图 1.11.13,设 $ABCDEF$ 是圆外切六边形.求证:它的对角线 AD,BE,CF 相交于一点.(布利安桑定理)

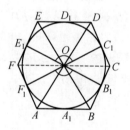

图 1.11.13

证明 由射影变换性质 5,证明当对角线 AD 和 BE 的交点 O 是内切圆的圆心即可.设 A_1,B_1,$\cdots$,F_1 为内切圆同边 AB,BC,$\cdots$,FA 的切点,则

$$\angle F_1OB_1 = \angle F_1OA_1 + \angle A_1OB_1 =$$
$$2\angle AOA_1 + 2\angle A_1OB = 2\angle AOB$$

类似地还有 $\angle E_1OC_1 = 2\angle EOD$.但 $\angle AOB$ 和 $\angle EOD$ 是对顶角,因此 $\angle F_1OB_1 = \angle E_1OC_1$,所以

$$\angle FOF_1 + \angle F_1OB_1 + \angle B_1OC = \angle FOE_1 + \angle E_1OC_1 + \angle C_1OC = 180°$$

也就是直线 FC 通过点 O.

例 12 如图 1.11.14,直线 a,b,c 相交于一点 O,在 △$A_1B_1C_1$ 和 △$A_2B_2C_2$ 中,顶点 A_1 和 A_2 在直线 a 上,B_1 和 B_2 在直线 b 上,C_1 和 C_2 在直线 c 上,A,B,C 分别是直线 B_1C_1 和 B_2C_2,C_1A_1 和 C_2A_2,A_1B_1 和 A_2B_2 的交点.求证:A,B,C 共线.(参见本篇第十章中例 15)

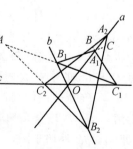

图 1.11.14

证明 我们设法找到一个射影变换,使得 A,B,C 三点的象都是无穷远点,问题即可解决.为

171

第十一章 射影法

此,考虑以 AB 为影消线的射影变换,于是只需证点 C 的象是无穷点即可.

设在上述射影变换下,$\triangle A_1B_1C_1$ 和 $\triangle A_2B_2C_2$ 分别变到 $\triangle A_1'B_1'C_1'$ 和 $\triangle A_2'B_2'C_2'$,点 O 变到 O',从 AB 是影消线可知,$B_1'C_1'$ // $B_2'C_2'$,$A_1'C_1'$ // $A_2'C_2'$,剩下只要证明 $A_1'B_1'$ // $A_2'B_2'$,,考察以 O' 为中心点 C_1' 变为 C_2' 的位似(若 O' 是无穷远点,则考察平移),由于 $A_1'C_1'$ // $A_2'C_2'$,,所以在这个位似下,A_1' 变为 A_2',类似地,B_1' 变为 B_2',因此 $A_1'B_1'$ // $A_2'B_2'$.

例 13 如图 1.11.15,设圆 O 是 $\triangle ABC$ 的 BC 边外的旁切圆,D,E,F 分别是圆 O 与 BC,CA 和 AB 的切点,若 OD 与 EF 相交于 K,求证:AK 平分 BC.(参见本篇第六章中例 18)

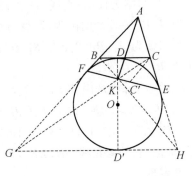

图 1.11.15

证明 延长 AB,CK 交于 G,并过 C 作 AG 的平行线交 EF 于 C',则由平行与 $\triangle CC'E$ 等腰可知

172

$$CK : KG = CC' : FG = CE : FG$$

再过 G 作 GD' // BC,且使 $GD' = GF$,则上式可变为

$$CK : KG = CD : GD'$$

又 $\angle DCK = \angle D'GK$,连 KD',则 $\triangle KGD' \backsim \triangle KCD$. 所以 $\angle KD'G = \angle KDC = 90°$,从而 D',O',D 共线.

又因为 $GD' = GF$,所以 GD' 切圆 O 于 D'.同理,延长 AC 与 GD' 的延长线交于 H,则 HD' 也切圆 O 于 D'.故由射影几何的基本定理(或本篇第一章中例 1)即证.

例 14 如图 1.11.16,在一个平面中,c 是一个圆周,直线 l 是此圆的一条切线,M 为 l 上一点,试求出具有如下性质的所有点 P 的集合:在直线 l 上存在两个点 Q 和 R,使得 M 是线段 QR 的中点,且 c 是 $\triangle PQR$ 的内切圆.

解 设 P 是合乎轨迹条件的任一点,即 $\triangle PQR$ 外切于圆 c,且 M 是 QR 的中点. 再作 $Q'R'$ // QR,其他点如图所

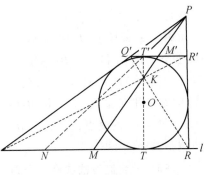

图 1.11.16

示,则由例 13 知,PM,TT',QR',RQ' 共点于 K.

上述四条线交于一点,又知完全四点形 $PQ'KR'$ 与中点的关系,于是由射影几何的基本定理(或本篇第一章中例 1),可断定 PT' 与 QR 的交点 N 是定点(与 T 关于 M 对称).

事实上可分别以 K,P 为中心作投影,则有

$$（QR,MT） \xrightarrow{K} （R'Q',M'T'） \xrightarrow{P} （RQ,MN）$$

故
$$\frac{QM \cdot RT}{QT \cdot RM} = \frac{RM \cdot QN}{RN \cdot QM}$$

所以 $\dfrac{TR}{QT} = \dfrac{QN}{NR}$,所以 $\dfrac{TR}{QR} = \dfrac{ON}{QR}$（合比）.故 $TR = QN$.

再由 M 是 QR 的中点可知,M 也是 NT 的中点,即合乎轨迹的任一点 P 确在 NT' 的延长线上.

练习题 1.11

1. 在 $\triangle ABC$ 中,D 为 BC 的中点,过 D 作一直线分别交 AC 于 E,交 AB 的延长线于 F.求证:$AE : EC = AF : BF$.

2. 一直线与 $\triangle ABC$ 的边 AB,AC 及 BC 的延长线于 D,E,F.若 $AE : EC = BF : FC$,求证:$AD = BD$.

3. $\triangle ABC$ 中,点 D 在 BC 上,$BD : BC = 1 : 4$,点 E,G 分别在 AB,AD 上,$AE : AB = 2 : 5$,$AG : AD = 1 : 3$,EG 交 AC 于 F.若 $S_{\triangle AEG} = 1$,求 $AF : AC$.

4. 自 $\triangle ABC$ 的顶点 A 引两条射线交 BC 于 X,Y,使 $\angle BAX = \angle CAY$.求证:
$$\frac{BX}{CX} \cdot \frac{BY}{CY} = \frac{AB^2}{AC^2}.$$

5. 设 AM 是 $\triangle ABC$ 的边 BC 上的中线,任作一直线分别交 AB,AC,AM 于 P,Q,N.求证:$\dfrac{2AM}{AN} = \dfrac{AB}{AP} + \dfrac{AC}{AQ}$.

6. 已知 $\triangle P_1P_2P_3$ 和其内的一点 P,设直线 P_1P,P_2P,P_3P 分别交三角形三边于 Q_1,Q_2,Q_3.求证:在比值 $\dfrac{P_1P}{PQ_1}$,$\dfrac{P_2P}{PQ_2}$,$\dfrac{P_3P}{PQ_3}$ 中,至少有一个不大于 2,也至少有一个不小于 2.(参见本篇第八章中例 16)

7. 已知 $\triangle OAB$ 中,$\angle AOB < 90°$,从 $\triangle OAB$ 中任一点 M(点 O 除外)分别作 OA,OB 的垂线 MP,MQ.设 H 为 $\triangle OPQ$ 的垂心,当点 M 遍历线段 AB 时,点 H 的轨迹是什么?

8. 在平面上给出等腰 $\triangle ABC$ 和 $\triangle CDE$,分别以 B 和 D 为直角顶点又具有

173

公共的顶点 C(三角形顶点字母按同一方向排列).试证:线段 AE 的中点的位置与点 C 的选取无关.

9.在 $\triangle ABC$ 中,M 是 BC 边的中点,$AB = 12$,$AC = 16$,E 和 F 分别在 AC 和 AB 上,直线 EF 和 AM 相交于 G,若 $AE = 2AF$,求 $EG : GF$.

10.过 $\triangle ABC$ 顶点 B 的两条直线分 BC 边上的中线 AD 所成的比 $AE : EF : FD = 4 : 3 : 1$,求这两直线分 AC 边所成的比 $AG : GH : HC$.

11.在 $\triangle ABC$ 中,D 在 BC 上,且 $BD : DC = 3 : 2$,E 在 AD 上,且 $AE : ED = 5 : 6$,若 BE 交 AC 于 F,求 $BE : EF$.

12.在 $\triangle ABC$ 中,D,E 分别为 AB,AC 上的点,CD 与 BE 相交于 F,且 $AD : DB = 1 : 9$,$AE : EC = 9 : 4$,求 $BF : EF$ 的值.

13.证明:四边形 $ABCD$ 的边 AB 和 CD 在两条已知直线 l_1 和 l_2 上,而边 BC 和 AD 交于已知点 P,则四边形 $ABCD$ 的对角线交点的轨迹是过直线 l_1 与 l_2 的交点 Q 的一条直线.

14.求证:连接圆外切四边形对边上的切点的两直线通过对角线的交点.

15.设 O 是圆 S 中弦 AB 的中点,MN 和 PQ 是通过点 O 的任意两弦,使得 P 和 N 在 AB 的一侧,E 和 F 是弦 AB 分别同弦 MP 和 NQ 的交点.求证:O 是线段 EF 的中点.

16.点 A,B,C,D 在圆上,SA 和 SD 是这圆的切线,P,Q 分别是直线 AB 和 CD,AC 和 BD 的交点.求证:点 P,Q 和 S 在一条直线上.

17.设 O 是四边形 $ABCD$ 对角线的交点,而 E 与 F 分别是边 AB 和 CD,BC 和 AD 延长线的交点,直线 EO 交边 AD 和 BD 于点 K 和 L,而直线 FO 交边 AB 和 CD 于点 M 和 N.求证:直线 KN 和 LM 的交点 X 在直线 EF 上.

第十二章　消点法

在研究几何定理的机器证明中,张景中院士以他多年来发展的几何新方法(面积法)为基本工具,提出了消点思想,和周咸山、高小山合作,于1992年突破了这项难题,实现了几何定理可读性证明的自动生成.这一新方法既不以坐标为基础,也不同于传统的综合方法,而是一个以几何不变量为工具,把几何、代数逻辑和人工智能方法结合起来所形成的开发系统.它选择几个基本的几何不变量和一套作图规则并且建立一系列与这些不变量和作图规则有关的消点公式.当命题的前题以作图语句的形式输入时,程序可调用适当的消点公式把结论中的约束关系逐个消去,最后水落石出.消点的过程记录与消点公式相结合,就是一个具有几何意义的证明过程.

基于此法所编的程序,已在微机上对数以百计的困难的几何定理完全自动生成了简短的可读证明,其效率比其他方法高得多.这一成果被国际同行誉为使计算机能像处理算术那样处理几何的发展道路上的里程碑,是自动推理领域三十年来最重要的成果.

更值得一提的是,这种方法也可以不用计算机而由人用笔在纸上执行.这种方法我们称为证明几何问题的消点法.消点法把证明与作图联系起来,把几何推理与代数演算联系起来,使几何解题的逻辑性更强了,它结束了两千年来几何证题无定法的局面,把初等几何解题法从只运用四则运算的层次推进到代数方法的阶段.从此,几何证题有了以不变应万变的模式.

例 1　求证:平行四边形对角线相互平分.

分析　做几何题必先画图,画图的过程就体现了题目中的假设条件.如图 1.12.1,它可以这样画出来:

(1) 任取不共线三点 A,B,C;

(2) 取点 D 使 AD // BC,DC // AB;

(3) 取 AC,BD 的交点 O.

由此,图中五个点的关系就很清楚:先得有 A,B,C,然后才有

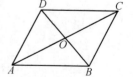

图 1.12.1

D.有了这四点后才能有 O.这种点之间的制约关系,对解题至关重要.

要证明的结论是 $AO = OC$,即 $AO : CO = 1$.因而解题思路是:要证明的等式左端有三个

几何点 A,C,O 出现,右端却只有数字 1.若想办法把字母 A,C,O 统统消掉,不就水落石出了吗?首先着手从式子 $AO:CO$ 中消去最晚出现的点 O.用什么办法消去一个点,这要看此点的来历,和它出现在什么样的几何量之中.点 O 是由 AC,BD 相交而产生的,可用共边定理消去点 O.下一步轮到消去 D,根据 D 的来历:$AD /\!/ BC$,故 $S_{\triangle CBD} = S_{\triangle ABC}$,$DC /\!/ AB$,故 $S_{\triangle ABD} = S_{\triangle ABC}$.于是得证法.

证明 由 $\dfrac{AO}{CO} = \dfrac{S_{\triangle ABD}}{S_{\triangle CBD}} = \dfrac{S_{\triangle ABC}}{S_{\triangle ABC}} = 1$,即证.

例2 如图 1.12.2,设 $\triangle ABC$ 的两中线 AM,BN 相交于 G.求证:$AG = 2GM$.

分析 先弄清作图过程.

(1) 任取不共线三点 A,B,C;

(2) 取 AC 中点 N,取 BC 中点 M;

(3) 取 AM,BN 交点 G.

要证明 $AG = 2GM$,即 $AG:GM = 2$,为此应当顺次消去待证结论式左端的点 G,M 和 A.

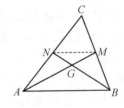

图 1.12.2

176

证明 由 $\dfrac{AG}{GM} = \dfrac{S_{\triangle ABN}}{S_{\triangle BMN}} = \dfrac{S_{\triangle ABN}}{\frac{1}{2}S_{\triangle BCN}} = 2 \cdot \dfrac{\frac{1}{2}S_{\triangle ABC}}{\frac{1}{2}S_{\triangle ABC}} = 2$,即证.

例3 如图 1.12.3,已知 $\triangle ABC$ 的高 BD,CE 交于 H.求证:$\dfrac{AC}{AB} = \dfrac{\cos \angle BAH}{\cos \angle CAH}$.

分析 所证结论可写成 $AC \cdot \cos \angle CAH = AB \cdot \cos \angle BAH$ 即 AB,AC 在直线 AH 上的投影相等,即 $AH \perp BC$,这和证三角形三高线交于一点等价.上式又可写成

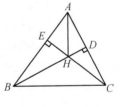

图 1.12.3

$$\frac{AC \cdot \cos \angle CAH}{AB \cdot \cos \angle BAH} = 1$$

作图顺序是 (1)A,B,C;(2)D,E;(3)H.

证明 由 $\cos \angle CAH = \dfrac{AD}{AH}$,$\cos \angle BAH = \dfrac{AE}{AH}$

有 $\dfrac{AC \cdot \cos \angle CAH}{AB \cdot \cos \angle BAH} = \dfrac{AC \cdot AD \cdot AH}{AB \cdot AE \cdot AH} = \dfrac{AC \cdot AD}{AB \cdot AE} = \dfrac{AC \cdot AB \cdot \cos \angle BAC}{AB \cdot AC \cdot \cos \angle BAC} = 1$

由此即证.

注:此例依次消去 H,D,E,消点时也不是用面积方法.

例4 如图1.12.4,若凸四边形 $ABCD$ 的对角线 AC 与 BD 互相垂直且相交于 E,过 E 点分别作边 AB,BC,CD,DA 的垂线,垂足依次为 P,Q,R,S,并分别交 CD,DA,AB,BC 边于 P', Q',R',S'.再顺次连接 $P'Q',Q'R',R'S',S'P'$,求证: $R'S' \parallel Q'P' \parallel AC, R'Q' \parallel S'P' \parallel BD$.

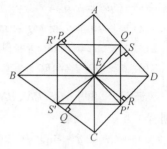

图 1.12.4

分析 要证 $P'Q' \parallel AC$,需证 $\dfrac{AQ'}{DQ'} = \dfrac{CP'}{DP'}$,即证 $\dfrac{AQ'}{DQ'}$. $\dfrac{DP'}{CP'} = 1$.同理,要证 $R'S' \parallel AC$,需证 $\dfrac{AR'}{BR'} \cdot \dfrac{BS'}{CS'} = 1$.其余类似.

作图顺序是(1) A,B,C,D;(2) P,Q,R,S;(3) P',Q',R',S'.

证明 由

$$\frac{AQ'}{DQ'} \cdot \frac{DP'}{CP'} = \frac{S_{\triangle AQE}}{S_{\triangle DQE}} \cdot \frac{S_{\triangle DPE}}{S_{\triangle CPE}} = \frac{AE \cdot BE \cdot S_{\triangle CQE}}{CE \cdot DE \cdot S_{\triangle BQE}} \cdot \frac{DE \cdot AE \cdot S_{\triangle BPE}}{BE \cdot CE \cdot S_{\triangle APE}} =$$

$$\frac{AE \cdot BE \cdot CE^2}{CE \cdot DE \cdot BE^2} \cdot \frac{DE \cdot AE \cdot BE^2}{BE \cdot CE \cdot AE^2} = 1$$

即证得 $P'Q' \parallel AC$.

在上述过程中,首先用共边定理消去 P',Q',再利用共边定理

$$\frac{S_{\triangle AQE}}{S_{\triangle CQE}} = \frac{AE}{CE}, \frac{S_{\triangle DQE}}{S_{\triangle BQE}} = \frac{DE}{BE}, \frac{S_{\triangle DPE}}{S_{\triangle BPE}} = \frac{DE}{BE}, \frac{S_{\triangle CPE}}{S_{\triangle APE}} = \frac{CE}{AE}$$

177

进化转化,最后用相似三角形的面积比等于相似比的平方消去 P,Q.

同样可用消点法证得 $\dfrac{AR'}{BR'} \cdot \dfrac{BS'}{CS'} = 1$.故 $R'S' \parallel Q'P' \parallel AC$.

同理亦可证得 $R'Q' \parallel P'S' \parallel BD$.

注:此例消点是分组进行的.

例5 如图1.12.5,设 $\triangle ABC$ 的内心为 I, BC 边中点为 M, Q 在 IM 的延长线上并且 $IM = MQ$, AI 的延长线与 $\triangle ABC$ 的外接圆交于 D, DQ 与 $\triangle ABC$ 的外接圆交于 N.求证: $AN + CN = BN$.

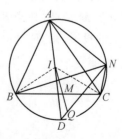

图 1.12.5

分析 由于所证式中的线段都是 $\triangle ABC$ 外接圆的弦,故可用正弦定理转化成三角函数式而证.又作图过程为

(1) 任取不共线三点 A,B,C;

(2) 取 $\triangle ABC$ 内心 I;

(3) 取 BC 中点 M；

(4) 延长 IM 至 Q，使 $MQ = IM$；

(5) 延长 AI，与 $\triangle ABC$ 外接圆交于 D；

(6) 直线 DQ 与 $\triangle ABC$ 外接圆交于 N.

证明 由于 AN，CN，BN 都是 $\triangle ABC$ 外接圆的弦，若设外接圆直径为 d，则有

$$AN = d \cdot \sin\angle D, BN = d \cdot \sin\angle BDN, CN = d \cdot \sin\angle CBN$$

记 $\angle D = \theta, \angle BAC = A, \angle ABC = B, \angle ACB = C$，则

$$\angle BDN = \angle BDA + \angle D = C + \theta, \angle CBN = B - \angle ABN = B - \theta$$

于是所证等式化为

$$d \cdot \sin\theta + d \cdot \sin(B - \theta) = d \cdot \sin(C + \theta)$$

所以 $\sin\theta + \sin\theta \cdot \cos\theta - \cos B \cdot \sin\theta = \sin C \cdot \cos\theta + \cos C \cdot \sin\theta$

即

$$\frac{\sin\theta}{\cos\theta} = \frac{\sin C - \sin B}{1 - \cos B - \cos C}$$

此时已消去点 N.

下面继续消去 Q 和 M，由于

$$S_{\triangle IDQ} = \frac{1}{2} ID \cdot QD \cdot \sin\theta$$

则

$$\sin\theta = \frac{2S_{\triangle IDQ}}{ID \cdot QD}$$

由 $IM = MQ$，有 $S_{\triangle IDQ} = 2S_{\triangle IDM}$. 又

$$QD \cdot \cos\theta = ID - IQ \cdot \cos\angle QID = ID - 2IM \cdot \cos\angle MID$$

所以

$$\frac{\sin\theta}{\cos\theta} = \frac{2S_{\triangle IDQ}}{ID \cdot QD \cdot \cos\theta} = \frac{4S_{\triangle IDM}}{(ID - 2IM \cdot \cos\angle MID) ID}$$

此时已消去点 Q.

由于 M 是 BC 中点及 $S_{\triangle IDB} + S_{\triangle IDM} = S_{\triangle IDC} - S_{\triangle IDM}$ 并注意到 B, C, M 在 ID 上的投影，则有

$$S_{\triangle IDM} = \frac{1}{2}(S_{\triangle IDC} - S_{\triangle IDB})$$

且

$$IM \cdot \cos\angle MID = \frac{1}{2}(IB \cdot \cos\angle BID + IC \cdot \cos\angle CID) =$$

$$\frac{1}{2}(IB \cdot \cos\frac{A + B}{2} + IC \cdot \cos\frac{A + C}{2}) =$$

$$\frac{1}{2}(IB \cdot \sin\frac{C}{2} + IC \cdot \sin\frac{C}{2})$$

178

所以

$$\frac{\sin\theta}{\cos\theta} = \frac{2(S_{\triangle IDC} - S_{\triangle IDB})}{(ID - IB \cdot \sin\frac{C}{2} - IC \cdot \sin\frac{B}{2})ID}$$

此时已消去点 M.

又由面积公式和正弦定理,有

$$S_{\triangle IDC} = \frac{1}{2}ID \cdot DC \cdot \sin\angle IDC = \frac{1}{2}ID \cdot DC \cdot \sin B$$

$$S_{\triangle IDB} = \frac{1}{2}ID \cdot BD \cdot \sin\angle IDB = \frac{1}{2}ID \cdot DB \cdot \sin C$$

$$\frac{IB}{ID} = \frac{\sin\angle ADB}{\sin\angle IBD} = \frac{\sin C}{\sin\frac{A+B}{2}} = \frac{\sin C}{\cos\frac{C}{2}} = 2\sin\frac{C}{2}$$

$$\frac{IC}{ID} = \frac{\sin\angle ADC}{\sin\frac{A+C}{2}} = \frac{\sin B}{\cos\frac{B}{2}} = 2\sin\frac{B}{2}$$

$$\frac{DC}{ID} = \frac{BD}{ID} = \frac{\sin\angle BID}{\sin\angle IBD} = \frac{\sin\frac{A+B}{2}}{\sin\frac{A+B}{2}} = 1$$

所以

$$\frac{\sin\theta}{\cos\theta} = \frac{ID \cdot DC \cdot \sin B - ID \cdot DB \cdot \sin C}{ID \cdot ID(1 - \frac{IB}{ID} \cdot \sin\frac{C}{2} - \frac{IC}{ID} \cdot \sin\frac{B}{2})} =$$

$$\frac{\frac{DC}{ID} \cdot \sin B - \frac{DB}{ID} \cdot \sin C}{1 - 2\sin^2\frac{C}{2} - 2\sin^2\frac{B}{2}} =$$

$$\frac{\sin B - \sin C}{-1 + \cos C + \cos B} =$$

$$\frac{\sin C - \sin B}{1 - \cos B - \cos C}$$

由此即证得结论.

从上述诸例可以看出:只要题目中的条件可以用尺规作图表示出,并且结论可以表示成常用几何量(包括面积、线段及角的三角函数)的多项式等式,总可以用消点法一步一步地写出解答.当要消去某点 P 时,一看 P 是怎么产生的,即与其他点的关系;二看 P 处在哪种几何量之中.由于作图法只有有限种(设为 n 种),几何量也只有有限个(设为 m 个),故消点方式至多不外乎 $m \times n$ 种.这就是消点法解几何题以不变应万变模式的基本依据(实际上是几何证题可以机械化的基本依据).

179

练习题 1.12

1.设 E 是正方形 $ABCD$ 对角线 AC 上一点, $AF \perp BE$ 于 F ,交 BD 于 G .求证: $\triangle EAB \cong \triangle GDA$.

2.设 A , B , C , D , E , F 六点共圆. AB 与 DF 交于 P , BC 与 EF 交于 Q , AE 与 DC 交于 S .求证: P , Q , S 在一直线上.

3.在 $\triangle ABC$ 的外接圆上任取一点 D ,自 D 向 BC , CA , AB 引垂线,垂足为 E , F , G .求证: E , F , G 三点共线.(西姆松定理)

4.直线 AB 过半圆圆心 O ,分别过 A , B 作圆 O 的切线,切圆 O 于 D , C . AC 与 BD 交于 E ,自 E 作 AB 的垂线,垂足为 F .求证: EF 平分 $\angle CFD$.

几何学的光荣,在于它从很少几条独立自主的原则出发,而得以完成如此之多的工作.

—— 牛顿(Newton)

第十三章 物理方法

数学和物理有着不解之缘,自这两门学科诞生起,它们就互相启发、互相借鉴、互相帮助并一道发展.用数学方法去解物理问题,似乎理所当然,但反过来用物理方法去解答数学问题却常被忽视,实际上后者往往使复杂的数学问题变得巧妙与简洁.早在两千多年以前,古希腊学者阿基米德就对用物理方法解答数学问题进行了开拓性的研究,曾用力学中物理的平衡定律解一些几何问题.近代的物理学,不仅为某些数学命题的证明提出了明确的思路和简单的方法,甚至为数学提供了新的思想和方向.在这里,我们介绍运用物理方法来求解某些平面几何问题的原理方法.

一、运用力学原理

1.重心原理

力学中把小得可以不计体积的物体叫质点,质点可以看成附加一定数值(质量)的几何点.因质点有质量,因而它也有重力.许多质点组成的质点组有一个重心,即质点组所有质点重力的合力的作用点,我们已熟悉了三角形的重心概念及重心定理,但质点组的重心还有一些性质值得我们注意.

性质1 用 m_i 表示 i 点的质量,若 P 是质点 A,B 的重心,则 $m_A \cdot AP = m_B \cdot PB$,且 $m_P = m_A + m_B$.

性质2 若质点组 $A_1,A_2,\cdots,A_{n-1}$ 的重心为 P_{n-1},则质点组 $A_1,A_2,\cdots,A_n$ 的重心就是质点 A_n,P_{n-1} 的重心.

性质3 若 P 为质点 A,B,C 的重心,则射线 AP 与 BC 的交点为质点 B,C 的重心.

对于质点组 $A_1(m_1),A_2(m_2),\cdots,A_n(m_n)$($m_i$ 为正数),若有质点 $G(m)$,满足 $m_1 \overrightarrow{GA_1} + m_2 \overrightarrow{GA_2} + \cdots + m_n \overrightarrow{GA_n} = \mathbf{0}$,$m = m_1 + m_2 + \cdots + m_n$,我们称 $G(m)$ 为质点组 $A_1(m_1),A_2(m_2),\cdots,A_n(m_n)$ 的重心.

性质4 对于任意质点组 $A_1(m_1), A_2(m_2), \cdots, A_n(m_n)$，重心 $G(m)$ 存在且惟一. 对于任意质点 P，有

$$\vec{PG} = \frac{1}{\sum\limits_{i=1}^{n} m_i} \left(\sum\limits_{i=1}^{n} m_i \vec{PA_i} \right)$$

事实上，设 G, P 为平面上任意两质点. 这时有

$$\sum_{i=1}^{n} m_i \vec{GA_i} = \left(\sum_{i=1}^{n} m_i \right) \vec{GP} + \sum_{i=1}^{n} m_i \vec{PA_i}$$

因此，点 G 是质点组重心，当且仅当

$$\left(\sum_{i=1}^{n} m_i \right) \vec{GP} + \sum_{i=1}^{n} m_i \vec{PA_i} = \mathbf{0}$$

由此即证.

性质5 设 $G(m)$ 是质点组 $A_1(m_1), A_2(m_2), \cdots, A_n(m_n)$ 的重心，对于任一质点 P，则

$$\sum_{i=1}^{n} m_i \vec{PA_i^2} = \sum_{i=1}^{n} m_i \vec{GA_i^2} + \left(\sum_{i=1}^{n} m_i \right) \vec{GP^2}$$

事实上，注意 $\sum\limits_{i=1}^{n} m_i \vec{GA_i} = \mathbf{0}$ 及 $\vec{PA_i} = \vec{PG} + \vec{GA_i}$ 即证.

注：我们常称 $\sum\limits_{i=1}^{n} m_i \vec{MA_i^2} = I_M$ 为带有质量 m_i 的质点 A_i 组成的质点组的关于点 M 的惯性矩.

例1 如图 1.13.1，四边形 $ABCD$ 的两组对边 AB 和 DC, AD 和 BC 延长后交于 E, F，又对角线 $BD \parallel EF, AC$ 的延长线交 EF 于 G. 求证：$EG = GF$.（参见本篇第一章中例1）

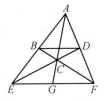

图 1.13.1

证明 由 $BD \parallel EF$，有 $AB : BE = AD : DF$，设此比值为 k. 今在 A, E, F 分别放置 $1, k, k$ 单位的质量. 显然，质点 $A(1), E(k)$ 的重心是 B，质点 $A(1), F(k)$ 的重心是 D，而由性质2,3知质点组 $A(1), E(k), F(k)$ 的重心即为 ED 与 BF 的交点 C. 又 AG 通过 C，故 G 应是质点 $E(k), F(k)$ 的重心，即 G 为 EF 之中点，从而 $EG = GF$.

例2 如图 1.13.2，图中四个小三角形的面积已标明，求 $\triangle ABC$ 的面积.

解 设 D 是质点 B, C 的重心，因 $BD : DC = 40 : 30 = 4 : 3$，故取 $m_B = 3a, m_C = 4a$. 又设 P 是质点组 A, B, C 的重心，则 P 也是质点 B, E 的重心，故

$$S_{\triangle BPC} : S_{\triangle BEC} = BP : (BP + PE) = m_E : (m_B + m_E)$$

解得 $m_E = 6a$. 再由性质 3 知 E 是质点 A, C 的重心, 则

$m_A = m_E - m_C = 2a$, 且 $AE : EC = m_C : m_A = 2 : 1$.

由此知

$$S_{\triangle ABC} = 3S_{\triangle BEC} = 3 \cdot 105 = 405$$

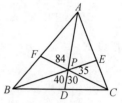

图 1.13.2

例 3 如图 1.13.3, 已知 $\dfrac{AP}{PD} + \dfrac{BP}{PE} + \dfrac{CP}{PF} = 90$, 求

$\dfrac{AP}{PD} \cdot \dfrac{BP}{PE} \cdot \dfrac{CP}{PF}$ 的值.

解 设 $\dfrac{AP}{PD} = x, \dfrac{BP}{PE} = y, \dfrac{CP}{PF} = z$, P 为质点组 $A, B,$

C 的重心, $\dfrac{BD}{DC} = a$. 因 P 是质点 A, D 的重心, 故取 $m_A =$

$1, m_D = x$. 又 D 是质点 B, C 的重心, 故 $m_B = \dfrac{x}{1+a}$,

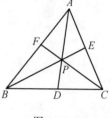

图 1.13.3

$m_C = \dfrac{ax}{1+a}$. 又由 P 是质点 C, F 的重心, 得 $m_F = \dfrac{axz}{1+a}$.

同理 $m_E = \dfrac{yx}{1+a}$. 再根据性质 3 知 F, E 分别是 A, B 和 A, C 这两组质点的重心,

故

$$1 + \frac{x}{1+a} = \frac{axz}{1+a}, 1 + \frac{ax}{1+a} = \frac{yx}{1+a}$$

由此解出 y, z, 易知

$$\frac{1}{x+1} + \frac{1}{y+1} + \frac{1}{z+1} = \frac{1}{x+1} + \frac{x}{1+a+ax+x} + \frac{xa}{1+a+ax+x} = 1$$

故

$$xyz = (x + y + z) + 2 = 94$$

例 4 参见图 1.13.3, 在 $\triangle ABC$ 中, AD, BE, CF 交于 $P, AP = PD = 6,$

$BP = 9, PE = 3, CF = 20$, 求 $S_{\triangle ABC}$.

解 设 P 为质点 A, B, C 的重心, $m_A = a$, 则由性质 2, 3 知 P 为 A, D 两质

点的重心, 故 $m_D = a, m_P = 2a$. 同理, P 亦为质点 B, E 的重心, 故 $m_B + m_E =$

$m_P = 2a$, 且 $BP \cdot m_B = PE \cdot m_E$, 由此解得 $m_B = \dfrac{a}{2}, m_E = \dfrac{3a}{2}$. 再由性质 3, F

为质点 A, B 的重心, 则

$$m_F = m_A + m_B = \frac{3a}{2}, BF : FA = m_A : m_B = 2 : 1$$

从而有

183

$$PF : PC = m_C : m_F = (m_E - m_A) : m_F = 1 : 3, PF = 20 \cdot \frac{1}{4} = 5$$

若设 $FA = x, FB = 2x$，在 $\triangle ABP$ 中，由斯特瓦尔特定理(参见本篇第一章中例 15) 有

$$5^2 = PF^2 = \frac{6^2 \cdot 2x + 9^2 \cdot x}{2x + x} - 2x^2$$

解得 $x = \sqrt{13}$. 又在 $\triangle ABP$ 中易知 $\angle APB = 90°$，故 $S_{\triangle APB} = \frac{1}{2} \cdot 9 \cdot 6 = 27$，从而

$$S_{\triangle ABC} = \frac{CF}{FP} \cdot S_{\triangle APB} = \frac{20}{5} \cdot 27 = 108$$

例5 如图 1.13.4，在 $\triangle ABC$ 的边 AB, BC 上分别取点 K, L，设 AL 和 CK 交于 M, KL 和 BM 交于 N. 求证：$\dfrac{AK \cdot BC}{LC \cdot AB} = \dfrac{KN}{NL}$.

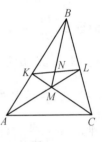

图 1.13.4

证明 设 $BK : KA = p, BL : LC = q$. 在点 A, B, C 处分别放置质量为 $p, 2, q$ 的质点. 下面证明点 N 是质点组 $A(p), B(1), C(q)$ 的重心.

由于点 K 是质点 $A(p), B(1)$ 的重心，点 L 是质点 $B(1), C(q)$ 的重心，因此点 $A(p), B(1), C(q)$ 的重心 O 位于 KL 线段上，且 O 点分 KL 之比为 $KO : OL = (q + 1) : (p + 1)$. 但点 O 又是分别带有质量 $p, 1, q$ 的质点组 A, B, C 和带有质量 1 的点 B 的重心. 显然，M 是带有质量 $p, 1, q$ 的点 A, B, C 的重心. 因此，O 点又位于线系 BM 上，即与 N 点重合. 因此有

$$KN : NL = (q + 1) : (p + 1)$$

因为 $BK : AK = p, BL : CL = q$，那么

$$AB : AK = (AK + BK) : AK = p + 1, BC : CL = q + 1$$

因此

$$KN : NL = (BC \cdot AK) : (CL \cdot AB)$$

例6 在半径为 R 的圆内有 n 个点，证明它们每两点的距离平方和不超过 $n^2 R^2$.

证明 $A_1, A_2, \cdots, A_n$ 是已知点，O 是圆心，P 是分别带有单位质量的点 $A_1, A_2, \cdots, A_n$ 的重心. 用 I_M 表示已知点 $A_1, A_2, \cdots, A_n$ 相对 M 点的惯性矩，那么 $I_{A_1} + \cdots + I_{A_n}$ 等于已知点中每两点之间距离平方和的倍数. 由于(性质 5)

$$I_{A_i} = I_P + nA_iP^2, I_O = I_P + nOP^2$$

184

有
$$I_{A_i} = I_0 + n(A_iP^2 - OP^2)$$

因此
$$I_{A_1} + \cdots + I_{A_n} = nI_0 + n(A_1P^2 + \cdots + A_nP^2) - n^2OP^2 =$$
$$n(I_0 - nOP^2) + nI_P = 2nI_P$$

显然
$$2nI_P \leqslant 2nI_0 = 2n(A_1O^2 + \cdots + A_nO^2) \leqslant 2n^2R^2$$

且当 $P = O$ 时,第一个不等式成为等式;若 $A_1, \cdots, A_n$ 位于圆周上,第二个不等式又成为等式.证毕.

2. 力系平衡原理

由于力是矢量(向量),当力系合力为零时,称力系处于平衡状态.因此运用首尾封闭相连的向量和为零向量解题也可看成是运用力系平衡原理解题,力系平衡也有下述性质.

性质 6　若平面上的三力平衡,则三力系线平行或共点.

性质 7　若力系的合力不为零,又它通过 $A, B, C, \cdots$ 诸点,则 $A, B, C, \cdots$ 诸点共线.

性质 8　大小一样,终端分布在正 n 边形 n 个顶点上共点于正多边形中心的力系,其合力为零.

例 7　如图 1.13.5,过 $\triangle ABC$ 三个顶点的三直线 AA_1, BB_1, CC_1 共点于 $O \Leftrightarrow \dfrac{\sin \alpha}{\sin \alpha'} \cdot \dfrac{\sin \beta}{\sin \beta'} \cdot \dfrac{\sin \gamma}{\sin \gamma'} = 1$,其中 $\alpha = \angle ABB_1, \beta = \angle BCC_1, \gamma = \angle CAA_1, \alpha' = \angle ACC_1,$ $\beta' = \angle BAA_1, \gamma' = \angle CBB_1.$ (塞瓦定理的等价形式)

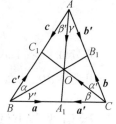

图 1.13.5

证明　必要性　选择力 $\boldsymbol{a}, \boldsymbol{c}'$,使其合力在 BB_1 上;选择力 $\boldsymbol{a}', \boldsymbol{b}$,使其合力在 CC_1 上,且 $\boldsymbol{a} = -\boldsymbol{a}'$,这样便有
$$\sin \alpha : \sin \gamma' = |\boldsymbol{a}| : |\boldsymbol{c}'|$$
$$\sin \beta : \sin \alpha' = |\boldsymbol{b}| : |\boldsymbol{a}'|$$

再在 A 处选择 $\boldsymbol{c} = -\boldsymbol{c}', \boldsymbol{b}' = -\boldsymbol{b}$,显然整个力系合力为零,即力系平衡.因而 $\boldsymbol{b}', \boldsymbol{c}$ 的合力作用线应通过 BB_1, CC_1 的交点 O,即通过 AA_1 (因 B_1B, A_1A, C_1C 共点于 O),所以
$$\sin \gamma : \sin \beta' = |\boldsymbol{c}| : |\boldsymbol{b}'|$$

从而
$$\frac{\sin \alpha}{\sin \gamma'} \cdot \frac{\sin \beta}{\sin \alpha'} \cdot \frac{\sin \gamma}{\sin \beta'} = \frac{|\boldsymbol{a}|}{|\boldsymbol{c}'|} \cdot \frac{|\boldsymbol{b}|}{|\boldsymbol{a}'|} \cdot \frac{|\boldsymbol{c}|}{|\boldsymbol{b}'|} = \frac{|\boldsymbol{a}|}{|\boldsymbol{c}|} \cdot \frac{|\boldsymbol{b}|}{|\boldsymbol{a}|} \cdot \frac{|\boldsymbol{c}|}{|\boldsymbol{b}|} = 1$$

充分性　若上式成立,总可以找到上面这种平衡力系,使得

$$\frac{\sin \alpha}{\sin \gamma'} = \frac{|\boldsymbol{a}|}{|\boldsymbol{c}'|}, \frac{\sin \beta}{\sin \alpha'} = \frac{|\boldsymbol{b}|}{|\boldsymbol{a}'|}, \frac{\sin \gamma}{\sin \beta'} = \frac{|\boldsymbol{c}|}{|\boldsymbol{b}'|}$$

进而可证三对力的合力作用线共点.

　　例 8　如图 1.13.6,$\triangle ABC$ 中的三条直线 AE, BD, CF 分别和对边或延长线交于 E, D, F,它们与其余两边夹角分别为 γ, β';α, γ';β, α'.则 E, D, F 共线

$$\Leftrightarrow \frac{\sin \alpha}{\sin \alpha'} \cdot \frac{\sin \beta}{\sin \beta'} \cdot \frac{\sin \gamma}{\sin \gamma'} = 1.$$（梅涅劳斯定理的等价形式）

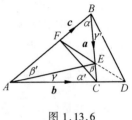

图 1.13.6

　　证明　必要性　选择三力 $\boldsymbol{a}, \boldsymbol{b}, \boldsymbol{c}$,使

$$\frac{\sin \beta}{\sin \alpha'} = \frac{\boldsymbol{b}}{\boldsymbol{a}}, \frac{\sin \gamma}{\sin \beta'} = \frac{\boldsymbol{c}}{\boldsymbol{b}}$$

　　这样 $\boldsymbol{a} + \boldsymbol{b}$ 作用线是 CF,$\boldsymbol{b} + \boldsymbol{c}$ 作用线是 AE,故整个力系合力 $\boldsymbol{a} + \boldsymbol{b} + \boldsymbol{c}$ 的作用线是 EF.

　　由于力 $\boldsymbol{b}$ 作用线过 D,力 $\boldsymbol{a} + \boldsymbol{c}$ 作用线也过 D(因 E, F, D 共线),故 BD 是 $\boldsymbol{a} + \boldsymbol{c}$ 的作用线,从而 $\frac{\sin \alpha}{\sin \gamma'} = \frac{\boldsymbol{a}}{\boldsymbol{c}}$,这样便有

$$\frac{\sin \alpha}{\sin \alpha'} \cdot \frac{\sin \beta}{\sin \beta'} \cdot \frac{\sin \gamma}{\sin \gamma'} = 1$$

　　充分性　若上式成立,按上所取力系 $\boldsymbol{a}, \boldsymbol{b}, \boldsymbol{c}$,必然有 $\frac{\sin \alpha}{\sin \gamma'} = \frac{\boldsymbol{a}}{\boldsymbol{c}}$,即力 $\boldsymbol{a} + \boldsymbol{c}$ 作用线是 BD,从而 D, E, F 共线.

二、运用光学原理

　　几何光学中的费尔马原理、光的反射律、光的折射律等,它们不仅可以在我们解决某些数学问题时给予一些启示,甚至可以在求解平面几何问题时提供一些方法.

　　例 9　如图 1.13.7,一张台球桌形状是正六边形 $ABCDEF$,一个球从 AB 的中点 P 击出,击中 BC 边上某点 Q,并且依次碰去 CD, DE, EF, FA 各边,最后击中 AB 边上的某一点,设 $\angle BPQ = \theta$,求 θ 的取值范围.

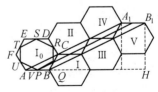

图 1.13.7

　　解法 1　设小球在各边击点依次为 P, Q,

R,S,T,U,V.根据入射角等于反射角的原理,有 $\angle PQB = \angle RQC$.又 $\angle B = \angle C$ 则 $\triangle QPB \backsim \triangle RQC$,故 $\dfrac{BQ}{BP} = \dfrac{CQ}{CR}$.同理,$\dfrac{BQ}{BP} = \dfrac{CQ}{CR} = \dfrac{DS}{DR} = \dfrac{ES}{ET} = \dfrac{FU}{FT} = \dfrac{AU}{AV}$.

为不失一般性,设正六边形边长为 1,$BQ = x$,则 $PB = \dfrac{1}{2}$,$CQ = 1 - x$,$CR = \dfrac{1-x}{2x}$,$DR = \dfrac{3x-1}{2x}$,$DS = 3x - 1$,$ES = 2 - 3x$,$ET = \dfrac{2-3x}{2x}$,$FT = \dfrac{5x-2}{2x}$,$FU = 5x - 2$,$AU = 3 - 5x$,$AV = \dfrac{3-5x}{2x}$.

因 Q,R,S,T,U,V 各点均在正六边形各边上,得不等式组(即各式均在 $(0,1)$ 内取值),求得 $\dfrac{3}{7} < x < \dfrac{3}{5}$.

在 $\triangle PBQ$ 中,$BP = \dfrac{1}{2}$,$\angle PBQ = 120°$,$\dfrac{3}{7} < BQ < \dfrac{3}{5}$,由余弦定理可得 PQ 的范围 $\dfrac{\sqrt{127}}{14} < PQ < \dfrac{\sqrt{91}}{10}$.由正弦定理可得 $\angle QPB$ 的范围

$$\arcsin\dfrac{3\sqrt{3}}{\sqrt{127}} < \theta < \arcsin\dfrac{3\sqrt{3}}{\sqrt{91}}$$

解法 2 利用图形对称轴反射,反射 5 次如图 1.13.7 所示,可求 $B_1H = \dfrac{3\sqrt{3}}{2}$,$BB_1 = 3\sqrt{3}$,也可求得如上结果.(略)

练习题 1.13

1. AD 是 $\triangle ABC$ 的 BC 边上的中线,E 是 AD 上一点,BE 交 AC 于 F,$AE : ED = 1 : 3$,求 $AF : FC$.

2. 在 $\triangle ABC$ 中,D,E 分别是 BC,CA 上的点,且 $BD : DC = m : 1$,$CE : EA = n : 1$,AD 与 BE 交于 F.求 $S_{\triangle ABF}$ 是 $S_{\triangle ABC}$ 的几倍.

3. 线段 AB 的中点为 M,从 AB 上另一点 C 向直线一侧引线段 CD,令 CD 中点为 N,BD 中点为 P,MN 中点为 Q,则 PQ 平分 AC.(参见本篇第九章中例 1)

4. 从三角形一个顶点到对边三等分点作线段,过第二顶点的中线被这些线段分成连比 $x : y : z$.设 $x \geqslant y \geqslant z$,求 $x : y : z$.(参见本篇第三章中例 17)

5. 设 A_1,B_1,C_1,D_1,E_1,F_1 是任意六边形边 AB,BC,CD,DE,EF,FA 的中点.求证:$\triangle A_1C_1E_1$ 和 $\triangle B_1D_1F_1$ 的中线交点重合.

6.在 $\triangle ABC$ 的边 AB，BC，CA 上分别取点 C_1，A_1，B_1.求证:当且仅当 $\dfrac{AC_1}{C_1B}$ ·

$\dfrac{BA_1}{A_1C} = \dfrac{CB_1}{B_1A}$ 时，三条直线 CC_1，AA_1，BB_1 相交于一点.(塞瓦定理)

7.在凸四边形 $ABCD$ 的边 AB，BC，CD，DA 上分别取点 K，L，M，N，且 $AK:$ $KB = DM:MC = \alpha$，$BL:LC = AN:ND = \beta$.设 P 为线段 KM 与 LN 之交点，求证:$NP:PL = \alpha$，$KP:PM = \beta$.

8.$\triangle ABC$ 是正三角形，求满足方程 $XA^2 = XB^2 + XC^2$ 的点 X 的轨迹.

9.直线 l 与已知 $\triangle ABC$ 两边 AB，AC 相交，且自 A 到 l 的距离等于从 B，C 到 l 的距离之和.求证:所有这样的直线通过同一点.

10.求证:若多边形有若干对称轴，则这些对称轴相交于同一点.

11.E，F；G，H 分别是四边形 $ABCD$ 的边 AD，BC 的三等分点；P，Q 分别为 AB，DC 的二等分点.试证:EG，PH 被 PQ 二等分，而 PQ 被 EG，FH 三等分.

12.设 α，β，γ 为锐角 $\triangle ABC$ 的三个内角，且 $\alpha < \beta < \gamma$.求证:$\sin 2\alpha > \sin 2\beta > \sin 2\gamma$.

188

13.若 P 为 $\triangle ABC$ 内一点，试在边 AB，BC，CA 上分别求点 Q，R，S，使 $PQ + QR + RS + SP$ 最小.

> 图形的科学是最为灿烂而美丽的科学，对此仅被称之曰几何学，这该是多么不恰当啊！
>
> —— 福里希里纳斯(Frischlinus, N.)

第十四章　完全归纳法　数学归纳法

一、完全归纳法

在研究事物的一切特殊情况所得到的共同属性的基础上作出一般性结论的推理方法,叫做完全归纳法.

有些平面几何问题,需要运用完全归纳法来求解.例如"圆周角的度数等于它所对弧的度数的一半"就是分圆心在圆周角的一条边上,在圆周角内部及外部三种情况研究之后得到的一般结论.

例1　已知 $\triangle ABC$ 的外接圆半径为 R,设 P 为 $\triangle ABC$ 内任一点,试问在 $\triangle PAB$,$\triangle PBC$,$\triangle PCA$ 的外接圆中,是否存在半径不大于 R 和不小于 R 的圆.

解　我们把 $\triangle ABC$ 分为锐角和非锐角三角形两种情形来研究.

当 $\triangle ABC$ 为锐角三角形时:

(1) 若

$$\angle BPC = 180° - A \qquad ①$$
$$\angle CPA = 180° - B \qquad ②$$
$$\angle APB = 180° - C \qquad ③$$

三式中有一式成立,不妨设 ① 成立,则 $\sin\angle BPC = \sin A$.由正弦定理可知 $\triangle BPC$ 的外接圆半径等于 R,此时命题的结论是肯定的.

(2) 若①,②,③ 式均不成立,则 ①,②,③ 式中至少有一个等号变成大于号(否则,若三个式子的等号都变成小于号,则 $\angle BPC + \angle CPA + \angle APB <$ $540° - (A + B + C) = 360°$,矛盾),不妨设 $\angle BPC > 180° - A$,此时 $\sin\angle BPC <$ $\sin A$,从而 $\triangle BPC$ 的外接圆半径大于 R.

为了证明 $\triangle BPA$ 与 $\triangle APC$ 中必有一个外接圆半径小于 R,又可分如下情形:

1)$\angle BPA$ 与 $\angle APC$ 中有一个为非钝角,不妨设 $\angle BPA \leqslant 90°$,则 $\angle C <$ $\angle BPA = 90°$,从而 $\sin C < \sin\angle BPA$,故 $\triangle BPA$ 的外接圆半径小于 R.

2)$\angle BPA$ 与 $\angle APC$ 均为钝角,则

$$90° < \angle BPA < 180° - C \qquad ④$$

$$90° < \angle APC < 180° - B \qquad ⑤$$

两式中至少有一式成立(否则结合 $\angle BPC > 180° - A$ 可得 $\angle BPC + \angle BPA + \angle APC > 360°$,矛盾).不妨设 ④ 成立,则 $\sin\angle BPA > \sin C$,故 $\triangle BPA$ 的外接圆半径小于 R.

当 $\triangle ABC$ 为非锐角三角形时:

不妨设 $A \geqslant 90°$,则 $\angle BPC > A \geqslant 180° - A$,于是归结为上述情况(2).

综上所述,可以归纳得到结论,在 $\triangle PAB$,$\triangle PBC$,$\triangle PCA$ 的外接圆中,必存在半径不大于 R 和不小于 R 的圆.

例2 设凸四边形 $ABCD$ 面积为1,求证:在它的边上(包括顶点)或内部可以找出四点,使得以其中任意三点为顶点所构成四个三角形的面积均大于 $\dfrac{1}{4}$.

证明 考虑四个三角形的面积 $S_{\triangle ABC}$,$S_{\triangle BCD}$,$S_{\triangle CDA}$,$S_{\triangle DAB}$ 中的最小者,不妨设 $S_{\triangle DAB}$ 最小.

(1) 若 $S_{\triangle DAB} > \dfrac{1}{4}$.则 A,B,C,D 即为所求.

(2) 若 $S_{\triangle DAB} < \dfrac{1}{4}$,则 $S_{\triangle BCD} > \dfrac{3}{4}$,设 G 为 $\triangle BCD$ 的重心,则 B,C,D,G 四点即为所求.

(3) 若 $S_{\triangle DAB} = \dfrac{1}{4}$,又可分为如下两种情形:

1) 而其他三个三角形的面积均大于 $\dfrac{1}{4}$,由于 $S_{\triangle ABC} = 1 - S_{\triangle CDA} < \dfrac{3}{4} = S_{\triangle BCD}$,故过 A 点作 BC 的平行线必与线段 CD 交于 CD 内部一点 E.

由于 $S_{\triangle ABC} > \dfrac{1}{4}S_{\triangle DAB}$,故 $S_{\triangle EAB} > S_{\triangle DAB} = \dfrac{1}{4}$.又因 $S_{\triangle EAC} = S_{\triangle EAB}$,$S_{\triangle EBC} = S_{\triangle ABC} > \dfrac{1}{4}$,可见 E,A,B,C 四点满足要求,如图 1.14.1(1).

2) 且其他三个三角形中还有一个面积为 $\dfrac{1}{4}$,不妨设 $S_{\triangle CDA} = \dfrac{1}{4}$,如图 1.14.1(2),这时,因 $S_{\triangle DAB} = S_{\triangle CDA}$,所以 $AD \parallel BC$.又因 $S_{\triangle ABC} = S_{\triangle BCD}$,故知 $BC = 3AD$.

在边 AB 上取点 E,在 DC 上取点 F,使 $AE = \dfrac{1}{4}AB$,$DF = \dfrac{1}{4}DC$,于是 $EF = \dfrac{1}{4}(3AD + BC) = \dfrac{3}{2}AD$.因而

$$S_{\triangle EBF} = S_{\triangle ECF} = \dfrac{3}{4} \cdot \dfrac{3}{2} S_{\triangle DAB} > \dfrac{3}{4}, S_{\triangle EBC} = S_{\triangle FBC} > S_{\triangle EBF} > \dfrac{1}{4}$$

190

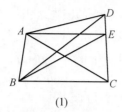
(1)

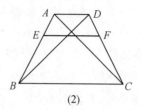
(2)

图 1.14.1

可见 E,B,C,F 四点满足要求.

综上便知,在凸四边形 $ABCD$ 的边上或内部总存在四点满足要求.

完全归纳法实际上也是一种枚举的策略方法.

二、数学归纳法

在与自然数有关的平面几何问题的证明中,数学归纳法也是一个重要的证题方法.数学归纳法证题的基本步骤是:

(1) 证明当 $n = n_0$ 时,命题为真;

(2) 假设当 $n = k(k \geq n_0,$ 且 $k \in \mathbf{N})$ 时,命题为真,证明 $n = k + 1$ 时,命题也真;

(3) 根据(1),(2) 则作出结论,当 $n \geq n_0,$ 且 $n \in \mathbf{N}$ 时,命题为真.

191

例 3 设 $n \in \mathbf{N}, n \geq 2,$ 在 $\triangle ABC$ 中,若 $AB = nAC,$ 则 $\angle C > n\angle B.$

证明 (1) 如图 1.14.2,当 $n = 2$ 时,即 $AB = 2AC$ 时,延长 BC 到 $B',$ 使 $CB' = AC,$ 则

$$\angle B' = \angle CAB' = \frac{1}{2}\angle ACB, AB' < AC + CB' = 2AC = AB$$

于是 $\angle B < \angle B'.$ 从而 $\angle ACB = 2\angle B' > 2\angle B.$

(2) 假设 $n = k$ 时,命题为真,即当 $AB = kAC,$ 有 $\angle C > k\angle B,$ 此时亦有 $\angle CAB' > k\angle B'.$ 当 $n = k + 1$ 时,延长 BC 到 B' 使 $CB' = kAC,$ 参见图1.14.2,则

$$AB' < AC + CB' = (k + 1)AC = AB$$

于是

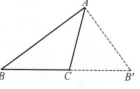

图 1.14.2

$$\angle B < \angle B', \angle ACB = \angle CAB' + \angle B' > (k + 1)\angle B' > (k + 1)\angle B$$

(3) 由上述(1),(2)知当 $n \geq 2$ 且 $n \in \mathbf{N}$ 时,若 $AB = nAC,$ 则 $\angle C > n\angle B.$

例 4 圆上一点至内接偶数边多边形(不一定是凸的)相间诸边(所在直

线）的距离之积,等于该点至其余诸边（所在直线）的距离之积.

证明 如图 1.14.3,设 $A_1A_2\cdots A_{2n}$ 是圆内接 $2n$ 边形,P 为圆上任一点,P 到直线 $A_1A_2,A_2A_3,\cdots,A_{2n}A_1$ 的距离依次记为 $d_1,d_2,\cdots,d_{2n}$.

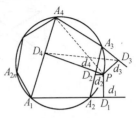

图 1.14.3

（1）当 $n=2$ 时,P 到 $A_1A_2,A_2A_3,A_3A_4,A_4A_1$ 所在直线的距离分别记为 d_1,d_2,d_3,d_4,垂足分别为 D_1,D_2,D_3,D_4. 由 A_2,D_1,P,D_2 四点共圆,P,D_3,A_4,D_4 四点共圆,有

$$\angle D_3PD_4 = 180° - \angle A_1A_4A_3 =$$
$$180° - \angle D_2A_2D_1 = \angle D_1PD_2$$
$$\angle PD_4D_3 = \angle PA_4A_3 = \angle A_3A_2P = \angle D_2D_1P$$

从而 $\triangle D_4PD_3 \backsim \triangle D_1PD_2$,从而有 $d_1 \cdot d_3 = d_2 \cdot d_4$.

（2）假设当 $n=k$ 时,有 $d_1d_3\cdots d_{2k-1} = d_2d_4\cdots d_{2k}$.当 $n=k+1$ 时,可将内接 $2k+2$ 边形分为两部分,一部分为内接 $2k$ 边形 $A_1A_2\cdots A_{2k}$,另一部分为内接四边形 $A_1A_{2k}A_{2k+1}A_{2k+2}$,那么由归纳假设及第一步已证结论,有 $d_1 \cdot d_3 \cdots d_{2k-1} = d_2 \cdot d_4 \cdots d_{2k-2} \cdot d$ 及 $d \cdot d_{2k+1} = d_{2k} \cdot d_{2k+2}$,其中 d 为 P 到 A_1A_{2k} 的距离,故 $d_1 \cdot d_3 \cdots d_{2k+1} = d_2 \cdot d_4 \cdots d_{2k+2}$.

由（1）,（2）知当 $n \geqslant 2$ 且 $n \in \mathbf{N}$ 时,结论成立.

由上述两例,我们可以看到:在运用数学归纳法证平面几何问题时,第一步的证明不仅第二步的论证起到铺垫的作用,还为第二步的论证提供了模式或程式.

练习题 1.14

用完全归纳法求解下列问题.

1.设圆 O 与圆 O' 相交于 P,Q,过 Q 任作一直线交两圆于 A,B,则 $\angle APB = \angle OPO'$.

2.设 M,N 分别是圆弧 $\overset{\frown}{AB}$,$\overset{\frown}{AC}$ 的中点,则三直线 AB,AC,MN 交成一等腰三角形.

3.平面上任给 5 个相异的点,它们之间的最大距离与最小距离之比为 λ,求证:$\lambda \geqslant 2\sin54°$,并讨论等号成立的充要条件.

4.在 $\triangle ABC$ 中,P 为边 BC 上任意一点,$PE /\!/ BA$,$PF /\!/ CA$,若 $S_{\triangle ABC} = 1$,

求证：$S_{\triangle BPF}$，$S_{\triangle PCE}$ 和 $S_{\square PEAF}$ 中至少有一个不小于 $\dfrac{4}{9}$．

5. 三圆两两相交，每两圆的两个交点连一直线，则这三条直线平行或共点．

6. 已知 A 和 B 是定圆上的两个定点且二者不是对径点，XY 是一条变直线．试求直线 AX 与 BY 之交点的轨迹．

用数学归纳法证明下列问题．

7. 圆内接偶数边凸多边形相间诸角之和等于其余各角之和．

8. 从一点 M 作多边形 $A_1A_2\cdots A_n$ 各边所在直线 A_1A_2，A_2A_3，$\cdots$，A_nA_1 的垂线段 MH_1，MH_2，$\cdots$，MH_n，求证：

$$A_1H_1^2 + A_2H_2^2 + \cdots + A_nH_n^2 = A_2H_1^2 + A_3H_2^2 + \cdots + A_1H_n^2$$

9. 求证：可将任一正三角形分割成 n 个等腰三角形．

10. 试证：对任何自然数 $n \geqslant 6$，每一个正方形可以分成 n 个正方形．

11. 求证：$n(n \in \mathbf{N}$ 且 $n \geqslant 2)$ 个正方形经过有限次剪拼，一定能够拼成一个大正方形．

柏拉图说："上帝在不断地制作几何图形。"

—— 普鲁达契（Plutarch）

第十四章　完全归纳法　数学归纳法

第二篇

懂得诸子"兵法"
——熟悉基本思路

> 求解一个问题的重要成绩是构造出一个解题计划的思路.
>
> ——波利亚(Pólya)
>
> 解题的成功要靠正确思路的选择,要靠从可以接近它的方向去攻击堡垒.为了辨别哪一条思路正确,哪一方向可接近它,就要试探各种方向和各种思路.
>
> ——波利亚(Pólya)

　　数学题构造复杂,变化多端,特别是某些平面几何问题,涉及的点线位置及数量关系常常难以建立直接联系,解决问题的思路主线不易一下子抓住,需要解题者对扑朔迷离的表象进行由表及里、去伪存真地分析、加工改造,从不同的方向探索,以不同的角度审视,在广阔范围内选择思路.在多数情形下,求解一个问题时陷入困境的主要原因可能是思路狭窄,只想到用某一方面的知识和某一种方法来解决,这就无形中给自己画地为牢,致使解题思路、方法选择不当,措施繁琐或举步艰难如入山重水复之境.解题能力较强的人,其主要标志就表现在思路开阔、思维灵活,考虑到更多的知识和方法,展现在他眼前的是坦途条条,即使暂时受挫,也会马上柳暗花明,别有洞天.

第一章　线段相等问题的求解思路

　　求解线段相等问题是以证明两线段相等为基础的,证明线段的和、差、倍、分问题的基本思路是化归为证明两线段相等的问题.

　　证明两线段相等常可从如下角度去考虑.

　　从角考虑:在同一三角形中等角对等边,在同圆或等圆中等圆周角对等弦、等圆心角对等弦.

　　从线考虑:线段中垂线上的点到线段两端点的距离相等.角的平分线上的点到角的两边的距离相等.平行的两直线间的距离相等.关于某直线(或某点)对称的两点到直线(或某点)的距离相等.圆的垂径平分弦相等.两圆的内(或外)公切线长相等.从一点向圆引的两条切线长度相等.

　　从形考虑:全等形的对应边相等.特殊多边形中的边与边,边与对角线,对角线与对角线之间相等、和差、倍分(例如,直角三角形斜边上的中线等于斜边的一半,含 $30°$ 的直角三角形的斜边是 $30°$ 角所对边的两倍).三角形、梯形的中位线与底边的关系.平行四边形的对边相等,对角线互相平分等等.

　　从计算考虑:可直接计算两线段相等.可通过等量代换转算.可利用比例式、等积式转算.还可利用一系列定理、公式,例如边比定理、张角公式等等.

　　从运用方法考虑:可运用反证法、同一法、面积法、割补法等等一系列基本方法.

　　下面举例介绍求解线段相等问题的若干思路.

一、注意到三角形中等角对等边

　　例1　如图2.1.1,正方形 $ABCD$ 中,E 是 CD 的中点,F 是 DA 的中点,连接 BE 与 CF 相交于 P,求证:$AP = AB$.

　　思路　连 BF,易证 $\mathrm{Rt}\triangle BCE \cong \mathrm{Rt}\triangle CDF$,可得 $\angle CFD = \angle ABP$,从而 F,A,B,P 四点共圆,所以

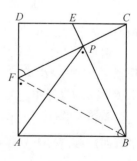

图 2.1.1

195

$\angle AFB = \angle APB.\ \text{Rt}\triangle BCE \cong \text{Rt}\triangle BAF$，所以有 $\angle ABP = \angle AFB$，于是 $\angle APB = \angle ABP$，故 $AP = AB$.

例2 （参见第三篇第一章定理11）如图2.1.2,设 I 为 $\triangle ABC$ 内切圆圆心,而与点 A 不同的点 D 是直线 AI 与 $\triangle ABC$ 外接圆的交点,求证: $DB = DC = DI$.

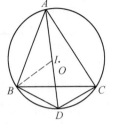

图 2.1.2

思路 连 BI,由 $\angle BAD = \angle CAD$ 有 $BD = DC$.又因

$$\angle BID = \angle BAI + \angle ABI = \frac{1}{2}\angle BAC + \frac{1}{2}\angle ABC$$

$$\angle IBD = \angle IBC + \angle DBC = \frac{1}{2}\angle ABC + \angle DBC$$

而

$$\angle DBC = \angle DAC = \frac{1}{2}\angle BAC$$

则

$$\angle IBD = \frac{1}{2}\angle ABC + \frac{1}{2}\angle BAC$$

所以 $\angle BID = \angle IBD$.所以 $DB = DI$.由此即证.

二、注意到特殊多边形的性质

196

例3 如图2.1.3,求证:如果圆的内接四边形的两条对角线互相垂直,则从对角线交点至一边中点的线段等于圆心到这一边的对边的距离.

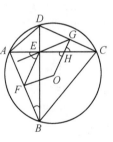

图 2.1.3

思路 欲证 $FE = OG$,在 $\triangle ABE$ 中,$\angle AEB$ 为直角,所以 $\angle EAB + \angle EBA = 90°$.同理,$\angle GHC + \angle GCH = 90°$.由于 $\angle EBA = \angle GCH$,因此 $\angle EAB = \angle GHC$.又因为 $AF = BF = EF$,$\angle EAB = \angle AEF$ 且 $\angle GHC = \angle EHO$,所以 $\angle AEF = \angle EHO$,从而 $EF \parallel GO$.同理 $EG \parallel FO$.于是 $EGOF$ 是平行四边形,故 $FE = OG$.

例4 如图2.1.4,AD 是 $\triangle ABC$ 的中线.过 DC 上任意一点 F 作 $EG \parallel AB$,与 AC 和 AD 的延长线分别交于 G 和 E,$FH \parallel AC$ 交 AB 于 H,求证: $HG = BE$.

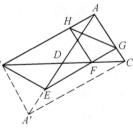

图 2.1.4

思路 延长 AE 至 A',使 $DA' = AD$.则 $ABA'C$ 为平行四边形,有 $AB = A'C$.由 $EG \parallel A'C$ 有 $\dfrac{EG}{A'C} = \dfrac{AG}{AC}$,又 $AGFH$ 是平行四边形,则 $AG = HF$.于是 $\dfrac{EG}{A'C} = \dfrac{HF}{AC}$.

又由 $HF \parallel AC$ 有 $\dfrac{HF}{AC} = \dfrac{BH}{AB}$,即 $\dfrac{EG}{AB} = \dfrac{BH}{AB}$.从而 $EG = BH$,又 $EG \parallel BH$,则 $BEGH$ 是平行四边形,故 $HG = BE$.

三、注意到全等三角形的对应边相等

例 5 如图 2.1.5,已知 $\triangle ABC$ 为等边三角形,延长 BC 到 D,延长 BA 到 E,并且使 $AE = BD$,连接 CE,DE.求证:$CE = DE$.

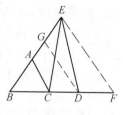

图 2.1.5

思路 在 BD 的延长线上取点 F,使 $DF = BC$,则

$$BE = BA + AE = BC + BD = DF + BD = BF$$

又 $\angle B = 60°$,则 $\triangle BEF$ 为等边三角形,于是可证 $\triangle BCE \cong \triangle FDE$.故 $CE = DE$.

此例还可在 AE 上取点 G,使得 $EG = BC$.由证 $\triangle CAE \cong \triangle EGD$ 得 $CE = DE$.

例 6 如图 2.1.6,在 $\triangle ABC$ 中,$AB < AC < BC$,点 D 在 BC 上,点 E 在 BA 的延长线上,且 $BD = BE = AC$.$\triangle BDE$ 的外接圆与 $\triangle ABC$ 的外接圆交于点 F,求证:$BF = AF + CF$.

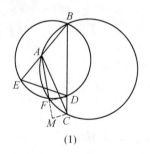
(1)

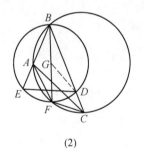
(2)

图 2.1.6

思路 1 如图 2.1.6(1),延长 AF 到 M,使 $FM = CF$,欲证 $AM = BF$,考虑到 $BD = AC$,连 CM,FD,只需证 $\triangle BFD \cong \triangle AMC$.由于 $\triangle EBD$,$\triangle MFC$ 都是等腰三角形,且 $\angle EBD = \angle MFC$(因 A,F,C,B 共圆),则 $\angle FMC = \angle BED = \angle BFD$.由此即证.

思路 2 如图 2.1.6(2),在 BF 上截取 $BG = AF$,连 DG,则 $\triangle BGD \cong \triangle AFC$,有 $GD = FC$,余下只需证 $GD = GF$.由于 $\angle BDG = \angle ACF = \angle ABF = \angle EDF$,所以 $\angle GDF = \angle BDF = \angle BED = \angle BFD$,由此即证.

四、注意到圆中的等弧（圆周角）对等弦

例 7 试证(图略)：若凸六边形 $ABCDEF$ 中，$\angle BCA = \angle DEC = \angle AFB = \angle CBD = \angle EDF = \angle EAF$. 则 $AB = CD = EF$.

思路 因 $\angle BCA = \angle AFB$，则 A，B，C，F 共圆.

同理 B，C，D，E 和 D，E，F，A 也分别共圆.

如果这三个圆是不相同的，则三条公共弦 BC，DE，FA 必然互相平行或交于一点，对于凸六边形 $ABCDEF$ 是不可能的. 因此，必有两个圆重合. 从而六顶点必共圆，由 $\angle BCA = \angle DEC = \angle FAE$ 知，它们所对的弦 AB，CD，EF 必相等.

五、注意到线段中垂线、垂径分弦等性质

例 8 如图 2.1.7，已知圆 O_1 与圆 O_2 相交于 A，B，直线 MN 垂直 AB 于 A 且分别与圆 O_1，圆 O_2 交于 M，N；P 为线段 MN 的中点，$\angle AO_1Q_1 = \angle AO_2Q_2$，$Q_1$，$Q_2$ 分别在圆 O_1，圆 O_2 上. 求证：$PQ_1 = PQ_2$.

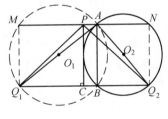

图 2.1.7

思路 由

$$\angle ABQ_1 = \frac{1}{2}\angle AO_1Q_1$$

$$\angle ABQ_2 = 180° - \angle ANQ_2 = 180° - \frac{1}{2}\angle AO_2Q_2$$

及 $\angle AO_1Q_1 = \angle AO_2Q_2$ 有

$$\angle ABQ_1 + \angle ABQ_2 = 180°$$

从而 Q_1，B，Q_2 共线. 连 MQ_1，NQ_2，由 $MN \perp AB$，有 $\angle MAB = 90° = \angle NAB$，从而 $\angle MQ_1B = \angle NQ_2B = 90°$，即 Q_1Q_2NM 为直角梯形，其中位线 PC 是腰 Q_1Q_2 的中垂线，故 $PQ_1 = PQ_2$.

例 9 如图 2.1.8，在线段 AC 上任取一点 B，分别以线段 AB，BC 和 AC 为直径作圆 O_1，圆 O_2，圆 O. 过 B 点任作一直线，与圆 O 相交于点 P 和 Q，与圆 O_1 及圆 O_2 分别相交于点 R 和 S. 证明：$PR = QS$.

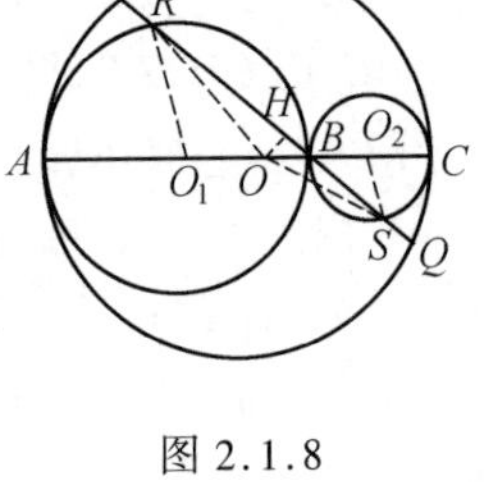

图 2.1.8

思路 考察 $\triangle O_1RO$ 和 $\triangle O_2SO$. 由 $\angle OO_1R =$

198

$\angle OO_2S(O_1R /\!/ O_2S)$，$O_1R = OO_2$ 等于圆 O_1 半径，$O_1O = O_2S$ 等于圆 O_2 半径，知此两三角形全等，则 $OR = OS$．作 PQ 的垂线 OH，则有 $RH = SH$ 及 $PH = QH$．故 $PR = QS$．

六、注意到成比例线段间的数量关系

例 10　如图 2.1.9，$\triangle ABC$ 与 $\triangle A'B'C'$ 其各边交成六边形 $DEFGHK$，且 $EF /\!/ KH$，$GH /\!/ DE$，$FG /\!/ KD$，$KH - EF = FG - KD = DE - GH > 0$，求证：$\triangle ABC$，$\triangle A'B'C'$ 均为正三角形．

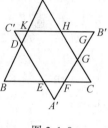

图 2.1.9

思路　知 $BFB'K$ 是平行四边形，则

$$KH - EF = KB' - HB' - EF =$$
$$(BF - EF) - HB' = BE - HB'$$
$$FG - KD = B'F - B'G - KD =$$
$$(BK - KD) - B'G = BD - B'G$$

由已知，有　　　$BE - HB' = BD - B'G = DE - HG$
又由三对平行线易证 $\triangle BDE \backsim \triangle B'HG \backsim \triangle ABC \backsim \triangle A'B'C'$，则

$$\frac{BE}{B'H} = \frac{BD}{B'G} = \frac{DE}{HG}$$

从而　　　$$\frac{BE - B'H}{B'H} = \frac{BD - B'G}{B'G} = \frac{DE - HG}{HG}$$

即 $B'H = B'G = HG$．故 $\triangle B'HG$ 为等边三角形，由此即证．

例 11　如图 2.1.10，在 $\triangle ABC$ 所在的平面上取一点 P（P 不在 $\triangle ABC$ 的高 CD 上），过 P 分别作 BC，AC 与中线 CE（或其延长线）的垂线，这三条垂线顺次与高线 CD（或其延长线）交于 K，L，M 三点．试证：$KM = LM$．

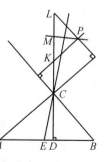

图 2.1.10

思路　易知 $\triangle PKM$ 与 $\triangle CBE$，$\triangle PLM$ 与 $\triangle CAE$ 的对应边互相垂直，则 $\triangle PKM \backsim \triangle CBE$，$\triangle PLM \backsim \triangle CAE$．设 λ，μ 分别为这两对相似形的比例系数，则 $PM = \lambda CE$，$KM = \lambda BE$，$PM = \mu CE$，$LM = \mu AE$，易得 $\lambda = \mu$，而 $BE = AE$．故 $KM = LM$．

七、进行计算、代换等来转换求解

例12 如图2.1.11,设$\angle A$是$\triangle ABC$中最小的内角,点B和C将这个三角形的外接圆分成两段弧.设U是落在不含A的那段弧上且不等于B与C的一个点.线段AB和AC的垂直平分线分别交线段AU于V和W,直线BV和CW相交于T.证明:$AU = TB + TC$.

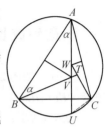

证明 如图2.1.11所示,因为点V在线段AB的中垂线上,所以$\angle VAB = \angle VBA$.又因$\angle A$是$\triangle ABC$的最小内角,且$\angle VAB = \angle UAB < \angle CAB$,故

图 2.1.11

$$\angle VBA = \angle VAB < \angle CAB \leqslant \angle CBA$$

即V在$\angle ABC$内部.同理,W在$\angle ACB$内部.

设$\angle UAB = \alpha$,则$\angle VBA = \alpha$.下面用$\angle A$,$\angle B$,$\angle C$分别表示$\angle CAB$,$\angle ABC$,$\angle BCA$,则有

$$\angle CAU = \angle A - \alpha, \angle CBT = \angle B - \alpha$$

因为W在线段AC的中垂线上,则

$$\angle ACW = \angle CAW = \angle A - \alpha, \angle BCT = \angle C - \angle ACT = \angle C + \alpha - \angle A$$

于是

$$\angle BTC = 180° - (\angle B - \alpha) - (\angle C + \alpha - \angle A) =$$
$$180° - \angle B - \angle C + \angle A = 2\angle A$$

在$\triangle BCT$中,有

$$\frac{BC}{\sin \angle BTC} = \frac{TB}{\sin \angle TCB} = \frac{TC}{\sin \angle TBC}$$

注意到

$$\angle B - \alpha = 180° - (\angle C + \alpha + \angle A)$$

有

$$TB + TC = \frac{BC}{\sin \angle BTC}(\sin \angle TCB + \sin \angle TBC) =$$
$$\frac{BC}{\sin 2A}\left[\sin(C + \alpha - A) + \sin(B - \alpha)\right] =$$
$$\frac{BC}{\sin A} \cdot \sin(C + \alpha)$$

设$\triangle ABC$的外接圆的半径为R,则由$\dfrac{BC}{\sin A} = R$,有

$$TB + TC = 2R \cdot \sin(C + \alpha)$$

连接CU,由A,B,U,C四点共圆,可知$\angle BCU = \angle BAU = \alpha$,故$\angle ACU = \angle C + \alpha$.在$\triangle ACU$中使用正弦定理,有$AU = 2R \cdot \sin(C + \alpha)$,故$AU = TB +$

TC.

例13　如图 2.1.12,设 D, E 及 F 分别是 $\triangle ABC$ 的边 AB, BC 及 CA 的中点, $\angle BDC$ 及 $\angle ADC$ 的角平分线分别交 BC 及 AC 于点 M, N, 直线 MN 交 CD 于点 O, 设 EO 及 FO 分别交 AC 及 BC 于点 P 及 Q. 求证: $CD = PQ$.

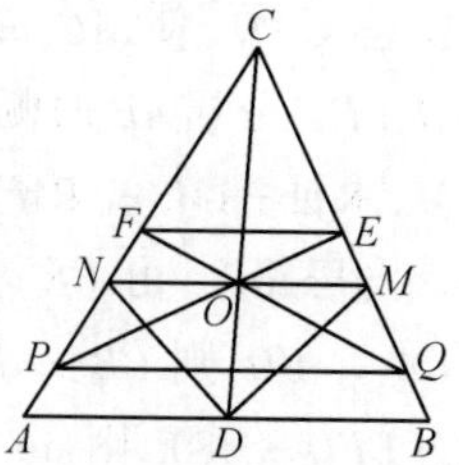

图 2.1.12

思路　由角平分线定理得 $\dfrac{BM}{MC} = \dfrac{DB}{DC}$, $\dfrac{AN}{NC} = \dfrac{AD}{DC}$, 而 $AD = DB$, 故 $\dfrac{BM}{MC} = \dfrac{AN}{NC}$. 所以 $MN \parallel AB$, 即 $\dfrac{AB}{MN} = \dfrac{AC}{CN} = \dfrac{BC}{CM}$. 由 $\dfrac{BM}{MC} = \dfrac{DB}{DC}$ 得

$$\frac{DB + DC}{DC} = \frac{BM + MC}{MC} = \frac{BC}{MC} = \frac{AB}{MN}$$

又 $EF = \dfrac{1}{2}AB = DB$. 所以 $\dfrac{DB + DC}{DC} = \dfrac{2EF}{MN}$, 即

$$\frac{1}{EF} + \frac{1}{DC} = \frac{2}{MN} \qquad ①$$

分别就 $\triangle CMN$ 对直线 EP 和 FP 应用梅氏定理

$$\frac{CP}{PN} = \frac{OM}{ON} \cdot \frac{CE}{ME} = \frac{CE}{ME}, \frac{CQ}{QM} = \frac{ON}{OM} \cdot \frac{FC}{FN} = \frac{FC}{FN}$$

又由 $EF \parallel AB \parallel MN$ 有 $\dfrac{CE}{ME} = \dfrac{FC}{FN}$, 所以 $\dfrac{CQ}{QM} = \dfrac{CP}{PN}$, 从而 $EF \parallel PQ$. 于是, 四边形 $PQEF$ 是梯形, O 为其对角线的交点, 由此易推得

$$\frac{1}{EF} + \frac{1}{PQ} = \frac{2}{MN} \qquad ②$$

最后, 比较①,② 即得 $CD = PQ$.

八、注意运用边比定理、张角定理等求解

边比定理:若 $\triangle ABC$ 和 $\triangle A'B'C'$ 各顶点所对的边为 a, b, c 和 a', b', c', 则

$$\frac{a}{a'} = \frac{\sin A}{\sin A'} \cdot \frac{b}{b'} \cdot \frac{\sin B'}{\sin B} = \frac{\sin A}{\sin A'} \cdot \frac{c}{c'} \cdot \frac{\sin C'}{\sin C}\text{(还有两式可类推,略)}$$

张角定理:若 D 是 $\triangle ABC$ 的 BC 边上任一点,则

$$\frac{BD}{DC} = \frac{AB \cdot \sin \angle BAD}{AC \cdot \sin \angle CAD}$$

这两个定理的证明较易,从略.

201

例14 如图2.1.13,将圆 O 的弦 AB 向两方延长至 C, D,使 $AC = BD$,从 C, D 引圆 O 的切线 CE, DF 分居 AB 两侧,连接切点的直线 EF 交 AB 于 M.求证: $AM = BM$.

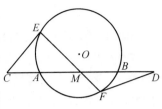

图 2.1.13

思路 由 $CE^2 = CA \cdot CB$, $DF^2 = BD \cdot DA$.而 $CA = BD$,则 $CB = DA$,所以 $CE = DF$.又 $\angle CEF + \angle EFD = 180°$,则 $\sin \angle CEF = \sin \angle EFD$.在 $\triangle CME$ 和 $\triangle DMF$ 中,运用边比定理

$$\frac{CM}{DM} = \frac{\sin \angle CEF}{\sin \angle EFD} \cdot \frac{CE}{DF} \cdot \frac{\sin \angle EMC}{\sin \angle FMD} = 1$$

即 $CM = DM$,所以 $AM = BM$.

例15 如图2.1.14,设圆 O 是 $\triangle ABC$ 的 BC 边外的旁切圆, D, E, F 分别是圆 O 与 BC, CA 和 AB(或延长线)的切点,若 OD 与 EF 相交于 K.求证: AK 平分 BC.(参见第一篇第十一章例13)

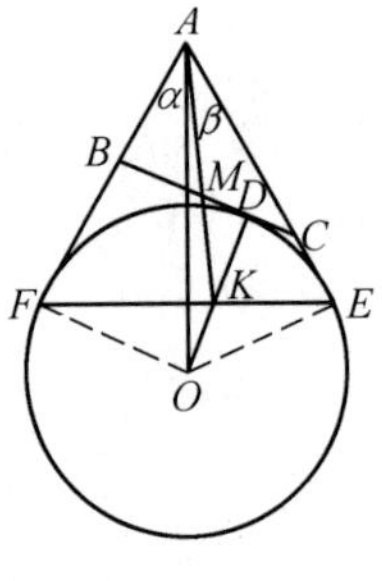

思路 由图知, B, F, O, D 共圆,则 $\angle ABC = \angle FOD = \theta$.同理, $\angle ACB = \angle DOE = \psi$.

在 $\triangle ABC$ 中,有 $\dfrac{AB}{AC} = \dfrac{\sin \psi}{\sin \theta}$.又在 $\triangle AFE$ 和 $\triangle OFE$ 中,运用张角定理得

图 2.1.14

$$\frac{FK}{KE} = \frac{AF \cdot \sin \alpha}{AE \cdot \sin \beta} = \frac{\sin \alpha}{\sin \beta}, \frac{FK}{KE} = \frac{OF \cdot \sin \theta}{OE \cdot \sin \psi} = \frac{\sin \theta}{\sin \psi}$$

即

$$\frac{\sin \alpha}{\sin \beta} = \frac{\sin \theta}{\sin \psi}$$

在 $\triangle ABC$ 中,由张角定理

$$\frac{BM}{MC} = \frac{AB \cdot \sin \alpha}{AC \cdot \sin \beta} = \frac{\sin \psi}{\sin \theta} \cdot \frac{\sin \alpha}{\sin \beta} = 1$$

所以 $BM = MC$,即 AK 平分 BC.

九、运用结论"梯形两腰延长线的交点与对角线交点的连线平分上下底"证线段相等

梯形的这条性质,实际上就是第一篇第一章选择型分析法中例1的结论.由此结论,可知在梯形中,一条直线如果具有下列性质之二:1)过两腰延长线

的交点;2)过两条对角线的交点;3)过上底中点;4)过下底中点.则此直线就具有其余二性质.

例 16　如图 2.1.15,在 □*ABCD* 中,*E*,*F* 分别为 *BC*,*CD* 的中点,连 *AE*,*AF* 交 *BD* 于 *G*,*H*.求证:*AE*,*AF* 三等分 *BD*.

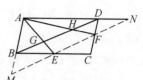

图 2.1.15

证明　作直线 *EF* 交 *AB*,*AD* 的延长线于 *M*,*N*,则 *BD* // *MN*,四边形 *BMFH*,*GEND* 都是梯形.由已知不难证得 △*DFN* ≌ △*CFE* ≌ △*BME*,从而 *ME* = *EF* = *FN*.在二梯形 *BMFH*,*GEND* 中,运用上述结论,得 *BG* = *GH* = *HD*.

十、注意到面积方法的运用

例 17　如图 2.1.16,设 *ABCD* 是两组对边皆不平行的凸四边形.*AB* 与 *DC*,*DA* 与 *CB* 的延长线分别交于 *E*,*F*;*M*,*N* 分别是 *AC*,*BD* 的中点.试证:*MN* 的延长线平分 *EF*.

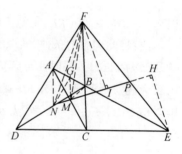

图 2.1.16

思路　连 *NF*,*MF*,*NA*,*MB*.取 *AB* 中点 *G*,连 *GF*,*GM*,*GN*,则 *GM* // *BC*,*GN* // *AD*,所以 $S_{\triangle FGM} = S_{\triangle GBM}$,$S_{\triangle FGN} = S_{\triangle AGN}$.所以 $S_{ABMN} = S_{AFNM}$.设 ∠*DKC* = *φ*(*K* 为 *AC* 与 *BD* 交点),则

$$S_{ABMN} = \frac{1}{2} AM \cdot BN \cdot \sin \varphi = \frac{1}{4} S_{ABCD}$$

则 $S_{\triangle FMN} = \frac{1}{4} S_{ABCD}$.同理,$S_{\triangle EMN} = \frac{1}{4} S_{ABCD}$.所以 $S_{\triangle FMN} = S_{\triangle EMN}$.于是 *EH* = *FI*(*HE*,*IF* 分别为 △*EMN*,△*FMN* 的高).

延长 *NM* 交 *EF* 于 *P*,得 $S_{\triangle FMP} = S_{\triangle EMP}$.由于等积 △*FMP* 与 △*EMP* 共顶点 *M* 且底 *PF* 与 *PE* 共线.故 *FP* = *PE*.

十一、注意到其他方法的运用

例 18　如图 2.1.17,设 △*ABC* 的两边 *AB* 与 *AC* 上截取 *AD* = *AE*.连接 *CD* 与 *BE* 交于 *F*,若 △*BDF* 与 △*CEF* 的内切圆半径相等.求证:△*ABC* 为等腰三角形.

思路 设 $\triangle BDF$ 与 $\triangle CEF$ 的内切圆心分别为 O_1 和 O_2. 圆 O_1 与 DF 相切于 G. 圆 O_2 与 EF 相切于 H. 连 $O_1D, O_2E, DE, O_1G, O_2H, O_1F, O_2F$. 则 $\triangle O_1FG \cong \triangle O_2FH$, 故 $FG = FH$. 又因 $\triangle ADE$ 等腰, 所以 $\angle BDE = \angle CED$. 若能证明 $DF = EF$, 则 $\triangle BDF \cong \triangle CEF$, 故 $AB = AC$.

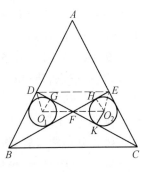

图 2.1.17

下面用反证法证明 $DF = EF$. 不妨令 $DF > EF$, 推出 $\angle DEF > \angle EDF$. 因此 $\angle BDF > \angle CEF$. 但由 $GF = FH$ 知 $DG > HF$, 所以在 $\mathrm{Rt}\triangle O_1GD$ 与 $\mathrm{Rt}\triangle O_2EH$ 中有

$$\tan \frac{1}{2}\angle BDF = \frac{O_1G}{DG} < \frac{O_2H}{HE} = \tan \frac{1}{2}\angle CEF$$

因而 $\angle BDF < \angle CEF$, 所得矛盾说明 $DF = EF$, 故 $AB = AC$.

注:将此例中的条件"截取 $AD = AE$"改为中线 BE, CD 相交于 F, 则为《数学通报》问题 253. 此时注意到 F 为重心, 则 $S_{\triangle CFE} = S_{\triangle BFD}$. 又内切圆半径乘半周长为其三角形面积, 有 $BD + FG = CE + FK$ (如图 2.1.17), 再由 $\mathrm{Rt}\triangle GFO_1 \cong \mathrm{Rt}\triangle KFO_2$ 得 $FG = FK$, 所以 $BD = CE$, 即证.

204

练习题 2.1

1. 正 $\triangle ABC$ 中, P 为 AB 中点, Q 为 AC 中点, R 为 BC 中点, M 为 RC 上任一点, $\triangle PMS$ 为正三角形且 A, B, C 与 S, P, M 均成逆时针顺序排列, 求证: $RM = QS$.

2. 在 $\triangle ABC$ 中, $\angle C$ 为直角, $\angle A = 30°$. 分别以 AB, AC 为边在 $\triangle ABC$ 的外侧作正 $\triangle ABE$ 和正 $\triangle ACD$, DE 与 AB 交于 F. 求证: $EF = FD$.

3. 四边形 $ABCD$ 内接于圆, 经过其顶点 A, B 以及两条对角线交点作一圆, 该圆周与边 BC 相交于点 E. 求证: 若 $AE = AD$, 则有 $CE = CD$.

4. 已知五边形 $ABCDE$ 中, $\angle ABC = \angle AED = 90°$. $\angle BAC = \angle EAD$, M 为 CD 中点. 求证: $MB = ME$.

5. B 为 AC 上一点, 且 $\triangle ABE$, $\triangle BCF$ 为等边三角形, 连 EC, AF 交 BF, BE 于 N, M. 求证: $BM = BN$.

6. 给出以 O 为顶点的角和与其两边分别切于点 A, B 的圆, 从点 A 引 OB 的平行线交圆于点 C, 线段 OC 与圆交于点 E, 直线 AE 与 OB 交于点 K. 求证:

$OK = KB$.

7. 在等腰直角 $\triangle ABC$ 的直角边 CA 和 CB 上,分别取点 D 和 E,使 $CD = CE$,从点 D 和 C 向直线 AE 作垂线并延长,分别交 AB 于点 K 和 L.求证:$KL = LB$.

8. 已知 AB,CD 是圆 O 的直径,P 是劣弧 $\overarc{AD}$ 上任一点,$PM \perp AB$ 于 M.PN,AH 都垂直于 CD,垂足为 N,H.求证:$MN = AH$.

9. 若 $\triangle ABC$ 内接于圆 O,过 AB 中点 P 作 $PQ \perp AC$ 于 Q,$PR \perp BC$ 于 R.过 C 作切线 MN,作 $PS \perp MN$ 于 S,连 QR 交 PS 于 E,求证:$QE = RE$.

10. 锐角 $\triangle ABC$ 的高交于点 O,在线段 OB 和 OC 上取点 B_1 和 C_1,使得 $\angle AB_1C = \angle AC_1B = 90°$.求证:$AB_1 = AC_1$.

11. BC 是圆 O 的直线,AD 是切线,D 为切点,F 在 AC 的延长线上,$FE \perp AB$ 于 E,且使 $S_{\triangle ABC} = S_{\triangle AEF}$.求证:$AE = AD$.

12. 已知 E 为圆内两弦 AB 和 CD 的交点,直线 $EF \parallel CB$,交 AD 的延长线于 F,FG 切圆于 G.求证:$EF = FG$.

13. 圆周与凸五边形 $ABCDE$ 相交于点 A_1,A_2,B_1,B_2,$\cdots$,E_1,E_2. 已知 $AA_1 = AA_2$,$BB_1 = BB_2$,$CC_1 = CC_2$,$DD_1 = DD_2$.证明:$EE_1 = EE_2$.

14. 设 UV 是圆 O 的弦,M 是 UV 的中点,AB 和 CD 是过 M 的另两条弦,AC 和 BD 交 UV 于 P,Q.求证:$PM = MQ$.

15. 设 O,H 分别是锐角 $\triangle ABC$ 的外心、垂心,在 AB 上截取 $AD = AH$,在 AC 上截取 $AE = AO$.试证:$DE = AE$.

16. 在 $\triangle ABC$ 的两边 AB,AC 上分别截取 AD,AE,使 $AD = AE$,连 CD,BE 相交于 F.求证:若 $BF = CF$,则 $AB = AC$.

17. $\triangle ABC$ 中,$AB = AC$,$\angle BAC = 30°$.在边 AB 和 AC 上分别取点 Q 和 P,使得 $\angle QPC = 45°$ 并且 $PQ = BC$.求证:$BC = CQ$.

18. 锐角 $\triangle ABC$ 中,已知 $\angle BAC = 60°$,I,O,H 分别为 $\triangle ABC$ 的内心、外心、垂心.求证:$OI = IH$.

19. 设 $\triangle ABC$ 的三条中线分别为 AD,BE,CF,重心为 G,$\triangle DGL$,$\triangle FGM$ 为正三角形且 FGM,GDL 均按逆时针排列,N 为 BG 的中点,求证:$\triangle LMN$ 为正三角形.

20. 从 $\triangle ABC$ 的顶点 A 引三条线:$\angle A$ 的内、外平分线 AM,AN.AK 是 $\triangle ABC$ 的外接圆的切线,点 M,K,N 依次排列在直线 BC 上.求证:$MK = KN$.

21. 证明在锐角 $\triangle ABC$ 内存在一点 P,使得 P 向各边所引垂线的垂足 D,E,F,恰好是一个正三角形的三个顶点.

22. 以 O_1,O_2 为圆心的圆分别为 S_1,S_2,它们相交于 A,B 两点,射线 O_1B 交 S_2 于另一点 F,射线 O_2B 交 S_1 于另一点 E,过 B 引 $MN \parallel EF$ 分别交 S_1,S_2 于 M,N 点.求证: $MN = AE + AF$.

23. 过圆外两点 C_1,C_2 分别作圆的切线 $C_1A_1,C_2A_2,C_1B_1,C_2B_2$($A_1,A_2,$ B_1,B_2 为切点).若 A_1B_1 和 A_2B_2 相交于圆内点 P,过 P 作弦 $AB \parallel C_1C_2$.求证: $PA = PB$.

24. 在正 $\triangle ABC$ 中,E,F 分别在 BC,AC 上,且 $AF = CE$.设 BF,AE 相交于 D,$AM \perp BF$ 于 M,$BN \perp AE$ 于 N.求证: CD 平分 MN.

25. 梯形 $ABCD$ 的两腰 BA,CD 延长线交于 O,过 O 作 $OE \parallel DB$,作 $OF \parallel AC$ 分别交 BC 所在直线于 E,F.求证: $BE = CF$.

26. 梯形 $ABCD$($BC \parallel AD$)的两对角线交于 K,分别以两腰为直径各作一圆.若 K 位于这两圆之外,求证:由 K 向这两圆所作的切线长度相等.

27. E,F 分别是 $\square ABCD$ 的 AB,CD 上的点,AF 交 ED 为 G,EC 交 FB 于 H,连 GH 并延长交 AD 于 L,交 BC 于 M.求证: $DL = BM$.

28. 在 $\triangle ABC$ 中,$\angle C = 90°$,分别以 DC,CE 为斜边作等腰直角 $\triangle ADC$,$\triangle BCE$.BD 交 AC 于 F,AE 交 BC 于 G.求证: $CF = CG$.

29. AB 是圆 O 的直径,PA,PC 是圆 O 的切线,C 是切点,$CD \perp AB$ 于 D,PB 交 CD 于 E.求证: $EC = ED$.

30. 设 D,E 分别是 $\triangle ABC$ 的边 BC,AB 上的点,AD,CE 交于 F,BF,DE 交于 G,过 G 作 BC 的平行线分别交 AB,CE,AC 于 M,H,N.求证: $GH = NH$.

31. 在 $\triangle ABC$ 中,D,E,F 分别是 AB,BC,AC 的中点,DM,DN 分别是 $\triangle CDB$ 和 $\triangle CDA$ 的角平分线,MN 交 CD 于 O,EO,FO 的延长线分别交 AC,BC 于 Q,P.求证: $PQ = CD$.

第二章　角度相等问题的求解思路

求解角度相等问题也是以证明两角度相等为基础的.证明角度的和、差、倍、分问题的基本思路也是化归为证明两角度相等的问题.

证明两角度相等常从如下几个方面考虑.

从角考虑:直接计算.等量代换.在同一三角形中,等边对等角等.

从线考虑:角的平分线的定义及判定.平行线中的同位角,内错角等.

从形考虑:全等形的对应角.相似形的对应角.圆中圆周角、圆心角、弦切角及相互关系.特殊多边形中的有关角等.

从计算考虑:利用三角函数式计算等间接计算.

从运用方法考虑:可运用面积法、割补法、同一法、三角法、解析法、几何变换法等.

平面几何中的线段和角度问题,宛如郁郁葱葱,茫无际涯的森林,构成了枝繁叶茂,生机勃勃的几何度量问题林海.这两类问题总是相互联系,相互作用,相互依存,相互制约着的,因而这两类问题的求解思路,也是相互利用,相互关联的.

下面举例介绍求解角度相等问题的若干思路.

一、注意到全等多边形的对应角相等

例1　如图 2.2.1,在梯形 $ABCD$ 中,已知对角线 AC 与腰BC 相等,M 是底边AB 的中点,L 是边DA 的延长线上一点,连接 LM 并延长交对角线BD 于点 N.求证:$\angle ACL = \angle BCN$.

思路　设 CL 交 AB 于 E,延长 CN 交 AB 于 F,延长 LN 交 DC 的延长线于 K,则 $\triangle LAE \backsim \triangle LDC$,$\triangle LAM \backsim \triangle LDK$.所以 $\dfrac{AE}{DC} = \dfrac{LA}{LD} = \dfrac{AM}{DK}$.又 $\triangle BFN$

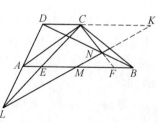

图 2.2.1

207

$\backsim \triangle DCN, \triangle DMN \backsim \triangle DKN$, 所以 $\dfrac{BF}{DC} = \dfrac{BN}{DN} = \dfrac{BM}{DK}$. 而 $AM = BM$, 所以 $AE = BF$. 又 $AC = BC, \angle CAE = \angle CBF$, 所以 $\triangle CAE \cong \triangle CBF$, 故 $\angle ACE = \angle BCF$. 即 $\angle ACL = \angle BCN$.

二、注意到相似多边形的对应角相等

例 2 如图 2.2.2,设圆内接锐角 $\triangle ABC$,过从 B,C 为切点的切线相交于点 N,取 BC 的中点 M.试证:$\angle BAM = \angle CAN$.

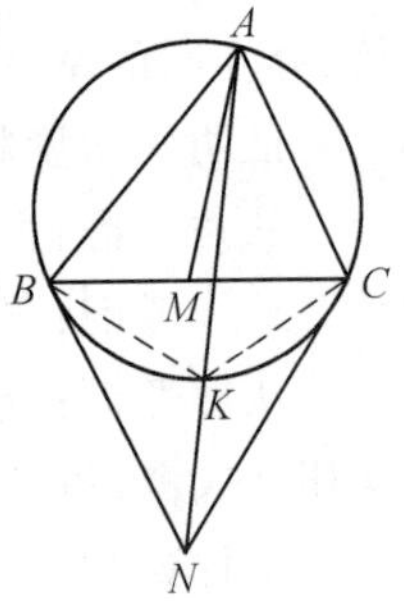

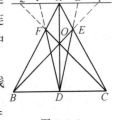

思路 设 AN 交圆于 K,连 BK, CK.易证 $\triangle ABN \backsim \triangle BKN, \triangle ACN \backsim \triangle CKN$.从而

$$\frac{AB}{BK} = \frac{AN}{BN} = \frac{AN}{CN} = \frac{AC}{CK}$$

所以 $AB \cdot CK = AC \cdot BK$.由托勒密定理知

$$AK \cdot BC = AB \cdot CK + AC \cdot BK$$

即

$$AK \cdot 2BM = 2AB \cdot CK$$

所以

$$AK \cdot BM = AB \cdot CK$$

图 2.2.2

即 $\dfrac{AB}{AK} = \dfrac{BM}{CK}$.又 $\angle ABM = \angle ABC = \angle AKC$, 所以 $\triangle ABM \backsim \triangle AKC$. 故 $\angle BAM = \angle KAC = \angle CAN$.

三、注意到特殊多边形(如等腰三角形、等腰梯形、平行四边形等)的性质

例 3 如图 2.2.3,已知:AD 是锐角 $\triangle ABC$ 的高,O 是 AD 上任意一点.连 BO, CO 并分别延长交 AC, AB 于 E, F.连 DE, DF.求证:$\angle EDO = \angle FDO$.(参见第一篇第十三章中例 13)

思路 过 A 作 $PQ \parallel BC$,与 CF, DF, DE, BE 的延长线分别交于 Q, F', E', P 点,则 $\dfrac{AE'}{DC} = \dfrac{AE}{CE} = \dfrac{AP}{BC}, \dfrac{AQ}{DC} = \dfrac{AO}{OD} = \dfrac{AP}{BD}$,于是有

图 2.2.3

208

$$AE' \cdot BC = AP \cdot DC = AQ \cdot BD.$$

又 $\dfrac{AF'}{BD} = \dfrac{AF}{FB} = \dfrac{AQ}{BC}$，则有

$$AF' \cdot BC = AQ \cdot BD$$

从而 $AE' = AF'$，而 $DA \perp E'F'$，故 $\angle EDO = \angle FDO$．（$\triangle DE'F'$ 为等腰三角形）

例 4　如图 2.2.4，位于同一平面内的正 $\triangle ABC$，$\triangle CDE$ 和 $\triangle EHK$（顶点依逆时针方向排列），两两有公共顶点 C 和 E，并且 D 为 AK 的中点．求证：$\angle DBH = \angle BDH$．

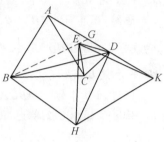

图 2.2.4

思路　连 BE（延长）交 AD 于 G．将 $\triangle CAD$ 以 C 为中心旋转 $60°$，至 $\triangle CBE$ 位置，则两三角形全等，且 AD 与 BE 相交成 $60°$，则 $\angle AGE = 60° = \angle KHE$，所以 K, H, E, G，四点共圆（若 G 在 BE 上，则由 $\angle EGK = 60° = \angle EHK$，此四点也共圆）．从而 $\angle BEH = \angle DKH$．再由 $BE = AD = DK$ 及 $HE = HK$ 有 $\triangle BEH \cong \triangle DKH$，从而 $BH = DH$，故 $\angle HBD = \angle BDH$．

例 5　在四边形 $ABCD$ 中，$AB \parallel CD$，$\angle DAC = \angle ACB$，F 是 AD 上一点，E 是 BC 上一点，且 $DF = BE$，连 EF, CF, AE．如图 2.2.5．求证：$\angle ACF = \angle CAE$．

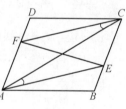

图 2.2.5

思路　在四边形 $ABCD$ 中，因为 $\angle DAC = \angle ACB$，所以 $AD \parallel BC$，即知 $ABCD$ 是平行四边形，故有 $AD = BC$，又 $DF = BE$，则 $AF = CE$，且 $AF \parallel CE$．所以四边形 $AECF$ 是平行四边形，则 $FC \parallel AE$，故 $\angle ACF = \angle CAE$．

四、注意到角的平分线定义与性质及多边形内心性质求解

例 6　如图 2.2.6，$\square ABCD$ 中，E 为 AD 边上一点，F 为 AB 边上一点，且 $BE = DF$，BE 与 DF 交于 G．求证：$\angle BGC = \angle DGC$．

思路　连 CE, CF．作 $CM \perp BE$ 于 M，$CN \perp FD$ 于 N，由

$$S_{\triangle BCE} = \frac{1}{2} S_{\square ABCD} = S_{\triangle CDF}$$

所以 $CM = CN$，故 $\angle BGC = \angle DGC$．（角平分线的

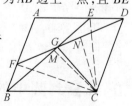

图 2.2.6

定义)

例7 如图2.2.7,设 OC 是圆 S_1 的一条弦,今知以 O 为圆心的圆 S_2 与 OC 相交于点 D.点 D 不与点 C 重合,且圆 S_2 与圆 S_1 相交于点 A 和 B.证明: DC 平分 $\angle ACB$.

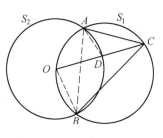

图 2.2.7

思路 连 AB, AD, OB.由 $\angle BAC = \angle BOC$,

$$\angle BAD = \frac{1}{2} \angle BOD = \frac{1}{2} \angle BOC = \frac{1}{2} \angle BAC.$$ 即 AD 平分 $\angle BAC$.

同理, BD 平分 $\angle ABC$.从而 D 为 $\triangle ABC$ 的内心,故 DC 平分 $\angle ACB$.

例8 如图2.2.8,已知 $\triangle ABC$,点 M_1 在 BC 上,点 M_2 在边 BC 的延长线上,使得 $\dfrac{M_1 B}{M_1 C}$

$= \dfrac{M_2 B}{M_2 C}$.求证:若 $\angle M_1 A M_2 = 90°$,则 AM_1 平分 $\angle BAC$.

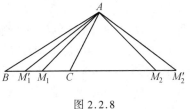

图 2.2.8

210

思路 若 AM_1 不是 $\angle BAC$ 的平分线,设 AM_1', AM_2' 分别是其内外角平分线,则 $\angle M_1' A M_2' = 90°$,且 $\dfrac{M_1'B}{M_1'C} = \dfrac{M_2'B}{M_2'C}$,即

$$\frac{BC}{M_1'C} = \frac{BC + 2M_2'C}{M_2'C}$$

又由题设 $\dfrac{M_1 B}{M_1 C} = \dfrac{M_2 B}{M_2 C}$,即

$$\frac{BC}{M_1 C} = \frac{BC + 2M_2 C}{M_2 C}$$

由上述两式,可知若 $M_1 C < M_1' C$,则

$$\frac{BC + 2M_2'C}{M_2'C} < \frac{BC + 2M_2 C}{M_2 C}$$

即 $M_2 C \cdot BC < M_2' C \cdot BC$,所以 $M_2 C < M_2' C$.

于是 $\angle M_1' A M_2' > \angle M_1 A M_2 = 90°$.矛盾.

同理,若 $M_1 C > M_1' C$,导致 $\angle M_1' A M_2' < 90°$,矛盾.故结论获证.

五、注意到圆中的几类角间的关系

例9 如图2.2.9,已知在凸五边形 $ABCDE$ 中, $\angle BAE = 3\alpha$, $BC = CD =$

DE,且 $\angle BCD = \angle CDE = 180° - 2\alpha$,求证:$\angle BAC = \angle CAD = \angle DAE$.

$\quad$**思路**$\quad$连 BD, CE,则有 $\triangle BCD \cong \triangle CDE$,所以 $\angle CBD = \angle CDB = \angle DCE = \angle DEC = \alpha$,又 $\angle BCE = (180° - 2\alpha) - \alpha = 180° - 3\alpha$,及 $\angle BAE = 3\alpha$,则 A, B, C, E 四点共圆.同理,A, B, D, E 共圆,故 A, B, C, D 共圆.而 $BC = CD = DE$,于是 $\angle BAC = \angle CAD = \angle DAE = \alpha$.

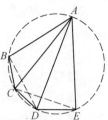

图 2.2.9

$\quad$**例 10**$\quad$如图 2.2.10,AD, BE 与 CF 分别为锐角 $\triangle ABC$ 三边上的高.P, Q 分别在 DF, EF 上.证明:若 $\angle PAQ$,$\angle DAC$ 同向相等,则 AP 平分 $\angle FPQ$.

$\quad$**思路**$\quad$延长 PF 到 R,使 $FR = FQ$.易知

$$\angle PAQ = \angle DAC = \angle DFC \xlongequal{\text{例 3 结论}} \frac{1}{2}\angle DFE = \angle FRQ = \angle FQR$$

从而 P, Q, A, R 四点共圆.所以 $\angle APR = \angle AQR$,$\angle APQ = \angle ARQ$.由于 $\angle FRQ = \angle DFC$,有 $RQ \parallel FC$,知 $AF \perp RQ$,亦知 AF 垂直平分 RQ,所以 $\angle AQR = \angle ARQ$.故 $\angle APR = \angle APQ$,即 AP 平分 $\angle FPQ$.

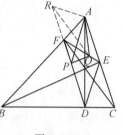

图 2.2.10

六、运用计算或转换求解

211

$\quad$**例 11**$\quad$如图 2.2.11,两圆相切(内切或外切)于点 P.一直线与两圆之一相切于 A 而与另一圆交于 B, C.证明:直线 PA 是 $\angle BPC$ 补角的平分线(在外切时)或是 $\angle BPC$ 的角平分线(在内切时).

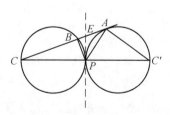
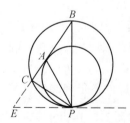

图 2.2.11

$\quad$**思路**$\quad$在外切时,设公切线与 AC 相交于 E,令 $\angle BPE = \alpha$,$\angle EPA = \beta$,则 $\angle BCP = \alpha$,$\angle EAP = \beta$,因此

$$\angle APC' = \angle ACP + \angle CAP = \alpha + \beta = \angle BPA$$

故 PA 是 $\angle BPC$ 补角的平分线.

在内切时,设公切线与 BC 的延长线相交于 E,令 $\angle APE = \alpha, \angle CPE = \beta$,则 $\angle EAP = \alpha, \angle CBP = \beta$,故 $\angle BPA = \alpha - \beta = \angle APC$.故 PA 是 $\angle BPC$ 的平分线.

例 12　如图 2.2.12,已知 A 为平面上两半径不等的圆 O_1 和圆 O_2 的一个交点,两外公切线 P_1P_2, Q_1Q_2 分别切两圆于 $P_1, P_2, Q_1, Q_2; M_1, M_2$ 分别为 P_1Q_1, P_2Q_2 的中点.求证:$\angle O_1AO_2 = \angle M_1AM_2$.(参见第一篇第七章中例 27)

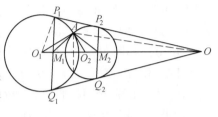

图 2.2.12

思路　两圆大小不等,它们的两条公切线必相交于一点 O,且 O_1, O_2, O 共线.

连接 OA, O_1P_1,因为 $O_1P_1^2 = O_1O \cdot O_1M_1$,而 $O_1A = O_1P_1$,故 $O_1A^2 = O_1O \cdot O_1M_1$,从而知 $\triangle O_1AM_1 \backsim \triangle O_1OA$.

212　　同理 $\triangle O_2AM_2 \backsim \triangle O_2OA$.

所以 $\angle O_1AM_1 = \angle AOO_1 = \angle O_2AM_2$,故 $\angle O_1AO_2 = \angle M_1AM_2$.

七、注意到三角形内角平分线性质定理的逆定理求解

例 13　如图 2.2.13,在矩形 $ABCD$ 内,M 是 AD 的中点,N 是 BC 的中点,在线段 CD 的延长线上取一点 P,直线 PM 与 AC 交于点 Q.证明:$\angle QNM = \angle MNP$.

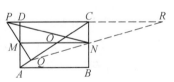

图 2.2.13

思路　延长 QN 与 DC 的延长线相交于 R.设 MN 与 AC 交于 O,则 $MO = ON$,从而由 $MN \parallel PR$ 有 $PC = CR$,又 $NC \perp PR$,则 $PN = NR$.于是 $PM : MQ = RN : NQ = PN : NQ$.由角平分线性质的逆定理知 MN 平分 $\angle PNQ$,故 $\angle QNM = \angle MNP$.

例 14　如图 2.2.14,PA, PB, PC, PD 的长分别为 a, b, c, d,且 $\dfrac{1}{a} + \dfrac{1}{b} = \dfrac{1}{c} + \dfrac{1}{d}$.又 AB, CD 相交于 Q.求证:PQ 平分 $\angle CPD$.

思路　$\triangle PCD$ 的三边被直线 AQB 所截,由梅氏定理有 $\dfrac{PA}{AC} \cdot \dfrac{CQ}{QD} \cdot \dfrac{DB}{BP} = 1$

即

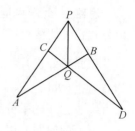

$$\frac{a}{a-c} \cdot \frac{CQ}{QD} \cdot \frac{d-b}{b} = 1$$

所以
$$\frac{CQ}{QD} = \frac{b(a-c)}{a(d-b)}$$

由 $\frac{1}{a} + \frac{1}{b} = \frac{1}{c} + \frac{1}{d}$ 两边同乘以 $abcd$,整理有

$$bd(a-c) = ac(d-b)$$

即
$$\frac{b(a-c)}{a(d-b)} = \frac{c}{d}$$

图 2.2.14

从而 $\frac{CQ}{QD} = \frac{PC}{PD}$.由三角形内角平分线性质定理的逆定理知 PQ 平分 $\angle CPD$.

八、运用三角函数关系式求解

例 15 如图 2.2.15,O 为凸五边形 $ABCDE$ 内一点,且 $\angle 1 = \angle 2,\angle 3 = \angle 4,\angle 5 = \angle 6,\angle 7 = \angle 8$.求证:$\angle 9$ 与 $\angle 10$ 相等或互补.

思路 1 由正弦定理得

$$\frac{OA}{\sin \angle 10} = \frac{OB}{\sin \angle 1} = \frac{OB}{\sin \angle 2} =$$

$$\frac{OC}{\sin \angle 3} = \frac{OC}{\sin \angle 4} = \frac{OD}{\sin \angle 5} = \frac{OD}{\sin \angle 6} =$$

图 2.2.15

213

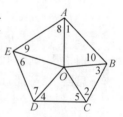

$$\frac{OE}{\sin \angle 7} = \frac{OE}{\sin \angle 8} = \frac{OA}{\sin \angle 9}$$

从而 $\sin \angle 10 = \sin \angle 9$,故 $\angle 9$ 与 $\angle 10$ 相等或互补.

思路 2 由面积公式得

$$S_{\triangle AOB} \cdot S_{\triangle BOC} \cdot S_{\triangle COD} \cdot S_{\triangle DOE} \cdot S_{\triangle EOA} =$$

$$S_{\triangle AOB} \cdot S_{\triangle BOC} \cdot S_{\triangle COD} \cdot S_{\triangle DOE} \cdot S_{\triangle EOA}$$

即 $\frac{1}{2}OA \cdot OB \cdot \sin \angle 1 \cdot \frac{1}{2}OB \cdot BC \cdot \sin \angle 3 \cdot \frac{1}{2}OC \cdot OD \cdot \sin \angle 5 \cdot \frac{1}{2}OD \cdot$

$DE \cdot \sin \angle 7 \cdot \frac{1}{2}OE \cdot AE \cdot \sin \angle 9 = \frac{1}{2}OB \cdot AB \cdot \sin \angle 10 \cdot \frac{1}{2}OC \cdot BC \cdot$

$\sin \angle 2 \cdot \frac{1}{2}OD \cdot CD \cdot \sin \angle 4 \cdot \frac{1}{2}OE \cdot DE \cdot \sin \angle 6 \cdot \frac{1}{2}OA \cdot AE \cdot \sin \angle 8$

得 $\sin \angle 9 = \sin \angle 10$.故 $\angle 9$ 与 $\angle 10$ 相等或互补.

例 16 D 为 $\triangle ABC$ 的 BC 上一点,$\frac{BD}{DC} = \frac{AB}{AC}$.求证:$AD$ 是 $\angle A$ 的平分线.

思路 此题可运用三角形内角平分线性质的逆定理获证.这里若运用弦角公式也可简洁获证.

由张角公式有
$$\frac{BC}{DC} = \frac{AB \cdot \sin \angle BAD}{AC \cdot \sin \angle DAC} = \frac{AB}{AC}$$

即有 $\sin \angle BAD = \sin \angle DAC$,而 $\angle BAD + \angle DAC < 180°$.故 $\angle BAD = \angle DAC$,即 AD 是 $\angle A$ 的平分线.

下面的问题要用到两个定理.

边比定理: 在 $\triangle ABC$ 和 $\triangle A'B'C'$ 中,a,b,c 及 a',b',c' 分别表示 $\angle A$,$\angle B$,$\angle C$ 及 $\angle A'$,$\angle B'$,$\angle C'$ 所对的边,则
$$\frac{a}{a'} = \frac{\sin A}{\sin A'} \cdot \frac{b}{b'} \cdot \frac{\sin B'}{\sin B} = \frac{\sin A}{\sin A'} \cdot \frac{c}{c'} \cdot \frac{\sin C'}{\sin C}$$

(还有两式略)

等角定理: 在 $\triangle ABC$ 和 $\triangle A'B'C'$ 中,若
$$\sin A : \sin B : \sin C = \sin A' : \sin B' : \sin C'$$
则 $A = A', B = B', C = C'$(参见第一篇第六章例 17 后的推论 2))

214   **例 17**　见例 12.

思路　可证 AB 垂直平分 M_1M_2(B 为两圆另一交点),则
$$\angle AM_1M_2 = \angle AM_2O_2 = 180° - \angle AM_1O_1$$

在 $\triangle AO_1M_1$ 和 $\triangle AO_2M_2$ 中,由边比定理
$$\frac{O_1M_1}{O_2M_2} = \frac{\sin \angle O_1AM_1}{\sin \angle O_2AM_2} \cdot \frac{O_1A}{O_2A} \cdot \frac{\sin \angle AM_2O_2}{\sin \angle AM_1O_1} = \frac{O_1A \cdot \sin \angle O_1AM_1}{O_2A \cdot \sin \angle O_2AM_2}$$

又 $O_1P_1 /\!/ O_2P_2, M_1P_1 /\!/ M_2P_2$,有 $\text{Rt}\triangle O_1M_1P_1 \backsim \text{Rt}\triangle O_2M_2P_2$.

故 $\dfrac{O_1M_1}{O_2M_2} = \dfrac{O_1P_2}{O_2P_2} = \dfrac{O_1A}{O_2A}$ 得 $\sin \angle O_1AM_1 = \sin \angle O_2AM_2$.

所以 $\angle O_1AM_1 = \angle O_2AM_2$,故 $\angle O_1AO_2 = \angle M_1AM_2$.

例 18　如图 2.2.16,在等边凸六边形 $ABCDEF$ 中,$\angle A + \angle C + \angle E = \angle B + \angle D + \angle F$.证明:相对的顶点 $\angle A$ 和 $\angle D$,$\angle B$ 和 $\angle E$,$\angle C$ 和 $\angle F$ 相等.(参见第一篇第四章中例 1)

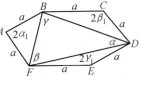

图 2.2.16

思路　设 $\angle A = 2\alpha_1, \angle C = 2\beta_1, \angle E = 2\gamma_1$,则有 $\alpha_1 + \beta_1 + \gamma_1 = 180°$,以 $\alpha_1, \beta_1, \gamma_1$ 为内角可作 $\triangle D'F'B'$.

又 a 是六边形边长,则 $\triangle DFB$ 的边等于 $2a \cdot \sin \alpha_1, 2a \cdot \sin \beta_1, 2a \cdot \sin \gamma_1$.

如果用 α, β, γ 表示 $\triangle DFB$ 的内角,由正弦定理有

$$BF : BD : DF = \sin \alpha : \sin \beta : \sin \gamma$$

由此,有

$$\sin \alpha_1 : \sin \beta_1 : \sin \gamma_1 : = \sin \alpha : \sin \beta : \sin \gamma$$

由等角定理,$\alpha_1 = \alpha, \beta_1 = \beta, \gamma_1 = \gamma$. 因此,六边形的对角相等. 因为,例如顶角 $\angle D$ 等于 α 与 β_1 的余角及 γ_1 的余角之和,即得 $2\alpha_1 = \angle A$.

九、运用几何变换(平移、对称、旋转、相似、位似)求解

例 19 见例 11.

思路 考虑以 P 为中心并将点 B 与 C 所在的圆周变为另一个圆周的位似变换. 在这个变换下,点 B 与 C 分别变为直线 BP 与 CP 上的点 B', C'. 因此弧 $B'A$ 与弧 $C'A$ 相等,即圆周角 $\angle B'PA$ 与 $\angle C'PA$ 要么相等(在内切时),要么互为补角(在外切时),在这两种情况下,直线 PA 分别是 $\angle BPC$ 或 $\angle BPC'$ 的平分线.

十、运用其他方法求解

例如,对于例 12,可运用反演变换法求解(参见第一篇第七章中例 27). 对于例 3 也可运用坐标法(参见第一篇第八章中例 1)和面积法求解(参见第一篇第三章中例 13).

例 20 如图 2.2.17,$ABCD$ 为正方形,$BE \parallel AC, AC = CE. EC$ 的延长线交 BA 的延长线于 F. 求证:$\angle AFE = \angle AEF$.

证明 以 C 为原点,BC 所在直线为虚轴建立复平面,设 $z_A = -1 + \mathrm{i}, z_B = \mathrm{i}, z_E = x + y\mathrm{i}$,则 BE 对应 $x + (y-1)\mathrm{i}, AC$ 对应 $1 - \mathrm{i}$. 由 $\overrightarrow{BE}$,$\overrightarrow{AC}$ 为共线向量,有 $\dfrac{x}{1} = \dfrac{y-1}{-1}$. 又 $CE = AC$ 有

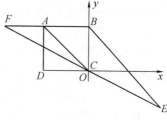

图 2.2.17

$x^2 + y^2 + 2$,求得 $\overrightarrow{CF}$ 对应 $x' + \mathrm{i}$,$\overrightarrow{CD}$ 对应 $\dfrac{1}{2}(1 + \sqrt{3}) + \dfrac{1}{2}(1 - \sqrt{3})\mathrm{i}$. 由 $\overrightarrow{CF}$ 与 $\overrightarrow{CE}$ 共线得

$$\frac{x'}{\frac{1}{2}(1 + \sqrt{3})} = \frac{1}{\frac{1}{2}(1 - \sqrt{3})}$$

215

从而 $x' = -(2 + \sqrt{3})$，即 $z_F = -2 - \sqrt{3} + \mathrm{i}$，又 $\overrightarrow{AF}$ 对应 $\frac{1}{2}(3 + \sqrt{3}) + \frac{1}{2}(-1 - \sqrt{3})\mathrm{i}$，

且 $|\overrightarrow{AF}|^2 = 4 + 2\sqrt{3} = |\overrightarrow{AE}|^2$，故 $\angle AFE = \angle AEF$.

练习题 2.2

1. 在 $\triangle ABC$ 中，$AC = BC$，$\angle ACB = 90°$，D 是 AC 上一点，且 AE 垂直于 BD 的延长线于 E，又 $AE = \frac{1}{2}BD$. 求证：BD 平分 $\angle ABC$.

2. 在等边 $\triangle ABC$ 的 BC 边上取点 D，使 $BD : DC = 1 : 2$，作 $CH \perp AD$，H 为垂足，连接 BH. 求证：$\angle DBH = \angle DAB$.

3. 在 $\triangle ABC$ 的内部取一点 M，使得 $\angle BMC = 90° + \frac{1}{2}\angle BAC$，且使得直线 AM 过 $\triangle BCM$ 的外心. 求证：CM 平分 $\angle ACB$.

4. 在 $\triangle ABC$ 的边 AB，BC 和 AC 上分别取点 D，E 和 F，使得 $DE = BE$，$FE = CE$. 求证：$\triangle ADF$ 的外接圆的圆心位于 $\angle DEF$ 的平分线上.

5. 从圆 O 外一点 P 作圆的切线 PA 和 PB，切点为 A，B，连 AB，OP 交于 M，过 M 任作一弦 CD. 求证：OP 平分 $\angle CPD$.

6. 梯形 $ABCD$，$AB \parallel CD$，$AB > CD$，K，M 分别是腰 AD，CB 上的点，已知 $\angle DAM = \angle CBK$. 求证：$\angle DMA = \angle CKB$.

7. 设 T 为锐角 $\triangle ABC$ 内一点，$\angle ATB = \angle BTC = \angle CTA$，$M$，$N$，$P$ 分别是 T 在边 BC，CA，AB 上的投影，记 $\triangle MNP$ 的外接圆与边 BC，CA，AB 的另一交点为 M_1，N_1，P_1. 求证：$\triangle M_1 N_1 P_1$ 是等边三角形.

8. 圆 O_1 与圆 O_2 外切于点 P，Q 是过 P 的公切线上任一点，QAB 和 QDC 分别是圆 O_1 与圆 O_2 的割线，P 在 AB，AD，DC 的射影分别为 E，F，G. 求证：$\angle BPC = \angle EFG$.

9. 在等腰直角 $\triangle ABC$ 中，$\angle A = 90°$，D 是 AC 的中点，$AE \perp BD$，AE 的延长线交 BC 于 F，连 DF. 求证：$\angle ADB = \angle FDC$.

10. 在四边形 $ABCD$ 内有一点 M，使得 $ABMD$ 是平行四边形. 求证：如果 $\angle CBM = \angle CDM$，那么 $\angle ACD = \angle BCM$.

11. 在正 $2n$ 边形 $A_1 A_2 \cdots A_{2n}$ 的边 $A_1 A_2$ 和 $A_2 A_3$ 上分别取一点 K 和 N，使得 $\angle KA_{n+2}N = \frac{\pi}{2n}$. 试证：$NA_{n+2}$ 是 $\angle KNA_3$ 的角平分线.

12. 已知两圆内切于点 M，设大圆的弦 AB 切小圆于点 T. 证明：MT 是 $\angle AMB$ 的角平分线.

13. M, N 分别是矩形 $ABCD$ 的边 AD, BC 的中点, 在 CD 的延长线上取点 P, PM 交对角线 AC 于 Q. 求证: NM 平分 $\angle PNQ$.

14. 设凸四边形 $ABCD$ 的对角线 AC, BD 交于 M, 过点 M 作 AD 的平行线分别交 AB, CD 于 E, F, 交 BC 的延长线于 O, P 是以 O 为圆心以 OM 为半径的圆上一点. 求证: $\angle OPF = \angle OEP$.

15. 在 $\square ABCD$ 内有一点 P, 若 $\angle PBC = \angle PDC$, 求证: $\angle PCB = \angle PAB$.

16. 已知圆 O 中两直径 AB, CD, 两弦 AG, BE, 交 CD 于 M, N, 求证: $\angle MEN = \angle MGN$.

17. 在一条直线 l 的一侧画一个半圆 r, C, D 是 r 上两点, r 上过 C 和 D 的切线分别交 l 于 B 和 A, 半圆的圆心在线段 BA 上. E 是线段 AC 和 BD 的交点, F 是 l 上的点, $EF \perp l$. 求证: EF 平分 $\angle CFD$.

217

我们必须承认, 存在着独立的几何学, 就像存在着独立的物理科学一样, 两者均可用数学方法来处理。几何学是最简单的自然科学, 它的公理都是那些经由经验检验, 并在误差范围内认可的物理定律的本质。

—— 波希尔, 马克西姆(Bôcher, Maxime)

第二章　角度相等问题的求解思路

第三章 直线平行问题的求解思路

平面几何中,两直线平行是两直线间的一种特殊位置关系.直线平行的问题是平面几何中与求解线段相等、角度相等问题一样是一类既基本而又能展示众多知识、方法、技巧的常见问题.

论证两直线平行,常从如下几方面着手.

从角考虑:通过证被第三条直线截得的同位角相等、内错角相等、同旁内角互补等来确定两直线平行.

从线考虑:通过证两直线同垂直(或同平行)于第三条直线来确定两直线平行.

从形考虑:通过证两直线上的线段是某些特殊图形,如平行四边形的一组对边,三角形或梯形的中位线和底边等来确定两直线平行.

从比例式考虑:通过证对应线段成比例来确定过对应分点的直线平行.

从有关结论来考虑:在有关图形中,有一些美妙的结论,如同圆中夹等弧的两弦(或一弦与一切线)平行.过相交(或相切)两圆交点的割线交两圆于四点,同一圆上的两点的弦互相平行.

还可从运用其他方法方面考虑:诸如面积法、几何变换法、向量法等.

下面举例介绍求解直线平行问题的若干思路.

一、注意到内错角相等

例1 如图 2.3.1,自圆 O 外一点 A 引切线,切点为 B,过 AB 的中点 M 作割线交圆于 C,D,连 AC,AD 又交圆于 E,F.求证:$AB \parallel EF$.

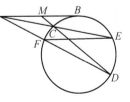

图 2.3.1

思路 由 $MA^2 = MB^2 = MC \cdot MD$,可证 $\triangle AMC \backsim \triangle DMA$,由此有 $\angle CAM = \angle CDA$.又 $\angle CDA = \angle CEF$,从而 $\angle CAM = \angle CEF$(内错角),$AB \parallel EF$ 即可证.

例2 如图 2.3.2,在 $\triangle ABC$ 中,$\angle ACB = 90°$,$CH \perp AB$,CE 平分 $\angle ACH$,

$AD = DC$, DE 和 CH 的延长线相交于点 F, 求证: $BF /\!/$ CE.

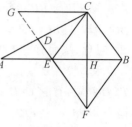

思路 由 CE 平分 $\angle ACH$, 有 $\dfrac{EH}{AE} = \dfrac{CH}{CA}$. 又 $\angle A =$ $\angle BCH$, 则

$$\angle BCE = \angle BCH + \angle ECH = \angle A + \angle ACE = \angle BEC$$

从而 $BE = BC$. 又由 $\triangle ACH \backsim \triangle CBH$ 有 $\dfrac{CH}{CA} = \dfrac{BH}{BC}$, 作

图 2.3.2

$CG /\!/ AB$ 交 ED 的延长线于 G, 则 $\dfrac{FH}{FC} = \dfrac{EH}{CG}$, 且由 $AD = DC$ 知 $CG = AE$. 从而

$$\frac{FH}{FC} = \frac{EH}{AE} = \frac{CH}{CA} = \frac{BH}{BC} = \frac{BH}{BE}$$

即

$$\frac{FH}{CH} = \frac{BH}{EH}(\text{分比})$$

则 $\triangle BFH \backsim \triangle ECH$, 从而 $\angle BFH = \angle ECH$, $BF /\!/ CE$ 即证.

二、注意到同位角相等

例3 如图 2.3.3, 已知圆 O 为 $\triangle ABC$ 的外接圆, P, Q, R 分别为弧 $\overparen{BC}$, $\overparen{AC}$, $\overparen{AB}$ 的中点, PR 与 AB 交于 D, PQ 与 AC 交于 E. 试证: $DE /\!/ BC$.

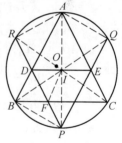

思路 连 AP, BQ, CR. 易知它们共点于 $\triangle ABC$ 的内心 I. 若能证 D, I, E 共线及 $\angle ADI = \angle ABC$ 即有 $DE /\!/ BC$.

由 $\angle PRC = \angle BAP$ 有 A, R, D, I 四点共圆.

同理 I, E, Q, A 四点共圆. 连 AR, AQ, 则

图 2.3.3

$$\angle AED + \angle ARD = 180°, \angle AIE + \angle AQE = 180°$$

而 $\angle AQE + \angle ARD = 180°$ 则有 $\angle AID + \angle AIE = 180°$, 故 D, I, E 共线. 由 $\angle ADI = \angle ARI = \angle ABC$, 即可证 $DE /\!/ BC$.

例4 如图 2.3.4, 设 P 为 $\triangle ABC$ 的外接圆上弧 $\overparen{BC}$ 内任一点, 由 P 作 $PD \perp$ BC, $PE \perp AC$, $PF \perp AB$. 如图已知垂足 F, D, E 三点共线; 而 H 为 $\triangle ABC$ 的垂心, AH 的延长线交圆于 H', 交 BC 于 A', 延长 PD 至 P', 使 $PD = P'D$. 求证: $HP' /\!/ EF$.

思路 连 CH', 则 $\angle A'CH' = \angle BAH' = \angle BCH$, 从而 $HA' = H'A'$.

设 EF 与 HH' 交于 M,连 PC,PH',则由已知 $PP' \perp BC,HH' \perp BC,PD = P'D,HA' = H'A'$ 有 PH' 与 $P'H$ 关于 BC 对称,从而有 $\angle PH'H = \angle P'HH'$.

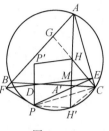

又 $\angle PH'H = \angle PCA$,$\angle PCA$ 与 $\angle CPE$ 互余,且 P,C,E,D 共圆,有 $\angle CPE = \angle CDE$,$\angle DMA$ 与 $\angle CDE$ 互余,从而 $\angle DMA = \angle PCA = \angle PH'H = \angle P'HH'$,故 $HP' /\!/ EF$ 可证.

图 2.3.4

注:注此题中的三角形外接圆上任一点到三边所在直线上垂足是共线的,常称为垂足线,或西姆松线.

三、注意到两直线与第三条直线都垂直(或平行)

例 5 如图 2.3.5,在 $\triangle ABC$ 中,BD,CE 为高,F,G 分别为 ED,BC 的中点,O 为外心.求证:$AO /\!/ FG$.

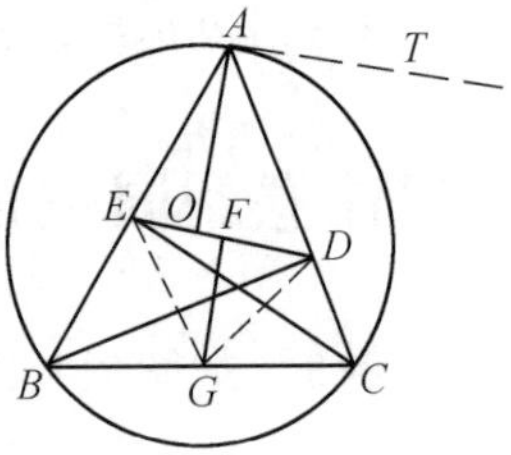

思路 过 A 作圆 O 的切线 AT,显然 B,C,D,E 共圆,则

$$\angle TAC = \angle ABC = \angle ADE$$

故 $AT /\!/ ED$.

而 $AO \perp AT$,则 $AO \perp ED$.又 G 为 BC 的中点,有

$$DG = \frac{1}{2}BC = EG, EF = FD$$

则 $FG \perp ED$.由此可证 $AO /\!/ FG$.

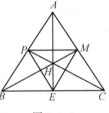

图 2.3.5

例 6 如图 2.3.6,在 $\triangle ABC$ 中,引出高线 AE,BM 和 CP.已知 $EM /\!/ AB,EP /\!/ AC$.求证:$MP /\!/ BC$.

思路 设 BM 与 CP 相交于 H,则 H 为 $\triangle ABC$ 的垂心.又 $EM /\!/ AB,EP /\!/ AC$,则 H 也为 $\triangle PEM$ 的垂心,从而 $AE \perp PM$,故 $MP /\!/ BC$ 即证.

图 2.3.6

四、注意到两直线上的线段构成平行四边形的一组对边

例 7 如图 2.3.7,在正方形 $ABCD$ 内任取一点 E,连 AE,BE,在 $\triangle ABE$ 外分别以 AE. BE 为边作正方形 $AEMN$ 和 $EBFG$.连 NC,AF,求证 $NC /\!/ AF$.

　　思路　连 ND, CF, 即知 $\triangle BFC \cong \triangle BEA \cong$ $\triangle DNA$, 则 $FC = EA = NA$, $\angle CBF = \angle EBA =$ $\angle ADN$, $BF = BE = DN$, $\angle FBA = \angle CBF + 90° =$ $\angle NDA + 90° = \angle NDC$. 于是 $\triangle NDC \cong \triangle FBA$, 即有 $AF = CN$, 从而 $AFCN$ 为平行四边形, 故 NC // AF.

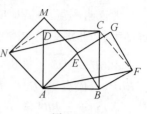

图 2.3.7

　　例8　如图 2.3.8, P 为 $\triangle ABC$ 外接圆上一点, P 点的垂足线交底边 BC 于 L, 交垂高 AD 于 K, 设 H 为 $\triangle ABC$ 的垂心. 求证: PK // LH.

　　思路　设 PH 与垂足线 LK 交于 S, KL 交 AC 于 M, 延长 AD 交圆于 F, 连 PF 交 KL 于 Q, 交 BC 于 G, 由 P, C, L, M 共圆, 有 $\angle MLP = \angle MCP = \angle AFP = \angle LPF$, 从而 $QP = QL$, 即 Q 为 $\text{Rt}\triangle PLG$ 的斜边 PG 的中点. 连 HG, 由 $\angle DFC =$ $\angle ABC = \angle DHC$ 有 $HD = DF$, $\angle HGD = \angle DGF =$ $\angle LGP = \angle QLG$, 则 HG // KL, 即 SQ 是 $\triangle PHG$ 的中位线. 从而 $HS = SP$. 又 PL // KH 有 $\angle PLS = \angle HKS$ 及 $\angle PSL = \angle HSK$, 则 $\triangle PSL \cong$ $\triangle HSK$, 从而 $PL \underset{=}{/\!/} KH$, 即 $PKHL$ 为平行四边形, 故 PK // LH 即证.

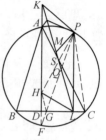

图 2.3.8

五、注意到两直线上的线段是三角形(或梯形)的中位线与底边

221

　　例9　如图 2.3.9, 设 BP, CQ 是 $\triangle ABC$ 的内角平分线, AH, AK 分别为 A 至 BP, CQ 的垂线. 证明: KH // BC.

　　思路　延长 AK 交 BC 于 K', 延长 AH 交 BC 于 H', 由题设知 K, H 分别为 AK', AH' 的中点, 由此即证 KH // BC.

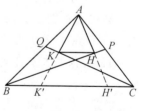

图 2.3.9

　　例10　在以 AB 为直径的半圆周上顺次选取 C, D, E, F 四点, 满足 $\overset{\frown}{CD} = \overset{\frown}{DE} = \overset{\frown}{EF}$, 设直线 AC, BD 相交于 P, 直线 AE, BF 相交于 Q, 求证: DE // PQ.

　　思路　设 R 为直线 AD 与 BE 的交点, S 为 AQ 与 BP 的交点, 连 BC 交 AR 于 T, 连 CE, TS, PR, RS, PT.

要证明本题,只需证明 D,E 分别为 PS,QS 的中点即可,为此需先证 $RPTS$ 为平行四边形.

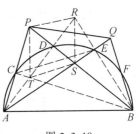

图 2.3.10

由 $\overset{\frown}{CD} = \overset{\frown}{DE}$ 可推出 $\angle TBS = \angle TAS$, $\angle RAP = \angle RBP$,因而有 A,B,S,T 共圆,A,B,R,P 共圆.于是 $\angle RTS = \angle PBA = \angle PRA$,则 $PR \parallel TS$(思路 1). 又可证 S,T 分别为 $\triangle ARB$, $\triangle APB$ 的垂心,则 $PT \parallel RS$(思路 2). 从而 $RSTP$ 为平行四边形,即知 D 为 PS 的中点,同理可证 E 为 QS 的中点.由此即可证 $DE \parallel PQ$.

此例也可从同位角考虑:由 $\overset{\frown}{CD} = \overset{\frown}{DE} = \overset{\frown}{EF}$,有 $\angle PAQ = \angle PBQ$,从而 A, B, Q, P 共圆,则 $\angle PQA = \angle PBA = \angle DEA$,由此即知 $DE \parallel PQ$.

六、注意到三角形一边的平行线的判定定理或平行线分线段成比例定理的逆定理

例 11　如图 2.3.11,在 $\triangle ABC$ 的边 AB, BC, CA 上分别取点 M, K, L,使 $MK \parallel AC$, $ML \parallel BC$,令 BL 与 MK 交于 P, AK 与 ML 交于 Q,求证:$PQ \parallel AB$.

思路　由题设有

$$\frac{KP}{PM} = \frac{BP}{PL} = \frac{BK}{KC} = \frac{BM}{MA} = \frac{KQ}{QA}$$

故 $PQ \parallel AB$ 可证.

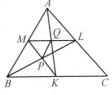

图 2.3.11

例 12　如图 2.3.12,在给定的不等边 $\triangle A_1 A_2 A_3$ 中,用 B_{ij} 表示顶点 A_i 关于由顶点 A_j 引出的角平分线的对称点.其中 i,j 取值 $1,2,3$.证明:直线 $B_{12} B_{21}$, $B_{13} B_{31}$ 与 $B_{23} B_{32}$ 相互平行.

思路　设 $A_1 C_1$ 是 $\angle A_2 A_1 A_3$ 的平分线.因为线段 $A_2 A_3$ 关于直线 $A_1 C_1$ 对称的线段是 $B_{21} B_{31}$,所以直线 $A_2 A_3$ 与 $B_{21} B_{31}$ 交于点 C_1,由角平分线性质得到 $A_1 A_2 : A_1 A_3 = C_1 A_2 : C_1 A_3$,因此

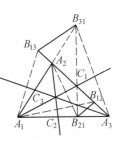

图 2.3.12

$$\frac{B_{12} C_1}{B_{13} C_1} = \frac{B_{12} A_2 - C_1 A_2}{B_{13} A_3 - C_1 A_3} = \frac{A_1 A_2 - C_1 A_2}{A_1 A_3 - C_1 A_3} = \frac{A_1 A_2}{A_1 A_3}$$

其中用到 $B_{12}A_2 = A_1A_2$，$B_{13}A_3 = A_1A_3$．同理 $\dfrac{B_{21}C_1}{B_{31}C_1} = \dfrac{A_1A_2}{A_1A_3}$．

故 $\triangle B_{12}C_1B_{21} \backsim \triangle B_{13}C_1B_{31}$，所以 $B_{12}B_{21} \parallel B_{13}B_{31}$．同理 $B_{23}B_{32} \parallel B_{13}B_{31}$．

注：此例中还可证 $B_{12}B_{21}$，$B_{13}B_{31}$，$B_{23}B_{32}$ 均垂直于 $\triangle A_1A_2A_3$ 的外心与内心的连线．

例 13 如图 2.3.13，给定 $\triangle ABC$，在边 AB，BC，CA 上

分别取点 C_1，A_1，B_1，使得 $\dfrac{AC_1}{C_1B} = \dfrac{BA_1}{A_1C} = \dfrac{CB_1}{B_1A} = \dfrac{1}{n}$．再在

$\triangle A_1B_1C_1$ 的边 A_1B_1，B_1C_1，C_1A_1 上分别取点 C_2，A_2，B_2，使

得 $\dfrac{A_1C_2}{C_2B_1} = \dfrac{B_1A_2}{A_2C_1} = \dfrac{C_1B_2}{B_2A_1} = n$．证明：$A_2C_2 \parallel AC$，$C_2B_2 \parallel$

CB，$B_2A_2 \parallel BA$．

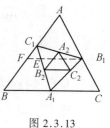
图 2.3.13

思路 过 B_1 作 $B_1F \parallel CB$ 交 BC_1 于 F，交 B_2C_1 于 E．设 $B_2E =$

$\dfrac{x}{n+1}A_1C_1$，则由 $\dfrac{C_1F}{FB} = \dfrac{C_1E}{EA_1}$ 有 $\dfrac{n-1}{1} = \dfrac{n-x}{1+x}$，从而求得

$$B_2E = \dfrac{1}{n(n+1)}A_1C_1$$

即 $B_2E = \dfrac{1}{n}A_1B_2$．于是 $\dfrac{A_1B_2}{B_2E} = \dfrac{n}{1} = \dfrac{A_1C_2}{C_2B_1}$，由此有 $B_2C_2 \parallel FB_1$．而 $FB_1 \parallel BC$，

故可证 $C_2B_2 \parallel CB$．

同理，可证 $A_2C_2 \parallel AC$，$B_2A_2 \parallel BA$．

七、注意到同圆中夹等弧且无交点的两弦(或一弦与一切线)平行的事实

例 14 设 P 是 $\triangle ABC$ 的外接圆上一点，PA'，PB'，

PC' 分别平行于 BC，CA，AB 交圆于 $A'B'C'$．求证：$AA' \parallel$

$BB' \parallel CC'$．

思路 由 $PB' \parallel AC$ 有 $\overset{\frown}{B'C} = \overset{\frown}{PA}$，由 $PC' \parallel AB$ 有

$\overset{\frown}{PA} = \overset{\frown}{C'B}$，从而 $\overset{\frown}{B'C} = \overset{\frown}{BC'}$，即 $BB' \parallel CC'$．

同理 $AA' \parallel BB'$，即证．

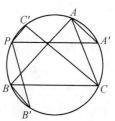
图 2.3.14

例 15 如图 2.3.15，圆上有四点 A，B，M，N，由点 M

223

引弦 MA_1 和 MB_1，使它们分别和直线 NB 和 NA 垂直. 证明：$AA_1 \parallel BB_1$.

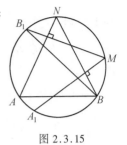

思路　由题设有

$$\overparen{B_1N} + \overparen{AM} = \overparen{B_1A} + \overparen{NM}, \quad \overparen{A_1B} + \overparen{NM} = \overparen{BM} + \overparen{A_1N}$$

从而有 $\overparen{NM} = \overparen{B_1N} + (\overparen{AA_1} + \overparen{A_1B} + \overparen{BM}) - \overparen{B_1A} =$

$$\overparen{BM} + (\overparen{AA_1} + \overparen{AB_1} + \overparen{B_1N}) - \overparen{A_1B}$$

图 2.3.15

即 $\overparen{A_1B} = \overparen{AB_1}$，故 $AA_1 \parallel BB_1$ 即证.

八、注意到过相交(或相切)两圆交点分别作割线交两圆于四点,同一圆上的两点的弦互相平行的事实

例 16　自 $\triangle ABC$ 的外接圆 O 上一点 P，引三边或其延长线的垂线 PL, PM, PN 分别交 BC 于 L，交 AB 于 M，交 CA 于 N，交圆 O 分别于 A', B', C'. 求证：$A'A \parallel B'B \parallel C'C$.

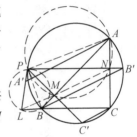

思路　直线 LMN 为其垂足线，由 P, L, B, M 共圆，BC, PC' 是过两相交圆交点的两条割线，从而 $LM \parallel CC'$. 同样，PA', BA 是过两相交圆交点的两条割线，也有 $LM \parallel AA'$，故 $A'A \parallel C'C$.

图 2.3.16

又 P, M, N, A 共圆，于是 $\angle AMN = \angle APN = \angle ABB'$，从而 $BB' \parallel LN$，故 $A'A \parallel B'B \parallel C'C$.

例 17　如图 2.3.17，已知在凸四边形 $ABCD$ 中，直线 CD 与以 AB 为直径的圆相切，直线 AB 与以 CD 为直径的圆相切，求证：$BC \parallel AD$.

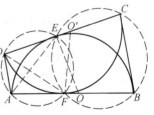

思路　设 AB, CD 的中点为 O, O'，圆 O 切 CD 于 E，圆 O' 切 AB 于 F. 连 $O'F, DF, AE, OE$，则 $\triangle O'DF, \triangle OEA$ 均为等腰三角形. 由 O', O, F, E 共圆，有 $\angle DO'F = \angle AOE$，从而 $\angle EDF = \angle EAF$，于是 D, A, F, E 共圆. 同理 E, F, B, C 共圆，而 CD, AB 是过这两相交圆交点的割线，故 $BC \parallel AD$.

图 2.3.17

上例也可运用比例线段而证：当 $AB \parallel CD$ 时显然有 $BC \parallel AD$. 若 AB 与 CD

交于 P,设其交角为 θ,则由

$$\frac{PC}{PD} = \frac{O'P + O'F}{O'P - O'F} = \frac{1 + O'F/O'P}{1 - O'F/O'P} = \frac{1 + \sin\theta}{1 - \sin\theta}$$

同理 $\dfrac{PB}{PA} = \dfrac{1 + \sin\theta}{1 - \sin\theta}$,从而 $BC \parallel AD$.

九、注意到同底等面积的两三角形的底边与同侧另两对应顶点所在直线平行的事实

例 18　如图 2.3.18,证明:若一个凸五边形的四条边平行于所对的对角线,则第五条边也是如此.

思路　设五边形中 AB,BC,CD,DE 分别与 CE,AD,BE,AC 平行,则 $S_{\triangle ABE} = S_{\triangle ABC} = S_{\triangle DBC} = S_{\triangle DEC} = S_{\triangle DEA}$,所以 $AE \parallel BD$.

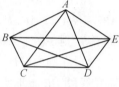

图 2.3.18

对于例 17,我们也有这样的求解思路.

如图 2.3.17,由题设有 $DO' = O'F$,则 $AO \cdot O'F = DO' \cdot AO$.又 $OE = AO$,则 $AO \cdot O'F = DO' \cdot OE$,即 $S_{\triangle AOO'} = S_{\triangle DOO'}$,从而 $AD \parallel OO'$.

同理 $BC \parallel OO'$.故 $BC \parallel AD$.

练习题 2.3

1. 在 $\triangle ABC$ 中,$\angle B \neq 90°$,$MD \cap BC = M$,设 BC 边的垂直平分线 MD 交直线 AB 于一点 D,$\triangle ABC$ 的外接圆在 A,C 两点的切线交于 E.求证:$DE \parallel BC$.

2. 以直角三角形的直角边 AB(B 为直角顶点)为直径作圆交斜边于 D,过 D 作圆的切线交另一直角边于 E,则 E 与圆心的连线必平行于斜边,试加证明.

3. 在以 O 为圆心的半圆直径 AB 上取异于 A,B 和 O 的点 C,过 C 引与 AB 成等角的射线 CD,CE 分别交半圆于 D,E,过 D 引与 DC 垂直的直线,与半圆交于另一点 K.求证:若 $K \neq E$,则 $KE \parallel AB$.

4. P,Q,R 顺次为 $\triangle ABC$ 中 BC,CA,AB 三边的中点.求证:圆 ABC 在 A 点的切线与圆 PQR 在 P 点的切线平行.

5. 以四边形 $ABCD$ 的各边为底作四个相似的三角形 $\triangle PAD$,$\triangle QAB$,$\triangle RCB$,$\triangle SCD$.其中 Q,S 在形内,P,R 在形外.求证:$PQ \parallel RS$.

6. 在 $\triangle ABC$ 中,M 是 BC 的中点,$\angle A$ 的平分线交 BC 于 D,自 C 作 $CE \perp AD$ 于 E,延长交 AM 于 F.求证:$DF \parallel AC$.

7.设 L,M,N 为 $\triangle ABC$ 各边 BC,CA,AB 上的中点,过 A 任引一直线交 LM, LN(或延长线)于 D,F.求证:$CD \parallel BF$.

8.G,I 分别是 $\triangle ABC$ 的重心和内心,并且有 $AB+AC=2BC$.求证:$GI \parallel BC$.

9.平面上两圆相交,其中一交点为 A,两动点 Q_1,Q_2 各以匀速自点 A 出发在不同的圆周上依同向移动,这两点经移动一周后同时返回到点 A.求证:过点 A 的任一割线与两圆的交点 M,N 和对应的 Q_1,Q_2 的连线互相平行,即 $MQ_1 \parallel NQ_2$.

10.已知 AB 是直角 $\triangle ABC$ 的斜边,在射线 AC,BC 上各取一点 B',A',使 $AB'=BA'=AB$.P,Q 是 $\triangle ABC$ 内的两点,如果 P,Q 到 $\triangle ABC$ 各边的距离之和相等,则 $PQ \parallel A'B'$.

11.在圆内引两条相交的弦 AB 和 CD,在线段 AB 上取点 M,使得 $AM=AC$; 而在线段 DC 上取点 N,使得 $DN=DB$.求证:若点 M 和 N 不重合,则 $MN \parallel AD$.

12.在等边 $\triangle ABC$ 的边 AB 上取一点 E,以 EC 为底向点 B 所在一侧作正 $\triangle EKC$.求证:$BK \parallel AC$.

13.菱形 $ABCD$ 的内切圆与各边 AB,BC,CD,DA 切于 E,F,G,H.在 EF 与 GH 上分别作圆 O 的切线交 AB 于 M,交 BC 于 N,交 CD 于 P,交 DA 于 Q.求证:$MQ \parallel NP$.

14.在梯形 $ABCD$ 的对角线 AC 的延长线上任取一点 P,P 与梯形两底中点的连线分别交两腰 AB,CD 于 M,N 点.证明:MN 平行于梯形的底边.

15.G,F 分别是 $\triangle ABC$ 的边 AB,AC 的中点,D,E 在 BC 上,且 $BD=CE$, AE 交 CG 于 N,AD 交 BF 于 M.求证:$MN \parallel BC$.

16.在 $\triangle ABC$ 中,AT 为 $\angle A$ 的平分线,D,E 分别在 AB,AC 上,且 $BD=CE$. 又 BC,DE 的中点分别为 M 和 N.求证:$MN \parallel AT$.

第四章 直线垂直问题的求解思路

平面几何中,两直线垂直是两直线间的又一种特殊位置关系.论证两直线相交垂直常从如下几方面考虑.

从角考虑:相交成直角的两直线垂直.相交得邻补角相等的两直线垂直.直径所张圆周角的两边垂直.

从线考虑:分别与两互垂线平行的两直线垂直.一条直线和两平行线中的一条垂直也和另一条垂直.同圆中夹弧和为半圆的两相交弦垂直.等腰三角形的顶角平分线(或底边中线)和底边垂直.菱形的两条对角线垂直.过三角形顶点和垂心的直线与顶点所对的边垂直.两相交圆的连心线与公共弦垂直等.

从形考虑:与直角三角形相似对应于直角的角的两边垂直.圆内接四边形对角相等时角的两边垂直.分别为两边对应垂直的两个相似三角形的第三边的两直线垂直等.

从有关结论考虑:满足勾股定理逆定理条件的三角形两短边垂直.一线段的两端到另一线段两端距离的平方差相等时此两线段垂直.

还可从其他方法方面考虑:诸如同一法、反证法等.

下面举例介绍求解直线垂直问题的若干思路.

一、注意到相交成直角的两直线垂直

例 1 如图 2.4.1,已知 P,Q 分别是正方形 $ABCD$ 的边 AB,BC 上的点,且 $BP = BQ$.过 B 点作 PC 的垂线,垂足为 H.求证:$DH \perp HQ$.

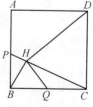

图 2.4.1

思路 因 BH 是 $\mathrm{Rt}\triangle PBC$ 斜边上的高,由 $\triangle BCP \backsim \triangle HCB$,有 $\dfrac{BC}{BP} = \dfrac{CH}{BH}$.由 $BC = DC$,$BP = BQ$ 有 $\dfrac{CD}{BQ} = \dfrac{CH}{BH}$.再由 $\angle PBH = \angle BCP$ 有 $\angle HBQ = \angle HCD$,则 $\triangle HBQ \backsim \triangle HCD$,从而 $\angle DHC = \angle QHB$,即有

$$\angle DHQ = \angle DHC + \angle CHQ = \angle QHB + \angle CHQ = 90°$$

227

故 $DH \perp HQ$.

类似于上例可证:在正方形 $ABCD$ 的边 CD 上任取一点 Q,连 AQ,过 D 作 $DP \perp AQ$ 交 AQ 于 R,交 BC 于 P.正方形对角线的交点为 O,连 OP,OQ.求证: $OP \perp OQ$.

二、注意到相交得邻补角相等的两直线垂直

例2 如图 2.4.2,圆 O 经过 $\triangle ABC$ 的顶点 A,C 分别与 AB,BC 交于 K 和 N,$\triangle ABC$ 和 $\triangle KBN$ 的两个外接圆相交于点 B,M.求证:$OM \perp MB$.

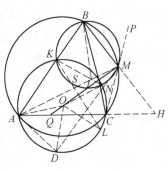

图 2.4.2

思路1 延长 BM 至 H,连 MN,MA,OA,ON.

由 $MBKN$,$KACN$,$MBAC$ 均内接于圆得 $\angle HMN = \angle BKN = \angle C = \angle BMA$,又

$$\angle AON \overset{m}{=\!=\!=} \overset{\frown}{AKN} \overset{m}{=\!=\!=} 2\angle C = \angle HMN + \angle BMA$$

则 $MAON$ 为圆内接四边形.又 $OA = ON$,则 $\angle AMO = \angle NMO$.从而

$$\angle BMO = \angle BMA + \angle AMO = \angle HMN + \angle NMO = \angle HMO$$

故 $OM \perp MB$.

此例证邻补角相等还有如下两种思路.

思路2 作直线 CMP,则

$$\angle BMP = \angle A = \angle BNK = \angle BMK$$

又

$$\angle KOC \overset{m}{=\!=\!=} \overset{\frown}{KNC} \overset{m}{=\!=\!=} 2\angle A = \angle PMK$$

则 $MKOC$ 内接于圆,由 $OK = OC$ 有 $\angle KMO = \angle CMO$,由此即证.

思路3 易证延长 BM 与延长 AC 必相交,设交于 H.MO 交圆 BKN 于 I,交 AC 于 Q.由 $\angle BMK = \angle A$ 知 $MKAH$ 内接于圆,有 $\angle BHA = \angle BKM = \angle BIM$. 由思路1中知 $\angle AMO = \angle NMO = \angle NBI$,有

$$\angle MQH = \angle MAQ + \angle AMO = \angle MBN + \angle NBI = \angle MBI$$

由此即证.

三、注意到直径所张圆周角两边垂直

例3 如图 2.4.3,以 $\triangle ABC$ 的边 AB 和 AC 分别为一边,向形内作正方形

$ABMN, ACPQ.$ 求证：$BQ \perp CN.$

思路　延长 NC 交 BQ（或其延长线）于 $R.$

由 $AB = AN, AQ = AC, \angle QAB = 90° - \angle BAC = \angle CAN,$ 有 $\triangle ABQ \cong \triangle ACN \Rightarrow BQ = NC, \angle RQA = \angle NCA \Rightarrow A, C, Q, R$ 共圆且 QC 为直径（因 $\angle QAC = 90°$），从而 $\angle QRC$ 为直径所张圆周角，故 $BQ \perp CN.$（此例也可运用转换变换证）

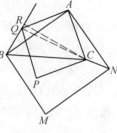
图 2.4.3

对于例 2，我们也有求解思路 4：设 MO, MA 分别交圆 BNK 于 $I, S,$ 连 $MN, NS, SB, BI,$ 则 $\angle BSN = \angle BKN = \angle C = \angle BMA = \angle BNS.$ 又可证 $\angle SBI = \angle SMI,$ 又 $\angle NMI = \angle NBI,$ 结合思路 1 中 $\angle SMI = \angle NMI,$ 所以有 $\angle SBI = \angle NBI,$ 说明 BI 垂直平分弦 $SN,$ 即 BI 为圆 BNK 的直径，故 $OM \perp MB.$

四、注意到如果一条直线和两条平行线中的一条垂直，则也和另一条垂直

例 4　如图 2.4.4，$A_0 A_1 A_2 A_3 A_4 A_5$ 是一条折线，$A_0 A_1 = 1, A_1 A_2 = 2, A_2 A_3 = 3, A_3 A_4 = 4, A_4 A_5 = 5;$ 且 $\angle A_0 A_1 A_2 = \angle A_1 A_2 A_3 = \angle A_2 A_3 A_4 = \angle A_3 A_4 A_5 = 60°.$ 求证：$A_0 A_5 \perp A_3 A_4.$

思路　延长 $A_1 A_0$ 两端交 $A_2 A_3$ 于 $M,$ 交 $A_4 A_5$ 于 $Q.$ 延长 $A_2 A_1$ 交 $A_3 A_4$ 于 $N,$ 延长 $A_3 A_2$ 交 $A_4 A_5$ 于 $P.$ 则 $\triangle A_1 A_2 M,$ $\triangle A_2 A_3 N, \triangle P A_3 A_4$ 分别为边长 2, 3, 4 的等边三角形，从而 $A_0 M = 1, A_2 P = 1, A_5 Q = 4.$

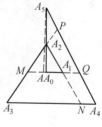
图 2.4.4

自 A_5 作 $A_5 A \perp MQ$ 于 $A,$ 则 $AQ = 2,$ 但 $A_0 Q = 2,$ 故 A 与 A_0 重合，即 $A_0 A_5 \perp AQ.$ 又 $\angle A_2 MQ = \angle A_2 A_3 A_4 = 60°,$ 所以 $MQ \parallel A_3 A_4,$ 因此有 $A_0 A_5 \perp A_3 A_4.$

对于例 2，我们又有三种求解思路.

思路 5　作圆 O 的割线 MN 交圆 O 于 $D,$ 连 $DA, OD,$ 由 $\angle BKN + \angle BMN = 180°$ 且 $\angle BKN = \angle MDA$ 有 $\angle MDA + \angle BMN = 180° \Rightarrow BM \parallel AD.$ 由 $\angle MAD = \angle BMA$ 及 $\angle BMA = \angle C = \angle MDA$ 有 $\angle MAD = \angle MDA \Rightarrow MA = MD.$ 而 $OA = OD,$ 则 MO 为 AD 的中垂线，即 $OM \perp AD,$ 从而 $OM \perp MB.$

229

思路 6 设 MC 所在直线交圆 O 于 L，连 KL，OL。由 K，A，L，C 共圆有 $\angle BMP = \angle A = \angle KLM \Rightarrow BM \parallel KL$。又由 $\angle MKL = \angle KMB = \angle KNB = \angle A = \angle KLM$ 有 $MK = ML$，即有 $OM \perp KL$，故 $OM \perp MB$。

思路 7 设 M' 为 BM 的中点，O_1，O_2 为 $\triangle BAC$，$\triangle BKN$ 的外心，由 $\angle O_2BN + \angle BKN = 90°$ 及 $\angle BKN = \angle C$，有 $\angle O_2BN + \angle C = 90°$，从而 $BO_2 \perp AC$。又 $O_1O \perp AC$，则 $BO_2 \parallel O_1O$。同理 $BO_1 \parallel O_2O$。即 BO_1OO_2 为平行四边形，从而 BO，O_1O_2 的中点重合于 O_3，故 $O_3M' \parallel OM$（中位线）。又 O_1，O_3，O_2，M' 四点共线（在 BM 的中垂线上），则 $O_2M' \perp MB$，故 $OM \perp MB$。

五、注意到分别与两互垂的直线平行的直线垂直

例 5 两条线段 MN，PQ 满足 $PM^2 - PN^2 = QM^2 - QN^2$。求证：$MN \perp PQ$。

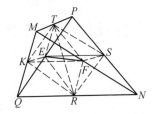 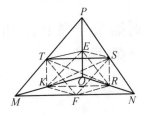

图 2.4.5

思路 设 R，S，T，K，E，F 分别为 QN，NP，PM，MQ，PQ，MN 的中点。将这些中点连结，则 $KRST$，$RFTE$，$KFSE$ 均为平行四边形，从而

$$2(KF^2 + KE^2) = EF^2 + KS^2$$
$$2(ER^2 + RF^2) = EF^2 + RT^2$$

又由

$$PM^2 + QN^2 = PN^2 + QM^2$$

有

$$4KE^2 + 4KF^2 = 4ER^2 + 4RF^2$$

由上述三式有 $KS^2 = RT^2$，即 $KS = RT$，故 $KRST$ 为矩形，即有 $KT \perp KR$。而 $KT \parallel PQ$，$KR \parallel MN$，故 $MN \perp PQ$。

六、注意到等腰三角形的性质

例 6 如图 2.4.6，圆 O_1 与圆 O_2 相交于 A，B 两点，O_1 在圆 O_2 的圆周上，圆 O_1 的弦 AC 交圆 O_2 于 D 点。求证：$O_1D \perp BC$。

思路 连结 AB，O_1B，O_1C，则 $\angle BO_1D = \angle BAC = \frac{1}{2}\angle BO_1C$，即 O_1D 是

等腰 $\triangle O_1BC$ 的顶角平分线,故 $O_1D \perp BC$.

　　类似于上例可证:$\triangle ABC$ 的内切圆与边 AB,BC 相切于 E,F,角 A 的平分线与 EF 交于 K.求证:$AK \perp KC$.(提示:设 C 关于 AK 的对称点是 AB 上的 L 点,边 BC 上的点 M 是点 L 关于角 B 平分线的对称点,通过计算得 $CF = FM$,则 EF 平分 CL 即证.)

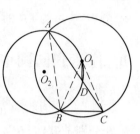

图 2.4.6

七、注意到三角形的垂心性质

　　例7　如图 2.4.7,在矩形 $ABCD$ 的两边 AB 和 BC 上向外作等边 $\triangle ABE$ 和 $\triangle BCF$,EA 和 FC 的延长线交于 M.求证:$BM \perp EF$.

　　思路　连结 AF,EC,易证 $\triangle AFB \cong \triangle EFB$,$\triangle EBF \cong \triangle EBC$,则 $\triangle ECF$,$\triangle FAE$ 均为等腰三角形,又 $\angle AFB = \angle EFB$,$\angle CEB = \angle FEB$,则 EB,FB 分别为角平分线,从而 $EB \perp MF$,$FB \perp ME$,故 B 为 $\triangle MEF$ 的垂心,即 $BM \perp EF$.

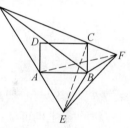

图 2.4.7

　　类似于上例可证:AB 是半圆 O 之直径,过 A,B 引弦 AC,BD,设 AC,BD 相交于 E.又过 C,D 引圆之切线交于点 P,连 PE.求证:$PE \perp AB$.(提示:设 AD 与 BC 相交于 Q,由 $\angle PDE = \angle DAB = 90° - \angle DQE = \angle DEQ$,可知 DP 平分 QE.同理 CP 平分 QE,则 P 与 QE 中点重合,注意到 E 为 $\triangle ABQ$ 的垂心即证.)

231

八、注意到菱形对角线互垂的性质

　　例8　给定一个凸四边形 $ABCD$,对角线交于 O.现知 $\triangle ABO$,$\triangle BCO$,$\triangle CDO$,$\triangle ADO$ 的周长彼此相等.证明:对角线互相垂直.

　　思路　首先证 O 点平分对角线,设 a,b,c,d 分别为线段 OA,OB,OC,OD 的长度,且 $c \geq a$,$d \geq b$.于是可在线段 OC 上截出长度为 a 的线段 OM.在线段 OD 上截出长度为 b 的线段 ON,从而得到平行四边形 $ABMN$,且它被分成了四个周长相等的三角形,由此即得出了矛盾.所以 $ABCD$ 是平行四边形,再比较两个相邻三角形的周长,即可知道它是菱形.故对角线互相垂直.

　　利用菱形的性质还可证:在 $\triangle ABC$ 形外作正方形 $ABEF$ 和 $ACGH$.设 M 为

BC 的中点, N 为 FH 的中点, P,Q 分别是两正方形中心, 求证: $PQ \perp MN$.

九、注意到同圆中夹弧和为半圆周的相交两弦垂直

例9 如图 2.4.8, A,B,C,D 是圆周上四点, P,Q,

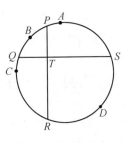

R,S 分别是弧 $\overset{\frown}{AB}$, $\overset{\frown}{BC}$, $\overset{\frown}{CD}$, $\overset{\frown}{DA}$ 的中点. 证明: $PR \perp QS$.

思路 设 PR 与 QS 交于 T, 则

$$\angle PTS = \frac{1}{2}(\overset{\frown}{PS} + \overset{\frown}{QR}) =$$

$$\frac{1}{2}(\overset{\frown}{PA} + \overset{\frown}{AS} + \overset{\frown}{QC} + \overset{\frown}{CR}) =$$

$$\frac{1}{4}(\overset{\frown}{AB} + \overset{\frown}{BC} + \overset{\frown}{CD} + \overset{\frown}{DA}) =$$

$$\frac{1}{4}(\text{圆周}) \xlongequal{m} 90°$$

图 2.4.8

232 故 $PR \perp QS$.

类似于上例可证: 四边形 $ABCD$ 内接于圆 O, $\triangle ACB$ 和 $\triangle ACD$ 去掉的内心分别为 O_1, O_2; A,C 分别与 O_1, O_2 的连线交圆 O 于 M,Q,P,N. 求证: $MN \perp PQ$.

十、注意到与直角三角形相似对应于直角的角的两边垂直

例10 如图 2.4.9, 圆 O 的弦 AB 和 CD 交于 K, 过各弦的两端作圆的切线分别交于 P,Q. 求证: $OK \perp PQ$.

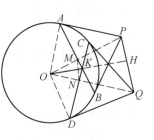

思路 连 OP,OQ 分别交 AB, CD 于 M,N, 连 OA, OD, MN, 延长 OK 交 PQ 所在直线于 H. 由 $OA^2 = OM \cdot OP$, $OD^2 = ON \cdot OQ$ 及 $OA = OD$ 有 $OM \cdot OP = ON \cdot OQ$, 又 $\angle MON = \angle QOP$, 则 $\triangle MON \backsim \triangle QOP$, 于是 $\angle OMN = \angle OQP$. 又 O,N,K,M 共圆

图 2.4.9

($\angle OMK = \angle ONK = 90°$), 则 $\angle OMN = \angle OKN$, 于是 $\triangle OKN \backsim \triangle OQH$, 注意到 $\angle ONK = 90°$, 故 $OH \perp HQ$, 即 $OK \perp PQ$.

类似于上例也可证: $\triangle ABC$ 为等腰直角三角形, $\angle C = 90°$, D 为 BC 延长线

上一点, $CD = CE$, E 在 AC 上, BE 的延长线交 AD 于 F . 求证: $BF \perp AD$.

十一、注意到分别为两边对应垂直的两个相似三角形的第三边也互相垂直

例 11　如图 2.4.10,从等腰三角形 ABC 的底边 AC 的中点 M 作 BC 边的垂线 MH ,点 P 是 MH 的中点.证明: $AH \perp BP$.

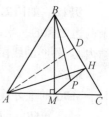

图 2.4.10

思路　作 $AD \perp BC$ 于 D ,则可证 H 为 CD 中点,又 $Rt\triangle ADC \backsim Rt\triangle BMC \backsim Rt\triangle BHM$,且 P 为 MH 中点,则 $\triangle ACH \backsim \triangle BMP$.而 $AC \perp BM$, $CH \perp MP$,故 $AH \perp BP$.

类似于上例也可证:在 $\triangle ABC$ 中, D 为 BC 边中点,在直线 AB , AC 上取点 F , E ,使 $DE = DF = BD$, AG 为圆 AFE 的直径.求证: $AG \perp BC$.(提示:注意 B , G , E 共线, C , G , F 共线及 $Rt\triangle AEG \backsim Rt\triangle BEC$ 即证.)

十二、注意到证明两线段垂直的一种计算方法

例 5 的结论给我们提供了利用计算来论证两直线垂直的方法,下面给出例 2、例 3 的计算方法求解思路.

例 2 的求解思路 8:不难证明圆 O ,圆 BKN ,圆 BAC 三公共弦所在的直线必交于一点,设为 H . 由 $\angle BMN = \angle AKN = \angle NCH$ 知 M , N , C , H 共圆.设圆 O 的半径为 r ,则连续运用割线定理有

$$BM \cdot BH = BN \cdot BC = BO^2 - r^2$$

又

$$HM \cdot HB = NH \cdot HK = HO^2 - r^2$$

这两式相减得　$HO^2 - BO^2 = BH(HM - BM) = HM^2 - BM^2$

故 $OM \perp MB$.

例 3 的求解思路 2:设 $BC = a$, $AC = b$, $AB = c$,连 BN , QN , QC ,则 $BN^2 + QC^2 = 2c^2 + 2b^2$.在 $\triangle AQC$ 中

$$\angle QAN = \angle QAB + 90° = 180° - \angle BAC$$

$$QN^2 = b^2 + c^2 - 2bc \cdot \cos(180° - \angle BAC) = b^2 + c^2 + 2bc \cdot \cos \angle BAC$$

又

$$a^2 = b^2 + c^2 - 2bc \cdot \cos \angle BAC$$

于是

$$QN^2 + BC^2 = b^2 + c^2 + 2bc \cdot \cos \angle BAC + b^2 + c^2 - 2bc \cdot \cos \angle BAC =$$

233

$$2b^2 + 2c^2 = BN^2 + QC^2$$

故 $BQ \perp CN$.

十三、注意到勾股定理的逆定理

例12　如图2.4.11,在 $\triangle ABC$ 中,边 BC 等于其余两边之和的一半.求证:$\angle BAC$ 的平分线垂直于连结内心、外心的线段.

思路　设 O , I 分别是 $\triangle ABC$ 的外心、内心,BE 是 $\angle ABC$ 的平分线,则

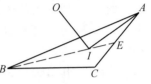

图 2.4.11

$$\frac{AB}{AE} = \frac{BI}{IE} = \frac{BC}{EC} = \frac{BC}{AC - AE}$$

即

$$AE = \frac{AB \cdot AC}{AB + BC}$$

由

$$\frac{AE^2}{AB^2} = \frac{IE^2}{IB^2} = \frac{AE^2 + AE^2 - 2AI \cdot AE \cdot \cos \dfrac{A}{2}}{AI^2 + AB^2 - 2AI \cdot AB \cdot \cos \dfrac{A}{2}}$$

有

$$AI^2 = \left(\frac{2AB \cdot AE \cdot \cos A/2}{AB + AE}\right)^2 = \frac{2AB^2 \cdot AC^2(\cos A + 1)}{(AB + AC + BC)^2} =$$

$$\frac{AB \cdot AC \cdot \left[(AB + AC)^2 - BC^2\right]}{(AB + AC + BC)^2} =$$

$$2 \cdot \frac{AB \cdot AC \cdot BC}{4S_\triangle} \cdot \frac{2S_\triangle}{AB + AC + BC} = 2Rr$$

其中,$S_\triangle$, R , r 分别为 $\triangle ABC$ 的面积、外半径、内半径.设 $OI = d$,则由欧拉定理有 $d^2 = R^2 - 2Rr$,亦即 $OI^2 = AO^2 - AI^2$,由勾股定理之逆知 $AI \perp IO$.

十四、注意到同一法(或反证法)等方法的运用

例13　如图2.4.12,在凸五边形 $ABCDE$ 中,顶点为 B , E 的角是直角,又 $\angle BAC = \angle EAD$.证明:如果对角线 BD 和 CE 交于 O ,则直线 AO 与 BE 垂直.

思路　设垂线 AH 的延长线与直线 CE , BD 分别交于 P , Q.若能证明 $AP = AQ$,即得 P , Q , O 重合.作与直线 BE 垂直的直线 CK ,由 $\text{Rt}\triangle CKB \backsim \text{Rt}\triangle BHA$($\angle ABH$ 与 $\angle KBC$ 互余)得到

$$\frac{CK}{BH} = \frac{BK}{AH} = \frac{BC}{AB} = \tan \angle BAC$$

由 Rt$\triangle EHP \backsim$ Rt$\triangle EKC$ 得到

$$PH = \frac{EH \cdot CK}{EK} =$$

$$\frac{EH \cdot BH \cdot \tan \angle BAC}{EB - BK} =$$

$$\frac{EH \cdot BH \cdot \tan \angle BAC}{EB - AH \cdot \tan \angle BAC}$$

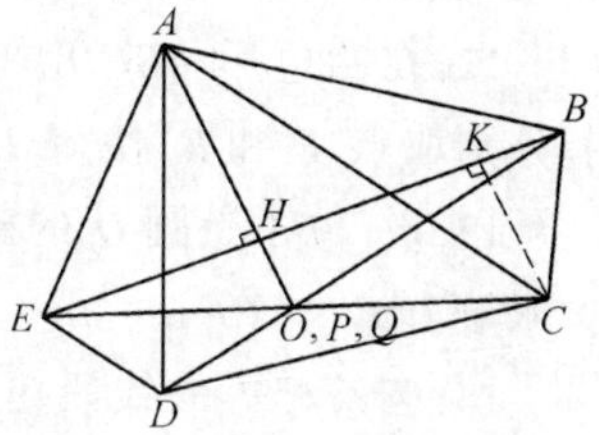

同理

$$QH = \frac{BH \cdot EH \cdot \tan \angle EAD}{EB - AH \cdot \tan \angle EAD}$$

由已知得 $\angle BAC = \angle EAD$,则 $PH = QH$,从而结论获证.

图 2.4.12

练习题 2.4

1.在 $\triangle ABC$ 中,$\angle A = 120°$,AF,BG 和 CH 分别为其三角平分线.证明:$\angle GFH = 90°$.

2.I 是 $\triangle ABC$ 的内心,AI,BI,CI 的延长线分别交 $\triangle ABC$ 的外接圆于 D,E,F.证明:$EF \perp AD$.

3.在 $\angle AOB$ 的内部取一点 C,由 C 作 OA 边的垂线 CD,作 OB 边的垂线 CE. 再由 D 作 OB 边的垂线 DN,由 E 作 OA 边的垂线 EM.证明:$OC \perp MN$.

4.连结点 K 与矩形 $ABCD$ 的顶点 A,D 的线段均与边 BC 相交,过 B 引 DK 的垂线,过 C 引 AK 的垂线.它们相交于点 M.证明:若 $M \neq K$,则 $MK \perp AD$.

5.在正方形 $ABCD$ 的边 AB 和 AD 上分别取点 M 和 K,在线段 MD 上取点 P,使 $AM = AK$,$\angle PCD = \angle PKA$.证明:$\angle APM$ 是直角.

6.$\triangle ABC$ 的外心为 O,$AB = AC$,D 是 AB 的中点,E 是 $\triangle ACD$ 的重心.证明:$OE \perp CD$.(参见第一篇第九章中例9)

7.在锐角 $\triangle ABC$ 中,AD 是边 BC 上的高,H 为垂心,在 AD 上有一点 P,使 $PD^2 = AD \cdot HD$,连 BP,CP.求证:$\angle BPC$ 为直角.

8.在一任意 $\triangle ABC$ 的边上,向外作 $\triangle ABR$,$\triangle BCP$,$\triangle CAQ$,使得 $\angle CBP = \angle CAQ = 45°$,$\angle BCP = \angle ACQ = 30°$,$\angle ABR = \angle BAR = 15°$,求证:$QR \perp RP$. (参见第一篇第七章中例9)

9.非矩形和菱形的 $\square ABCD$,引 $CE \perp AB$ 或其延长线于 E,引 $CF \perp AD$ 或其延长线于 F,连 EF 交 BD 的延长线于 P.求证:$AC \perp CP$.

10.从以 AD 为直径的半圆周上的点 B,C 分别作 BE,CF 垂直于 AD,直线

235

AB 与 DC 相交于点 P,线段 CE 与 BF 相交于点 Q.证明:$PQ \perp AD$.

11.已知正方形 $ABFG$ 和正方形 $ADEC$ 的中心分别为 O_1, O_2, M 为 BC 的中点.求证:$MO_1 = MO_2$ 且 $MO_1 \perp MO_2$.

12.在四边形 $ABCD$ 中,$AB = AD, \angle ABC = \angle ADC = 90°$,在边 BC 和 CD 上分别取点 F 和 E,使得 $DF \perp AE$.证明:$AF \perp BE$.

13.设 PBA 是圆 O 的割线,PC 是切线,CD 是圆 O 的直径,DB, DP 相交于 E.求证:$AC \perp CE$.

14.三条相等的线段 AB, BC, CD 分别与圆相切于 E, F, G, AC 与 BD 交于 P,连 PF.求证:$PF \perp BC$.

15.设 P 为等腰直角 $\triangle ACB$ 斜边 AB 上任意一点,$PE \perp AC$ 于 $E, PF \perp BC$ 于 $F, PG \perp EF$ 于 G,延长 GP 并在其延长线上取一点 D,使得 $PD = PC$.试证:$BC \perp BD$,且 $BC = BD$.

16.在锐角 $\triangle ABC$ 中,$\angle C = 45°, O$ 为外心.过 A, B, O 三点作一圆交 AC 于 E,交 BC 于 F.求证:$CO \perp EF$,且 $CO = EF$.

17.X 为凸五边形 $ABCDE$ 内一点,满足 $AB = BC, \angle BCD = \angle EAB = 90°$, $AX \perp BE, CX \perp BD$.求证:$BX \perp DE$.

18.在 $\triangle ABC$ 中,$BC = \dfrac{1}{2}(AB + AC)$.求证:$\angle A$ 的角平分线垂直于三角形内外心连线.(参见本章例 12)

19.凸四边形 $ABCD$ 内接于圆 O,对角线 AC 与 BD 相交于 $P, \triangle ABP, \triangle CDP$ 的外接圆相交于 P, Q,且 O, P, Q 三点两两不重合.试证:$\angle OQP = 90°$.

20.设 $\triangle ABC$ 为等腰直角三角形,$\angle C = 90°$,点 M, N 分别为边 AC 和 BC 的中点,点 X 位于射线 BM 上,且 $BX = 2BM$,点 Y 位于射线 NA 上,且 $NY = 2NA$.证明:$\angle BXY = 90°$.

21.圆 O_1 和圆 O_2 与 $\triangle ABC$ 的三边所在的三条直线都相切,E, F, G, H 为切点,并且 EG, FH 的延长线交于点 P.求证:$PA \perp BC$.

22.在 $\triangle ABC$ 中,$AB = AC$.若 M 是 BC 中点,O 是直线 AM 上的点使得 $OB \perp AB$;Q 是线段 BC 上不同于 B 及 C 的任意点,E 在 AB 上,F 在 AC 上,使得 E, Q, F 不同且共线.求证:若 $OQ \perp EF$,当且仅当 $QE = QF$.

23.D, E, F 分别为锐角 $\triangle ABC$ 的 BC, AC, AB 上的点,AD, BE, CF 交于点 O.若 DO 平分 $\angle FDE$,则 $AD \perp BC$.

24.AB 是半圆 O 的直径,一直线交半圆于 C, D,交 AB 于 $M(MB < MA, MD < MC)$.设 K 是 $\triangle AOC$ 和 $\triangle DOB$ 外接圆的另一交点,则 $\angle MKO = 90°$.

第五章　　点共直线问题的求解思路

同在一条直线上的许多点叫做共线点,或者说这些点共直线.点共直线是一类有趣而引人入胜的问题.给出(或得到)三个或三个以上的点是不一定在一条直线上的,所以长期以来,点共直线的问题,受到人们的关注,历史上众多的数学家也获得了许多美妙的结果:诸如欧拉线、牛顿线、西姆松线,卡诺定理、戴沙格定理、奥倍尔定理、帕普斯定理、清宫定理等.点共直线问题当今仍是人们青睐的题型之一.

求解点共直线问题涉及的概念较多,覆盖知识面较广,综合性也较强,因此,在求解时可能陷入困境,为了尽快找到一种切实有效的思路可从如下几个方面去考虑.

从角考虑:证得以中间一点为顶点,两侧两点所在射线所成的角为平角.证得以中间一点为顶点且作一直线,其余两点所在射线构成对顶角.证得以一点为顶点且作一射线,其余两点所在射线与前一条射线所成的两个角相等.

从线考虑:证第三点在过另两点的直线上.证得三点两两连结的直线各与同一直线垂直(或平行).证得三点两两连结的线段有和或差关系.

从形考虑:证三点所成的三角形面积为零.证得以一点为位似中心,其余两点为位似变换的一双对应点.

从有关结论考虑:注意到梅涅劳斯定理、张角公式等.

从方法上考虑:可考虑反证法、同一法、面积法等.

论证四点(或四点以上)在一直线上,可先设一条过两点的直线,再让其余各点在此直线上,或多次运用三点共直线,再证这些直线重合.

下面举例说明求解点共直线问题的若干思路.

一、欲证 X,Y,Z 三点共线,连结 XY 和 YZ,证明 $\angle XYZ = 180°$

例1　如图 2.5.1,在线段 AB 上任取一点 M,以线段 AM,BM 为一边,在 AB 的同旁作正方形 $AMCD$,$BEHM$,这两个正方形的外接圆相交于 M,N 两点.求证：B,N,C 三点共线.

思路 连 NB,NC,NA,NM,AC.由 $A,M,N,$ C 共圆知 $\angle ANC = \angle AMC = 90°$.又 $\angle ANM = \angle ACM = 45°$，$\angle MNB = \angle BHM = 45°$，则

$$\angle ANB = \angle ANM + \angle MNB = 45° + 45° = 90°$$

$$\angle ANC + \angle ANB = 90° + 90° = 180°$$

故 B,N,C 三点共线.

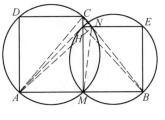

图 2.5.1

类似于上例可证如下问题：已知 K_1,K_2,K_3 为三个圆，交于 P 点，圆心分别为 O_1,O_2,O_3.设 K_1 与 K_2 又交于 A，K_2 与 K_3 又交于 B，K_3 与 K_1 又交于 C.X 为 K_1 上任意一点，直线 XA 交 K_2 于 Y，直线 XC 交 K_3 于 Z.证明：Z,B,Y 共线.

事实上当 Z 在 Y,B 之间时，由 $\angle PBY = \angle PAX = \angle PCX = \angle PBZ$ 即证；当 B 在 Y,Z 之间时，由 $\angle PBY + \angle PBZ = \angle PAX + \angle PBZ = \angle PCZ + \angle PBZ = 180°$ 即证.

二、欲证 X,Y,Z 三点共线，适当地选一条过 Y 的直线 PQ，证 $\angle XYQ = \angle PYZ$

例 2 如图 2.5.2，在直角三角形 ABC 中，CH 为斜边 AB 上的高，以 A 为圆心，AC 为半径作圆 A，过 B 作圆 A 的任一割线交圆 A 于 D,E，交 CH 于 F（D 在 B，F 之间）；又作 $\angle ABG = \angle ABD$，G 在圆周上，G 与 D 在 AB 两侧.求证：E,H,G 三点共线.

思路 由 $BD \cdot BE = BC^2 = BH \cdot BA$ 知 $A,H,$ D,E 共圆.

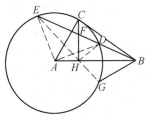

图 2.5.2

连 EH,GH,HD,AD,AE，则 $\angle AHE = \angle ADE$，$\angle DHB = \angle AED$，而 $\angle ADE = \angle AED$，从而 $\angle AHE = \angle DHB$，即 $\angle AHE = \angle GHB$，故 E,H,G 三点共线.

例 3 如图 2.5.3，已知 E,F 分别是正方形 $ABCD$ 的 BC,CD 上的点，$EN \perp AF$ 于 N，$FM \perp AE$ 于 M，$\angle EAF = 45°$，试证：B,M,N,D 四点共线.

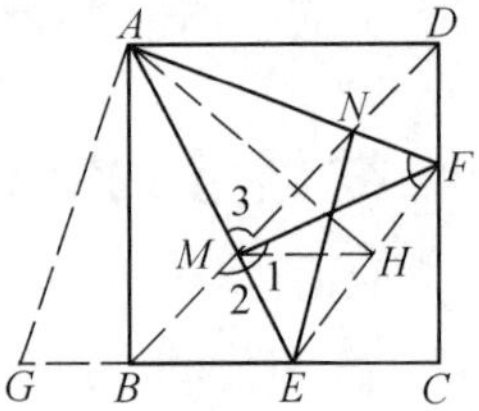

思路 作 $AH \perp EF$ 于 H，延长 CB 至 G 使 $BG = DF$，易知 Rt$\triangle ABG \cong$ Rt$\triangle ADF$，$AG = AF$，由 $\angle BAG = \angle DAF$ 及 $\angle EAF = 45°$ 有 $\angle EAG = 45°$，从而 $\triangle AEG \cong$

图 2.5.3

$\triangle AEF$，则 $AB = AH$，于是 $\text{Rt}\triangle ABE \cong \text{Rt}\triangle AHE$，$BE = HE$，$\angle AEB = \angle AEH$，进而有 $\triangle BEM \cong \triangle HEM$，故 $\angle 1 = \angle 2$.

再由 E,F,N,M 四点及 A,M,H,F 四点分别共圆，知 $\angle 1 = \angle AFE = \angle 3 = \angle 2$，即 B,M,N 共线.

同理 M,N,D 共线，故 B,M,N,D 四点共线.

三、欲证 X,Y,Z 三点共线，适当地选一条过 X 的射线 XP，证 $\angle PXY = \angle PXZ$

例 4 如图 2.5.4，已知 O 是锐角 $\triangle ABC$ 的外心，BE，CF 为 AC,AB 边上的高，自垂足 E,F 分别作 AB,AC 的垂线，垂足为 G,H.EG,FH 相交于 K.求证：A,K,O 三点共线.

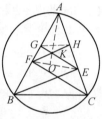

思路 显然 B,C,E,F；E,F,G,H；A,G,K,H 均分别共圆，连 AK,AO,GH,FE，则

$$\angle GAK = \angle GHK = \angle GEF = 90° - \angle GFE = 90° - \angle BCE$$

因 $\angle AOB = 2\angle BCE$，则

$$\angle BAO = \frac{1}{2}(180° - 2\angle BCE) = 90° - \angle BCE$$

图 2.5.4

239

从而 $\angle GAK = \angle BAO = \angle GAO$，故 A,K,O 三点共线.

类似于此例可证：AB 为半圆直径，C 在 AB 上，$CD \perp AB$，圆 M 切 CD 于 D.切半圆于 E.求证：A,D,E 三点共线.（证 $\angle AEO = \angle DEM = \angle AEM$）

四、欲证 X,Y,Z 三点共线，连接 XY,YZ（或 XZ），证其都垂直（或平行）于某直线

例 5 如图 2.5.5，作 $\triangle ABC$ 的外接圆，连接弧 $\overset{\frown}{AC}$ 中点与 $\overset{\frown}{AB}$ 和 $\overset{\frown}{BC}$ 中点的弦，分别与 AB 边交于 D，与 BC 边交于 E.证明：D,E，三角形内心共线.（参见本篇第三章中例 3）

思路 设 L,M,N 分别是 $\overset{\frown}{AB}$，$\overset{\frown}{BC}$，$\overset{\frown}{CA}$ 的中点，I 为 $\triangle ABC$ 的内心.设 LN 交 AC 于 K，由 $\overset{\frown}{LB} + \overset{\frown}{BM} + \overset{\frown}{AN} \overset{m}{=\!=\!=} 180°$，则有 $AM \perp LN$，因此，点 D 和 K 关于直线 AM 对称.又

图 2.5.5

第五章　点共直线问题的求解思路

LN 是 $\angle ANI$ 的平分线,则点 A 和 I 关于 LN 对称,于是 $AKID$ 为菱形,即 $DI \parallel AC$.

同理,$EI \parallel AC$,故 D,E,I 三点共线.

类似于上例可证:在 $\triangle ABC$ 中,BE,CF 分别是 $\angle ABC,\angle ACB$ 的平分线.BG,GH 分别是外角 $\angle ABX,\angle ACY$ 的平分线,而 $AE \perp BE,AF \perp CF,AG \perp BG,AH \perp CH$,求证:$E,F,G,H$ 共线.(分别证 $EF \parallel BC,GF \parallel BC,EH \parallel BC$.)

例 6 H 是 $\triangle ABC$ 垂心,P 是任一点,由 H 向 PA,PB,PC 引垂线 HL,HM,HN 与 BC,CA,BA 的延长线相交于 X,Y,Z.证明:X,Y,Z 三点共线.(参见第一篇第七章中例 24)

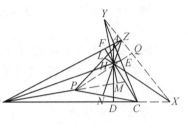

图 2.5.6

思路 设三条高线的垂足为 D,E,F,则
$$HA \cdot HD = HB \cdot HE = HC \cdot HF$$
又 A,L,D,X 共圆,则

$$LH \cdot HX = HA \cdot HD$$

240

同理 $\qquad HM \cdot HY = HB \cdot HE, HN \cdot HZ = HC \cdot HF$

于是 $\qquad HM \cdot HY = HN \cdot HZ = HL \cdot HX$

连结 PH 并延长在其上取点 Q,使得 $HP \cdot HQ = HA \cdot HD$,则 X,Q,L,P 四点共圆.从而 $\angle PQX = \angle PLX = 90°$,即 $XZ \perp PQ$.同理 $YQ \perp PQ,ZQ \perp PQ$,即 $XY \perp PQ,XZ \perp PQ$.故 X,Z,Y 三点共线.

五、欲证 X,Y,Z 三点共线,证 $XY + YZ = XZ$

例 7 (图略)设 A,B,C,D 是平面上四点,如果对平面上任何点 P 都满足不等式:$PA + PD \geqslant PB + PC$,那么 B,C,A,D 四点共线.

思路 可证 B,C 在线段 AD 上,此时可分别证 $AB + BD = AD,AC + CD = AD$,也可合起来证 $2AD = AB + BD + AC + CD$.而选择后果可成功.利用点 P 的任意性,取 P 与 A 重合,按已知应有 $AD \geqslant AB + AC$;取 P 与 D 重合,应有 $AD \geqslant BD + DC$,两式相加,则 $2AD \geqslant AB + BD + AC + CD$.现在只要证 $2AD \leqslant AB + BD + AC + CD$ 就行了,由 $AD \leqslant AB + BD$ 及 $AD \leqslant AC + CD$ 即证.因此 B,C,A,D 四点共线.

六、欲证三点共线,证其中一点在连结另两点的直线上

例 8　如图 2.5.7,设在正方形 $ABCD$ 的边 BC 上任取一点 P,过 A,B,P 三点作一圆与对角线 BD 相交于点 Q,过 C,P,Q 三点再作一圆与 BD 又交于一点 R.证明:A,R,P 三点共线.

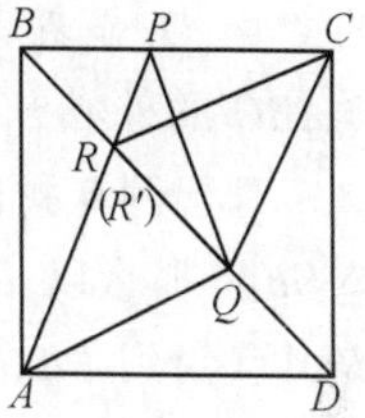

思路　先证 R 在 AP 上.为此设 AP 与 BD 交于 R'.只需证 R' 位于经过 C,P,Q 三点的圆周上即可.

由 $\angle BAR' = \angle PQR'$ 及关于 BD 对称的 $\angle BAR'$,$\angle BCR'$ 也相等,则 $\angle R'QP = \angle R'CP$,故 $CPR'Q$ 可内接于圆,即 R' 与 R 重点,从而 A,R,P 三点共线.

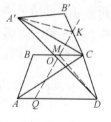

图 2.5.7

类似于上例也可证如下问题.

设线段 AB 与 CD 相交于 Q,AC 与 BD 相交于 P,$CQBX$ 与 $AQDY$ 均为平行四边形.试证:P,X,Y 三点共线.(延长 CX,DY 分别交 PD,PA 于 C',D',连 PX 并延长与 DD' 交于 Y',由平行线得比例式证 Y' 与 Y 重合.)

例 9　如图 2.5.8,在梯形 $ABCD$ 中,腰 $AB = CD$.将 $\triangle ABC$ 绕点 C 转过一个角度,而得到 $\triangle A'B'C$.证明:线段 $A'D$,BC 和 $B'C$ 的中点共线.

思路　不妨设 $\triangle A'B'C$ 的位置如图 2.5.8,K,M 分别为 $B'C$,BC 的中点.可证 $\triangle CMD \cong \triangle B'KA'$,则 $A'K = DM$,$\angle MKC = \angle KMC$,从而 $\angle A'KM = \angle DMQ$,又 $A'K = DM$,在 MK 两侧的 A' 和 D 到 MK 的距离相等.进而 AD' 的中点 O 在 KM 上.

图 2.5.8

241

七、欲证三点共线,适当地选取位似中心,或证它们的象共线,或证它们以其中一点为位似中心,另两点为一双对应点

例 10　如图 2.5.9,三个等圆相交于 O 点,位于一个已知三角形内,每个圆和三角形两边相切.证明:O 点和三角形的内心及外心共线.(练习题 1.7 中第 14 题)

思路　设 A',B',C' 是三个圆心,则由题设知 A',B',C' 分别在三内角的

平分线 AA',BB',CC' 上，即 AA',BB',CC' 相交于 $\triangle ABC$ 的内心 I. 而 $B'C' \parallel BC, C'A' \parallel CA, A'B' \parallel AB$，从而 $\triangle A'B'C'$ 和 $\triangle ABC$ 是位似形，I 是位似中心. 又三个等圆的交点 O 显然是 $\triangle A'B'C'$ 的外心，从而是其位似形 $\triangle ABC$ 的外心 E 的对应点，故 O, E, I 三点共线.

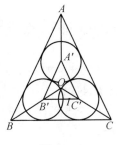

图 2.5.9

　　对于例 9 我们也可这样证：将 $\triangle BCB'$ 沿 DC 平移至 $\triangle EFG$. 那么以 D 为中心，位似比为 2，将 $BC, B'C$ 和 $A'D$ 的中点变到 E, G 和 A'. 由图形的对称性知 $EC = CA$，$\angle ECB = \angle CAD = \angle BCA$，则 $BC \perp EA$. 故 $EA \perp EF$. $\angle AEG = \frac{1}{2}(180° - 2\angle EFG) = \frac{1}{2}\angle EFG = \frac{1}{2}\angle BCB' = \frac{1}{2}\angle ACA' = \angle AEA'$，所以 E, G, A' 共线. 因而在上述变换下，它们的原象 $BC, B'C, DA'$ 中点共线.

八、运用面积方法证三点共线

242

　　例 11　如图 2.5.10，设四边形 $ABCD$ 外切于圆 O，对角线 AC 和 BD 的中点分别为 M, N. 试证：M, N, O 三点共线.（参见第一篇第九章中例 14）

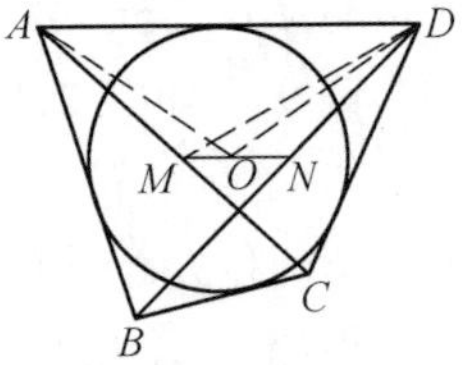

　　思路　由题设知

$$S_{\triangle OAD} + S_{\triangle OBC} = S_{\triangle OAB} + S_{\triangle OCD} = \frac{1}{2}S_{ABCD}$$

图 2.5.10

及 $S_{\triangle MND} = \frac{1}{2}(S_{BMDC} - S_{\triangle BDC}) = \frac{1}{4}S_{ABCD} - \frac{1}{2}S_{\triangle BDC}$

$$S_{\triangle OND} = \frac{1}{2}(S_{\triangle OBC} + S_{\triangle OCD} - S_{\triangle BDC})$$

$$S_{\triangle OMC} = \frac{1}{2}(S_{\triangle OCD} + S_{\triangle OAD} - S_{\triangle ACD})$$

$$S_{\triangle OMD} = S_{\triangle OAD} - S_{\triangle AMD} - S_{\triangle AMO} = S_{\triangle OAD} - \frac{1}{2}S_{\triangle ACD} - S_{\triangle OMC}$$

将以上各式代入 $S_{\triangle MNO} = S_{\triangle MND} - S_{\triangle OND} - S_{\triangle OMD}$

得　　　　$$S_{\triangle MNO} = \frac{1}{4}S_{ABCD} - \frac{1}{2}(S_{\triangle OAD} + S_{\triangle OBC}) = 0$$

故 M, N, O 共线.

　　类似于上例可证：四边形 $ABCD$ 的对角线相交于形内一点 O，若 $AO = CO$，

$DO = 3BO$, 分别在 AC, CD 上各取一点 M, N, 使 $\dfrac{AM}{AC} = \dfrac{CN}{CD} = \dfrac{\sqrt{3}}{3}$, 求证: $B, M,$ N 共线. (证 $S_{\triangle BCN} = S_{\triangle BCM} + S_{\triangle MCN}$, 则 $S_{\triangle BMN} = 0$.)

九、运用张角公式证三点共线

张角公式(参见第一篇第六章例18后结论1)指对于 P 与 X, Y, Z 的连线所成的角 $\angle XPY = \alpha$, $\angle YPZ = \beta$, 且 $\alpha + \beta < 180°$, 满足

$$\frac{\sin(\alpha + \beta)}{PY} = \frac{\sin \alpha}{PZ} + \frac{\sin \beta}{PX}$$

则 X, Y, Z 三点共线.

我们给出例1的另证思路: 连 NE, ND, NM, 则 $\angle DNM = \angle ENM = 90°$, $\angle DME = 90°$, 设 $\angle DMN = \angle NEM = \alpha$, 圆 AC 和圆 ME 的半径分别为 r_1, r_2, 则 $MC = \sqrt{2}\,r_1, MB = \sqrt{2}\,r_2, MN = 2r_1 \cdot \cos \alpha = 2r_2 \cdot \sin \alpha$, 从而

$$\frac{\sin \angle NMB}{MC} = \frac{\sin(135° - \alpha)}{\sqrt{2}\,r_1} = \frac{\cos(45° - \alpha)}{\sqrt{2}\,r_1}$$

$$\frac{\sin \angle CMB}{MN} - \frac{\sin \angle CMN}{MB} = \frac{\sin 90°}{2r_2 \cdot \sin \alpha} - \frac{\sin(\alpha - 45°)}{\sqrt{2}\,r_2} =$$

$$\frac{1 + \sqrt{2}\sin \alpha \cdot \sin(45° - \alpha)}{2r_2 \cdot \sin \alpha} =$$

$$\frac{\cos^2 \alpha + \sin \alpha \cdot \cos \alpha}{2r_1 \cdot \cos \alpha} = \frac{\cos(45° - \alpha)}{\sqrt{2}\,r_1}$$

所以 $$\frac{\sin \angle NMB}{MC} = \frac{\sin \angle CMB}{MN} - \frac{\sin \angle CMN}{MB}$$

故 B, N, C 三点共线.

十、运用梅涅劳斯定理之逆定理证三点共线

例12　如图 2.5.11, 设 AC, CE 是正六边形 $ABCDEF$ 的两条对角线, 点 M, N 分别内分 AC, CE, 使 $\dfrac{AM}{AC} = \dfrac{CN}{CE} = \dfrac{\sqrt{3}}{3}$, 求证: B, M, N 共线.

思路　设正六边形边长为1, 则 $AC = CE = \sqrt{3}$. 又设 AC 与 BE 相交于 G, 则

243

$$\frac{CN}{NE} = \frac{CN}{CE - CN} = \frac{CN/CE}{1 - CN/CE} = \frac{\sqrt{3}}{1 - \sqrt{3}/3}, \frac{EB}{BG} = 4$$

$$\frac{GM}{MC} = \frac{AM - AG}{AC - AM} = \frac{AM/AC - AG/AC}{1 - AM/AC} = \frac{2\sqrt{3} - 3}{6 - 2\sqrt{3}}$$

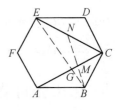

图 2.5.11

于是
$$\frac{CN}{NE} \cdot \frac{EB}{BG} \cdot \frac{GM}{MC} = 1$$

由梅涅劳斯定理之逆定理知 B, M, N 三点共线.

类似于上例可证如下问题.

设在圆内接 $\triangle ABC$ 中, H 是 $\triangle ABC$ 的垂心, 分别作 H 点关于边 BC, CA, AB 的对称点 H_1, H_2, H_3, 若 P 是圆周上任意一点, 连接 PH_1, PH_2, PH_3 分别与边 BC, CA, AB 或其延长线交于 D, E, F. 试证: D, E, F 三点共线.

十一、运用有关结论证三点共线

我们还可运用如下几个结论来证三点共线.

结论 1 由点 P 发出的三射线 PA, PB, PC, 若 L, M, N 分别在射线 PA, PB, PC 上, 使得 $\frac{PL}{PA} = \lambda_1, \frac{PM}{PB} = \lambda_2, \frac{PN}{PC} = \lambda_3$, 则 L, M, N 三点共线的充要条件是

$$\frac{S_{\triangle PBC}}{\lambda_1} + \frac{S_{\triangle PAB}}{\lambda_3} = \frac{S_{\triangle PAC}}{\lambda_2} \qquad ①$$

证明 如图 2.5.12, 若 L, M, N 共线, 则有

$$\frac{S_{\triangle PLM}}{S_{\triangle PAB}} = \frac{PL}{PA} \cdot \frac{PM}{PB} = \lambda_1 \cdot \lambda_2$$

即
$$S_{\triangle PLM} = \lambda_1 \lambda_2 S_{\triangle PAB}$$

同理
$$S_{\triangle PMN} = \lambda_2 \lambda_3 S_{\triangle PBC}, S_{\triangle PLN} = \lambda_1 \lambda_3 S_{\triangle PAC}$$

由此三式即得 ① 式.

图 2.5.12

反之, 若 ① 式成立, 则反推上去即可得 $S_{\triangle PLM} + S_{\triangle PMN} = S_{\triangle PLN}$, 因此知 L, M, N 三点共线.

例 13 (由例 12 改编) 如图 2.5.13, AC, CE 是正六边形 $ABCDEF$ 的两条对角线, 点 M, N 分别内分 AC, CE, 使 $\frac{AM}{AC} = \frac{CN}{CE} = r$. 若 B, M 和 N 三点共线, 求 r.

解 由 B, M, N 共线, 则

$$\frac{S_{\triangle CEA}}{\dfrac{CB}{CB}} + \frac{S_{\triangle ABC}}{\dfrac{CN}{CE}} = \frac{S_{\triangle BCE}}{\dfrac{CM}{CA}}$$

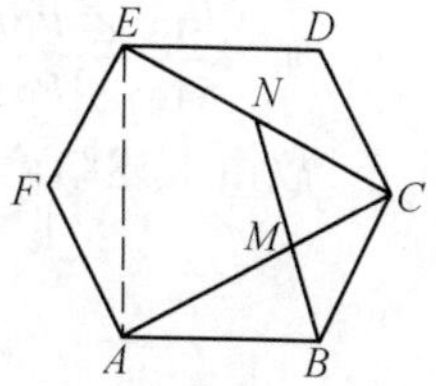

若设 $AB = 1$,则 $S_{\triangle CEA} = \dfrac{3}{4}\sqrt{3}$,$S_{\triangle ABC} = \dfrac{\sqrt{3}}{4}$,$S_{\triangle BCE} = \dfrac{\sqrt{3}}{2}$.

又 $\dfrac{CM}{CA} = 1 - r$,从而 $\dfrac{3}{4}\sqrt{3} + \dfrac{\dfrac{\sqrt{3}}{4}}{r} = \dfrac{\dfrac{\sqrt{3}}{2}}{1 - r}$.

故求得 $r = \dfrac{\sqrt{3}}{3}$(负值舍去).

图 2.5.13

结论 2　两直线 A_1B_1,A_2B_2 相交于 O,点 P,Q 分别在 $\angle A_1OA_2$ 和 $\angle B_1OB_2$ 内部,若 $\dfrac{\sin\angle POA_1}{\sin\angle POA_2} = \dfrac{\sin\angle QOB_1}{\sin\angle QOB_2}$,则 P,O,Q 三点共直线.

思路　如图 2.5.14,作 $PP_1 \perp A_1B_1$ 于 P_1,同样得 P_2,Q_1,Q_2.由 $\dfrac{\sin\angle POP_1}{\sin\angle POP_2} = \dfrac{\sin\angle QOQ_1}{\sin\angle QOQ_2}$,有 $\dfrac{PP_1}{PP_2} = \dfrac{QQ_1}{QQ_2}$.

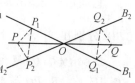

图 2.5.14

由 O,P_1,P,P_2 和 O,Q_1,Q,Q_2 分别四点共圆,可证 $\triangle PP_1P_2 \backsim \triangle QQ_1Q_2 \Rightarrow \angle POP_2 = \angle QOQ_2 \Rightarrow P$,$O$,$Q$ 共线.

注:当 $\angle POA_1$,$\angle QOB_1$ 是两钝角时,类似可证得结论亦真.

245

例 14　如图 2.5.15,在圆内接凸六边形 $ABCDEF$ 中,AC 和 BF 交于 P,CE 和 DF 交于 Q,AD 和 BE 交于 S.求证:P,S,Q 三点共线.

思路　连 PS,QS,欲证 P,S,Q 三点共线,只需证 $\dfrac{\sin\angle PSA}{\sin\angle PSB} = \dfrac{\sin\angle QSD}{\sin\angle QSE}$.为此需作 PP_1,PP_2,PP_3 分别垂直于 BE,AD,AB;QQ_1,QQ_2 分别垂直于 BE,AD.由

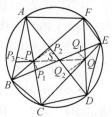

图 2.5.15

$$\frac{\sin\angle PSP_2}{\sin\angle PSP_1} \cdot \frac{\sin\angle FBS}{\sin\angle ABF} \cdot \frac{\sin\angle BAP}{\sin\angle PAS} = \frac{\dfrac{PP_2}{PS}}{\dfrac{PP_1}{PS}} \cdot \frac{\dfrac{PP_1}{PB}}{\dfrac{PP_3}{PB}} \cdot \frac{\dfrac{PP_3}{PA}}{\dfrac{PP_2}{PA}} = 1$$

同理　　$\dfrac{\sin\angle QSQ_2}{\sin\angle QSQ_1} \cdot \dfrac{\sin\angle SEC}{\sin\angle QED} \cdot \dfrac{\sin\angle EDQ}{\sin\angle QDS} = 1$

而 $\angle FBS = \angle QDE$,$\angle ABF = \angle QDS$,$\angle BAP = \angle SEC$,$\angle PAS = \angle QED$.

第五章　点共直线问题的求解思路

所以 $\dfrac{\sin \angle PSP_2}{\sin \angle PSP_1} = \dfrac{\sin \angle QSQ_2}{\sin \angle QSQ_1}$，即 $\dfrac{\sin \angle PSA}{\sin \angle PSB} = \dfrac{\sin \angle QSD}{\sin \angle QSE}$.

故由上述结论 2 知，P,S,Q 三点共线.

练习题 2.5

1. 圆 O 与圆 M 外切于 C，其直径 AC,BC 在一直线上，以 AB 的中点 D 为圆心的圆交圆 O，圆 M 于 E,F 两点. 求证：E,C,F 三点共直线.

2. 共点于 O 的圆 O_1，圆 O_2，圆 O_3 又两两相交于 A,B,C. 若 O,O_1,O_2,O_3 四点共圆，则 A,B,C 三点共直线.

3. 圆内接四边形 $ABCD$ 的 AB,DC 的延长线交于 P，AD,BC 的延长线交于 Q，$\triangle PBC$ 与 $\triangle QDC$ 的外接圆交于 R，则 P,Q,R 三点共直线.

4. 四边形 $ABCD$ 的对角线 AC 与 BD 交于形内一点 O，已知 $AO = CO$，$DO = 3BO$，分别在 AC,CD 上取点 M,N，使 $\dfrac{AM}{AC} = \dfrac{CN}{CD} = \dfrac{\sqrt{3}}{3}$，则 M,N,B 共直线.

5. 设 P,L,Q,M 分别在平行四边形 $ABCD$ 的 AB,BC,CD,DA 边上，$PQ \parallel BC$，$ML \parallel AB$，PQ 与 ML 交于点 O，CO 与 PD 交于点 E. 求证：M,E,B 共直线.

6. 由 $\triangle ABC$ 的顶点 A 分别向 $\angle ABC$，$\angle ACB$ 的角平分线及外角平分线作垂线. 证明：四个垂足 D,E,F,G 共直线.

7. 设 P 是 $\square ABCD$ 内一点，MN,EF 分别过点 P，且 $MN \parallel AD$，$EF \parallel AB$，ME 与 FN 的延长线相交于 K. 求证：B,D,K 三点共直线.

8. 过 $\triangle ABC$ 的顶点 A,B,C 作其外接圆的切线，分别和 BC,CA,AB 的延长线交于 P,Q,R. 求证：P,Q,R 共直线.(勒莫恩线)

9. 设 AD,BE,CF 是 $\triangle ABC$ 的高，H 是垂心，X,Y 在直线 BC 上的点 D 两侧，满足 $DX : DB = DY : DC$. X 在 CF,CA 上的射影为 M,N；Y 在 BE,BA 上的射影为 P,Q. 求证：M,N,P,Q 四点共直线.

10. 设 P 为 $\triangle ABC$ 的外接圆上任意一点，则 P 在三边 BC,CA,AB 所在直线上的射影 D,E,F 共直线.(西姆松线)

11. 试证：圆内接六边形三双对边(所在直线)的交点共直线.(帕斯卡线，其特例为帕普斯线)

12. 过 $\triangle ABC$ 外接圆上的一点 P，引与三边 BC,CA,AB 分别成同向等角(即 $\angle PDB = \angle PEC = \angle PFB$)的直线 PD,PE,PF 与三边的交点分别为 D，E,F. 求证：D,E,F 共直线.(卡诺线)

13. 过 $\triangle ABC$ 的顶点 A,B,C 引互相平行的三条直线，与 $\triangle ABC$ 的外接圆

的交点分别为 A', B', C'. 在 $\triangle ABC$ 外接圆上取一点 P, 设 PA', PB', PC' 与 $\triangle ABC$ 的三边 BC, CA, AB 或其延长线的交点分别为 D, E, F, 则 D, E, F 三点共线. (奥倍尔线)

14. 设 P, Q 为 $\triangle ABC$ 外接圆上的异于 A, B, C 的两点, P 点关于三边 BC, CA, AB 对称点分别为 U, V, W. 且 QU, QV, QW 和 BC, CA, AB 或其延长线的交点分别为 D, E, F, 则 D, E, F 共线. (清宫定理)

15. 同一平面上的两个 $\triangle ABC, \triangle A_1 B_1 C_1$ 的对应顶点的连线 AA_1, BB_1, CC_1 交于一点 S. 若对应边 BC 和 $B_1 C_1$ 所在直线交于 P, CA 和 $C_1 A_1$ 所在直线交于 Q, AB 和 $A_1 B_1$ 所在直线交于 R, 则 P, Q, R 共线. (戴沙格定理.参见第一篇第十一章中例 12)

16. 点 P 在圆 ABC 的 BC 上, $\angle APB, \angle APC$ 的平分线分别交 AB, AC 于 Q, R. 求证: Q, R 与 $\triangle ABC$ 的内心 I 共线.

17. 在四边形 $ABCD$ 中, $\angle BAD = 90°$, 对角线 $AC = BD, AB$ 与 CD, AD 与 BC 的中垂线交于 Q, P, 则 Q, P, A 共线. (参见第一篇第一章中例 18)

18. 设由 $\triangle ABC$ 的顶点 A 引另两顶点的内外角平分线的垂线, 证试诸垂足共线, 且此线平分三角形的两边.

19. 设 H 是锐角 $\triangle ABC$ 的垂心, 由 A 向以 BC 为直径的圆作切线 AP, AQ, 切点分别为 P, Q. 求证: P, H, Q 三点共线. (参见第一篇第八章中例 2)

20. 圆 S_1 与圆 S_2 外切于点 F, 直线 l 分别与 S_1 和 S_2 相切于点 A 和 B, 一条与 l 平行的直线与 S_2 相切于点 C, 且与 S_1 相交于两点, 则 A, F, C 共线. 247

21. 圆 O 内切于 $\triangle ABC$, 与边 AB, BC, CA 分别相切于点 E, F, D. 直线 AO, CO 分别与 EF 相交于点 N, M. 求证: $\triangle OMN$ 的外心以及 O, D 共直线.

22. 圆 O 的两弦 AB, CD 相交于 M, 过 A, C, B, D 的切线分别交于 P, Q. 则 P, M, Q 三点共直线.

23. 四边形 $ABCD$ 内接于圆, 其边 AB 与 DC 的延长线交于点 P, AD 与 BC 的延长线交于点 Q, 过 Q 作该圆的两条切线 QE 和 QF, 切点分别为 E, F. 求证: P, E, F 三点共线.

24. 证明: 三角形的高线足在夹它的两边上的射影及在另外两条高线上的射影, 此四点共线.

25. 由矩形 $ABCD$ 的外接圆上的任一点 M 向它的两边引垂线 MQ 和 MP, 向矩形另外两边的延长线上引垂线 MR 和 MT. 证明: PR 与 QT 垂直, 而它们的交点在矩形的一条对角线上.

26. 在矩形 $ABCD$ 的边 AB, BC, CD 和 DA 上, 分别取点 K, L, M 和 N, 使它们

都不与顶点重合,若 $KL /\!/ MN$,$KM \perp NL$,则 KM 与 LN 的交点在 BD 上.

27.设 $\triangle ABC$ 为锐角三角形,若直线 AC 关于直线 AB 和 BC 的对称直线相交于点 K,则 BK 过 $\triangle ABC$ 的外心 O.

28.在锐角 $\triangle ABC$ 的边 AB 和 AC 上分别取点 M,N,分别以 BN 和 CN 为直径各作一圆,两圆相交于点 P 和 Q.证明:P,Q 以及 $\triangle ABC$ 的垂心共线.

29.设既有内切圆又有外接圆的四边形 $ABCD$ 的两圆心分别为 O_1,O,其对角线相交于 E.求证:O_1,O,E 三点共线.(参见第一篇第七章中例 23)

30.已知两个半径不相等的圆 O_1 和圆 O_2 相交于 M,N 两点,且圆 O_1,圆 O_2 分别与圆 O 内切于 S,T 两点.求证:$OM \perp MN$ 的充分必要条件是 S,N,T 三点共线.

第六章　直线共点问题的求解思路

某一点在一平面内的若干条直线上,或一平面内若干条直线过同一点称直线共点.三角形的三中线、三高线、三边中垂线、三内角平分线分别共点于其重心、垂心、外心、内心是众所周知的.直线共点问题是常见的题型之一,也是平面几何中的典型问题之一.求解直线共点问题与求解点共直线问题一样,也常从角、线、形、有关结论等几个方面去考虑.

一、先设其中的二直线交于某点,再证这个交点在第三、第四⋯条直线上

例1 如图 2.6.1,在正 $\triangle ABC$ 中,D,E,F,M,N,P 分别为 BC,CA,AB,FD,FB 及 DC 的中点.证明:AM,EN,FP 共点.

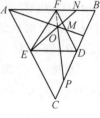

图 2.6.1

249

思路 设 AM 与 EN 相交于 O,连 FO,易知 $\triangle AMF \cong \triangle ENF \cong \triangle FPD$.于是 $\angle FAM = \angle FEN = \angle DFP$,则 A,E,O,P 四点共圆,从而 $\angle EAO = \angle EFO$,所以

$$\angle DFO = 60° - \angle EFO = 60° - \angle EAO = \angle FAM = DFP$$

故 FP 也过 O 点.即 AM,EN,FP 共点.

例2 设 O 是 $\triangle ABC$ 内一点,点 O 关于 $\angle A,\angle B,\angle C$ 的内平分角线的对称点分别为 A',B',C'.证明:AA',BB',CC' 相交于一点.

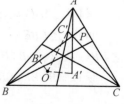

图 2.6.2

思路 设 BB' 与 CC' 相交于 P.连 AP,AA',此时 $\angle ACP = \angle BCO,\angle ABP = \angle CBO$,从而

$$\frac{S_{\triangle PAC}}{S_{\triangle OBC}} = \frac{AC \cdot PC}{CO \cdot CB}, \frac{S_{\triangle OBC}}{S_{\triangle PAB}} = \frac{OB \cdot BC}{AB \cdot BP}$$

以上两式相乘有

$$\frac{S_{\triangle PAC}}{S_{\triangle PAB}} = \frac{AC \cdot PC \cdot OB}{AB \cdot BP \cdot CO}$$

同理由 $\dfrac{S_{\triangle A'AC}}{S_{\triangle OAB}} = \dfrac{CA}{AB}$ 及 $\dfrac{S_{\triangle OAB}}{S_{\triangle PBC}} = \dfrac{OB \cdot AB}{BP \cdot BC}$ 有

$$\frac{S_{\triangle CAA'}}{S_{\triangle PBC}} = \frac{CA \cdot OB}{BP \cdot BC}$$

同理

$$\frac{S_{\triangle PBC}}{S_{\triangle BAA'}} = \frac{BC \cdot PC}{AB \cdot CO}$$

从而

$$\frac{S_{\triangle CAA'}}{S_{\triangle BAA'}} = \frac{CA \cdot PC \cdot OB}{AB \cdot BP \cdot CO} = \frac{S_{\triangle PAC}}{S_{\triangle PAB}}$$

此表明点 A, P, A' 在同一直线上, 即 P 在 AA' 上, 故 AA', BB', CC' 共点.

二、欲证直线 $l_1, l_2, \cdots, l_k$ 共点, 先在 l_i 上取一特殊点, 再证其余直线都过此点

例 3　如图 2.6.3, 设平面上两不相等的圆 O_1 和圆 O_2 相交于 A, B 两点, 又设两外公切线分别切圆 O_1 于 P_1, Q_1, 切圆 O_2 于 P_2, Q_2. 而 M_1, M_2 分别为 P_1Q_1, P_2Q_2 的中点, 分别延长 AM_1, AO_1 交圆 O_1 于 C, E, 分别延长 AM_2, AO_2 交圆 O_2 于 D, F. 求证: AB, EF, CD 三线共点.

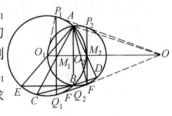

图 2.6.3

思路　由两圆不等, 两外公切线必交于一点 O, 显然 O, O_1, O_2 共线. 连 OA, O_1P_1, 则

$$O_1A^2 = O_1P_1^2 = O_1M_1 \cdot O_1O$$

于是 $\triangle O_1AM_1 \backsim \triangle O_1OA$. 同理 $\triangle O_2AM_2 \backsim \triangle O_2OA$, 从而

$$\angle O_1AM_1 = \angle AOO_1 = \angle O_2AM_2 \qquad\qquad ①$$

又由 $\angle ABE = \angle ABF = 90°$, 则 E, B, F 共线.

再由 $\angle CBE = \angle O_1AM_1, \angle DBF = \angle O_2AM_2$, 由 ① 式知 $\angle CBE = \angle DBF$, 从而 C, B, D 三点共线.

所以 AB, EF, CD 三线共点于 B.

三、设法证两两相交直线的交点重合

例 4　如图 2.6.4, 已知等圆 O_1 与圆 O_2 交于 A, B, O 为 AB 中点, 过 O 引圆 O_1 的弦 CD 交圆 O_2 于 P, 过 O 引圆 O_2 的弦 EF 交圆 O_1 于 Q. 求证: $AB, CQ,$

EP 三线交于一点.

思路　因圆 O_1 与圆 O_2 是等圆,所以 AB 是其对称轴,且 O 为对称中心,则 $OP = OD$, $OQ = OF$, $\overset{\frown}{PF} = \overset{\frown}{DQ}$,所以 $\angle PEF = \angle QCD$.

作 CD 关于 AB 的对称线 $C'D'$,则 $C'D'$ 在圆 O_2 上,且 $C'O = CO$, $OD' = OD$, $\angle C'OA = \angle COA$.连 PD', DD',则 $\angle PD'D$ 是直角,从而 $PD' \parallel AB$.

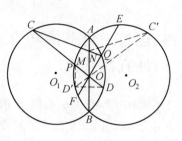

图 2.6.4

设 CQ 交 AB 于 M, EP 交 AB 于 N,连 $C'N$,由 C', D', P, E 四点共圆,有 $\angle C'EO = \angle C'D'P = \angle C'OA$,则 C', O, N, E 四点共圆.于是 $\angle OC'N = \angle OEN$,而 $\angle OEN = \angle OCM$,所以 $\angle OC'N = \angle OCM$,所以 $\triangle OC'N \cong \triangle OCM$,于是 $ON = OM$,即 N 与 M 重合,由此即证.

例5　如图 2.6.5,在矩形 $ABCD$ 的外接圆的弧 AB 上取一个不同于 A, B 的点 M.点 P, Q, R, S 是 M 分别在直线 AD, AB, BC 与 CD 上的投影.证明: PQ 和 RS 与矩形的某条对角线交于同一点.

思路　设 $MQ = a$, $QL = b$, $AQ = c$, $QB = d$, L 为 MS 的延长线与圆的交点.直线 RS 与 PQ 交于 T, RS 与 BD 交于 E,又设 BD 与 QS 交于 F,则由三角形的相似性,有

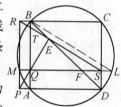

图 2.6.5

$$QF = \frac{BQ \cdot AD}{BA} = \frac{d(b-a)}{c+d}$$

$$FS = QS - QF = (b-a) - \frac{d(b-a)}{c+d} = \frac{c(b-a)}{c+d}, \frac{RE}{ES} = \frac{BR}{FS} = \frac{a(c+d)}{c(b-a)}$$

另一方面,连 BL,则由 $RB \parallel SL$ 知 $RS \parallel BL$,则 $\angle MSR = \angle MLB = \angle MAB = \angle QPR$

所以 T, S, P, M 四点共圆,从而 $RT \cdot RS = RM \cdot RP$.由 $PT \perp TS$ 知 T, R, Q, M 四点共圆, $TS \cdot RS = QS \cdot MS$.因此

$$\frac{RT}{TS} = \frac{RM \cdot RP}{QS \cdot MS} = \frac{d(c+d)}{b(b-a)} = \frac{a(c+d)}{c(b-a)}$$

其中 $\dfrac{d}{b} = \dfrac{a}{c}$,所以 $\dfrac{RE}{ES} = \dfrac{RT}{TS}$,再由合比定理,于是点 T 与 E 分线段 RS 的比相等.

从而 T 与 E 重合.由此即证.

第六章　直线共点问题的求解思路

251

四、运用三角形的巧合点(内心、外心、垂心、重心、旁心等) 证直线共点

例 6 如图 2.6.6,圆 O 内切于 $\triangle ABC$,A_1,B_1,C_1 分别为 BC,CA,AB 边上的切点.AO,BO,CO 分别交圆于 A_2,B_2,C_2.求证:A_1A_2,B_1B_2,C_1C_2 共点.

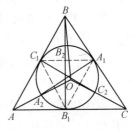

图 2.6.6

思路 易知 A_2,B_2,C_2 分别是 $\overset{\frown}{B_1C_1}$,$\overset{\frown}{C_1A_1}$,$\overset{\frown}{A_1B_1}$ 的中点,则 $\angle C_1A_1A_2 = \angle A_2A_1B_1$,即 A_1A_2 平分 $\angle B_1A_1C_1$.同理,B_1B_2,C_1C_2 也是 $\triangle A_1B_1C_1$ 的内角平分线,故 A_1A_2,B_1B_2,C_1C_2 三线共点于 $\triangle A_1B_1C_1$ 的内心.

例 7 如图 2.6.7,凸四边形 $ABCD$ 的对角线互相垂直,过 AB,AD 的中点 K,M 分别引对边 CD,CB 的垂线 KP,MT.证明:KP,MT,AC 共点.

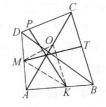

图 2.6.7

思路 取 AC 的中点 O,由 $KM \parallel BD$,$OM \parallel CD$,$OK \parallel CB$,得 $KM \perp AC$,$MO \perp PK$,$OK \perp MT$.于是 $\triangle KMO$ 的高在直线 KP,MT,CA 上,因而其交点为 $\triangle KMO$ 的垂心.

例 8 如图 2.6.8,设 $\triangle ABC$ 为锐角三角形,H 为自 A 向边 BC 所引高的垂足,以 AH 为直径的圆,分别交边 AB,AC 于 M,N(且与 A 不同),过 A 作直线 L_A 垂直于 MN.类似地作出直线 L_B 与 L_C.证明:L_A,L_B,L_C 共点.

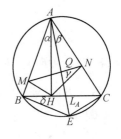

图 2.6.8

思路 如图 2.6.8,设 L_A 交 $\triangle ABC$ 的外接圆于 E,设 $\angle BAH = \alpha$,$\angle EAC = \beta$,$\angle MNH = \gamma$,$\angle CBE = \delta$,由于 A,M,H,N 四点共圆,则 $\alpha = \gamma$,由于 β,γ 是同一个角 $\angle ANM$ 的余角,则 $\beta = \gamma$,$\alpha = \beta$.

又 $\delta = \beta$,则

$$\angle EBA = \delta + \angle ABH = \alpha + \angle ABH = 90°$$

所以 AE 是 $\triangle ABE$ 外接圆的直径,即 L_A 过外心 O.

同理,L_B,L_C 也过外心 O,故 L_A,L_B,L_C 三线共点于 $\triangle ABC$ 的外心 O.

例 9 给定任意 $\triangle ABC$,作这样的直线与三角形相交,使得由点 A 到直线

的距离,等于由点 B, C 到直线的距离的和.证明:所有这样的直线相交于一点.

　　思路　由题设及梯形的中位线性质及三角形重心性质,推知所有这样直线都经过 $\triangle ABC$ 的重心,即共点于重心.

五、注意到特殊图形或多边形的中心的性质,证直线共点于图形中的特殊点

　　例 10　如图 2.6.9,四边形 $ABCD$ 内接于圆 O,对角线 AC 与 BD 相交于 P,设 $\triangle ABP$,$\triangle BCD$,$\triangle CDP$ 和 $\triangle DAP$ 的外心分别是 O_1,O_2,O_3,O_4.求证:OP,O_1O_3,O_2O_4 三直线共点.

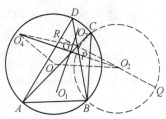

图 2.6.9

　　思路　连 PO_2,并两方延长交圆 O_2 于 Q,交 AD 于 R,在 $\triangle PRD$ 和 $\triangle PBQ$ 中,$\angle PDR = \angle BDA = \angle BCA = \angle BCP = \angle BQP$,$\angle DPR = \angle QPB$.所以 $PRD = \angle PBQ = 90°$,即 $PO_2 \perp AD$.又圆 O 与圆 O_4 的连心线垂直于公共弦,即 $OO_4 \perp AD$,故 $PO_2 \parallel OO_4$,同理 $PO_4 \parallel OO_2$,即 PO_2OO_4 为平行四边形,则 O_2O_4 交 OP 于其中心 G.同理,O_1O_3 也交 OP 于其中心 G,所以 OP,O_1O_3,O_2O_4 共点于 OP 的中点(中心).

　　例 11　如图 2.6.10,设 P_1,$\cdots$,P_{12} 依次为正十二边形的顶点.求证:对角线 P_1P_9,P_2P_{11},P_4P_{12} 共点.

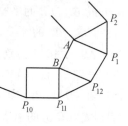

　　思路　因十二边形有外接圆,则 $\angle P_1P_{12}P_4$ 是 $\overset{\frown}{P_1P_4}$ 对中心角的一半.又 $\angle P_1P_{12}P_4 = 360° \cdot \dfrac{3}{12} \cdot \dfrac{1}{2} = 45°$,所以 $P_{12}P_4$ 在正方形 P_1ABP_{12} 的一条对角线上.同理 P_1P_9 也在该正方形的另一条对角线上.另一方面 P_2P_{11} 是六边形 $P_1P_2ABP_{11}P_{12}$ 的对称轴,因此 P_1P_9,P_2P_{11},P_4P_{12} 交于正方形 P_1ABP_{12} 的中心.

图 2.6.10

六、运用旋转、轴反射等变换的保结合性证明直线共点

　　例 12　给定正方形 $ABCD$ 和其内部一点 O,从点 A,B,C,D 分别向直线 BO,CO,DO,AO 引垂线 AH_1,BH_2,CH_3 和 DH_4.证明:这些垂线所在的直线相交于一点.(图略)

思路 将正方形 $ABCD$ 绕其中心旋转 $90°$,此时,转动后的正方形与原正方形重合,直线 AH_1,BH_2,CH_3,DH_4 分别变为直线 AO,BO,CO 和 DO.因而 AH_1,BH_2,CH_3,DH_4 相交于一点.

例 13 如图 2.6.11,一圆交 $\triangle ABC$ 的边 BC,CA,BA 分别于 A_1 与 A_2,B_1 与 B_2,C_1 与 C_2,如果由点 A_1,B_1,C_1 分别引 BC,CA,AB 的垂线相交于一点,则过点 A_2,B_2,C_2 分别引 BC,CA,AB 的垂线也相交于一点.

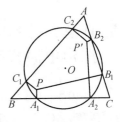

图 2.6.11

思路 设过 A_1,B_1,C_1 引 BC,CA,AB 的垂线为 l_1,l_2,l_3,它们相交于点 P;又设过 A_2,B_2,C_2 引 BC,CA,AB 的垂线分别为 l_1',l_2',l_3',则 $l_1 \parallel l_1'$,$l_2 \parallel l_2'$,$l_3 \parallel l_3'$.

记点 O 为已知圆圆心,由垂径分弦定理知 O 到 l_i 的距离等于 O 到 l_i' 的距离($i = 1,2,3$),从而 l_i 与 l_i' 关于 O 成中心对称,而 l_1,l_2,l_3 相交于 P,则 l_1',l_2',l_3' 也应相交于 P 关于 O 的对称点 P'.

七、运用位似图形的对应顶点的连线必过位似中心证直线共点

例 14 如图 2.6.12,已知自 $\triangle ABC$ 顶点 A 作内角平分线 CD,BE 的平行线得交点 D,E;自 A 又作外角平分线 BF,CG 的平行线得交点 F,G.求证:DE,FG,MN(AB 与 AC 中点连线)共点.

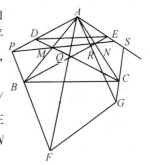

图 2.6.12

思路 设 AD 与 BF 交于 P,又 $BE \perp BF$,$AD \parallel DE$,则 $AD \perp BF$,即 P 是 A 在 BF 上的射影.同理 A 在 CD,BE,CG 上的射影为 Q,R,S,易证这四点位于 MN 上.

由 $DP \parallel ER$,$DQ \parallel ES$,则 $\triangle DPQ$ 位似于 $\triangle ERS$.同样,$\triangle EPQ$ 位似于 $\triangle GRS$,因而四边形 $DPFQ$ 位似于四边形 $ERGS$,从而对应点连线 DE,FG,QR 必共点于位似中心,而 QR 在 MN 上,由此即证.

例 15 如图 2.6.13,$\triangle A_1A_2A_3$ 是一个非等腰三角形,它的边分别为 a_1,a_2,a_3,其中 a_i 是 A_i 的对边($i = 1,2,3$),M_i 是边 a_i 中点.$\triangle A_1A_2A_3$ 的内切圆圆心 I 切边 a_i 于点 T_i,S_i 是 T_i 关于 $\angle A_i$ 平分线的对称点.求证:M_1S_1,M_2S_2,M_3S_3 三

线共点.

思路 如图 2.6.13,设三内角平分线为 A_1B_1, A_2B_2, A_3B_3, 则 S_1, S_2, S_3 都在圆 I 上,从而

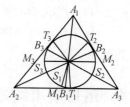

图 2.6.13

$$\angle T_3 I T_1 = \pi - \angle A_2, \angle T_3 B_3 A_3 = \angle A_2 + \frac{1}{2}\angle A_3$$

$$\angle T_3 I B_3 = \frac{\pi}{2} - (\angle A_2 + \frac{1}{2}\angle A_3)$$

$$\angle T_3 I S_3 = 2\angle T_3 I B_3 = \pi - (2\angle A_2 + \angle A_3)$$

$$\angle S_3 I T_1 = \angle T_3 I T_1 - \angle T_3 I S_3 = \angle A_2 + \angle A_3$$

同理 $\angle S_2 I T_1 = \angle A_2 + \angle A_3$, 则 $I T_1$ 平分 $\angle S_2 I S_3$, 所以 $I T_1 \perp S_2 S_3$. 又 $I T_1$ $\perp A_2 A_3$, 故 $S_2 S_3 // A_2 A_3$.

同理 $S_1 S_3 // A_1 A_3$, $S_1 S_2 // A_1 A_2$.

又 M_1, M_2, M_3 为三边中点,则 $M_2 M_3 // A_2 A_3$, $M_1 M_3 // A_1 A_3$, $M_1 M_2 //$ $A_1 A_2$, 从而 $\triangle S_1 S_2 S_3$ 与 $\triangle M_1 M_2 M_3$ 为位似图形,其对应顶点连线 $S_1 M_1, S_2 M_2$, $S_3 M_3$ 必通过它们的位似中心.

八、运用塞瓦定理之逆定理证直线共点

例 16 如图 2.6.14,以 $\triangle ABC$ 各边为底边向外作 相似的锐角 $\triangle AC_1 B$, $\triangle BA_1 C$, $\triangle CB_1 A$(同时 $\angle AB_1 C = $ $\angle ABC_1 = \angle A_1 BC$, $\angle BA_1 C = \angle BAC_1 = \angle B_1 AC$). 求 证: AA_1, BB_1, CC_1 共点.

255

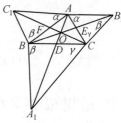

图 2.6.14

思路 设 AA_1, BB_1, CC_1 依次与 BC, CA 和 AB 相交 于 D, E, F. 再设相似的三角形三内角为 α, β, γ(如图 2.6.14). 则

$$\frac{BD}{DC} = \frac{S_{\triangle ABA_1}}{S_{\triangle AA_1 C}} = \frac{AB \cdot A_1 B \cdot \sin(B + \beta)}{AC \cdot A_1 C \cdot \sin(C + \gamma)}$$

同理 $\dfrac{CE}{EA} = \dfrac{BC \cdot B_1 C \cdot \sin(C + \gamma)}{BA \cdot B_1 A \cdot \sin(A + \alpha)}$, $\dfrac{AF}{FB} = \dfrac{CA \cdot C_1 A \cdot \sin(A + \alpha)}{CB \cdot C_1 B \cdot \sin(B + \beta)}$.

所以 $$\frac{BD}{DC} \cdot \frac{CE}{EA} \cdot \frac{AF}{FB} = \frac{A_1 B \cdot B_1 C \cdot C_1 A}{A_1 C \cdot B_1 A \cdot C_1 B}$$

由相似形有 $\dfrac{A_1 B}{A_1 C} = \dfrac{AB}{AC_1}$, $\dfrac{B_1 C}{B_1 A} = \dfrac{BC_1}{BA}$, 则 $\dfrac{BD}{DC} \cdot \dfrac{CE}{EA} \cdot \dfrac{AF}{FB} = 1$. 由塞瓦定理之

逆知 AA_1，BB_1，CC_1 共点．

注：上例中将条件改为作三个有相同底角的等腰三角形，则是其特例，故可类似地证得．

九、运用斯坦纳定理之逆定理证直线共点

斯坦纳定理之逆定理 在 $\triangle ABC$ 的边 BC，CA，AB（或延长线）上各取一点 D，E，F，若 $DB^2 - DC^2 + EC^2 - EA^2 + FA^2 - FB^2 = 0$，则过 D，E，F 所作边 BC，CA，AB 的垂线相交于一点．

例 17 圆心不共线的三个圆两两相交，所得三条公共弦所在直线交于一点，试证之．

思路 设圆 O_1，圆 O_2，圆 O_3 两两相交于 A，B，C，Q，H，G，Q，如图 2.6.15，三圆半径为 r_1，r_2，r_3，则 $O_1B = O_1Q = r_1$，$O_2B = O_2G = r_2$，$O_3Q = O_3G = r_3$．又 $AB \perp O_1O_2$，$CQ \perp O_1O_3$，$GH \perp O_2O_3$，故 AB，CQ，GH 为 $\triangle O_1O_2O_3$ 的三边上的垂线，垂足分别为 F，E，D，因此

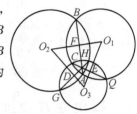

图 2.6.15

$$O_1B^2 - O_1F^2 = BF^2 = O_2B^2 - O_1F^2$$

即 $\qquad O_1F^2 - O_2F^2 = O_1B^2 - O_2B^2 = r_1^2 - r_2^2 \qquad ①$

同理 $\qquad\qquad O_2D^2 - O_3D^2 = r_2^2 - r_3^2 \qquad\qquad ②$

$$O_3E^2 - O_1E^2 = r_3^2 - r_1^2 \qquad\qquad ③$$

式 ①，②，③ 相加再由上述定理即证．

十、运用根心定理证直线共点

根心定理即例 17．

例 18 见例 16．

思路 设 O 为 AA_1 与 BB_1 的交点，由 $\angle A_1CA = \angle B_1CB$ 及 $A_1C : BC = AC : B_1C$，有 $\triangle A_1CA \backsim \triangle B_1CB$，于是 $\angle OBC = \angle DA_1C$，故 B，O，C，A_1 四点共圆，同时，还有点 A，O，C，B_1 共圆，即点 O 是 $\triangle A_1BC$ 和 $\triangle AB_1C$ 的外接圆交点，且 CO 是这两个外接圆的公共弦．又

$$\angle AOB = 180° - \angle AOB_1 = 180° - \angle ACB_1 = 180° - \angle AC_1B$$

所以 A，O，B，C_1 共圆，故 O 是根心．连 OC_1，则

256

$$\angle COA_1 + \angle A_1OB + \angle BOC_1 = \angle COA_1 + \angle BCA_1 + \angle CA_1O = 180°$$

即 C, O, C_1 共线,故 AA_1, BB_1, CC_1 相交于同一点.

十一、运用解析法证直线共点

例 19 见例 17.

思路 设圆 $O_i(i = 1, 2, 3)$ 的方程为

$$x^2 + y^2 + D_ix + E_iy + F_i = 0$$

把它们两两相减得公共弦 l_i 的方程

$$(D_i - D_{i+1})x + (E_i - E_{i+1})y + F_i - F_{i+1} = 0$$

其中,$i = 1, 2, 3$,且 $D_4 = D_1, E_4 = E_1, F_4 = F_1$.其系数行列式的值为零即证.

十二、运用反证法等其他方法证直线共点

例 20 如图 1.2.7,参见第一篇第二章中例 7.

练习题 2.6

1.设在线段 AB 上有一点 M,并在 AB 的同一侧以 AM, MB 为一边分别作正方形 $AMCD$ 和 $MBEF$,这两个正方形的外接圆除点 M 外还交于点 N.求证:MN, AF, BC 共点.(参见本篇第五章中例 1)

2.I 为 $\triangle ABC$ 的内心,X, Y 分别为内切圆与 AB, BC 的切点,D, E 分别为 BC, CA 的中点.证明:AI, XY, ED 共点.

3.P 为 $\square ABCD$ 内任意一点,过 P 作 $EF // AB, GH // BC, EF$ 交 AD, BC 于 E, F, GH 交 AB, DC 于 G, H,且 AC, GF, EH 都不平行,则 AC, GF, EH 共点.

4.设 P 是任意 $\triangle ABC$ 内一点,从 P 向边 AC 和 BC 作垂线,垂足分别为 P_1, P_2,连 AP, BP,且过 C 作 AP 和 BP 的垂线,垂足分别为 Q_1, Q_2,证明:直线 Q_1P_2, Q_2P_1 和 AB 共点.

5.两个圆的圆心分别是 O_1 和 O_2,它们相交于点 M 和点 N, O_1M 交圆 O_1 于 A_1,交圆 O_2 于 A_2, O_2M 交圆 O_1 于 B_1,交圆 O_2 于 B_2,证明:A_1B_1, A_2B_2, MN 相交于同一点.

6.已知 AA_1, BB_1, CC_1 是锐角 $\triangle ABC$ 的三条高,过 A 作 $l_1 \perp B_1C_1$,过 B 作 $l_2 \perp C_1A_1$,过 C 作 $l_3 \perp A_1B_1$,证明:l_1, l_2, l_3 共点.

7.给定凸四边形 $ABCD$,将以 $\triangle ABC$,$\triangle BCD$,$\triangle DBA$ 和 $\triangle CDA$ 的重心作为顶点的四边形记作 $KLMN$.证明:$ABCD$ 的两组对边中点连线交点同 $KLMN$ 的两组对边中点连线交点重合.

8.共点 A 的正方形 $ABCD$ 与 $AB_1C_1D_1$ 同向,B 与 B_1 不重合,证明:BB_1,CC_1,DD_1 共点.

9.设 $\triangle ABC$ 的内切圆圆 O(或三个旁切圆)在 BC,CA,AB 上的切点分别为 D,E,F,则 AD,BE,CF 交于一点(此点称为葛干泊点).

10.设 P 为 $\triangle ABC$ 内一点,AP,BP,CP 分别与边 BC,CA,AB 交于 D,E,F,过 D,E,F 的圆与三边又交于 D_1,E_1,F_1.则 AD_1,BE_1,CF_1 交于一点.

11.设 A_1,B_1,C_1 分别为 $\triangle ABC$ 三边 BC,CA,AB 的中点,P 为 $\triangle A_1B_1C_1$ 内一点,A_1P,B_1P,C_1P 分别交 B_1C_1,C_1A_1,A_1B_1 于 L,M,N,则 AL,BM,CN 共点.

12.在任意 $\triangle ABC$ 的三边 BC,CA,AB 上各有点 M,N,L,设 Q 是 $\triangle ABC$ 内任意一点,直线 AQ,BQ,CQ 分别交线段 NL,LM,MN 于 M_1,N_1,L_1.求证:三直线 MM_1,NN_1,LL_1 共点的充要条件是三直线 AM,BN,CL 共点,而与点 Q 的位置无关.

13.九条直线中的每一条直线把正方形分成面积比为 $2:3$ 的两个四边形,证明:这九条直线中至少有三条经过同一点.

14.D 为 AG 的中点,在 AG 同侧作全等的四边形 $ABCD$ 与 $DEFG$,使它们都有内切圆.圆心分别为 O 与 I.证明:AO,CE,GI 共点.

15.设 A,B,C,D 是一条直线上依次排列的四个不同点,分别以 AC,BD 为直径的圆相交于 X,Y,直线 XY 交 BC 于 Z,若 P 为直线 XY 上异于 Z 的一点;直线 CP 与以 AC 为直径的圆相交于 C 及 M,直线 BP 与以 BD 为直径的圆相交于 B 及 N.试证:AM,DN,XY 三直线共点.

16.设 P 是 $\triangle ABC$ 内一点,$\angle APB - \angle ACB = \angle APC - \angle ABC$,又设 D,E 分别是 $\triangle APB$ 和 $\triangle APC$ 的内心.证明:AP,BD,CE 交于一点.

17.有 n 个圆,它们的圆心为 $O_i(i=1,2,\cdots,n)$.这 n 个圆同时与一个大半圆内切,切点为 C_i,求证:n 条直线 C_iD_i 相交于一点.

18.圆 A 与圆 B 相等且相交,作两个外切的圆 C 与圆 D,使它们既同时与圆 A 内切,又同时与圆 B 外切,设圆 C 和圆 D 的内公切线为 l,显然符合条件的圆 C,圆 D 有无数组.证明:无数条内公切线相交于一点.

19.已知圆 O 与直线 l 相离,在 l 上有 n 个点 $P_i(i=1,2,\cdots,n)$,从 P_i 作圆

O 的两切线,切点为 A_i,B_i,试证:n 条直线 A_iB_i 相交于一点.

20. AB 为圆 O 的直径,过 OB 上定点 D 作 $CD \perp AB$ 交圆 O 于 C,使圆 O 上任意一组点 $M_i,N_i(i = 1,2,\cdots,n)$ 满足 $\angle CDM_i = \angle CDN_i$.试证:$n$ 条直线 M_iN_i 共点.

21. 梯形 $ABCD$ 的两底 $DC:AB = 1:3$,延长两腰 AD,BC 相交于 P,作 n 条线段 $X_iY_i(i = 1,2,\cdots,n)$,使得 P 为 X_iY_i 的中点,取 AX_i 的中点 M_i,BY_i 的中点 N_i.试证:n 条直线 M_iN_i 共点.

22. 三个圆 S_1,S_2 和 S_3 分别外切圆 S 于 A_1,B_1,C_1.这三个圆中的每个圆又分别与 $\triangle ABC$ 的两边相切,证明:AA_1,BB_1,CC_1 相交于一点.

23. 已知 P 是 $\triangle ABC$ 内任一点,l_1,l_2,l_3 分别是 AP,BP,CP 的等角线.(即若设 AX 为 l_1,则 $\angle XAC = \angle PAB$,余类同)求证:l_1,l_2,l_3 三线共点.

24. 设 G 是 $\triangle ABC$ 的重心,M,N 分别是 GB,GC 的中点,延长 AC 至 E,使 $CE = \frac{1}{2}AC$;延长 AB 至 F,使 $BF = \frac{1}{2}AB$.求证:AG,ME,NF 三线共点.

25. 在 $\triangle ABC$ 中,直径为 BC 的圆交 AB,AC 于 E,F,求证:自这两点所引该圆的切线与 BC 边的高线共点.

26. 设 $\triangle ABC$ 内一点 P 在三边 BC,CA,AB 上的射影为 X,Y,Z,则自 YZ,ZX,XY 的中点向 BC,CA,AB 所作的垂线共点.

27. 过 $\triangle ABC$ 的两顶点 B,C 的圆分别与 AB,AC 相交于 C',B'.设 H 与 H' 分别为 $\triangle ABC$ 和 $\triangle AB'C'$ 的垂心.求证:BB',CC',HH' 三线共点.

259

第七章　　点共圆问题的求解思路

同在一个圆周上的点叫做共圆点,或者说这些点共圆.点共圆问题出现的形式一般有两种:其一是以点共圆作为证题目的;其二是以点共圆作为解题手段,即作出辅助圆来承担汇聚条件、揭露隐含、转化所证结论的作用.求解点共圆问题中最基本的问题如证明诸点共圆,证明四点或四点以上的点共圆常可从如下几方面去考虑.

一、注意到圆的定义:若 $n(n \geqslant 4)$ 个点与某定点的距离都相等,则这 n 个点共圆

例1　如图2.7.1,设圆 O_1 和圆 O_2 相交于点 M 和 P,圆 O_1 的弦 MA 和圆 O_2 相切于点 M,圆 O_2 的弦 MB 与圆 O_1 相切于点 M,在直线 MP 上截取 $PH = MP$.证明:四边形 $MAHB$ 可以有外接圆.

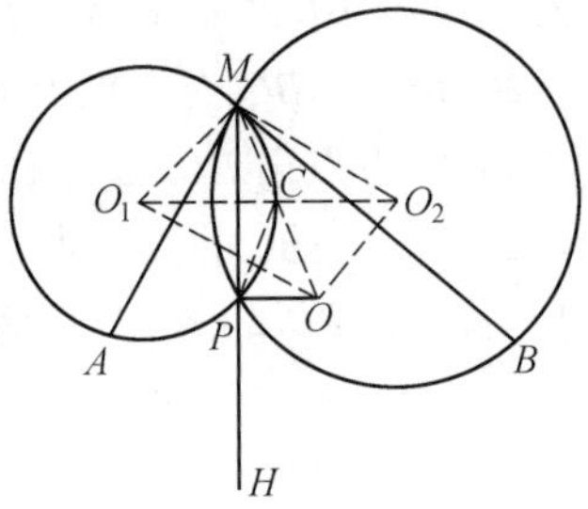

思路　自 O_1 和 O_2 分别作 MA,MB 的中垂线,且交于 O,我们可证 $OP \perp MP$.

图2.7.1

事实上,连 O_1M,O_2M,则 MO_1OO_2 为平行四边形,连 O_1O_2,则 O_1O_2 垂直平分 MP,又连 MO 与 O_1O_2 交于 C,则 $MC = CO$,从而 $MC = PC = CO$,故 $OP \perp MP$.

此时,$AO = MO = HO = BO$,故四边形 $MAHB$ 可以有外接圆.

二、注意到若线段 AC 与 BD 相交且 $\angle ACB = \angle ADB$,则 A,B,C,D 共圆;线段的同侧张角相等时,其张角顶点与线段端点共圆

例2　如图2.7.2所示,在 $\triangle ABC$ 中,$AB = AC$,任意延长 CA 到 P,再延长 AB 到 Q,使 $AP = BQ$.求证:$\triangle ABC$ 的外心 O 与 A,P,Q 四点共圆.

思路1　连 OA,OC,OP,OB,OQ,在 $\triangle OCP$ 和 $\triangle OAQ$ 中,$OC = OA$,又

$CA = AB, AP = BQ$,所以 $CP = AQ$.又 O 是 $\triangle ABC$ 的外心,所以 $\angle OCP = \angle OAC$.

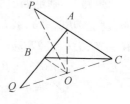

又由于等腰三角形的外心必在顶角的平分线上,则 $\angle OAC = \angle OAQ$,从而 $\angle OCP = \angle OAQ$,因此 $\triangle OCP \cong \triangle OAQ$,于是 $\angle CPO = \angle AQO$,故 O, A, P, Q 共圆.

图 2.7.2

思路 2　证 $\triangle OAP \cong \triangle OBQ$,由 $\angle APO = \angle AQO$,有 O, A, P, Q 四点共圆.

例 3　如图 2.7.3 所示,已知 A, B, C 三点共线于 l,O 点在直线 l 外.O_1, O_2, O_3 分别为 $\triangle OAB, \triangle OBC, \triangle OCA$ 的外心,求证:O, O_1, O_2, O_3 四点共圆.

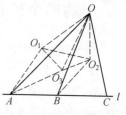

思路　作出各辅助线,易证 O_1O_2 垂直平分 OB,O_1O_3 垂直平分 OA,观察 $\triangle OBC$ 及其外接圆,有 $\angle OO_2O_1 = \frac{1}{2}\angle OO_2B = \angle OCB$.由 $\triangle OCA$ 及其外接

图 2.7.3

圆,有 $\angle OO_3O_1 = \frac{1}{2}\angle OO_3A = \angle OCA$.由 $\angle OO_2O_1 = \angle OO_3O_1$,知 O, O_1, O_2, O_3 共圆.

三、注意到若凸四边形中有一组对角互补,则它的四个顶点共圆

261

对于例 3,我们也有这样的思路:连 AO_1,由题设知 $\angle AO_1O_3 = \angle O_3O_1O$,从而

$$\angle ABO = \frac{1}{2}\angle AO_1O = \frac{1}{2}(360° - \angle AO_1O_3 - \angle OO_1O_3) = 180° - \angle OO_1O_3.$$

注:若 $\angle ABO$ 为钝角时,$\angle AO_1O$ 大于平角.

同理 $\angle OBC = 180° - \angle OO_2O_3$,而 $\angle ABO + \angle OBC = 180°$,则 $\angle OO_1O_3 + \angle OO_2O_3 = 180°$,故 O, O_1, O_2, O_3 四点共圆.

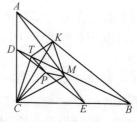

例 4　如图 2.7.4,在直角 $\triangle ABC$ 的直角边 AC 和 CB 上分别取点 D, E.证明:由顶点 C 分别向 DE, EA, AB 和 BD 引垂线,则各垂足共圆.

图 2.7.4

思路 垂足如图所示,显然 CK 和 CP 在 CM 与 CT 之间,$PMKT$ 是凸四边形.设 $\angle DBC = \alpha$,$\angle EAC = \beta$,则 $\angle DCT = \alpha$,$\angle MCE = \beta$.由 C,T,K,B 共圆有 $\angle TKC = \angle TBC = \alpha$.同理 $\angle CKM = \angle CAM = \beta$,$\angle DPT = \angle DCT = \alpha$,$\angle EPM = \angle ECM = \beta$,则

$$\angle TKM + \angle TPM = (\alpha + \beta) + (180° - \alpha - \beta) = 180°$$

故 P,M,K,T 共圆.

四、注意到若凸四边形的一个外角等于它的内对角,则四边形的四个顶点共圆

例5 如图 2.7.5,在 Rt$\triangle ABC$ 中,$\angle C = 90°$,$CH \perp AB$,H 为垂足,圆 O_1 和圆 O_2 分别是 $\triangle AHC$ 和 $\triangle BHC$ 的内切圆,两圆的另外一条外公切线分别交 AC,BC 于 P,Q.求证:P,A,B,Q 四点共圆.

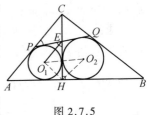

图 2.7.5

思路 由 Rt$\triangle AHC \backsim$ Rt$\triangle CHB$ 有 $\dfrac{O_1H}{O_2H} = \dfrac{AC}{BC}$,则 Rt$\triangle O_1HO_2 \backsim$ Rt$\triangle ACB$,从而 $\angle O_1O_2H = \angle B$.

设 PQ 交 CH 于 E,则 $\angle O_1EO_2 = 90° = \angle O_1HO_2$,则 O_1,H,O_2,E 四点共圆.所以 $\angle O_1EP = \angle O_1EH = \angle O_1O_2H = \angle B = \angle ACH$,从而 $O_1E \parallel AC$,所以 $\angle CPQ = \angle O_1EP = \angle B$,故 P,A,B,Q 四点共圆.

五、注意到相交弦定理、割线定理、切割线定理的逆定理的运用

例6 如图 2.7.6 所示,若给出平面上一个锐角 $\triangle ABC$,以 AB 为直径的圆与 AB 边的高线 CC' 及其延长线交于 M,N,以 AC 为直径的圆与 AC 边上的高线及其延长线交于 P,Q.求证:M,N,P,Q 四点共圆.

思路 设 MN 和 PQ 相交于 D,则由相交弦定理得 $DP \cdot DQ = DC \cdot DC'$,$DM \cdot DN = DB \cdot DB'$,(其中 C',B' 分别为垂足)由 $\angle CC'B = \angle CBB' = 90°$,

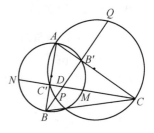

图 2.7.6

262

所以 C,B',C',B 四点共圆,于是有 $DC \cdot DC' = DB \cdot DB'$,从而有 $DP \cdot DQ = DM \cdot DN$,由相交弦定理的逆定理知 P,Q,M,N 共圆.

注:此例也可考虑运用圆的定义的思路,注意到

$$AM^2 = AB \cdot AC' = AB \cdot AC \cdot \cos \angle BAC = AC \cdot AB' = AP^2$$

且 $AM = AN,AP = AQ$ 即证.

例 7 如图 2.7.7,在圆内接 $\triangle ABC$ 中,$AB = AC$,经过 A 任作二弦 AE,AQ,且 AE 交 BC(或延长线或反向延长线)于 D,AQ 交 CB 的延长线(或反向延长线或 CB)于 P.求证:P,Q,D,E 四点共圆.

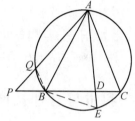

图 2.7.7

思路 连 BE,则 $\angle ABD = \angle ACB = \angle AEB$,从而 $\triangle ABD \backsim \triangle AEB$.所以

$$AD \cdot AE = AB^2 \qquad \qquad ①$$

又连 BQ,则 $\angle PQB = \angle BEA = \angle ABD$,从而其补角相等,即 $\angle AQB = \angle ABP$,于是 $\triangle AQB \backsim \triangle ABP$,所以

$$AQ \cdot AP = AB^2 \qquad \qquad ②$$

再由 ①,② 有 $AD \cdot AE = AQ \cdot AP$(此为圆内接等腰三角形的一个有趣结论),故 P,Q,D,E 共圆(根据割线定理的逆定理).

六、注意到托勒密定理的逆定理的运用

托勒密定理的逆定理 四边形 $ABCD$ 中,若 $AB \cdot CD + AD \cdot BC = AC \cdot BD$,则 A,B,C,D 四点共圆.

例 8 已知 $\triangle ABC$ 为等边三角形,P 为形外一点,且 $PA = PB + PC$,求证:A,B,P,C 共圆.(参见第一篇第一章例 17 中引理)

思路 由 PA 最长可知,P 和 A 在 BC 的两侧.由 $PA = PB + PC,AB = BC = AC$ 可得 $PA \cdot BC = AC \cdot PB + AB \cdot PC$,故 P,A,B,C 四点共圆.

七、注意到矩形、等腰梯形四顶点是共圆的

例 9 在圆内接四边形 $ABCD$ 中,设 $\triangle ABC,\triangle BCD,\triangle CDA,\triangle ABD$ 的内心分别为 I_1,I_2,I_3,I_4,求证:I_1,I_2,I_3,I_4 四点共圆.

思路 如图 2.7.8,连 $I_1I_2,I_2I_3,I_3I_4,I_4I_1,AI_1,AI_4,BI_1,BI_4$,则

$\angle AI_1B = 90° + \dfrac{1}{2}\angle ACB$，$\angle AI_4B = 90° + \dfrac{1}{2}\angle ADB$

又 $\angle ACB = \angle ADB$，于是 $\angle AI_1B = \angle AI_4B$，故 B，I_1，I_4，A 四点共圆.

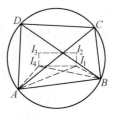

图 2.7.8

同理 B，C，I_2，I_1 四点共圆，于是 $\angle I_4I_1I_2 = \angle I_4AB + \angle I_2CB = \dfrac{1}{2}(\angle A + \angle C) = 90°$，即四边形 $I_1I_2I_3I_4$ 为矩形，故 I_1，I_2，I_3，I_4 四点共圆.

注：只证 $I_1I_2I_3I_4$ 为矩形即为首届国家数学奥林匹克集训选拔赛试题.

八、利用与有外接圆的多边形相似的多边形的顶点共圆

例 10 圆内接四边形 $ABCD$ 中，对于 $\triangle ABC$，$\triangle BCD$，$\triangle ACD$，$\triangle ABD$ 的重心，垂心分别记为 G_i，$H_i(i = 1,2,3,4)$. 求证：(1) G_1，G_2，G_3，G_4 四点共圆；(2) H_1，H_2，H_3，H_4 四点共圆.

思路 (1) 如图 2.7.9，设 E 为 BC 之中点，连 AE，DE，则 G_1 在 AE 上，G_2 在 DE 上，于是在 $\triangle AED$ 中，$G_1G_2 \underset{=}{\parallel} \dfrac{1}{3}AD$. 同理 $G_2G_3 \underset{=}{\parallel} \dfrac{1}{3}AB$，$G_4G_3 \underset{=}{\parallel} \dfrac{1}{3}BC$，$G_4G_1 \underset{=}{\parallel} \dfrac{1}{3}CD$. 又四边形 $G_1G_2G_3G_4$ 与四边形 $DABC$ 的对应角相等，故四边形 $G_1G_2G_3G_4 \backsim$ 四边形 $DABC$，从而 G_1，G_2，G_3，G_4 四点共圆.

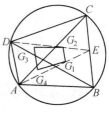

图 2.7.9

(2) 如图 2.7.10，过 C 作圆 O 的直径 CE，连 EB，ED，过 O 作 $OM \perp CD$ 于 M. 由于 $BH_2 \perp CD$，$ED \perp CD$，则 $BH_2 \parallel ED$.

同理 $DH_2 \parallel EB$.

故 EBH_2D 是平行四边形，于是 $BH_2 \underset{=}{\parallel} ED$. 又 OM 是 $\triangle CDE$ 的中位线，则 $ED \underset{=}{\parallel} 2OM \underset{=}{\parallel} BH_2$.

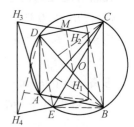

图 2.7.10

同理 $AH_3 = 2OM$. 故 ABH_2H_3 是平行四边形. 于是 $AB = H_2H_3$.

同理 $BC \underset{=}{\parallel} H_4H_3$，$CD \underset{=}{\parallel} H_1H_4$，$AD \underset{=}{\parallel} H_1H_2$.

又注意到 $\angle BCD$ 与 $\angle H_3H_4H_1$ 其两双边分别平行，且平行的射线方向相同，从而这两个角相等. 同理可证其他三双对应角相等. 故四边形 $H_1H_2H_3H_4 \underset{=}{\backsim}$

264

四边形 $DABC$. 从而 H_1,H_2,H_3,H_4 四点共圆.

九、欲证多点(多于四点)共圆,先证四点(或四点以上)共圆,再证其余的点也在这个圆上

例 11 如图 2.7.11,若作分别平行于三角形三边的三条直线,每条直线到与其平行的边的距离等于这条边的边长,而且对三角形的每一边来说,与它平行的直线和这条边所对的顶点位于该边的两侧. 试证:三角形三边的延长线与三条所作直线的交点落在同一个圆周上.

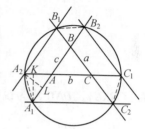

图 2.7.11

思路 设 $\triangle ABC$ 是所给的三角形,$A_1,A_2,B_1,$ B_2,C_1,C_2 是三角形的各边的延长线与所作直线的交点,如图 2.7.11 所示,记 $BC = a,CA = b,AB = c$.

可证 $\triangle AA_1A_2,\triangle BB_1B_2,\triangle CC_1C_2$ 均和 $\triangle ABC$ 相似,且 $A_1A_2 = B_1B_2 = C_1C_2$. 事实上,在 $\triangle AA_1A_2$ 中作高 A_1K 和 A_2L,则 $A_1K = b,A_2L = c$.

由 $\dfrac{c}{AA_2} = \sin \angle A_1AA_2 = \dfrac{b}{AA_1}$ 有 $\dfrac{AA_1}{AA_2} = \dfrac{b}{c} = \dfrac{AC}{AB}$. 又 $\angle BAC = \angle A_1AA_2$,故 $\triangle AA_1A_2 \backsim \triangle ABC$,且相似比为 $\sin \angle BAC$. 所以 $A_1A_2 = \dfrac{a}{\sin \angle BAC} = 2R(R$ 为 $\triangle ABC$ 的外接圆半径$)$.

同理,$\triangle BB_1B_2 \backsim \triangle ABC \backsim \triangle CC_1C_2$,且 $B_1B_2 = C_1C_2 = 2R$,于是四边形 $A_1A_2C_1C_2$ 是等腰梯形,则它可以有一个外接圆,即 A_1,A_2,C_1,C_2 共圆.

由 $\angle A_1A_2C = \angle A_1B_2C_1,\angle A_2C_1C_2 = \angle A_2B_2C_2$ 得点 B_1 和 B_2 都在梯形 $A_1A_2C_1C_2$ 的外接圆上. 因此,所有的点 A_1,A_2,B_1,B_2,C_1,C_2 都在同一个圆上.

十、欲证多点共圆,先分别证几组点共圆,再证这几个圆重合(至少有三点共圆)

例 12 如图 2.7.12,在正方形 $ABCD$ 的 AB,AD 边上分别取点 K,N,使得 $AK \cdot AN = 2BK \cdot DN$,线段 CK,CN 分别交对角线 BD 于 L,M. 证明:K,L,M,N 和 A 五点共圆.

思路 先证 A,K,L,M 共圆,为此,需证 $\angle BKC + \angle DNC = \dfrac{3}{4}\pi$. 设正方

265

形 $ABCD$ 的边长为1,并设 $a = BK = \cot \angle BKC$, $b = DN =$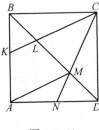

$\cot \angle DNC$,由题设得 $(1 - a)(1 - b) = 2ab$,即 $\dfrac{a + b}{ab - 1} = -1$.

所以

$$\tan(\angle BKC + \angle DNC) = \frac{\tan \angle BKC + \tan \angle DNC}{1 - \tan \angle BKC \cdot \tan \angle DNC} =$$

$$\frac{\cot \angle BKC + \cot \angle DNC}{\cot \angle BKC \cdot \cot \angle DNC - 1} =$$

图 2.7.12

$$\frac{a + b}{ab - 1} = -1$$

而 $\angle BKC$, $\angle DNC$ 均为锐角,故 $\angle BKC + \angle DNC = \dfrac{3}{4}\pi$.

又 $\angle BLK = \pi - \angle KBC - \angle BKL = \dfrac{3}{4}\pi - \angle BKL = \angle DNC$

及 $BC \parallel ND$,则 $\angle DNC = \angle BCM$,再由图形的对称性,知 $\angle BCM = \angle BAM$,故 $\angle KLM + \angle KAM = \pi$,即 A, K, L, M 四点共圆.

同理,A, N, M, L 四点共圆.

由于 A, L, M 共圆,此两圆重合,故 K, L, M, N, A 五点共圆.

十一、运用同一法等其他方法证四点共圆

例 13 如图 2.7.13,由点 P 发出的三条射线为 PA, PB,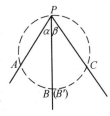

PC.记 $\angle APB = \alpha$, $\angle CPB = \beta$, $\angle APC = \alpha + \beta < 180°$.若 $PB \cdot \sin(\alpha + \beta) = PC \cdot \sin \alpha + PA \cdot \sin \beta$,则 P, A, B, C 四点共圆.

思路 过 P, A, C 三点作圆,交射线 PB 于 B',则由三弦公式得

图 2.7.13

$$PB' \cdot \sin(\alpha + \beta) = PC \cdot \sin \alpha + PA \cdot \sin \beta$$

又由已知 $PB \cdot \sin(\alpha + \beta) = PC \cdot \sin \alpha + PA \cdot \sin \beta$,知点 B' 与 B 重合.从而 P, A, B, C 四点共圆.

练习题 2.7

1.考虑在同一平面上具有相同圆心,半径分别为 R 与 $r(R > r)$ 的两个圆,设 P 是小圆周上的一个固定的点.B 是大圆周上一个变动的点,直线 BP 与大圆周相交于另外一点 C,通过点 P 且与 BP 垂直的直线 l 与小圆相交于另一点

A(若 l 与小圆相切于 P,则 $A = P$).求证:线段 AB 的中点在一个圆上.

2.过等腰 $\triangle ABC$ 底边 BC 上一点 P 引 $PM \parallel CA$ 交 AB 于 M,引 $PN \parallel BA$ 交 AC 于 N.作 P 关于 MN 的对称点 P',求证:P' 在 $\triangle ABC$ 的外接圆上.

3.在圆周上给定了四个点 A,B,C,D.过每两个相邻点都作一个圆周,将每两个相邻圆周的第二个交点分别记作 A_1,B_1,C_1,D_1(其中有些点可能与前面的点重合).证明:A_1,B_1,C_1,D_1 四点共圆.

4.已知圆 O 及同一平面上的点 P,每条过 P 且与圆 O 相交的直线确定一条圆 O 的弦.证明:这些弦的中点在一个圆上.

5.已知 $\triangle ABC$ 内接于圆 O,点 O 为圆心,直线 l 垂直于直线 AO 且与直线 AB,AC 分别交于点 D,E.求证:B,C,D,E 四点共圆.

6.给定 $\triangle ABC$,过顶点 A,B 的圆分别交边 AC,CB 于点 P 和 Q,在边 AB 上取点 R 和 S.使得 $QR \parallel CA$,$PS \parallel CB$.证明:P,Q,R,S 共圆.

7.给定以 O 为圆心,AB 为直径的半圆周,在其上取点 K 和 M,在直径上取点 C,使得 $\angle KCA = \angle MCB$.证明:K,C,O,M 四点共圆.

8.等形 $ABCD$ 中,$AB = AC$,$CD = DA$,其内切圆分别切边 AB,BC,AD 于 K,M,N,对角线 AC 交 MN 于 P.求证:A,K,P,N 四点共圆.

9.设 $\triangle ABC$ 的外接圆 O 上的劣弧 $\overset{\frown}{BC}$ 中点为 R,优弧 $\overset{\frown}{BC}$ 中点为 S,线段 AR 与 BC 边相交于 D,点 E,F 分别为 $\triangle ADC,\triangle ABD$ 的外心.试证:A,E,O,F,S 五点共圆.

10.设 I 为 $\triangle ABC$ 的内心,且 A',B',C' 分别是 $\triangle IBC,\triangle ICA,\triangle IAB$ 的外心.求证:$\triangle ABC$ 与 $\triangle A'B'C'$ 有相同的外心.

11.在 $\triangle ABC$ 中,$\angle C$ 为钝角,点 E 和 H 位于边 AB 上,点 K 和 M 分别位于边 AC 和 BC 上,已知 $AH = AC$,$EB = BC$,$AE = AK$,$BH = BM$.证明:E,H,K,M 四点共圆.

12.设 P,M 分别在正方形 $ABCD$ 的边 DC,BC 上,PM 与以 A 为圆心,AB 为半径的圆相切.线段 PA 与 MA 分别交对角线 BD 于 Q,N.证明:五边形 $PQNMC$ 内接于圆.

13.圆 O 的内接四边形 $ABCD$ 的对角线 AC,BD 垂直相交于 P,过 P 及 AB 中点 M 的直线交 CD 于 M',相应地有 N,N',G,G',H,H'.试证:M,M',N,N',G,G',H,H' 八点共圆.

14.圆 O 内切于四边形 $ABCD$,与不平行的两边 BC,AD 分别切于点 E,F,设直线 AO 与线段 EF 相交于点 K,直线 DO 与线段 EF 相交于点 N,直线 BK 与直

267

线 CN 相交于点 M. 证明: O, K, M 和 N 四点共圆.

15. 过圆 O 外的点 S 作该圆的两条切线, 切点分别为 A, B. 再过 S 引割线 (但不过 O 点) 交圆 O 于 M, N 两点. AB 与 SO 相交于点 K. 证明: M, N, K, O 四点共圆.

16. AB 为定圆 O 中的定弦, 作圆 O 的弦 $C_iD_i(i = 1, 2, \cdots, n)$, C_iD_i 都被弦 AB 平分于 M_i, 过 C_i, D_i 分别作圆 O 的切线, 两切线交于 P_i. 则 $P_i(i = 1, 2, \cdots, n)$ 在同一圆周上.

17. 凸四边形 $ABCD$ 的对角线 AC 与 BD 互相垂直并相交于 E, 从点 E 分别作边 AB, BC, CD, DA 的垂线, 垂足依次为 P, Q, R, S. 求证: P, Q, R, S 四点共圆, 若垂线与对边相交依次为 P', Q', R', S', 则这八个点共圆.

18. 凸四边形 $ABCD$ 中, $AC \perp BD$, 作垂足 E 关于 AB, BC, CD, DA 的对称点 P, Q, R, S. 求证: P, Q, R, S 四点共圆.

19. 五边形 $FGHIJ$ 的边延长后得五角星 $ACEBD$, 每个 "角" (三角形) 的外接圆相交, 除 F, G, H, I, J 外又有五个交点 F', G', H', I', J'. 证明: 这五点共圆.

20. O 为 $\triangle ABC$ 内一点, BO, CO 分别交 AC, AB 于 D, E. 若 $BE \cdot BA + CD \cdot CA = BC^2$. 求证: A, D, O, E 四点共圆.

21. $\triangle ABC$ 的内切圆分别切三边 BC, CA, AB 于点 D, E, F. 点 X 是 $\triangle ABC$ 的一个内点, $\triangle XBC$ 的内切圆也在点 D 与 BC 边相切, 并与 CX, XB 分别切于 Y, Z. 证明: E, F, Z, Y 四点共圆.

22. 给定锐角 $\triangle ABC$, 在 BC 边上取点 A_1, A_2 (A_2 位于 A_1 与 C 之间), 在 AC 边上取点 B_1, B_2 (B_2 位于 B_1 与 A 之间), 在 AB 边上取点 C_1, C_2 (C_2 位 C_1 与 B 之间), 使得 $\angle AA_1A_2 = \angle AA_2A_1 = \angle BB_1B_2 = \angle BB_2B_1 = \angle CC_1C_2 = \angle CC_2C_1$. 直线 AA_1, BB_1, CC_1 可构成一个三角形, 直线 AA_2, BB_2, CC_2 可构成另一个三角形. 求证: 这两个三角形的六个顶点共圆.

第八章　　圆共点问题的求解思路

一个点同时在一平面中的若干圆周上或一平面中的若干圆周同时过某一点叫做多圆共点(简称圆共点).多圆共点以四点共圆为基础,又是四点共圆的深入.求解圆共点问题常从如下两个方面去考虑.

一、证诸圆均过图形中的某一个特殊点

例1　如图2.8.1,过圆内接四边 $ABCD$ 的一顶点和邻接二边中点作圆.证明这四圆共点.

思路　设 $ABCD$ 的外接圆圆心为 O. M, N 分别为 AB, AD 的中点. 连 OM, ON, 则 $OM \perp AB$, $ON \perp AD$, 且 $\angle NAM + \angle MON = 180°$,即 O 在过 A, M, N 三点的圆上.

同理,其他三圆也通过 O 点,从而这四圆共点于四边形 $ABCD$ 的外接圆圆心.

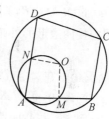

图 2.8.1

例2　如图2.8.2,在锐角 $\triangle ABC$ 的各边上向外作等边 $\triangle BCD$, $\triangle CAE$, $\triangle ABF$. 求证:这三个正三角形的外接圆共点.

思路　在正 $\triangle BAF$ 的外接圆中,优弧 $\overset{\frown}{AFB}$ 的度数为120°,它所对的圆周角应为120°,即以 AB 为弦所张的另一圆周角(除 $\angle AFB$ 外) 为120°.

同理,以 BC 为弦,AC 为弦所张的另一圆周角为也为120°.而在锐角 $\triangle ABC$ 中,对三边所张为120°的点为此三角形的费马点.故题设中的三个正三角形的外接圆共点于 $\triangle ABC$ 的费马点.

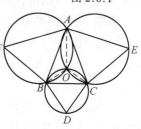

图 2.8.2

二、证其中两圆的某一交点在其他各圆上

例3　如图2.8.3,四边形 $ABCD$ 的两组对边延长分别交于 E, F.求证:所

成的四个 $\triangle ABF$，$\triangle ADE$，$\triangle BCE$，$\triangle CDF$ 的外接圆共点.

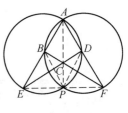

思路 设 $\triangle ABF$ 和 $\triangle ADE$ 的外接圆的另一交点为 P，连 PB，PC，PD，PE，PF，则 $\angle DEP = \angle DAP = \angle FBP$，从而 B，C，P，E 四点共圆，即点 P 在 $\triangle BCE$ 的外接圆上.

图 2.8.3

同理，P 在 $\triangle CDF$ 的外接圆上，由此即证.

例 4 如图 2.8.4，设 O 为 $\triangle ABC$ 内一点，线段 AX，BY，CZ 均以 O 为中点. 证明：$\triangle BCX$，$\triangle CAY$，$\triangle ABZ$，$\triangle XYZ$ 的外接圆共点.

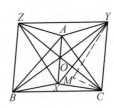

思路 由于 C，A，Y 分别与 Z，X，B 关于点 O 成中心对称，则 $\angle CAY = \angle ZXB$ 且 $ZY \parallel BC$.

图 2.8.4

设 M 为 $\triangle BCX$ 和 $\triangle XYZ$ 的外接圆的另一交点，则由圆内接四边形的外角等于它的内对角，得

$$\angle YMC = \angle XBC + \angle XZY = \angle ZXB = \angle CZY$$

从而 M 也在 $\triangle AYC$ 的外接圆上.

同理 M 也在 $\triangle AZB$ 的外接圆上. 由此即证.

例 5 在凸四边形 $ABCD$ 的边 AB 上(异于 A，B)取点 E，AC 与 DE 交于 F. 证明：$\triangle ABC$，$\triangle CDF$，$\triangle BDE$ 的外接圆有公共点.

思路 分两种情形考虑：

1) 如图 2.8.5(1)，设 $\triangle ABC$ 与 $\triangle CDF$ 的外接圆交于另一点 K，则由 $\angle EBK = \angle ABK = \angle ACK = \angle FCK = \angle FDK = \angle EDK$，知 B，D，K，E 共圆. 由此即证.

2) 如图 2.8.5(2)，设 $\triangle ABC$ 与 $\triangle CDF$ 的外接圆相切于点 C，设 $\triangle CDF$ 的外接圆交 AC 于 M. 由弦切角等于同弧上的圆周角知 $\angle BAC = \angle FMC$. 又四边

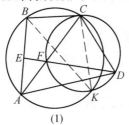

(1)

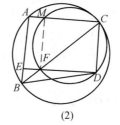

(2)

图 2.8.5

形 $CDFM$ 内接于圆,所以 $\angle FMC + \angle CDF = 180°$,从而 $\angle BAC + \angle EDC = 180°$,所以 B,A,D,C 共圆,即 C 为题设中所述三个三角形外接圆的公共点.

练习题 2.8

1. 设 A_1,B_1,C_1 是正 $\triangle ABC$ 的边 BC,CA,AB 的中点.证明:$\triangle AB_1C_1$,$\triangle A_1BC_1$,$\triangle A_1B_1C$ 的外接圆共点.

2. 在任意 $\triangle ABC$ 的边上向外侧作相似的 $\triangle ABC_1$,$\triangle A_1BC$ 和 $\triangle AB_1C$,使得 $\angle CA_1B = \angle CAB_1 = \angle C_1AB$ 且 $\angle AB_1C = \angle A_1BC = \angle ABC_1$.求证:$\triangle ABC_1$,$\triangle AB_1C$,$\triangle A_1BC$ 的外接圆相交于一点.

3. 在 $\triangle A_1A_2A_3$ 的三边 A_2A_3,A_3A_1,A_1A_2 上各取一点 P_1,P_2,P_3,则 $\triangle A_1P_2P_3$,$\triangle A_2P_3P_1$,$\triangle A_3P_1P_2$ 的外接圆共点.(Miquel 定理)

4. 已知三圆 OYZ,OZX,OXY,每圆上各有一点 A,B,C.求证:三圆 XBC,YCZ,ZAB 共点于 P.

5. 设 $\triangle ABC$ 不是等边三角形,在各边上向内侧作三个等边三角形,证明:这三个三角形的外接圆共点.

6. 试证:平面凸四边形 $ABCD$ 内一点 P 与 A,B,C,D 四顶点组成的四个三角形的垂足圆共点(若四边形内接于圆而点 P 在圆上时,则四个垂足圆不存在,实际上是四条直线).

7. 四条直线两两交于 A,B,C,D,E,F 六点(AB 与 DC 的延长线相交于 E,BC 与 AD 的延长线相交于 F),试证:圆 ABF,圆 BCE,圆 CDF,圆 DAE 共点(此点为完全四边形的密克点).

8. 在完全六边形 $ABCDEF$ 中,A',A'' 分别是 BE,DF 的中点,B',B'' 分别是 AE,CF 的中点,余类推.试证:六圆圆 $AA'A''$,圆 $BB'B''$,$\cdots$,圆 $FF'F''$ 共点.

9. 设 A,B,C,D 为平面上四点,c_1,c_2,c_3,c_4 是 $\triangle BCD$,$\triangle CDA$,$\triangle DAB$,$\triangle ABC$ 的九点圆(参见第三篇第一章中定理20(1)).试证:这四个九点圆共点.

271

第九章　几何定值、定位问题的求解思路

　　在平面几何中,我们会遇到在一定几何条件下,证明某一变动的线段有定长,某一变动的角(或图形面积)有定量,或某些变动线段(或角或图形面积)的和、差、积、商为定值的问题,或证明变动线段过定点,有定向、夹定角等定位问题.

　　定值、定位问题的特点,在于题设和结论中既有不变的几何元素或几何量,又有变化着的几何元素或几何量.在求解这类问题时,要善于分清图形中定元和变元与定量与变量,特别要注意挖掘那些隐含着定元和变元与定量与变量以及变元与变量的限制条件.这是分析和解决问题的着眼点,注意了这些就会入手有门,思考有路.

一、定值问题

　　求解定值问题,一般先探索定值是什么,这样可使求解有明确的目标或内容,这往往采用先猜后证的思路.猜测时一般是根据符合条件的某种特殊情形,或是对条件的某种极端情形考察,猜出可能的定值;除此之外,也可通过各种方式计算或运用各种基本方法寻求,因此求解定值常可从如下五方面来考虑.

1. 取特殊位置探猜,在一般位置论证

　　例 1　如图2.9.1,在正 $\triangle ABC$ 中,P 为 AB 上任意一点,Q 为 AC 上一点,且 $BP = AQ$,BQ 与 CP 交于点 R.求证:$\angle PRB$ 的大小为定值.

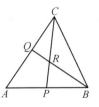

图 2.9.1

　　思路　考察 P 为 AB 的中点时的情形:此时 Q 也为 AC 中点,则 $\angle PRB = 60°$,且有 $\triangle BCP \cong \triangle ABQ$.在一般情形下,可发现 $\triangle BCP \cong \triangle ABQ$ 仍成立,此时有 $\angle RPB = \angle RQA$,从而知 A,P,R,Q 四点共圆,故 $\angle PRB = \angle A = 60°$ 为定值.

　　例 2　如图2.9.2(1),动点 P 为正 $\triangle ABC$ 内的一点,P 在三边 BC,CA,AB

上的射影依次为 D,E,F. 试证: $S_P = S_{\triangle PBD} + S_{\triangle PCE} + S_{\triangle PAF}$ 为定值.

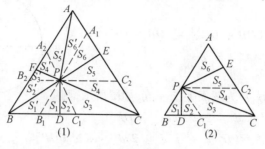

图 2.9.2

思路　考虑 P 在边 AB 上时情形. 作 $\square PC_1CC_2$, 如图 2.9.2(2), 显然 $S_1 = S_2$, $S_3 = S_4$, $S_5 = S_6$. 故

$$S_P = S_{\triangle PBD} + S_{\triangle PCE} = S_1 + S_4 + S_5 = \frac{1}{2}S_{\triangle ABC}$$

在一般情形下, P 为正 $\triangle ABC$ 内的一点时, 可过 P 作 $A_1B_1 /\!/ AB$ 交 AC 于 A_1, 交 BC 于 B_1, 如图 2.9.2(1). 显然有 $S_1' = S_2'$, $S_3' = S_4'$, $S_5' = S_6'$. 又 $\triangle A_1B_1C$ 为正三角形, 由此即有 $S_P = S_{\triangle PBD} + S_{\triangle PCE} + S_{\triangle PAF} = \frac{1}{2}S_{\triangle ABC}$ 为定值.

2. 取极端位置探猜, 在一般位置论证

273

例 3　如图 2.9.3, MN 是 $\triangle ABC$ 的中位线, P 为 MN 上任一点, BP, CP 的延长线分别交 AC, AB 于点 D, E. 求证: $\dfrac{AD}{DC} + \dfrac{AE}{EB}$ 为定值.

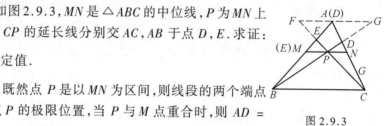

思路　既然点 P 是以 MN 为区间, 则线段的两个端点 M, N 就是点 P 的极限位置, 当 P 与 M 点重合时, 则 $AD = 0$, $DC = AC$. 此时, $\dfrac{AD}{DC} = 0$; 同时 E 与 M 重合, 则 $AE = AM = MB = EB$, $\dfrac{AE}{EB} = 1$, 故探得 $\dfrac{AD}{DC} + \dfrac{AE}{EB} = 1$.

图 2.9.3

在一般情形下, 延长 BD 和 CE 分别交过 A 点与 BC 平行的直线于 G, F, 则由三角形相似及 $FG = BC$ 有 $\dfrac{AD}{DC} + \dfrac{AE}{EB} = \dfrac{AG}{BC} + \dfrac{AF}{BC} = \dfrac{FG}{BC} = 1$ 为定值.

例 4　如图 2.9.4, $AB = 2r$ 是圆 O 的直径, C, D 是 AB 上的点, 且 $OC = OD = d$, P 为圆周上任意一点. 求证: $PC^2 + PD^2$ 为定值.

第九章　几何定值、定位问题的求解思路

思路 使 P 沿圆周向 B 运动到与 B 重合的极限位置,则

$$PC^2 + PD^2 = (OB + OC)^2 + (OB - OC)^2 = 2(r^2 + d^2)$$

为定值.

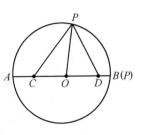

图 2.9.4

一般情形下,设 P 为圆周上任一点,如图所示,则

$$PC^2 = r^2 + d^2 - 2rd \cdot \cos \angle COP$$

$$PD^2 = r^2 + d^2 - 2rd \cdot \cos \angle DOP$$

而 $\cos \angle COP = \cos(180° - \angle DOP) = -\cos \angle DOP$

于是 $PC^2 + PD^2 = 2(r^2 + d^2)$ 为定值.

注:此例在探猜定值时,也可取 $\overset{\frown}{AB}$ 的中点这个特殊位置来考察.

3. 利用有关公式直接计算

例 5 如图 2.9.5,设 P 为圆 O 内一定点,过 P 任意引两直线分别交圆 O 于 A, B,且使 $\angle APB = 90°$,再作 $AC \perp PA$, $BC \perp PB$,且两线交于 C 点.求证:OC 为定长.

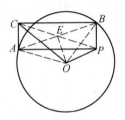

图 2.9.5

思路 由题知 $APBC$ 为矩形.连 OA, OB, AB, CP,设矩形对角线交点为 E,又设 $OA = OB = R$, $OP = d$(定长)则由三角形中线长公式,有

$$OC^2 + OP^2 = 2 \cdot OE^2 + 2 \cdot CE^2$$

$$OA^2 + OB^2 = 2 \cdot OE^2 + 2 \cdot AE^2$$

而 $AE = CE$,从而

$$OC^2 + OP^2 = OA^2 + OB^2 = 2R^2$$

故 $OC = \sqrt{2R^2 - d^2}$ 为定长.

4. 运用有关结论推导计算

结论 1 设 P 为 $\triangle ABC$ 内任一点,连结 AP, BP, CP 并延长分别交 BC, CA, AB 于 D, E, F,则

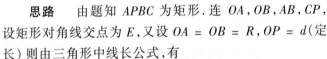

$$\frac{AF}{FB} + \frac{AE}{EC} = \frac{AP}{PD}, \frac{BF}{FA} + \frac{BD}{DC} = \frac{BP}{PE}, \frac{CD}{DB} + \frac{CE}{EA} = \frac{CP}{PF}$$

事实上,由

$$\frac{AF}{FB} + \frac{AE}{EC} = \frac{S_{\triangle APC} + S_{\triangle APB}}{S_{\triangle BPC}}$$

274

及
$$\frac{S_{\triangle APC}}{S_{\triangle CPD}} = \frac{AP}{PD} = \frac{S_{\triangle APB}}{S_{\triangle BPD}} = \frac{S_{\triangle APC} + S_{\triangle APB}}{S_{\triangle BPC}}$$

即证第一式.

同理可得其余两式.

将结论 1 运用到例 3 中,只需连 AP 并延长交 BC 于 K,则 $\frac{AP}{PK} = 1$,于是有

$\frac{AD}{DC} + \frac{AE}{EB} = \frac{AP}{PK} = 1.$

例 6 如图 2.9.6,已知 P 是梯形 $ABCD$ 对角线交点,O 是两腰 BA,CD 延长线的交点,连 OP 并延长交 AD 于 M,交 BC 于 N.求证:

(1)AM 为定长(参见第一篇第一章中例1);

(2)$\frac{AB \cdot OP}{OD \cdot PN} = \frac{DC \cdot OP}{OD \cdot PN} = $ 常数.

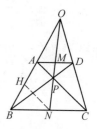

图 2.9.6

思路 (1)过 N 作 $NH \parallel AC$ 交 AB 于 H,则 $\frac{OA}{AH} = \frac{OP}{PN}$.

又由结论 1 有 $\frac{OP}{PN} = \frac{OA}{AB} + \frac{OD}{OC} = \frac{OA}{AH}$,而 $\frac{DO}{DC} = \frac{OA}{AB}$,即知 $\frac{OA}{AH} = \frac{2OA}{AB}$,即 $AH = \frac{1}{2}AB$,从而 $NC = \frac{1}{2}BC$.又 $\frac{AM}{BN} = \frac{OM}{ON} = \frac{MD}{NC}$,故 $AM = \frac{1}{2}AD$ 为定长.

(2)由结论 1 知 $\frac{OP}{PN} = \frac{OA}{AB} + \frac{OD}{DC}$ 及 $\frac{OA}{AB} = \frac{OD}{DC}$.有 $\frac{OP}{PN} = \frac{2OA}{AB} = \frac{2OD}{DC}$,故

$\frac{AB \cdot OP}{OA \cdot PN} = \frac{DC \cdot OP}{OA \cdot PN} = 2$(常数).

结论 2 P 是正 $\triangle ABC$ 外接圆 $\overset{\frown}{BC}$ 上任一点,则

(1)$PA = PB + PC$;

(2)$PA^2 + PB^2 + PC^2 = 2AB^2$;

(3)$PA^4 + PB^4 + PC^4 = 2(PB^2 \cdot PC^2 + PC^2 \cdot PA^2 + PA^2 \cdot PB^2) = 2AB^4$.

事实上,在圆内接四边形 $ABPC$ 中,运用托勒密定理有
$$PA \cdot BC = PC \cdot AB + PB \cdot AC$$
即得(1)式;运用(1)到 $PA^2 + PB^2 + PC^2$ 中即得(2)式;运用(1)式到 $PB^2 \cdot PC^2 + PC^2 \cdot PA^2 + PA^2 \cdot PB^2$ 并注意到余弦公式 $PB^2 + PC^2 + PB \cdot PC = BC^2 = AB^2$ 即得(3)式的第二个等式,再运用(2)式即得(3)式的 $PA^4 + PB^4 + PC^4 = 2 \cdot AB^4$.

例 7 如图 2.9.7,设 P 是正 $\triangle ABC$ 内切圆上任一点,求证:$PA^2 + PB^2 + PC^2$ 是定值.

275

第九章 几何定值、定位问题的求解思路

思路 设圆 O 切 $\triangle ABC$ 的三边于 $D,E,F;P$ 为 $\overset{\frown}{FD}$ 上任一点,连 PD,PE,PF,DE,EF,FD,则易知 $\triangle DEF$ 为正三角形.又由三角形中线公式,有

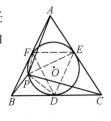

图 2.9.7

$$PA^2 + PB^2 = 2PF^2 + 2FA^2 = 2PF^2 + \frac{1}{2}AB^2$$

$$PB^2 + PC^2 = 2PD^2 + \frac{1}{2}AB^2$$

$$PC^2 + PA^2 = 2PE^2 + \frac{1}{2}AB^2$$

所以 $2(PA^2 + PB^2 + PC^2) = 2(PF^2 + PD^2 + PE^2) +$

$$\frac{3}{2}AB^2 \xlongequal{\text{结论2(2)}} 2(2DE^2) + \frac{3}{2}AB^2 =$$

$$4DE^2 + \frac{3}{2}(2 \cdot DE)^2 =$$

$$10DE^2 = \frac{5}{2}AB^2 = 30r^2 (\text{圆 } O \text{ 半径为 } r)$$

故 $PA^2 + PB^2 + PC^2 = \frac{5}{4}$ 边长$^2 = 15r^2$ 为定值.

结论3 E 为 $\triangle ABC$ 的 $\angle A$ 的平分线与其外接圆的交点,若 $AB = b,AC = c,AE = t_a$,则

$$b + c = 2t_a \cdot \cos\frac{A}{2}$$

事实上,由余弦公式,有

$$AB^2 - (2AE \cdot \cos\angle BAE)AB + (AE^2 - BE^2) = 0$$

$$AC^2 - (2AE \cdot \cos\angle CAE)AC + (AE^2 - CE^2) = 0$$

而 $\angle BAE = \angle CAE = \frac{1}{2}\angle A, BE = CE$,于是可视 AB,AC 为一元二次方程

$$x^2 - (2AE \cdot \cos\frac{A}{2})x + (AE^2 - CE^2) = 0$$

的两根.故

$$b + c = AB + AC = 2AE \cdot \cos\frac{A}{2} = 2t_a \cdot \cos\frac{A}{2}$$

例8 如图 2.9.8,圆 O 外接于正方形 $ABCD,P$ 为 $\overset{\frown}{AD}$ 上任意一点.求证:$\dfrac{PA + PC}{PB}$ 为定值.

思路 由 $\angle APB = \angle BPC$，即 PB 平分 $\angle APC$，且 $\angle APC = 90°$，由结论 3 可知

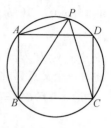

$$PA + PC = 2PB \cdot \cos45° = \sqrt{2}\,PB$$

故 $\dfrac{PA + PC}{PB} = \sqrt{2}$ 为定值.

注:1) 由 PD 是 $\angle APC$ 的外角平分线，类似有

$$\frac{PC - PA}{PD} = \sqrt{2};$$

图 2.9.8

2) 此例也可运用托勒密定理计算，只需连 AC，在四边形 $ABCP$ 中运用即有 $PC + PA = \sqrt{2}\,PB$.

5. 借助于其他方法(如割补法、复数法、坐标法等)和工具(如多项式等)推导计算

例如,对于例 8,可用补形法求解:

(1) 延长 PA 至 E,使 $AE = PC$,连 BE,有 $\triangle AEB \cong \triangle CPB$;

(2) 过 B 作 $BM \perp PB$ 交 PC 延长线于 M 或延长 PC 至 M,使 $CM = PA$,都有 $\triangle BMC \cong \triangle BPA$.

例 9 如图 2.9.9,设 D 为锐角 $\triangle ABC$ 内一点,使 $\angle ADB = \angle ACB + 90°$,且 $AC \cdot BD = AD \cdot BC$.求证: $\dfrac{AB \cdot CD}{AC \cdot BD}$ 为定值.

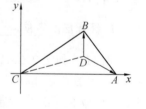

277

思路 以 C 为原点,CA 所在直线为实轴建立复平面.设 A,B,D 三点对应的复数分别为 $1,z,d$,则

图 2.9.9

$$\frac{\overrightarrow{CB}}{\overrightarrow{CA}} = z, \frac{\overrightarrow{DB}}{\overrightarrow{DA}} = zi, \overrightarrow{DA} = 1 - d, \overrightarrow{DB} = z - d,$$ 从而

$$(1 - d)zi = z - d,$$ 即 $d = \dfrac{zi - z}{zi - 1}$. 故

$$\frac{AB \cdot CD}{AC \cdot BD} = \frac{|z - 1| \cdot \left|\dfrac{zi - z}{zi - 1}\right|}{1 \cdot \left|z - \dfrac{zi - z}{zi - 1}\right|} = \frac{|z| \cdot |z - 1| \cdot |i - 1|}{|z| \cdot |z - 1|} = \sqrt{2}$$

为定值.

例 10 如图 2.9.10,设线段 AB 上有点 O,使得 $AO:OB = a:b(a > 0, b > 0)$,动点 P 在圆 $O(r)$ 上滑动,r 为定长,求证:$b \cdot PA^2 + a \cdot PB^2$ 为定值.

思路 以 O 为原点,AB 所在直线为 x 轴建立直角坐标系.动点 $P(x,y)$ 到

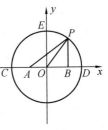

$A(-ka,0)$, $B(kb,0)$ 的距离平方均是 x 的二次多项式,故 $f(P) = b \cdot PA^2 + a \cdot PB^2$ 为 x 的二次多项式.

设 C,D 为圆 $O(r)$ 与 x 轴的两个交点, E 为此圆与 y 轴的一个交点,如图所示.由

$$f(C) = b(r-ka)^2 + a(r+kb)^2 =$$
$$b(r+ka)^2 + a(r-kb)^2 = f(D)$$

及 $f(E) = b(r^2 + k^2a^2) + a(r^2 + k^2b^2) = f(C) = f(D)$

故 $\qquad f(P) = r^2(a+b) + k^2ab(a+b)$

图 2.9.10

为定值.

注:这应用了多项式恒等定理简化了推理,读者不妨用解析法直接计算,以此来比较.

二、定位问题

求解定位问题,一般地也是先探索元素的位置,把元素的位置定下来,这样可使求解目标明确.这往往采用先猜后证的方法,或转化为求解定值问题,运用定值给元素定位,或运用计算及其他方法确定元素定位.

1. 特殊位置定位,一般位置论证

例 11 如图 2.9.11,有一定圆 O,直径为 AB,今有一动点 P 在半圆 AmB 上移动,过 P 作 AB 的垂线 PQ.试证:$\angle OPQ$ 的平分线恒通过一定点.

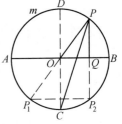

思路 为寻求定点位置,不妨设 P 移到特殊位置,即 $\overparen{AmB}$ 的中点 D,这时 $\angle OPQ$ 的平分线是通过直径 DC 的另一端点 C(定点),故 P 为 $\overparen{AmB}$ 上任意一点时,若能证明 PC 为 $\angle OPQ$ 的平分线即可.事实上,若延长 PO 和 PQ 分别交圆 O 于 P_1, P_2,则可证 $P_1P_2 \parallel AB$,且 $P_1C = P_2C$,即可证 C 为 DO 的延长线与圆 O 的交点.

图 2.9.11

2. 变中寻定

例 12 如图 2.9.12,过 $\triangle ABC$ 的 B,C 作一圆 O_1 交 AB,AC 或其延长线于 P,Q,则 PQ 恒与某定直线平行.

思路　由题设,$BCQP$ 为动圆 O_1 的内接四边形,P,Q 位置随动圆 O_1 而变,但恒有 $\angle AQP = \angle B$(定值),这是从图形中找到的隐含着的定量.若过定点 A 作 $\angle EAC = \angle B$,则 $AE \parallel PQ$,由此可知 PQ 与过点 A 的 $\triangle ABC$ 的外接圆的切线相平行.

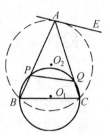

图 2.9.12

3.转化为求解定值问题,由定值定位置

例 13　如图 2.9.13,由圆 $O(r)$ 外的定直线 l 上任意点 A 引二切线 AB,AC.试证:两切点之间弦 BC 恒过定点.

思路　要证 BC 恒过定点,则需证这点在某一线段上与 O 点距离为定值,为此作 $OH \perp l$ 于 H,设 BC 与 OH 交于点 P.连 OA,则 $OA \perp BC$,设交 BD 于 D,则 A,D,P,H 四点共圆,故 $OP \cdot OH = OD \cdot OA$.又 $OD \cdot OA = OB^2 = r^2$,从而 $OP = \dfrac{r^2}{OH}$ 为定值.由此,可知 P 为定点,所以任意符合条件的弦 BC 恒过定点 P.由 A 的任意性即证.

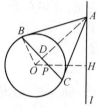

图 2.9.13

4.运用有关公式及结论推导论证

例 14　如图 2.9.14,已知 $\triangle ABC$ 中,$MN \parallel BC$,$\dfrac{AM}{MB} = \dfrac{AB + AC}{BC}$,$\angle BCA$ 的平分线 CF 交 MN 于 P,求证:P 为 $\triangle ABC$ 内一定点.

279

思路　连 AP,BP 并延长分别交 BC,AC 于 D,E.

由 $MN \parallel BC$,P 为 MN 上点,则

$$\frac{AP}{PD} = \frac{AM}{MB} = \frac{AM + AC}{BC}$$

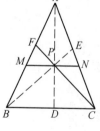

图 2.9.14

又有

$$\frac{AP}{PD} = \frac{AF}{FB} + \frac{AE}{EC}$$

所以

$$\frac{AF}{FB} + \frac{AE}{EC} = \frac{AB + AC}{BC}$$

又 CF 平分 $\angle BCA$,有 $\dfrac{AF}{FB} = \dfrac{AC}{BC}$ 所以 $\dfrac{AE}{EC} = \dfrac{AB}{BC}$,即 BE 平分 $\angle ABC$.故 P 是 $\triangle ABC$ 的内心(定点).

三、隐性定值、定位问题

在形如"证明 … 至少有一个不小于 …,亦至少有一个不大于 …"的一类问题中,求解出定值常常成为解题的关键,这是一类隐性定值问题.隐性定值常分为积式定值和和式定值.

例 15　如图 2.9.15,已知圆 O 内部有 $2n$ 个小圆,其中每个都与其相邻的两个小圆相切,并且都与圆 O 内切,其切点顺次为 $A_1, A_2, A_3, \cdots, A_n, \cdots, A_{2n}$. 在这 $2n$ 个切点中,若任意相邻两切点 A_i, A_{i+1} 的距离记为 $A_i A_{i+1} = a_{i,i+1} (i = 1, 2, \cdots, 2n, A_{2n+1} = A_1)$,且 $a_{2,3} \cdot a_{4,5} \cdot \cdots \cdot a_{2n,1} = \delta$.证明:$a_{1,2}, a_{3,4}, \cdots, a_{2n-1,2n}$ 中至少有一个不小于 $\sqrt[n]{\delta}$,亦至少有一个不大于 $\sqrt[n]{\delta}$.

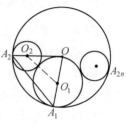

图 2.9.15

思路　设圆 O 与 $2n$ 个小圆 O_i 的半径分别为 $R, R_i (i = 1, 2, \cdots, 2n)$,

$\angle A_1 O A_2 = \theta$.则

$$A_1 A_2 = a_{1,2} = 2R \cdot \sin \frac{\theta}{2}, \quad a_{1,2}^2 = 2R^2 (1 - \cos \theta)$$

由余弦定理

$$\cos \theta = \frac{R^2 - R(R_1 + R_2) - R_1 \cdot R}{(R - R_1)(R - R_2)}$$

有

$$a_{1,2}^2 = \frac{4R^2 \cdot R_1 \cdot R_2}{(R - R_1)(R - R_2)}$$

同理

$$a_{i,i+1}^2 = \frac{4R^2 \cdot R_i \cdot R_{i+1}}{(R - R_i)(R - R_{i+1})} \quad (i = 3, 5, \cdots, 2n - 1)$$

从而

$$(a_{1,2} \cdot a_{3,4} \cdot \cdots \cdot a_{2n-1}, a_n)^2 = \frac{4^n R^{2n} \cdot R_1 \cdot R_2 \cdot R_3 \cdot \cdots \cdot R_{2n}}{(R - R_1)(R - R_2) \cdots (R - R_{2n})}$$

同理

$$(a_{2,3} \cdot a_{4,5} \cdot \cdots \cdot a_{2n,1})^2 = \frac{4^n R^{2n} \cdot R_1 \cdot R_2 \cdot \cdots \cdot R_{2n}}{(R - R_1)(R - R_2) \cdots (R - R_{2n})}$$

故

$$a_{1,2} \cdot a_{3,4} \cdot \cdots \cdot a_{2n-1,2n} = a_{2,3} \cdot a_{4,5} \cdot \cdots \cdot a_{2n,1} = \delta \qquad ①$$

显然,若 $a_{1,2}, a_{3,4}, \cdots, a_{2n-1,2n}$ 中每个都小于(或都大于)$\sqrt[n]{\delta}$,则与 ① 式矛盾,由此结论即证.

例 16　如图 2.9.16,过 $\triangle ABC$ 内部任意点 O 分别引三边 $BC = a, CA = b, AB = c$ 的平行线,其截在 $\triangle ABC$ 内部的线段长分别为 $B_1 C_1 = a', C_2 A_2 = b',$

$A_3B_3 = c'$. 证明:三个比值 $\dfrac{a'}{a}$, $\dfrac{b'}{b}$, $\dfrac{c'}{c}$ 中至少有一个不小

于 $\dfrac{2}{3}$, 亦至少有一个不大于 $\dfrac{2}{3}$.

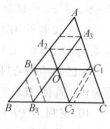

思路　为证明此结论, 先证一个引理:已知 $\triangle ABC$ 三条边长分别为 a,b,c. 过 BC 边上任意一点 M 引其余两边的平行线段长分别为 b',c', 则 $\dfrac{b'}{b} + \dfrac{c'}{c} = 1$.

图 2.9.16

事实上,如图 2.9.17,由 $\dfrac{b'}{b} = \dfrac{AA_1}{b}$, $\dfrac{c'}{c} = \dfrac{CA_1}{b}$ 即证得.

如图 2.9.16 所示引平行线,并应用上述引理,有

$$\frac{OC_2}{b} + \frac{a'}{a} = 1, \quad \frac{OA_2}{b} + \frac{c'}{c} = 1$$

$$\frac{OB_3}{c} + \frac{a'}{a} = 1, \quad \frac{OA_3}{c} + \frac{b'}{b} = 1$$

$$\frac{OC_1}{a} + \frac{b'}{b} = 1, \quad \frac{OB_1}{a} + \frac{c'}{c} = 1$$

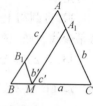

图 2.9.17

以上六式相加并化简有 $\dfrac{a'}{a} + \dfrac{b'}{b} + \dfrac{c'}{c} = 2$. 由此便可证得结论成立.

关于隐性定位问题的例子还可参见练习题 2.9 中第 23,24 题.

练习题 2.9

1. 圆 O 的半径 OA 与直径 BC 垂直,过点 A 引任一直线交 BC 于 E,交圆 O 于 D.求证:$AD \cdot AE$ 为定值.

2. 已知 AB 为圆 O 中的任一条弦,点 P 为 AB 上任一点,直线 PA,PB 分别交 AB 的垂直平分线于 E,F.求证:$OE \cdot OF$ 为定值.

3. 两圆外切于点 A,由一圆上任一点作另一圆的切线,切点为 B.求证:$PA : PB$ 为定值.

4. 从定弧 $\overparen{AB}$ 上任一点 P 作 $PQ \perp OA$, $PR \perp OB$, Q,R 为垂足,则 QR 为定长.

5. $\triangle ABC$ 内接于圆 O,过圆心 O 作 BC 边的垂直线,分别交 AC 与 BA 的延长线于 D,E.求证:$OD \cdot OE$ 为定值.

6. 圆 O 与圆 O_1 内切于点 A,自外侧圆 O 上一点 P 向圆 O_1 引切线 PT.求证:不论点 P 的位置如何,$PA : PT$ 为定值.

7. 已知定圆 O 的半径 OA 上有一定点 P,BC 是过点 P 的任意弦,设

$\angle ABC = \alpha , \angle ACB = \beta .$ 求证:$\tan \alpha \cdot \tan \beta$ 为定值.

8.已知菱形 $ABCD$ 外切于圆 O,MN 是 AD,CD 分别交于 M,N 的圆 O 的任一切线.求证:$AM \cdot CN$ 为定值.

9.已知两同心圆的圆心为 O,过小圆上一定点 M 作小圆的弦 MA 与大圆的弦 BMC,且使 $MA \perp BC$.求证:$AB^2 + BC^2 + CA^2$ 为定值.

10.定圆 $O'(R)$ 通过定圆 $O(r)$ 的圆心,圆 O' 的弦 AB 切圆 O 于 C.求证:$OA \cdot OB$ 为定值.

11.证明:内接于定圆的所有腰长为 a 的等腰梯形的高与中位线的长度之比为定值.

12.自圆周上一点 P 作切线,与直径 AB 的延长线相交于 C.试证:$\angle ACP$ 的角平分线与弦 AP 的夹角不随点 P 的位置及直径 AB 的选取不同而改变.

13.$\triangle EFG$ 与 $\triangle ABC$ 是两个全等的正三角形,F 在 BC 上,G 在 AC 上,$EF \perp BC$,设 EC 交 AB 于 P,FG 交 AB 于 Q.求证:$\dfrac{AP}{PB}$,$\dfrac{PC}{EC}$ 均为定值.

14.直线上按顺序有四个点 A,B,C,D,且 $AB:BC:CD = 2:1:3$,分别以 AC,BD 为直径作圆 O_1,圆 O_2,两圆交于 E,F.求证:$ED:EA$ 为定值.

15.求证:对任何一矩形 A 总存在一个矩形 B,使得矩形 B 和 A 的面积和周长之比都等于常数 $k(k \geqslant 1)$.

16.锐角 $\triangle ABC$ 的三条高 AA_1,BB_1,CC_1 的中点分别为 A_2,B_2,C_2,求证:$\angle B_2A_1C_2 + \angle C_2B_1A_2 + \angle A_2C_1B_2$ 为定值.

17.$\triangle ABC$ 中,$AB = BC$,在 BC 上取点 N 和 $M(N$ 与 M 靠近 $B)$,使得 $NM = AM$,$\angle MAC = \angle BAN$.求证:$\angle CAN$ 为定值.

18.正 $\triangle ABC$ 内接于圆,在不含 C 点的 $\overset{\frown}{AB}$ 上取(异于 A 和 B)点 M,设直线 AC 与 BM 相交于点 K.直线 BC 与 AM 相交于点 N.求证:$AK \cdot BN$ 为定值.

19.两圆相交于 P,Q,过点 P 任意引三条直线 AA',BB',CC' 分别交两圆于 A,B,C 和 A',B',C'.AB 和 $A'B'$ 的延长线交于 M,AC 和 $A'C'$ 的延长交于 N,BC 和 $B'C'$ 的延长线交于 R.求证:$\angle M$,$\angle N$,$\angle R$ 均为定值.

20.设 $\square ABCD$ 四顶点到任一直线 l 的有向距离顺次为 a,b,c,d,则 $a - b + c - d$ 为定值.

21.给定直线 l 及 l 外一点 P,l 上有两动点 Q,R,使 $\angle QPR$ 为定值.设 $\triangle PQR$ 的外心是 O,顶点 P 的高是 PH,角平分线是 PS,点 S 和 H 都在 l 上,QS 交 PH 于 D.求证:D 是定点.

22.已知 $\triangle ABC$ 内接于单位圆 O,又三条高线 AD,BE,CF 相交于点 H,且垂

心 H 到三边距离之积为 $\frac{1}{4}$. 证明:垂心 H 到 $\triangle ABC$ 三顶点的距离至少有一个不小于 $\sqrt[4]{2}$,亦至少有一个不大于 $\sqrt[4]{2}$.

23.已知任意 $\triangle A_1A_2A_3$ 的重心为 G,M 是 $\triangle A_1A_2A_3$ 内任意一点,直线 MG 分别与 $\angle A_1$,$\angle A_2$,$\angle A_3$ 的对边(或延长线)相交于点 B_1,B_2,B_3,且 $MB_i = m_i$,$GB_i = g_i (i = 1,2,3)$. 证明:三个比值 $\frac{m_1}{g_1}$,$\frac{m_2}{g_2}$,$\frac{m_3}{g_3}$ 中至少有一个不小于 1,亦至少有一个不大于 1.

如所知,古代几何学家在求解问题时已经利用了分析,虽然他们并不愿意把这方面的知识教给他们的后代.

—— 笛卡尔(Descartes)

第九章 几何定值、定位问题的求解思路

第十章　几何极(最)值问题的求解思路

几何问题中,当其中的某个或某些元素按给定的条件变化时,与之有关的某个或某些几何量也随之变化,研究这类变化着的几何量可能取到的极大或极小值以及在什么情况下才能取到这种极值的问题,实际上也是几何最值问题.求解这类问题的主要思路是:从运动中观察变化规律,或利用不变量的性质定理,或将所研究的变量用含其他变量的解析式表示,利用代数知识解决问题等等.具体思路可从如下一些方面去考虑.

一、注意到图形中的特殊点

例 1　如图 2.10.1,设 △ABC 中,AX 为 ∠A 的平分线,试在 AX 上求一点 P,使 ∠PBA 与 ∠PCA 之差的绝对值最大.

思路　当 AB = AC 时,AX 上任一点都使 ∠PBA = ∠PCA,从而 ∠PBA 与 ∠PCA 之差恒等于 0.

不妨设 AB > AC,为便于观察,将 ∠PCA 的顶点 C 移至 AB 上,在 AB 上取 AC' = AC,连 PC',则 ∠PCA − ∠PBA = ∠PC'A − ∠PBA = ∠BPC',当 P 在 AX 上移动时,∠BPC' 的大小在变化.又 BC' 是定长的线段,只有当 △PBC' 的外接圆与 AX 相切于点 P 时,∠BPC' 才是最大的.因此,可在 AX 上取点 P,使 $AP^2 = AC' \cdot AB$,这点 P 是不难作出的.

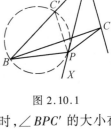

图 2.10.1

例 2　如图 2.10.2,设有边长为 1 的正方形,试在这个正方形的内接正三角形中找一个面积最大的和一个面积最小的,并求出其值.

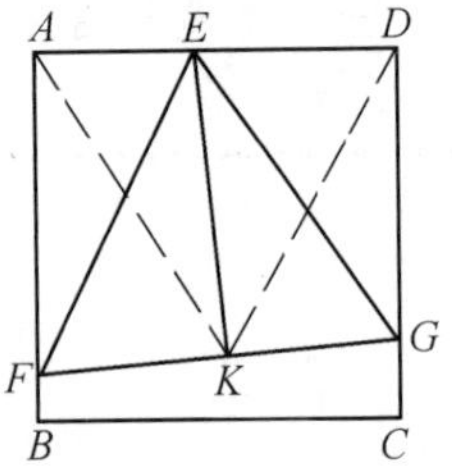

思路　设 △EFG 为正方形的内接正三角形,不妨设 F,G 分别在 AB,CD 上,E 在 AD 上.

作 △EFG 边 FG 上的高 EK,K 为垂足,则 E,K,G,D 四点共圆.连 KD,则有 ∠KDE = ∠EGK = 60°.

图 2.10.2

连 AK,同理 $\angle KAE = 60°$,所以 $\triangle KDA$ 为正三角形,由此即知 K 为不动点.

为使以 K 为中点的边 FG 最大或最小,只需使 F 与 B(或 G 与 C)重合或使

$FG \parallel BC$,此时 $FG = 2\sqrt{2-\sqrt{3}}$ 或 $FG = 1$,其 $S_{\triangle EFG} = 2\sqrt{3} - 3$ 或 $\dfrac{\sqrt{3}}{4}$ 分别为

所求正三角形面积的最大值和最小值.

二、注意到图形中元素间相互特殊关系

例 3　如图 2.10.3,在 $\angle A$ 内有一定点 P,过 P 作直线

交两边于 B,C.问 $\dfrac{1}{PB} + \dfrac{1}{PC}$ 何时取到最大值?

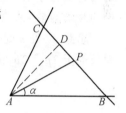

思路　作 $AD \perp BC$ 于 D.设 $AD = h$,则

$$\frac{1}{PB} + \frac{1}{PC} = \frac{h}{2}\left(\frac{1}{S_{\triangle ABP}} + \frac{1}{S_{\triangle ACP}}\right) =$$

$$\frac{h}{2} \cdot \frac{2AB \cdot AC \cdot \sin \angle BAC}{AB \cdot AC \cdot AP^2 \cdot \sin \angle PAB \cdot \sin \angle PAC} =$$

图 2.10.3

$$h \cdot \frac{\sin \angle BAC}{AP^2 \cdot \sin \angle PAB \cdot \sin \angle PAC} \leqslant$$

$$\frac{\sin \angle BAC}{AP \cdot \sin \angle PAB \cdot \sin \angle PAC}$$

285

因 P 是 $\angle A$ 内的定点,所以 AB,$\angle PAB$,$\angle PAC$ 都是常数,因而上式最后一

项 $\dfrac{\sin \angle BAC}{AP \cdot \sin \angle PAB \cdot \sin \angle PAC}$ 是常数.而当 $AP \perp BC$ 时,AD 与 AP 重合,不等

式取等号,可见当 $AP \perp BC$ 时,$\dfrac{1}{PB} + \dfrac{1}{PC}$ 取得最大值.

例 4　如图 2.10.4,若点 P 在锐角 $\triangle ABC$ 的边上运

动.试确定点 P 的位置,使 $PA + PB + PC$ 最小,并证明

之.

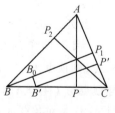

思路　先考虑 P 在 $\triangle ABC$ 的某一边例如 BC 上运动

时,$PA + PB + PC$ 的大小变化,此时 $PB + PC$ 是定值,当

且仅当 $AP \perp BC$ 时,PA 最小,其和式也最小.

图 2.10.4

考虑 P 在其他边上运动时,都有同样结论.设 $BP_1 \perp$

AC 于 P_1,$CP_2 \perp AB$ 于 P_2,则需比较 $AP + BC$,$BP_1 + AC$,$CP_2 + AB$ 三者的大

小.设 AC 是三角形的最短边,则只要比较 $AP + BC$ 与 $BP_1 + AC$ 的大小即可.

为此,在 BC 上取 B',使 $B'C = AC$,作 $B'P' \perp AC$ 于 P',显然有 $B'P' = AP$,

即有 $AP + B'C = B'P' + AC$. 则只要比较 $BP_1 - B'P'$ 与 BB' 的大小即可. 为此,作 $B'B_0 \perp BP_1$ 于 B_0, 则有 $BB_0 = BP_1 - B'P'$. 此时显然 $BB_0 < BB'$. 故点 P 是锐角 $\triangle ABC$ 最短边上的高的垂足时, $PA + PB + PC$ 最小.

三、引入变元,利用二次函数的极值性求解

例 5 如图 2.10.5, 设 $\triangle ABC$ 的周长为 $2p$, 作三角形内切圆的平行于 AC 边的切线 DE, 求此切线被其他两边所截得的线段的最大长度.

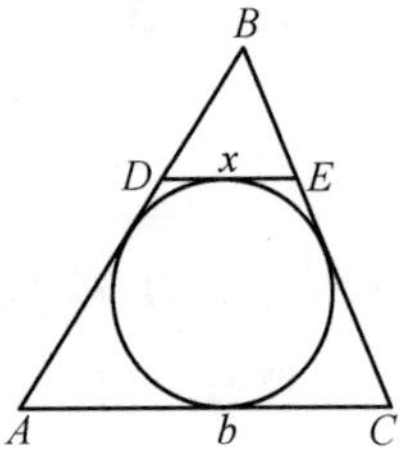

思路 设 x 是所求线段的长度, $AC = b$, 则 $\triangle BED$ 的周长等于 $2p - 2b$. 由 $\triangle BDE \backsim \triangle BAC$, 有

$$\frac{x}{b} = \frac{2p - 2b}{2p}$$

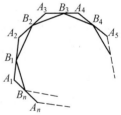

图 2.10.5

即

$$x = \frac{1}{p} \cdot b(p - b) = \frac{1}{p}\left[\frac{p^2}{4} - \left(b - \frac{p}{2}\right)^2\right]$$

因此,当 $b = \dfrac{p}{2}$ 时, x 取得最大值 $\dfrac{p}{4}$.

例 6 证明:在一个正 $n(n > 3)$ 边形的所有内接正 n 边形中,当内接正 n 边形的各顶点与原 n 边形各边中点重合时,面积最小.

思路 如图 2.10.6, 设面积为 S_B 的正 n 边形 $B_1 \cdots B_n$ 内接于面积为 S_A 的正 n 边形 $A_1 \cdots A_n$, 则当它们不重合时, 每一边 $A_i A_{i+1}$ 上恰好有一个顶点 B_i 其中 $i = 1, 2, \cdots, n$, 且 $A_{n+1} = A_1$.

事实上, 由抽屉原则, 一定有某个边, 不妨设为边 $A_1 A_2$, 含有两个顶点 B_1, B_2, 为确定起见, 设 $A_1 B_2 > A_1 B_1$, 则顶点 B_3(位于与 $\triangle B_1 B_2 B_3$ 相似的 $\triangle A_1 A_2 A_3$ 内) 与顶点 B_n(在 $\triangle A_2 A_1 A_n$ 内) 只能分别在边 $A_2 A_3$ 与 $A_1 A_n$ 上(因 $n > 3$, 线段 $A_1 A_3$ 与 $A_2 A_n$ 是对角线而不能是 n 边形 $A_1 \cdots A_n$ 的边). 这表明 $B_1 = A_1$, $B_2 = A_2$, 此时可证 $A_1 B_1 = A_2 B_2 = \cdots = A_n B_n$. 事实上, 由

$$\angle B_1 A_2 B_2 = \angle B_2 A_3 B_3 = \angle B_1 B_2 B_3 = 180° \cdot \frac{n-2}{n}$$

$$\angle A_2 B_1 B_2 = 180° - \angle B_1 A_2 B_2 - \angle A_2 B_2 B_1 =$$
$$180° - \angle B_1 B_2 B_3 - \angle A_2 B_2 B_1 = \angle A_3 B_2 B_3$$

图 2.10.6

$$B_1B_2 = B_2B_3$$

所以 $\triangle B_1A_2B_2 \cong \triangle B_2A_3B_3$，因此 $A_2B_2 = A_3B_3$.

同理可证其余等式成立.显然

$$S_B = S_A - S_{\triangle B_1A_2B_2} - S_{\triangle B_2A_3B_3} - S_{\triangle B_nA_1B_1} = S_A - nS_{\triangle B_1A_2B_2}$$

当 $\triangle B_1A_2B_2$ 的面积达最大时取得最小值.设 $A_1A_2 = a, A_1B_1 = x$，则

$$S_{\triangle B_1A_2B_2} = \frac{1}{2}B_1A_2 \cdot A_2B_2 \cdot \sin\angle B_1A_2B_2 =$$

$$\frac{1}{2}(a-x)x \cdot \sin\angle B_1A_2B_2 =$$

$$\frac{1}{2}\left[\frac{a^2}{4} - \left(x - \frac{a}{2}\right)^2\right]\sin\angle B_1A_2B_2$$

故当 $x = \frac{a}{2}$ 时，即 $A_1B_1 = B_1A_2$ 时取到最大值.

四、构造二次方程,利用判别式来求解

例7 如图2.10.7,在 $\triangle ABC$ 中,$\angle A = 60°$,$\angle A$ 的平分线交对边 BC 于 D,$DE \perp AB$ 于 E,$DF \perp AC$ 于 F,设 $t = S_{\triangle DEF} : S_{\triangle ABC}$.求证:当 t 取得最大值时,$\triangle ABC$ 为等边三角形.

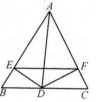

图 2.10.7

思路 设 $m = \dfrac{AB}{AC}$，由题设有

$$DE = DF, \angle EDF = 120°$$

$$t = \frac{S_{\triangle DEF}}{S_{\triangle ABC}} = \frac{DE \cdot DF \cdot \sin 120°}{AB \cdot DE + AC \cdot DF} = \frac{\sqrt{3}\,DE}{2(AB + AC)}$$

即

$$DE = \frac{2}{\sqrt{3}}t(AB + AC)$$

又由 $S_{\triangle ABC} = S_{\triangle ABD} + S_{\triangle ADC}$，有

$$\frac{\sqrt{3}}{2}AB \cdot AC = (AB + AC) \cdot \frac{2}{\sqrt{3}}t(AB + AC)$$

即

$$3AB \cdot AC = 4t(AB + AC)^2$$

而 $AB : AC = m$，故有

$$4tm^2 + (8t - 3)m + 4t = 0$$

因 m 是实数，则 $\Delta = (8t - 3)^2 - 64 \cdot t^2 \geqslant 0$，从而 $t_{\text{最大值}} = \dfrac{3}{16}$，此时 $m =$

1,故 $\triangle ABC$ 为等边三角形.

例8 如图 2.10.8,在 $\triangle ABC$ 中,$BC = 5$,$AC =$ 12,$AB = 13$,在边 AB,AC 上分别取点 D,E,使线段 DE 将 $\triangle ABC$ 分成面积相等的两部分,试求这样的线段 DE 的最小长度.

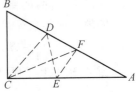

图 2.10.8

思路 显然 $\angle ACB = 90°$,作 AB 边上的中线 CF,则 $S_{\triangle ACF} = \dfrac{1}{2} S_{\triangle ABC} = 15$,即有 $AC \cdot AF = 78$.

在 BF 上任取一点 D,连 CD,过 F 作 $FE \parallel CD$ 交 AC 于 E,连 DE,则 DE 将 $\triangle ABC$ 分成面积相等的两部分.

设 $BD = x$,在 $\triangle BCD$ 中,由余弦定理,有 $CD = \sqrt{25 + x^2 - \dfrac{50x}{13}}$.又 $AD : AF = AC : AE$,则

$$AE = \frac{AC \cdot AF}{AD} = \frac{78}{13 - x}$$

在 $\triangle AED$ 中,由余弦定理,有

$$DE^2 = (\frac{78}{13 - x})^2 + (13 - x)^2 - 144$$

令 $(13 - x)^2 = y$,$y > 0$,则有

$$y^2 - (144 + DE^2)y + 78^2 = 0$$

由 $\Delta = (144 + DE^2)^2 - 4 \cdot 78^2 \geqslant 0$,知 DE 最小长度为 $2\sqrt{3}$.

五、引入三角函数,利用三角函数的极值性求解

例9 如图 2.10.9,在单位圆内,扇形 AOB 的顶角在 $(0, \dfrac{\pi}{2})$ 内变动,$PQRS$ 是该扇形的内接正方形,试求 OS 的最小值.

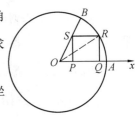

图 2.10.9

思路 以 O 为极点,OA 所在射线为极轴建立极坐标系.设 $S(\rho, \theta)$,$R(1, \alpha)$ $(0 < \theta, \alpha < \dfrac{\pi}{2})$,则

$$|PS| = \rho \cdot \sin \theta, \quad |OP| = \gamma \cdot \cos \theta,$$
$$|RO| = \sin \alpha, \quad |OQ| = \cos \alpha$$

又 $|PQ| = \cos \alpha - \rho \cdot \cos \theta, \quad |PQ| = |SP|$

则 $\cos \alpha - \rho \cdot \cos \theta = \rho \cdot \sin \theta$

288

而
$$\cos\alpha = |OQ| = \sqrt{OR^2 - RQ^2} = \sqrt{1 - \rho^2 \cdot \sin^2\theta}$$

则
$$\sqrt{1 - \rho^2 \cdot \sin^2\theta} = \rho(\sin\theta + \cos\theta)$$

从而
$$\rho^2 = \frac{1}{\sin^2\theta + 2\sin\theta \cdot \cos\theta + 1} = \frac{2}{\sqrt{5}\sin(2\theta + \varphi) + 3} \geqslant$$

$$\frac{2}{\sqrt{5} + 3} = (\frac{\sqrt{5} - 1}{2})^2$$

故 $\rho \geqslant \dfrac{\sqrt{5} - 1}{2}$，即 OS 的最小值为 $\dfrac{\sqrt{5} - 1}{2}$.

对于例 8，也可运用三角函数的有界性求.

设 $DE = x$，$\angle AED = \alpha$，$\angle ADE = \beta$，由题设知 $\angle ACB = 90°$，$S_{\triangle ABC} = 30$，

$S_{\triangle ADE} = \dfrac{1}{2}AD \cdot AE \cdot \sin A = 15$，所以 $AD \cdot AE \cdot \sin A = 30$. 由正弦定理

$$x : \sin A = AD : \sin\alpha = AE : \sin\beta$$

则
$$x = \frac{AD \cdot \sin A}{\sin\alpha}, x = \frac{AE \cdot \sin A}{\sin\beta}$$

从而
$$x^2 = \frac{AD \cdot AE \cdot \sin^2 A}{\sin\alpha \cdot \sin\beta} = \frac{60\sin A}{\cos(\alpha - \beta) + \cos A}$$

所以当 $\cos(\alpha - \beta) = 1$ 时，x^2 取最小值 12，即 DE 的最小长度是 $2\sqrt{3}$.

六、引入参量,利用不等式来求解

289

例 10　面积为 1 的 $\triangle ABC$ 的边 AB，AC 上分别有点 D，E，线段 BE，CD 相交于点 P，点 D，E 分别在 AB，AC 上移动，满足四边形 $BCED$ 的面积是 $\triangle PBC$ 面积的两倍这一条件，求 $\triangle PDE$ 面积的最大值.

思路　设 $\triangle PDE$，$\triangle PBC$，$\triangle PBD$，$\triangle PCE$ 的面积分别为 S_1，S_2，S_3，S_4，再设 $AD : AB = \lambda_1$，$AE : AC = \lambda_2$，则 $S_{\triangle ADE} : S_{\triangle ABC} = \lambda_1\lambda_2$，即

$$S_{\triangle ADE} = \lambda_1\lambda_2, S_2 = \frac{1}{2}(1 - \lambda_1\lambda_2)$$

注意到第一篇第一章中结论 1，即 $S_{\triangle ADE} : S_{\triangle ABC} = S_1 : S_2$，得

$$S_1 = S_2 \cdot S_{\triangle ADE} = \frac{1}{2}(1 - \lambda_1\lambda_2) \cdot \lambda_1\lambda_2 = -\frac{1}{2}(\lambda_1\lambda_2 - \frac{1}{2})^2 + \frac{1}{8}$$

又 $S_1 : S_3 = PE : PB = S_4 : S_2$，即 $S_1 \cdot S_2 = S_3 \cdot S_4$. 而 $S_2 = S_1 + S_3 + S_4$，所以

$$S_2 - S_1 = S_3 + S_4 \geqslant 2\sqrt{S_3 S_4} = 2\sqrt{S_1 S_2}$$

从而　　　　$$S_1 - 6S_1 S_2 + S_2^2 \geqslant 0 \Rightarrow (\lambda_1 \lambda_2)^2 - 6\lambda_1 \lambda_2 + 1 \geqslant 0$$

而 $0 < \lambda_1 \lambda_2 < 1$，则 $\lambda_1 \lambda_2 \leqslant 3 - 2\sqrt{2} \in (-\infty, \frac{1}{2})$.

故当 $\lambda_1 \lambda_2 = 3 - 2\sqrt{2}$ 时，S_1 取得最大值，最大值为 $5\sqrt{2} - 7$.

例 11　如图 2.10.10，过 $\triangle ABC$ 内任一点 P，引三条平行于它的边的截线，由两条截线和三角形的一边组成三个三角形. 设这三个三角形的面积分别为 S_1, S_2, S_3. 试求这样一点，使 $S_1 + S_2 + S_3$ 取到最小值.

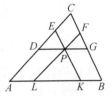

图 2.10.10

思路　设 $AB = c, DP = AL = u, GP = BK = v$，则 $LK = c - u - v$. 又

$$S_{\triangle DPE} = \frac{u^2 \cdot \sin A \cdot \sin B}{2\sin^2 C} = S_1$$

$$S_{\triangle FPG} = \frac{v^2 \cdot \sin A \cdot \sin B}{2\sin^2 C} = S_2$$

$$S_{\triangle PLK} = \frac{(c - u - v)^2 \cdot \sin A \cdot \sin B}{2\sin^2 C} = S_3$$

从而　　　$$S_1 + S_2 + S_3 = \frac{\sin A \cdot \sin B}{2\sin^2 C}[u^2 + v^2 + (c - u - v)^2] \geqslant$$

$$\frac{3\sin A \cdot \sin B}{2\sin^2 C}[\frac{u + v + (c - u - v)}{3}]^2$$

（平方平均数与算术平均数不等式）$=$

$$\frac{c^2 \sin A \cdot \sin B}{6\sin^2 C}$$

其中等号当且仅当 $u = v = c - u - v = \frac{c}{3}$ 时成立.

故当 P 为 $\triangle ABC$ 的重心时，$S_1 + S_2 + S_3$ 取得最小值.

七、灵活运用等周定理等有关结论

对于平面封闭图形，若对周长加以限定，考虑面积的极值，通常称为等周问题. 在等周问题中，有几个基本定理常可用来求解某些极（最）值问题.

定理 1　在周长一定的简单闭曲线的平面图形中，圆的面积最大.

定理 2　在面积一定的简单闭曲线的平面图形中，圆的周长最小.

290

定理 3　在给定边长为 $a_1, a_2, \cdots, a_m$ 的所有平面 n 边形中,能够内接于圆的 n 边形具有最大面积.

定理 4　在周长一定的平面 n 边形中,正 n 边形的面积最大.

定理 5　在面积一定的平面 n 边形中,正 n 边形的周长最小.

限于篇幅,以上定理的证明均略.

运用如上定理,可求解某些极(最)值问题,例如第一篇第四章中的例 20 就是运用定理 4 求解的.

例 12　试在正 $\triangle ABC$ 的边 AB,AC 上求两点 P,Q,使以 P,Q 为端点的曲线 l 将 $\triangle ABC$ 面积二等分,且曲线 l 的长度最短.

思路　以 A 为中心,将 $\triangle ABC$ 连续翻转 6 次,l 形成一条闭曲线.这条闭曲线围成的面积等于 $\triangle ABC$ 面积的 3 倍.由定理 2 知,这条闭曲线为圆时,其周长最小(图略).

此时,可推得 $AP = AQ$,且 $\dfrac{1}{2} \cdot \dfrac{1}{2} \cdot \dfrac{\sqrt{3}}{2} BC^2 = \dfrac{\pi}{6} AP^2$ 得 $AP = \dfrac{\sqrt[4]{27}}{2\sqrt{\pi}} BC$. 而曲线 l 是以 A 为圆心,AP 为半径的 $\dfrac{1}{6}$ 圆周.

练习题 2.10

1. 设 $\triangle ABC$ 面积为 S,作一条直线 $l \parallel BC$,且与 AB,AC 分别交于 D,E,求 $S_{\triangle BDE}$ 的最大值.

2. 已知四边形 $ABCD$ 中,$AD + DB + BC = 16$,求四边形 $ABCD$ 面积 S 的最大值.

3. 矩形 $ABCD$ 中,$AB = 5$,$AD = 8$,在 AB,AD 上各取点 Q,P,使 $PQ = 3$,求五边形 $PQBCD$ 面积的最小值.

4. 在凸四边形 $ABCD$ 中,$AD = DC = 1$,$\angle BCD = \angle DAB = 90°$,$BC$,$AD$ 的延长线交于 P,求 $AB \cdot S_{\triangle PAB}$ 的最小值.

5. 求斜边为 a 的直角三角形内切圆半径的最大值.

6. 已知 P 为 $\square ABCD$ 的 AB 边上的一动点,直线 DP 交 CB 的延长线于 Q,问点 P 在什么位置时,$AP + BQ$ 为最小?

7. 在锐角 $\triangle ABC$ 的 AC 边上有一点 M,问点 M 在什么位置时,$\triangle ABM$ 和 $\triangle BCM$ 的外接圆公共部分的面积最小?

8. 设 M 是 $\triangle ABC$ 的 BC 边上的中点,当 $\angle MAC = 15°$ 时,求 $\angle ABC$ 的最大值.

291

9. 在 △ABC 中,D,E,F 分别为 AB,AC,BC 的中点,H 为 AB 边上高的垂足,G 是 DH 之中点,设 O 为 AB 上任一点.求证:∠EOF 取最大角是 ∠EGF.

10. 已知 AD 是 △ABC 的 BC 边的中线,E 为 AB 上一点,EC 交 AD 于 F.试确定使 △DEF 面积最大时点 E 的位置.

从实际的教育理论角度来说,我们有充分的理由认为,必须把平面几何原理的教学放在代数教学之前。事实上,平面几何的内容更为基本和具体,它作为处理事物与关系的手段也不全是符号的变换。

—— 波特勒(Butler, N. M.)

第十一章　几何不等式的求解思路

　　几何问题中出现的不等式,称为几何不等式.它涵盖的内容相当广泛,例如在三角形中,人们已建立了关于边长、高线长、中线长、角平分线长、内切与外接圆半径以及角的三角函数等量的数百个不等式.如果称由某一几何不等式可推出一系列其他几何不等式的不等式为基本不等式,仅基本不等式就发现了数十个.几何不等式在平面几何中占有重要地位,由于其本身的完美性及证明的困难性,使它成为一个魅力无穷的数学分支.不等式的证明没有固定的程序,需思路开阔,方法灵活,技巧性强,尽管如此,注意到几何图形的特征,运用三角知识、代数知识以及不等式知识的一些求解思路常使我们取得成功.

一、充分利用关于不等的熟知的几何结论

　　关于不等的熟知的几何结论常用的有:

　　结论 1　如果 A,B,C 为任意三点,则 $AB \leqslant AC + CB$,并且仅当点 C 位于 AB 线段上时等号成立.

　　结论 2　三角形中线长度不超过夹它的两边长之和的一半.

　　结论 3　如果一个凸多边形位于另一凸多边形内部,则外面的凸多边形的周长大于里面的凸多边形的周长.

　　结论 4　凸多边形内的线段之长,或者不超过凸多边形的最大边长,或者不超过最大对角线长.

　　结论 5　凸四边形对角线长度之和大于其任意一组对边的长度之和.

　　结论 6　三角形中,大边对大角,反之亦然.

　　结论 7　如果 A,B,C 是三角形三内角,则

　　(1)$\sin A + \sin B > \sin C$;

　　(2)$A > B \Leftrightarrow \sin A > \sin B$.

　　例 1　如图 2.11.1,在 $\triangle ABC$ 中,$AB = AC$,P 是形内一点,使 $\angle APB > \angle APC$.求证:$PB < PC$.

　　思路　将 $\triangle ABP$ 移至 $\triangle ACP'$ 的位置,则 $AP = AP'$,$BP = CP'$,$\angle APB =$

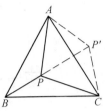

$\angle AP'C$. 由 $\angle APB > \angle APC$，有 $\angle AP'C > \angle APC$，即 $\angle AP'C - \angle AP'P > \angle APC - \angle APP'$，即 $\angle PP'C > \angle P'PC$，从而 $PC > P'C = PB$.

例2 设 α,β,γ 是锐角三角形的三个内角，且 $\alpha < \beta < \gamma$，求证：$\sin2\alpha > \sin2\beta > \sin2\gamma$.

思路 由 α,β,γ 均为锐角，且 $\alpha + \beta + \gamma = \pi$，则 $\pi - 2\alpha,\pi - 2\beta,\pi - 2\gamma$ 均为正数，且仍为另一三角形三内角. 由 $\alpha < \beta < \gamma$ 有 $\pi - 2\alpha > \pi - 2\beta > \pi - 2\gamma$，并注意三角形边角关系及正弦定理，故 $\sin2\alpha > \sin2\beta > \sin2\gamma$.

图 2.11.1

例3 如图 2.11.2，设圆 O_1 和圆 O_2 是同心圆，圆 O_2 的半径是圆 O_1 的半径的两倍. 四边形 $A_1A_2A_3A_4$ 内接于圆 O_1，将 A_4A_1 延长交圆 O_2 于 B_1，A_1A_2 延长交圆 O_2 于 B_2，A_2A_3 延长交圆 O_2 于 B_3，A_3A_4 延长交圆 O_2 于 B_4. 证明：四边形 $B_1B_2B_3B_4$ 的周长 $\geqslant$ 四边形 $A_1A_2A_3A_4$ 的周长的 2 倍，设 O_1 与 O_2 重合于 O，请确定等式成立的条件.

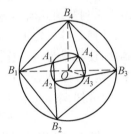

图 2.11.2

294

思路 连 OA_3,OB_3,OB_4，则由托勒密定理（见第一篇第一章中例7的注2)），有

$$OB_3 \cdot A_3A_4 \leqslant OA_3 \cdot B_3B_4 + OB_4 \cdot A_3B_3$$

而

$$OB = OB_4 = 2OA_3, A_3B_4 = A_3A_4 = A_4B_4$$

则

$$2(A_3A_4 + A_4B_4) \leqslant B_3B_4 + 2A_3B_3$$

同理

$$2(A_4A_1 + A_1B_1) \leqslant B_4B_1 + 2A_4B_4$$

$$2(A_1A_2 + A_2B_2) \leqslant B_1B_2 + 2A_1B_1$$

$$2(A_2A_3 + A_3B_3) \leqslant B_2B_3 + 2A_2B_2$$

上述四式相加，得

$$2(A_1A_2 + A_2A_3 + A_3A_4 + A_4A_1) \leqslant B_1B_2 + B_2B_3 + B_3B_4 + B_4B_1$$

若上式中等式成立，则前述四个不等式中每一个等号都成立，从而相应的四点，即 O,A_3,B_3,B_4 共圆，O,A_4,B_4,B_1 共圆. 而由前四点共圆有 $\angle OA_3A_2 = \angle OB_4B_3 = \angle OB_3B_4 = \angle OA_3B_4$，所以 $A_2A_3 = A_3A_4$. 由后四点共圆有 $A_4A_3 = A_4A_1$，$A_1A_2 = A_2A_3$，因此，$A_1A_2A_3A_4$ 为正方形. 反之，如果 $A_1A_2A_3A_4$ 是正方形，则 $\angle OA_3A_2 = \angle OA_3A_4$，从而 O,A_3,B_3,B_4 四点共圆. 同理 O,A_4,B_4,B_1 四点共圆，从而上面四个不等式均为等式，故结论中等式成立.

注:对 n 边形,类似的结论也成立,即设两个同心圆半径之比 $O_1B : OA_1 = k$,则 $k(A_1A_2 + \cdots + A_nA_1) \leqslant B_1B_2 + \cdots + B_nB_1$.

二、运用放缩,将不等式转化为等式求解

例4　如图 2.11.3,设平面凸四边形 $ABCD$ 的四边长分别为 a, b, c, d,对角线 AC, BD 的长度为 e, f. 求证:$a^2 + b^2 + c^2 + d^2 \geqslant e^2 + f^2$.

思路　设 AC, BD 中点分别为 P, Q,并设 $PQ = l$. 连 PD, PB, QA, QC,则由三角形中线长公式,有

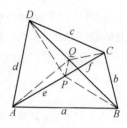

图 2.11.3

$$2PQ^2 = PD^2 + PB^2 - \frac{f^2}{2} = QA^2 + QC^2 - \frac{e^2}{2}$$

$$2PB^2 = a^2 + b^2 - \frac{e^2}{2}, 2PD^2 = c^2 + d^2 - \frac{e^2}{2}$$

$$2QA^2 = a^2 + d^2 - \frac{f^2}{2}, 2QC^2 = c^2 + b^2 - \frac{f^2}{2}$$

从而　$4l^2 = 4PQ^2 = PB^2 + PD^2 + QA^2 + QC^2 - \frac{1}{2}(e^2 + f^2) =$

$$a^2 + b^2 + c^2 + d^2 - e^2 - f^2$$

由 $l^2 \geqslant 0$,则 $a^2 + b^2 + c^2 + d^2 \geqslant e^2 + f^2$.

例5　若凸四边形的对角线长为 $2a$ 和 $2b$,求证:必有一条边不小于 $\sqrt{a^2 + b^2}$.(参见第一篇第二章中例5)

思路　设 O 为四边形 $ABCD$ 对角线交点,为确定起见,不妨设 $\angle AOB = \angle COD \geqslant 90°$,这时

$$AB^2 = AO^2 + BO^2 - 2AO \cdot BO \cdot \cos \angle AOB \geqslant AO^2 + BO^2$$

同理 $CD^2 \geqslant CO^2 + DO^2$,因此

$$AB^2 + CD^2 \geqslant (AO^2 + CO^2) + (BO^2 + DO^2)$$

设 M 为 AC 的中点,则

$$AO^2 + CO^2 = (\tfrac{1}{2}AC + OM)^2 + (\tfrac{1}{2}AC - OM)^2 = \tfrac{1}{2}AC^2 + 2OM^2 \geqslant \tfrac{1}{2}AC^2$$

同理 $BO^2 + OD^2 \geqslant \tfrac{1}{2}BD^2$. 从而

$$AB^2 + CD^2 \geqslant \frac{1}{2}(AC^2 + BD^2) = 2(a^2 + b^2)$$

295

由此即证.

三、用三角函数表示有关几何量,借助三角函数的增减性、有界性求解

例6 (Weitzenbock 不等式,参见第一篇第六章中例16)已知 a,b,c 是三角形的三条边长,$S_\triangle$ 是其面积,求证:$a^2 + b^2 + c^2 \geqslant 4\sqrt{3}S_\triangle$

思路 由 $a^2 + b^2 + a^2 + b^2 - 2ab \cdot \cos C - 2\sqrt{3}ab \cdot \sin C =$

$$2[a^2 + b^2 - 2ab \cdot \cos(\frac{\pi}{3} - C)] \geqslant 2(a^2 + b^2 - 2ab) =$$

$$2(a - b)^2 \geqslant 0$$

从而 $$a^2 + b^2 + c^2 \geqslant 4\sqrt{3}S_\triangle$$

注:此不等式可运用多种知识、方法而证,目前已有20多种证法.

例7 如图2.11.4,$\triangle ABC$ 中,$\angle A$ 的平分线交其外接圆于 A_1,类似定义 B_1,C_1,AA_1 与 B、C 处的外角平分线相交于 A_0,类似定义 B_0,C_0. 求证:$S_{\triangle A_0B_0C_0} \geqslant 4S_{\triangle ABC}$.

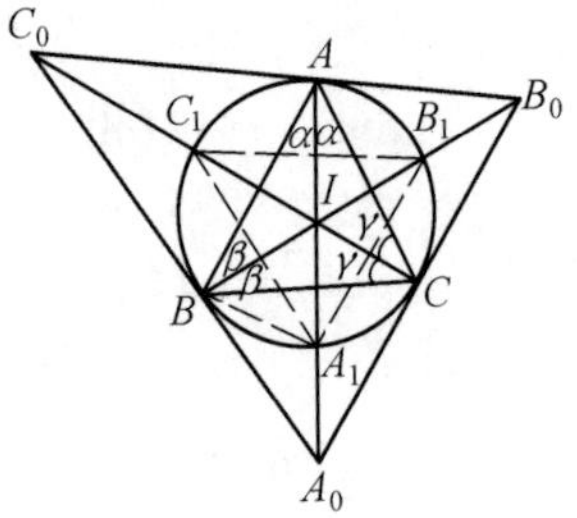

图 2.11.4

思路 设 I 是为 $\triangle ABC$ 的内心,则 I 为 AA_0,BB_0,CC_0 的交点,且

$$\angle BIA_1 \overset{m}{=\!=\!=} \frac{1}{2}(\frac{1}{2}\overset{\frown}{AC} + \frac{1}{2}\overset{\frown}{BC}) \overset{m}{=\!=\!=} \angle A_1BI,$$

$BB_1 \perp BA_0$,从而 $A_1B = A_1I$,且

$$\angle A_1BA_0 = 90° - \angle A_1BI = 90° - \angle BIA_1 = \angle A_1A_0B$$

故 $A_1A_0 = A_1B$,即 A_1 为 A_0I 的中点.

同理,C_1 为 C_0I 的中点. 连 A_1C_1,则 A_1C_1 为 $\triangle A_0C_0I$ 的中位线,即有 $S_{\triangle A_0C_0I} = 4S_{\triangle A_1C_1I}$,亦即 $S_{\triangle A_0B_0C_0} = 4S_{\triangle A_1B_1C_1}$.而由图知

$$S_{\triangle A_1B_1C_1} = 2R^2 \cdot \sin(\alpha + \beta) \cdot \sin(\beta + \gamma) \cdot \sin(\gamma + \alpha) =$$

$$2R^2(\sin\alpha \cdot \cos\beta + \cos\alpha \cdot \sin\beta)(\sin\beta \cdot \cos\gamma + \cos\beta \cdot \sin\gamma)$$

$$(\sin\gamma \cdot \cos\alpha + \cos\gamma \cdot \sin\alpha) \geqslant 2R^2 \cdot 2^3\sin\alpha \cdot \cos\alpha \cdot \sin\beta \cdot \cos\beta \cdot$$

$$\sin\gamma \cdot \cos\gamma = 2R^2 \cdot \sin2\alpha \cdot \sin2\beta \cdot \sin2\gamma = S_{\triangle ABC}$$

故 $S_{\triangle A_0B_0C_0} \geqslant 4S_{\triangle ABC}$.

四、用参量表示有关几何量,借助于代数不等式求解

例8 已知 $\triangle ABC$,设 I 为其内心,$\angle A$,$\angle B$,$\angle C$ 的内角平分线分别与其对边交于 A',B',C'.求证:

$$\frac{1}{4} < \frac{AI \cdot BI \cdot CI}{AA' \cdot BB' \cdot CC'} \leqslant \frac{8}{27}$$

思路 设 $AI : AA' = x$,$BI : BB' = y$,$CI : CC' = z$,$BC = a$,$AC = b$,$AB = c$.由 $\dfrac{AB}{AC} = \dfrac{BA'}{A'C}$ 有 $A'C = \dfrac{ab}{b + c}$.由 $\dfrac{AB}{BA'} = \dfrac{AI}{IA'} = \dfrac{AC}{A'C}$ 有 $\dfrac{AI}{IA'} = \dfrac{b + c}{a}$,亦有

$$x = \frac{b + c}{a + b + c}.$$

同理 $y = \dfrac{a + c}{a + b + c}$,$z = \dfrac{a + b}{a + b + c}$.

于是 $x + y + z = 2$,则 $xyz \leqslant \left[\dfrac{1}{3}(x + y + z)\right]^3 = \dfrac{8}{27}$,当且仅当 $\triangle ABC$ 为正三角形时取等号.又

$$x = \frac{2(b + c)}{2(a + b + c)} > \frac{b + c + a}{2(a + b + c)} = \frac{1}{2}$$

同理,$y > \dfrac{1}{2}$,$z > \dfrac{1}{2}$.

设 $x = \dfrac{1}{2}(1 + \varepsilon_1)$,$y = \dfrac{1}{2}(1 + \varepsilon_2)$,$z = \dfrac{1}{2}(1 + \varepsilon_3)$,$\varepsilon_1$,$\varepsilon_2$,$\varepsilon_3$ 均为正,且 $\varepsilon_1 + \varepsilon_2 + \varepsilon_3 = 1$. 所以

$$xyz = \frac{1}{8}(1 + \varepsilon_1)(1 + \varepsilon_2)(1 + \varepsilon_3) > \frac{1}{8}(1 + \varepsilon_1 + \varepsilon_2 + \varepsilon_3) = \frac{1}{4}$$

例9 (Erdös-Mordell 不等式) 如图 2.11.5,设 P 为 $\triangle ABC$ 内部或边上的一点,点 P 到三边的距离为 PD,PE 及 PF,则 $PA + PB + PC \geqslant 2(PD + PE + PF)$,当且仅当 $\triangle ABC$ 为正三角形,且 P 为三角形的中心时等号成立.

思路 记 $PA = x$,$PB = y$,$PC = z$,$PD = p$,$PE = q$,$PF = r$,则

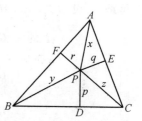

图 2.11.5

$$\angle DPE = 180° - \angle C = \angle A + \angle B$$

$$DE = \sqrt{p^2 + q^2 - 2pq \cdot \cos \angle DPE} = \sqrt{p^2 + q^2 - 2pq \cdot \cos(A + B)} =$$

297

$$\sqrt{p^2 + q^2 + 2pq \cdot \sin A \cdot \sin B - 2pq \cdot \cos A \cdot \cos B} =$$

$$\sqrt{(p \cdot \sin B + q \cdot \sin A)^2 + (p \cdot \cos B - q \cdot \cos A)^2} \geqslant$$

$$\sqrt{(p \cdot \sin B + q \cdot \sin A)^2} = p \cdot \sin B + q \cdot \sin A$$

由 P, D, C, E 四点共圆,知 PC 为此圆直线,则 $DE = PC \cdot \sin C$,即

$$z = \frac{DE}{\sin C} \geqslant \frac{p \cdot \sin B + q \cdot \sin A}{\sin C}$$

同理,$x \geqslant \dfrac{q \cdot \sin C + r \cdot \sin B}{\sin A}, y \geqslant \dfrac{r \cdot \sin A + p \cdot \sin C}{\sin B}$.故

$$x + y + z \geqslant p\left(\frac{\sin B}{\sin C} + \frac{\sin C}{\sin B}\right) + q\left(\frac{\sin C}{\sin A} + \frac{\sin A}{\sin C}\right) +$$

$$r\left(\frac{\sin A}{\sin B} + \frac{\sin B}{\sin A}\right) \geqslant 2(p + q + r)$$

由上面的讨论,前述三个不等式等号都成立的充要条件是 $p \cdot \cos B = q \cdot \cos A, q \cdot \cos C = r \cdot \cos B$ 及 $r \cdot \cos A = p \cdot \cos C$;最后一个不等式中等号成立的充要条件是 $\sin A = \sin B = \sin C$(即 $A = B = C$),所以原不等式当且仅当 $\triangle ABC$ 为正三角形,且 p 为其中心时等号成立.

注:这是一个实用性很强的不等式,它有许多推论及应用.

五、借助于著名的几何不等式求解

例 10   设 $\triangle ABC$ 的中线 AD, BE, CF 相交于 G, S 为 $\triangle ABC$ 的面积.求证:

$$GD^2 + GE^2 + GF^2 \geqslant \frac{\sqrt{3}}{3}S$$

思路   设 $BC = a, AC = b, AB = c$,由中线长公式及重心性质,有

$$GD^2 = \frac{1}{36}(2b^2 + 2c^2 - a^2)$$

$$GE^2 = \frac{1}{36}(2c^2 + 2a^2 - b^2)$$

$$GF^2 = \frac{1}{36}(2a^2 + 2b^2 - c^2)$$

注意到 Weitzenbock 不等式,$a^2 + b^2 + c^2 \geqslant 4\sqrt{3}S$.则

$$GD^2 + GE^2 + GF^2 = \frac{1}{12}(a^2 + b^2 + c^2) \geqslant \frac{\sqrt{3}}{3}S$$

例 11   圆内接六边形 $ABCDEF$ 中,$AB = BC, CD = DE, EF = FA$,求证:

$$AB + BC + CD + DE + EF + FA \geqslant AD + BE + CF.$$

思路　连 DF 与 BE 交于 L,则

$$\angle FLB \stackrel{m}{=\!=\!=} \frac{1}{2}(\overset{\frown}{FE} + \overset{\frown}{DC} + \overset{\frown}{CB}) = 90°$$

即 BL 是 $\triangle BFD$ 的边 DF 上的高.

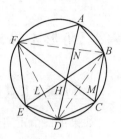

图 2.11.6

同理,连 BD 交 FC 于 M,连 BF 交 AD 于 N,则 FM, DN 分别为 DB, FB 上的高,从而 BL, DN, FM 交于一点,这点就是 $\triangle BFD$ 的垂心 H.

可证 $Rt\triangle HDL \cong Rt\triangle EDL$,则 $HD = DE$, $HE = 2HL$.

同理, $HB = BC$, $HC = 2HM$; $HF = AF$, $HA = 2HN$.

由 Erdös-Mordell 不等式,有

$$HB + HF + HD \geqslant 2(HL + HM + HN) = HE + HC + HA$$

故　　　$AB + BC + CD + DE + EF + FA = 2(HB + HF + HD) \geqslant$

$$HE + HC + HA + HB + HF + HD = AD + BE + CF$$

例12　(Finsler-Hadwiger 不等式),设 a, b, c 是 $\triangle ABC$ 的三边, S 是其面积,则 $a^2 + b^2 + c^2 \geqslant 4\sqrt{3}S + (a - b)^2 + (b - c)^2 + (c - a)^2$,当且仅当 $a = b = c$ 时取等号.

思路　由余弦定理有

$$1 - \cos A = \frac{a^2 - (b - c)^2}{2bc}$$

即有

$$\frac{1 - \cos A}{\sin A} = \frac{a^2 - (b - c)^2}{2bc \cdot \sin A}$$

亦即

$$\tan \frac{A}{2} = \frac{c^2 - (a - b)^2}{4S}$$

注意到 $\triangle ABC$ 中的不等式

$$\tan \frac{A}{2} + \tan \frac{B}{2} + \tan \frac{C}{2} \geqslant \sqrt{3}$$

其中等号当且仅当 $A = B = C$ 时取得.由

$$[a^2 - (b - c)^2] + [b^2 - (a - c)^2] + [c^2 - (a - b)^2] =$$

$$4S(\tan \frac{A}{2} + \tan \frac{B}{2} + \tan \frac{C}{2}) \geqslant 4\sqrt{3}S$$

即证.

299

第十一章　几何不等式的求解思路

六、三角形不等式的几种特殊求解思路

1.巧用统一代数替换

如果用三个正实数 x,y,z 表示 $\triangle ABC$ 的边长 $a = y + z, b = z + x, c = x + y$,则 $\triangle ABC$ 中元素均可用 x,y,z 表示,例如:

$$S_\triangle = \sqrt{(x + y + z)xyz};\sin A = \frac{2S_\triangle}{(z + x)(x + y)}$$

$$\sin \frac{A}{2} = \sqrt{\frac{yz}{(z + x)(x + y)}};R = \frac{(x + y)(y + z)(z + x)}{4S_\triangle}$$

$$r = \sqrt{\frac{xyz}{x + y + z}};r_a = \sqrt{\frac{(x + y + z)yz}{x}}$$

$$t_a = \frac{2\sqrt{x(z + x)(x + y)(x + y + z)}}{(z + x) + (x + y)};h_a = \frac{2S_\triangle}{y + z}$$

$$m_a = \frac{1}{2}\sqrt{4x^2 + y^2 + z^2 + 4zx + 4xy - 2yz}$$

$$\cdots$$

用如上一些等式可以替换含边,含三角函数,含主要长度元素的大量三角形不等式为代数不等式,再运用代数知识求解.

例 13 在 $\triangle ABC$ 中,a,b,c 为其三边长,R,r,p 分别为其外接圆半径,内切圆半径和半周长,求证:

$$\frac{a}{p - a} + \frac{b}{p - b} + \frac{c}{p - c} \geq \frac{3R}{r}$$

当且仅当 $\triangle ABC$ 为正三角形时等号成立.

思路 设 $a = y + z, b = z + x, c = x + y, (x,y,z \in \mathbf{R}^+)$.则所证不等式等价于

$$\frac{y + z}{x} + \frac{z + x}{y} + \frac{x + y}{z} \geq \frac{3}{4} \cdot \frac{(x + y)(y + z)(z + x)}{xyz} \Leftrightarrow$$
$$4(yx^2 + y^2x + z^2x + zx^2 + y^2z + yz^2) \geq$$
$$3(2xyz + x^2y + y^2z + xz^2 + x^2z + yz^2 + xy^2) \Leftrightarrow$$
$$x^2y + x^2z + y^2z + y^2x + z^2x + z^2y \geq 6xyz$$

而 $\qquad x^2y + y^2z + z^2x \geq 3xyz, x^2z + y^2x + z^2y \geq 3xyz$

由此即证.

300

2. 巧用边的对称齐次多项式性质

用 a,b,c 表示三角形三边,关于三角形三边的不等式有如下基本定理.

定理 1　令 $F(x,y,z)$ 是实系数对称齐次多项式,它的次数 $n \leqslant 3$.

(1) 若 $F(1,1,1),F(1,1,0),F(2,1,1)$ 都非负,那么 $F(a,b,c) \geqslant 0$;

(2) 若 $F(1,1,1) > 0$,而 $F(1,1,0),F(2,1,1)$ 非负,那么 $F(a,b,c) > 0$;

(3) 若 $F(1,1,1) = 0$,而 $F(1,1,0) > 0,F(2,1,1) \geqslant 0$,那么 $F(a,b,c) \geqslant 0$,且式中等号当且仅当 $a = b = c$ 时成立.

此定理的证明可参见参考文献[17].

例 14　求证:$a^2(b + c - a) + b^2(c + a - b) + c^2(a + b - c) \leqslant 3abc$,其中 a,b,c 是任意三角形的三边.

思路　取

$$F(a,b,c) = 3abc - a^2(b + c - a) - b^2(c + a - b) - c^2(a + b - c)$$

为三次齐次多项式,$F(1,1,1) = 0,F(1,1,0) = 0,F(2,1,1) = 2 > 0$,注意到定理 1(1),有 $F(a,b,c) \geqslant 0$,由此即证.

3. 注意到三角形不等式的等价变形

例 15　在 $\triangle ABC$ 中,有下列不等式成立.

(1) $\cos A + \cos B + \cos C \leqslant \dfrac{3}{2}$;

(2) $\sin \dfrac{A}{2} \cdot \sin \dfrac{B}{2} \cdot \sin \dfrac{C}{2} \leqslant \dfrac{1}{8}$;

(3) $abc \geqslant 8(p - a)(p - b)(p - c)$;

(4) $R \geqslant 2r$;

(5) $S_\triangle \leqslant \dfrac{1}{2}Rp$.

思路　由例 14,有

$$a(b^2 + c^2 - a^2) + b(c^2 + a^2 - b^2) + c(a^2 + b^2 - c^2) \leqslant 3abc$$

若再注意到余弦定理,则可得到不等式(1);

由(1),且注意到 $\cos A + \cos B + \cos C = 1 + 4\sin \dfrac{A}{2} \cdot \sin \dfrac{B}{2} \cdot \sin \dfrac{C}{2}$ 即得(2);

由(2),并注意到半角定理,即得(3);

由(3),化为 $\dfrac{abc}{4\sqrt{p(p - a)(p - b)(p - c)}} \geqslant 2\sqrt{\dfrac{(p - a)(p - b)(p - c)}{p}}$ 即得

第十一章　几何不等式的求解思路

301

(4);

由(4),且注意到 $Rp \geqslant 2rp = 2S_\triangle$,即得(5)

注:类似于此例,可得到例 14 的数十个等价式.

4. 巧用三角函数形式的相关关系

我们可以采用映射观点研究三角形内角与其半角的三角函数式的相互关系,给出几个相关定理来证明三角形的三角不等式.

定理 2 用 $T(A)$ 表示三角函数 $\sin A$ 或 $\cos A$,$\tan A$ 或 $\cot A$,用 $CT(A)$ 表示 $T(A)$ 的余函数(下均同).若对于 $\triangle ABC$ 的三内角 A,B,C 有

$$F_1[T(A), T(B), T(C)] = (>, <)F_2[T(\frac{A}{2}), T(\frac{B}{2}), T(\frac{C}{2})]$$

成立,则

$$F_1[CT(\frac{A}{2}), CT(\frac{B}{2}), CT(\frac{C}{2})] = (>, <)F_2[T(\frac{\pi-A}{4}), T(\frac{\pi-B}{4}), T(\frac{\pi-C}{4})]$$

成立.

302　　**定理 3** 在 $\triangle ABC$ 中,若

$$F[T(A), T(B), T(C)] = (>, <)0$$

成立,则

$$F[CT(\frac{A}{2}), CT(\frac{B}{2}), CT(\frac{C}{2})] = (>, <)0$$

也成立.

定理 4 若对任意 $\triangle ABC$,有

$$F_1[T(\frac{A}{2}), T(\frac{B}{2}), T(\frac{C}{2})] = (>, <)F_2[T(\frac{\pi-A}{4}), T(\frac{\pi-B}{4}), T(\frac{\pi-C}{4})]$$

成立,则当 $\triangle ABC$ 为锐角三角形时,有

$$F_1[CT(A), CT(B), CT(C)] = (>, <)F_2[T(\frac{A}{2}), T(\frac{B}{2}), T(\frac{C}{2})]$$

成立.

定理 5 若对任意 $\triangle ABC$,有

$$F[T(\frac{A}{2}), T(\frac{B}{2}), T(\frac{C}{2})] = (>, <)0$$

成立,则当 $\triangle ABC$ 为锐角三角形时,有

$$F[CT(A), CT(B), CT(C)] = (>, <)0$$

成立,如上几个定理的证明可见参考文献[18].

例如定理 5,由 $\sin \frac{A}{2} \cdot \sin \frac{B}{2} \cdot \sin \frac{C}{2} \leqslant \frac{1}{8}$,可得 $\cos A \cdot \cos B \cdot \cos C \leqslant \frac{1}{8}$.

5. 利用母不等式,巧取特值

母不等式是研究不等式的重要工具,也是证明不等式的一种途径.对母不等式中的某些参变量取特殊值便可获得一系列不等式.下面介绍的几个三角形母不等式,它们的适用范围都很广,都囊括了三角形中的大批不等式.

定理 6 设 $x, y, z \in \mathbf{R}$,在 $\triangle ABC$ 中,有

(1) $\qquad x^2 + y^2 + z^2 \geqslant 2yz \cdot \cos A + 2xz \cdot \cos B + 2xy \cdot \cos C$

其中等号当且仅当 $x : \sin A = y : \sin B = z : \sin C$ 时成立;

(2) $\qquad (xa^2 + yb^2 + zc^2)^2 \geqslant 16S_{\triangle}^2(xy + yz + zx)$

其中等号当且仅当 $x : y : z = (b^2 + c^2 - a^2) : (c^2 + a^2 - b^2) : (a^2 + b^2 - c^2)$ 时成立;

(3) 当 $x, y, z \in \mathbf{R}^+$,R 为三角形外接圆半径时

$$4(x + y + z)R^2 \geqslant x^2 a^2 + y^2 b^2 + z^2 c^2 + (a^2 + b^2 + c^2)(xy + yz + xz)$$

其中等号当且仅当三角形重心与垂心重合时成立.

此定理中的(1),(2),(3)的证明及应用可分别参见文献[19],[20],[62].

例如,对于(1),令 $x = y = z = 1$,则有

$$\cos A + \cos B + \cos C \leqslant \frac{3}{2}$$

对于(1),令 $x = \cos A, y = \cos B, z = \cos C$,则有

$$\cos A \cdot \cos B \cdot \cos C \leqslant \frac{1}{8}$$

对于(2),令 $x = \dfrac{1}{a^2}, y = \dfrac{1}{b^2}, z = \dfrac{1}{c^2}$,则有

$$S_{\triangle} \leqslant \frac{\sqrt{3}}{4}(abc)^{\frac{2}{3}} \quad \text{(Pólya-Szego 不等式)}$$

对于(2),令 $x = b'^2 + c'^2 - a'^2, y = c'^2 - a'^2 - b'^2, z = a'^2 + b'^2 - c'^2$,且 a', b', c' 作为 $\triangle A'B'C'$ 的三边长,设 $\triangle A'B'C'$ 的面积为 $S_{\triangle}'$,则有

$$a^2(b'^2 + c'^2 - a'^2) + b^2(c'^2 + a'^2 - b'^2) + c^2(a'^2 + b'^2 - c'^2) \geqslant 16S_{\triangle} S_{\triangle}'$$

(Pedoe 不等式)

对于(3),令 $x = y = z = 1$,则有

$$a^2 + b^2 + c^2 \leqslant 9R^2 \quad \text{(Neuderg 不等式)}$$

对于(3),令 $x = b^2 + c^2 - a^2, y = c^2 + a^2 - b^2, z = a^2 + b^2 - c^2$,则有

$$a^2 + b^2 + c^2 \geqslant 4\sqrt{3} S_{\triangle} \quad \text{(Weitzenbock 不等式)}$$

303

第十一章 几何不等式的求解思路

......

6.灵活运用变换原则

对于三角形几何不等式,有如下变换原则.

定理 7 设 P 为 $\triangle ABC$ 平面(非边界)上任一点,从 P 到 BC,CA,AB 的垂线,垂足分别是 D,E,F.记 $PA = x,PB = y,PC = z,PD = u,PE = v,PF = w$. $\triangle ABC$ 的 BC,CA,AB 边与外接圆半径分别为 a,b,c,R.若有关于 a,b,c,x,y,z,u,v,w 的齐次不等式 $f(a,b,c,x,y,z,u,v,w) \geqslant 0$,则此不等式经如下变换

$$I:(a,b,c,x,y,z,u,v,w) \rightarrow (ax,by,cz,yz,zx,xy,ux,vy,zw)$$

或

$$S:(a,b,c,x,y,z,u,v,w) \rightarrow (\frac{ax}{2R},\frac{by}{2R},\frac{cz}{2R},u,v,w,\frac{vw}{x},\frac{uw}{y},\frac{uv}{z})$$

或 $K:(a,b,c,x,y,z,u,v,w) \rightarrow (\frac{ax}{2vwR},\frac{by}{2uwR},\frac{cz}{2uvR},\frac{1}{u},\frac{1}{v},\frac{1}{w},\frac{1}{x},\frac{1}{y},\frac{1}{z})$

仍成立.此定理的证明和应用可参见参考文献[22].

304 例如,由不等式

$$S_{\triangle CBP} \cdot PA^2 + S_{\triangle CAP} \cdot PB^2 + S_{\triangle ABP} \cdot PC^2 \leqslant \frac{1}{2}p \cdot PA \cdot PB \cdot PC$$

即 $aux^2 + bvy^2 + cwz^2 \leqslant p \cdot x \cdot y \cdot z$($p$ 为三角形半周长),经 I 变换,并利用 $au + bv + cw = 2S_\triangle$,则得不等式

$$ax + by + cz \geqslant 4S_\triangle$$

即 $$a \cdot PA + b \cdot PB + c \cdot PC \geqslant 4S_\triangle$$

练习题 2.11

1.在周长为 p 的 $\triangle ABC$ 内部取一点 O,求证:$\frac{1}{2}p < AO + BO + CO < p$.

2.设 a,b,c 为任意三角形的边长,则

(1) $a(b-c)^2 + b(c-a)^2 + c(a-b)^2 + 4abc > a^3 + b^3 + c^3$;

(2) $(a+b-c)(a-b+c)(a+b+c) \leqslant abc$;

(3) $a^2b(a-b) + b^2c(b-c) + c^2a(c-a) \geqslant 0$.

3.设 E,F,G,H 是四边形 $ABCD$ 的边 AB,BC,CD,DA 的中点,求证:$S_{ABCD} \leqslant EG \cdot HF \leqslant \frac{1}{2}(AB + CD) \cdot \frac{1}{2}(AD + BC)$.

4.在 $\triangle ABC$ 内取点 $M,S_\triangle$ 为其面积,求证:$4S_\triangle \leqslant AM \cdot BC + BM \cdot AC +$

$CM \cdot AB$.

5. $ABCD$ 为面积为 S 的凸四边形,直线 AB 与 CD 间夹角为 α, AD 与 BC 间夹角为 β,求证:$AB \cdot CD \cdot \sin \alpha + AD \cdot BC \cdot \sin \beta \leqslant 2S \leqslant AB \cdot CD + AD \cdot BC$.

6. 设 m_x 是三角形中边长为 x 的边上中线长,R 为其外接圆半径.求证:
$(1) m_a^2 + m_b^2 + m_c^2 \leqslant \frac{27}{4} R^2$;$(2) m_a + m_b + m_c \leqslant \frac{9}{2} R$.

7. 设 h_x 是三角形中边长为 x 的边上的高,r 为内切圆半径.求证:$h_a + h_b + h_c \geqslant 9r$.

8. 在边长分别为 a, b, c,外接圆半径为 R 且面积为 $S_\triangle$ 的三角形中,试证:

$(1) R \leqslant \dfrac{1}{32 S_\triangle}(a + b)(b + c)(c + a)$;

$(2) \dfrac{1}{a} + \dfrac{1}{b} + \dfrac{1}{c} \geqslant \dfrac{\sqrt{3}}{R}$;

$(3) 3(ab + bc + ca) \leqslant (a + b + c)^2 < 4(ab + bc + ca)$;

$(4) (s - a)^4 + (s - b)^4 + (s - c)^4 \geqslant S_\triangle^2$(其中,$s = \dfrac{1}{2}(a + b + c)$);

$(5) \dfrac{1}{a} + \dfrac{1}{b} + \dfrac{1}{c} \geqslant \dfrac{9}{p}$(其中,$p = a + b + c$,下均同);

$(6) a^2 + b^2 + c^2 \geqslant \dfrac{1}{3} p^2$;

$(7) p^2 \geqslant 12 \sqrt{3} S_\triangle$;

$(8) a^3 + b^3 + c^3 \geqslant \dfrac{1}{9} p^3$;

$(9) a^3 + b^3 + c^3 \geqslant \dfrac{4\sqrt{3}}{3} S_\triangle \cdot p$;

$(10) a^4 + b^4 + c^4 \geqslant 16 S_\triangle^2$.

9. 证明 Pedoe 不等式.

10. 设 P 为正 $\triangle ABC$ 内一点,线段 AP, BP, CP 依次交三边 BC, CA, AB 于 A_1, B_1, C_1.求证:$A_1 B_1 \cdot B_1 C_1 \cdot C_1 A_1 \geqslant A_1 B \cdot B_1 C \cdot C_1 A$.

11. 设 $ABCDEF$ 是凸六边形,并且 $AB \parallel DE$, $BC \parallel EF$, $CD \parallel AF$.设 R_A, R_C, R_E 分别为 $\triangle FAB$, $\triangle BCD$, $\triangle DEF$ 的外接圆半径,p 为该六边形周长.求证:
$R_A + R_C + R_E \geqslant \dfrac{p}{2}$.

305

第十一章 几何不等式的求解思路

第十二章　点的轨迹、作图问题的求解思路

一、轨迹问题

在几何中,把具有某性质的点组成的集合叫做具有这种性质的点的轨迹.求解轨迹问题,往往首先要设法发现满足条件(具有某性质)的点的集合是什么形状和处在何种位置,然后还要加以证明,既要证明具有所要求性质的点都属于问题答案的图形,又要证明这个图形上的所有点都具有所要求的性质.此时前者往往是解决问题的关键所在,因为发现轨迹的过程,自然涉及它的成图过程,其间的逻辑关系很可能已经从本质上弄清楚了,所以,此时后面的证明大多是补行的手续.

轨迹问题根据结论部分叙述是否完整可分为三种类型:

Ⅰ 命题结论中明确说出了轨迹图形的形状、位置和大小;

Ⅱ 命题结论中只说出了轨迹图形的形状,对于位置和大小或缺少,或叙述不全;

Ⅲ 命题结论只说求适合某些条件的点的轨迹,对轨迹图形的形状、位置和大小没有直接提供任何信息.

有些轨迹问题比较复杂,求解时还要用到一些最常见最基本的轨迹命题作为推求的基础,我们把这些命题作为轨迹基本定理.

定理 1　和一个定点的距离等于定长的点的轨迹是以已知点为圆心,以定长为半径的圆.

定理 2　和两个定点的距离相等的点的轨迹是连结这两个已知点的线段的垂直平分线.

定理 3　和一条已知直线的距离等于定长的点的轨迹,是平行于已知直线且位于直线两侧并和这直线的距离等于定长的两条平行线.

定理 4　与两条平行线距离相等的轨迹,是和这两条平行线距离相等的一条平行线.

定理 5　与相交两直线距离相等的点的轨迹,是分别平分两已知直线交角

的互相垂直的两条直线.

定理6　对已知线段的视角等于定角 $\alpha(0° < \alpha < 180°)$ 的点的轨迹,是以已知线段为弦,所含圆周角等于 α 的两段弓形弧.

推论　对已知线段的视角为直角的点的轨迹,是以已知线段为直径的圆(除去线段两端点).

1. 第 I 型轨迹问题要从两方面证明

例1　如图 2.12.1,动梯形 $EFGH$ 的一底 EF 的两端分别固定在 $\triangle ABC$ 的两边 AB,AC 上,$EF /\!/ BC$,另一底 GH 的端点分别在 AC,AB 上滑动.求证:GH 的中点 P 的轨迹是 $\triangle ABC$ 的中线 AD(点 A 以及 AD 与 EF 的交点 M 除外).

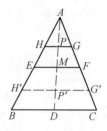

图 2.12.1

思路　一方面,设 P(不与点 A 及 AD 与 EF 的交点 M 重合)为动梯形 $EFGH$ 一底 GH 的中点,连 AP 交 BC 于 D,由 $GH /\!/ EF /\!/ BC$,有 $HP : BD = PG : DC$,故 $BD = DC$,即 P 在中线 AD 上.

另一方面,设 P' 为 $\triangle ABC$ 的中线 AD 上的任一点(点 A 以及 AD 与 EF 的交点 M 除外),过 P' 作 $H'G' /\!/ EF$ 交 AB,AC 于 H',G',由 $H'P' : BD = P'G' : DC$ 知 $H'P' = P'G'$,则 P' 符合条件.

综上,可知点 P 的轨迹是 $\triangle ABC$ 的中线 AD(点 A 以及 AD 与 EF 的交点 M 除外).

2. 第 II 型轨迹问题既要探求,又要从两方面证明、讨论

例2　试证:到两定点的距离的平方和为定值的点的轨迹是一个圆,两定点所连线段的中点是圆的圆心.

思路　可设 P 是动点,A,B 是两定点,k 为定长线段,O 为线段 AB 的中点,$PA^2 + PB^2 = k^2$,此时应设法确定圆的半径.设 $AB = a$,则由三角形中线长公式有 $PO = \dfrac{1}{2}\sqrt{2k^2 - a^2}$,从而当 $k > \dfrac{\sqrt{2}}{2}a$ 时,$\dfrac{1}{2}\sqrt{2k^2 - a^2}$ 可为其半径.

由上可知,若点 P 满足条件 $PA^2 + PB^2 = k^2$,则点 P 在以 O 为圆心,半径为 $\dfrac{1}{2}\sqrt{2k^2 - a^2}\,(k > \dfrac{\sqrt{2}}{2}a)$ 的圆上;另一方面,若设点 P' 为圆 $O\left(\dfrac{1}{2}\sqrt{2k^2 - a^2}\right)$ $(k > \dfrac{\sqrt{2}}{2}a)$ 上任一点,则 $P'O = \dfrac{1}{2}\sqrt{2k^2 - a^2}$,又由三角形中线长公式知

307

$P'A^2 + P'B^2 = k^2$,即点 P' 符合条件.

3. 第 Ⅲ 型轨迹问题关键在于探求,探求时可从描迹、条件代换、几何变换、几何动态、运用解析法等诸方面去考虑

例3 以点 O 为中心的正 $n(n \geqslant 5)$ 边形的两相邻点记为 A,B,$\triangle XYZ$ 与 $\triangle OAB$ 全等,最初令 $\triangle XYZ$ 与 $\triangle OAB$ 重合,然后在平面上移动 $\triangle XYZ$,使点 Y 与 Z 均沿着多边形的周界移动一周,而点 X 保持在多边形内移动.求点 X 的轨迹.(参见第一篇第十章中例 10)

思路 由

$$\angle YXZ + \angle YBZ = \angle AOB + \angle ABC = \frac{n-2}{n}\pi + \frac{2}{n}\pi = \pi$$

有 X,Y,B,Z 四点共圆,从而 $\angle XBZ = \angle XZY = \angle OBY$,即 X 在 BO 的延长线上.又

$$S_{\triangle XYB} = \frac{1}{2}BX \cdot BY \cdot \sin \angle XBY = \frac{1}{2}XY \cdot BY \cdot \sin \angle XYB$$

有

$$BX = \frac{XY \cdot \sin \angle XYB}{\sin \angle XBY} = \frac{XY \cdot \sin \angle XYB}{\sin \dfrac{n-2}{2n}\pi}$$

而 $\angle XYB$ 的变化范围是 $\dfrac{n-2}{2n}\pi \leqslant \angle XYB \leqslant \pi - \dfrac{n-2}{2n}\pi$,从而点 X 到中心 O 的最大距离为

$$d = \frac{XY}{\sin(\dfrac{\pi}{2} - \dfrac{\pi}{n})} - OB = \frac{a(1 - \cos \dfrac{\pi}{n})}{\sin^2 \dfrac{\pi}{n}}$$

其中,a 为正 n 边形的边长.足见当点 Y 在 AB 上变化时,点 X 恰在 BO 的延长线上由点 O 出发描绘了长度为 d 的线段两次.这样,点 X 的轨迹是由正 n 边形的中心背向每一顶点的长度为 d 的线段所组成的"星形".

例4 如图 2.12.2,给定锐角 θ 和相内切的两个圆.过公切点 A 作定直线 l(不过圆心)交外圆于点 B.设点 M 在外圆优弧上运动,N 是 MA 与内圆的另一交点,P 是射线 MB 上的点,使得 $\angle MPN = \theta$.试求点 P 的轨迹.

思路 过 A,B 作外圆的切线相交于 T,设直线 l 与内圆的交点是 C,连 NC,在 BT 上取点 D,使 $\angle BDC = \theta$,连 AD,

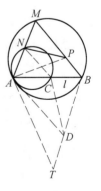

图 2.12.2

CD,则由 $\triangle NMP \backsim \triangle CBD$,有 $\dfrac{MN}{MP} = \dfrac{BC}{BD}$.

又 $MB \parallel NC$,有 $\dfrac{AM}{MN} = \dfrac{AB}{BC}$.此两式相乘得 $\dfrac{AM}{MP} = \dfrac{AB}{BD}$.注意到 $\angle AMP = \angle ABD$,则 $\triangle AMP \backsim \triangle ABD$.

$\triangle ABC$ 是一个完全确定的三角形,因此,$\triangle AMP$ 的各角及各边之比都是完全确定的.由此可看到,点 P 可由点 M 经过绕点 A 的旋转相似变换而得到,即 $\angle PAM = \angle DAB$(定角),$\dfrac{AP}{AM} = \dfrac{AD}{AB}$(定值).因此,将所给的外圆的优弧作相应的旋转相似变换就得到点 P 的轨迹,是以 AD 为弦,张角等于 $\angle ABD$(定角)的一段圆弧.

例 5　如图 2.12.3,已知 $\square ABCD$ 的对角线 AC 与 BD 交于 O,在直线 CD 上任取一点 E,连 AE 交对角线 BD 所在直线于 F,连 OE,CF 交于 P.试求交点 P 的轨迹.

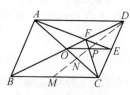

图 2.12.3

思路　点 E 可在直线 CD 上任取,则设 $E \to D$,有 $F \to D$,因而 $P \to D$,即 D 是轨迹的一个特殊点;设 E 在线段 DC 的延长线上无限远离,即 $E \to \infty$,则 $F \to B$,这时 $OE \parallel CD$,因而 OE 交 BC 于中点 M,这是轨迹的一个端点(极限点);设 E 在线段 CD 的延长线上无限远离,则 F 在 BD 的延长线上无限远离,因而 OE,CF 的交点 P 也无限远离.至此可断定:符合条件的点 P 的轨迹是以 BC 的中点 M 为端点,经过定点 D 的一条射线.

事实上,若设 DP 交 OC 于 N,交 BC 于 M',由直线 AFE 截 $\triangle OCD$ 的三边于 A,F,E,由梅氏定理,$\dfrac{OA}{AC} \cdot \dfrac{CE}{ED} \cdot \dfrac{DE}{FO} = -1$.又在 $\triangle COD$ 中有三线中点,由塞瓦定理 $\dfrac{ON}{NC} \cdot \dfrac{CE}{ED} \cdot \dfrac{DF}{FO} = 1$,可得

$$\dfrac{OA}{AC} = -\dfrac{ON}{NC} \Rightarrow ON : NC = 1 : 2$$

从而 N 是 $\triangle BCD$ 的重心,因而直线 DPN 必过 BC 边的中点 M,即 M' 与 M 重合,即直线 DP 恒过定点 M,故符合条件的点 P 的轨迹是射线 MD.

二、作图问题

在几何中,预先给出一些条件,要求作出具备这些条件的图形的问题称为作图问题.不过要注意,平面几何中的作图工具只限用无刻度的直尺和圆规,因

309

此又称尺规作图.尺规作图能够完成的基本作图只有如下三项:(1)通过两已知点可作一条直线;(2)已知圆心和半径可作一个圆;(3)两已知直线,一已知直线和一已知圆(或圆弧),或两已知圆,如其相交,可作出其交点.此外,还附加一个约定:在已知直线上或外部均可以任意取点,但所取的点不得附加任何特殊性质.此三条又叫做作图公法,是尺规作图的理论根据.

在作图中,我们又把根据作图公法或一些已经解决的作图题而完成的作图叫做作图成法.它可以在以后的作图中直接应用.例如:(1)任意延长已知线段;(2)在已知射线上自端点起截一线段等于已知线段;(3)以已知射线为一边,在指定一侧作角等于已知角;(4)已知三边,或两边及夹角,或两角及夹边作三角形;(5)已知一直角边和斜边,作直角三角形;(6)作已知线段的中点;(7)作已知线段的中垂线;(8)作已知角的平分线;(9)过已知直线上或外一已知点,作此直线的垂线;(10)过已知直线外一已知点,作此直线的平行线;(11)已知边长作正方形;(12)以定线段为弦,已知角为圆周角,作弓形弧;(13)作已知三角形的外接圆、内切圆、旁切圆;(14)过圆上或圆外一点作圆的切线;(15)作两已知圆的内、外公切线;(16)作已知圆的内接(外切)正三角形、正方形、正六边形;(17)作一线段,使之等于两已知线段的和或差;(18)作一线段,使之等于已知线段的 n 倍或 n 等分;(19)内分或外分一已知线段,它们的比等于已知比;(20)作已知三线段 a,b,c 的第四比例项;(21)作已知线段 a,b 的比例中项;(22)已知线段 a,b,作一线段 $x = \sqrt{a^2 + b^2}$ 或 $x = \sqrt{a^2 - b^2}(a > b)$;等等.

所谓完成了一个作图,就是说把问题归结为有限次完成上述基本作图或作图成法作图动作.求解作图问题的步骤一般为:写出已知(详细写出题设条件,并用相应符号或图形表示)与求作(说明要作的图是什么,以及该图形应具备的题设条件),进行分析(寻求作图线索),写出作法,证明,并进行讨论(在怎样的情形下有解,有多少种解法).其中分析是解决整个作图问题的关键.在本节中,我们只把注意力放在分析这一点,即假设所求的图形已作出,并研究它的性质,寻求如何利用已知条件作图,以思路形式写出,其他各步在大多数例题中就略去了,请读者自己完成.

一般作图问题可分为定位作图(在指定位置上作图)与活位作图.常用的作图分析思路可从代数法、交轨法、三角形奠基法、变换(变位、位似、反演等)法等方面去考虑.

1.代数法

有些作图问题的解决常归结为求作一条线段,而未知线段的量可以用一些已知线段的代数式表示,于是根据这个代数式先作出所求线段,然而再完成整个作图,这种借助于代数运算来求解作图问题的方法叫做代数分析法,简称代数法.

例6　求作一圆,使之通过两定点 A,B 并切于已知直线 l.

思路　设问题已解,求作的圆切直线 l 于 T,若能确定点 T 的位置,那么通过 A,B,T 的圆即为所求.假设直线 AB 和 l 相交于一点 O,那么 $x=OT$ 满足关系 $x^2=OA \cdot OB$,即 x 是线段 OA 和 OB 的比例中项.若直线 AB 与 l 不相交,则 AB 的中垂线必与 l 相交于一点.

作法　若连 AB 交 l 于 O,则作 OA 和 OB 的比例中项.在 l 上取点 T 使 OT 等于比例中项,过 A,B,T 所作的圆即为所求.若 AB 所在直线与 l 不相交,则作 AB 的中垂线与 l 相交于 T,过 A,B,T 所作的圆即为所求.

证明　若连 AB 与 l 交于 O,由作法知 $OA:OT=OT:OB$,于是 $\triangle OAT$ 和 $\triangle OTB$ 有一角相等且夹边成比例,这两三角形相似,从而 $\angle ABT=\angle OBT=\angle OTA$,故推出 OT 切于圆.若连 AB 与 l 不相交时作的圆显然与 l 相切.

讨论　当直线 AB 与 l 相交于一点且 A,B 在 l 同侧时,有二解;当 A,B 在 l 异侧时无解;当 $AB /\!/ l$ 或 A,B 之一在 l 上时,有一解;当 A,B 都在 l 上时无解.

311

2.交轨法

有些作图问题,常归结为确定某一点的位置,而点的位置确定,一般需要两个条件,于是分别作出只符合一个条件的轨迹,则这两个轨迹的交点即为所求的点,这种利用轨迹的交点来求解作图问题的方法叫做交轨法.

例7　参见第一篇第一章中例9.

此例就是用交轨法求得关键的点 E 而获解.

3.三角形奠基法

对于某些作图问题,若先作出所求图形中的某一个三角形,便奠定了整个图形的基础.这种以作出某个三角形为基础的作图方法叫做三角形奠基法.

例8　已知一边上的高 h_a,中线 m_a 和它的对角 $\angle A$,求作 $\triangle ABC$.如图 2.12.4.

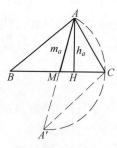

图 2.12.4

思路 假设 $\triangle ABC$ 已作出, AM 是它的中线, AH 是它的高. 设 A' 是 A 关于点 M 的对称点. 由此可见, 可先作出 Rt$\triangle AMH$(用交轨法, 先作 $AM = m_a$, 再定点 H), 再以 $AA' = 2m_a$ 为弦, 作张角为 $180° - \angle A$ 的圆弧, 延长 MH 与圆弧交于 C, 再作 C 关点 M 的对称点 B. 由此可作出 $\triangle ABC$.

4.变换法

对于某些作图问题, 可运用各种几何变换作出. 例如, 变位法: 把图形中某些元素施行适当的合同变换, 然后借助于各元素的新旧位置关系发现作图的方法; 位似法: 作图时, 常先舍弃图形的大小、位置条件(或部分位置条件), 作出满足形状要求的图形 F', 然后选择适当的位似中心和位似比, 作出符合大小要求(或位置要求), 并与 F' 位似的图形; 反演法: 对于与圆有关的一类作图问题, 利用反演变换的性质来求解; 等等.

例 9 已知三角形边长为 a 的边上的高 h_a, 另两边的差 $b - c$ 和三角形内切圆的半径 r, 求作这个三角形.

思路 假设已作出所求的 $\triangle ABC$, 设 Q 是内切圆同 BC 边的切点, PQ 是这个圆的直径, R 是旁切圆和 BC 边的切点. 显然

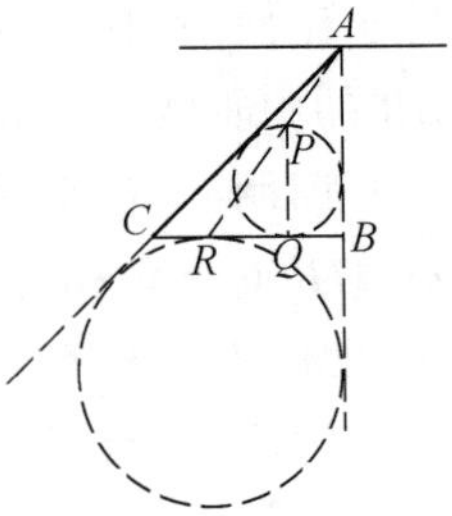

$$BR = \frac{1}{2}(a + b + c) - c = \frac{1}{2}(a + b - c)$$

$$BQ = \frac{1}{2}(a + b - c)$$

图 2.12.5

因此 $\qquad RQ = |BR - BQ| = |b - c|$

$\triangle ABC$ 的内切圆和切于 BC 边的旁切圆是位似图形, 其位似中心是 A. 因此点 A 在直线 PR 上, 如图 2.12.5.

由此可得作法: 作直角 $\triangle PQR$, 使 $PQ = 2r$, $RQ = |b - c|$, 然后作两条平行于直线 RQ, 且到它的距离为 h_a 的直线. 顶点 A 是其中的一条直线和射线 RP 的交点. 因已知内切圆直径 PQ 的长, 能够作出内切圆. 从点 A 作这个圆的切线和直线 RQ 的交点, 就是三角形的顶点 B 和 C.

练习题 2.12

1.已知平面上点 A 和 B, 求使线段 AM 和 BM 的长的平方的差(或和)是常数的点的轨迹.

2.两个半径为 r_1 和 r_2 的车轮沿着直线 l 滚动, 求它们的内公切线交点 M

的轨迹.

3.在 △ABC 的边 AB 和 BC 上,任意截取长度相等的线段 AD 和 CE.求线段 DE 的中点轨迹.

4.已知圆和其内的定点 P,过圆上任一点 Q 作圆的切线,从圆的圆心向直线 PQ 引垂线,和切线交于点 M.求点 M 的轨迹.

5.设 O 是矩形 ABCD 的中心.求满足条件 $AM \geqslant OM, BM \geqslant OM, CM \geqslant OM, DM \geqslant OM$ 的点 M 的轨迹.

6.设 AB 是定半圆所在的直径,O 是圆心,C 是半圆上的一个动点,$CD \perp AB$ 于 D.在半径 OC 上截取 OM,使 $OM = CD$,再设动点 C 沿着半圆从点 A 移动到点 B.试求点 M 的轨迹.

7.已知一直线和一个圆不相交,求作一圆,使其半径为 r,且和已知的直线和圆都相切.

8.已知圆和在其内的两个点 A,B.求作内接于该圆的直角三角形,使它的直角边分别过已知两点.

9.已知三角形的三条高 h_a, h_b, h_c,求作这个三角形.

10.已知凸四边形的所有边的长和一条中位线长(连接相对边中点的线段长),求作此凸四边形.

11.已知线段 a,b,c,d,e,求作线段 f,使 $\dfrac{a}{b} + \dfrac{c}{d} = \dfrac{e}{f}$.

313

第三篇

部署优势"兵力"
——善用基本性质

> 科学不仅仅是事实的积累,它是经过组织和推理得出的知识.
>
> ——A. Lichnerowicz
>
> 如果我们对该论题知识贫乏,是不容易产生好念头的.如果我们完全没有知识,则根本不可能产生好念头.一个好念头的基础是过去的经验和已有的知识.仅仅靠记忆不足以产生好念头.但若不重新收集一些有关事实,则也不会出现好念头.
>
> ——波利亚(Pólya)

　　牢固的基础知识,熟悉的图形基本性质,是我们能够遨翔在平面几何空间的首要条件.在求解某些稍为复杂的平面几何问题时,虽然能够根据问题所求解的目标,找到一个大致思路或准备运用的方法,但有时苦于具体的思路、步骤、方法难以选定,也难以入手.因为这些问题的求解关键往往不只一处,若仅仅考虑最后的一个目标是远远不够的.解题实践告诉我们:比较有效的办法之一是把一些基础知识,包括定义、定理等,按照图形分别归类.每一个基本图形都与许多定义、定理有关.把这些定义、定理和图形结合起来,不光能记住这些定理等图形的基本性质,而且更重要的是,能够掌握在图形中有怎样的条件就能够得出怎样的结论,同时,能更深入地掌握图形的特征及其基本性质,便于灵活运用.在求解时,能从题设图形及已知的条件和求解的结论,联想到近似的基本图形,找到合适的定理等图形的基本性质,容易探索到求解的有效途径.

第一章　三角形中的巧合点问题

三条或三条以上直线恰巧相交于一点,通称为巧合点.所谓三角形的巧合点,就是关于三角形的某些特殊线的交点,这些点都各有其专用的名称.

一、三角形外心的基本性质及应用

三角形三边中垂线的交点,叫做三角形的外心.外心也就是三角形外接圆的圆心.显然,外心惟一.

定理 1　设 O 为 $\triangle ABC$ 的外心,则(1)$OA = OB = OC$,反之亦成立;(2)$\angle BOC = 2\angle A$ 或者 $\angle BOC = 360° - 2\angle A(\angle AOB,\angle AOC$ 类似$)$.

定理 2　设三角形的三边长、外接圆半径、面积分别为 $a,b,c,R,S_\triangle$,则 $R = \dfrac{abc}{4S_\triangle}$.

定理 3　直角三角形的外心为斜边中心,锐角三角形的外心在形内,钝角三角形的外心在形外.

由外心的概念与性质,我们可进一步了解到:(1) 弦的垂直平分线必过圆心;(2) 直径所对的圆周角为直角,直角三角形斜边上的中线等于斜边的一半.

例 1　如图 3.1.1,设 $\triangle ABC$ 的外心为 O,若 O 关于 BC,CA,AB 的对称点分别为 A',B',C'. 求证:(1)AA',BB',CC' 交于一点 P;(2) 若 BC,CA,AB 的中点分别为 A_1,B_1,C_1,则 P 为 $\triangle A_1B_1C_1$ 的外心.

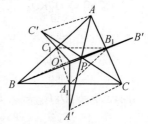

图 3.1.1

证明　(1)如图所示,由四边形 $OBA'C$ 对角线互相平分知 $A'C \underset{=}{\parallel} OB$.同理 $AC' \underset{=}{\parallel} OB$,则有 $A'C \underset{=}{\parallel} AC'$,则四边形 $AC'A'C$ 为平行四边形,故知 AA',CC' 在它们的中点 P 相交.

同理,知 BB' 也过 P,即 AA',BB',CC' 交于一点 P.

(2) 由 A',O 关于 BC 对称,易见 $\angle BCA' = 90° - \angle A$,且 $A'C = R$(外接圆

半径). 在 $\triangle ACA'$ 中, 由余弦定理有

$$AA'^2 = R^2 + b^2 - 2Rb \cdot \cos(C + 90° - A) = R^2 + b^2 + c^2 - a^2$$

其中, $BC = a, AC = b, AB = c$, 下同.

同理 $BB'^2 = R^2 + a^2 + c^2 - b^2$, $CC'^2 = R^2 + a^2 + b^2 - c^2$

从而 $PB^2 = \frac{1}{4}(R^2 + a^2 + c^2 - b^2)$, $PC^2 = \frac{1}{4}(R^2 + a^2 + b^2 - c^2)$

又由三角形中线长公式,有

$$PA_1^2 = \frac{1}{4}[2(PB^2 + PC^2) - a^2] - \frac{1}{4}[\frac{1}{2}(R^2 + a^2 +$$

$$b^2 - c^2 + R^2 + a^2 + c^2 - b^2) - a^2] = \frac{1}{4}R^2$$

同理, $PB_1^2 = \frac{1}{4}R^2$, $PC_1^2 = \frac{1}{4}R^2$, 则知 P 为 $\triangle A_1 B_1 C_1$ 的外心.

例2 如图 3.1.2, 在 $\triangle ABC$ 的边 AB, BC, CA 上分别取点 P, Q, S. 证明以 $\triangle APS, \triangle BQP$, $\triangle CSQ$ 外心为顶点的三角形与 $\triangle ABC$ 相似.

证明 设 O_1, O_2, O_3 分别为 $\triangle APS, \triangle BQP$, $\triangle CSQ$ 的外心, 作出六边形 $O_1PO_2QO_3S$, 由外心性质知 $\angle PO_1S = 2\angle A$, $\angle QO_2P = 2\angle B$, $\angle SO_3Q = 2\angle C$. 即

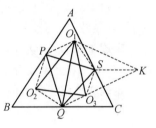

图 3.1.2

$$\angle PO_1S + \angle QO_2P + \angle SO_3Q = 360°$$

从而 $$\angle O_1PO_2 + \angle O_2QO_3 + \angle O_3SO_1 = 360°$$

将 $\triangle O_2QO_3$ 绕 O_3 旋转到 $\triangle KSO_3$, 易知 $\triangle KSO_1 \cong \triangle O_2PO_1$, 同时可得 $\triangle O_1O_2O_3 \cong \triangle O_1KO_3$. 从而

$$\angle O_2O_1O_3 = \angle KO_1O_3 = \frac{1}{2}\angle O_2O_1K = \frac{1}{2}(\angle O_2O_1S + \angle SO_1K) =$$

$$(\angle O_2O_1S + \angle PO_1O_2) = \frac{1}{2}\angle PO_1S = \angle A$$

同理, $\angle O_1O_2O_3 = \angle B$. 故 $\triangle O_1O_2O_3 \backsim \triangle ABC$.

二、三角形垂心的基本性质及应用

三角形三边上的高线的交点, 叫做三角形的垂心. 显然, 垂心惟一.

定理4 设 $\triangle ABC$ 的三条高 AD, BE, CF 相交于 H, 其中 D, E, F 为垂足, 且 H 为垂心, 则(1)垂心 H 关于三边的对称点, 均在 $\triangle ABC$ 的外接圆上;(2)图中

有六组四点共圆,三组(每组四个)相似直角三角形,且 $AH \cdot HD = BH \cdot HE = CH \cdot HF$;(3)$H,A,B,C$ 中任一点是其余三点为顶点的三角形的垂心(并称这样的四点为一垂心组);(4)锐角 $\triangle ABC$ 的内接三角形(顶点在 $\triangle ABC$ 的边上)中,以垂足 $\triangle DEF$ 的周长最短;(5)$\triangle ABC,\triangle BCH,\triangle ABH,\triangle ACH$ 的外接圆是等圆.

证明提示　设 K 为 H 关于 BC 的对称点.(1)由 $\angle ACB = \angle BHK = \angle BKA$ 即证 K 在 $\triangle ABC$ 的外接圆上;(2)略;(3)由垂心定义证;(4)参见第一篇第一章中例 8 或利用对称变换即证;(5)由 $\triangle BHC$ 与 $\triangle BKC$ 的两外接圆是等圆即证.

定理 5　直角三角形的垂心在直角顶点,锐角三角形的垂心在形内,钝角三角形的垂心在形外.

例 3　如图 3.1.3,已知圆 O 的直径为 AB,AG 是弦,C 是 $\overparen{AG}$ 的中点,$CD \perp AB$ 于 D,交 AG 于 E,BC 交 AG 于 F.求证:$AE = EF$.

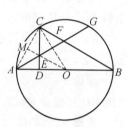

图 3.1.3

证明　连 OC,AC,由 C 是 $\overparen{AG}$ 中点,则 $OC \perp AG$.又 $CD \perp AB$,则知 E 为 $\triangle CAO$ 的垂心.

连 OE 交 AC 于 M,则 $OM \perp AC$,又 $BC \perp AC$,则 $OM \parallel BC$.又 M 为 AC 中点,故 $AE = EF$.

例 4　如图 3.1.4,已知 H 为 $\triangle ABC$ 的垂心,D,E,F 分别为 BC,CA,AB 的中点,一个以 H 为圆心的圆交 DE 于 P,Q,交 EF 于 R,S,交 DF 于 T,U.证明:$CP = CQ = AR = AS = BT = BU$.

图 3.1.4

证明　设 AL,BM,CN 为 $\triangle ABC$ 的三条高线,AL 交中位线 EF 于 K,则 K 为 AL 的中点,且 AK 垂直平分 SR,故 $AS = AR$.

同理,$BT = BU$,$CP = CQ$.

下面证明 $AR = BT = CP$.设圆 H 的半径为 r,则
$$AR^2 = AK^2 + KR^2 = AK^2 + r^2 - HK^2 = r^2 + AH(AK - HK) = r^2 + AH \cdot HL$$
同理　　　　　　$BT^2 = r^2 + BH \cdot HM,CP^2 = r^2 + CH \cdot HN$
而　　　　　　$AH \cdot HL = BH \cdot HM = CH \cdot HN$
故 $AR = BT = CP$.所以
$$CP = CQ = AR = AS = BT = BU$$

第一章　三角形中的巧合点问题

三、三角形重心的基本性质及应用

三角形三边上的中线的交点,叫做三角形的重心.三角形的重心必在形内,且惟一.

定理 6 重心是三角形中线上特定的定比分点.即若 G 为 $\triangle ABC$ 的中线 AD 上一点,则 G 为 $\triangle ABC$ 的重心 $\Leftrightarrow AG : GD = 2$.

定理 7 设 G 为 $\triangle ABC$ 内一点,则 G 为 $\triangle ABC$ 的重心 $\Leftrightarrow S_{\triangle AGB} = S_{\triangle BGC} = S_{\triangle CGA}$.(参见第一篇第三章中例6)

推论 1 三角形内一点到三边(所在直线)的距离与三边长成反比的充要条件是这点是三角形的重心.

推论 2 三角形的重心是三角形内到三边(所在直线)距离之积为最大的点.

推论 3 当 G 为 $\triangle ABC$ 的重心时,$AG^2 + BG^2 = CG^2$ 的充要条件是两中线 AD, BE 互相垂直.

318

定理 8 设 G 为 $\triangle ABC$ 内一点,则 G 为 $\triangle ABC$ 的重心的充要条件是下列条件之一成立:

(1) $BC^2 + 3GA^2 = CA^2 + 3GB^2 = AB^2 + 3GC^2$;

(2) $GA^2 + GB^2 + GC^2 = \dfrac{1}{3}(AB^2 + BC^2 + CA^2)$;

(3) $W = GA^2 + GB^2 + GC^2$ 最小.

证明提示 (1) 设 AD 为 BC 边上中线,G 为 $\triangle ABC$ 重心时,有

$$BC^2 + 3GA^2 = BC^2 + \frac{1}{3}(2AD)^2$$

由中线长公式 $\qquad (2AD)^2 = 2(AB^2 + CA^2) - BC^2$

得 $\quad BC^2 + 3GA^2 = \dfrac{2}{3}(AB^2 + BC^2 + CA^2) = CA^2 + 3GB^2 = AB^2 + 3GC^2$

反之,由引理:给定 $\triangle ABC$ 后,若点 G 满足 $GA^2 - GB^2 = \dfrac{1}{3}(GA^2 - BC^2)$(常数),则点 G 的轨迹是垂直于直线 AB 的一条直线,并且这直线过 $\triangle ABC$ 的重心(前一断言可参见练习题 2.12 中第 1 题,后一断言可验证).即可证;

(2) 由(1)可证;

（3）设 AD 为 BC 边上中线，E 为 AG 中点，P 为平面内任一点. P 与 G 不重合时，在 $\triangle PDE$ 和 $\triangle PGA$ 中，有

$$4(PG^2 + GD^2) = 2(PD^2 + PE^2), 2(PE^2 + EG^2) = PG^2 + PA^2$$

P 与 G 重合时，在 $\triangle PBC$ 中，有

$$2(PD^2 + BD^2) = PB^2 + PC^2$$

从而有 $\qquad 3PG^2 + 6GD^2 + 2BD^2 = PA^2 + PB^2 + PC^2$

亦有 $\qquad 6GD^2 + 2BD^2 = GA^2 + GB^2 + GC^2$

故有 $\qquad PA^2 + PB^2 + PC^2 = 3PG^2 + GA^2 + GB^2 + GC^2$

即证.

例 5 如图 3.1.5，已知 $CA = AB = BD$，AB 为圆 O 的直径，CT 切圆 O 于 P. 求证：$\angle CPA = \angle DPT$.

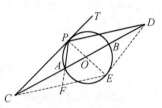

证明 连 PO 并延长交圆 O 于 E，则 $PE \perp PC$. 又连 EC，ED，并延长 PA 交 CE 于 F. 在 $\text{Rt}\triangle CPE$ 中，CO 为 PE 边上的中线且 $CA = 2AO$，即知 A 为 $\triangle CPE$ 的重心，则 PF 为 CE 边上的中线，从

图 3.1.5

而 $CF = PF$，$\angle FCP = \angle FPC$. 又 PE 与 CD 互相平分，则 $CPDE$ 为平行四边形，即有 $\angle FCP = \angle DPT$. 故 $\angle CPA = \angle FCP = \angle DPT$.

例 6 试证：以锐角三角形各边为直径作圆，从相对顶点作切线，得到的六个切点共圆.

证明 如图 3.1.6，设 $\triangle ABC$ 三边长分别为 a，b，c，圆 O 是以 $BC = a$ 为直径的圆，AT 切圆 O 于点 T，连 AO，取点 G 使 $AG = 2GO$，则 G 为 $\triangle ABC$ 的重心，连 OT，GT. 由

$$AO = \frac{1}{2}\sqrt{2b^2 + 2c^2 - a^2}$$

$$TG^2 = OT^2 + OG^2 - 2OT \cdot OG \cdot \cos \angle TOA$$

及 $\cos \angle TOA = \dfrac{OT}{OA}$，$OT = \dfrac{1}{2}a$，$OG = \dfrac{1}{3}OA$，有

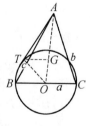

图 3.1.6

$$TG^2 = \frac{1}{18}(a^2 + b^2 + c^2)$$

同理，其他五个切点到重心 G 的距离平方均为 $\dfrac{1}{18}(a^2 + b^2 + c^2)$. 即证.

四、三角形内心的基本性质及应用

三角形三内角的平分线的交点,叫做三角形的内心.内心也就是三角形内切圆的圆心.显然,内心在形内,且惟一.

定理 9   设 I 为 $\triangle ABC$ 的内心,则(1)I 到 $\triangle ABC$ 三边等距离,反之亦成立;

(2)$\angle BIC = 90° + \dfrac{1}{2}\angle A$ 等.

定理 10   设三角形的三边 $BC = a$,$AC = b$,$AB = c$,I 为其内心,I 在 BC,AC,AB 上的射影分别为 D,E,F,且 $ID = IE = IF = r$,其面积为 $S_\triangle$,记 $p = \dfrac{1}{2}(a + b + c)$,则

(1)$r = \dfrac{a + b + c}{2S_\triangle} = 4R \cdot \sin\dfrac{A}{2} \cdot \sin\dfrac{B}{2} \cdot \sin\dfrac{C}{2}$ 或 $S_\triangle = pr$;

(2)$AE = AF = p - a$,$BF = BD = p - b$,$CD = CE = p - c$;

(3)$abcr = p \cdot AI \cdot BI \cdot CI$.

证明提示   (1)(2) 略;(3) 在 $\triangle ABI$ 中

$$\frac{AI}{\sin\dfrac{B}{2}} = \frac{c}{\sin \angle AIB} = \frac{c}{\cos\dfrac{C}{2}}$$

类似还有两式,这三式相乘即有

$$\frac{AI \cdot BI \cdot CI}{abc} = \tan\frac{A}{2} \cdot \tan\frac{B}{2} \cdot \tan\frac{C}{2}$$

再注意到 $\tan\dfrac{A}{2} = \dfrac{r}{p - a}$ 等三式即证.

定理 11 $\triangle ABC$ 的顶点 A,B,C 所对的边长分别是 a,b,c,I 是内心,$\angle A$ 的平分线和 $\triangle ABC$ 的外接圆相交于 D,与 BC 相交于 K,则

(1)$DI = DB = DC$;

(2)$\dfrac{AI}{KI} = \dfrac{AD}{DI} = \dfrac{DI}{DK} = \dfrac{b + c}{a}$.

证明提示   (1) 参见第二篇第一章中例 2 的证明;

(2) 由 $\dfrac{AI}{KI} = \dfrac{AB}{BK} = \dfrac{AC}{CK} = \dfrac{AB + AC}{BK + CK} = \dfrac{b + c}{a}$

及 $\triangle ADC \backsim \triangle CDK$ 有 $\dfrac{AD}{DC} = \dfrac{AC}{CK} = \dfrac{CD}{DK}$

亦有 $\dfrac{AD}{DI} = \dfrac{AC}{CK} = \dfrac{AB}{BK} = \dfrac{AB + AC}{CK + BK} = \dfrac{b + c}{a}$

$$\frac{DI}{DK} = \frac{CD}{DK} = \frac{AC}{CK} = \frac{AB}{BK} = \frac{b+c}{a}$$

例 7 如图 3.1.7,D 是 $\triangle ABC$ 的内心,E 是 $\triangle ABD$ 的内心,F 是 $\triangle BDE$ 的内心,若 $\angle BFE$ 的度数为整数,求 $\angle BFE$ 的最小度数.

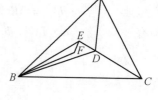

解 由内心性质,知

$$\angle BFE = 90° + \frac{1}{2}\angle BDE = 90° + \frac{1}{4}\angle BDA =$$

$$90° + \frac{1}{4}(90° + \frac{1}{2}\angle ACB) =$$

$$112° + \frac{1}{8}(4° + \angle ACB)$$

图 3.1.7

故当 $\angle ACB = 4°$ 时,$\angle BFE$ 最小度数为 $113°$.

例 8 如图 3.1.8,在 $\triangle ABC$ 中,O 是外心,I 是内心,$\angle C = 30°$,边 AC 上的点 D 与边 BC 上的点 E 使 $AD = BE = AB$.求证:$OI \perp DE$ 且 $OI = DE$.

证明 连 AI 并延长交 $\triangle ABC$ 的外接圆于 M,连 BD,OM,BM,CM,则知 $BM = CM = IM$.易证 $OM \perp EB,AI \perp BD$,从而由 $\angle OMI$ 与 $\angle EBD$ 的两组对应边分别垂直,且均为锐角,有 $\angle OMI = \angle EBD$.

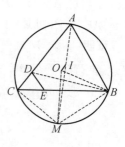

图 3.1.8

又由正弦定理 $AB = 2R \cdot \sin C = R = OB = OM$,$\angle BAD = \angle BOM$(注意本篇第一章中定理 1),有 $\triangle DAB \cong \triangle MOB$,即 $BD = BM = IM$,又 $OM = AB = BE$,则由此可得 $\triangle OMI \cong \triangle EBD$.从而知通过旋转 $90°$ 和平移可使两个三角形重合,故 $OI \perp DE$ 且 $OI = DE$.

例 9 如图 3.1.9,设 I 为 $\triangle ABC$ 的内心,$\angle A,\angle B,$ $\angle C$ 所对边分别为 a,b,c.求证:

$$\frac{IA^2}{bc} + \frac{IB^2}{ac} + \frac{IC^2}{ab} = 1$$

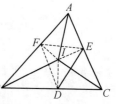

证明 设 I 在三边上的射影分别为 D,E,F,则 $ID = IE = IF = r$.这些点及与 I 的连线如图,则知 $B,$ D,I,F 四点共圆,且 IB 为该圆直径.

图 3.1.9

由托勒密定理,有

$$DF \cdot IB = ID \cdot BF + IF \cdot BD = r(BD + BF)$$

由正弦定理,有

$$DF = IB \cdot \sin B = \frac{b}{2R} \cdot IB$$

亦有

$$b \cdot IB^2 = 2Rr(BD + FB)$$

类似地

$$a \cdot IA^2 = 2Rr(AF + AE), c \cdot IC^2 = 2Rr(CD + CE)$$

即有

$$a \cdot IA^2 + b \cdot IB^2 + c \cdot IC^2 = 2Rr(a + b + c)$$

又由

$$S_\triangle = \frac{1}{2}r(a + b + c) = \frac{abc}{4R}$$

有

$$2Rr(a + b + c) = abc$$

故

$$a \cdot IA^2 + b \cdot IB^2 + c \cdot IC^2 = abc$$

即

$$\frac{IA^2}{bc} + \frac{IB^2}{ac} + \frac{IC^2}{ab} = 1$$

例 10　如图 3.1.10,设点 M 是 $\triangle ABC$ 的 BC 边的中点,I 是内切圆圆心,AH 是高,E 为直线 IM 与 AH 的交点. 求证:AE 等于内切圆半径 r.

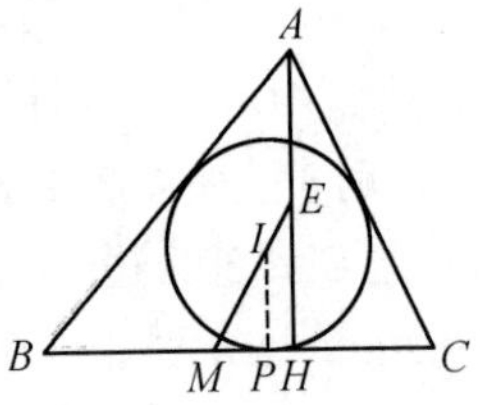

证明　设 P 为内切圆与边 BC 的切点,连 IP. 设 $BC = a, AC = b, AB = c$,则

$$MC = \frac{a}{2}, PC = \frac{a + b - c}{2}$$

$$HC = AC \cdot \cos C = \frac{a^2 + b^2 - c^2}{2a}$$

图 3.1.10

由 $\triangle IMP \backsim \triangle EMH$,有

$$\frac{EH}{IP} = \frac{HM}{PM} = \frac{MC - HC}{MC - PC} =$$

$$\frac{a - 2HC}{c - b} = \frac{b + c}{2}$$

又

$$AH \cdot a = 2S_{\triangle ABC} = r(a + b + c)$$

即

$$\frac{AH}{r} = \frac{a + b + c}{a}$$

再由 $\dfrac{EH}{r} = \dfrac{b + c}{a}$(注意 $IP = r$)及 $AE = AH - EH$,有

$$\frac{AE}{r} = \frac{AH}{r} - \frac{EH}{r} = \frac{a + b + c}{a} - \frac{b + c}{a} = 1$$

故 $AE = r$.

322

五、三角形旁心的基本性质及应用

三角形的任何两外角的平分线和另一内角的平分线的交点,叫做三角形的旁心.旁心也就是与三角形的一边外侧相切,又与另两边的延长线相切的圆的圆心.显然,这个旁心到三角形的三边距离相离;每个三角形都有三个旁心.

定理 12　设 $\triangle ABC$ 的三边 BC,CA,AB 边长分别为 a,b,c,设 $p = \dfrac{1}{2}(a + b + c)$.分别与 BC,CA,AB 外侧相切的旁切圆圆心记为 I_A,I_B,I_C,其半径记为 r_A,r_B,r_C,$S_\triangle$ 表示 $\triangle ABC$ 的面积,则

(1) $\angle BI_AC = 90° - \dfrac{1}{2}\angle A$,$\angle BI_BC = \angle BI_CC = \dfrac{1}{2}\angle A$;($\angle A,\angle B$ 类似,还有四式略).

(2) $r_A = \dfrac{2S_\triangle}{-a + b + c} = 4R \cdot \sin \dfrac{A}{2} \cdot \cos \dfrac{B}{2} \cdot \cos \dfrac{C}{2} = r \cdot \cot \dfrac{B}{2} \cdot \cot \dfrac{C}{2}$;

$r_B = \dfrac{2S_\triangle}{a - b + c} = 4R \cdot \sin \dfrac{B}{2} \cdot \cos \dfrac{C}{2} \cdot \cos \dfrac{A}{2} = r \cdot \cot \dfrac{C}{2} \cdot \cot \dfrac{A}{2}$;

$r_C = \dfrac{2S_\triangle}{a + b - c} = 4R \cdot \sin \dfrac{C}{2} \cdot \cos \dfrac{A}{2} \cdot \cos \dfrac{B}{2} = r \cdot \cot \dfrac{A}{2} \cdot \cot \dfrac{B}{2}$;

(3) $S_\triangle = (p - a)r_A = (p - b)r_B = (p - c)r_C$;

$S_\triangle = \dfrac{r_A r_B r_C}{\sqrt{r_A r_B + r_B r_C + r_C r_A}}$;

$S_\triangle \leqslant \dfrac{\sqrt{3}}{3}(r_A r_B r_C)^{\frac{2}{3}}$,$S_\triangle \geqslant \dfrac{\sqrt{3} \, r_A r_B r_C}{r_A + r_B + r_C}$;

(4) $II_A = \dfrac{a\sqrt{bcp(p - a)}}{p(p - a)}$,$II_B = \dfrac{b\sqrt{acp(p - b)}}{p(p - b)}$,$II_C = \dfrac{c\sqrt{abp(p - c)}}{p(p - c)}$;

(5) $\triangle ABC$ 是 $\triangle I_A I_B I_C$ 的垂足三角形,且 $\triangle I_A I_B I_C$ 的外接圆半径等于 $\triangle ABC$ 外接圆的直径;

(6) 设 AI_A 的连线交 $\triangle ABC$ 的外接圆于 D,则 $DI_A = DB = DC$(类似于定理 11(1));

(7) $\triangle I_A I_B I_C$ 三内角分别为 $\angle I_B I_A I_C = \dfrac{1}{2}(B + C)$,$\angle I_A I_B I_C = \dfrac{1}{2}(A + C)$,$\angle I_A I_C I_B = \dfrac{1}{2}(A + B)$.

证明提示　(1) 略;

(2) 由 $S_{\triangle ABC} = S_{\triangle ABI_A} + S_{\triangle ACI_A} - S_{\triangle BCI_A}$,有

323

$$S_\triangle = \frac{1}{2} r_A (c + b - a) \Rightarrow 2R \cdot \sin A \cdot \sin B \cdot \sin C =$$

$$r_A(\sin B + \sin C - \sin A) = 4r_A \cdot \cos \frac{A}{2} \cdot \sin \frac{B}{2} \cdot \sin \frac{C}{2}$$

并注意 $r = 4R \cdot \sin \frac{A}{2} \cdot \sin \frac{B}{2} \cdot \sin \frac{C}{2}$ 即证得第一式,余同理证得;

(3) 由 $S_{ABI_AC} = \frac{1}{2} r_A(b + c)$, $S_\triangle = S_{ABI_AC} - S_{\triangle I_ABC}$ 等即证得第一式;将 r_A 等表达式代入即证第二式;由平均值不等式即得第三式和第四式;

(4) 由 $\qquad II_A = (r_A - r)\csc \frac{A}{2}, r_A - r = \frac{aS_\triangle}{p(p - a)}$

及 $\qquad 1 - \cos A = 1 - \frac{b^2 + c^2 - a^2}{2bc} = \frac{2(p - b)(p - c)}{bc}$

$$\sin \frac{A}{2} = \sqrt{\frac{(p - b)(p - c)}{bc}}$$

即证得第一式,余同理证得;

(5) 由同一个角的内、外角平分线互相垂直即证得前一结论. 设 II_A 交 $\triangle ABC$ 的外接圆于 E,连 BE,则

$$\angle BIE = \angle BAI + \angle ABI = \angle CAI + \angle IBC = \angle CBE + \angle IBC = \angle IBE$$

有 $EI = EB$,即 E 为 II_A 的中点. 设 O' 是 I 关于 O 的对称点,则 $O'I_A = 2OE = 2R$. 同理有 $O'I_B = O'I_C = 2R$,即 O' 为 $\triangle I_AI_BI_C$ 的外心,即可证(可参见后面的定理 18(2));

(6) 设 C_1 为 AB 延长线上一点,由

$$\angle CBI_A = \angle C_1BI_A = \angle DI_AB + \angle I_AAB$$

有 $\qquad \angle DI_AB = \angle C_1BI_A - \frac{1}{2}\angle A = \angle CBI_A - \frac{1}{2}\angle A$

而 $\qquad \angle CBD = \angle CAD = \frac{1}{2}\angle A$

则 $\qquad \angle DBI_A = \angle CBI_A - \angle CBD = \angle CBI_A - \frac{1}{2}\angle A = \angle DI_AB$

故 $CD = BD = I_AD$;

(7) 由 $\angle I_BI_AI_C = \pi - \angle I_ABC - \angle I_ACB =$

$$\pi - \frac{\pi - B}{2} - \frac{\pi - C}{2} = \frac{1}{2}(B + C)$$

等即证.

定理 13　一个旁心与三角形三条边的端点连接所组成的三个三角形面积之比等于原三角形三条边之比;三个旁心与三角形一条边的端点连接所组成的

三角形面积之比等于三个旁切圆半径之比.(其证明可参见参考文献[37])

例11 如图3.1.11,在凸四边形 $ABCD$ 中, AD 不平行于 BC,从点 A 作内、外角平分线与从点 B 作内、外角平分线相交于 K,L;又从点 C 作内、外角平分线与从点 D 作内外角平分线相交于 P,Q,求证:K,L,P,Q 四点共线.

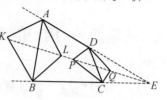

图3.1.11

证明 由 AD 不平行于 BC,设 AD 与 BC 相交于一点 E.就 $\triangle ABE$ 来看,K 为旁心,L 为内心;就 $\triangle CDE$ 来看,P 是旁心,Q 是内心.因此,这四点 K,L,P,Q 必在 $\angle E$ 的平分线上.故命题获证.

例12 如图3.1.12,圆 O_1 与圆 O_2 和 $\triangle ABC$ 的三边所在的三条直线都相切,E,F,G,H 为切点,直线 EG 与 FH 交于点 P.求证:$PA \perp BC$.(参见练习题2.4中第21题)

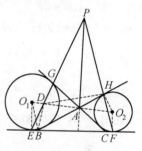

图3.1.12

证明 连 O_1O_2,由于圆 O_1 和圆 O_2 是 $\triangle ABC$ 的两个旁切圆,显然 O_1O_2 过点 A.设 O_1O_2 与 EG 交于点 D,连 $O_1E,O_1B,BD,DH,O_2H,O_2F$.用 A,B,C 表示 $\triangle ABC$ 的三内角.

由圆 O_1 是旁切圆,则 $CE = CG,\angle CEG = 90° - \dfrac{1}{2}A$.

同理,$\angle BHF = 90° - \dfrac{1}{2}B$.

又 $\angle O_1DE = 180° - \angle ADE =$

$$180° - (360° - \angle DAB - \angle ABE - \angle BED) =$$

$$-180° + \left(90° - \frac{1}{2}A\right) + (180° - B) + \left(90° - \frac{1}{2}C\right) =$$

$$90° - \frac{B}{2} = \angle O_1BE$$

从而 O_1,E,B,D 四点共圆,即有

$$\angle O_1DB = 180° - \angle O_1EB = 90°$$

$$\angle PDA = \angle O_1DE = 90° - \frac{1}{2}B = \angle BHF$$

故由 A,H,P,D 共圆,有

$$\angle APH = \angle ADH,\angle O_2HB = \angle O_2FB = \angle O_2DB = 90°$$

从而 B,D,H,O_2,F 五点共圆,亦有 $\angle ADH = \angle O_2FH$.

325

由 $\angle APH = \angle O_2FH$ 得 $PA \parallel O_2F$. 由 $O_2F \perp BC$ 有 $PA \perp BC$.

六、三角形外、内、重、垂、旁心之间的关系及应用

1. 三角形"五心"的直角坐标

定理 14 设 $\triangle ABC$ 的顶点坐标为 $A(x_1,y_1)$, $B(x_2,y_2)$, $C(x_3,y_3)$, 若点 F, D, E 分别内分或外分 AB, BC, AC, 有 $\dfrac{AF}{FB} = \lambda_1$, $\dfrac{BD}{DC} = \lambda_2$, $\dfrac{CE}{EA} = \lambda_3$, 且 BE 与 AD 交于 B', AD 与 CF 交于 A', CF 与 BE 交于 C', 则点 $A'(x_1',y_1')$, $B'(x_2',y_2')$, $C'(x_3',y_3')$ 中的坐标值为

$$x_i' = \frac{x_i + \lambda_i x_{i+1} + \lambda_i\lambda_{i+1}x_{i+2}}{1 + \lambda_i + \lambda_i\lambda_{i+1}}, y_i' = \frac{y_i + \lambda_i y_{i+1} + \lambda_i\lambda_{i+1}y_{i+2}}{1 + \lambda_i + \lambda_i\lambda_{i+1}}$$

其中, 当 $i + k = m \geqslant 4$ 时, 规定 $i + k = m - 3$; $i = 1,2,3$; $k = 1,2$.

证明 对于 $\triangle BEC$, 运用梅涅劳斯定理, 有 $\dfrac{AE}{AC} \cdot \dfrac{CD}{DB} \cdot \dfrac{BB'}{B'E} = 1$, 即

$$\frac{BB'}{B'E} = (1 + \lambda_3)\lambda_2$$

同理 $\qquad \dfrac{CC'}{C'F} = (1 + \lambda_1)\lambda_3, \dfrac{AA'}{A'D} = (1 + \lambda_2)\lambda_1$

记 $D(d_1,d_2)$, $E(e_1,e_2)$, $F(f_1,f_2)$, 应用线段的定比分点公式, 有

$$d_1 = \frac{x_2 + \lambda_2 x_3}{1 + \lambda_2}, e_1 = \frac{x_3 + \lambda_3 x_1}{1 + \lambda_3}, f_1 = \frac{x_1 + \lambda_1 x_2}{1 + \lambda_1}$$

则 $\qquad x_1' = \dfrac{x_1 + \lambda_1 x_2 + \lambda_3\lambda_1 x_2}{1 + \lambda_1 + \lambda_1\lambda_2}, x_2' = \dfrac{x_2 + \lambda_2 x_3 + \lambda_2\lambda_3 x_1}{1 + \lambda_2 + \lambda_2\lambda_3}$

$$x_3' = \frac{x_3 + \lambda_3 x_1 + \lambda_3\lambda_1 x_2}{1 + \lambda_3 + \lambda_3\lambda_1}$$

同理, 可写出 y_1', y_2', y_3' 的表达式. 由此即证.

由如上定理, 适当地选取参数 λ_i 的值, 有

(1) 取 $\lambda_1 = \lambda_2 = \lambda_3 = 1$, 则得 $\triangle ABC$ 的重心 G 的坐标

$$G\left(\frac{x_1 + x_2 + x_3}{3}, \frac{y_1 + y_2 + y_3}{3}\right)$$

(2) 取 $\lambda_1 = \dfrac{b}{a}, \lambda_2 = \dfrac{c}{b}, \lambda_3 = \dfrac{a}{c}$, 其中 $BC = a$, $AC = b$, $AB = c$, 则得 $\triangle ABC$ 的内心 I 的坐标

$$I\left(\frac{ax_1 + bx_2 + cx_3}{a + b + c}, \frac{ay_1 + by_2 + cy_3}{a + b + c}\right)$$

(3) 取 $\lambda_1 = -\dfrac{b}{a}$，$\lambda_2 = \dfrac{c}{b}$，$\lambda_3 = -\dfrac{a}{c}$，则得切 BC 边及其他两边延长线的旁切圆圆心 I_A 的坐标

$$I_A\left(\frac{-ax_1 + bx_2 + cx_3}{-a + b + c}, \frac{-ay_1 + by_2 + cy_3}{-a + b + c}\right)$$

同理

$$I_B\left(\frac{ax_1 - bx_2 + cx_3}{a - b + c}, \frac{ay_1 - by_2 + cy_3}{a - b + c}\right)$$

$$I_C\left(\frac{ax_1 + bx_2 - cx_3}{a + b - c}, \frac{ay_1 + by_2 - cy_3}{a + b - c}\right)$$

(4) 对于非直角三角形，取 $\lambda_1 = \dfrac{\cot A}{\cot B}$，$\lambda_2 = \dfrac{\cot B}{\cot C}$，$\lambda_3 = \dfrac{\cot C}{\cot A}$，则得 $\triangle ABC$ 的垂心 H 的坐标

$$H\left(\frac{x_1 \cdot \tan A + x_2 \cdot \tan B + x_3 \cdot \tan C}{\tan A + \tan B + \tan C}, \frac{y_1 \cdot \tan A + y_2 \cdot \tan B + y_3 \cdot \tan C}{\tan A + \tan B + \tan C}\right)$$

(5) 对于非直角三角形，由 $\triangle ABC$ 的外心是中位线 $\triangle DEF$ 的垂心，则得 $\triangle ABC$ 的外心坐标

$$O\left(\frac{x_1(\tan B + \tan C) + x_2(\tan C + \tan A) + x_3(\tan A + \tan B)}{2(\tan A + \tan B + \tan C)}, \right.$$

$$\left. \frac{y_1(\tan B + \tan C) + y_2(\tan C + \tan A) + y_3(\tan A + \tan B)}{2(\tan A + \tan B + \tan C)}\right)$$

327

例 13 试证：平面内到三角形各顶点距离的平方和最小的点为三角形重心.(参见定理 8(3))

证明 建立平面直角坐标系，设 $\triangle ABC$ 三顶点 $A(x_1, y_1)$，$B(x_2, y_2)$，$C(x_3, y_3)$，$P(x, y)$ 为平面内任一点，则

$$|PA|^2 + |PB|^2 + |PC|^2 = \sum_{i=1}^{3}[(x - x_i)^2 + (y - y_i)^2] =$$

$$3x^2 - 2(x_1 + x_2 + x_3)x + x_1^2 + x_2^2 + x_3^2 + 3y^2 -$$

$$2(y_1 + y_2 + y_3) + y_1^2 + y_2^2 + y_3^2 =$$

$$3\left(x - \frac{x_1 + x_2 + x_3}{3}\right)^3 + x_1^2 + x_2^2 + x_3^2 -$$

$$\frac{1}{3}(x_1 + x_2 + x_3)^2 + 3\left(y - \frac{y_1 + y_2 + y_3}{3}\right)^2 + y_1^2 +$$

$$y_2^2 + y_3^2 - \frac{1}{3}(y_1 + y_2 + y_3)^2$$

第一章 三角形中的巧合点问题

可见当且仅当 $x = \dfrac{x_1 + x_2 + x_3}{3}$ 且 $y = \dfrac{y_1 + y_2 + y_3}{3}$ 时，$|PA|^2 +$ $|PB|^2 + |PC|^2$ 为最小，而已知 $\left(\dfrac{1}{3}(x_1 + x_2 + x_3), \dfrac{1}{3}(y_1 + y_2 + y_3)\right)$ 是 $\triangle ABC$ 的重心 G 的坐标，故当且仅当 P 为 $\triangle ABC$ 的重心时，它到三角形各顶点距离的平方和最小.

注:通过计算知，此最小值为三角形各边长平方和的 $\dfrac{1}{3}$.

2.三角形"五心"间的相互位置关系

定理 15　(1) 三角形的外心、重心、垂心共线(欧拉线);(2) 三角形的外心、重心分别是它的中位线三角形的垂心、重心;(3) 三角形中位线三角形的外心也是垂足三角形的外心.

定理 16　设 O,H,I 分别是 $\triangle ABC$ 的外心、垂心、内心，则任一顶点与内心 I 的连线平分这一顶点与外心、垂心所成的角.

定理 17　(1) 三角形的垂心到任一顶点的距离等于外心到对边距离的两倍;(2) 三角形的垂心是它的垂足三角形的内心.

定理 18　三角形的内心(1) 是它的旁心三角形(三个旁心组成的三角形)的垂心;(2) 关于外心的对称点是旁心三角形的外心;(3) 是它的切点三角形(内切圆的切点组成的三角形)的外心;(4) 是它的旁切三角形(旁切圆与边上的切点组成的三角形)的旁心.

定理 19　(1) 三角形的内心与三角形一边的两端点及相应的旁心四点共圆;(2) 三角形外心、内心所在直线与旁心三角形的欧拉线重合.

定理 20　(1) 三角形三边上的中点、高线垂足、垂心与顶点连线的中点，这九点共圆，称为三角形的九点圆;(2) 三角形的外心与垂心所连线段的中点是三角形九点圆圆心;外心 O，重心 G，九点圆圆心 V，垂心 H 四点共线，且 $OG:GH = 1:2$，$OV:VH = 1:2$.

以上定理的证明均留给读者作为练习.(参见练习题 3.1 中第 $20 \sim 25$ 题)

例 14　试证:圆内接四边形四顶点组成的四个三角形的垂心构成的四边形与原四边形全等，且每一顶点与其他三顶点所成三角形的垂心之连线共点，共点于两全等四边形外心连线的中点.(参见第二篇第七章中例 10(1))

证明　如图 3.1.13，设 $A_1A_2A_3A_4$ 为圆 O 的内接四边形，H_1,H_2,H_3,H_4 依次为 $\triangle A_2A_3A_1$，$\triangle A_3A_4A_2$，$\triangle A_4A_1A_3$，$\triangle A_1A_2A_4$ 的垂心，则由定理 17(1) 知，A_3H_3 与 A_2H_4 的长度均等于 O 到 A_1A_4 的距离的两倍，且 A_3H_3,A_2H_4 均与 A_1A_4

垂直,故 $H_3H_4A_2A_3$ 为平行四边形,即有 H_3H_4
$\underline{\underline{\parallel}} A_3A_2$.

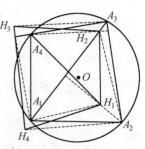

同理,$H_1H_2 \underline{\underline{\parallel}} A_1A_4, H_2H_3 \underline{\underline{\parallel}} A_1A_2, H_4H_1 \underline{\underline{\parallel}} A_4A_3$.

故四边形 $H_1H_2H_3H_4 \underline{\underline{\backsimeq}}$ 四边形 $A_4A_1A_2A_3$.

由 于 平 行 四 边 形 $A_1A_2H_2H_3, A_2A_3H_3H_4,$
$A_3A_4H_4H_1$ 有相同的中心 P.则四线 $A_4H_1, A_1H_2,$
A_2H_3, A_3H_4 共点于 P,且 P 是 A_i 和 $H_{i+1}(i = 1,2,$
$3,4,$且 $H_5 = H_1$)的对称中心.故 P 是两四边形

图 3.1.13

$H_1H_2H_3H_4$ 与 $A_4A_1A_2A_3$ 的外心的对称中心,即 P 是两全等四边形外心连线的中点.

例 15　锐角 $\triangle ABC$ 的 $\angle A$ 的平分线与外接圆交于另一点 A_1;B_1, C_1 与此类似.直线 A_1A 与 B, C 两角的外角平分线交于点 A_0;B_0, C_0 与此类似,求证:$\triangle A_0B_0C_0$ 的面积是六边形 $AC_1BA_1CB_1$ 面积的两倍.(参见第二篇第十一章中例 7 及图 2.11.5)

证明　设 I 是 $\triangle ABC$ 的内心,则由定理 18(1)知 I 是 $\triangle A_0B_0C_0$ 的垂心.为了证 $S_{\triangle A_0B_0C_0} = 2S_{AC_1BA_1CB_1}$,只需证 $S_{\triangle IA_0B} = 2S_{\triangle IA_1B}$,又只需证 A_1 是 IA_0 的中点,由于过 A, B, C 的圆是 $\triangle A_0B_0C_0$ 的九点圆(它过三条高线的垂足),所以这圆与 IA_0 的交点 A_1 是 IA_0 的中点,从而命题获证.

3.三角形"五心"间的距离公式

定理 21　设 $\triangle ABC$ 的外接圆,内切圆半径分别为 R, r,外心为 O,内心为 I,垂心为 H,重心为 G,顶点 A 所对的边的旁切圆圆心为 I_A,半径为 r_A(余类同),$BC = a, AC = b, AB = c$,则

(1) $OI^2 = R^2 - 2Rr$;

(2) $IG^2 = \dfrac{1}{6}(a + b + c)^2 - \dfrac{5}{18}(a^2 + b^2 + c^2) - 4Rr$;

$\quad IG^2 = r^2 - \dfrac{1}{36}[6(ab + bc + ca) - 5(a^2 + b^2 + c^2)]$;

(3) $OG^2 = R^2 - \dfrac{1}{9}(a^2 + b^2 + c^2)$;

(4) $HG^2 = 4R^2 - \dfrac{4}{9}(a^2 + b^2 + c^2)$;

(5) $OH^2 = 9R^2 - (a^2 + b^2 + c^2)$;

第一章　三角形中的巧合点问题

(6) $IH^2 = 4R^2 - \dfrac{a^3 + b^3 + c^3 + abc}{a + b + c}$;

$IH^2 = 4R^2 - 8Rr + \dfrac{1}{2}(a + b + c)^2 - \dfrac{3}{2}(a^2 + b^2 + c^2)$;

$IH^2 = 4R^2 + 2r^2 - \dfrac{1}{2}(a^2 + b^2 + c^2)$;

$IH^2 = 4R^2 + 3r^2 + 4Rr - \dfrac{1}{4}(a + b + c)^2$;

$IH^2 = 2r^2 - 4R^2 \cdot \cos A \cdot \cos B \cdot \cos C$;

(7) $II_A^2 = 4R(r_A - r), II_B^2 = 4R(r_B - r), II_C^2 = 4R(r_C - r)$;

(8) $I_A I_B^2 = 4R(r_A + r_B), I_A I_B = \dfrac{a \cdot \cos^2 \dfrac{B}{2} + b \cdot \cos^2 \dfrac{A}{2}}{\cos \dfrac{A}{2} \cdot \cos \dfrac{B}{2}}$;

$I_B I_C^2 = 4R(r_B + r_C), I_B I_C = \dfrac{b \cdot \cos^2 \dfrac{C}{2} + c \cdot \cos^2 \dfrac{B}{2}}{\cos \dfrac{C}{2} \cdot \cos \dfrac{B}{2}}$;

330

$I_A I_C^2 = 4R(r_A + r_C), I_A I_C = \dfrac{a \cdot \cos^2 \dfrac{C}{2} + c \cdot \cos^2 \dfrac{A}{2}}{\cos \dfrac{A}{2} \cdot \cos \dfrac{C}{2}}$;

(9) $OI_A^2 = R^2 + 2Rr_A, OI_B^2 = R^2 + 2Rr_B, OI_C^2 = R^2 + 2Rr_C$.

为了证明上述定理,先看几条引理:

引理 1 (1) $6OI^2 + 3IH^2 = 2OH^2 + 9IG^2$;

(2) $2OI^2 + IH^2 = 6OG^2 + 3IG^2$;

(3) $4OI^2 + 2IH^2 = 3GH^2 + 6IG^2$.

事实上,由 O, G, H 三点共线且 $OG = \dfrac{1}{2}GH$,有 $OG = \dfrac{1}{3}OH$, $GH = \dfrac{2}{3}OH$.

在 $\triangle IOH$ 中应用斯特瓦尔特定理,有

$$OI^2 \cdot GH = IH^2 \cdot OG - IG^2 \cdot OH = OH \cdot OG \cdot GH$$

将 $GH = \dfrac{2}{3}OH$, $OG = \dfrac{1}{3}OH$ 代入上式即得(1);将 $OH = 3OG$ 代入(1) 即

得(2);将 $OH = \dfrac{3}{2}GH$ 代入(1) 即得(3).

引理 2 P 为 $\triangle ABC$ 所在平面内任一点,I 为内心,则

$$PI^2 = \dfrac{aPA^2 + bPB^2 + cPC^2 - abc}{a + b + c}$$

事实上,设 $\angle A$ 的平分线交 BC 于 D,则 $BD = \dfrac{ac}{b+c}$,$CD = \dfrac{ab}{b+c}$,在 $\triangle PBC$ 中应用斯特瓦尔特定理,有

$$PD^2 = \frac{b}{b+c} \cdot PB^2 + \frac{c}{b+c} \cdot PC^2 - \frac{a^2 bc}{(b+c)^2}$$

又注意到 $\dfrac{AI}{ID} = \dfrac{b+c}{a}$,$AD^2 = \dfrac{4bcp}{(b+c)^2}(p-a)$. 其中,$p = \dfrac{1}{2}(a+b+c)$.

在 $\triangle PAD$ 中应用斯特瓦尔特定理,得

$$PI^2 = \frac{AI}{AD} \cdot PD^2 + \frac{ID}{AD} \cdot PA^2 - AI \cdot ID =$$

$$\frac{b+c}{2p} \cdot PD^2 + \frac{a}{2p} \cdot PA^2 - \frac{abc(p-a)}{p(b+c)}$$

将 PD^2 代入上式即得结论.

引理 3　P 为 $\triangle ABC$ 所在平面内任意一点,G 为重心,则

$$PA^2 + PB^2 + PC^2 = 3PG^2 + \frac{1}{3}(a^2 + b^2 + c^2)$$

事实上,设复平面上 $\triangle ABC$ 顶点 A,B,C 分别对应复数 z_A,z_B,z_C,则重心 G 对应的复数 $z_G = \dfrac{z_A + z_B + z_C}{3}$,若 P 对应复数为 z,则

$$3\left| z - \frac{z_A + z_B + z_C}{3} \right|^2 = \frac{1}{3} |(z - z_1) + (z - z_2) + (z - z_3)|^2 =$$

$$\frac{1}{3}\left[(z - z_1) + (z - z_2) + (z - z_3)\right] \cdot \left[\overline{(z - z_1)} + \overline{(z - z_2)} + \overline{(z - z_3)}\right]$$

由此即可证得结论.

定理 21 证明提示　(1) 可参见第一篇第七章中例 26,或由引理 2,令 P 与 O 重合即可;

(2) 由引理 2,令 P 与 G 重合,注意 $PA^2 = \dfrac{1}{9}(2b^2 + 2c^2 - a^2)$ 等三式即得前一式,应用 $\dfrac{1}{4}(a+b+c)^2 - \dfrac{1}{2}(a^2 + b^2 + c^2) = r^2 + 4Rr$ 即得后一式;

(3) 由引理 3,令 P 与 O 重合即得;

(4) 由(3)及 $OG = \dfrac{1}{2}GH$ 即证;

(5) 由(3)及 $OH = 3OG$ 即证;

(6) 由引理 2,令 P 与 H 重合,注意 $PA^2 = a^2(\csc^2 A - 1) = 4R^2 - a^2$ 等三

式即得第一、二式;后面几式运用前面(1),(2),(3) 及引理 1 可推之;

(7) 由 $r \cdot \cot \dfrac{B}{2} + r \cdot \cot \dfrac{C}{2} = BC = r_A \cdot \cot \dfrac{\pi - B}{2} + r_A \cdot \cot \dfrac{\pi - C}{2}$

可得
$$r_A \left(\dfrac{r}{r_C} + \dfrac{r}{r_B} \right) = BC \cdot \tan \dfrac{A}{2}$$

进一步可推得 $\sin^2 \dfrac{A}{2} = \dfrac{r_A - r}{4R}$(注意到 $r_A + r_B + r_C - r = 4R$).再由 $II_A =$

$AI_A - AI = \dfrac{r_A}{\sin \dfrac{A}{2}} - \dfrac{r}{\sin \dfrac{A}{2}}$ 即证得第一式,其余同理推得;

(8) 注意 I_A, C, I_B 共线,由正弦定理
$$\dfrac{I_A I_B}{\sin\left(\dfrac{\pi}{2} + \dfrac{C}{2} \right)} = \dfrac{|II_B|}{\sin \dfrac{B}{2}}$$

注意
$$II_B^2 = 4R(r_B - r)$$

及 $\quad \sin^2 \dfrac{C}{2} = \dfrac{r_C - r}{4R}, \sin^2 \dfrac{B}{2} = \dfrac{r_B - r}{4R}, r_A + r_B = 4R - r_C + r$

即得第一式;在 $\triangle I_A BC$ 和 $\triangle I_B AC$ 中分别用正弦定理,注意 $I_A I_B = I_A C + C I_B$ 即得第二式,余同理推得;

(9) 略(也可参见练习题 3.1 中第 32 题)

例 16 在 $\triangle ABC$ 中,内心到外心的距离等于重心到外心的距离的充要条件是 $a^2 + b^2 + c^2 = 18Rr$.

证明 由定理 21 中(1)(3) 即得.

例 17 $\triangle ABC$ 中,内心与外心之距等于垂心与内心之距的充要条件是三内角中有一个角为 $60°$.

证明 若 $B = 60°$,则 $a^2 + b^2 - ac = b^2, b^2 = 2R \cdot \sin B = \sqrt{3} R$,由定理 21 的(6) 中第一式,得

$$IH^2 = 4R - \dfrac{(a + c)(a^2 + c^2 - ac) + b^3}{a + b + c} - \dfrac{abc}{a + b + c} =$$
$$4R - b^2 - 2Rr = R^2 - 2Rr = IO^2 \Rightarrow IH = IO$$

反之,由 $IH = IO$,有
$$\dfrac{a^3 + b^3 + c^3}{a + b + c} = 3R^2$$

由正弦定理得
$$(3\sin A - 4\sin^3 A) + (3\sin B - 4\sin^3 B) + (3\sin C - 4\sin^3 C) = 0$$
即
$$\sin 3A + \sin 3B + \sin 3C = 0$$

亦即
$$\cos \frac{3}{2}A \cdot \cos \frac{3}{2}B \cdot \cos \frac{3}{2}C = 0$$

故 A,B,C 中至少有一个角为 $60°$.

4.三角形"五心"的有关线段关系式

定理 22　设 $\triangle ABC$ 三顶点 A,B,C 所对的边长分别为 a,b,c，D 是 BC 上一点,且 $BD:BC = \lambda:1$,则

$$AD^2 = \lambda(\lambda - 1)a^2 + \lambda b^2 + (1 - \lambda)c^2 \qquad ①$$

证明　由 $BD:BC = \lambda:1$,有 $BD = \lambda a$.

在 $\triangle ABC$ 中,由余弦定理,有 $\cos B = \dfrac{c^2 + a - b^2}{2ac}$.

在 $\triangle ABD$ 中,由余弦定理有

$$AD^2 = BD^2 + AB^2 - 2AB \cdot BD \cdot \cos B = \lambda^2 a^2 + c^2 - \lambda c^2 - \lambda a^2 + \lambda b^2 =$$
$$\lambda(\lambda - 1)a^2 + \lambda b^2 + (1 - \lambda)c^2$$

由于 ① 式中含有参数 λ,我们适当选取 λ 的值,可得出 $\triangle ABC$ 中的有关"心"的线段之长.

(1) 取 $\lambda = \dfrac{1}{2}$,则得 BC 边上的中线长 $m_A = \dfrac{1}{2}\sqrt{2(b^2 + c^2) - a^2}$.

同理 $m_B = \dfrac{1}{2}\sqrt{2(a^2 + c^2) - b^2}$,$m_C = \dfrac{1}{2}\sqrt{2(a^2 + b^2) - c^2}$.

(2) 取 $\lambda = \dfrac{c}{b + c}$,则 $\angle A$ 的平分线长 $t_A = \dfrac{2\sqrt{bcp(p - a)}}{b + c}$,其中,$p = \dfrac{1}{2}(a + b + c)$.同理可求得 t_B,t_C.

(3) 取 $\lambda = \dfrac{a^2 - b^2 + c^2}{2a^2}$,则 BC 边上的高 $h_A = \dfrac{2}{a}\sqrt{p(p - a)(p - b)(p - c)}$,$p = \dfrac{1}{2}(a + b + c)$.同理可求得 h_B,h_C.

(4) 取 $\lambda = \dfrac{c}{c - b}(b \neq c)$,则 $\angle A$ 的外角平分线长 $t_A' = \dfrac{2}{|c - b|} \cdot \sqrt{bc(p - b)(p - c)}$,其中,$p = \dfrac{1}{2}(a + b + c)$.

同理可求得 t_B',t_C'.

定理 23　设 I,O,G,H,I_x 分别是 $\triangle ABC$ 的内心,外心,重心,垂心,旁心(外切顶点 x 所对边);R,r,r_x,m_x,h_x,t_x,t_x' 分别为其外接圆半径,内切圆半径,顶点 x 所对的边或顶点 x 处的旁切圆半径,中线长,高线长,角平分线长,外

333

角平分线长. 则

(1) $\dfrac{IA}{\sin \dfrac{B}{2} \cdot \sin \dfrac{C}{2}} = \dfrac{IB}{\sin \dfrac{C}{2} \cdot \sin \dfrac{A}{2}} = \dfrac{IC}{\sin \dfrac{A}{2} \cdot \sin \dfrac{B}{2}} = 4R;$

(2) $\dfrac{t_A}{\sin B \cdot \sin C \cdot \sec \dfrac{B-C}{2}} = \dfrac{t_B}{\sin C \cdot \sin A \cdot \sec \dfrac{C-A}{2}} =$

$$\dfrac{t_C}{\sin B \cdot \sin A \cdot \sec \dfrac{A-B}{2}} = 2R;$$

(3) $\dfrac{OD}{\cos A} = \dfrac{OE}{\cos B} = \dfrac{OF}{\cos C} = R;$

其中, D, E, F 分别为 O 在 BC, CA, AB 边上的射影;

(4) $\dfrac{AA_1}{\sin B \cdot \sin C \cdot \sec(B-C)} = \dfrac{BB_1}{\sin C \cdot \sin A \cdot \sec(C-A)} =$

$$\dfrac{CC_1}{\sin A \cdot \sin B \cdot \sec(A-B)} = 2R;$$

其中, A_1, B_1, C_1 分别为 AO, BO, CO 与其对边的交点.

(5) $\dfrac{GD}{\sin B \cdot \sin C} = \dfrac{GE}{\sin C \cdot \sin A} = \dfrac{GF}{\sin A \cdot \sin B} = \dfrac{2}{3}R;$

其中, D, E, F 分别为 G 在 BC, CA, AB 边上的射影;

(6) $\dfrac{m_A}{\dfrac{1}{2}\sqrt{2\sin^2 B + 2\sin^2 C - \sin^2 A}} = \dfrac{m_B}{\dfrac{1}{2}\sqrt{2\sin^2 A + 2\sin^2 C - \sin^2 B}} =$

$$\dfrac{m_C}{\dfrac{1}{2}\sqrt{2\sin^2 A + 2\sin^2 B - \sin^2 C}} = 2R;$$

(7) $\dfrac{HA}{|\cos A|} = \dfrac{HB}{|\cos B|} = \dfrac{HC}{|\cos C|} = 2R;$

(8) $\dfrac{HD}{|\cos B \cdot \cos C|} = \dfrac{HE}{|\cos C \cdot \cos A|} = \dfrac{HF}{|\cos A \cdot \cos B|} = 2R;$

其中, D, E, F 分别为 H 在 BC, CA, AB 边上的射影;

(9) $\dfrac{h_A}{|\sin B \cdot \sin C|} = \dfrac{h_B}{|\sin C \cdot \sin A|} = \dfrac{h_C}{|\sin A \cdot \sin B|} = 2R;$

(10) $\dfrac{I_A A}{\cos \dfrac{B}{2} \cdot \cos \dfrac{C}{2}} = \dfrac{I_A B}{\sin \dfrac{A}{2} \cdot \cos \dfrac{C}{2}} = \dfrac{I_A C}{\sin \dfrac{A}{2} \cdot \cos \dfrac{B}{2}} = 4R;$

(11) $\dfrac{r_A}{\sin \dfrac{A}{2} \cdot \cos \dfrac{B}{2} \cdot \cos \dfrac{C}{2}} = \dfrac{r_B}{\sin \dfrac{B}{2} \cdot \cos \dfrac{C}{2} \cdot \cos \dfrac{A}{2}} =$

$$\frac{r_C}{\sin \dfrac{C}{2} \cdot \cos \dfrac{A}{2} \cdot \cos \dfrac{B}{2}} = 4R;$$

$$(12)\ \frac{t_A{}'}{\sin B \cdot \sin C \cdot \sec \dfrac{B-C}{2}} = \frac{t_B{}'}{\sin A \cdot \sin C \cdot \sec \dfrac{A-C}{2}} =$$

$$\frac{t_C{}'}{\sin A \cdot \sin B \cdot \sec \dfrac{A-B}{2}} = 2R.$$

其中,$A > B > C$.

证明提示　(1) 由面积等式 $\dfrac{1}{2} r(a + b + c) = 2R^2 \cdot \sin A \cdot \sin B \cdot \sin C$

有　　　　　　　$r = 4R \cdot \sin \dfrac{A}{2} \cdot \sin \dfrac{B}{2} \cdot \sin \dfrac{C}{2}$

则　　　　　　　$IA = \dfrac{r}{\sin \dfrac{A}{2}} = 4R \cdot \sin \dfrac{B}{2} \cdot \sin \dfrac{C}{2}$

等三式即证;

(2) 由正弦定理及

$$t_A = \frac{2bc}{b+c} \cdot \cos \frac{A}{2} = \frac{8R^2 \cdot \sin B \cdot \sin C}{2R(\sin B + \sin C)} \cdot \cos \frac{A}{2} =$$

$$2R \cdot \sin B \cdot \sin C \cdot \sec \frac{B-C}{2}$$

等三式即证;

(3) 略;

(4) 由

$$AA_1 = OA_1 + R = \frac{R \cdot AB \cdot \sin B}{AB \cdot \sin B - R \cdot \cos A} = 2R \cdot \sin B \cdot \sin C \cdot \sec(B - C)$$

等三式即证;

(5) 由 $GD = \dfrac{1}{3} AB \cdot \sin B = \dfrac{2}{3} R \cdot \sin A \cdot \sin B$ 等即证;

(6) 由 $m_A = \dfrac{1}{2} \sqrt{2b^2 + 2c^2 - a^2}$ 及正弦定理即可证;

(7) 由 $AH = \dfrac{AC \cdot |\cos A|}{\sin B} = 2R \cdot |\cos A|$ 等三式即证;

(8) 由 $HD = |AD - AH| = 2R \cdot |\cos B \cdot \cos C|$ 等即证;

(9) 由 $h_A = \dfrac{a}{\cot B + \cot C} = \dfrac{a \cdot \sin B \cdot \sin C}{\sin A} = 2R \cdot \sin B \cdot \sin C$ 即证;

335

(10) 由 $\dfrac{AC}{\sin\dfrac{B}{2}} = \dfrac{I_AA}{\sin(\dfrac{\pi}{2} + \dfrac{C}{2})}$ 等三式即证；

(11) 由 $r_A = I_AA \cdot \sin\dfrac{A}{2} = 4R \cdot \sin\dfrac{A}{2} \cdot \cos\dfrac{B}{2} \cdot \cos\dfrac{C}{2}$ 等即证；

(12) 由 $\dfrac{t_A{}'}{\sin(\pi - B)} = \dfrac{c}{\sin\angle AT'B} = \dfrac{c}{\sin[\pi - (\pi - B) - \dfrac{1}{2}(B + C)]}$ 即证.

例18 如图3.1.14,已知圆 $O(R)$ 的内接 $\triangle ABC$ 其内心点 I,内切圆半径 r,延长 AI,BI,CI 分别交圆 $O(R)$ 于点 G,K,L,令 $\triangle IBG,\triangle ICK,\triangle IAL,\triangle IGC,\triangle IKA,$ $\triangle ILB$ 外接圆半径分别为 $R_1{}',R_2{}',R_3{}',R_1,R_2,R_3$,设 AG 与 BC 交于 S.求证:$R_1{}' \cdot R_2{}' \cdot R_3{}' = R_1 \cdot R_2 \cdot R_3$.

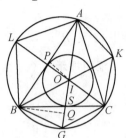

图 3.1.14

证明 作 $BQ \perp AG$ 于 Q,$IP \perp AB$ 于 P.设 $\angle BAC,\angle ABC,\angle BCA$ 所对三边分别为 a,b,c.由

336

$\triangle IAP \backsim \triangle BAQ$ 有 $\dfrac{AI}{r} = \dfrac{c}{BQ}$,即 $BQ = \dfrac{rc}{AI}$.由 $\dfrac{CS}{BS} = \dfrac{AC}{AB},\dfrac{AC}{AS} = \dfrac{AG}{AB}$ 有 $CS = \dfrac{ab}{b + c}$,$bc = AS \cdot AG$.

又 $AS = \dfrac{2}{b + c}\sqrt{bcp(p - a)}$,其中,$p = \dfrac{1}{2}(a + b + c)$,则

$$AG = \dfrac{bc}{AS} = \dfrac{b + c}{2}\sqrt{\dfrac{bc}{p(p - a)}}$$

又由 $\triangle ASC \backsim \triangle ABG$,有

$$BG = \dfrac{AG \cdot CS}{b} = \dfrac{a}{2}\sqrt{\dfrac{bc}{p(p - a)}}$$

再在 $\triangle BOG$ 中,由 $BI \cdot GB = 2R_1{}' \cdot BQ$,有

$$R_1{}' = \dfrac{a \cdot AI \cdot BI}{4r}\sqrt{\dfrac{b}{cp(p - a)}}$$

类似求得 $\qquad R_1 = \dfrac{a \cdot AI \cdot GI}{4r}\sqrt{\dfrac{c}{bp(p - a)}}$

$$R_2{}' = \dfrac{b \cdot BI \cdot CI}{4r}\sqrt{\dfrac{c}{ap(p - b)}}, R_2 = \dfrac{b \cdot BI \cdot AI}{4r}\sqrt{\dfrac{a}{cp(p - b)}}$$

$$R_3{}' = \dfrac{c \cdot CI \cdot AI}{4r}\sqrt{\dfrac{a}{bp(p - c)}}, R_3 = \dfrac{c \cdot CI \cdot BI}{4r}\sqrt{\dfrac{b}{ap(p - c)}}$$

由此即证 $R_1{}'R_2{}'R_3{}' = R_1R_2R_3$.

例 19 如图 3.1.15,设 AB 是圆 O 的一条弦,CD 是圆 O 的直径,且与弦 AB 相交.求证:$|S_{\triangle CAB} - S_{\triangle DAB}| = 2S_{\triangle OAB}$.

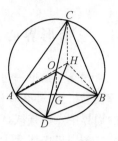

图 3.1.15

证明 设 H 为 $\triangle ABC$ 的垂心,连 AH,BH,CH,作 $OG \perp AB$ 于 G,则 G 为 AB 中点.由 DA,BH 均与 AC 垂直知 $DA \parallel BH$,由 $DA = CD \cdot \cos \angle ADC$ 及 $BH = CD \cdot \cos \angle ABC$ 知 $ADBH$ 为平行四边形,则 G 为 DH 中点.且 $CH = 2OG$,$S_{\triangle DAB} = S_{\triangle HAB}$.从而

$$|S_{\triangle CAB} - S_{\triangle DAB}| = S_{\triangle ACH} + S_{\triangle BCH} =$$

$$\frac{1}{2} AB \cdot CH = AB \cdot OG = 2S_{\triangle OAB}$$

注:由图 3.1.15 可知 $AH^2 + a^2 = BH^2 + b^2 = CH^2 + c^2 = 4R$.

例 20 设 I 为 $\triangle ABC$ 的内心,角 A,B,C 的内角平分线分别交其对边于 A',B',C'.求证:

$$\frac{1}{4} < \frac{AI \cdot BI \cdot CI}{AA' \cdot BB' \cdot CC'} \leqslant \frac{8}{27}$$

证明 由定理 23(1),(4) 知

$$AI = 4R \cdot \sin \frac{B}{2} \cdot \sin \frac{C}{2}, AA' = 2R \cdot \sin B \cdot \sin C \cdot \sec \frac{B-C}{2}$$

即

$$\frac{AI}{AA'} = \frac{1}{2}\left(1 + \tan \frac{B}{2} \cdot \tan \frac{C}{2}\right)$$

同理

$$\frac{BI}{BB'} = \frac{1}{2}\left(1 + \tan \frac{C}{2} \cdot \tan \frac{A}{2}\right), \frac{CI}{CC'} = \frac{1}{2}\left(1 + \tan \frac{A}{2} \cdot \tan \frac{B}{2}\right)$$

因为

$$\tan \frac{A}{2} \cdot \tan \frac{B}{2} + \tan \frac{B}{2} \cdot \tan \frac{C}{2} + \tan \frac{C}{2} \cdot \tan \frac{A}{2} = 1$$

由均值不等式,可得

$$\frac{AI \cdot BI \cdot CI}{AA' \cdot BB' \cdot CC'} \leqslant \left[\frac{1}{3} \cdot \frac{1}{2}\left(1 + 1 + 1 + \tan \frac{A}{2} \cdot \tan \frac{B}{2}\right) + \right.$$

$$\left. \tan \frac{B}{2} \cdot \tan \frac{C}{2} + \tan \frac{C}{2} \cdot \tan \frac{A}{2}\right]^3 = \frac{8}{27}$$

又

$$\frac{AI \cdot BI \cdot CI}{AA' \cdot BB' \cdot CC'} = \frac{1}{8}\left(1 + \tan \frac{A}{2} \cdot \tan \frac{B}{2}\right)\left(1 + \tan \frac{B}{2} \cdot \tan \frac{C}{2}\right)$$

$$\left(1 + \tan \frac{C}{2} \cdot \tan \frac{A}{2}\right) > \frac{1}{8}(1 + 1) = \frac{1}{4}$$

由此即证得原不等式成立.

七、三角形界心的基本性质及应用

如果三角形一边上的一点和这边所对的顶点把三角形的周长分割为两条等长的折线,那么就称这一点为三角形的周界中点.三角形的顶点与其对边上的周界中点的连线,叫做三角形的一条周界中线.运用塞瓦定理可证明三角形的三条周界中线交于一点.这个交点,我们称之为三角形的界心.三角形界心有如下基本性质.

定理 24 (1)过三角形任一顶点的周界中线平行于内心与对边中点的连线;

(2)三角形的任一顶点到界心的距离与其对边上的周界中线的长之比等于其对边长与半周长之比;

(3)过三角形的界心,但不过三角形顶点的任一直线,都不可能把三角形的周界截割为两条等长的折线.

证明 设 K_1,K_2,K_3 分别为 $\triangle ABC$ 的边 BC,CA,AB 的周界中点,J 为界心.

(1)设内心为 I,M 为 BC 中点,AI 延长交 BC 于 E,则

$$BE = \frac{ac}{b+c}, ME = |MC - EC| = \frac{a|c-b|}{2(b+c)}, MK_1 = \frac{|c-b|}{2}$$

由

$$\frac{ME}{MK_1} = \frac{a}{b+c} = \frac{IE}{IA}$$

有 $AK_1 /\!/ IM$.

(2)由

$$\frac{AJ}{JK_1} \cdot \frac{p-b}{a} \cdot \frac{p-a}{p-b} = \frac{AJ}{JK_1} \cdot \frac{K_1 C}{CB} \cdot \frac{BK_2}{K_2 A} = 1$$

即得 $\frac{AJ}{AIK_1} = \frac{a}{p}$(其中,$p = \frac{1}{2}(a+b+c)$,余类似证),或作 $K_1 T /\!/ AC$ 交 BK_2 于 T,由 $\triangle BK_1 T \backsim \triangle BCK$,$\triangle K_1 JT \backsim \triangle AJK_2$ 即证;

(3)用反证法,并注意用梅涅劳斯定理即证.

定理 25 设 O,G,H,I,J 分别为 $\triangle ABC$ 的外心,重心,垂心,内心,界心,则

(1)J,G,I 共线,且 $JG = 2GI$;

(2)I,O,J,H 组成梯形($IO /\!/ HJ$),且 G 为此梯形对角线交点;等腰三角形此"五心"共线,等边三角形此"五心"共点;

(3)设 M 为 BC 中点,则 $AJ = 2IM$;

(4)$JO = R - 2r$;

(5) $JI_A = [4r^2 + \dfrac{1}{r^2}(p - b)^2(p - c)^2 + (p - a)^2]^{\frac{1}{2}}(I_A$ 为旁心$)$;

(6) $\triangle ABC$ 的旁心三角形的外心 O' 及 I, H, J 组成平行四边形的顶点;

(7) 设 $A(x_1, y_1), B(x_2, y_2), C(x_3, y_3)$,令 $p = \dfrac{1}{2}(a + b + c)$,则点 J 坐标为

$$\left(\dfrac{1}{p}[(p - a)x_1 + (p - b)x_2 + (p - c)x_3],\right.$$

$$\left.\dfrac{1}{p}[(p - a)y_1 + (p - b)y_2 + (p - c)y_3]\right)$$

证明 (1) 所设与定理 24 中的证明相同,连 IJ 交 AM 于 G',由定理 24(1) 及

(2) 有 $IM \ /\!/ \ AK_1$ 即 $\dfrac{IM}{AK_1} = \dfrac{EI}{EA} = \dfrac{a}{a + b + c} = \dfrac{a}{2p}$ 及 $\dfrac{AJ}{AK_1} = \dfrac{a}{p}$,从而 $\dfrac{AG'}{G'M} = \dfrac{AJ}{IM} =$

2,即 G' 与 G 重合.由此即证:

(2) 由(1) 即证;

(3) 延长 AI 到 N,使 $IN = AI$,取 AC 中点 F,则 $IF \ /\!/ \ NC$.又 $BJ \ /\!/ \ IF \ /\!/ \ NC$,同理 $JC \ /\!/ \ BN$.即 $BNCJ$ 为平行四边形,由 J, M, N 共线有 $AJ = 2IM$;

(4) 连 AO 交 BC 于 D,交外接圆于 P,周界中线 AK_1 交外接圆于 Q.

$$\cos \angle PAQ = \dfrac{AQ}{AP} = \dfrac{AK_1 + K_1Q}{2R}$$

$$AK_1 \cdot K_1Q = BK_1 \cdot K_1C = (p - c)(p - b)$$

在 $\triangle AJO$ 中,用余弦定理即可证得结论;

(5) 记 $p = \dfrac{1}{2}(a + b + c), AK_1 = m, AI = \sqrt{\dfrac{bc(p - a)}{p}} = l$,在 $\triangle AK_1I_A$

和 $\triangle AJI_A$ 中,由

$$\dfrac{(\dfrac{a}{p}m)^2 + (\dfrac{pl}{p - a})^2 - JI_A^2}{2 \cdot \dfrac{am}{p} \cdot \dfrac{pl}{p - a}} = \dfrac{m^2 + (\dfrac{pl}{p - a})^2 - (\dfrac{rp}{p - a})^2}{2m \cdot \dfrac{pl}{p - a}}$$

可解得 JI_A.

(6) 由定理 18(2) 知,$\triangle ABC$ 的内心 I 关于 O 的对称点为旁心三角形的外心 O',再由(2) 得 $O'I \ /\!/ \ HJ$ 即证;

(7) 建立平面直角坐标系,注意 $BK_1 = p - c, K_1C = p - b$ 及定比分点坐标公式,有 $K_1(\dfrac{p - b}{a}x_2 + \dfrac{p - c}{a}x_3, \dfrac{p - b}{a}y_2 + \dfrac{p - c}{a}y_3)$,再由定理 24(2) 即证.

定理 26 在 $\triangle ABC$ 中,$BC = a, CA = b, AB = c, BC$ 边上的周界中线 AK_1 之长为 n_A(同样有另两式)

339

$$n_A = \sqrt{p^2 - \frac{4p}{a}(p-b)(p-c)}$$

其中,$p = \frac{1}{2}(a+b+c)$.

证明 在 $\triangle ABC$ 中,有

$$\cos B = \frac{(a+c)^2 - b^2 - 2ac}{2ac} = \frac{2p(p-b)}{ac} - 1$$

又在 $\triangle ABK_1$ 中,用余弦定理,有

$$n_A^2 = AK_1^2 = c^2 + (p-c)^2 - 2c(p-c)\cos B = p^2 - \frac{4p}{a}(p-b)(p-c)$$

即可证.

例 21 试证:三角形的内心为其中位线三角形的界心.

证明 如图 3.1.16,设 AK_1 为 $\triangle ABC$ 的周界中线,$\triangle LMN$ 为中位线三角形,I 为 $\triangle ABC$ 的内心.

由定理 24(1) 知,$LI /\!/ AK_1$.延长 LI 交 NM 于 L',则 $\angle L'LM = \angle BAK_1$,$\angle NML = \angle B$,知 $\triangle LML' \backsim \triangle ABK_1$,有

$$L'M : BK_1 = L'L : AK_1 = 1 : 2$$

从而

$$L'M : ML = \frac{1}{2}BK_1 + \frac{1}{2}AB = \frac{1}{2}p.$$

同理,$L'N = NL = \frac{1}{2}p$,即 LL' 为 $\triangle LMN$ 的周界中线.

连 NI 延长交 LM 于 N',同理得 NN' 为 $\triangle LMN$ 的周界中线.于是知 I 是 $\triangle LMN$ 的界心.

注:由此例及三角形各心之间的关系,还可推得 1)设 $\triangle ABC$ 的中位线三角形为 $\triangle_1$,$\triangle_1$ 的垂足三角形为 $\triangle_2$,$\triangle_2$ 的中位线三角形为 $\triangle_3$,则 $\triangle ABC$ 的外心是 $\triangle_3$ 的界心;2)三角形界心是其内心关于各边中点的对称点所构成的三角形的内心.

例 22 如图 3.1.17,设 P 为 $\triangle ABC$ 所在平面内一点,J 为其界心(其他所设同前),则

$$PJ^2 = \frac{p-a}{p} \cdot PA^2 + \frac{p-b}{p} \cdot PB^2 + \frac{p-c}{p} \cdot PC^2 + 4r^2 - 4Rr$$

证明 设 K_1 为 BC 边上的周界中点,则 $BK_1 = p-c$,$K_1C = p-b$.在 $\triangle PBC$ 中,运用 Stewart 定理(参见第一篇第一章中例 15),有

340

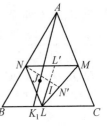

图 3.1.16

$$PK_1^2 = \frac{p-b}{a} \cdot PB^2 + \frac{p-c}{a} \cdot PC^2 - (p-b)(p-c)$$

在 $\triangle PAK_1$ 中运用 Stewart 定理,有

$$PJ^2 = \frac{p-a}{p} \cdot PA^2 + \frac{a}{p} \cdot PK_1^2 - \frac{a(p-a)}{p^2} \cdot AK_1^2$$

其中,$\frac{JK_1}{AK_1} = \frac{p-a}{p}$,$\frac{AJ}{AK_1} = \frac{a}{p}$,$AJ \cdot JK_1 = \frac{a}{p} \cdot AK_1 \cdot$

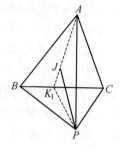

图 3.1.17

$\frac{p-a}{p} \cdot AK_1$ 均由定理 24(2) 推得,于是注意到定理 26,将

AK_1^2 的表达式及 PK_1^2 代入,并利用 $\frac{abc}{p} = 4Rr$,

$\frac{(p-a)(p-b)(p-c)}{p} = r^2$,即可证得结论成立.

注:利用此题结论亦可推得

$$JO = R - 2r, \quad JH = 2\sqrt{R^2 - 2Rr} = 2IO$$

$$JI = \sqrt{6r^2 - 12Rr - \frac{1}{2}(a^2 + b^2 + c^2)} = 3GI$$

$$JG = \sqrt{\frac{8}{3}r^2 - \frac{16}{3}Rr + \frac{2}{9}(a^2 + b^2 + c^2)} = 2GI$$

$$JN^2 = \frac{1}{4}R^2 - 6Rr + 2r^2 + \frac{1}{4}(a^2 + b^2 + c^2)$$

341

其中 N 为 OH 之中点,即九点圆圆心.

例 23 一直线截一个三角形的两边(所在直线)所得到的三角形的界心在原三角形第三边的周界中线(所在直线)上的充要条件是这一直线与原三角形的第三边平行.

证明 如图 3.1.18,设直线 MN 截 $\triangle ABC$ 的 AB 与 AC 分别于 N 与点 M,截 BC 边上的周界中线 AK_1 于 Q.

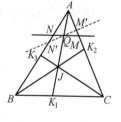

图 3.1.18

充分性 若 $MN // BC$,则 $\frac{AN}{NQ} = \frac{AB}{BK_1}$,且 $\frac{AM}{MQ} = \frac{AC}{CK_1}$

从而

$$AN + NQ = \frac{NQ}{BK_1}(AB + BK_1), \quad AM + MQ = \frac{MQ}{CK_1}(AC + CK_1)$$

而

$$\frac{NQ}{BK_1} = \frac{AQ}{AK_1} = \frac{MQ}{CK_1}, \quad AB + BK_1 = AC + CK_1$$

于是 $AN + NQ = AM + MQ$，即 AQ 为 $\triangle AMN$ 的 MN 边上的周界中线. 故 $\triangle AMN$ 的界心在 $\triangle ABC$ 的 BC 边上的周界中线 AK_1 上.

必要性 若 $\triangle AMN$ 的界心在 AK_1 上，则 $AN = NQ = p'$（p' 表示 $\triangle AMN$ 的半周长）. 若 MN 不平行于 BC，则过 Q 作直线 $N'M' \parallel BC$，且交 BC 与 AB 分别于 M' 与 N'. 由充分性证明，可知 $AN' + N'Q = p'$. 但 $NN' + N'Q > NQ$ 或 $N'N + NQ > N'Q$，从而有 $AN' + N'Q > AN + NQ$ 或 $AN + NQ > AN' + N'Q$，无论哪一种情况都有 $p' > p'$ 矛盾. 故 $MN \parallel BC$.

注：当 $MN \parallel BC$ 时，可证明 $\triangle AMN$ 的另外两条边上的周界中线与 BK_2，CK_3 分别平行.

八、三角形费马点的基本性质及应用

到三角形三顶点距离之和最小的点称之为费马点. 在 $\triangle ABC$ 中，若 $\max\{A, B, C\} < 120°$，则费马点 F 在三角形内且同各顶点张等角；若 $\max\{A, B, C\} \geqslant 120°$，则费马点 F 是最大角的顶点.

定理 27 若点 F 是 $\triangle ABC$ 的费马点，且 $\max\{A, B, C\} < 120°$，设 $FA = x$，$FB = y$，$FC = z$，则

$$x = \frac{b^2 + c^2 - 2a^2 + k^2}{3k}, y = \frac{a^2 + c^2 - 2b^2 + k^2}{3k}, z = \frac{a^2 + b^2 - 2c^2 + k^2}{3k}$$

其中，$k^2 = \frac{1}{2}(a^2 + b^2 + c^2) + 2\sqrt{3} S_\triangle$.

证明 由题知 F 在 $\triangle ABC$ 内部，且 $\angle BFC = \angle CFA = \angle AFB = 120°$. 由

$$a^2 = y^2 + z^2 - 2yz \cdot \cos 120°$$

有
$$y^2 + z^2 + yz = a^2$$

同理
$$x^2 + z^2 + xz = b^2, x^2 + y^2 + xy = c^2$$

又
$$S_{\triangle BFC} = \frac{1}{2} yz \cdot \sin 120° = \frac{\sqrt{3}}{4} yz, S_{\triangle BFA} = \frac{\sqrt{3}}{4} yx, S_{\triangle AFC} = \frac{\sqrt{3}}{4} xz$$

从而
$$S_{\triangle ABC} = \frac{\sqrt{3}}{4}(yz + xz + xy)$$

于是
$$(x + y + z)^2 = \frac{1}{2}(a^2 + b^2 + c^2) + 2\sqrt{3} S_\triangle = k^2$$

再解 $x + y + z = k, y^2 + z^2 + yz = a^2$ 等三式组成的方程组即得结论.

推论 1 $x : y : z = \dfrac{\sin(A + 60°)}{\sin A} : \dfrac{\sin(B + 60°)}{\sin B} : \dfrac{\sin(C + 60°)}{\sin C}$.

证明提示 运用 $x = \dfrac{3(b^2 + c^2 - a^2) + 4\sqrt{3}\,S_\triangle}{6k} = \dfrac{2\sqrt{3}\,bc \cdot \sin(A + 60°)}{3k}$

等三式即得.

推论 2 $\dfrac{1}{x} : \dfrac{1}{y} : \dfrac{1}{z} = S_{\triangle BFC} : S_{\triangle CFA} : S_{\triangle AFB}.$

推论 3 $\dfrac{a}{x} + \dfrac{b}{y} + \dfrac{c}{z} \geqslant \dfrac{6\sqrt{3}\,r}{R}.$

证明提示 运用平均值不等式及 $3(a^2 + b^2 + c^2) \geqslant (a + b + c)^2$, $x + y + z \leqslant a^2 + b^2 + c^2 \leqslant 9R^2$, $abc = 4R \cdot S_\triangle = 4Rrp$, $R \geqslant 2r$, $p \geqslant 3\sqrt{3}\,r$, $S_\triangle \leqslant \dfrac{1}{3\sqrt{3}}p^2$, $\sqrt[3]{abc} \geqslant \sqrt{2^3 \cdot 2^{\frac{3}{2}} \cdot r_3}$ 即证.

例 24 设 F 为 $\triangle ABC$ 内的费马点,设 $FA = x$, $FB = y$, $FC = z$, $\triangle FBC$, $\triangle FCA$, $\triangle FAB$ 的内切圆半径分别为 r_1, r_2, r_3,则

$$r_1 + r_2 + r_3 \leqslant \dfrac{2\sqrt{3} - 3}{2}(x + y + z)$$

证明 由 $\dfrac{1}{2}(y + z + a)r_1 = S_{\triangle FBC} = \dfrac{\sqrt{3}}{4}yz$

有 $r_1 = \dfrac{\sqrt{3}}{2} \cdot \dfrac{yz}{y + z + a}$

又 $a = \sqrt{y^2 + yz + z^2} = \sqrt{\dfrac{3}{4}(y + z)^2 + \dfrac{1}{4}(y - z)^2} \geqslant \dfrac{\sqrt{3}}{2}(y + z)$

及 $\dfrac{yz}{y + z} \leqslant \dfrac{1}{4}(y + z)$

故 $r_1 \leqslant \dfrac{\sqrt{3}}{4(\sqrt{3} + 2)}(y + z)$

同理 $r_2 \leqslant \dfrac{\sqrt{3}}{4(\sqrt{3} + 2)}(x + z)$, $r_3 \leqslant \dfrac{\sqrt{3}}{4(\sqrt{3} + 2)}(x + y)$

九、三角形勃罗卡点的基本性质及应用

设 P 是 $\triangle ABC$ 内一点,若 $\angle PAB = \angle PBC = \angle PCA = \omega$,则点 P 称为第一类勃罗卡点或正勃罗卡点;设 Q 是 $\triangle ABC$ 内一点,若 $\angle QBA = \angle QCB = \angle QAC = \omega$,则称 Q 为第二类勃罗卡点或负勃罗卡点. ω 称为勃罗卡角.

343

三角形中,正、负勃罗卡点各只存在一个.

定理 28　$\triangle ABC$ 的勃罗卡角 ω 满足等式

$$\cot \omega = \cot A + \cot B + \cot C = \frac{a^2 + b^2 + c^2}{4S_\triangle}$$

证明　如图 3.1.19,作 $\triangle PAC$ 的外接圆,延长 BP 交圆于 B',易证 $AB' \parallel BC$.过 A,B' 分别引 BC 的垂线,垂足为 L,K,连 $B'C$,则由图知

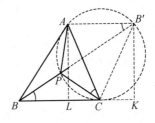

图 3.1.19

$$\cot \omega = \frac{BK}{B'K} = \frac{BL}{B'K} + \frac{LC}{B'K} + \frac{CK}{B'K} =$$

$$\cot B + \cot C + \cot A$$

再注意 $4S_\triangle \cdot \cot A = b^2 + c^2 - a^2$ 等三式即证.

定理 29　设 P 是 $\triangle ABC$ 的正勃罗卡点,相应的勃罗卡角为 ω,设 $PA = x$,$PB = y$,$PC = z$,则 $x = \dfrac{b^2 c}{T}$,$y = \dfrac{c^2 a}{T}$,$z = \dfrac{a^2 b}{T}$,其中,$T = \sqrt{a^2 b^2 + b^2 c^2 + a^2 c^2}$.

344

证明　参见图 3.1.19,由

$$\angle APB = 180° - \omega - \angle ABP = 180° - \angle B, \sin \angle APB = \sin B$$

同理

$$\sin \angle BPC = \sin C, \sin \angle APC = \sin A$$

由

$$\frac{1}{2} xy \cdot \sin \angle APB + \frac{1}{2} yz \cdot \sin \angle BPC + \frac{1}{2} xz \cdot \sin \angle APC = S_{\triangle ABC} = \frac{abc}{4R}$$

有

$$xy \cdot \sin B + yz \cdot \sin C + zx \cdot \sin A = \frac{abc}{2R}$$

即

$$bxy + cyz + axz = abc \qquad\qquad\qquad ①$$

又由

$$\frac{x}{\sin \omega} = \frac{b}{\sin \angle APC} = \frac{b}{\sin A} = \frac{2bR}{a}$$

有

$$\frac{ax}{b} = 2R \cdot \sin \omega$$

同理

$$\frac{by}{c} = 2R \cdot \sin \omega, \frac{cz}{a} = 2R \cdot \sin \omega$$

令 $2R \cdot \sin \omega = k$,则 $x = \dfrac{b}{a} k$,$y = \dfrac{c}{b} k$,$z = \dfrac{a}{c} k$,并代入 ① 式,可求得 $k = \dfrac{abc}{T}$,其中,$T = \sqrt{a^2 b^2 + b^2 c^2 + a^2 c^2}$.由此即证.

注:此定理的逆命题也是成立的.可参见本章例 25 充分性证明中的后部分.

推论 1　$x + y + z = \dfrac{a^2 b + b^2 c + c^2 a}{T}$.

推论 2　$(cx + by + bz)^2 = a^2 b^2 + b^2 c^2 + c^2 a^2$.

推论 3　$\omega = \arcsin \dfrac{2 S_\triangle}{T}$，其中，$T = \sqrt{a^2 b^2 + b^2 c^2 + a^2 c^2}$.

推论 4　点 P 到 AB, BC, CA 边的距离分别记为 d_C, d_A, d_B，则

$$d_A = \dfrac{2ac^2}{T^2} \cdot S_\triangle, \quad d_B = \dfrac{2ba^2}{T^2} \cdot S_\triangle, \quad d_C = \dfrac{2cb^2}{T^2} \cdot S_\triangle$$

其中，$T^2 = a^2 b^2 + b^2 c^2 + a^2 c^2$.

证明提示　由 $d_A = y \cdot \sin \omega = \dfrac{yk}{2R} = \dfrac{abc}{2RT} \cdot y$ 等三式即证.

定理 30　(1) 设 P 是 $\triangle ABC$ 的正勃罗卡点，它在 BC, CA, AB 边上的射影为 A_1, B_1, C_1，则 $\triangle A_1 B_1 C_1 \backsim \triangle BCA$，且相似比为 $PA_1 : PB = \sin \omega$；

(2) 正勃罗卡点 P 与 $\triangle ABC$ 对应顶点连线交其外接圆于 A', B', C'，则 $\triangle A'B'C' \cong \triangle CAB$，而且 $\triangle A'B'C'$ 以 P 为负勃罗卡点；

(3) 设 P, Q, O 分别为 $\triangle ABC$ 的正、负勃罗卡点和外心，$\triangle A_1 B_1 C_1$ 与 $\triangle A_2 B_2 C_2$，分别是关于 P, Q 的垂足三角形，则 1) $\triangle A_1 B_1 C_1$ 与 $\triangle A_2 B_2 C_2$ 共有一个外接圆，其圆心为 PQ 的中点，半径为 $R \cdot \sin \omega$；2) $OP = OQ$，$\angle POQ = 2\omega$.

证明提示　(1) 由 A_1, C, B_1, P 等三组四点共圆即证；

(2) 由同弧上的圆周角相等即证；

(3) 1) 由 A_1, A_2, B_2, B_1 四点共圆，B_2, B_1, C_1, C_2 四点共圆，其圆心均为 PQ 中点即证；

2) PQ 中点 O' 与 O 是相似三角形 $\triangle A_1 B_1 C_1$ 与 $\triangle BCA$ 的对应点（都是外心），故 $PO = \dfrac{PO'}{\sin \omega} = \dfrac{OO'}{\sin \omega} = OQ$，$\angle POQ = 2\omega$.

例 25　设 P 为 $\triangle ABC$ 内一点，则 P 为正勃罗卡点的充要条件为

$$\dfrac{S_{\triangle PBC}}{c^2 a^2} = \dfrac{S_{\triangle PCA}}{a^2 b^2} = \dfrac{S_{\triangle PAB}}{b^2 c^2} = \dfrac{S_{\triangle ABC}}{a^2 b^2 + b^2 c^2 + c^2 a^2}$$

证明　**必要性**　若 P 为正勃罗卡点，则

$$PA = x = \dfrac{b^2 c}{T}, \quad PB = y = \dfrac{c^2 a}{T}, \quad PC = z = \dfrac{a^2 b}{T}, \quad T = \sqrt{a^2 b^2 + b^2 c^2 + c^2 a^2}$$

而 $S_{\triangle PBC} = \dfrac{1}{2} ay \cdot \sin \omega = \dfrac{c^2 a^2}{T^2} \cdot S_\triangle$，$S_{\triangle PCA} = \dfrac{a^2 b^2}{T^2} \cdot S_\triangle$，$S_{\triangle PAB} = \dfrac{b^2 c^2}{T^2} \cdot S_\triangle$

其中，$T^2 = a^2 b^2 + b^2 c^2 + c^2 a^2$. 即证.

345

充分性 设 $\angle BPC = \alpha, \angle CPA = \beta, \angle APB = \gamma$,则

$$\frac{yz \cdot \sin \alpha}{2c^2a^2} = \frac{zx \cdot \sin \beta}{2a^2b^2} = \frac{xy \cdot \sin \gamma}{2b^2c^2} = \frac{S_\triangle}{a^2b^2 + b^2c^2 + c^2a^2}$$

从而 $\dfrac{xc^2a^2}{\sin(\pi - \alpha)} = \dfrac{ya^2b^2}{\sin(\pi - \beta)} = \dfrac{zb^2c^2}{\sin(\pi - \gamma)} = \dfrac{xyz(a^2b^2 + b^2c^2 + c^2a^2)}{2S_\triangle}$

注意到"若 $a, b, c \in \mathbf{R}^+, A, B, C \in (0, \pi), A + B + C = \pi$,且 $\dfrac{a}{\sin A} = \dfrac{b}{\sin B} = \dfrac{c}{\sin C}$,则 a, b, c 可构成三角形,且 a, b, c 的对角分别等于 A, B, C."

的事实,则

$$x^2a^4c^4 = y^2a^4b^4 + z^2b^4c^4 - 2yza^2b^4c^2 \cdot \cos(\pi - \alpha)$$

又 $2yz \cdot \cos \alpha = y^2 + z^2 - a^2$,代入上式,则有

$$x^2a^4c^4 = b^4(a^2 + c^2)(a^2y^2 + c^2z^2) - a^4b^4c^2$$

同理

$$y^2a^4b^4 = c^4(a^2 + b^2)(a^2x^2 + b^2z^2) - a^2b^4c^4$$

$$z^2b^4c^4 = a^4(b^2 + c^2)(b^2y^2 + c^2x^2) - a^4b^2c^4$$

由此解之得 $x = \dfrac{b^2c}{T}, y = \dfrac{c^2a}{T}, z = \dfrac{a^2b}{T}$,其中,$T = \sqrt{a^2b^2 + c^2b^2 + a^2c^2}$.

设 $\angle PAB = \omega_1, \angle PBC = \omega_2, \angle PCA = \omega_3$,则

$$\cos \omega_1 = \frac{c^2 + x^2 - y^2}{2cx}$$

将 $x = \dfrac{b^2c}{T}, y = \dfrac{c^2a}{T}$ 代入上式,并整理有 $\cos \omega_1 = \dfrac{1}{2T}$,其中,$T = \sqrt{a^2b^2 + b^2c^2 + c^2a^2}$.

同理,有 $\cos \omega_2 = \cos \omega_3 = \dfrac{1}{2T}$,故 $\omega_1 = \omega_2 = \omega_3$,即 P 为 $\triangle ABC$ 的正勃罗卡点.证毕.

最后指出:三角形勃罗卡点分别与费马点、外心、内心、重心、垂心重合的充要条件是三角形为正三角形.证明留给读者作为练习.

练习题 3.1

1. 从等腰 $\triangle ABC$ 底边 BC 上任一点 P 分别作两腰的平行线交 AB 于 R,交 AC 于 Q.求证:点 P 关于直线 PQ 的对称点 D 在 $\triangle ABC$ 的外接圆上.

2. 已知正 $\triangle ABC$ 外有一点 D,且 $AD = AC, AH \perp CD$ 于 H, K 在 AH 上,$KC \perp BC$.求证:$S_{\triangle ABC} = \dfrac{\sqrt{3}}{4}AK \cdot BD$.

3.在 △ABC 中,$AB = AC$,$AD \perp BC$ 于 D,$DF \perp AB$ 于 F,$AE \perp CF$ 于 E 交 DF 于 M.求证:M 为 DF 的中点.

4.设 H 为等腰 △ABC 的垂心,在底边 BC 保持不变的情况下,让顶点 A 至底边 BC 的距离变小,这时 $S_{\triangle ABC} \cdot S_{\triangle HBC}$ 的值怎样变化?

5.AB 为半圆直径,从半圆上的点 C 作 $CD \perp AB$ 于 D,E,F 分别在 AD,AC 上,满足 ∠$DCE =$ ∠ADF.求证:$AF : FC = ED : DB$.

6.BD,CE 是 △ABC 的高,过 D 作 $DG \perp BC$ 于 G,交 CE 于 F,CD 的延长线与 BA 的延长线交于 H.求证:$GD^2 = GF \cdot GH$.

7.AD,BE,CF 是 △ABC 的三条中线,P 是任意一点.证明:在 △PAD,△PBE,△PCF 中,其中一个面积等于另外两个面积的和.

8.在 □$ABCD$ 中,E,F 分别为 AB,BC 上的点,且 $AE = 2EB$,$BF = FC$,连 EF 交 BD 于 H.设 $S_{\triangle BEH} = 1$,求 S_{ABCD}.

9.两直线相交于 O,在一直线上取 A,B,C 三点,使 $OA = AB = BC$;在另一直线上取 L,M,N 三点,使 $LO = OM = MN$.求证:AL,BN,CM 共点.

10.过 △ABC 的重心 G 任作一直线分别交 AB,AC 于 D,E,若 DE 不平行 BC.求证:$S_{DBCE} - S_{\triangle ADE} < \dfrac{1}{9} S_{\triangle ABC}$.

11.在 △ABC 中,$AB = 4$,$AC = 6$,$BC = 5$,∠A 的平分线 AD 交外接圆于 K.O,I 分别为 △ABC 的外心、内心.求证:$OI \perp AK$.

12.I 是 △ABC 的内心,且 AI,BI 的延长线分别交 BC 于 D,交 AC 于 E.若 I,D,C,E 在同一圆周上,且 $DE = 1$,试求 ID 和 IE 之长.

13.设 △ABC 的外接圆半径为 R,内切圆半径为 r,内心为 I,延长 AI 交外接圆于 D.求证:$AI \cdot ID = 2Rr$.

14.在 △ABC 中,∠C 的平分线交 AB 边及三角形外接圆于 D,K,I 是内心.求证:(1) $\dfrac{1}{ID} - \dfrac{1}{IK} = \dfrac{1}{IC}$;(2) $\dfrac{IC}{ID} - \dfrac{ID}{DK} = 1$.

15.在 △ABC 中,∠A,∠B,∠C 的平分线分别交外接圆于点 P,Q,R.求证:$AP + BQ + CR > BC + CA + AB$.

16.设 △ABC 的外接圆 O 的半径为 R,内心为 I,∠$B = 60°$,∠$A <$ ∠C,∠A 的外角平分线交圆 O 于 E.证明:(1)$IO = AE$;(2)$2R < IO + IA + IC < (1 + \sqrt{3})R$.

17.已知 △ABC 的内切圆切 BC 边于 D,切 AB 边于 E,切 AC 边于 F.连 AD,作 △ABD 和 △ACD 的内切圆.求证:△ABD 和 △ADC 的内切圆切 AD 于同一点.

第一章 三角形中的巧合点问题

18.已知 $\triangle ABC$ 的内切圆分别切 BC,AB,AC 边于 D,M,N . AF 是 BC 边上中线.求证: MN,DO,AF 共点.

19.设 $\triangle ABC$ 的内切圆 O 与 AB,AC 相切于 E,F ,射线 BO,CO 分别交 EF 于点 N,M .求证: $S_{AMON} = S_{\triangle OBC}$.

20.证明定理 15.

21.证明定理 16.

22.证明定理 17.

23.证明定理 18.

24.证明定理 19.

25.证明定理 20.

26.设点 O 和 C 在线段 AB 的同侧, $OA = OB$,且 $\angle AOB = 2\angle ACB$ (或 $2(180° - \angle ACB)$),则 O 为 $\triangle ABC$ 的外心.

27.设 I_1,I_2,I_3 分别为 $\triangle ABC$ 的边 BC,CA,AB 外的旁心, A_1,B_1,C_1 分别为 $\triangle I_1BC, \triangle I_2CA, \triangle I_3AB$ 的外心.求证: $\triangle ABC$ 与 $\triangle A_1B_1C_1$ 有相同的外心.

28.设圆 O 是 $\triangle ABC$ 的内切圆, D,E,F 分别是圆 O 与 BC,CA,AB 的切点. (1) 若 BD 的延长线与 EF 相交于 K ,则直线 AK 平分 BC ;(2)已知 $BC = a,AC = b,AB = c$,且 $b > c$.求 $S_{\triangle ABC} : S_{\triangle BKC}$.

29.在 $\triangle ABC$ 中,求证:

$(1)\sin A + \sin B + \sin C = 4\cos \dfrac{A}{2} \cdot \cos \dfrac{B}{2} \cdot \cos \dfrac{C}{2}$;

$(2)\cot A \cdot \cot B + \cot B \cdot \cot C + \cot C \cdot \cot A = 1$;

$(3)\sin A + \sin B - \sin C = 4\sin \dfrac{A}{2} \cdot \sin \dfrac{B}{2} \cdot \sin \dfrac{C}{2}$.

30.设 D,E,F 分别是 $\triangle ABC$ 的三边 BC,CA,AB 的中点, G 是重心, P 是平面上任一点,过 D,E,F 分别作 AP,BP,CP 的平行线,求证:(1) 所作的三条线交于一点 P' ;(2) P',G,P 三点共线;(3) $P'G = \dfrac{1}{2}PG$.

31.设 $\triangle ABC$ 的外接圆半径为 R ,旁切圆半径为 r_i ,两圆的圆心距为 $d_i(i = 1,2,3)$.则 $d_i^2 = R^2 + 2Rr_i$.

32.设 $\triangle ABC$ 的三个旁切圆 I_A,I_B,I_C 与 $\triangle ABC$ 三边所在直线分别切于 M,N,E,G,F,D ,且直线 DF,EG,MN 两两交于 P_1,P_2,P_3 .又设 R,r 分别为 $\triangle ABC$ 的外接圆半径,内切圆半径,其外心为 O ,内心为 I .求证:

$(1)P_1A,P_2B,P_3C$ 三直线共点,且 $\triangle ABC$ 的垂心是 $\triangle P_1P_2P_3$ 的外心;

348

$$\frac{1}{P_1 A} + \frac{1}{P_2 B} + \frac{1}{P_3 C} = \frac{1}{r};$$

(2) $\dfrac{1}{OI_A^2 - R^2} + \dfrac{1}{OI_B^2 - R^2} + \dfrac{1}{OI_C^2 - R^2} = \dfrac{1}{2Rr};$

$OI_A + OI_B + OI_C \leqslant 6R; II_A \cdot II_B \cdot II_C \leqslant 6R;$

(3) $\triangle I_A I_B I_C \backsim \triangle P_1 P_2 P_3$,且相似比为 $2R : (R + r);$

(4) $\dfrac{\triangle I_A I_B I_C \text{ 三边长之积}}{\triangle ABC \text{ 三边长之积}} = \dfrac{4R}{r}, \dfrac{S_{\triangle I_A I_B I_C}}{S_{\triangle ABC}} = \dfrac{2R}{r}.$

33.设 H 为 $\triangle ABC$ 的垂心,R,r 分别为其外接圆半径,内切圆半径.求证:

(1) 当 $\triangle ABC$ 为锐角三角形时,$| HA | + | HB | + | HC | = 2(R + r);$

(2) 当 $\triangle ABC$ 为钝角$(C > 90°)$三角形时,$| HA | + | HB | - | HC | = 2(R + r).$

34. 在 $\triangle ABC$ 中,$\angle A$ 是钝角,H 是垂心,$AH = BC$,求 $\cos(\angle HBC + \angle HCB)$ 的值.

35.证明下列等式(字母意义同定理 23).

(1) $h_A \cdot h_B \cdot h_C = \dfrac{(abc)^2}{8R^3};$

(2) $\dfrac{1}{h_A} + \dfrac{1}{h_B} + \dfrac{1}{h_C} = \dfrac{1}{r};$

(3) $m_A^2 + m_B^2 + m_C^2 = \dfrac{3}{4}(a^2 + b^2 + c^2);$

(4) $m_A^4 + m_B^4 + m_C^4 = \dfrac{9}{16}(a^4 + b^4 + c^4);$

(5) $\dfrac{1}{t_A^2} + \dfrac{1}{{t_A'}^2} = \dfrac{1}{h_A^2};$

(6) $t_A^2 + {t_A'}^2 = \left[\dfrac{bc}{R \cdot \sin(B - C)}\right]^2.$

36.试证下列结论.

(1) 三角形的重心分每条中线(从顶点起)之比均等于二比一;

(2) 三角形内心分每条内角平分线(从顶点起)之比均等于夹这角的两边之和与对边之比;

(3) 三角形旁心分相应的内角平分线(从顶点起)之比均等于夹这角的两边之和与对边之比;

(4) 三角形外心分过这点的三条线段 AD, BE, CF 之比均等于其相应两角的倍角正弦值与另一角倍角正弦值之比;

(5) 三角形的垂心内分(或外分)每条高(从顶点起)之比等于其相应角的

349

余弦值与另两角余弦值之积的比的绝对值.

37. (1) 若 P 为 $\triangle ABC$ 的外心(或垂心),设 A', B', C' 分别为 AP, BP, CP 延长线与其外接圆的交点,则对锐角三角形,有 $S_{\triangle ABC} = S_{\triangle A'BC} + S_{\triangle AB'C} + S_{\triangle ABC'}$;对于非锐角三角形(设 $\angle A \geqslant 90°$),则 $S_{\triangle ABC} = S_{\triangle A'BC} - S_{\triangle AB'C} - S_{\triangle ABC'}$;

(2) 若 P 为 $\triangle ABC$ 的重心(或内心),设 A', B', C' 分别为 AP, BP, CP 的延长线与其外接圆的交点,则 $S_{\triangle ABC} \leqslant S_{\triangle A'BC} + S_{\triangle AB'C} + S_{\triangle ABC'}$,其中等号当且仅当 $\triangle ABC$ 为正三角形时取到.

38. AD 是 $\triangle ABC$ 外角 $\angle EAC$ 的平分线,交 $\triangle ABC$ 的外接圆于 D,以 CD 为直径的圆分别交 BC, AC 于 P, Q. 求证:线段 PQ 把 $\triangle ABC$ 的周长二等分.

39. 若三角形的面积和周长被一直线截得的两部分的比相同. 求证:此直线必过其内心.

40. 试证:(1) 界心 J 关于 $\triangle ABC$ 的垂足 $\triangle A'B'C'$ 的面积 $S_{\triangle'} = \frac{r}{R}\left(1 - \frac{r}{R}\right) \cdot$ $S_{\triangle ABC}$;(2) 周界中点三角形面积 $S_T = \frac{r}{2R} \cdot S_{\triangle ABC}$.

41. 设 D', E', F' 分别为 $\triangle ABC$ 的垂心 H 在三边上的射影 D, E, F 依次关于 BC, CA, AB 的中点的对称点. 若 AD', BE', CF' 交于 H'. 求证:$\frac{H'D'}{AH'} \cdot \frac{H'E'}{BH'} \cdot \frac{H'F'}{CH'} = \frac{HD}{AH} \cdot \frac{HE}{BH} \cdot \frac{HF}{CH}$.

42. 试证:对于垂心组(1) 四个三角形有同一九点圆;(2) 四个三角形的外心,另成一垂心组,此垂心组各点与已知垂心组各点关于九点圆圆心 V 对称.

43. 试证:三角形的垂心组的四个三角形中的四个重心另成一垂心组,此二组形相位似.

44. 试证:三角形的三个切圆(内切或旁切) 圆心构成一个三角形,此新三角形的外心对于已知三角形的外心为另外一个切圆圆心的对称点.

45. 试证:自 $\triangle ABC$ 的旁心 I_A, I_B, I_C 分别至对应边的垂线共点.

46. 称 $\triangle ABC$ 内任一点 P 在三边上的射影点组成的三角形称为 $\triangle ABC$ 的垂足三角形. (1) 试求垂足三角形的边长;(2) 试证:三角形的第三个垂足三角形与原三角形是相似的.

47. $\triangle ABC$ 的 $\angle A$ 的平分线与 $\triangle ABC$ 的外接圆交于 D, I 是 $\triangle ABC$ 的内心,M 是 BC 中点,圆内一点 P 是 I 关于 M 的对称点. 延长 DP 与外接圆交于 N. 试证:在 AN, BN, CN 三条线段中,必有一条线段是另两条线段之和.

第二章　几类三角形中的数量及位置关系问题

直角三角形,三角形三边上的定比分点三角形,莫莱三角形等均是一些特殊的三角形.明了这些特殊三角形中的一系列有趣的数量及位置关系,掌握这类特殊图形的特征性质,不仅可以加深对这类图形的认识,还可以使我们随时联想到它的性质并灵活运用到求解各类平面几何问题中去.

一、直角三角形中的一些数量、位置关系及应用

定理 1　一个三角形为直角三角形的充分必要条件是两条边长的平方和等于第三边长的平方(勾股定理及其逆定理).

定理 2　一个三角形为直角三角形的充分必要条件是一边上的中线长等于该边长的一半.

定理 3　$\triangle ABC$ 为直角三角形,且 C 为直角顶点的充分必要条件是当 C 在 AB 边上的射影为 D 时,下列五个等式之一成立:(1) $AC^2 = AD \cdot AB$;(2) $BC^2 = BD \cdot AB$;(3) $CD^2 = AD \cdot DB$;(4) $BC^2 : CD^2 = AB : AD$;(5) $AC^2 : CD^2 = AB : DB$.

事实上,由 $\dfrac{BC^2}{CD^2} = \dfrac{AB}{AD} \Rightarrow \dfrac{BC^2 - CD^2}{CD^2} = \dfrac{AB - AD}{AD} \Rightarrow \dfrac{DB^2}{CD^2} = \dfrac{DB}{AD}$,即 $CD^2 = AD \cdot DB$.即可证得(4)的充分性.

其余的证明留给读者作为练习.

定理 4　非等腰 $\triangle ABC$ 为直角三角形,且 C 为直角顶点的充分必要条件是当 C 在 AB 边上的射影为 D 时,$AC^2 : BC^2 = AD : DB$.

证明　必要性显然(略),只证充分性.由
$$AD : DB = AC^2 : BC^2 = (AD^2 + CD^2) : (CD^2 + DB^2)$$
有
$$(CD^2 - AD \cdot DB)(AD - DB) = 0$$
而 $AD \neq DB$,即有 $CD^2 = AD \cdot DB$.由此即可证.

定理 5　$\triangle ABC$ 为直角三角形,且 C 为直角顶点的充分必要条件是当 C 在 AB 边上的射影为点 D,过 CD 中点 P 的直线 AP(或 BP)交 BC(或 AC)于 E,E

351

在 AB 上的射影为 F 时，$EF^2 = CE \cdot EB$（或 $EF^2 = CE \cdot EA$）.

证明 必要性 过 D 作 $DG \parallel AE$ 交 BC 于 G，则 $CE = EG$，且 $AD : DB = EG : GB$，即有

$$AD : (AD + DB) = EG : (EG + BG)$$

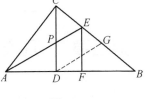

即 $\qquad AD : AB = CE : EB \qquad$ ①

又 $EF \parallel CD$，有

$$EF : CD = EB : CB \qquad ②$$

图 3.2.1

在 $\mathrm{Rt}\triangle ABC$ 中

$$CD^2 = AD \cdot DB, BC^2 = DB \cdot AB \qquad ③$$

将 ③ 代入 ②^2 得 $\qquad EF^2 = \dfrac{EB^2 \cdot AD}{AB} \qquad$ ④

将 ① 代入 ④ 得 $\qquad EF^2 = CE \cdot EB$

充分性 由 $EF^2 = CE \cdot EB$，注意到 ②^2 及 ①，有

$$BC^2 : CD^2 = AB : AD$$

再注意到定理 3(4) 即证.

对于 $EF^2 = CE \cdot EA$ 的情形也类似上述证明.

定理 6 $\triangle ABC$ 为直角三角形，且 C 为直角顶点的充分必要条件是当 D 为边 AB 上异于端点的任一点时，$(AB \cdot CD)^2 = (AC \cdot BD)^2 + (BC \cdot AD)^2$.

证明 必要性 作 $BK \parallel DC$ 交 AC 的延长线于 K，则

$$BK = \frac{AB}{AD} \cdot CD, CK = \frac{BD}{AD} \cdot AC$$

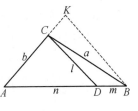

由 $BK^2 = CK^2 + BK$.将前述式代入上式化简即可证.

图 3.2.2

充分性 令 $BC = a, AC = b, AB = c, CD = l, AD = n, DB = m$，在 $\triangle ABC$ 与 $\triangle ADC$ 中，应用余弦定理得

$$-\frac{m^2 + l^2 - a^2}{2ml} = \frac{n^2 + l^2 - b^2}{2nl}$$

注意到 $m + n = c$，化简得

$$cl^2 + cmn = na^2 + mb^2$$

所以 $\quad c^2 l^2 + c^2 mn = (na^2 + mb^2)(m + n) = mn(a^2 + b^2) + b^2 m^2 + a^2 n^2$

而已知有 $\qquad c^2 l^2 = b^2 m^2 + a^2 n^2$

从而 $c^2 = a^2 + b^2$ 即证.

定理 7　设 m_x, h_x 分别表示三角形顶点 x 所对边上的中线长,高线长. $\triangle ABC$ 为直角三角形,且 C 为直角顶点的充分必要条件是下列二式之一成立:

(1) $m_A^2 + m_B^2 = 5m_C^2$;(2) $h_A \cdot h_B = h_C \cdot \sqrt{h_A^2 + h_B^2}$.

证明提示　(1)注意到三角形的中线长公式(如 $m_A^2 = \dfrac{1}{4}(2b^2 + 2c^2 - a^2)$)及定理 1 即证.

(2) 注意到面积关系 $\dfrac{h_A}{\dfrac{1}{a}} = \dfrac{h_B}{\dfrac{1}{b}} = \dfrac{h_C}{\dfrac{1}{c}}$ 及定理 1 即证.

定理 8　$\triangle ABC$ 为直角三角形,且 C 为直角顶点的充分必要条件是下列两条件之一成立:

(1) $\angle C$ 平分线平分 AB 边上的中线与高线所夹的角;(参见本篇第一章中定理 16)

(2) 设 m_C, h_C, t_C 分别为 $\angle C$ 所对边上的中线长,高线长及 $\angle C$ 的平分线长时,$(m_C + h_C)t_C = 2m_C \cdot h_C^2$.

证明　(1) 必要性　由 $\angle B = \angle ACH = \angle MCB$ 及 $\angle ACT = \angle TCB$ 即证.

充分性　作 $\triangle ABC$ 的外接圆,延长 CT 交圆于 D,连 AD, BD 如图 3.2.3.由 $\angle ACT = \angle TCB$,有 $AD = DB$,从而 $DM \perp AB$.又 $CH \perp AB$,故 $DM \parallel HC$.由 $\angle MCT = \angle TCH = \angle TDM$,有 $MD = MC$,即知 M 为 $\triangle ABC$ 外接圆圆心,即有 $MA = MB = MC$,由此即证.

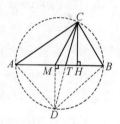

353

图 3.2.3

(2) 在 $\text{Rt}\triangle CMH$ 中,由角平分线的判定与性质知,CT 平分 $\angle MCH$ 的充要条件是 $TH = \dfrac{MH \cdot CH}{CM + CH}$.而

定理 8(1) $\Leftrightarrow TH = \dfrac{MH \cdot CH}{MC + CH} \Leftrightarrow CT^2 = h_A^2 + TH^2 = \dfrac{2m_A \cdot h_A^2}{m_A + h_A^2} \Leftrightarrow$

$(m_A + h_A) \cdot t_A^2 \Leftrightarrow 2m_A \cdot h_A^2$

定理 9　在 $\text{Rt}\triangle ABC$ 中,$\angle C$ 为直角.

(1) 设内角 A, B, C 所对的边长分别为 a, b, c,记 $p = \dfrac{1}{2}(a + b + c)$,则

$$S_{\triangle ABC} = p(p - c) = (p - a)(p - b) = \dfrac{1}{2}ab$$

(2) 设 AB 被内切圆切点 D 分为两段,则 $S_{\triangle ABC} = AD \cdot DB$.

第二章　几类三角形中的数量及位置关系问题

证明 (1)略;

(2)设内切圆半径为r,由

$$\frac{1}{2}(AD + r)(DB + r) = \frac{1}{2}(AB + BC + AC)r = (AD + DB + r)r$$

即

$$AD \cdot DB = (AD + DB + r)r = S_{\triangle ABC}$$

定理10 在$\text{Rt}\triangle ABC$中,$\angle C$为直角,$CD \perp AB$于D,$\triangle ACB$,$\triangle ADC$,$\triangle CDB$的内心分别为O,O_1,O_2;圆O_1与圆O_2的另一条外公切线交CD于G,交AC于E,交BC于F;O_1O_2所在直线交CD于K,交AC于M,交BC于N;设圆O,圆O_1,圆O_2的半径分别为r,r_1,r_2,则

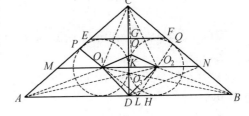

图3.2.4

(1)$\triangle O_1DO_2 \backsim \triangle ACB$;

(2)$CM = CN = CD$;

(3)$O_1G = O_2G$;

(4)$\triangle CEF \backsim \triangle CBA$;

(5)$CO = O_1O_2$;

(6)$r_1^2 + r_2^2 = r^2$;

(7)当$\triangle ABC$,$\triangle ADC$,$\triangle CDB$的半周长分别为p,p_1,p_2时,$(p_1 \pm r_1)^2 + (p_2 \pm r_2)^2 = (p + r)^2$;

(8)C,O,O_1,O_2为一垂心组;

(9)$S_{\triangle ABC} \geqslant 2S_{\triangle MCN}$;

(10)以AB边上的中线HC为直径的圆必与内切圆圆O相切;

(11)$CG = p - c = r$,$r_1 + r_2 + r = CD$;

(12)$\triangle OO_1O_2$的外接圆半径等于r;

(13)$\angle AO_2C = \angle BO_1C$;

(14)设$\triangle DO_1O_2$的内心为O_3,则$OO_1O_3O_2$为平行四边形;

(15)设圆O_1切AC于P,圆O_2切BC于Q,圆O_1与圆O_2的另一条内公切线(不同于CD)交AB于L.则P,O_1,L及Q,O_2,L分别三点共线;

(16)延长AO交BC于U,延长BO交AC于V,则$S_{ABUV} = 2S_{\triangle AOB}$;

(17)$\dfrac{1}{BC} + \dfrac{1}{AC} = \dfrac{1}{CK}$.

证明 (1)由$\text{Rt}\triangle ADC \backsim \text{Rt}\triangle BDC$知$O_1D : O_2D = AC : BC$,而

$\angle O_1DO_2 = 90°$，故 $\text{Rt}\triangle O_1DO_2 \backsim \text{Rt}\triangle ACB$.

（2）由（1）知 $\angle O_1O_2D = \angle B$，从而知 D,B,N,O_2 四点共圆，即有 $\angle CNO_2 = \angle O_2DB = 45° = \angle O_2DG$，而 CO_2 平分 $\angle DCN$，从而 $\triangle DCO_2 \cong \triangle NCO_2$，故 $CN = CD$.

同理，$CM = CD$，故 $CM = CN = CD$.

注：若延长 CO_1 交 AD 于 S，延长 CO_2 交 DB 于 R，则由（2）可证 $SR = MS + RN$.

（3）由 $\angle O_1DO_2 = 90° = \angle O_1GO_2$，知 O_1,D,O_2,G 共圆，从而 $\angle O_1O_2G = \angle O_1DG = 45° = \angle O_2DG = \angle O_2O_1G$，故 $O_1G = O_2G$.

（4）由 $\angle O_1O_2G = 45° = \angle O_2NC$ 知 $O_2G \parallel NC$，故 $\angle CFE = \angle FGO_2 = \angle O_2GD = \angle O_2O_1D = \angle A$

同理，$\angle CEF = \angle B$. 故 $\triangle CEF \backsim \triangle CBA$.

由上亦推之 A,B,F,E 四点共圆（参见第二篇第七章中例5）；

（5）由 $\dfrac{DO_1}{CO} = \dfrac{AC}{AB}, \dfrac{DO_2}{CO} = \dfrac{BC}{AB}$，有

$$\frac{DO_1^2 + DO_2^2}{CO^2} = \frac{AC^2 + BC^2}{AB^2} = 1$$

而 $DO_1^2 + DO_2^2 = O_1O_2^2$，故 $CO = O_1O_2$.

（6），（7）由 $\text{Rt}\triangle ACB \backsim \text{Rt}\triangle ADC \backsim \text{Rt}\triangle BDC$，知

$$\frac{S_{\triangle ADC}}{S_{\triangle ACB}} = \frac{r_1^2}{r^2} = \frac{p_1^2}{p^2}, \frac{S_{\triangle BDC}}{S_{\triangle ACB}} = \frac{r_2^2}{r^2} = \frac{p_2^2}{p^2}$$

而 $S_{\triangle ADC} + S_{\triangle BDC} = S_{\triangle ACB}$，从而有

$$r_1^2 + r_2^2 = r^2, p_1^2 + p_2^2 = p^2, r_1p_1 + r_2p_2 = rp$$

前两式之和加或减第三式的 2 倍即证得（7）.

（8）设 BO 的延长线交 CO_1 于 T，由 $\angle O_1OO_2 = 135°$，知 $\angle O_1OT = 45° = \angle CO_1O$，从而知 $O_2O \perp CO_1$. 同理 $O_1O \perp CO_2$，即知 O 为 $\triangle CO_1O_2$ 的垂心，故 C,O,O_1,O_2 为一垂心组.

（9）设 H 为 AB 中点，则 $CD \leqslant CH$. 由（2），则

$$S_{\triangle ABC} = \frac{1}{2}AB \cdot CD = AH \cdot CD \geqslant CD^2$$

$$S_{\triangle MCN} = \frac{1}{2}CM \cdot CN = \frac{1}{2}CD^2$$

故 $S_{\triangle ABC} \geqslant 2S_{\triangle MCN}$；

第二章　　几类三角形中的数量及位置关系问题

(10) 由于 H 为 AB 的中点,则 H 为 Rt$\triangle ABC$ 的外心. 设 HC 的中点为 S,则

圆 O 与圆 S 相切 $\Leftrightarrow OS^2 = (r - SC)^2 = (r - \dfrac{R}{2})^2$(其中 R 为 $\triangle ABC$ 的外接圆

半径),注意到 OS 为 $\triangle OHC$ 的中线. 则

$$4OS^2 = 2CO^2 + 2OH^2 - CH^2 = 4r^2 + 2(R^2 - 2Rr) - R^2 = (R - 2r)^2$$

其中,$OH^2 = R^2 - 2Rr$,即 $OS^2 = (\dfrac{R}{2} - r)^2$,由此即证.

(11) 利用切线长关系即可推得前式,后式由内切圆半径与边长关系即可推得.

(12) 由 $DO_1 = \sqrt{2}r_1$,$DO_2 = \sqrt{2}r_2$,得 $O_1O_2 = \sqrt{2}r$(注意到(6)式). 又由正弦定理有 $O_1O_2 : \sin135° = \sqrt{2}O_1O_2 = 2R'$($R'$ 为 $\triangle O_1OO_2$ 的外接圆半径). 故 $R' = r$.

(13) 由

$$\angle AO_1D = 90° + \frac{1}{2}\angle ACD = 90° + \frac{1}{2}\angle ABC, \angle ABO_2 = \frac{1}{2}\angle ABC$$

知

$$\angle AO_1O_2 + \angle ABO_2 = (\angle AO_1D + \angle DO_1O_2) + \angle ABO_2 =$$
$$90° + \frac{1}{2}\angle ABC + \angle BAC + \frac{1}{2}\angle ABC =$$
$$90° + \angle ABC + \angle BAC = 180°$$

从而知 A, B, O_2, O_1 四点共圆,则有 $\angle AO_2B = \angle AO_1B$.

又　　$\angle BO_2C = 90° + \dfrac{1}{2}\angle BDC = 90° + \dfrac{1}{2}\angle ADC = \angle AO_1C$

故　　　　$\angle AO_2C = 360° - \angle AO_2B - \angle BO_2C =$
$$360° - \angle AO_1B - \angle AO_1C = \angle BO_1C$$

(14) 由(2)及(8)知,$AO_1 /\!/ DN$(因 $DN \perp CO_2$,$O_1O \perp CO_2$). 又

$$\angle DO_2O_3 = \frac{1}{2}\angle O_1O_2D = \frac{1}{2}\angle B = \angle NBO_2 = \angle NDO_2$$

从而 $DN /\!/ O_3O_2$,即有 $O_1O /\!/ O_3O_2$.

同理,$O_3O_1 /\!/ O_2O$. 故 $OO_1O_3O_2$ 为平行四边形.

(15) 由 $\angle O_1LO_2 = \dfrac{1}{2} \cdot 180° = 90°$,知 O_2, L, D, O_1 四点共圆,则 $\angle OLD$ 或 $\angle O_2DL = \angle O_2O_1D = \angle A$,即 $O_2L /\!/ CA$. 又 $AC \perp BC$,则 $O_2L \perp BC$. 又 $O_2Q \perp BC$,则 L, O_2, Q 三点共线. 同理 P, O_1, L 三点共线.

(16) 注意到 $ab = 2pr = 2p(p - c)$,$CU = \dfrac{ab}{b + c}$,$CV = \dfrac{ab}{a + c}$,由

$$S_{ABUV} = S_{\triangle ABC} - S_{\triangle CUV} = \frac{abcp}{(a+c)(b+c)} = cr$$

即证.

(17) 以 D 为原点,AB 所在直线为 x 轴建立平面直角坐标系. 设 $C(0,1)$,$B(m,0)$,则 $A(-\frac{1}{m},0)$,圆 O_2 的半径 $r_2 = \frac{1}{2}(1 + m - \sqrt{1 + m^2})$,圆 O_1 的半径 $r_1 = \frac{r_2}{m}$. 于是 $O_2(r_2, r_2)$,$O_1(-\frac{r_2}{m}, \frac{r_2}{m})$,$O_1O_2$ 的方程为

$$(1 - m)x + (1 + m)y = 1 + m - \sqrt{1 + m^2}$$

所以 $K(0, 1 - \frac{\sqrt{1 + m^2}}{1 + m})$,从而 $CK = \frac{\sqrt{1 + m^2}}{1 + m}$.

而 $BC = \sqrt{1 + m^2}$,$AC = \frac{1}{m}\sqrt{1 + m^2}$. 由此即证得结论成立.

注:此结论也可以不用解析法证,见练习题第 16 题.

例 1　如图 3.2.5,在 $\triangle ABC$ 中,$\angle ABC = 5\angle ACB$,BD 与 $\angle A$ 的平分线垂直于 H,$DE \perp BC$,若 M 是 BC 中点,求证:$EM = \frac{1}{2}BD$.

证明　取 CD 的中点 N,连 MN,EN,则 $MN = \frac{1}{2}BD$.

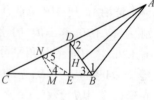

图 3.2.5

由已知得 $AB = AD$,则 $\angle 1 = \angle 2 = \angle C + \angle 3$,而 $\angle 1 + \angle 3 = 5\angle C$,从而知 $\angle 3 = 2\angle C$. 又 EN 是 Rt$\triangle CDE$ 斜边 CD 的中线,则 $\angle 4 = \angle C$. 由

$$\angle 3 = \angle NMC = \angle 4 + \angle 5 = \angle C + \angle 5 = 2\angle C$$

知 $\angle 5 = \angle C = \angle 4$,故 $ME = MN = \frac{1}{2}BD$.

例 2　如图 3.2.6,在 Rt$\triangle ABC$ 中,$\angle C$ 为直角,$CD \perp AB$ 于 D,圆 O_1,圆 O_2 分别与 AD,DB,CD 及 $\triangle ABC$ 的外接圆相切. 设圆 O_1,圆 O_2,$\triangle ABC$ 的内切圆的半径分别为 r_1,r_2,r. 求证:$r_1 + r_2 = 2r$.

证明　设圆 O_1 切 AD 于 E,圆 O_2 切 DB 于 F. 令 $AM = MB = MG = R$,$AD = m$,$DB = n$,则 $m + n = 2R$. 在 $\triangle O_1EM$ 中,由

$$(R - r_1)^2 - r_1^2 = [r_1 - (m - R)]^2$$

有

$$r_1 = \sqrt{2Rn} - n$$

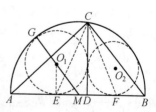

图 3.2.6

第二章　几类三角形中的数量及位置关系问题

357

而 $CD = \sqrt{mn}$，$AC = \sqrt{CD^2 + AD^2} = \sqrt{2Rm}$，$AE = m - r = 2R - 2\sqrt{2Rn}$

从而 $$\frac{AC}{CD} = \sqrt{\frac{2R}{n}}, \frac{AE}{ED} = \frac{2R - \sqrt{2Rn}}{\sqrt{2Rn} - n} = \sqrt{\frac{2R}{n}}$$

由此知 CE 平分 $\angle ACD$，于是

$$\angle CEB = \angle CAB + \angle ACE = \angle BCD + \angle DCE = \angle BCE$$

故 $BC = BE$.

同理，$AC = AF$. 故

$$2r = AC + BC - AB = AC + BC - AD - DB =$$
$$AF - AD + BE - DB = DF + ED = r_2 + r_1$$

例3　如图3.2.7，在 $\text{Rt}\triangle ABC$ 中，AD 是斜边 BC 上的高，$\triangle ABD$ 中外切 AB 边的旁切圆圆心为 M，$\triangle ACD$ 中外切 AC 边的旁切圆圆心为 N，直线 MN 分别交 BA，CA 的延长线于 K，L. 求证：$S_{\triangle ABC} \geqslant 2S_{\triangle AKL}$.

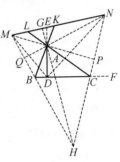

图 3.2.7

证明　连 MB，NC 并延长相交于 H，因 M，N 分别为 $\triangle ABD$，$\triangle ACD$ 的旁心，则 BH，CH 分别为 $\angle ABC$，$\angle ACB$ 的外角平分线，H 为 $\triangle ABC$ 的旁心. 延长 DA 交 MN 于 E，连 MA 并延长交 HN 于 P，连 NA 并延长交 MH 于 Q，由 $\angle BAD = \angle ACD$，有其补角 $\angle BAE = \angle ACF$，其半角 $\angle BAM = \angle ACN$，从而 $\angle MAD = \angle PCD$，故 A，P，C，D 四点共圆. 由此知 $AP \perp HN$.

同理，$AQ \perp MH$. 因此 A 为 $\triangle MNH$ 的垂心. 连 HA 并延长交 MN 于 G，则 $HG \perp MN$. 又 $\angle LAG = \angle CAH$，$\angle KAG = \angle BAH$，而 $\angle CAH = \angle BAH$，所以 $\angle LAG = \angle KAG = 45°$. 进而 $\angle ALK = 45°$，$AK = AL$.

由 $\angle ALN = 45° = \angle ADN$，$\angle LAN = \angle DAN$ 知 $\triangle ALN \cong \triangle ADN$，有 $AL = AD$. 从而

$$S_{\triangle ABC} = \frac{1}{2}AB \cdot AC, S_{\triangle AKL} = \frac{1}{2}AK \cdot AL = \frac{1}{2}AD^2 = \frac{AB^2 \cdot AC^2}{2(AB^2 + AC^2)}$$

而 $\dfrac{AB^2 + AC^2}{2AB \cdot AC} \geqslant 1$，故 $S_{\triangle ABC} \geqslant 2S_{\triangle AKL}$.

例4　如图3.2.8，已知半径为 R 的圆 O 内切于 $\triangle ABC$，P 为圆 O 上任一点，由点 P 分别向 $\triangle ABC$ 的三条边 BC，CA，AB 与切点 $\triangle DEF$ 的三边 EF，FD，DE 引垂线，$PH_a = h_a$，$PH_b = h_b$，$PH_c = h_c$，$PH_d = h_d$，$PH_e = h_e$，$PH_f = h_f$，试证：$h_a h_b h_c = h_d h_e h_f$.

证明　作圆 O 的的直径 PL. 连 PE, PF, 则由 $\mathrm{Rt}\triangle FPH_d \backsim \mathrm{Rt}\triangle LPE$, 有

$$PE \cdot PF = 2R \cdot h_d$$

同理, $PF \cdot PD = 2R \cdot h_e, PD \cdot PE = 2R \cdot h_f$. 三式相乘, 得

$$(PD \cdot PE \cdot PF)^2 = 8R^3 \cdot h_d h_e h_f$$

又作圆 O 的直径 DK, 连 PD, PK. 由 $\angle PH_a D = \angle DPK = 90°, \angle PDH_a = \angle PKD$, 则 PD 在 DK 上的射影等于 PH_a(或 $\triangle PH_a D \backsim \triangle PDK$), 即有

$$PD^2 = DK \cdot PH_a = 2R \cdot h_a$$

同理, $PE^2 = 2R \cdot h_b, PF^2 = 2R \cdot h_c$.

由此即证得 $h_a h_b h_c = h_d h_e h_f$.

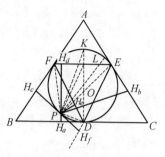

图 3.2.8

二、三角形三边所在直线上的定比分点三角形的一些面积关系式及应用

若 A', B', C' 分别内分或外分 $\triangle ABC$ 的边 BC, CA, AB, 则称 $\triangle A'B'C'$ 为 $\triangle ABC$ 三边上的定比分点三角形. 我们在第一篇第三章的例1, 例2 中, 已介绍了几种特殊情形的定比分点三角形. 在这里先给出一般情形下, 三角形三边上的定比分点三角形的一个面积关系式, 然后再介绍几种特殊情形的定比分点三角形的有关结论.

定理11　设 A', B', C' 分别位于 $\triangle ABC$ 三边 BC, CA, AB 或其延长线上. 若 $AC' : C'B = \lambda_1, BA' : A'C = \lambda_2, CB' : B'A = \lambda_3(\lambda_1, \lambda_2, \lambda_3$ 均不等于 $-1)$, 则 $\triangle ABC$ 和 $\triangle A'B'C'$ 的有向面积(规定三角形顶点按逆时针方向排列时面积为正, 否则为负) 的关系为

$$\frac{S_{\triangle A'B'C'}}{S_{\triangle ABC}} = \frac{1 + \lambda_1 \lambda_2 \lambda_3}{(1 + \lambda_1)(1 + \lambda_2)(1 + \lambda_3)}$$

证明　首先, 记有向面积 $S_1 = S_{\triangle AC'B'}, S_2 = S_{\triangle BA'C'}, S_3 = S_{\triangle CB'A'}, S = S_{\triangle ABC}, S_0 = S_{\triangle A'B'C'}$, 则不论 A', B', C' 的位置如何, 总有关系式

$$S - S_1 - S_2 - S_3 = S_0 \qquad ①$$

当 A', B', C' 均为边的内分点时, ① 显然成立. 如图 3.2.9(1).

设 A' 为内分点, B', C' 为外分点, 且 1)B' 在 CA 的延长线上时, 此时有

$S_{\triangle ABC} + S_{\triangle AB'C'} + S_{\triangle BC'A'} - S_{\triangle CB'A'} = S_{\triangle A'B'C'}$，即有 $S - S_1 - S_2 - S_3 = S_0$ 成立，如图 3.2.9(2);2)B' 在 AB 的延长线上时，此时有 $S_{\triangle ABC} + S_{\triangle BC'A'} + S_{\triangle CA'B'} + S_{\triangle A'C'B'} = S_{\triangle AC'B'}$，亦有 $S - S_2 - S_3 - S_0 = S_1$ 成立.如图 3.2.9(3).

当 A'，C' 为内分点，B' 在 CA 的延长线上时，有 $S_{\triangle ABC} + S_{\triangle AB'C'} - S_{\triangle BA'C'} - S_{\triangle CB'A'} = S_{\triangle A'B'C'}$，亦有 $S - S_1 - S_2 - S_3 = S_0$ 成立.如图 3.2.9(4).

当 A' 在 BC 的延长线上，且 1)B' 在 CA 的延长线上，C' 在 AB 的延长线上时，有 $S_{\triangle A'B'C'} = S_{\triangle AB'C'} + S_{\triangle BC'A'} + S_{\triangle CA'B'} + S_{\triangle ABC} = - S_{\triangle AC'B'} - S_{\triangle BA'C'} - S_{\triangle CB'A'} + S_{\triangle ABC}$，即 $S_0 = - S_1 - S_2 - S_3 + S$，如图 3.2.9(5);2)$B'$ 在 AC 的延长线上，C' 在 BA 的延长线上时，有 $S_{\triangle C'B'A'} = S_{\triangle BA'C'} + S_{\triangle CB'A'} - S_{\triangle AB'C'} - S_{\triangle ABC}$，即 $- S_{\triangle A'B'C'} = S_{\triangle BA'C'} + S_{\triangle CB'A'} + S_{\triangle AC'B'} - S_{\triangle ABC}$.亦有 $S - S_1 - S_2 - S_3 = S_0$ 成立.如图 3.2.9(6).

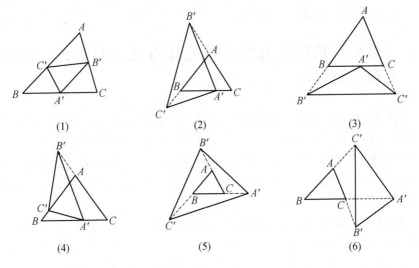

图 3.2.9

其次,可证明不论 A'，B'，C' 位置如何,总有关系式

$$\frac{S_1}{S} = \frac{\lambda_1}{(1 + \lambda_1)(1 + \lambda_3)}, \frac{S_2}{S} = \frac{\lambda_2}{(1 + \lambda_2)(1 + \lambda_1)}, \frac{S_3}{S} = \frac{\lambda_3}{(1 + \lambda_3)(1 + \lambda_2)} \quad ②$$

现以 ② 中第一式在图 3.2.9(4) 情形来证明.

此时,AC' 与 AB 同向,AB' 与 AC 反向,则有 $\dfrac{S_1}{S} = \dfrac{AC' \cdot AB'}{AB \cdot AC}$.由

$$\frac{AC'}{C'B} = \lambda_1 \Rightarrow \frac{AC'}{AC' + C'B} = \frac{AC'}{AB} = \frac{\lambda_1}{1 + \lambda_1}$$

$$\frac{CB'}{B'A} = \lambda_3 \Rightarrow \frac{CB' + B'A}{B'A} = \frac{CA}{B'A} = \frac{AC}{AB'} = 1 + \lambda_3 \Rightarrow \frac{AB'}{AC} = \frac{1}{1 + \lambda_3}$$

故 $\dfrac{S_1}{S} = \dfrac{\lambda_1}{(1 + \lambda_1)(1 + \lambda_3)}$. 对于其余情形均可类似证明.

将 ② 代入 ① 即证得定理成立.

特别地,当 $\lambda_1, \lambda_2, \lambda_3$ 均不为 -1,而 $\lambda_1\lambda_2\lambda_3 = -1$ 时,便得到著名的梅涅劳斯定理: A', B', C' 三点共线的充要条件是 $\dfrac{BA'}{A'C} \cdot \dfrac{CB'}{B'A} \cdot \dfrac{AC'}{C'B} = -1$. 当 $\lambda_1, \lambda_2, \lambda_3$ 中两个均不为 -1,而 $\lambda_1\lambda_2\lambda_3 = -1$ 时,便可利用塞瓦定理: AA', BB', CC' 三线共点,求得与三角形巧合点有关的(内接)三角形的面积的一些关系式.

我们称以三角形三边上的高线的垂足为顶点的三角形为原三角形的垂足三角形.类似地,有原三角形的切点三角形、中点(重心)三角形、界心三角形、外心三角形、内心三角形、旁心三角形(三角形三顶点与一旁心连线延长交对边的点构成的三角形),设 $\triangle ABC$ 的 $BC = a$,$CA = b$,$AB = c$,又记它的上述各种三角形面积分别为 $S_H, S_K, S_G, S_J, S_O, S_I, S_{Ix}$. 令 $p = \dfrac{1}{2}(a + b + c)$,则有

推论 1 (1) $S_H = 2S \mid \cos A \cdot \cos B \cdot \cos C \mid$;

(2) $S_K = 2S \cdot \sin \dfrac{A}{2} \cdot \sin \dfrac{B}{2} \cdot \sin \dfrac{C}{2}$;

(3) $S_G = \dfrac{1}{4}S$;

(4) $S_J = 2S \cdot \sin \dfrac{A}{2} \cdot \sin \dfrac{B}{2} \cdot \sin \dfrac{C}{2}$ 或 $S_J = \dfrac{1}{abcp} \cdot S^3$;

(5) $S_O = 2S \cdot \left| \dfrac{\cos A \cdot \cos B \cdot \cos C}{\cos(A - B) \cdot \cos(B - C) \cdot \cos(C - A)} \right|$;

(6) $S_I = \dfrac{2S \cdot abc}{(a + b)(b + c)(c + a)}$ 或

$\qquad S_I = \dfrac{2S \cdot \sin A \cdot \sin B \cdot \sin C}{(\sin A + \sin B)(\sin B + \sin C)(\sin C + \sin A)}$;

(7) $S_{Ix} = 2S \cdot \dfrac{abc}{\mid (b - a)(c - a) \mid (b + c)}$.

证明 由定理 11,当 $\lambda_1, \lambda_2, \lambda_3$ 分别取下列值时,即证.

(1) $\lambda_1 = \dfrac{b \cdot \cos A}{a \cdot \cos B}$,$\lambda_2 = \dfrac{c \cdot \cos B}{b \cdot \cos C}$,$\lambda_3 = \dfrac{a \cdot \cos C}{c \cdot \cos A}$;

(2) $\lambda_1 = \dfrac{p - a}{p - b}$,$\lambda_2 = \dfrac{p - b}{p - c}$,$\lambda_3 = \dfrac{p - c}{p - a}$;

(3) $\lambda_1 = \lambda_2 = \lambda_3 = 1$;

第二章 几类三角形中的数量及位置关系问题

361

$(4) \lambda_1 = \dfrac{p-b}{p-a}, \lambda_2 = \dfrac{p-c}{p-b}, \lambda_3 = \dfrac{p-a}{p-c};$

$(5) \lambda_1 = \dfrac{\sin 2B}{\sin 2A}, \lambda_2 = \dfrac{\sin 2C}{\sin 2B}, \lambda_3 = \dfrac{\sin 2A}{\sin 2C};$

$(6) \lambda_1 = \dfrac{b}{a}, \lambda_2 = \dfrac{c}{b}, \lambda_3 = \dfrac{a}{c};$

$(7) \lambda_1 = -\dfrac{b}{a}, \lambda_2 = \dfrac{c}{b}, \lambda_3 = -\dfrac{a}{c}.$

推论 2 当 $\lambda_1, \lambda_2, \lambda_3$ 中的两个均为 -1,而 $\lambda_1 \lambda_2 \lambda_3 = 1$ 时,有

$$\frac{S_{\triangle A'B'C'}}{S_{\triangle ABC}} = \frac{2}{(1+\lambda_1)(1+\lambda_2)(1+\lambda_3)}$$

推论 3 当 $\lambda_1 > 0, \lambda_2 > 0, \lambda_3 > 0$,且 $\lambda_1 \lambda_2 \lambda_3 = 1$ 时(即 $\triangle A'B'C'$ 为 $\triangle ABC$ 的内接三角形时),$\dfrac{S_{\triangle A'B'C'}}{S_{\triangle ABC}} \leqslant \dfrac{1}{4}$.

事实上,由 $\lambda_i > 0$ 且 $1 + \lambda_i \geqslant 2\sqrt{\lambda_i}$ $(i = 1, 2, 3)$ 并注意到 $\lambda_1 \lambda_2 \lambda_3 = 1$ 即证.

注:上述定理 11 是第一篇第三章中例 2(2) 的一种推广,类似定理的证明也可看做第一篇第三章中例 2(1) 的推广.

例 5 如图 3.2.10,已知 $\triangle ABC$ 与平行于 BC 的直线 DE 相交,且 $\triangle BDE$ 的面积等于 k^2,那么当 k^2 与 $S_{\triangle ABC}$ 之间满足什么关系时问题有解?有几解?

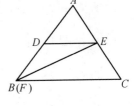

图 3.2.10

解 设 $\dfrac{AD}{DB} = \lambda_1$,则 $\dfrac{CE}{EA} = \dfrac{DB}{DA} = \lambda_3 = \dfrac{1}{\lambda_1}$,又 $\dfrac{BF}{FC} = \lambda_2 = 0$($F$ 与 B 重合),则由定理 11,得

$$\frac{k^2}{S_{\triangle ABC}} = \frac{1}{(1+\lambda_1)\left(1 + \dfrac{1}{\lambda_1}\right)}$$

整理得

$$k^2 \lambda_1^2 + (2k^2 - S_{\triangle ABC})\lambda_1 + k^2 = 0$$

若此方程有解,必须 $\Delta = (2k^2 - S_{\triangle ABC})^2 - 4k^2 \cdot k^2 \geqslant 0$,即 $S_{\triangle ABC} \geqslant 4k^2$. 故当 $S = 4k^2$ 时,原问题有一解(此时 $\lambda_1 = 1$,即 DE 为 $\triangle ABC$ 的中位线);当 $S > 4k^2$ 时,原问题有两解.

例 6 在锐角 $\triangle ABC$ 中,三角形的垂足三角形、切点三角形、界点三角形、内心三角形、重心三角形的面积满足如下关系:$S_H \leqslant S_K = S_J \leqslant S_I \leqslant S_G$. 当且仅当原三角形为正三角形时,上式中的等号成立.

证明　注意到推论 1,由

$$\frac{\sin\dfrac{A}{2}\cdot\sin\dfrac{B}{2}\cdot\sin\dfrac{C}{2}}{\cos A\cdot\cos B\cdot\cos C} = \frac{\tan A\cdot\tan B\cdot\tan C}{8\cos\dfrac{A}{2}\cdot\cos\dfrac{B}{2}\cdot\cos\dfrac{C}{2}} \geqslant \frac{3\sqrt{3}}{8\cdot\dfrac{3\sqrt{3}}{8}} = 1$$

即证 $S_H \leqslant S_K$;

由

$$\frac{2\sin A\cdot\sin B\cdot\sin C}{(\sin A+\sin B)(\sin B+\sin C)(\sin C+\sin A)} \leqslant$$

$$\frac{2\sin A\cdot\sin B\cdot\sin C}{8\sin A\cdot\sin B\cdot\sin C} = \frac{1}{4}$$

及

$$\frac{2\sin A\cdot\sin B\cdot\sin C}{(\sin A+\sin B)(\sin B+\sin C)(\sin C+\sin A)} =$$

$$\frac{2\sin\dfrac{A}{2}\cdot\sin\dfrac{B}{2}\cdot\sin\dfrac{C}{2}}{\cos\dfrac{A-B}{2}\cdot\cos\dfrac{B-C}{2}\cdot\cos\dfrac{C-A}{2}} \geqslant$$

$$2\sin\dfrac{A}{2}\cdot\sin\dfrac{B}{2}\cdot\sin\dfrac{C}{2}$$

即证 $S_I \leqslant S_G$ 及 $S_J \leqslant S_I$.

注:1) 当原三角形为直角三角形时,$S_H = 0$,此不等式链仍成立;

2) 当原三角形为钝角三角形时,不等式链为 $S_K = S_J < S_I < S_G$.

363

三、莫莱(Morley) 三角形的一些数量、位置关系

莫莱定理(参见第一篇第二章中例 12)是涉及三角形中三等分角线的著名定理,被数学家奥克莱赞为:"数学中最令人吃惊而又全然意外的定理之一,如同明珠一般,鲜有能与之匹敌者."

为了便于讨论问题,称三角形三内角的相邻三等分线两两相交所得的三角形为内莫莱三角形;称三角形一内角与另两外角的相邻三等分线(或反向延长线) 两两相交所得三角形为旁莫莱三角形;称三角形三外角的相邻三等分线(或反向延长线) 两两相交所得的三角形为外莫莱三角形等等.显然,每一个三角形有一个内莫莱三角形,一个外莫莱三角形,三个旁莫莱三角形.

定理 12　三角形内、外、旁莫莱三角形均为正三角形.若三角形的外接圆半径为 R,则这些莫莱三角形的边长分别为

$$l_{内} = 8R\cdot\sin\dfrac{A}{3}\cdot\sin\dfrac{B}{3}\cdot\sin\dfrac{C}{3}$$

$$l_{外} = 8R \cdot \sin(60° - \frac{A}{3}) \cdot \sin(60° - \frac{B}{3}) \cdot \sin(60° - \frac{C}{3})$$

$$l_A = 8R \cdot \sin\frac{A}{3} \cdot \sin(60° - \frac{B}{3}) \cdot \sin(60° - \frac{C}{3})$$

$$l_B = 8R \cdot \sin\frac{B}{3} \cdot \sin(60° - \frac{A}{3}) \cdot \sin(60° - \frac{C}{3})$$

$$l_C = 8R \cdot \sin\frac{C}{3} \cdot \sin(60° - \frac{A}{3}) \cdot \sin(60° - \frac{B}{3})$$

证明　如图 3.2.11,设 $\angle A = 3\alpha, \angle B = 3\beta, \angle C = 3\gamma$,则 $\alpha + \beta + \gamma = 60°$.

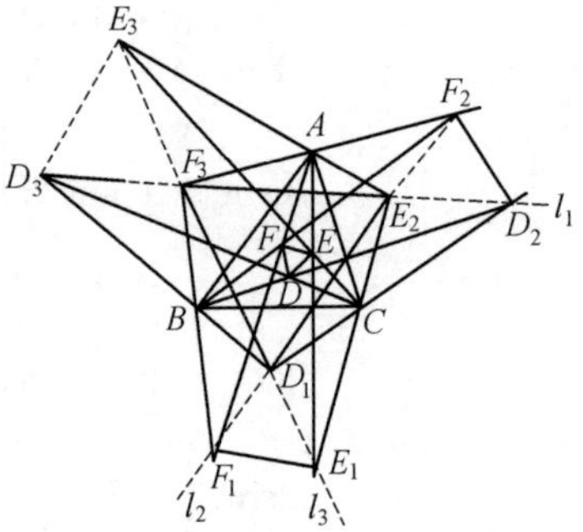

图 3.2.11

(1) 在 $\triangle ABF$ 中

$\angle ABF = \beta, \angle AFB = 180° - \alpha - \beta = 120° + \gamma$

$$AF = \frac{\sin\beta \cdot AB}{\sin(120° + \gamma)} = \frac{2R \cdot \sin\beta \cdot \sin 3\gamma}{\sin(60° - \gamma)} =$$
$$8R \cdot \sin\beta \cdot \sin\gamma \cdot \sin(60° + \gamma)$$

其中,用到公式

$$\sin 3\theta = 4\sin(60° - \theta) \cdot \sin\theta \cdot \sin(60° + \theta)$$

同理　$AE = 8R \cdot \sin\beta \cdot \sin\gamma \cdot \sin(60° + \beta)$

在 $\triangle AEF$ 中

$$EF^2 = AE^2 + AF^2 - 2AE \cdot AF \cdot \cos\alpha = 64R^2 \cdot \sin^2\beta \cdot \sin^2\gamma \cdot$$
$$\left[\sin^2(60° + \gamma) + \sin^2(60° + \beta) - 2\sin(60° + \gamma) \cdot \sin(60° + \beta) \cdot \cos\alpha\right]$$

注意到三角恒等式

$$\sin^2\theta_1 + \sin^2\theta_2 + 2\sin\theta_1 \cdot \sin\theta_2 \cdot \cos(\theta_1 + \theta_2) = \sin(\theta_1 + \theta_2)$$

令 $\theta_1 = 60° + \gamma, \theta_2 = 60° + \beta$,则

$$\cos(\theta_1 + \theta_2) = \cos(120° + \beta + \gamma) = -\cos\alpha$$

从而

$$EF^2 = 64R^2 \cdot \sin^2\beta \cdot \sin^2\gamma \cdot \sin^2(120° + \beta + \gamma) = 64R^2 \cdot \sin^2\alpha \cdot \sin^2\beta \cdot \sin^2\gamma$$

所以　$EF = 8R \cdot \sin\alpha \cdot \sin\beta \cdot \sin\gamma = 8R \cdot \sin\frac{A}{3} \cdot \sin\frac{B}{3} \cdot \sin\frac{C}{3}$

同理　　　　$DE = DF = 8R \cdot \sin\alpha \cdot \sin\beta \cdot \sin\gamma$

故 $\triangle DEF$ 为正三角形,且边长

$$l_{内} = 8R \cdot \sin\frac{A}{3} \cdot \sin\frac{B}{3} \cdot \sin\frac{C}{3}$$

(2) 在 $\triangle ABF_3$ 中

364

$$\angle ABF_3 = 60° - \beta, \angle AF_3B = 180° - (60° - \beta) - (60° - \alpha) = 120° - \gamma$$

则
$$AF_3 = \frac{2R \cdot \sin 3\gamma \cdot \sin(60° - \beta)}{\sin(120° - \gamma)} = \frac{2R \cdot \sin 3\gamma \cdot \sin(60° - \beta)}{\sin(60° + \gamma)} =$$
$$8R \cdot \sin\gamma \cdot \sin(60° - \beta) \cdot \sin(60° - \gamma)$$

同理
$$AE_2 = 8R \cdot \sin\beta \cdot \sin(60° - \beta) \cdot \sin(60° - \gamma)$$

在 $\triangle AF_3E_2$ 中

$$\angle F_3AE_2 = 3\alpha + 2(60° - \alpha) = 120° + \alpha$$

所以

$$F_3E_2^2 = AF_3^2 + AE_2^2 - 2AF_3 \cdot AE_2 \cdot \cos(120° + \alpha) = 64R^2 \cdot \sin^2(60° - \beta) \cdot$$
$$\sin^2(60° - \gamma) \cdot [\sin^2\beta + \sin^2\gamma - 2\sin\beta \cdot \sin\gamma \cdot \cos(120° + \alpha)]$$

注意(1)中用到的三角恒等式及 $\cos(120° + \alpha) = -\cos(\beta + \gamma)$,得

$$F_3E_2 = 8R \cdot \sin(60° - \alpha) \cdot \sin(60° - \beta) \cdot \sin(60° - \gamma)$$

同理 $D_1E_2 = D_1F_3 = 8R \cdot \sin(60° - \alpha) \cdot \sin(60° - \beta) \cdot \sin(60° - \gamma)$

故 $\triangle D_1E_2F_3$ 为正三角形,且

$$l_{外} = 8R \cdot \sin(60° - \frac{A}{3}) \cdot \sin(60° - \frac{B}{3}) \cdot \sin(60° - \frac{C}{3})$$

(3)对于旁莫莱三角形有 3 种情形,图 3.2.11 中 $\triangle D_1E_1F_1$ 为点 A 所对的旁莫莱三角形,可类似(1)或(2)求证.(略)

推论 1 (1) $l_Al_Bl_C = l_{内} \cdot l_{外}^2$;

(2) $S_{\triangle D_1E_1F_1} \cdot S_{\triangle D_2E_2F_2} \cdot S_{\triangle D_3E_3F_3} = S_{\triangle DEF} \cdot S_{\triangle D_1E_2F_3}^2$.

推论 2 (1)四点组 $F_1, D_1, E_2, F_2; D_2, E_2, F_3, D_3; E_3, F_3, D_1, E_1$ 分别共线于 l_1, l_2, l_3,(此三线均称为莫莱线);

(2) $EF \parallel E_1F_1 \parallel l_1; DE \parallel D_3E_3 \parallel l_2; DF \parallel D_2F_2 \parallel l_3$.

证明 (1)在 $\triangle ACE_2$ 中,由正弦定理,有

$$CE_2 = \frac{2R \cdot \sin B \cdot \sin(60° - \frac{A}{3})}{\sin(60° + \frac{B}{3})} = 8R \cdot \sin\frac{B}{3} \cdot \sin(60° - \frac{B}{3}) \cdot \sin(60° - \frac{A}{3})$$

注意到 $D_1E_2 = 8R \cdot \sin(60° - \frac{A}{3}) \cdot \sin(60° - \frac{B}{3}) \cdot \sin(60° - \frac{C}{3})$

及
$$\sin\angle E_2CD_1 = \sin(120° + \frac{C}{3}) = \sin(60° - \frac{C}{3})$$

在 $\triangle CD_1E_2$ 中用正弦定理有

$$\sin\angle E_2D_1C = \frac{CE_2 \cdot \sin\angle E_2CD_1}{D_1E_2} = \sin\frac{B}{3}$$

365

而 $\angle E_2 D_1 C$ 为锐角,故

$$\angle E_2 D_1 C = \frac{B}{3} \qquad\qquad ①$$

在 $\triangle BCD_1$ 和 $\triangle ACE_1$ 中,运用正弦定理也可求得

$$CD_1 = 8R \cdot \sin \frac{A}{3} \cdot \sin(60° - \frac{A}{3}) \cdot \sin(60° - \frac{B}{3})$$

$$CE_1 = 8R \cdot \sin \frac{A}{3} \cdot \sin(60° - \frac{B}{3}) \cdot \sin(60° + \frac{B}{3})$$

又注意到(定理 12 或在 $\triangle CD_1 E_1$ 中用余弦定理)

$$D_1 E_1 = 8R \cdot \sin \frac{A}{3} \cdot \sin(60° - \frac{B}{3}) \cdot \sin(60° - \frac{C}{3})$$

再在 $\triangle CD_1 E_1$ 中,由正弦定理,有

$$\frac{D_1 E_1}{\sin(60° - \frac{C}{3})} = \frac{CE}{\sin \angle CD_1 E_1} = \frac{CD_1}{\sin \angle CE_1 D_1}$$

所以 $\sin \angle CD_1 E_1 = \sin(60° + \frac{B}{3})$,$\sin \angle CE_1 D_1 = \sin(60° - \frac{A}{3})$

而 $\angle CE_1 D_1$ 不能为钝角(否则由 $\angle CE_1 D = 180° - (60° - \frac{A}{3})$ 得 $\triangle D_1 CE_1$

内角和 $> 180°$).故 $\angle CE_1 D_1 = 60° - \frac{A}{3}$,从而

$$\angle CD_1 E_1 = 180° - (60° - \frac{A}{3}) - (60° - \frac{C}{3}) = 120° - \frac{B}{3} \qquad\qquad ②$$

注意到 $\triangle D_1 E_1 F_1$ 为正三角形及 ①,② 式,从而

$$\angle E_2 D_1 F_1 = \angle E_2 D_1 C + \angle CD_1 E_1 + \angle E_1 DF_1 = \frac{B}{3} + (120° - \frac{B}{3}) + 60° = 180°$$

由此即知 E_2, D_1, F_1 三点共线.

同理,D_1, E_2, F_2 三点共线.即四点 F_1, D_1, E_2, F_2 共线于 l_1.

同理,D_2, E_2, F_3, D_3 共线于 l_2.E_3, F_3, D_1, E_1 共线于 l_3.

(2) 仿(1)易得 $AE = 8R \cdot \sin \frac{B}{3} \cdot \sin \frac{C}{3} \cdot \sin(60° + \frac{B}{3})$

$$AF = 8R \cdot \sin \frac{B}{3} \cdot \sin \frac{C}{3} \cdot \sin(60° + \frac{C}{3})$$

$$AE_1 = 8R \cdot \sin(60° - \frac{B}{3}) \cdot \sin(60° - \frac{C}{3}) \cdot \sin(60° + \frac{B}{3})$$

$$AF_1 = 8R \cdot \sin(60° - \frac{B}{3}) \cdot \sin(60° - \frac{C}{3}) \cdot \sin(60° + \frac{C}{3})$$

易见 $AE:AF = AE_1:AF_1$，从而 $EF \parallel E_1F_1$. 又 $\angle D_1E_1F_1 = 60°$，$\angle D_1F_3F_2 = 60°$，有 $E_1F_1 \parallel E_2F_3$，即 $EF \parallel E_1F_1 \parallel l_1$.

同理，$DE \parallel D_3E_3 \parallel l_2$；$DF \parallel D_2F_2 \parallel l_3$.

推论 2 可说明：三角形的内、外、旁莫莱三角形的对应边或共线或平行. 由此亦可知三角形的外莫莱三角形与旁莫莱三角形的外接圆外切于外莫莱三角形的顶点.

定理 13 若 $\triangle ABC$ 的内莫莱三角形为 $\triangle DEF$，如图 3.2.12，则

(1) AD，BE，CF 交于一点(第一莫莱点)；

(2) 延长 BF，CE 交于 D_0，延长 CD，AF 交于 E_0，延长 AE，BD 交于 F_0，则 AD_0，BE_0，CF_0 交于一点(第二莫莱点)；

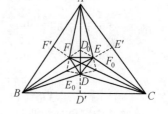

图 3.2.12

(3) DD_0，EE_0，FF_0 交于一点(莫莱中心).

证明 (1) 延长 AD，BE，CF 分别交 BC，CA，AB 于 D'，E'，F'，则有

$$\frac{BD'}{D'C} = \frac{S_{\triangle ABD}}{S_{\triangle ACD}} = \frac{\frac{1}{2}AB \cdot BD \cdot \sin 2\beta}{\frac{1}{2}AC \cdot CD \cdot \sin 2\gamma}$$

在 $\triangle BDC$ 中，$\dfrac{BD}{CD} = \dfrac{\sin\gamma}{\sin\beta}$，故 $\dfrac{BD'}{D'C} = \dfrac{AB \cdot \cos\beta}{AC \cdot \cos\gamma}$.

同理，$\dfrac{CE'}{E'A} = \dfrac{BC \cdot \cos\gamma}{AB \cdot \cos\alpha}$，$\dfrac{AF'}{F'B} = \dfrac{AC \cdot \cos\alpha}{BC \cdot \cos\beta}$.

以上三式相乘，由塞瓦定理之逆定理即证得结论.

(2) 延长 AD_0，BE_0，CF_0 分别交 BC，CA，AB 于 D''，E''，F''. 有

$$\frac{BD_0}{CD_0} = \frac{\sin 2\gamma}{\sin 2\beta}，\frac{BD''}{D''C} = \frac{S_{\triangle ABD_0}}{S_{\triangle ACD_0}} = \frac{AB \cdot BD_0 \cdot \sin\beta}{AC \cdot CD_0 \cdot \sin\gamma} = \frac{AB \cdot \cos\gamma}{AC \cdot \cos\beta}$$

同理，$\dfrac{CE''}{E''A} = \dfrac{BC \cdot \cos\alpha}{AB \cdot \cos\gamma}$，$\dfrac{AF''}{F''B} = \dfrac{AC \cdot \cos\beta}{BC \cdot \cos\alpha}$，即证.

(3) 由于 D 为 $\triangle BD_0C$ 的内心，则 $\angle DD_0E = \dfrac{1}{2}\angle ED_0F = 90° - \beta - \gamma$，可由 $\triangle D_0FD \cong \triangle D_0ED$ 知 $D_0D \perp EF$(或由 $\angle AEF = 60° + \gamma$，$\angle AFE = 60° + \beta$，$\angle AED_0 = \alpha + \gamma$，$\angle AFD_0 = \alpha + \beta$ 有 $\angle D_0FE = 60° - \alpha = \angle D_0EF$ 知 D_0D 垂直平分 EF). 同理知其他. 则知 DD_0，EE_0，FF_0 交于正 $\triangle DEF$ 的中心.

注：对外莫莱三角形也有类似于定理 13 的结论，留给读者证明.

例 7 如图 3.2.13，将 $\triangle ABC$ 各内角三等分，每两个角的相邻三等分线相

367

交得 $\triangle PQR$，$\angle A$，$\angle B$，$\angle C$ 的平分线分别与 QR，RP，PQ 交于点 X，Y，Z．求证：PX，QY，RZ 三线共点．

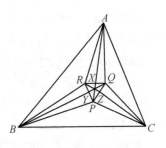

图 3.2.13

证明 由角平分线性质定理知

$$\frac{QX}{XR} = \frac{AQ}{AR}, \frac{RY}{YP} = \frac{BR}{BP}, \frac{PZ}{ZQ} = \frac{CP}{CQ}$$

又由正弦定理，知

$$\frac{BR}{AR} = \frac{\sin\dfrac{A}{3}}{\sin\dfrac{B}{3}}, \frac{CP}{BP} = \frac{\sin\dfrac{B}{3}}{\sin\dfrac{C}{3}}, \frac{AR}{CQ} = \frac{\sin\dfrac{C}{3}}{\sin\dfrac{A}{3}}$$

故

$$\frac{QX}{XR} \cdot \frac{RY}{YP} \cdot \frac{PZ}{ZQ} = \frac{AQ}{AR} \cdot \frac{BR}{BP} \cdot \frac{CP}{CQ} = 1$$

由塞瓦定理之逆定理即证得结论成立．

例 8 如图 3.2.14，将 $\triangle ABC$ 的各外角三等分，每两个外角的相邻三等分线相交得 $\triangle DEF$，$\angle A$，$\angle B$，$\angle C$ 的平分线分别与 EF，FD，DE 交于点 X，Y，Z．求证：DX，EY，FZ 三线共点．

证明 由定理 12 及推论的证明可知

$$AE = 8R \cdot \sin\frac{B}{3} \cdot \sin(60° - \frac{C}{3}) \cdot \sin(60° - \frac{B}{3})$$

$$AE = 8R \cdot \sin\frac{C}{3} \cdot \sin(60° - \frac{C}{3}) \cdot \sin(60° - \frac{B}{3})$$

$$EF = 8R \cdot \sin(60° - \frac{A}{3}) \cdot \sin(60° - \frac{B}{3}) \cdot \sin(60° - \frac{C}{3})$$

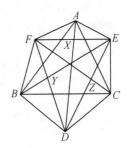

图 3.2.14

在 $\triangle AEF$ 中，有

$$\frac{AE}{\sin\angle AFE} = \frac{AF}{\sin\angle AEF} = \frac{EF}{\sin(60° - \dfrac{A}{3})}$$

从而 $\sin\angle AFE = \sin\dfrac{B}{3}$，$\sin\angle AEF = \sin\dfrac{C}{3}$，故 $\dfrac{AE}{AF} = \dfrac{\sin\dfrac{B}{3}}{\sin\dfrac{C}{3}}$．

同理，$\dfrac{BF}{BD} = \dfrac{\sin\dfrac{C}{3}}{\sin\dfrac{A}{3}}$，$\dfrac{CD}{CE} = \dfrac{\sin\dfrac{A}{3}}{\sin\dfrac{B}{3}}$．

又 AX 平分 $\angle BAC$，$\angle FAB = \angle EAC$，则 AX 平分 $\angle EAF$，从而 $\dfrac{EX}{XF} = \dfrac{AE}{AF}$．

同理，$\dfrac{FY}{YD} = \dfrac{BF}{BD}$，$\dfrac{DZ}{ZE} = \dfrac{CD}{CE}$．故

$$\frac{EX}{XF} \cdot \frac{FY}{YD} \cdot \frac{DZ}{ZE} = \frac{AE}{AF} \cdot \frac{BF}{BD} \cdot \frac{CD}{CE} = 1$$

由塞瓦定理之逆定理得 DX, EY, FZ 三线共点．

练习题 3.2

1. 在 $\mathrm{Rt}\triangle ABC$ 中，$\angle C$ 为直角，过 AB 上的一点作 AB 的垂线交 BC 或其延长线于 K，交其外接圆于 E，交 AC 的延长线或 AC 于 F．求证：$DE^2 = DK \cdot DF$．

2. 在 $\mathrm{Rt}\triangle ABC$ 中，$\angle C$ 为直角，$CH_1(CK_1) \perp AB$．当 n 为正奇数时，$H_n H_{n+1} \perp AC$，$K_n K_{n+1} \perp BC$；当 n 为正偶数时，$H_n H_{n+1} \perp AB$，$K_n K_{n+1} \perp AB$．设 $BC = a$，$AC = b$，$AB = c$，$CH_1 = CK_1 = h$，$AH_n = q_n$，$BK_n = p_n$，$H_n H_{n+1} = r_n$，$K_n K_{n+1} = s_n$．求证：(1) $p_n : q_n = a^{n+1} : b^{n+1}$；(2) $s_n : r_n = a^n : b^n$；(3) $p^{\frac{2}{n+1}} + q^{\frac{2}{n+1}} = c^{\frac{2}{n+1}}$．

3. 在 $\mathrm{Rt}\triangle ABC$ 中，$\angle C$ 为直角，三角形内任一点 P 在三边 AB, BC, AC 上的射影分别为 D, E, F，设 $BE = a_1$，$EC = a_2$，$CF = b_1$，$FA = b_2$，$AD = c_1$，$DB = c_2$．求证：(1) $aa_1 + bb_1 + cc_1 = c^2$；(2) $a(a_1 - a_2) + b(b_1 - b_2) + c(c_1 - c_2) = 0$．

4. P, Q 分别在 $\mathrm{Rt}\triangle ABC$ 两直角边 AB, AC 上，M 为斜边中点，$PM \perp QM$．求证：$PB^2 + QC^2 = PM^2 + QM^2$．

5. Q 为圆 O 外一点，AB 为圆 O 的一条弦，AQ 交圆 O 于 C，BC 与 OQ 交于 P，若 $OQ \perp AB$．求证：$OP \cdot OQ = OA^2$．

6. 直线 l 与圆 O 相交，$OA \perp l$ 于 A，在 l 的圆外部分两边各取一点 E, F，且使 $AE = AF$．过 E, F 在 l 的两侧分别作圆 O 的两切线 EP, EQ．且 P, Q 为切点．求证：P, A, Q 三点共线．

7. 顺次将线段 AD 三等分于 B, C，取以 BC 为直径的圆周上任意一点 P．求证：$\tan \angle APB \cdot \tan \angle CPD = \dfrac{1}{4}$．

8. 锐角 $\triangle ABC$ 中，已知 $AB = 4$，$AC = 5$，$BC = 6$，AA'，BB'，CC' 分别是边 BC, CA, AB 上的高，A', B', C' 为垂足，求 $S_{\triangle A'B'C'} : S_{\triangle ABC}$．

9. 正 $\triangle ABC$ 的面积为 1，点 P 在 BC 上，且 $BP = \dfrac{1}{3}$，Q 在 AB 上，且 $AQ = QB$，$PR \perp AC$ 于 R．求 $\triangle QPR$ 的面积．

369

第二章 几类三角形中的数量及位置关系问题

10.设在凸六边形 $ABCDEF$ 中,$AB \parallel DE$,$BC \parallel FE$,$CD \parallel AF$. 证明:$S_{\triangle ACE} = S_{\triangle BDF}$.

11.将 $\triangle ABC$ 的 $\angle B$,$\angle C$ 的外角及 $\angle A$ 各自三等分,每两个角的相邻的分角线相交得 $\triangle D_1E_1F_1$,$\angle A$ 的平分线,$\angle B$,$\angle C$ 的外角平分线分别交 E_1F_1,F_1D_1,D_1E_1 于点 X,Y,Z.求证:D_1X,E_1Y,F_1Z 三线共点.

12.试证:(1) 与任意 $\triangle ABC$ 每边相邻的每两个优角(大于平角而小于周角的 $\angle A,\angle B,\angle C$ 称为 $\triangle ABC$ 的优角) 相邻的三等分线的反向延长线的交点构成正 $\triangle D_8E_8F_8$,且边长为

$$l_{\triangle D_8E_8F_8} = 8R \cdot \sin\left(60° + \frac{A}{3}\right) \cdot \sin\left(60° + \frac{B}{3}\right) \cdot \sin\left(60° + \frac{C}{3}\right)$$

(2) 任意 $\triangle ABC$ 任意一个优角与另两个劣角(小于平角的 $\angle A,\angle B,\angle C$ 称为 $\triangle ABC$ 的劣角)中,与每相邻的两个角的三等分线(或其反向延长线)的交点构成正三角形,且边 BC,AC,AB 所对的正三角形的边长分别为

$$l_{\triangle DEF_2} = 8R \cdot \sin\frac{B}{3} \cdot \sin\frac{C}{3} \cdot \sin\left(60° + \frac{A}{3}\right)$$

$$l_{\triangle ED_2F_1} = 8R \cdot \sin\frac{A}{3} \cdot \sin\frac{C}{3} \cdot \sin\left(60° + \frac{B}{3}\right)$$

$$l_{\triangle FD_1E_2} = 8R \cdot \sin\frac{A}{3} \cdot \sin\frac{B}{3} \cdot \sin\left(60° + \frac{C}{3}\right)$$

其中,$\triangle DEF$ 为内莫莱三角形.

13.(1) 设 B 为等腰 $\triangle CAA'$ 的底边 AA' 上的一点,且 $AD \geqslant A'B$,则 1) $AB + A'B = 2AC \cdot \cos A$;2) $AB - A'B = 2BC \cdot \cos B$;3) $AB \cdot A'B = AC^2 - BC^2$.并以此求解:在 $\triangle ABC$ 中,$AB = AC = 2$,BC 边有 100 个不同的点 $P_1,P_2,\cdots,P_m$.记 $m_i = AP_i^2 + BP_i \cdot P_iC\,(i = 1,2,\cdots,100)$.求 $m_1 + m_2 + \cdots + m_{100}$.

(2) 设 A 为等腰 $\triangle CB'B$ 底边 BB' 延长线上任一点,则 1) $AB + AB' = 2AC \cdot \cos A$;2) $AB - AB' = 2BC \cdot \cos B$;3) $AB \cdot AB' = AC^2 - BC^2$.

14.(1) 设 B 为等腰 $\triangle CAA'$ 顶角 C 所在 $\overset{\frown}{ACA'}$ 上一点,试证也有 13(1)中结论.并证明:在 $\triangle ABC$ 中,$AB > AC$,$\angle A$ 的一个外角平分线交 $\triangle ABC$ 的外接圆于点 E,作 $EF \perp AB$ 于 F.则 $2AF = AB - BC$;

(2) 设 A 为等腰 $\triangle CB'B$ 顶角 C 所对 $\overset{\frown}{B'B}$ 上一点,试证上题即 13(2)中的结论.

15.在 $\triangle ABC$ 的一边 BC 上任取两点 P,Q,过 A,P,Q 三点的圆交 AB,AC 于 M,N,则 $AB = AC$ 的充要条件是:$PA^2 + PM \cdot PN = QA^2 + QM \cdot QN$.

16.给出本章中定理 10(17) 的平几证法.

17.称延长内莫莱三角形的三边与组成外莫莱三角形的外角三等分线相交所得三个内部含有旁莫莱三角形的三角形为内含旁莫莱三角形.设 $\triangle DEF$ 是 $\triangle ABC$ 的内莫莱三角形,G,H,I 是外莫莱三角形的顶点,$\triangle DPQ,\triangle EMN,\triangle FKL$ 分别是角 A,B,C 所对的内含旁莫莱三角形,如图 3.2.15.

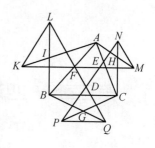

图 3.2.15

求证:$\triangle DPQ,\triangle EMN,\triangle FKL$ 均为正三角形,且边长分别为 $4\sqrt{3}R \cdot \sin \alpha \cdot \sin(60° + \alpha),4\sqrt{3}R \cdot \sin \beta \cdot \sin(60° + \beta),4\sqrt{3}R \cdot \sin \gamma \cdot \sin(60° + \gamma)$.其中,$\angle BAC = 3\alpha,\angle ABC = 3\beta,\angle BCA = 3\gamma$.

371

几何学是一门了解和掌握事物外部关系的科学,几何学还使得事物的这些外部关系更易于解释、描述和传播。

—— 哈斯特(Halster, G. B.)

第二章　几类三角形中的数量及位置关系问题

第三章　四边形中的一些数量、位置关系

一、凸四边形

凸四边形中,也有类似于三角形中的一些数量、位置关系.

定理 1　凸四边形的内角和为 2π.

定理 2　在凸四边形中,(1) 每边乘以该边与其余各边按顺时针方向所成角正弦的代数和为零;(2) 任一边的平方等于其余三边的平方和减去这三边中每两边与该两边所成角余弦乘积的两倍;(3) 任一边等于其他三边乘以该边与第一边按顺时针方向所成角余弦的代数和.

证明　如图 3.3.1,将凸四边形 $ABCD$ 的一边 AB 置于平面直角坐标系的 x 轴上,并作此四边形关于 x 轴对称的凸四边形 $ABC'D'$.这两个四边形各边对应如图所示的向量.则

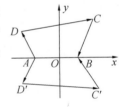

$$\overrightarrow{AB} = \overrightarrow{CB} + \overrightarrow{DC} + \overrightarrow{AD}$$
$$\overrightarrow{AB} = \overrightarrow{C'B} + \overrightarrow{D'C'} + \overrightarrow{AD'}$$

图 3.3.1

设 A,B,C,D 表示其内角,$AB = a$,$BC = b$,$CD = c$,$DA = d$,根据复数与向量的对应关系得

$$a = b \cdot e^{-iB} + c \cdot e^{i[\pi - (B+C)]} + d \cdot e^{i[2\pi - (B+C+D)]} \qquad ①$$
$$a = b \cdot e^{iB} + c \cdot e^{-i[\pi - (B+C)]} + d \cdot e^{-i[2\pi - (B+C+D)]} \qquad ②$$

(1) 由 $\dfrac{① - ②}{2i}$,并利用 $\sin\theta = \dfrac{1}{2i}(e^{i\theta} - e^{-i\theta})$,得

$$b \cdot \sin(-B) + c \cdot \sin[\pi - (B+C)] + d \cdot \sin[2\pi - (B+C+D)] = 0$$

即　　$a \cdot \sin(a,a) + b \cdot \sin(b,a) + c \cdot \sin(c,a) + d \cdot \sin(d,a) = 0$

其中 (x,a) 表示 x 边按顺时针方向与 a 边所成的角(以下均同).

(2) 由 $① \cdot ②$,并利用 $\cos\theta = \dfrac{1}{2}(e^{-i\theta} + e^{i\theta})$,得

$$a_2 = b_2 + c_2 + d_2 - 2bc \cdot \cos < b,c > - 2bd \cdot \cos < b,d > - 2cd \cdot \cos < c,d >$$

其中，$< b,c >$ 表示两边 b,c 的夹角，余类推.

(3) 由 $\dfrac{① + ②}{2}$，并利用 $\cos\theta = \dfrac{1}{2}(e^{i\theta} + e^{-i\theta})$，得

$$a = b \cdot \cos(-B) + c \cdot \cos[\pi - (B + C)] + d \cdot \cos[2\pi - (B + C + D)]$$

即

$$a = b \cdot \cos(b,a) + c \cdot \cos(c,a) + d \cdot \cos(d,a)$$

将凸四边形其他三边分别置于 x 轴上，便可类似地得到(1),(2),(3)中其余 3 个恒等式.

此定理中的 3 个结论，也可分别称之为凸四边形的正弦定理，余弦定理和射影定理.

下面，我们设凸四边形 $ABCD$ 的边长 $AB = a, BC = b, CD = c, DA = d$，对角线长 $AC = e, BD = f$.

定理 3　以 $< b,d >$ 表示边 BC 与 DA 所成的角，余类推，则对凸四边形 $ABCD$，有

(1) $a^2 + c^2 = e^2 + f^2 - 2bd \cdot \cos < b,d >$；

(2) $b^2 + d^2 = e^2 + f^2 - 2ac \cdot \cos < a,c >$；

(3) $\dfrac{\sin A}{bc} = \dfrac{\sin B}{ad} = \dfrac{\sin C}{cd} + \dfrac{\sin D}{ab}$；

(4) $(a^2 + c^2 - b^2 - d^2)^2 = 4e^2f^2 \cdot \cos^2 < e,f >$；

(5) $e^2f^2 = (ac + bd)^2 - 4abcd \cdot \cos^2\theta$.

其中，$\theta = \dfrac{1}{2}(A + C)$ 或 $\dfrac{1}{2}(B + D)$.

证明　(1) 由三角形余弦定理，有

$$2bc \cdot \cos < b,c > = b^2 + c^2 - f^2, 2cd \cdot \cos < c,d > = c^2 + d^2 - e^2$$

再代入平面凸四边形余弦定理

$$a^2 = b^2 + c^2 + d^2 - 2bc \cdot \cos < b,c > - 2bd \cdot \cos < b,d > - 2cd \cdot \cos < c,d >$$

整理即证得；

(2) 类似于(1)即证；

(3) 略(参见第一篇第六章中例 12)；

(4) 设 AC 与 BD 交于 O，在 $\triangle AOB, \triangle BOC, \triangle COD, \triangle DOA$ 中分别用余弦定理表示 a^2, b^2, c^2, d^2.整理即证(参见第一篇第一章中例 5)；

(5) 不妨设 $A + C \leqslant \pi$，在四边形外作 $\angle CDE = \angle ADB$，作 $\angle DCE = \angle DAB$ 交于 E.由 $\triangle CDE \backsim \triangle ADB$ 有 $CE = \dfrac{AB \cdot CD}{AD} = \dfrac{ac}{d}$，且 $BD : AD = DE : DC$，而 $\angle BDE = \angle ADC$，则 $\triangle BDE \backsim \triangle ADC$，于是 $BE = \dfrac{AC \cdot BD}{AD} = \dfrac{ef}{d}$.

第三章　四边形中的一些数量、位置关系

在 $\triangle BCE$ 中,由余弦定理可知,$BE^2 = BC^2 + CE^2 - 2BC \cdot CE \cdot \cos \angle BCE$,而 $\angle BCE = A + C = 2\theta$,由此整理,即证(参见第一篇第一章中例 7).

推论 1 梯形的两条对角线长的平方和等于两腰的平方和加上两底乘积的两倍.

推论 2 平行四边形对角线长的平方和等于四边长的平方和,反之亦真.(参见第一篇第一章中的阿波罗尼斯定理).

定理 4 令 $\angle DAB + \angle DCB = \alpha \neq 180°$,$\angle ADB - \angle ACB = \beta$,$\angle BDC - \angle BAC = \gamma$(此时有 $\angle DBC - \angle DAC = \beta$,$\angle DBA - \angle DCA = \gamma$),则对任意平面四边形(凸,凹,折),有

(1) $\dfrac{ef}{\sin \alpha} = \dfrac{ac}{\sin \beta} = \dfrac{bd}{\sin \gamma}$;

(2) $(ef)^2 = (ac)^2 + (bd)^2 - 2abcd \cdot \cos \alpha$,
$(ac)^2 = (ef)^2 + (bd)^2 - 2bdef \cdot \cos \beta$,
$(bd)^2 = (ef)^2 + (ac)^2 - 2acef \cdot \cos \gamma$;

(3) $ef = ac \cdot \cos \gamma + bd \cdot \cos \beta$,
$ac = ef \cdot \cos \gamma + bd \cdot \cos \alpha$,
$bd = ef \cdot \cos \beta + ac \cdot \cos \alpha$;

(4) $ef < ac + bd$,$ac < ef + bd$,$bd < ef + ac$.

证明 如图 3.3.2,作 $\angle BCE = \angle DCA$,作 $\angle CBE = \angle CDA$,由 $\triangle BCE \backsim \triangle DCA$,有 $BE = \dfrac{AD \cdot BC}{DC} = \dfrac{bd}{c}$,且 $\dfrac{EC}{BC} = \dfrac{AC}{DC}$.而 $\angle ECA = \angle BCD$,

图 3.3.2

则 $\triangle ECA \backsim \triangle BCD$,有 $AE = \dfrac{AC \cdot BD}{DC} = \dfrac{ef}{c}$,且 $\angle AEC = \angle DBC$,$\angle EAC = \angle BDC$.

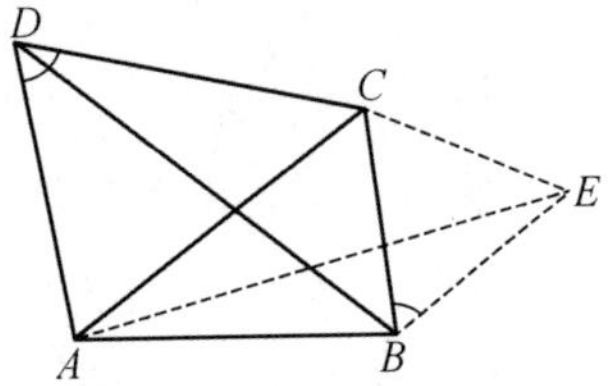

当 $\alpha > 180°$ 时,由 $\angle ABC + \angle EBC = \angle ABC + \angle ADC < 180°$ 时,知存在与四边形 $ABCD$ 在 AB 同侧的 $\triangle ABE$,且

$$\angle ABE = \angle ABC + \angle EBC = 360° - \alpha$$
$$\angle BEA = \angle BEC - \angle AEC = \angle DAC - \angle DBC = -\beta$$
$$\angle BAE = \angle BAC - \angle EAC = \angle BAC - \angle BDC = -\gamma$$

显然这三内角之和为 $180°$;

$\alpha < 180°$ 时知存在与四边形 $ABCD$ 在 AB 异侧的 $\triangle ABE$,且 $\angle ABE = \alpha$,$\angle BEA = \beta$,$\angle BAE = \gamma$.

(1) 在 $\triangle ABE$ 中运用正弦定理,即证得(1);

（2）在 $\triangle ABE$ 中运用余弦定理 $AE^2 = AB^2 + BE^2 - 2AB \cdot BE \cdot \cos \alpha$ 即证得第一式. 余同理可证.

（3）由（1）有 $ac = \dfrac{ef \cdot \sin \beta}{\sin \alpha}$，$bd = \dfrac{ef \cdot \sin \gamma}{\sin \alpha}$，注意到 $\alpha + \beta + \gamma = 180°$，则

$$ac \cdot \cos \gamma + bd \cdot \cos \beta = \frac{ef}{\sin \alpha}(\sin \beta \cdot \cos \gamma + \cos \beta \cdot \sin \gamma) = ef$$

余同理可证.

（4）由（2）并注意到 $\alpha \neq 180°$，$1 + \cos \alpha > 0$，且

$$(ef)^2 = (ac)^2 + (bd)^2 - 2abcd \cdot \cos \alpha =$$
$$(ac + bd)^2 - 2abcd(1 + \cos \alpha) < (ac + bd)^2$$

即证得第一式. 余同理可证.

定理 4 中的（1），（2），（3）可看做是非圆内接四边形的第二型正弦、余弦、射影定理.

由定理 4(2) 中的第一式即可推出定理 3(4). 特别地，当 $\alpha = 180°$ 时，此式即为托勒密定理.

定理 5　设凸四边形 $ABCD$ 的面积为 S，一双对角的和为 2α，令 $p = \dfrac{1}{2}(a + b + c + d)$，则

（1）$S = \dfrac{1}{4}\sqrt{4e^2f^2 - (a^2 + c^2 - b^2 - d^2)^2}$；

375

（2）$S = \sqrt{(p - a)(p - b)(p - c)(p - d) - abcd \cdot \cos^2\alpha}$.

证明提示　（1）参见第一篇第一章中例 5；（2）将定理 3(4) 式代入定理 4(1) 式，注意到平方差公式分解因式即证.

定理 6　顺次连结凸四边形四边中点所得四边形为平行四边形，且其面积为原四边形面积的一半.（注：对于凹、折四边形也有此结论. 参见练习题 3.3 第 23 题）

推论 1　凸四边形两组对边中点的连线互相平分.

推论 2　凸四边形对边中点连线的平方和等于两条对角线平方和之半.

推论 3　凸四边形每双对边中点连线与两对角线中点连线共点，并且它们彼此平分.

定理 7　凸四边形的两对角线分原四边形为四个三角形，相对两三角形面积之积相等.

推论 1　凸四边形为梯形的充要条件是有一对相对的三角形面积相等.

证明提示　由一对相对三角形面积相等，可推得这两个三角形相似，得内

错角相等即证.

推论 2 凸四边形为平行四边形的充要条件是两对相对的三角形面积相等.

定理 8 设 M, N 分别为凸四边形 $ABCD$ 的对角线 BD, AC 的中点,则
$$AB^2 + BC^2 + CD^2 + DA^2 = AC^2 + BD^2 + 4MN$$

简证 由 $AB^2 + BC^2 + CD^2 + DA^2 = \frac{1}{2}AC^2 + 2BN^2 + \frac{1}{2}AC^2 + 2DN^2 =$
$$AC^2 + 2(\frac{1}{2}BD^2 + 2MN^2)$$

即证.

推论 1 $AB^2 + BC^2 + CD^2 + DA^2 \geqslant AC^2 + BD^2.$(参见第二篇第十一章中例 4)

推论 2 凸四边形 $ABCD$ 为平行四边形的充要条件是 $AB^2 + BC^2 + CD^2 + DA^2 = AC^2 + BD^2.$(参见定理 3 的推论 2)

推论 3 $AB^2 + BC^2 + CD^2 + DA^2 + AC^2 + BD^2$ 等于两双对边中点连线及两对角线中点连线平方和的 4 倍.

定理 9 凸四边形各外角的平分线顺次相交,所得四点共圆.对内角结论也成立.

证明提示 利用三角形内角和定理计算可得四边形对角和相等,即对角和为 $180°$.

定理 10 凸四边形四顶点在对角线上的射影组成的四边形与原四边形相似.

证明 设 A_1, B_1, C_1, D_1 分别为四边形 $ABCD$ 在对角线上的射影.又设 AC 与 BD 交于 O.

由 A, D_1, A_1, D 四点共圆,有 $\dfrac{OA_1}{OA} = \dfrac{OD_1}{OD}$.

同理,$\dfrac{OB_1}{OB} = \dfrac{OC_1}{OC}, \dfrac{OA_1}{OB} = \dfrac{OB_1}{OB}$.

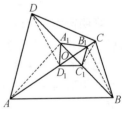

图 3.3.3

将 $A_1 B_1 C_1 D_1$ 反转后与 $ABCD$ 为位似形,因而相似.

定理 11 凸四边形四顶点组成的四个三角形,(1) 其四重心组成的四边形与原四边形相似;(2) 每一顶点与其他三项点组成的三角形的重心的连线共点;(3) 其四个内切圆中任两圆的公切线段,等于其余两圆的公切线段,但这些公切线段以落在各边或对角线上为限;(4) 对四边形 $ABCD$ 中的 $\triangle BCD$, $\triangle ACB, \triangle BDA, \triangle ABC$ 的面积和外接圆半径依次记为 $S_A, S_B, S_C, S_D, R_A, R_B$,

R_C, R_D. 则

1) $a^2 S_A S_B + b^2 S_B S_C + c^2 S_C S_D + d^2 S_D S_A = e^2 S_A S_C + f^2 S_B S_D$；

2) $ac(R_A \cdot R_D + R_B \cdot R_C) + bd(R_A \cdot R_C + R_B \cdot R_D) = ef(R_A \cdot R_B + R_C \cdot R_D)$.

证明　(1)，(2) 如图 3.3.4，设四边形 $ABCD$ 中 $\triangle BCD$，$\triangle ACD$，$\triangle BDA$，$\triangle ABC$ 的重心依次为 G_A，G_B，G_C，G_D，取 AC，BD 的中点 M，N，则在 $\triangle MBD$ 中，有 $G_D G_B = \dfrac{1}{3} BD$. 由第一篇第一章中例 1 的结论(也可看做梯形的性质)，知 $G_B B$ 与 $G_D D$ 的交点 P 在 MN 的中点.同理，$G_A A$ 与 $G_C C$ 的交点也在 MN 的中点，即证得 AG_A，BG_B，CG_C，DG_D 共点于 MN 的中点，即知四边形 $ABCD$ 与 $G_A G_B G_C G_D$ 是以 P 为位似中心的位似形.故两个结论即证.

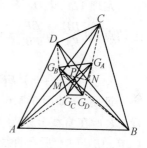

图 3.3.4

注：若连 AG_B 延长交 CD 于 Q，则 Q，G_A，B 共线，则有 $G_B G_A = \dfrac{1}{3} AB$，同理有其余 3 式，亦可证得(1).

(3) 如图 3.3.5，切点 P，Q，R，S，E，F，G，H，N，M，K，L 如图所示，则

$$AP = \frac{1}{2}(AB + AC - BC), BS = \frac{1}{2}(BA + BD - AD)$$

$$CQ = \frac{1}{2}(CA + CD - AD), DR = \frac{1}{2}(DB + DC - BC)$$

而　　$PQ = AC - (AP + CQ) = \dfrac{1}{2} \cdot [(AD + BC) -$

$$(AB + CD)]$$

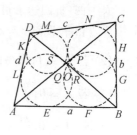

图 3.3.5

$$RS = BD - (BS + DR) = \frac{1}{2}[(AD + BC) - (AB + CD)]$$

故 $PQ = RS$.

同理，$EF = MN$，$LK = GH$.

(4) 设 AC 与 BD 相交于 O，交角为 θ，则有

$$a^2 = OA^2 + OB^2 - 2OA \cdot OB \cdot \cos \theta, S_A = \frac{1}{2} BD \cdot OC \cdot \sin \theta$$

等这样的各四式代入求证式 1) 两边，则有

$$\frac{1}{4} e^2 f^2 (OA \cdot OC + OB \cdot OD) \sin^2 \theta$$

第三章　四边形中的一些数量、位置关系

便证得 1) 式;再利用 $S_A = \dfrac{bcf}{4R_A}$ 等四式代入 1) 便证得 2).

注:对于(4)2),当 A,B,C,D 共圆时,$R_A = R_B = R_C = R_D$,此即为托勒密定理.此结论由杨路先生给出.

定理 12   若 E,F 分别为平面四边形 $ABCD$(凸,凹,折均可)的边 AD,BC 上的点,且 $\dfrac{DE}{EA} = \dfrac{CF}{FB} = \dfrac{m}{n}$.又设 EF 与 AB,CD 所成的角分别为 α,β,则

$$na \cdot \sin \alpha = mc \cdot \sin \beta$$
$$(m+n)^2 EF^2 = (na)^2 + (mc)^2 + 2mnac \cdot \cos(\alpha + \beta)$$

证明   如图 3.3.6,对于凸四边形 $ABCD$,设 EF 所在直线分别与 AB,DC 所在直线交于 P,R,AB 与 DC 所在直线交于 Q.

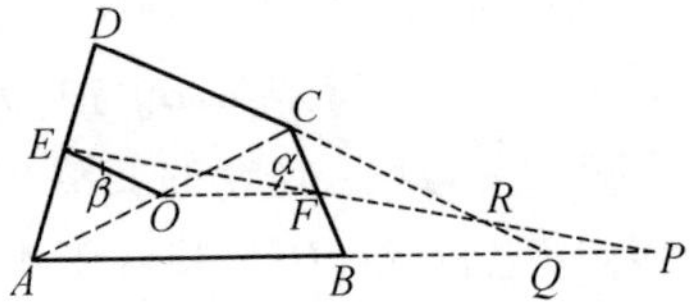

连 AC,在其上取点 O,使 $\dfrac{CO}{OA} = \dfrac{m}{n}$,则

$$OE = \frac{cn}{m+n}, OF = \frac{am}{m+n}, \text{且} \angle OEF = \beta,$$

图 3.3.6

378    $\angle OFE = \alpha$,在 $\triangle EOF$ 中,运用正弦定理,余弦定理即证得结论.

对于凹、折四边形可类似证明(略).

注:(1) 若设 AB 与 CD 的夹角为 θ,则 $\theta = \alpha + \beta$;

(2) 若 $\dfrac{m}{n} = 1$,则得四边形对边中点连线长公式;

(3) 若 $c = 0$,$\dfrac{m}{n} = 1$,则得三角形中位线定理;

(4) 若 $\theta = 0$,$\dfrac{m}{n} = 1$,则得梯形中位线定理;

(5) 对于折四边形,即 $\alpha = 180°$ 时,$\dfrac{m}{n} = 1$,则得梯形两对角线中点连线长公式 $EF = \dfrac{|a-e|}{2}$;

(6) 若 $\alpha = 0$,则得分梯形两腰为 $\dfrac{m}{n}$ 的线段长公式 $EF = \dfrac{am+cn}{m+n}$,若 $\alpha = 180°$,则 $EF = \dfrac{|am-cn|}{m+n}$;

(7) 若 B,C 重合,则有

$$CE = \frac{1}{m+n}\sqrt{(am)^2 + (cn)^2 + 2mnac \cdot \cos C} =$$
$$\frac{1}{m+n}\sqrt{(am)^2 + (cn)^2 + mn(a^2 + c^2 - d^2)}$$

此时,1) 当 $m = n$ 时,为阿波罗尼斯定理;2) 当 $\dfrac{m}{n} = \dfrac{c}{a}$ 时,为 $\angle C$ 的平分线长

公式 $\dfrac{1}{a + c}\sqrt{ac[(a + c)^2 - d^2]}$;3) 当 $DE = m$,$EA = n$,则 $d = m + n$,由 2)

即得斯库顿定理……

定理 13　凸四边形为平行四边形或梯形的充要条件是凸四边形一组对边的中点和两条对角线的交点共线.

证明　如图 3.3.7,设 M,N 分别为凸四边形 $ABCD$ 的边 AB,CD 的中点,P 为 AC 与 BD 的交点.

充分性　若 M,P,N 共线.作 DC 的平行线,使其与 PA,PB 分别相交于 C',D',与 PM 交于 N'.连 $C'M$,$D'M$,作 $C'E \perp AB$ 于 E,作 $D'F \perp AB$ 于 F.

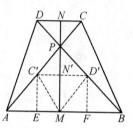

图 3.3.7

由 $C'D' \parallel CD$ 有 $\dfrac{C'N'}{CN} = \dfrac{PN'}{PN} = \dfrac{N'D'}{ND}$,而 $CN = ND$,即知 N' 为 $C'D'$ 的中点.易证 $S_{\triangle PC'N'} = S_{\triangle PD'N'}$,$S_{\triangle MC'N'} = S_{\triangle MD'N'}$,$S_{\triangle PAM} = S_{\triangle PBM}$,从而 $S_{\triangle AMC'} = S_{\triangle BMD'}$,又 $AM = MB$,则必有 $C'E = D'F$.注意到 C',D' 在 AB 同侧,故 $C'D' \parallel AB$.即 $AB \parallel CD$.(注:若作 $MG \parallel BD$ 交 AP 于 G,则 G 为 AP 中点,作 $NH \parallel DB$ 交 PC 于 H,则 H 为 PC 中点,由 $\triangle PGM \backsim \triangle PHN$ 可得 $\triangle PAM \backsim \triangle PCN$,即有 $AB \parallel CD$)

当 $AB = CD$ 时,$ABCD$ 为平行四边形;当 $AB \neq CD$ 时,$ABCD$ 为梯形.

必要性　显然.(略)

379

定理 14　(1) 梯形的重心(面积重心)在它的中线(梯形两底的中点连线)上,且内分中线之比为 $(2m + n):(m + 2n)$.其中 m,n 分别为梯形的两底边之长;

(2) 梯形的中线长等于两腰平方和之二倍与两底差之平方的差的方根之半.

证明　如图 3.3.8,M,N 分别是梯形 $ABCD$ 两底 AB,CD 的中点,G 为其重心.

(1) 延长两腰相交于 S,则 $\triangle ABS$,$\triangle DCS$ 的中线 SM,SN,梯形中线 MN 三线共于一直线上,而两三角形的重心在此直线上,故梯形 $ABCD$ 的重心 G 在其中线 MN 上.

连 AC,设 P,Q 分别为 $\triangle ABC$ 和 $\triangle ACD$ 的重心,

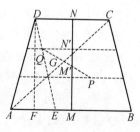

图 3.3.8

则 G 必在直线 PQ 上. 设 PQ 与 MN 相交于 G.

过 P,Q 分别作底边的平行线与中线相交于 M' 和 N', 则 $M'N' = \dfrac{1}{3}MN$, 且

$$\dfrac{PG}{QG} = \dfrac{M'G}{N'G}.$$

注意到力学原理, 有 $\dfrac{PG}{QG} = \dfrac{S_{\triangle ACD}}{S_{\triangle ABC}} = \dfrac{DC}{AD}$, 从而 $\dfrac{M'G}{N'G} = \dfrac{DC}{AB}$, 即 $\dfrac{M'N'}{N'G} =$

$\dfrac{DC + AB}{AB}$, 故 $N'G = \dfrac{\dfrac{1}{3}MN \cdot AB}{DC + AB}$.

同理, $M'G = \dfrac{\dfrac{1}{3}MN \cdot DC}{DC + AB}$, 而 $\dfrac{NG}{MG} = \dfrac{\dfrac{1}{3}MN + N'G}{\dfrac{1}{3}MN + M'G}$, 故

$$\dfrac{NG}{MG} = \dfrac{2AB + DC}{AB + 2DC} = \dfrac{2m + n}{m + 2n}$$

(2) 过 D 作 BC 的平行线 DE 交 AB 于 E, 作 $\triangle AED$ 的中线 DF 交 AB 于 F.

由 $AF = \dfrac{1}{2}(AB - DC) = AM - DN$, 而 $AF = AM - FM$, 故 $DN = FM$. 又 $DN /\!/ FM$,

知 $FMND$ 为平行四边形, 即 $MN \mathrel{\underline{/\!/}} DF$. 由于 DF 为 $\triangle AED$ 的中线, 则

$$DF = \dfrac{1}{2}\sqrt{2(QE^2 + AD^2) - AE^2}$$

注意到 $DE = BC, AE = AB - DC$, 故

$$MN = DF = \dfrac{1}{2}\sqrt{2(BC^2 + AD^2) - (AB - DC)^2}$$

定理 15 若凸四边形的对角线互相垂直, 则

(1) 一双对边的平方和等于另一双对边的平方和, 对边中点连线长(中位线长)相等;

(2) 过对角线交点向每边引垂线得四垂足, 又每垂线与对边相交得四交点, 此八点共圆(练习题 2.7 中第 17 题).

定理 16 平行四边形为矩形的充要条件是平面内任一点到平行四边形两双相对顶点的距离的平方和相等.

证明 充分性 令 P 为 $\square ABCD$ 所在平面内任一点, Q 为 AC 与 BD 的交点, 分别取 PA, PB, PC, PD 的中点 R, S, T, K, 则四边形 $KPSQ, PRQT$ 均为平行四边形, 有

$$2(PK^2 + PS^2) = PQ^2 + SK^2, 2(PR^2 + PT^2) = PQ^2 + RS^2$$

由题设 $PB^2 + PD^2 = PA^2 + PB^2$，即 $4PK^2 + 4PS^2 = 4PR^2 + 4PT^2$. 则 $RT^2 = KS^2$，而 $RT = \frac{1}{2}AC$，$KS = \frac{1}{2}BD$，故 $AC = BD$. 即证.

必要性 设 P 到矩形 $ABCD$ 的边 AB,DC,BC,AD 边的距离分别为 d_1,d_2,d_3,d_4，由勾股定理有 $PA^2 + PC^2 = PB^2 + PD^2$.

例 1 试证:凸四边形的第一组对边平行的充要条件是第二组对边的中点连线长等于第一组对边和的一半.

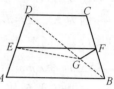

图 3.3.9

证明 必要性显然,下证充分性,如图 3.3.9. 对于凸四边形 $ABCD$，E,F 分别为 AD,BC 的中点,有 $EF = \frac{1}{2}(AB + CD)$.

连 BD，取其中点 G，连 EG,FG，则由三角形中位线定理，知 $EG = \frac{1}{2}AB$，$FG = \frac{1}{2}CD$，则 $EG + FG = \frac{1}{2}(AB + CD) = EF$，故 G 在 EF 上，于是 $AB \parallel EF \parallel DC$.

例 2 如图 3.3.10，设 $ABCD$ 是一个梯形($AB \parallel CD$)，E 是线段 AB 上一点，F 是线段 CD 上一点，线段 CE 与 BF 相交于 H，线段 ED 与 AF 相交于 G. 求证: $S_{EHFG} < \frac{1}{4}S_{ABCD}$.

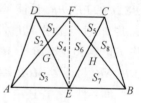

381

图 3.3.10

证明 连 EF，设梯形分成 8 个小三角形的面积，如图所示记为 $S_i(i = 1,2,\cdots,8)$. 由定理 7 推论 1 知 $S_2 = S_4$，$S_6 = S_8$. 又由定理 7 知 $S_2^2 = S_1 \cdot S_3$，从而 $S_2 \leqslant \frac{1}{2}(S_1 + S_3)$. 同理 $S_6 \leqslant \frac{1}{2}(S_5 + S_7)$.

由于 $ABCD$ 为梯形，所以 $AEFD$ 和 $EBCF$ 至少有一个是梯形，由定理 7 推论 2 知，上述不等式两等号不能同时成立. 从而

$$4S_{EHFG} = 4(S_4 + S_6) =$$
$$S_2 + S_4 + S_6 + S_8 + 2\sqrt{S_1 \cdot S_3} + 2\sqrt{S_5 \cdot S_7} <$$
$$S_1 + S_2 + S_3 + S_4 + S_5 + S_6 + S_7 + S_8 = S_{ABCD}$$

故 $S_{EHFG} < \frac{1}{4}S_{ABCD}$.

第三章 四边形中的一些数量、位置关系

例 3　已知凸四边形的面积为 S,在它内部取一点并作其关于各边中点的对称点,得到新四边形四顶点.求新四边形的面积.

　　解　如图 3.3.11,设 O 为凸四边形 $ABCD$ 内一点,E,F,G,H 依次为各边中点,E_1,F_1,G_1,H_1 分别为点 O 关于这些中点的对称点.

　　因为 EF 是 $\triangle E_1OF_1$ 的中位线,则 $S_{\triangle E_1OF_1}$ $= 4S_{\triangle EOF}$.同理有 $S_{\triangle F_1OG_1} = 4S_{\triangle FOG}$,$S_{\triangle G_1OH_1}$ $= 4S_{\triangle GOH}$,$S_{\triangle H_1OE_1} = 4S_{\triangle HOE}$.从而 $S_{E_1F_1G_1H_1} =$ $4S_{EFGH}$.由定理 6,故 $S_{E_1F_1G_1H_1} = 2S$.

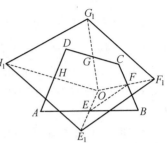

图 3.3.11

　　例 4　如图 3.3.12,设 P,Q 分别为凸四边形 $ABCD$ 一组对边 BC,AD 的中点.试证:当 AB 与 CD 不平行时,在过线段 PQ 上任意给定的一点 R 的所有直线中,满足夹在两边 AB,CD 间的线段恰被点 R 平分的有且仅有一条.

382

　　证明　**存在性**　作 $QE \underset{=}{\parallel} AB$,$QF \underset{=}{\parallel} DC$,连 BE,CF,PE,PF.易证 $\triangle PFC \backsim \triangle PEB$,从而 $F,P,$ E 共线.过点 R 作 $GH \parallel EF$ 交 EQ 于 G,交 FQ 于 H,作 $GM \parallel AQ$ 交 AB 于 M,作 $HN \parallel QD$ 交 DC 于 N,连 MR,NR,易证 $\triangle MGR \cong \triangle NHR$,则 $NR = RM$,且 N,R,M 共线.

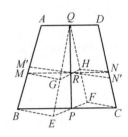

图 3.3.12

　　惟一性　若还有一条直线 $M'N'$ 满足 $M'R = RN'$,则易证 $\triangle MGR \cong$ $\triangle NN'R$,从而 $MM' \parallel NN'$,得 $AB \parallel CD$ 与题目条件矛盾.

　　例 5　如图 3.3.13,在凸四边形 $ABCD$ 的 AB,DC 上各取一点 M,N,满足 $\dfrac{AM}{MB} =$ $\dfrac{DN}{NC} = \dfrac{m}{n}$,在 BC,AD 上各取一点 E,F,满足 $\dfrac{BE}{EC} = \dfrac{AF}{FD} = \dfrac{e}{f}$.求证:$MN$ 分 EF 成两段之比为 $\dfrac{m}{n}$,EF 分 MN 成两段之比为 $\dfrac{e}{f}$.

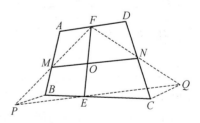

图 3.3.13

　　证明　过 B,C 分别作 AD 的平行线交 FM,FN 于 P,Q,连 PE,EQ,则

$$\frac{AF}{PB} = \frac{AM}{MB} = \frac{DN}{NC} = \frac{FD}{CQ},\frac{PB}{CQ} = \frac{AF}{FD} = \frac{BE}{EC}$$

可证 $\triangle PBE \backsim \triangle QCE$,从而 P,E,Q 共线.

又 $\dfrac{FM}{MP} = \dfrac{AM}{MB} = \dfrac{DN}{NC} = \dfrac{FN}{NQ}$,则 $MN \parallel PQ$.设 MN 与 EF 交于 O,则

$$\dfrac{FO}{OE} = \dfrac{FM}{MP} = \dfrac{AM}{MB} = \dfrac{m}{n}, \dfrac{MO}{ON} = \dfrac{PE}{EQ} = \dfrac{BE}{EC} = \dfrac{e}{f}$$

例 6 如图 3.3.14,S,O 分别为梯形 $ABCD$ 两腰 AD,BC 延长线交点和对角线交点,延长 DC 至 F 使 $CF = AB$,延长 BA 至 E 使 $AE = CD$,设 EF 与 SO 交于 G.求证:G 为梯形重心.

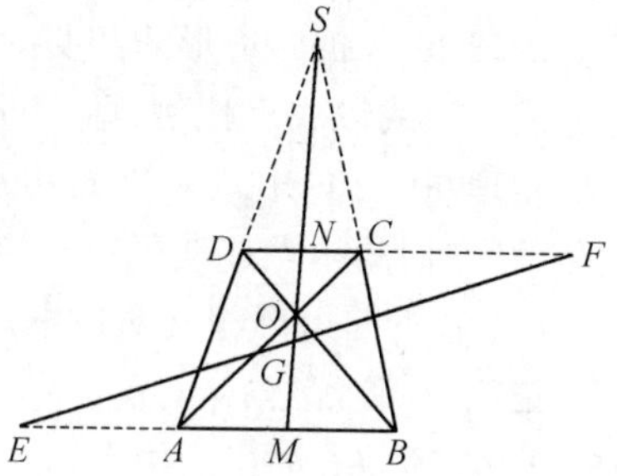

图 3.3.14

证明 设直线 OS 与 AB,DC 分别交于 M,N.由题设,有

$$\dfrac{DN}{AM} = \dfrac{NC}{MB} = \dfrac{DC}{AB}, \dfrac{DN}{MB} = \dfrac{NC}{AM} = \dfrac{DC}{AB}$$

即知 $\dfrac{DN}{AM} = \dfrac{DN}{MB}$ 即 $AM = MB$.

同理 $DN = NC$,即 MN 为其中线.

由 $\triangle EMG \backsim \triangle FNG$,有

$$\dfrac{NG}{MG} = \dfrac{NF}{ME} = \dfrac{CF + NC}{AM + EA} = \dfrac{AB + \dfrac{1}{2}DC}{\dfrac{1}{2}AB + CD} = \dfrac{2AB + DC}{AD + 2DC}$$

383

注:我们还可证梯形对角线交点 O 和重心 G 分中线 MN 成三段之比为 $NO : OG : GM = 3 : 2(t-1) : (t+2)$,其中,$t$ 为两底之比.

二、折四边形

有两条边相交的四边形称为折四边形.凸四边形的两条对边和两条对角线就组成折四边形.折四边形又是有对顶角的两个三角形.

定理 17 折四边形中非对顶角的两对应顶角和相等.

定理 18 连接对角线后的折四边形中的两双对顶三角形面积相等的充要条件是相交两边中有一条边被平分.

证明 如图 3.3.15,设折四边形 $ABCD$ 的边 AD 与 BC 交于 E,记 $AE = m_1$,$ED = m_2, BE = n_1, EC = n_2, \angle AEB = \angle CED = \alpha$,则

$$(S_{\triangle AEC} + S_{\triangle BED}) - (S_{\triangle AEB} + S_{\triangle CED}) =$$

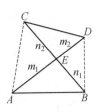

$$\frac{1}{2}(m_1 n_2 + n_1 m_2 - m_1 n_1 - m_2 n_2)\sin \alpha =$$

$$\frac{1}{2}(n_2 - n_1)(m_1 - m_2)\sin \alpha = 0$$

$\Leftrightarrow n_1 = n_2$ 或 $m_1 = m_2$.

图 3.3.15

定理 19 折四边形非相交对边平行的充要条件是相交边分成的四线段成反比例(即 $m_1 n_1 = m_2 n_2$).

定理 20 (1)在有一双对边平行的折四边形中,相交的一双对边若不互相平分,则它们的中点连线平行于该双平行的对边且等于其半差;

(2)若折四边形相交两边中点的连线平行于第三边,则也平行于第四边.

证明 如图 3.3.16,设 N, M 分别为折四边形 $ABCD$ 相交边 BC, AD 的中点.

(1)过 D 作 $DG \parallel CB$ 交 AB 的延长线于 G,由 $AB \parallel CD$,即知

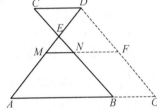

$$MF = MN + NF = \frac{1}{2}(AB + BG)$$

图 3.3.16

由此即有 $\qquad MN = \frac{1}{2}(AB - CD)$

(2)由 $MN \parallel AB$ 知 $\dfrac{EM}{EA} = \dfrac{EN}{EB}$,即

$$\frac{EM}{EA - EM} = \frac{EN}{EB - EN}$$

亦即 $\dfrac{EM}{ED} = \dfrac{EN}{EC}$,故 $MN \parallel CD$.

例 7 如图 3.3.17,求各图中单折边封闭折线顶角和.

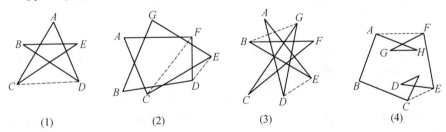

(1)　　　　(2)　　　　(3)　　　　(4)

图 3.3.17

解 (1)连 CD,运用定理 17,在 $\triangle ACD$ 和折四边形 $CDBE$ 中求得

$$\angle A + \angle B + \angle C + \angle D + \angle E = 180°$$

(2) 连 CF, DE, 则有

$$\angle A + \angle B + \angle C + \angle D + \angle E + \angle F + \angle G = 540°$$

(3) 连 BG, DE, 则有

$$\angle A + \angle B + \angle C + \angle D + \angle E + \angle F + \angle G = 180°$$

(4) 连 AF, CE, 则有

$$\angle A + \angle B + \angle C + \angle D + \angle E + \angle F + \angle G + \angle H = 540°$$

例 8 如图 3.3.18, 在 $\triangle ABF$ 中, D 在 AB 上, C 在 AF 上, $AB = AC$, 且 $BD = CF$, BC 与 DF 交于 E. 求证: $S_{\triangle BDE} + S_{\triangle CFE} = S_{\triangle CDE} + S_{\triangle BFE}$.

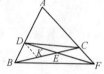

证明 作 $DK \parallel CF$ 交 BE 于 K, 则 $DK = DB = CF$, 即有 $DE = EF$, 由定理 18, 即知结论成立.

图 3.3.18

例 9 如图 3.3.19, 在正方形 $ABCD$ 中, E 为 BD 上任一点, $DG \perp AE$ 于 G 交 AC 于 F. 求证: $\triangle CDF \cong \triangle DAE$.

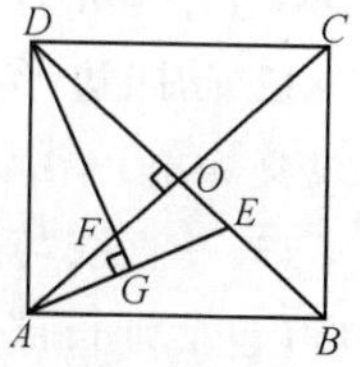

证明 由定理 17 即知 $\angle GAF = \angle GDE$, 由此有 $\angle DAE = \angle FDC$. 而 $AD = DC$, $\angle ADE = \angle DCF$, 从而 $\triangle CDF \cong \triangle DAE$.

图 3.3.19

练习题 3.3

1. 已知 $\square ABCD$ 的面积为 1, E 为 BC 上一点, $DE : EC = 3 : 2$, AE 与 BD 交于 F. 求 $S_{\triangle DEF}, S_{\triangle EFB}, S_{\triangle AFB}$.

2. E 是 $\square ABCD$ 中 BC 边的中点, AE 交对角线 BD 于 G. 若 $S_{\triangle BEG} = 1$, 求 S_{ABCD}.

3. P 为活动的凸四边形 $ABFE$ (AB 边固定) 的 EF 边上一定点, 且 $EP : PF = \lambda (\lambda > 0)$. 当 AE, BF 的内分点 M, N 满足 $EM : MA = BN : NF = \lambda$ 时, 求证: MN 恒过一定点.

4. 在圆的直径 AB 一端点 A 的切线上取一点 C, 自 C 作切线 CD, 自切点 D 作 AB 的垂线, 垂足为 E. 求证: ED 被直线 BC 所平分.

5. AB 是圆 O 的直径, PA 是切线, 割线 PCD 交圆 O 于 C, D, 连接 BC, BD 分别交直线 PO 于 E, F. 求证: $EO = FO$.

6. 在边长为 1 的正方形 $ABCD$ 的一组对边 AB, CD 上各取一点 M, N, AN 与 DM 交于 E, BN 与 CM 交于 F. 试求四边形 $EMFN$ 的最大面积, 并指出 M, N 在何

种位置时可取最大值.

7.延长凸四边形 $ABCD$ 的边 AB, CD 交于 E, AD, BC 交于 F, 圆 BCE 与圆 CDF 交于 P, 则 P 在 AB, BC, CD, DA 上的射影 G, M, H, N 共线.

8.试证:凸四边形的一组对边平行 $\Leftrightarrow$ 对角线中点连线等于该组对边差的一半.

9.凸四边形的四条边,两条对角线这六条线段中最长线段与最短线段的比不小于 $\sqrt{2}$.

10.依次延长凸四边形各边至原边的 $\dfrac{n}{m}$.求证:所得四边形的面积与原四边形面积之比为 $\left[(m+n)^2+n^2\right] : m^2$.

11.凸四边形 $ABCD$ 中,若一双对角 $\angle A$, $\angle C$ 的平分线 AE, CF 相交于 F, E 在 BC 上,则所交成的角有一个等于另一双对角(内角)的半差.

12.凸四边形有一双对边相等,则另一双对边中点的连线与该双对边的延长线交等角.

13.一直线与凸四边形四边或其延长线相交,则每一边被此直线分成的二线段(包括延长部分)的比的乘积等于1.

14.凸四边形 $ABCD$ 的对角线 AC, BD 相交于 P, 若圆 PAB 与圆 PCD 交于 Q, 圆 PAD 与圆 PBC 交于 R.求证:P, Q, R 与 AC, BD 的中点五点共圆.

15.证明:如果凸四边形的对角线相等,则它的面积等于连接对边中点的两线段之积.

16.在平行四边形的每条边上依次取点,这四点组成的新四边形面积等于平行四边形面积的一半.证明:新四边形至少有一条对角线平行于平行四边形的边.

17.证明:两个四边形相似,当且仅当它们的四个对应角相等且对角线的夹角对应相等.

18.设 G 为凸四边形 $ABCD$ 的过两对角线中点而与另一对角线平行的两直线的交点,点 G 与四边中点的连线将原四边形面积四等分.

19.设在凸四边形 $ABCD$ 中,对角线 AC 平分 BD 于 O.过 O 任作两条直线,一条交 AB 于 E, 交 CD 于 F, 另一条交 AD 于 G, 交 BC 于 H, FG 和 EH 分别交 BD 于 I 和 J.求证:$IO = OJ$.(第一篇第八章中例3的推广)

20.设凸(或折)四边形 $ABCD$ 的对角线 AC, BD 的交点为 M, 过点 M 作 AD 的平行线分别交 AB, CD 于 E, F, 交 BC 于 O; P 是以 O 为圆心,以 OM 为半径的圆上一点,则 $\angle OPF = \angle OEP$.(参见练习题2.2第14题)

21.在四边形(凸或凹或折)四边形 $ABCD$ 中,

(1) 对角线 AC,BD 所成的角为 θ,$|AC| = l_1$,$|BD| =_2$,其有向面积(顶点逆时针方向排列)为 S,则 $|S| = \frac{1}{2}l_1 l_2 \cdot \sin\theta$.

(2) 若 $|AB| = a$,$\angle A = \alpha$,$\angle B = \beta(\alpha,\beta \in (0,\pi))$,点 C,D 到直线 AB 的距离为 h_1,h_2,则 $S = \frac{1}{2}[a(h_1 + h_2) - h_1 h_2 \delta]$,其中,$\delta = \cot\alpha + \cot\beta$,$S$ 为有向面积.

22.证明本章定理 6.

23.在平面四边形(凸或凹或折)$ABCD$ 中,如果其对边之和相等,那么该四边形有内切圆.

387

几何学是星星之友,它用最纯洁的纽带把心灵与心灵联结在一起.在几何学中只有推理,并且不受时间与空间的干扰与控制.

—— 华兹沃尔斯(Wordsworth)

第四章　　与圆有关的几类问题

　　讨论圆与圆、圆与多边形等问题是讨论与圆有关的两类主要问题.多边形除三角形外,每个多边形不一定都有外接圆或内切圆,但限定一些条件之后,它们是可以有外接圆或内切圆的,或者都有.

　　若平面四边形是 1) 凸的,具有一双对角互补或一外角等于其内对角;2) 折的,且有一双对角相等.则必有外接圆.显然,等腰梯形必有外接圆.反之,若圆内接四边形是 1) 凸的,则它的对角互补,任一外角等于其内对角;2) 折的,则它的对角相等.内接于圆的梯形必是等腰的.

　　若平面四边形(凸或凹) 其一双对边的和等于另一双对边的和,则必有内切圆;若平面四边形(凸、凹、折) 其一双对边的差等于另一双对边的差,则必有旁切圆.显然,菱形有一个内切圆.反之,若凸或凹四边形有内切圆,则一双对边的和等于另一双对边的和;若凸或凹或折四边形有旁切圆,则一双对边的差等于另一双对边的差.

　　四边形若一对角线是另一对角线的中垂线,则叫做筝形.筝形有凸的和凹的两种.非菱形的筝形有一个内切圆和一个旁切圆.

　　由等腰梯形的两腰与两条对角线构成的图形(一个折四边形),叫做逆平行四边形.逆平行四边形有两个旁切圆.

　　与三角形的外接圆相外切,又与三角形两边的延长线相切的圆,称为三角形的半外切圆;与三角形的外接圆相内切,又与三角形两边相切的圆,称为三角形的半内切圆.一个三角形各有三个这样的圆.

　　每个正多边形都有一个外接圆和一个内切圆,而且两圆同心.

一、圆的内接、外切凸 $n(n \geq 4)$ 边形问题

　　定理 1　设凸 n 边形 $A_1A_2\cdots A_n$ 内接于半径为 R 的圆,$A_iA_{i+1}(i = 1,2,\cdots,n,A_{n+1} = A_1)$ 所对的弧的弧度数为 α_i,则 $\dfrac{A_iA_{i+1}}{\sin\dfrac{\alpha_i}{2}} = 2R(i = 1,2,\cdots,n)$.

此定理用三角形正弦定理及圆周角定理即可证.此定理亦称为圆内接凸 n 边形正弦定理.

推论 设 P 是圆内接凸 n 边形 $A_1A_2\cdots A_n$ 内(或边上)任一点,它到边 $A_iA_{i+1}(i = 1,2,\cdots,n,A_{n+1} = A_1)$ 的距离为 d_i,$\overparen{A_iA_{i+1}}$ 的弧度数为 $\alpha_i(i = 1,2,\cdots,n)$,其面积为 $S_{A_1A_2\cdots A_n}$,则

$$\sum_{i=1}^{n} d_i \cdot \sin\frac{\alpha_i}{2} = \frac{S_{A_1A_2\cdots A_n}}{R}(定值)$$

定理 2 设凸 n 边形 $A_1A_2\cdots A_n$ 外切于半径为 r 的圆,则

$$\frac{A_iA_{i+1}}{\cot\dfrac{A_i}{2} + \cot\dfrac{A_{i+1}}{2}} = r \quad (i = 1,2,\cdots,n,A_{n+1} = A_1)$$

此定理称为凸 n 边形的余切定理.

推论 $\displaystyle\sum_{i=1}^{n}(A_iA_{i+1} - A_{i+1}A_{i+2})\cot\frac{A_{i+1}}{2} = 0 \quad (i = 1,2,\cdots,n,A_{n+1} = A_1,A_{n+2} = A_2)$

定理 3 (1)设半径为 R 的圆内接 n 边形 $A_1A_2\cdots A_n$ 的面积为 S,则 $S \leqslant \dfrac{1}{2}nR^2 \cdot \sin\dfrac{2\pi}{n}$,其中等号当且仅当 n 边形为正 n 边形时成立;

(2)设半径为 r 的圆外切 n 边形 $B_1B_2\cdots B_n$ 的面积为 S',则 $S' \geqslant r^2 \cdot n \cdot \cot\dfrac{\pi}{n}$,其中等号当且仅当 n 边形为正 n 边形时成立.

证明提示 (1)注意到 $S = \dfrac{1}{2}R^2 \cdot \displaystyle\sum_{i=1}^{n}\sin\angle A_iOB_{i+1}$ 及凸函数的琴生不等式即证;

(2)注意到 $S' = r^2 \cdot \displaystyle\sum_{i=1}^{n}\cot\dfrac{\theta_i}{2}(\theta_i$ 为 A_{i+1} 的补角)及凹函数的琴生不等式即证.

推论 1 设 $A_1A_2\cdots A_n$ 边形为 n 边形 $B_1B_2\cdots B_n$ 的切点 n 边形,它们的面积分别为 S',S,则 $S' \leqslant S \cdot \cos\dfrac{\pi}{n}$,其中等号当且仅当 n 边形为正 n 边形时成立.

推论 2 设 n 边形 $A_1A_2\cdots A_n$ 既有半径为 R 的外接圆,又有半径为 r 的内切圆,则 $R \geqslant r \cdot \sec\dfrac{\pi}{n}$,其中等号当且仅当 n 边形为正 n 边形时成立.

例 1 如图 3.4.1,在 $\triangle ABC$ 中,$AB > AC$,$\angle A$ 的一个外角平分线交

389

△*ABC* 的外接圆于点 *E*,过 *E* 作 *EF* ⊥ *AB* 于 *F*.求证:2*AF*
= *AB* − *AC*.

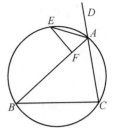

证明 因 ∠*DAE* = ∠*EAB* = $\frac{1}{2}$(∠*B* + ∠*C*)

$$\overset{\frown}{EB} = \overset{\frown}{CAE} = \frac{1}{2}\overset{\frown}{CAB} \overset{m}{=\!=\!=} \angle B + \angle C$$

又 $$AB > AC$$

$$\overset{\frown}{AE} = \overset{\frown}{CAE} - \overset{\frown}{CA} \overset{m}{=\!=\!=} 2\angle DAE - 2\angle B = \angle C - \angle B > 0$$

图 3.4.1

从而 $$AE = 2R \cdot \sin\frac{\overset{\frown}{AE}}{2} = 2R \cdot \sin\frac{C-R}{2}$$

$$2AF = 2AE \cdot \cos\angle EAB = 2 \cdot 2R \cdot \sin\frac{C-B}{2} \cdot \cos\frac{C+B}{2} =$$

$$2R(\sin C - \sin B) = AB - AC$$

例 2 如图 3.4.2,设四边形 *ABCD* 外切于圆 *O*,切
AB,*BC*,*CD*,*DA* 依次于 *E*,*F*,*G*,*H*,设 *EG* 与 *FH* 相交于
P;*M*,*N* 分别为 *BD*,*AC* 的中点.求证:(1)*M*,*N*,*O* 共线
(参见第一篇第九章中例 14 或第二篇第五章中例 11);
(2)*AC*,*BD* 也过点 *P*(即四线共点于 *P*).

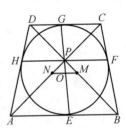

证明 (1)设圆 *O* 的半径为 *r*,则 *O* 到四边形各边距
离都为 *r*,注意到 *AB* + *CD* = *AD* + *BC*,则 $S_{\triangle OAB} + S_{\triangle OCD}$

图 3.4.2

$= S_{\triangle OAD} + S_{\triangle OBC} = \frac{1}{2}S_{ABCD}$.所以 *O* 必在 *MN* 上,即 *M*,*O*,*N* 共线.

(2)连 *PA*,*PC*,*PB*,*PD*,设 ∠*HPE* = ∠*FPG* = *α*,∠*HPA* = *β*,∠*CPF* =
γ,则 ∠*APE* = *α* − *β*,∠*CPG* = *α* − *γ*.于是在 △*AHP* 中,有 $\frac{AH}{\sin\beta} = \frac{AP}{\sin\angle AHF}$,

即 $\frac{\sin\beta}{\sin\angle AHF} = \frac{AH}{AP}$.

同理,在 △*AEP* 中,有 $\frac{\sin(\alpha - \beta)}{\sin\angle AEG} = \frac{AE}{AP}$.

而 *AE* = *AH*,从而

$$\frac{\sin\beta}{\sin\angle AHF} = \frac{\sin(\alpha - \beta)}{\sin\angle AEG} \qquad\qquad ①$$

由 △*CPG*,△*CPF* 亦有

$$\frac{\sin\gamma}{\sin\angle CFH} = \frac{\sin(\alpha - \beta)}{\sin\angle CGE} \qquad\qquad ②$$

由弦切角性质,有 ∠*AHF* + ∠*CFH* = 180°.所以 sin∠*AHF* = sin∠*CFH*.

390

同理 $\sin \angle AEG = \sin \angle CGE$.

由①,②得 $\dfrac{\sin \beta}{\sin \gamma} = \dfrac{\sin(\alpha - \beta)}{\sin(\alpha - \gamma)}$,展开化简得,$\sin \alpha \cdot \sin(\beta - \gamma) = 0$.但 $\sin \alpha \neq 0, \beta - \gamma \in (-\pi, \pi)$,从而 $\sin(\beta - \gamma) = 0$ 有 $\beta = \gamma$,即 A, P, C 共线. 同理 B, P, D 共线.

例3 如图3.4.3,圆内接凸五边形 $ABCDE$ 中,若 $AC \parallel DE, BD \parallel AE, CE \parallel AB, DA \parallel BC, EB \parallel CD$. 试证:$ABCDE$ 为正五边形.

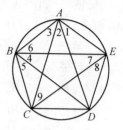

图 3.4.3

证明 如图将有关角标上数码,由 $ABCDE$ 内接于圆,有 $\angle 1 = \angle 4, \angle 2 = \angle 5, \angle 3 = \angle 7$.

又 $AB \parallel CE$,有 $\angle 6 = \angle 7$,故 $\angle 3 = \angle 6$. 于是 $\angle 1 + \angle 2 + \angle 3 = \angle 4 + \angle 5 + \angle 6$,即 $\angle A = \angle B$.

同理,$\angle B = \angle C, \angle C = \angle D, \cdots, \angle E = \angle A$.

即 $\angle A = \angle B = \angle C = \angle D = \angle E$. 又可证 $\angle 3 = \angle 9 = \angle 8$. 从而 $BC = CD = AE$. 类似地有 $DC = ED = AB$,故 $ABCDE$ 是正五边形.

注:在此指出一点,内角全相等的圆内接凸多边形不一定是正多边形,但对奇数凸多边形来说结论是肯定的. 可参见练习题3.4中的第4题.

例4 若圆内接凸 n 边形的边长依次为 $a_1, a_2, \cdots, a_n$,圆半径为 R,则有

$$\frac{1}{a_1} + \frac{1}{a_2} + \cdots + \frac{1}{a_n} \geqslant \frac{n}{2R \cdot \sin \dfrac{\pi}{n}}$$

证明 注意到不等式

$$\frac{a_1 + a_2 + \cdots + a_n}{n} \geqslant \frac{n}{\dfrac{1}{a_1} + \dfrac{1}{a_2} + \cdots + \dfrac{1}{a_n}}$$

及本章定理1,有

$$\frac{1}{a_1} + \frac{1}{a_2} + \cdots + \frac{1}{a_n} \geqslant \frac{n^2}{a_1 + a_2 + \cdots + a_n} = \frac{n^2}{2R\left(\sin \dfrac{\alpha_1}{2} + \sin \dfrac{\alpha_2}{2} + \cdots + \sin \dfrac{\alpha_n}{2}\right)}$$

再注意到 $\sin x$ 在 $x \in (0, \pi)$ 内为凸函数,且 $\dfrac{\alpha_1}{2} + \dfrac{\alpha_2}{2} + \cdots + \dfrac{\alpha_n}{2} = \pi$,则

$$\sin\left(\frac{\alpha_1}{2} + \frac{\alpha_2}{2} + \cdots + \sin \frac{\alpha_n}{2}\right) \leqslant n \cdot \sin \frac{\pi}{n}$$

故

$$\frac{1}{a_1} + \frac{1}{a_2} + \cdots + \frac{1}{a_n} \geqslant \frac{n}{2R \cdot \sin \dfrac{\pi}{n}}$$

391

第四章 与圆有关的几类问题

下面,我们再介绍两条重要的定理及特例.

帕斯卡(B. Pascal,1623 ~ 1662)**定理**　若六角形(六点连线所组成的平面封闭图形)的六个顶点落在一个圆上,且它的三对对边分别相交,则这三个交点共线.(可参见第二篇第五章中例14及练习题2.5中第11题)

证明　如图3.4.4,在圆内接六角形 $ABCDEF$ 中, AB 与 DE 交于 L, CD 与 FA 交于 M, BC 与 EF 交于 N.为不失一般性,设三条直线 AB, CD, EF 构成 $\triangle UVW$ 如图.运用梅涅劳斯定理于 $\triangle UVW$ 的各边上的三点组 L, D, E; A, M, F; B, C, N.则得

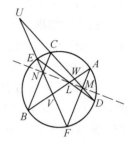

图 3.4.4

$$\frac{VL}{WL} \cdot \frac{WD}{UD} \cdot \frac{UE}{VE} = 1$$

$$\frac{VA}{WA} \cdot \frac{WM}{UM} \cdot \frac{UF}{VF} = 1, \quad \frac{VB}{WB} \cdot \frac{WC}{UC} \cdot \frac{UN}{VN} = 1$$

从而

$$\frac{VL}{WL} \cdot \frac{WD}{UD} \cdot \frac{UE}{VE} \cdot \frac{VA}{WA} \cdot \frac{WM}{UM} \cdot \frac{UF}{VF} \cdot \frac{VB}{WB} \cdot \frac{WC}{UC} \cdot \frac{UN}{VN} = 1$$

再注意到割线定理,相交弦定理,有

$$\frac{UE \cdot UF}{UC \cdot UD} \cdot \frac{VA \cdot VB}{VE \cdot VF} \cdot \frac{WC \cdot WD}{WA \cdot WB} = 1$$

从而 $\dfrac{VL}{WL} \cdot \dfrac{WM}{UM} \cdot \dfrac{UN}{VN} = 1$,即 L, M, N 三点共线.

此定理说明了六个点一共决定了60个六角形,也就有60条帕斯卡线.这60条线形成了一个十分有趣的构图,其中某些直线是共点的,而某些公共点是共线的.

此定理的逆定理为:若六角形的三对对边交成三个共线的点,则它的六个顶点落在一个圆上.

若允许内接六角形的顶点重合,而且仔细地标记这些顶点,则能得到关于内接五角形和内接四角形的有趣结论.

如图3.4.5,考察圆内接四边形 $ADBE$.把交叉四角形 $ABDE$ 看做退化的六角形,则在 B, E 两点的切线的交点 N 与 L, M 共线.

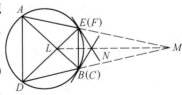

图 3.4.5

卜立安香(C. J. Brianchon,1760 ~ 1854)**定理**　若一个六角形的六条边与一个圆相切,则它的三条对角线共点(或彼此平行).

为了证明此定理,先看一个引理.

392

引理   设 P' 和 Q' 分别是圆周在 P, Q 的切线上的两点(假定在直线 PQ 同侧),使得 $PP' = QQ'$,则存在一个圆分别与直线 PP' 和 QQ' 在 P' 和 Q' 相切.

事实上,如图 3.4.6,整个图形关于 PQ 的中垂线是对称的,这条垂直平分线也是 $P'Q'$ 及已知圆的一条直径的垂直平分线,PP' 和 QQ' 在 P' 和 Q' 处的垂线都与这条中间线交于同一点,此即为所求圆的圆心.引理证毕.

再证明定理:如图 3.4.7,设 R, Q, T, S, P, U 是六条切线 $AB, BC, CD, DE,$ EF, FA 的切点.为叙述简单,假定六角形 $ABCDEF$ 是凸的,则三条对角线 $AD,$ BE, CF 都是内切圆的割线(因此不可能彼此平行).在线段 $EF, CB, AB, ED,$ CD, AF 的延长线上取点 P', Q', R', S', T', U',使得 $PP' = QQ' = RR' =$ $SS' = TT' = UU'$.由引理,可作圆 O_1(与 PP' 和 QQ' 在 P' 和 Q' 相切),圆 O_2(与 RR' 和 SS' 在 R' 和 S' 相切)和圆 O_3(与 TT' 和 UU' 在 T' 和 U' 相切).

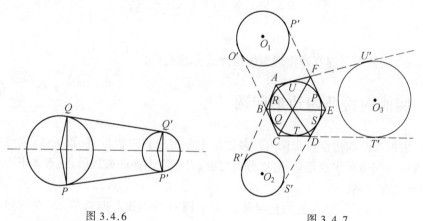

图 3.4.6   图 3.4.7

于是,$AR' = AU'$,$DS' = DT'$,这样 A 和 D 关于圆 O_2 和圆 O_3 是等幂的,于是连线 AD 是这两个圆的根轴.同理 BE 是圆 O_1 和圆 O_2 的根轴,CF 是圆 O_3 和圆 O_1 的根轴.对于三个不共轴(圆心不共线)的圆,两两配对所取的根轴必定是共点的.由于这三条对角线不重合,即三圆不共轴,由此即证.

此定理的逆定理也成立,即"若一个六角形的三条对角线共点,则它的六条边与圆相切".

若容许外切六角形的某些边接合成一条线段,并且小心地标记这些边,则能得到若干关于外切五角形,外切四角形的有趣的定理.这时,成一直线的两条边的公共顶点是它们与圆的切点.

393

第四章   与圆有关的几类问题

如图 3.4.8(1),外切五角形 $ABCDE$ 可看做当点 F 是平角的退化六角形 $ABCDEF$,此时,外切五角形的边的切点 F 与点 C 及 AD 与 BE 的交点 G 共线;同理,如图 3.4.8(2),若外切四边形 $BCEF$ 的边 FB 和 CE 与圆相切于点 A 和 D,则可把它看做退化的六角形.从而得知:四角形的对角线 BE 和 CF 相交在 FB 和 CE 与圆的切点的边线上.如图 3.4.8(2),此时,又给出了前面例 2(2) 的一个简证.

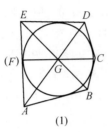 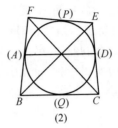

(1)　　　　　(2)

图 3.4.8

注:这两个定理及逆定理对圆锥曲线也是成立的.

394

二、圆的内接凸四边形问题

前面在凸四边形以及圆内接多边形中介绍的有关数量、位置关系,当然在圆内接凸四边形中也是适用的.除此之外,对于圆内接凸四边形,还有如下一些数量、位置关系.

在下面的讨论中,我们记半径为 R 的圆 O 的内接凸四边形 $ABCD$ 的边长 $AB = a$,$BC = b$,$CD = c$,$DA = d$,对角线长 $AC = e$,$BD = f$,其面积为 S,AC 与 BD 交于 P.

定理 4　(1)$\cos A = \dfrac{a^2 + d^2 - b^2 - c^2}{2(ad + bc)}$;(余弦定理)

(2)$ac + bd = ef$;(托勒密定理)

(3)$(ad + bc) : (ab + cd) = e : f$;

(4)$e^2 = \dfrac{(ac + bd)(ad + bc)}{ab + cd}$;$f^2 = \dfrac{(ac + bd)(ab + cd)}{ad + bc}$;

(5)$ad : bc = AP : PC$,$ab : cd = BP : PD$.

证明　(1),(2)略;

(3) 如图 3.4.9,由

$$\frac{1}{2}ab \cdot \sin \angle ABC + \frac{1}{2}cd \cdot \sin \angle ADC =$$

$$\frac{1}{2}ad \cdot \sin \angle BAD + \frac{1}{2}bc \cdot \sin \angle BCD$$

故有　$\dfrac{ad + bc}{ab + cd} = \dfrac{\sin \angle ABC}{\sin \angle BAD} = \dfrac{2R \cdot \sin \angle ABC}{2R \cdot \sin \angle BAD} = \dfrac{e}{f}$

(4) 将(2)代入(3)即证;

(5) 由 $\dfrac{AP}{PC} = \dfrac{S_{\triangle ABD}}{S_{\triangle BCD}} = \dfrac{ad}{bc}$ 即证.

定理 5　(1) $R = \dfrac{1}{4S}\sqrt{(ab + cd)(ac + bd)(ad + bc)}$;

(2) $2R^2(a^2 + b^2 + c^2 + d^2) \geqslant (ac + bd)^2$;

(3) $R^2(ab + cd)(ad + bc) \geqslant abcd(ac + bd)$;

(4) $\dfrac{1}{a} + \dfrac{1}{b} + \dfrac{1}{c} + \dfrac{1}{d} \geqslant \dfrac{2\sqrt{2}}{R}$.

证明　(1) 如图 3.4.9,过 A 作 $AE \parallel BD$ 交圆 O 于 E,则 $AB = DE$, $AD = EB$. 由 $S_{\triangle ABC} = \dfrac{AB \cdot AC \cdot BC}{4R}$, $S_{\triangle ADC} = \dfrac{AD \cdot AC \cdot DC}{4R}$ 相加,再利用定理 4(2)

有 $DE \cdot BC + BE \cdot DC = BD \cdot CE$ 得到 $R = \dfrac{AC \cdot BD \cdot CE}{4S}$.再对 CE 运用定理 4(4) 即得证;

(2) 注意到 $0 < e \leqslant 2R, 0 < f \leqslant 2R$,有 $\dfrac{1}{e^2} + \dfrac{1}{f^2} \geqslant \dfrac{1}{2R^2}$,由

$$a^2 + b^2 + c^2 + d^2 \geqslant e^2 + f^2 = (ac + bd)^2\left(\dfrac{1}{e^2} + \dfrac{1}{f^2}\right)$$

即证(其中用到 $ac + bd = ef$);

(3) 由 $\dfrac{PA}{PD} = \dfrac{AB}{DC} = \dfrac{a}{c}$,有 $PD = \dfrac{c}{a}PA$.由 $PA \cdot PC \leqslant R^2$ 及定理 4(5),有

$$\dfrac{AC}{PC} \cdot \dfrac{BD}{PD} = \dfrac{ad + bc}{bc} \cdot \dfrac{ad + cd}{cd} =$$

$$\dfrac{ef}{PC \cdot \dfrac{c}{a}PA} \geqslant \dfrac{a(ac + bd)}{c \cdot R^2}$$

由此即证;

(4) 由 $f^2 = (2R \cdot \sin A)^2 = a^2 + d^2 - 2ad \cdot \cos A \geqslant$

$$2ad(1 - \cos A)$$

$$f^2 = (2R \cdot \sin A)^2 = b^2 + c^2 - 2bc \cdot \cos C \geqslant$$

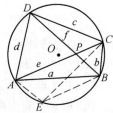

图 3.4.9

395

第四章　与圆有关的几类问题

$$2bc(1 + \cos A)$$

上述两式相乘有 $(2R \cdot \sin A)^4 \geqslant 4abcd \cdot \sin^2 A$，即有

$$abcd \leqslant 4R^4 \cdot \sin^2 A \leqslant 4R^2$$

从而
$$\frac{1}{a} + \frac{1}{b} + \frac{1}{c} + \frac{1}{d} \geqslant 4\sqrt[4]{\frac{1}{abcd}} = \frac{2\sqrt{2}}{R}$$

或直接运用例 4 的结论而证.

定理 6　(1)自 P 向各边引垂线所得垂足四边形有内切圆;(2)过 P 作与过 P 的直径垂直的直线交一双对边所得两线段相等(蝴蝶定理).

证明提示　(1)这些垂线恰好是垂足四边形的角平分线;(2)略.

定理 7　若圆内接凸四边形两双对边延长后相交则

(1)两交点间距离的平方等于从两交点分别向圆引的两条切线长的平方和(即四条切线长的平方和之半);

(2)从一个交点向圆引切线所得两切点与另一交点共线;

(3)两交角的内、外平分线交成矩形;

(4)两交角的内、外平分线的两交点与两对角线的中点组成调和点列(调和点列概念参见第一篇第十一章中性质中 7 中(6)).

证明　设字母如图 3.4.10 所示.

(1)设过 A,D,E 的圆交 EF 于 K，则 $\angle AKF = \angle ADE = \angle ABF$，即知 K 也在 $\triangle ABF$ 的外接圆上.由

$$EF \cdot FK = DF \cdot FA = RF^2$$
$$EF \cdot EK = EB \cdot EA = ES^2$$

两式相加即得 $EF^2 = ES^2 + FR^2$；

(2)参见本章练习题第 23 题；

(3)由题设及图示,由

$$\angle FHG = \angle C + \frac{1}{2}\angle BEC$$

$$\angle FGH = \angle DAE + \frac{1}{2}\angle BEC = \angle C + \frac{1}{2}\angle BEC$$

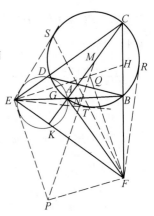

图 3.4.10

则知 FQ 是等腰 $\triangle FHG$ 底边 HG 上的高，即 $EG \perp FQ$，故 $EPFQ$ 为矩形；

(4)由 $\triangle CAE \backsim \triangle DBE$，$\triangle MEC \backsim \triangle NEB$ 及内、外角平分线性质即证.

定理 8　圆内接凸四边形四顶点组成的四个三角形中:

(1)四内心组成的四边形为矩形;四外心共点;四重心组成的四边形与原

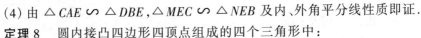

四边形相似;四垂心组成的四边形与原四边形全等;

（2）其中被一条对角线所分成的两三角形的内切圆半径之和,等于另一条对角线所分成的两三角形的内切圆的半径之和;

（3）其中两交叉三角形的内切圆半径之差的绝对值等于另两三角形内切圆半径之差的绝对值;

（4）其中两交叉三角形的内切圆圆心与公共边所对弧的中心组成等腰三角形,且圆心连线为底边;

（5）其中内心、旁心共计十六点,分配在八条直线上,每线上四点,而这八条线是两组互相垂直的平行线,每组四条线（Fuhrmann 定理）;

（6）设 4 个内切圆半径顺次为 r_1, r_2, r_3, r_4,则
$$(e + f - a - c)(e + f - b - d) = 4(r_1 r_3 + r_2 r_4)$$

（7）圆上任一点在这四个三角形的西姆松线上的射影共线;圆上任两点对于这四个三角形中每个三角形的两条西姆松线各相交的四点共线.

证明　（1）参见第二篇第七章中例 10;

（2）,（3）注意到后面例 5 的结论即证;

（4）如图 3.4.11,设 $\triangle BCD, \triangle ACD, \triangle ABD, \triangle ABC$ 的内心分别为 I_A, I_B, I_C, I_D, P 为 $\overparen{AB}$ 的中点,延长 AI_D 交圆于 M,则可证得 $\triangle PI_D M \cong \triangle PBM$,所以 $PI_D = PB$.

同理,$PI_C = PA$,而 $PA = PB$,即 $\triangle PI_C I_D$ 为等腰三角形.

同理可证 $\triangle I_C I_D Q, \triangle I_A I_B P, \triangle I_A I_B Q \cdots$ 均为等腰三角形.

（5）设 $\triangle BCD, \triangle ABD, \triangle ADC, \triangle ABC$ 的旁心分别用 E_x, F_x, G_x, H_x,表示,与角 A 有关的三个旁心分别用 F_A, H_A, G_A 表示,余类推,如图 3.4.12.

由 $\angle BI_D C = 90° + \dfrac{1}{2}\angle BAC = 90° + \dfrac{1}{2}\angle BDC = \angle BI_A C$,知 B, C, I_A, I_D 共圆.同理 C, D, I_B, I_A 共圆,且 $I_A I_B I_C I_D$ 为矩形,又 $I_A C \perp E_D E_B$,$I_A D \perp E_B E_C$,$I_B D \perp G_A G_C$,$I_B C \perp G_A G_D$,从而有 D, I_B, I_A, C, G_A, E_B 六点共圆,则 $\angle I_A I_B E_B = \angle I_A D E_B = 90°$,即 E_B, I_B, I_C 共线.

同理,H_C, I_C, I_B 共线.故 E_B, I_B, I_C, H_C 四点共线.

同理,G_A, I_A, I_D, F_D;F_B, I_B, I_A, H_A;G_C, I_C, I_D, E_D 分别共直线,且两组线是互相垂直的平行线.

由 $\angle BI_C D = 90° + \dfrac{1}{2}\angle BAD$,$\angle BE_B D = \angle I_A CD = \dfrac{1}{2}\angle BCD$（注意到 D, I_A, C, E_B 四点共圆）,从而

397

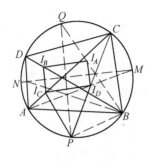

图 3.4.11

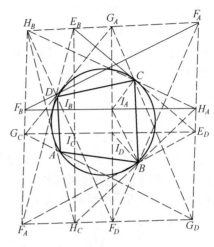

图 3.4.12

$$\angle BI_CD + \angle BE_BD = 90° + \frac{1}{2}(\angle BAD + \angle BCD) = 180°$$

即 E_B, D, I_C, B 四点共圆.由 $I_CB \perp F_AF_D, I_CD \perp F_AF_B$ 知 D, I_C, B, F_A 四点共圆.故 D, I_C, B, F_A, E_B 五点共圆,则 $\angle I_CE_BF_A = \angle I_CBF_A = 90°$.又由 $I_B, I_A,$ G_A, E_B 四点共圆,有 $\angle I_BE_BG_A = \angle I_BI_AG_A = 90°$,从而 E_B, G_A, F_A 三点共线.

同理,G_A, E_B, H_B 三点共线,故 H_B, E_B, G_A, F_A 四点共线.

同理,H_B, F_B, G_C, E_C;E_C, H_C, F_D, G_D;G_D, E_D, H_A, F_A 分别共线,由上证即知结论成立;

(6) 利用相似三角形把内接四边形中两相对三角形内切圆半径之比转化为边的代数和即证;

(7) 前一结论注意到圆上一点对于四个三角形的西姆松线构成完全四边形即证,后一结论利用戴沙格定理(参见练习题 2.5 中第 15 题)即证.

定理 9 若四边形 $ABCD$ 的对角线 AC 与 BD 互相垂直,则

(1) 一双对边所对的两劣弧度数之和为 180°;

(2) $PA^2 + PB^2 + PC^2 + PD^2 = a^2 + c^2 = b^2 + d^2 = 4R^2$;

(3) $e^2 + f^2 = 8R^2 - 4OP^2$;

(4) (卡拉美古塔定理) 过 P 任作一边的垂线必将其对边平分(此结论还可推广,见例 6);

(5) 对角线交点到一边的距离等于其到对边距离的一半;

(6) 两条中位线(对边中点连线)长相等,且等于 $\sqrt{2R^2 - OP^2}$;

(7) 四边形的面积等于对边乘积之和的一半;

(8) O 与一对角线两端点的连线将四边形分成等积的两部分;

(9) $\triangle APB, \triangle BPC, \triangle CPD, \triangle DPA$ 的外接圆与内切圆的所有半径之和等于两对角线长之和;

(10) P 与 $\triangle ABO, \triangle BCO, \triangle CDO, \triangle DOA$ 的垂心 H_1, H_2, H_3, H_4 五点共线;

(11) P 在 AB, BC, CD, DA 的射影依次为 P_1, P_2, P_3, P_4, 则四边形 $P_1P_2P_3P_4$ 既有外接圆又有内切圆.

证明 (1) 略;

(2) 令 $\angle DOC = \alpha, \angle AOB = \beta$, 则
$$\frac{1}{2}\alpha + \frac{1}{2}\beta = \angle DBC + \angle ACB = 90°$$

于是 $\cos\alpha + \cos\beta = 0$, 而
$$AB^2 = 2R^2 - 2R^2 \cdot \cos\beta, \quad CD^2 = 2R^2 - 2R \cdot \cos\alpha$$

则 $AB^2 + CD^2 = 4R^2$. 故
$$PA^2 + PB^2 + PC^2 + PD^2 = AB^2 + CD^2 = 4R^2$$

或连 BO 并延长交圆 O 于 G, 由
$$\overset{\frown}{AlB} + \overset{\frown}{CnD} = 180°, \quad \overset{\frown}{AlB} + \overset{\frown}{AmG} = 180°$$

有 $\overset{\frown}{AmG} = \overset{\frown}{CnD}$, 所以 $AG = CD$, 从而
$$AB^2 + CD^2 = AB^2 + AG^2 = 4R^2$$

由此即证;

(3) 如图 3.4.13, 作矩形 $MONP$, 则
$$AC^2 + BD^2 = 4(AM^2 + DN^2) = 4[(R^2 - OM^2) + (R^2 - ON^2)] = 8R^2 - 4OP^2$$

或延长 OP 两端交圆 O 于 E, F, 则
$$AP \cdot PC = BP \cdot PD = PE \cdot PF = R^2 - OP^2$$

再由(2) 有
$$AC^2 + BD^2 = (PA + PC)^2 + (BP + PD)^2 = 8R^2 - 4OP^2$$

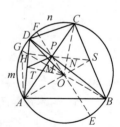

图 3.4.13

(4) 设 S 为 BC 中点, 连 SP 并延长交 AD 于 H, 则 $\angle HPA = \angle SPC = \angle SCP = \angle BDA$, 有 $\triangle PDH \backsim \triangle ADP$, 即 $\angle PHD = \angle APD = 90°$, 即 $PH \perp AD$. 反之亦真.

(5) 设 T 为 AD 中点,由(4)知 $TP \perp BC$, $OS \parallel TP$.同理知 $OT \parallel PS$.故 $OS \underset{=}{\parallel} TP$,而 $TP = \frac{1}{2}AD$,即证(可参见第二篇第一章中例3);

(6) 由于四边形 $ABCD$ 的四边中点组成矩形,知其中位线长相等.又四边形 $TOSP$ 为平行四边形,则

$$TS^2 + OP^2 = 2PT^2 + 2PS^2 = \frac{1}{2}(AD^2 + BC^2) = \frac{1}{2} \cdot 4R^2 = 2R^2$$

即证;

(7) 运用托勒密定理即证;

(8) 由 $S_{\triangle AOC} + S_{\triangle ACD} = \frac{1}{2}AC(OM + DP) = \frac{1}{2}AC \cdot DN = \frac{1}{2}S_{ABCD}$ 即证;

(9) 由直角三角形性质:对于两直角边长为 a,b,斜边长为 c 的直角三角形,其外接圆半径 $R = \frac{1}{2}c$,内切圆半径 $r = \frac{1}{2}(a + b - c)$,由此即有

$$r_1 + r_2 + r_3 + r_4 + R_1 + R_2 + R_3 + R_4 = AC + BD = e + f$$

(10) 如图 3.4.14,显然,$CH_3 \parallel AH_4$,$\angle CH_3F$ 与 $\angle CAD$ 互余(由 $\angle DAC = \angle DOF \overset{m}{=\!=} \frac{1}{2}\overset{\frown}{DC}$ 得),$\angle AH_4E$ 与 $\angle ACD$ 互余,则

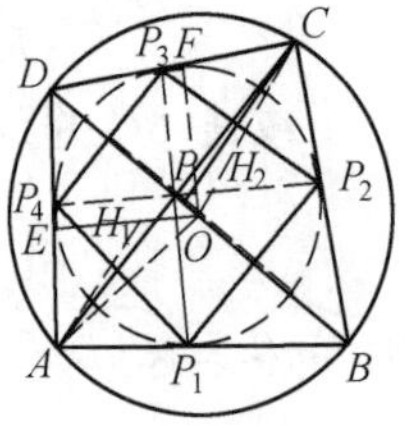

图 3.4.14

$$CH_3 : AH_4 = \frac{CF}{\sin \angle CH_3F} : \frac{AE}{\sin \angle AH_4E} =$$

$$\frac{2CF}{\cos \angle CAD} : \frac{2AE}{\cos \angle ACD} =$$

$$\frac{CD \cdot \cos \angle ACD}{AD \cdot \cos \angle CAD} = \frac{CP}{AP}$$

于是 $\triangle CH_3P \backsim \triangle APH_4 \Rightarrow H_3, P, H_4$ 共线.同理,H_3, P, H_1;H_2, P, H_1, H_2, P, H_3 共线.故 P, H_1, H_2, H_3, H_4 五点共线;

(11) 由本篇第五章中定理15(2)知,$P_1P_2P_3P_4$ 有外接圆.又可证 $\angle P_4AP = \angle P_4P_1P = \angle PP_1P_2 = \angle PBP_2$,则 P_1P 平分 $\angle P_4P_1P_2$.设 P 到 P_1P_4, P_1P_2, P_2P_3, P_3P_4 的距离分别为 h_1, h_2, h_3, h_4,则 $h_1 = h_2$.

同理,$h_2 = h_3$,$h_3 = h_4$,故 $h_1 = h_2 = h_3 = h_4$,即 P 为 $P_1P_2P_3P_4$ 的内切圆的圆心.

例5 $\triangle ABC$ 内接于半径为 R,圆心为 O 的圆,若 O,A 在直线 BC 的同侧,记 d_{BC} 为 O 到 BC 的距离,否则 d_{BC} 为 O 到 BC 距离的相反数,余类推.若 $\triangle ABC$ 的内切圆半径为 r,则 $d_{BC} + d_{AC} + d_{AB} = R + r$.

证明 如图 3.4.15,作 AB,BC,CA 的垂线段 $OM,$
$ON,OP,$则 A,M,P,O 四点共圆,由本章定理 4(2) 有

$$OA \cdot MP + OP \cdot AM = OM \cdot AP$$

令 $BC = a, AC = b, AB = c,$则

$$R \cdot \frac{a}{2} + (-d_{AC}) \frac{c}{2} = d_{AB} \cdot \frac{b}{2}$$

即

$$b \cdot d_{AB} + c \cdot d_{AC} = R \cdot a$$

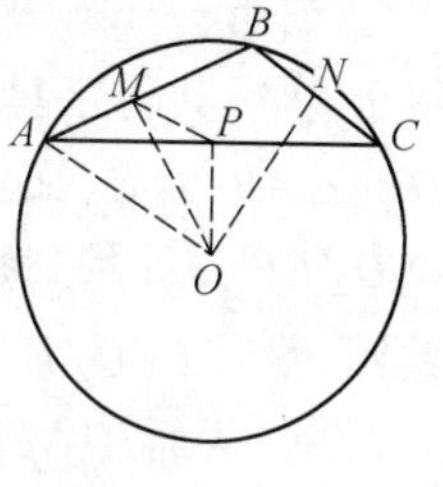

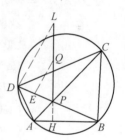

图 3.4.15

同理,$c \cdot d_{BC} + a \cdot d_{AB} = R \cdot b, a \cdot d_{AC} + d_{BC} \cdot b =$
$R \cdot c,$则

$$(d_{AC} + d_{AB})a + (d_{AB} + d_{BC})b + (d_{BC} + d_{AC})c = R(a + b + c) \quad ①$$

又

$$2S_{\triangle ABC} = 2(S_{\triangle ABO} + S_{\triangle BCO} - S_{\triangle CAO}) =$$
$$c \cdot d_{AB} + a \cdot d_{BC} + b \cdot d_{AC} = r(a + b + c) \quad ②$$

由 ① + ② 得

$$(a + b + c)(d_{BC} + d_{AC} + d_{AB}) = (a + b + c)(R + r)$$

故

$$d_{BC} + d_{AC} + d_{AB} = R + r$$

例 6 如图 3.4.16,过圆内接凸四边形 $ABCD$ 两对
角线交点 P 作任一边的垂线,则垂线必过以其对边为
一边,以交点为一顶点的三角形的外心.反之亦真.

证明 过 P 作 $PH \perp AB$ 于 $H,$作 DP 的中垂线交
HP 于 $Q,$交 DP 于 $E,$过 D 作 $DL \parallel EQ$ 交 HP 于 $L,$则
$DL \perp DP,Q$ 为 PL 的中点.

由

$$\angle DLP = \angle EQP = 90° - \angle EPQ = 90° - \angle HPB =$$
$$\angle PBH = \angle ACD = \angle DCP$$

图 3.4.16

知 D,P,C,L 四点共圆.但 $\angle PDL$ 为直角,因此 Q 为其圆心.即 Q 为 $\triangle CDP$ 的
外心.

反之,设 Q 为 $\triangle CDP$ 的外心.过 P,D 分别作 AB,DP 的垂线 PH(交 AB 于
H),DL 相交于 $L,$则由 $\angle DCP = \angle PBH = \angle DLP,$知 D,P,C,L 共圆,且 PL 为
直径,故 Q 在 PL 上,即 $QP \perp AB.$

例 7 如图 3.4.17,自圆内接凸四边形 $ABCD$ 每边两端点所引邻接边的垂
线若相交,则所得交点 Q_1,Q_2,Q_3,Q_4 与四边形对角线交点 $P,$外接圆圆心 O 共
线.

401

证明 设 AB 的垂线 AQ_2' 交 OP 所在直线于 Q_2'，其他字母如图所示. 过 P 作 $EF \perp OP$ 交 AB 于 E，交 CD 于 F，由定理 6(2) 知 $\triangle Q_2'EF$ 为等腰三角形，又 Q_2'，A，E，P 四点共圆，知 $\angle PQ_2'F = \angle PQ_2'E = \angle PAE = \angle PDF$，从而 Q_2'，P，F，D 共圆，即 $\angle Q_2'DF = 90°$，即 $Q_2'D \perp CD$，故 Q_2' 即为 Q_2. 可知交点 Q_2 在直线 OP 上.

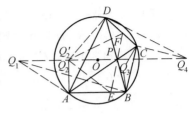

图 3.4.17

同理，Q_1，Q_3，Q_4 也在直线 OP 上.

例 8 如图 3.4.18，以圆内接凸四边形 $ABCD$ 每边为弦各作一圆，求证：过相邻边的两圆的另一交点 A_1，B_1，C_1，D_1 四点共圆.

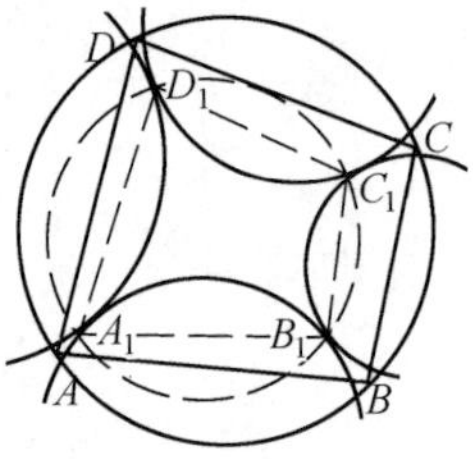

证明 由

$$\angle D_1A_1B_1 = 360° - (\angle D_1A_1A + \angle AA_1B_1) =$$
$$\angle D_1DA + \angle ABB_1 =$$
$$180° - (\angle D_1DC + \angle B_1BC) =$$
$$360° - [(180° - \angle D_1C_1C) + (180° - \angle B_1C_1C)] =$$
$$\angle D_1C_1C + \angle B_1C_1C - 180° =$$
$$(360° - \angle B_1C_1D_1) - 180° =$$
$$(180° - \angle B_1C_1D_1)$$

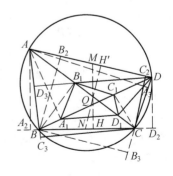

图 3.4.18

即有结论成立.

例 9 如图 3.4.19，圆内接凸四边形 $ABCD$ 任两顶点在另两顶点连线（边或对角线）上的射影及另两顶点在此两顶点连线上的射影这四点共圆，而且这样所得的三圆是同心的.

证明 所设字母如图所示，由 A，B，A_1，B_1 与 C，D，C_1，D_1 均四点共圆，有 $\angle B_1A_1C_1 = \angle BAC = \angle BDC = \angle B_1D_1C_1$，从而有 A_1，B_1，C_1，D_1 共圆.

同理，A_2，B_2，C_2，D_2 与 A_3，B_3，C_3，D_3 均四点共圆.

又 A_2D_2 是 AD 在直线 BC 上的射影，则 A_2D_2 的中垂线过 AD 的中点 M，此

图 3.4.19

402

中垂线 MH 即过 AD 中点所作的 BC 的垂线.同理, NH' 为过 BC 的中点 N 所作的 AD 的垂线,于是可设两中垂线交于 Q,即 Q 为圆 $A_2B_2C_2D_2$ 的圆心.

同理, Q 亦为圆 $A_1B_1C_1D_1$ 与圆 $A_3B_3C_3D_3$ 的圆心.

三、双圆四边形

既有内切圆,又有外接圆的四边形称之为双圆四边形,或双心四边形.

在下面的讨论中,我们记双圆四边形 $ABCD$ 的外接圆、内切圆圆心分别为 O,I,其半径分别为 $R,r,AB = a,BC = b,CD = c,DA = d,AC = e,BD = f$, A_1,B_1,C_1,D_1 分别为 AB,BC,CD,DA 边上的内切圆切点;分别与 AB,BC,CD, DA 边相切,又与这边相邻的两边的延长线相切的旁切圆半径分别记为 r_a,r_b, r_c,r_d,旁心分别为 I_a,I_b,I_c,I_d;设 AC 与 BD 交于 P,四边形 $ABCD$ 的面积,半周长记为 S,p.

定理 10 (1) $\angle A + \angle C = \angle B + \angle D = \pi, a + c = b + d = p$;

(2) $S = \sqrt{abcd}$;

(3) $r = \dfrac{2\sqrt{abcd}}{a + b + c + d} = \dfrac{\sqrt{abcd}}{p}$; $R = \dfrac{1}{4}\sqrt{\dfrac{(ab + cd)(ac + bd)(ad + bc)}{abcd}}$;

$R \geqslant \sqrt{2}\,r; ef = 2r(r + \sqrt{r^2 + 4R^2})$;

(4) $\dfrac{R}{r} = \dfrac{\sqrt{1 + \sin A \cdot \sin B}}{\sin A \cdot \sin B}$;

(5) $A_1C_1 \perp B_1D_1$;

(6) $OI = d_0 = R^2 + r^2 - r\sqrt{r^2 + 4R^2}$, $\dfrac{1}{(R + d_0)^2} + \dfrac{1}{(R - d_0)^2} = \dfrac{1}{r^2}$;

(7) P,O,I 三点共线;

(8) 设 O 到四边形 $ABCD$ 的边 AB,BC,CD,DA 的距离分别为 d_a,d_b,d_c,d_d,则

$$d_a + d_b + d_c + d_d = r + \sqrt{r^2 + 4R^2}$$

(9) $\dfrac{AB}{\tan\dfrac{C}{2} + \tan\dfrac{D}{2}} = \dfrac{BC}{\tan\dfrac{D}{2} + \tan\dfrac{A}{2}} = \dfrac{CD}{\tan\dfrac{A}{2} + \tan\dfrac{B}{2}} = \dfrac{DA}{\tan\dfrac{B}{2} + \tan\dfrac{C}{2}}$.

证明提示 如图 3.4.20.

(1)(略);

(2) 由本篇第二章中定理 5(2) 并注意到(1) 即证;

第四章 与圆有关的几类问题

(3) 注意到本篇第四章中定理 5(1) 即有第二式；由前两式运用平均值不等式即得第三式；由 $ef = ac + bd$ 及 $ef = \dfrac{16R^2S^2}{(ab+cd)(ad+bc)}$ 导出方程 $(ef)^2 - 4r^2 \cdot ef - 16R^2r^2 = 0$，求根即得第四式；

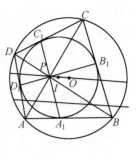

图 3.4.20

(4) 由 $\sin A = \dfrac{f}{2R} = \dfrac{2S}{ad+bc}$，$\sin B = \dfrac{2S}{ab+cd}$ 代入即得；

(5) 由 $\angle C_1B_1D_1 = \angle C_1D_1D = \dfrac{1}{2}\angle C_1ID_1 = \dfrac{1}{2}(180° - \angle D)$

$\angle A_1C_1B_1 = \angle BA_1B_1 = \dfrac{1}{2}\angle A_1IB_1 = \dfrac{1}{2}(180° - \angle B)$，$\angle B + \angle D = 180°$

即知 $\angle C_1B_1D_1$ 与 $\angle A_1C_1B_1$ 互余，故 $A_1C_1 \perp D_1B_1$；

(6) 在 $\triangle OAI$、$\triangle OCI$、$\triangle ODI$、$\triangle OBI$ 中运用余弦定理后相加即得第一式；第二式左边通分再用到第一式即证得第二式；

(7) 参见第一篇第七章中例 23；

(8) 将 $eR = ad_b + bd_a = cd_d + dd_c$，$fR = dd_a + ad_d = bd_c + cd_b$ 相加，再注意到 $e = \sqrt{\dfrac{(ac+bd)(ad+bc)}{ab+cd}}$ 及 $f = \cdots$ 即证；

(9) 由 $AB = AA_1 + A_1B = IA_1(\cot\dfrac{A}{2} + \cot\dfrac{B}{2}) = IA_1(\tan\dfrac{C}{2} + \tan\dfrac{D}{2})$ 等四式，并注意到 $IA_1 = IB_1 = IC_1 = ID_1$ 即证.

定理 11 (1) 旁心四边形 $I_aI_bI_cI_d$ 内接于圆 $O'(R')$；

(2) $r_a = \dfrac{a^2bd}{rp^2}$，$r_b = \dfrac{b^2ac}{rp^2}$，$r_c = \dfrac{c^2bd}{rp^2}$，$r_d = \dfrac{d^2ac}{rp^2}$；

(3) $\dfrac{S_{AIBI_a}}{r_a} = \dfrac{S_{BICI_b}}{r_b} = \dfrac{S_{CIDI_c}}{r_c} = \dfrac{S_{DIAI_d}}{r_d} = \dfrac{S}{2r}$；

(4) $I_aI_c \perp I_bI_d$，$I_aI_c \bigcap I_bI_d = I$；

(5) $r_a + r_b + r_c + r_d = 2(\sqrt{r^2 + 4R^2} - r)$；

(6) $R_0 = \dfrac{8R^2r}{ef} = \sqrt{r^2 + 4R^2} - r$；

(7) $S_{A_1B_1C_1D_1} \cdot S_{I_aI_bI_cI_d} = 4S^2$；

(8) I_aI_c 垂直平分 B_1D_1，I_bI_d 垂直平分 A_1C_1；

404

（9）切点四边形与旁心四边形的边对应平行，I_aA_1，I_bB_1，I_cC_1，I_dD_1 四线共点；

（10）切点四边形，旁心四边形对角线交点及外心均在直线 OI 上；设旁心四边形的外心为 O'，则 O 平分 IO'.

证明提示　如图 3.4.21.

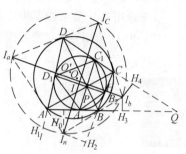

图 3.4.21

（1）由 $\angle AI_aB = \dfrac{1}{2}(\angle A + \angle B)$，$\angle CI_cD = \dfrac{1}{2}(\angle C + \angle D)$，互补即证；

（2）设 $D_1A = AA_1 = x$，$A_1B = BB_1 = y$，$B_1C = CC_1 = z$，$C_1D = DD_1 = \omega$，由 $Rt\triangle AA_1I \backsim Rt\triangle IC_1C$（注意 $\angle A$ 与 $\angle C$ 互补）有 $xz = r^2$. 同理 $yw = r^2$.

设 H_0，H_1，H_2 分别为 I_a 在直线 AB，DA，CB 上的射影，由直角三角形相似得 $\dfrac{AH_0}{r_a} = \dfrac{r}{x}$，$\dfrac{BH_0}{r_a} = \dfrac{r}{y}$，$\cdots$，又 $AH_0 + H_0B = a$，$\cdots$，由此即可推出 $x = \dfrac{ad}{p}$，$y = \dfrac{ba}{p}$，$z = \dfrac{bc}{p}$，$\cdots$，由此得 $r_a = \dfrac{a^2bd}{rp^2}$ 等四式；

（3）由 $S_{AIBI_a} = \dfrac{1}{2}a(r + r_a) = \dfrac{a^2bd}{2rp}$ 等四式，注意 $S = pr$ 即证；

（4）由 $S_{AIBI_a} = \dfrac{a^2bd}{2rp}$ 等四式相加，得

$$S_{I_aI_bI_cI_d} = \dfrac{1}{2rp}(ab + cd)(ad + bc)$$

由

$$BI_a^2 = I_aH_0^2 + BH_0^2 = r_a^2 + \dfrac{a^2d^2}{p^2}$$

得

$$BI_a = \dfrac{ad}{rp^2}\sqrt{ab} \cdot \sqrt{ab + cd}$$

同理算出 BI_b，有

$$I_aI_b = \dfrac{1}{rp^2}(ad + bc)\sqrt{ab} \cdot \sqrt{ab + cd}$$

再算出 I_bI_c，I_cI_d，I_dI_a，并在圆 O' 中运用托勒密定理，有

$$I_aI_c \cdot I_bI_d = I_aI_b \cdot I_cI_d + I_bI_c \cdot I_dI_a =$$

$$\dfrac{1}{rp}(ab + cd)(ad + bc) = 2S_{I_aI_bI_cI_d}$$

故 $I_aI_c \perp I_bI_d$；

405

若延长 DC, AB 相交于 Q，则 IQ 平分 $\angle AQD$，从而 I_b, I_d 均在直线 IQ 上，即 I 在 $I_b I_d$ 上．同理，I 在 $I_a I_c$ 上，故 $I_a I_c \cap I_b I_d = I$；

(5) 运用 r_a 等的表达式并注意定理 10(3) 中第四式即得，此可看做三角形中关系式 $r_a + r_d + r_c = 4R + r$ 的推广；

(6) 运用第三篇第四章中定理 5(1) 即得；

(7) 由 (3) 运用等比定理并注意 (5) 有

$$\frac{S_{I_a I_b I_c I_d}}{S} = \frac{\sqrt{r^2 + 4R^2} - r}{r}$$

又

$$\frac{S_{A_1 B_1 C_1 D_1}}{S} = \frac{r(r + \sqrt{r^2 + 4R^2})}{4R^2}$$

由此即证；

(8) 在 $\triangle A_1 Q C_1$ 中，$A_1 Q = C_1 Q$，从而 IQ 垂直平分 $A_1 C_1$，即 $I_b I_d$ 垂直平分 $A_1 C_1$．同理 $I_a I_c$ 垂直平分 $D_1 B_1$；

(9) 在 $\triangle A A_1 D$ 中，$\angle A A_1 D_1 = \frac{1}{2}(180° - \angle A)$，又 $\angle A_1 I A_a = \frac{1}{2}(180° - \angle A)$，从而 $A_1 D_1 /\!/ I_a I_d$．同理可证余下三组对应边平行；

由 $\dfrac{A_1 B_1}{I_a I_b} = \dfrac{B_1 C_1}{I_b I_c} = \dfrac{C_1 D_1}{I_c I_d} = \dfrac{D_1 A_1}{I_d I_a}$ 即证四线共点；

(10) 略 (可参见参考文献 [63]).

例 10 双圆四边形的四顶点组成的两相对三角形的内切圆切四条边的四个切点与四顶点分别组成四个等腰三角形的顶点，且相对的等腰三角形的底角互余．

证明 如图 3.4.22，设双圆四边形 $ABCD$ 中的 $\triangle ABC, \triangle ACD$ 的内切圆分别切四边于 E, F, G, H，分别切对角线 AC 于 M, N．由

$$AM = \frac{1}{2}(AB + AC - BC)$$

$$AN = \frac{1}{2}(AD + AC - CD)$$

而 $\qquad AB + CD = BC + AD$

故 $AM = AN$，即 M, N 重合，从而 $AE = AM = AH$，即 $\triangle AEH$ 为等腰三角形．

同理，$\triangle CGF$ 为等腰三角形．

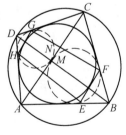

图 3.4.22

又由 $\angle A$ 与 $\angle C$ 互补,则 $\triangle AEH$ 与 $\triangle CGF$ 的底角互余.显然,等腰 $\triangle BEF$ 与 $\triangle DGH$ 的底角也互余.

注:由此例结论即可推知 E,F,G,H 四点共圆.

四、三角形的半外切圆与半内切圆

对于三角形的半外切圆,有下述基本性质:

定理12　设与 $\triangle ABC$ 的边 AB,AC 延长线分别相切于 B_1,C_1 的半外切圆圆心为 T_A,半径为 $R_A{}'$,圆 T_A 与 $\triangle ABC$ 的外接圆圆 O 相切于 P_A,余类推.则

(1) $R_A{}' = r_A \cdot \sec^2 \dfrac{A}{2}$;$R_B{}' = r_B \cdot \sec^2 \dfrac{B}{2}$;$R_C{}' = r_C \cdot \sec^2 \dfrac{C}{2}$;

(2) B_1C_1 的中点是 $\triangle ABC$ 的旁心 I_A,且直线 B_1C_1 与 $\triangle BI_AC$ 的外接圆相切,又与 $\triangle AB_1C_1$ 的内切圆相切;

(3) 过 B,C 分别引圆 T_A 的切线相交于 K_A,切点分别为 M,N.则 1) 直线 B_1N,C_1M,BC,AK_A 共点;2) 直线 B_1C,AK_A,BC_1 共点;3) 直线 BC,B_1C_1,NM 共点;4) 直线 B_1M,C_1N,AK_A 共点.

证明　如图 3.4.23,设 $\triangle ABC$ 的外心为 O,外接圆半径为 R.

(1) 设 AT_A 交圆 O 于 P,延长 AO 交圆 O 于 Q,连 PQ,则

$$\angle QAT_A = \frac{\pi}{2} - \angle AQP =$$

$$\frac{\pi}{2} - (\frac{\pi}{2} - \frac{B+C}{2} + B) =$$

$$\frac{1}{2}(C - B)$$

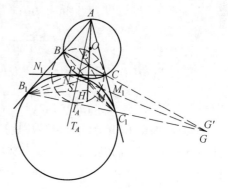

图 3.4.23

从而 $\cos \angle QAT_A = \cos \dfrac{1}{2}(B - C)$.又

$$OT_A = R + R_A{}', AT_A = R_A{}' \cdot \cos \frac{A}{2}$$

在 $\triangle AOT_A$ 中,有

$$OT_A^2 = OA^2 + AT_A^2 - 2OA \cdot AT_A \cdot \cos \angle OAT_A$$

从而　　$$R_A{}' + 2R = R_A{}' \cdot \csc^2 \frac{A}{2} - 2R \cdot \csc \frac{A}{2} \cdot \cos \frac{1}{2}(B - C)$$

407

即有 $\quad R_A{'} \cdot \cos^2 \dfrac{A}{2} = 2R \cdot \sin \dfrac{A}{2} \Big[\sin \dfrac{A}{2} + \cos \dfrac{1}{2}(B - C) \Big] =$

$$4R \cdot \sin \dfrac{A}{2} \cdot \cos \dfrac{B}{2} \cdot \cos \dfrac{C}{2} = r_A$$

故 $R_A{'} = r_A \cdot \sec^2 \dfrac{A}{2}$;余同理可证;

(2) 设 $I_A{'}$ 是 $B_1 C_1$ 的中点,由于 $\triangle AB_1 C_1$ 是等腰三角形,则在 $\text{Rt} \triangle AB_1 I_A{'}$ 中

$$AI_A{'} = AC_1 \cdot \cos \dfrac{A}{2} = R_A{'} \cdot \cot \dfrac{A}{2} \cdot \cos \dfrac{A}{2} = R_A{'} \cdot \cos^2 \dfrac{A}{2} \cdot \csc \dfrac{A}{2} = r_A \cdot \csc \dfrac{A}{2}$$

说明 $I_A{'}$ 就是 $\triangle ABC$ 的旁心 I_A.

由本篇第一章中定理 12(6),有 $PI_A = PB = PC$ 知 P 为 $\triangle BCI_A$ 的外心.

又在等腰 $\triangle AB_1 C_1$ 中,$\angle A$ 的平分线垂直于底边 $B_1 C_1$,故 $B_1 C_1$ 与 $\triangle BI_A C$ 的外接圆相切;设 AI_A 与圆 T_A 交于 S,连 $B_1 S$,$C_1 S$,即知 S 为 $\triangle AB_1 C_1$ 的内心,即证;

(3)1) 设 $B_1 N$ 与 BC 的交点为 E,在 $\triangle B_1 EB$ 和 $\triangle CNE$ 中分别用正弦定理有

$$\dfrac{BE}{\sin \angle BB_1 E} = \dfrac{BB_1}{\sin \angle BEB_1} \qquad ①$$

$$\dfrac{CE}{\sin \angle CNE} = \dfrac{CN}{\sin \angle CEN} \qquad ②$$

又 $\angle B_1 EB + \angle CEN = \pi$,$\angle BB_1 E = \angle N_1 NB_1 = \angle CNE$($N_1$ 为 CN 与 BB_1 的交点),则 ① ÷ ② 得 $\dfrac{BE}{CE} = \dfrac{BB_1}{CN} = \dfrac{BB_1}{CC_1}$,即得到 $B_1 N$ 分线段 BC 之比.

同理,求得 $C_1 M$ 分线段 BC 为同样的比,因此 $B_1 N$,$C_1 M$,BC 共点于 E.用同样的方法可证得 $B_1 N$,$C_1 M$,AK_A 共点于 E.故 $B_1 N$,$C_1 M$,BC,AK_A 共点;

2) 由 1) 知 $\dfrac{CE}{BE} = \dfrac{CC_1}{BB_1}$,即 $\dfrac{CE}{BE} \cdot \dfrac{BB_1}{CC_1} = 1$,又 $\dfrac{AC_1}{B_1 A} = 1$,则

$$\dfrac{CE}{BE} \cdot \dfrac{BB_1}{B_1 A} \cdot \dfrac{AC}{CC_1} = 1$$

由塞瓦定理之逆定理知 $B_1 C$,BC_1,AK_A 共点;

3) 设 G 是 $B_1 C_1$ 和 BC 的交点,分别在 $\triangle CC_1 G$ 和 $\triangle BB_1 G$ 中用正弦定理有

$$\dfrac{CG}{\sin \angle CC_1 G} = \dfrac{CC_1}{\sin \angle CGC_1} \qquad ③$$

$$\dfrac{BG}{\sin \angle BB_1 G} = \dfrac{BB_1}{\sin \angle BGB_1} \qquad ④$$

408

而 $\angle BB_1G = \angle CC_1B_1$，有 $\angle CC_1G + \angle BB_1G = \angle CC_1G + \angle CC_1B_1 = \pi$，

从而 ③÷④ 得 $\dfrac{CG}{BG} = \dfrac{CC_1}{BB_1}$.

又设 G' 是 NM 与 BC 的交点，同理 $\dfrac{CG'}{BG'} = \dfrac{CN}{BM}$.

因 $CN = CC_1$，$BM = BB_1$，则 $\dfrac{CG}{BG} = \dfrac{CG'}{BG'}$ 知 G 与 G' 重合，即 BC，MN，B_1C_1 三线共点于 G；

4) 设 H 是 B_1M 和 AK_A 的交点，分别在 $\triangle K_AMH$ 和 $\triangle HAB_1$ 中用正弦定理有

$$\dfrac{K_AH}{\sin \angle K_AMH} = \dfrac{K_AM}{\sin \angle K_AHM} \qquad ⑤$$

$$\dfrac{HA}{\sin \angle AB_1H} = \dfrac{AB_1}{\sin \angle AHB_1} \qquad ⑥$$

因为 $\angle K_AMH = \angle BB_1M = \angle AB_1H$，$\angle K_AHM + \angle AHB_1 = \pi$

从而 ⑤÷⑥ 得 $\dfrac{K_AH}{HA} = \dfrac{K_AM}{AB_1}$.

又设 H' 是 C_1N 和 AK_A 的交点，同理 $\dfrac{K_AH'}{H'A} = \dfrac{K_AN}{AC_1}$.

而 $K_AM = K_AN$，$AB_1 = AC_1$，则 $\dfrac{K_AH}{HA} = \dfrac{K_AH'}{H'A}$，知 H 与 H' 重合，即 B_1M，C_1N，AK_A 共点.

409

注：对于 4) 也可直接运用帕斯卡定理的特殊情形证明（参见图 3.4.5）.

由于半内切圆的定义与半外切圆定义相仿，因而可用完全类似于定理 12 的证明方法证明定理 13.

定理 13　设与 $\triangle ABC$ 的边 AB，AC 分别相切于 B_1'，C_1' 的半内切圆圆心为 T_A'，半径为 r_A'，圆 T_A' 与 $\triangle ABC$ 的外接圆圆 O 相切于 Q_A. 余类推，则

(1) $r_A' = r \cdot \sec^2 \dfrac{A}{2}$；

(2) $B_1'C_1'$ 的中点是 $\triangle ABC$ 的内心 I，且直线 $B_1'C_1'$ 与 $\triangle BIC$ 的外接圆相切，又与 $\triangle AB_1'C_1'$ 的内切圆相切；

(3) 过 B，C 分别引圆 T_A' 的切线相交于 K_A'，切点分别为 M'，N'. 则 1) 直线 $B_1'N'$，$C_1'M'$，BC，AK_A' 共点；2) 直线 $B_1'C$，AK_A'，BC_1' 共点；3) 直线 BC，MN，$B_1'C_1'$ 共点；4) 直线 $B_1'M'$，$C_1'N'$，AK_A' 共点.

此定理的证明留给读者作为练习（参见练习题 3.4 中第 12 题）.

例 11　如图 3.4.24，$\triangle ABC$ 的三个半外切圆为圆 T_A，圆 T_B，圆 T_C，圆 T_B 切

BA 的延长线于 A_1, 圆 T_C 切 CA 的延长线于 A_2, 设 BA_2 与 CA_1 相交于点 D, 则三对直线 AB 与 T_BT_A, BC 与 T_CT_B, AC 与 T_CT_A 的交点共线.

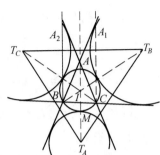

证明　由于 AT_A, BT_B, CT_C 三线共点于 $\triangle ABC$ 的内心 I, 对 $\triangle ABC$ 和 $\triangle T_AT_BT_C$ 运用戴沙格定理, 即证得结论成立.

例 12　如图 3.4.25, 设 I 是 $\triangle ABC$ 的内心, 过 I 作 AI 的垂线分别交边 AB, AC 于 P, Q. 求证: 分别与 AB 及 AC 相切于 P 及 Q 的圆 T_A' 必与 $\triangle ABC$ 的外接圆圆 O 相切.

图 3.4.24

证明　延长 AI 交圆 O 于 M, 设圆 O 的半径为 R, 则

$$R^2 - T_A'O^2 = T_A'A \cdot T_A'M$$

从而

$$
\begin{aligned}
T_A'O^2 &= R^2 - T_A'A \cdot T_A'M = \\
&= R^2 - T'A(IM - IT_A') = \\
&= R^2 - T'A \cdot IM + T'A \cdot IT_A' = \\
&= R^2 - T'A \cdot IM + PT_A'^2
\end{aligned}
$$

410

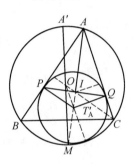

图 3.4.25

而 $\angle MIC = \dfrac{1}{2}\angle OCM + \dfrac{C}{2} = \angle BCM + \dfrac{C}{2} = \angle MCI$
或第二篇第一章中定理 11(1), 故

$$MI = MC = 2R \cdot \sin\frac{A}{2} = 2R \cdot \frac{PT_A'}{AT_A'}$$

从而　　　　$T_A'O^2 = R^2 - 2R \cdot PT_A' + PT_A'^2 = (R - PT_A')^2$
即圆 T_A' 与圆 O 相切.

五、圆与圆的位置关系中的一些问题

对于任意一个半径为 R 的圆及距离圆心为 d 的点 P, 我们把 $d^2 - R^2$ 称为点 P 关于该圆的幂. 当 P 在圆外时, 幂取正值; 当 P 在圆内时, 幂取负值; 当 P 在圆上时, 幂为零.

定理 13　关于两个非同心圆的幂相等的点的轨迹是垂直于这两个圆的连心线的直线.

证明　如图 3.4.26, 设点 M 到圆 O_1 和圆 O_2 的幂相等, 则

$$MO_1^2 - R_1^2 = MO_2^2 - R_2^2$$

即　　　　$MO_1^2 - MO_2^2 = R_1^2 - R_2^2 = $ 常数

设 O_1O_2 的中点为 D，$MH \perp O_1O_2$ 于 H，则由

$$O_1M^2 - O_1H^2 = MD^2 - DH^2$$

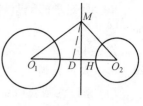

图 3.4.26

注意到 $MD^2 = \dfrac{1}{2}(O_1M^2 + O_2M^2) - \dfrac{1}{4}O_1O_2^2$

得　　　$MO_1^2 - MO_2^2 = 2O_1O_2 \cdot DH = R_1^2 - R_2^2$

即 $DH = \dfrac{R_1^2 - R_2^2}{2O_1O_2}$ 为常数. 即点 H 是一定点, 过 H 的垂线是两圆等幂点的轨迹.

这条直线称为两圆的根轴或等幂轴.

由上可知, 若两圆同心, 则 $O_1O_2 = 0$, 所以, 同心圆的根轴不存在; 若 $R_2 = 0$, 圆 O_2 缩成一点 O_2, 这时点 M 对圆 O_2 的幂是 MO_2^2. 上面的论述均成立, 这时, 直线 (轨迹) 称为一圆与一定点的根轴.

关于根轴有下面的重要结论.

定理 14　(1) 若两圆相交, 其根轴就是公共弦所在的直线;

(2) 若两圆相切, 其根轴就是过两圆切点的公切线;

(3) 三个圆, 其两两的根轴相交于一点或互相平行.

证明提示　(1) 由于两圆的交点对于两圆的幂都是 0, 所以, 它们位于根轴上. 而根轴是直线, 所以, 根轴是两交点的连线;

(2) 由幂的定义可立即推出;

(3) 若三条根轴中有两条相交, 则这一交点对于三个圆的幂均相等, 所以必在第三条根轴上.

若三个圆的圆心构成一个三角形, 则有一点且只有一点关于这三个圆的幂是相等的 (可参见第二篇第六章中例 17). 这三条根轴的公共点称为这三个圆的根心.

关于两圆相交有下面的重要结论.

定理 15　相交两圆的内接三角形 (过一交点的割线弦与另一交点组成的三角形) 的三内角均为定值.

推论 1　在相交两圆中, 凡内接三角形都相似.

推论 2　在相交两圆中, 若内接三角形的一边与公共弦垂直, 则另两边必分别为两圆直径.

定理 16　过相交 (或相切) 两圆的交点 (或切点) 分别作两条割线交两圆于四点, 则同一圆上的两点间的弦互相平行.

411

以上两定理的证明只要注意到圆周角、弦切点定理及圆内接四边形性质即证.(略)

定理 17 对于相切两圆的切点三角形(公切点与一外公切线上的两切点组成的三角形),则

(1)是以两圆公切点为直角顶点的直角三角形;

(2)其斜边是两圆直径的比例中项;

(3)过两圆公切点的割线与两圆的两交点分别和斜边两端点连线(即一外公切线上两切点相应的连线)互相垂直;

(4)其斜边与连心线的交点到公切点的距离是它到另两个切点(即斜边两端点)的距离的比例中项.

证明提示 (1)过公切点作切线即证;

(2)设圆 O_1 与圆 O_2 相切于 A,外公切线上两切点为 B,C,BA,CA 的延长线分别交圆 O_1,圆 O_2 于 D,E,则由 $\triangle BCE \backsim \triangle CDB$ 即证;

(3)略;

(4)设直线 O_1O_2 与 BC 相交于 P,由 $\triangle PAB \backsim \triangle PCA$ 即证.

定理 18 圆 O_1 与圆 O_2(相交、相切或相离)的连心线分别交两圆依次于点 M,C;D,N(相切时 C 与 D 重合),一条外(或内)公切线 AB(切圆 O_1,圆 O_2 分别于 A,B)与 O_1O_2 所在直线相交于 P,则 $PM \cdot PN = PC \cdot PD$.

证明提示 由

$$O_1A \parallel O_2B,\angle BAC + \angle ABD = \frac{1}{2}(\angle AO_1C + \angle BO_2D) = 90°$$

知 $AC \perp BD$,即知 $AM \parallel BD$.由 $\angle BAC = \angle AMC = \angle BDN$ 知 A,C,D,B 共圆,有 $PC \cdot PD = PA \cdot PB$,同样由 $\angle AMN = \angle BDN = \angle PBN$ 得 A,M,N,B 共圆,有 $PA \cdot PB = PM \cdot PN$,即证.

例 13 如图 3.4.27,在线段 AB 的同一侧作出三个相似的 $\triangle PAB$,$\triangle AQB$,$\triangle ABR$,再关于 AB 的垂直平分线对称地作出三个相似 $\triangle P'AB$,$\triangle AQ'B$,$\triangle ABR'$.求证:P,Q,R,P',Q',R' 在同一个圆上.

证明 由 $\triangle PAB \backsim \triangle AQB$,有 $\angle PBA = \angle ABQ$,知 Q 点在 PB 上,且 $\dfrac{PB}{AB} = \dfrac{AB}{QB}$.

由 $\triangle AQB \backsim \triangle ABR$,有 $\angle BAQ = \angle RAB$,知 R 点在 AQ 上,且 $\dfrac{AQ}{AB} = \dfrac{AB}{AR}$.于是 $PB \cdot QB = AB^2 = AQ \cdot AR$.

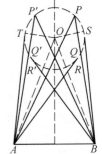

图 3.4.27

设 $\triangle PQR$ 的外接圆圆心为 O,则 A,B 关于圆 O 是等幂的,作切线 AT,BS,连 OA,OB,OT,OS.

由 $AT^2 = BS^2 = AB^2$,$OT = SO$,则 $\triangle OAT \cong \triangle OBS$,有 $OA = OB$,即圆 O 关于 AB 的中垂线对称,故 P',Q',R' 都在圆 O 上.

例 14 如图 3.4.28,设圆 O_1 和圆 O_2 相离,引它们的一条外公切线切圆 O_1 于 A,切圆 O_2 于 C,引它们的一条内公切线切圆 O_1 于 B,切圆 O_2 于 D.求证:直线 AB 和 CD 的交点在两圆的连心线上.

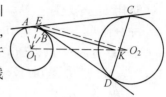

图 3.4.28

证明 设 AB 和 CD 的交点为 K,AC 与 BD 的交点为 E,则 $AB \perp O_1E$,$CD \perp O_2E$.

又 O_1E 平分 $\angle AEB$,O_2E 平分 $\angle CED$,则 $O_1E \perp O_2E$,从而 $AB \perp CD$.即 K 是分别以 AC 和 BD 为直径的两圆 S_1 和 S_2 的交点,即 K 在圆 S_1 和圆 S_2 的根轴上.

由 $O_1A \perp AC$,有 O_1A 是圆 S_1 的切线,则 O_1 关于圆 S_1 的幂是 O_1A^2.

同理,O_1B 是圆 S_2 的切线,O_1 关于圆 S_2 的幂是 O_1B^2.由于 $O_1A^2 = O_1B^2$,所以 O_1 是关于圆 S_1 和圆 S_2 的等幂点.同样,O_2 是关于圆 S_1 和圆 S_2 的等幂点.故 O_1O_2 是圆 S_1 和圆 S_2 的根轴.所以 K 在 O_1O_2 上.

例 15 如图 3.4.29,圆 O_1 和圆 O_2 相交于 A,B,圆 O_1 的弦 BC 交圆 O_2 于 E,圆 O_2 的弦 DB 交圆 O_1 于 F.证明:(1)若 $\angle DBA = \angle CBA$,则 $DF = CE$;(2)若 $DF = CE$,则 $\angle DBA = \angle CBA$.

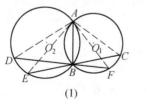
(1)

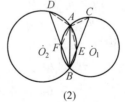
(2)

图 3.4.29

证明 (1)由图 3.4.29(1)因 A,B,E,D 四点共圆,则 $\angle ABD = \angle AED$,且 $\angle ABC = \angle ADE$,又 $\angle DBA = \angle CAB$,故 $\angle AED = \angle ADE$,于是 $AD = AE$.由本章定理 15 推论 1 知 $\triangle ADF \backsim \triangle AEC$,从而 $\triangle ADF \cong \triangle AEC$,故 $DF = CE$.

对于图 3.4.29(2),由证 $\triangle ADF \cong \triangle AEC$,得 $DF = CE$.

(2)由 $DF = CE$,有 $\triangle ADF \cong \triangle AEC$,故 $\angle DBA = \angle CBA$.

第四章 与圆有关的几类问题

例 16 如图 3.4.30,已知在凸四边形 $ABCD$ 中,直线 CD 与以 AB 为直径的圆相切.求证:直线 AB 与以 CD 为直径的圆相切的充要条件是 $BC \parallel AD$.

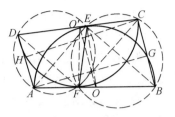

图 3.4.30

证明 **必要性** 见第二篇第三章中例 17.

充分性 作 $O'F \perp AB$ 于 F,其中 O' 为 CD 中点,设 O 为 AB 中点,连 OO',又设 BC 与圆 O 交于 G,连 AG,过 C 作 $CH \parallel GA$ 交 DA 于 H.

因 $BC \parallel AD$,故 $OO' \parallel AD$.由 $AG \perp BC$,则 $OO' \perp AG$.又 O',F,O,E 四点共圆,所以 $\angle O'FE = \angle O'OE = \angle O'CH$(其中 $\triangle CDH$ 与 $\triangle OO'E$ 的两双对应边垂直).

设 CH 与 $O'F$ 的交点为 M,则 M,F,C,E 四点共圆.又因 M,F,B,C 四点共圆,所以 M,F,B,C,E 五点共圆.

同理,A,F,E,D 四点共圆,且 EF 为其公共弦,连 AE,BE,则知 $\angle AEB = 90°$.连 DF,FC,则由本章定理 15 推论 1 知 $\angle DFC = 90°$.故以 CD 为直径的圆过 F 点且与 AB 切于点 F.

例 17 如图 3.4.31,圆 O_1,圆 O_2,圆 O_3 是两两相离不等的三圆,两两外公共线 a,b 交于 P.m,n 交于 Q,c,d 交于 R.求证:P,Q,R 共直线.

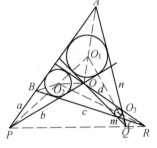

图 3.4.31

证明 设 a,n 交于 A,a,c 交于 B,n,c 交于 C,连 O_1O_2,O_2O_3,O_3O_1,则它们分别过 P,R,Q 点,又 AO_1,BO_2,CO_3 分别为 $\angle BAC$,$\angle ABC$,$\angle BCA$ 的平分线,故必共点,设为 O.

现在看 $\triangle ABC$ 与 $\triangle O_1O_2O_3$,对应顶点连线 AO_1,BO_2,CO_3 共点,由戴沙格定理,对应边 AB 与 O_1O_2,BC 与 O_2O_3,AC 与 O_1O_3 的交点 P,Q,R 共线.

例 18 三个圆两两外切,求证:三条内公切线必交于一点,这点是圆心三角形(以三圆圆心为顶点的三角形)的内心.

证明 如图 3.4.32,圆 A,圆 B,圆 C 两两外切,切点分别为 P,Q,O,半径分别为 r_1,r_2,r_3,设 $\triangle ABC$ 的外接圆半径为 R,三边长为 a,b,c,则有

$$r_1 + r_2 = c, r_2 + r_3 = a, r_3 + r_1 = b$$

以过 B,C 两点的直线为 x 轴,以圆 B,圆 C 的内公切线为 y 轴建立直角坐标系,

则 $B(-r_2,0)$，$C(r_3,0)$，$P(r_3(1-\cos C),r_3\cdot$ $\sin C)$. 由图知切线 l_1 的斜率 $k_1=\cot C$，l_1 的方程为

$$y-r_3\cdot\sin C=\cot C[x-r_3(1-\cos C)]$$

令 $x=0$，得 l_1 在 y 轴上截距

$$b_1=r_3\cdot\sin C-r_3\cdot\cot C(1-\cos C)=$$

$$r_3\cdot\frac{1-\dfrac{a^2+b^2-c^2}{2ab}}{\dfrac{c}{2R}}=$$

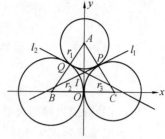

图 3.4.32

$$\frac{4Rr_1r_2r_3}{(r_1+r_2)(r_2+r_3)(r_3+r_1)}$$

同理，l_2 在 y 轴上截距 $b_2=\dfrac{4Rr_1r_2r_3}{(r_1+r_2)(r_2+r_3)(r_3+r_1)}$，从而 $b_1=b_2$，即三条内公切线相交于一点.

设三切线相交于 I，易证 $IP=IQ=IO$，则 I 是 $\triangle ABC$ 三内角平分线交点，即为 $\triangle ABC$ 的内心.

例19 如图3.4.33，两个大圆圆 A，圆 B 相等且相交，两个小圆圆 C，圆 D 不等亦相交且交于 P，Q. 若圆 C，圆 D 同时与圆 A 内切又与圆 B 外切. 试证：PQ 平分线段 AB.

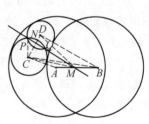

415

图 3.4.33

证明 由于圆 C，圆 D 不等，可证直线 PQ 必与 AB 相交，设交于 M. 如图连有关线段，记圆 A，圆 B 的半径为 a，圆 C，圆 D 的半径分别为 R，$r(R\neq r)$. 易得 $AC=a-R$，$BC=a+R$，$AD=a-r$，$BD=a+r$.

设 $PM\perp CD$ 于 N，则

$$MC^2-MD^2=CN^2-DN^2=PC^2-PD^2=R^2-r^2 \qquad ①$$

设 $AM=x$，$MB=y$，观察 $\triangle CAB$，$\triangle DAB$ 并运用斯特瓦尔特定理(第一篇第一章中例15)有

$$x\cdot BC^2+y\cdot AC^2=(x+y)MC^2+x\cdot MB^2+y\cdot AM^2$$

$$x\cdot BD^2+y\cdot AD^2=(x+y)MD^2+x\cdot MB^2+y\cdot AM^2$$

两式相减有

$$x(BC^2-BD^2)+y(AC^2-AD^2)=(x+y)(MC^2-MD^2)$$

将 ① 式代入得

$$x\left[(a+R)^2-(a+r)^2\right]+y\left[(a-R)^2-(a-r)^2\right]=(x+y)(R^2-r^2)$$

即

$$2a(x-y)(R-r)=0$$

因 $a\neq 0, R\neq r$，即 $x-y=0$，亦即 $AM=MB$．故直线 PQ 平分线段 AB．

练习题 3.4

1. 试证：圆的内接四边形中正方形的周长最大．

2. 运用本章定理 1,2 证明定理 3 的推论 2：设双圆 n 边形（既有外接圆又有内切圆的 n 边形）的外接圆和内切圆半径分别为 R,r，则 $R\geqslant r\cdot\sec\dfrac{\pi}{n}$．

3. 某凸七边形内接于圆，已知它有三个角都等于 $120°$．证明：它有两条等长的边．

4. 求证：边数是奇数的圆内接多边形，若它的各内角皆相等，则它一定是正多边形．

5. 圆上任一点到圆内接 $n(n\geqslant 4)$ 边形各对角线距离之积的 $\dfrac{2}{n-3}$ 次方，等于该点至各边的距离之积．

6. 过圆内接凸四边形 $ABCD$ 的顶点 C 在四边形外任作一直线分别交 AB，AD 的延长线于 E,F．求证：$(1)\ AB\cdot CE\cdot DF+AD\cdot BE\cdot CF=BC\cdot CD\cdot EF$；$(2)\ AE\cdot CF\cdot BC=AF\cdot EC\cdot CD$．

7. 试证：圆内接凸四边形 $ABCD$ 的两对角线 AC,BD 的中点 M,N 在四边 AB，BC，CD，DA 中点 E,F,G,H 所连成的平行四边形各边（所在直线）上的射影，这八点共圆．

8. 设 $ABCD$ 为圆外切梯形，$AB\ /\!/\ CD$，E 是对角线交点，四个 $\triangle ABE,BCE$，CDE,DAE 的内切圆半径分别为 r_1,r_2,r_3,r_4，求证：$\dfrac{1}{r_1}+\dfrac{1}{r_3}=\dfrac{1}{r_2}+\dfrac{1}{r_4}$．

9. 四边形 $ABCD$ 内接于圆 O，对角线 AC 与 BD 交于 P，设 $\triangle ABP,\triangle BCP$，$\triangle CDP,\triangle DAP$ 的外心分别为 O_1,O_2,O_3,O_4．求证：OP,O_1O_3,O_2O_4 共点．（参见第二篇第六章中例 10）

10. 凸四边形 $ABCD$ 内接于圆 O，对角线 AC 与 BD 相交于 P，$\triangle ABP,\triangle CDP$ 的外接圆相交于 P 和另一点 Q，且 O,P,Q 两两重合，求证：$\angle OQP=90°$．

11. 设 r_a,r_b,r_c,r_d 分别为双圆四边形 $ABCD$ 的外切一条边及与这边相邻的两边的延长线的旁切圆的半径，r,p 分别为四边形 $ABCD$ 的内切圆半径和半周长，求证：

$(1)\ r_ar_br_cr_d=r^4$；

(2) $\dfrac{1}{r_a + r} + \dfrac{1}{r_c + r} = \dfrac{1}{r_b + r} + \dfrac{1}{r_d + r} = \dfrac{1}{r}$;

(3) $\sqrt{r_a r_b} + \sqrt{r_b r_c} + \sqrt{r_c r_d} + \sqrt{r_d r_a} = p$.

12. 试证明本章定理 13.

13. 试证: 任意四条不等长的线段, 如果每一条都小于另外三条之和, 则它们可以作为内接于同一个圆的三个不同的四边形的边, 并且这三个四边形有相同的面积.

14. 设 H 为 $\triangle ABC$ 的垂心, P 为该三角形外接圆上的一点, E 是高 BH 的垂足, 并设 $PAQB$ 与 $PABC$ 都是平行四边形, AQ 与 HR 交于 X. 求证: $EX \parallel AP$.

15. 设 $\triangle ABC$ 为锐角三角形, 且 $BC > CA$, O 是它的外心, H 是它的垂心, F 是高 CH 的垂足, 过 F 作 OF 的垂线交边 CA 于 P. 求证: $\angle FHP = \angle BAC$.

16. 如果双圆四边形各边平方的和等于四边形面积的 4 倍, 那么此双圆四边形为正方形.

17. 设 a, b, c, d 和 S 分别表示双圆四边形的四条边长和面积, 则

(1) $a^2 + b^2 + c^2 + d^2 \geqslant 4S$;

(2) $a^2 + b^2 + c^2 + d^2 \geqslant 4S + (a - b)^2 + (b - c)^2 + (c - d)^2 + (d - a)^2$.

18. 设 P 为边长为 a 的正方形 $ABCD$ 外接圆上任一点, 则

(1) $PA^2 + PB^2 + PC^2 + PD^2 = 4a^2 = 2d^2$($d$ 为圆直径);

(2) 设 A_1, B_1, C_1, D_1 分别为 AB, BC, CD, DA 的中点, 有

$$PA_1^2 + PB_1^2 + PC_1^2 + PD_1^2 = 3a^2 = \dfrac{3}{2}d^2$$

19. 圆 O_1 与圆 O_2 外切于点 P, AB 是圆 O_1 和圆 O_2 的外公切线, 分别切于 A, B, AB 与 $O_1 O_2$ 的延长线交于 C, 过 C 作直线 EF 分别交 AP, PB 的延长线于 E, F, 且 $\dfrac{AP}{AB} = \dfrac{AC}{AE}$. 求证: (1) $AC \perp EF$; (2) $FC^2 = \dfrac{1}{2} FB \cdot FP$.

20. 圆 O_1 与圆 O_2 外切于点 P, AB 为外公切线, 切点为 A, B, 过 P 的内公切线交 AB 于 M, 直线 MO_1 交圆 O_1 于 C, D, 直线 MO_2 交圆 O_2 于 E, F. 求证: (1) $MD \perp MF$; (2) $\triangle EMC \backsim \triangle DMF$.

21. 平面上圆 O_1 与圆 O_2 相交于 A, B, 两动点 Q_1, Q_2 各以匀速自点 A 出发在不同的圆周上依同向移动. 这两圆可经移动一周后同时返回到点 A. 求证: 过点 A 的任一割线交两圆的两交点 M, N 分别与对应的点 Q_1, Q_2 的连线 $Q_1 M$, $Q_2 N$ 互相平行. (可参见练习题 2.3 第 9 题)

22. 在锐角 $\triangle ABC$ 中, 以 AB 为直径的圆与 AB 边的高线 CC' 及其延长线交

417

于 M,N,以 AC 为直径的圆与 AC 边的高线 BB' 及其延长线交于 P,Q.求证:M,N,P,Q 共圆.(可参见第二篇第七章中例 6)

23.设 D,E 是 $\triangle ABC$ 中 AB,AC 上的点.求证:以 BE 和 CD 为直径的两圆的根轴必通过 $\triangle ABC$ 的垂心 H.

24.在 $\triangle ABC$ 的边 BC 上任取一点 A',线段 $A'B$ 的中垂线交 AB 于点 M,线段 $A'C$ 的中垂线交 AC 于点 N.求证:点 A' 关于直线 MN 的对称点在 $\triangle ABC$ 的外接圆上.

25.已知 A,B 为平面上两个半径不相等的圆 O_1 和圆 O_2 的交点,外公切线 P_1,P_2 的切点为 P_1,P_2,另一外公切线 Q_1Q_2 的切点为 Q_1,Q_2,直线 O_1O_2 交圆 O_1 于 C,N_1,交圆 O_2 于 D,N_2,直线 AB 交 P_1P_2 于 T,交 Q_1Q_2 于 S.求证:(1)$TS^2 = P_1P_2^2 + AB^2$;(2)$CP_1 \perp DP_2$ 于 H;(3)$P_1N_1 \perp P_2N_2$ 于 K;(4)K,H,A,B 四点共线;(5)P_1,P_2,N_1,N_2 四点共圆.

没有人能像欧几里得那样给出如此容易而又自然的几何结果之链,而且每个结果都是永真的.

—— 德·摩根(De Morgan, A.)

第五章　　关联正多边形的问题

我们把由两个或两个以上的正多边形组合在一起(共某顶点或均不共顶点)的问题称为关联正多边形的问题.正多边形是一类完美的图形,图中有许多相等的量,图形既具中心对称性又具轴对称性.平面几何中很多著名的问题,由于正多边形的参与而显得十分美妙有趣.例如莫莱定理,爱可尔斯定理,拿破仑定理等等.正多边形的组合是一类极为重要的图形,其中的一些奇妙的数量、位置关系激发我们去探索几何的奥秘.

一、关联的正三角形

爱可尔斯(Echols)定理 1　若 $\triangle A_1B_1C_1$ 和 $\triangle A_2B_2C_2$ 都是正三角形,则线段 A_1A_2,B_1B_2,C_1C_2 的中点也构成正三角形.

证明　如图 3.5.1,设正 $\triangle A_1B_1C_1$ 的边长为 a,正 $\triangle A_2B_2C_2$ 的边长为 b,A_1A_2,B_1B_2,C_1C_2 的中点分别为 D,E,F,延长 A_1B_1 与 A_2B_2 交于 M,A_1C_1 与 A_2C_2 交于 N.

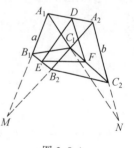

419

由 $\angle MA_1N = \angle MA_2N = 60°$,知 A_1,M,N,A_2 四点共圆.从而 $\angle M = \angle N = \alpha$,在四边形 $A_1B_1B_2A_2$ 和四边形 $A_1C_1C_2A_2$ 中,由本篇第三章中凸四边形中定理 12 得

图 3.5.1

$$DE = DF = \frac{1}{2}\sqrt{a^2 + b^2 + 2ab \cdot \cos\alpha}$$

同理,$DE = EF$,故 $\triangle DEF$ 为正三角形.

爱可尔斯定理 2　若 $\triangle A_1B_1C_1$,$\triangle A_2B_2C_2$,$\triangle A_3B_3C_3$ 都是正三角形,则 $\triangle A_1A_2A_3$,$\triangle B_1B_2B_3$,$\triangle C_1C_2C_3$ 的重心 G_1,G_2,G_3 也构成正三角形.

证明　如图 3.5.2,设 A_1A_2,B_1B_2,C_1C_2 的中点分别为 D,E,F,则由爱可尔斯定理 1 知 $\triangle DEF$ 为正三角形,由于 G_1,G_2,G_3 分别为 $\triangle A_1A_2A_3$,$\triangle B_1B_2B_3$,$\triangle C_1C_2C_3$ 的重心,则

$$\frac{A_3G_1}{G_1D} = \frac{B_3G_2}{G_2E} = \frac{C_3G_3}{G_3F} = 2$$

在四边形 EFC_3B_3 中,由本篇第三章中定理12,有

$$G_2G_3 = \frac{1}{m+n}\sqrt{(am)^2 + (bn)^2 + 2ambn \cdot \cos\alpha}$$

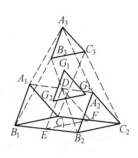

图 3.5.2

此时 $\frac{m}{n} = 2$,于是可得 $G_1G_2 = G_1G_3 = G_2G_3$,即 $\triangle G_1G_2G_3$ 为正三角形.

拿破仑(Napoleon)定理   以 $\triangle ABC$ 各边为边分别向外侧作等边三角形 $\triangle BA'C, \triangle ACB', \triangle BAC'$,则它们的中心 O_1, O_2, O_3 构成一个等边三角形(此正三角形称为拿破仑三角形).

证法 1   如图 3.5.3,对正 $\triangle BAC', \triangle BA'C$, $\triangle ACB'$ 应用爱可尔斯定理2,即有 $\triangle O_1O_2O_3$ 为正三角形.

证法 2   将 $\triangle ABB'$ 绕点 A 沿顺时针方向转 $60°$,则 B' 与 C 重合,B 与 C' 重合,故 $BB' = C'C$.

同理,$AA' = BB'$,故 $AA' = BB' = CC'$.

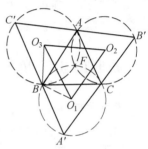

图 3.5.3

设 $\triangle ABC$ 三边长分别为 a, b, c,则 $O_1B = \frac{\sqrt{3}}{3}a$,$O_3B = \frac{\sqrt{3}}{3}c$.由 $\frac{BO_3}{BO_1} = \frac{c}{a} = \frac{BC'}{BC}$ 及

$\angle O_3BO_1 = \angle C'BC$ 知 $\triangle O_3BO_1 \backsim \triangle C'BC$,即有 $\frac{O_3O_1}{C'C} = \frac{\sqrt{3}}{3}$.同理 $\frac{O_1O_2}{AA'} = \frac{O_2O_3}{BB'} = \frac{\sqrt{3}}{3}$.

故 $O_1O_2 = O_2O_3 = O_3O_1$,即 $\triangle O_1O_2O_3$ 为正三角形.

证法 3   设正 $\triangle ABC'$ 与 $\triangle AB'C$ 的外接圆交于 A, F 两点,连 FA, FB, FC.由 $\angle AFB + \angle C' = \angle AFC + \angle B' = 180°, \angle B' = \angle C' = 60°$,知 $\angle AFB = \angle AFC = 120°$,从而 $\angle BFC = 120°$,故 F 在正 $\triangle A'BC$ 的外接圆上,因此有 $O_3O_1 \perp FB, O_2O_3 \perp FA$,则 $\angle O_1O_3O_2 = 180° - \angle AFB = 60°$.

同理,$\angle O_3O_1O_2 = \angle O_3O_2O_1 = 60°$,即证.(注:此处点 F 即为费马点)

定理 1   以三角形各边为边向内侧作等边三角形,则它们的中心构成等边三角形(此正三角形常称为内拿破仑三角形).

此定理也可仿前面的拿破仑定理的几种证法而证.下面给出它的一个另证,由此还得到一个推论.

证明   如图 3.5.3,在 $\triangle BO_1O_3$ 中

$$O_1O_3^2 = \frac{1}{3}c^2 + \frac{1}{3}a^2 - \frac{2}{3}ac \cdot \cos(B + 60°) \quad ①$$

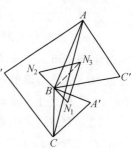

图 3.5.4

如图 3.5.4,$\triangle ABC'$,$\triangle BCA'$,$\triangle CAB'$ 分别为以 $\triangle ABC$ 各边为边向内侧作的正三角形,N_3,N_1,N_2 分别为其中心. 在 $\triangle BN_1N_3$ 中,因为 N_1,N_3 与 O_1,O_3 分别关于 BC,AB 对称,所以有

$$N_1N_3^2 = \frac{1}{3}c^2 + \frac{1}{3}a^2 - \frac{2}{3}ac \cdot \cos(B - 60°) \quad ②$$

① – ② 得 $O_1O_3^2 - N_1N_3^2 = \dfrac{2}{\sqrt{3}}ac \cdot \sin B = \dfrac{4}{\sqrt{3}}S_{\triangle ABC}$

同理 $$O_2O_3^2 - N_2N_3^2 = O_1O_2^2 - N_1N_2^2 = \frac{4}{\sqrt{3}}S_{\triangle ABC}$$

由 $O_1O_2 = O_2O_3 = O_3O_2$,有 $N_1N_2 = N_2N_3 = N_3N_1$,由此即证.

推论   任意三角形的外拿破仑三角形与内拿破仑三角形的面积之差等于原三角形的面积,并且内、外拿破仑三角形有同一中心.

定理 2   若 $\triangle ABC$ 与 $\triangle AB_1C_1$ 都是正三角形,A 是公共顶点,M,N 分别为 B_1B,C_1C 的中点,则

(1)$\triangle AMN$ 为正三角形;

(2)$B_1B = C_1C$,B_1B 与 C_1C 成 60° 角.

证明   (1)由爱可尔斯定理 1 即证;

(2)如图 3.5.5,把 $\triangle AB_1B$ 绕点 A 逆时针方向旋转 60° 就与 $\triangle AC_1C$ 重合,由此即证.

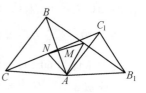

图 3.5.5

推论   若 $\triangle ABC$ 与 $\triangle AMN$ 均为正三角形,延长 BM 至 B_1 使 $MB_1 = BM$,延长 CN 至 C_1 使 $NC_1 = CN$,则 $\triangle AB_1C_1$ 为正三角形.

定理 3   以 $\triangle ABC$ 各边为边分别向外侧和内侧作等边三角形 $\triangle BA'C$,$\triangle ACB'$,$\triangle BAC'$ 和 $\triangle BCA''$,$\triangle AB''C$,$\triangle ABC''$,其中心分别为 O_1,O_2,O_3 和 N_1,N_2,N_3.求证:

(1)$AA' = BB' = CC'$,且两两相交成 60° 角,AA',BB',CC' 共点;

(2)$A'O_1$,$B'O_2$,$C'O_3$ 共点;

(3)AO_1,BO_2,CO_3 共点;

(4)AN_1,BN_2,CN_3 共点.

421

第五章　关联正多边形的问题

证明 如图 3.5.6.

(1) 由拿破仑定理的证法 2 与 3 即可证，或由定理 2 知 $AA' = BB' = CC'$，且两两相交成 $60°$；由第二篇第六章中例 16 即知 AA'，BB'，CC' 相交于一点；

(2) 显然，$A'O_1$，$B'O_2$，$C'O_3$ 共点于 $\triangle ABC$ 的外心；

(3) 设 AO_1，BO_2，CO_3 与 $\triangle ABC$ 各边相交于 X,Y,Z，则

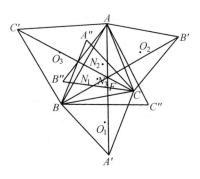

图 3.5.6

$$\frac{BX}{XC} = \frac{S_{\triangle ABO_1}}{S_{\triangle CAO_1}} = \frac{c \cdot \sin(B + 30°)}{b \cdot \sin(C + 30°)}$$

对于 $\dfrac{CY}{YA}$，$\dfrac{AZ}{ZB}$ 有类似的表达式，再由塞瓦定理的逆定理即证.

(4) 类似(3)即证(略).

例 1 如图 3.5.7，$\triangle AOB$，$\triangle COD$，$\triangle EOF$ 均为正三角形，O_1，O_2，O_3 分别是 BC，DE，FA 的中点. 求证：$\triangle O_1O_2O_3$ 为正三角形.

证法 1 取 CD 中点 P，AB 中点 R，AD 中点 Q，则由定理 2 知 QRO_1P 为菱形，且 $\triangle O_1PQ$ 为正三角形，故 $O_1P = O_1Q$，$\angle PO_1Q = 60°$. 又 $O_2P \underset{=}{/\!/} \dfrac{1}{2}EC$，$QO_3 \underset{=}{/\!/} \dfrac{1}{2}DF$，又由定理 2 知 $O_2P = QO_3$，其所夹锐角也为 $60°$. 再由爱可尔斯定理 1 即证.

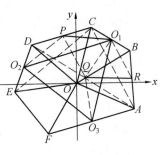

图 3.5.7

证法 2 以 O 为原点，建立复平面，设 $A,B,\cdots,F$ 及 O_1,O_2,O_3 对应的复数分别用 $a_A,a_B,\cdots,a_F$ 及 b_1,b_2,b_3 表示，则 $a_B = a_A \cdot e^{i\frac{\pi}{3}}$，$a_D = a_C \cdot e^{i\frac{\pi}{3}}$，$a_F = a_E \cdot e^{i\frac{\pi}{3}}$，从而由 $b_1 = \dfrac{1}{2}(a_B + a_C)$，$b_2 = \dfrac{1}{2}(a_D + a_E)$，$b_3 = \dfrac{1}{2}(a_F + a_A)$，注意到 $1 - e^{i\frac{\pi}{3}} = -e^{i\frac{2\pi}{3}}$，有 $\dfrac{b_3 - b_1}{b_2 - b_1} = e^{i\frac{\pi}{3}}$，由此即证.

例 2 如图 3.5.8，$\triangle ABC$，$\triangle CDE$，$\triangle EFG$ 均为正三角形，O_1，O_2，O_3 分别是 AD，DF，BG 的中点. 求证：$\triangle O_1O_2O_3$ 是正

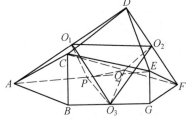

图 3.5.8

422

三角形.

证明　取 AE 中点 P,取 CF 中点 Q,由爱可尔斯定理1知 $\triangle O_3QP$ 为正三角形.又 $O_1P \parallel\!\!\!= \frac{1}{2}DE$,$O_2Q \parallel\!\!\!= \frac{1}{2}DC$,故 $O_1P = O_2Q$.且所夹锐角为 $60°$,把 $\triangle O_3QO_2$ 绕点 O_3 逆时针方向旋转 $60°$ 后与 $\triangle O_3PO_1$ 重合,由此即证 $\triangle O_1O_2O_3$ 为正三角形.

注:类似于例1也可用复数法证明.

例3　如图 3.5.9,$\triangle ABC$,$\triangle CDE$,$\triangle EFG$,$\triangle DHI$ 均为正三角形,O_1,O_2,O_3 分别是 AH,BF,IG 的中点.求证:$\triangle O_1O_2O_3$ 是正三角形.

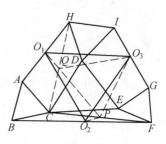

图 3.5.9

证法1　取 CF 中点 P,取 CH 中点 Q,则由例2结论知 $\triangle PQO_3$ 为正三角形.接下去类似于例2,将 $\triangle O_1QO_3$ 绕点 O_3 逆时针方向旋转 $60°$ 后与 $\triangle O_2PO_3$ 重合即可证.

证法2　注意到复平面上三点 Z_1,Z_2,Z_3 对应的复数为 a,b,c 时,$\triangle Z_1Z_2Z_3$ 为正三角形的充要条件是 $a + b\omega + c\omega^2 = 0$(其中 ω 为 $x^3 = 1$ 的虚根,参见第一篇第十章中结论(10)).设大写字母点对应的复数为小写字母,则

$$O_1 + O_2\omega + O_3\omega^2 = \frac{1}{2}(a + h) + \frac{1}{2}(b + f)\omega + \frac{1}{2}(g + i)\omega^2 =$$

$$\frac{1}{2}\left[(a + b\omega) + (f + g\omega)\omega + (i + h\omega)\omega^2\right] =$$

$$\frac{1}{2}\left[-c\omega^2 + (-\omega^2)\omega + (-d\omega^2)\omega^2\right] =$$

$$-\frac{1}{2}\omega^2(c + e\omega + d\omega^2) = 0$$

由此即证.

例4　如图 3.5.10,$\triangle ABC$,$\triangle CDE$ 均为正三角形,M,N 分别是 BD,AE 的中点,O 是 $\triangle ABC$ 的中心.求证:$\triangle OME \backsim \triangle OND$.

思路　此例在是利用位似旋转证的,即取 BC,AC 的中点 P,Q.将 $\triangle OPM$ 绕点 O 按逆时针方向旋转 $60°$,然后再作以中心为 O 且系数为 2 的位似变换,则它变为

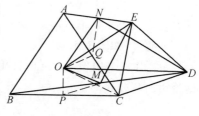

图 3.5.10

第五章　关联正多边形的问题

423

$\triangle OCE$,则 $\angle EOM = 60°$,$EO = 2MO$. 同理,由 $\triangle OQN$ 绕 O 顺时针旋 $60°$,再作位似变换成 $\triangle OCN$,也有 $\angle NOD = 60°$,$DO = 2NO$. 由此即证.

将上述思路运用复数法又可得它的另一种证法,留给读者作为练习.

二、关联的正方形

定理 4 若两正方形 $A_1B_1C_1D_1$ 和 $A_2B_2C_2D_2$ 对应顶点的连线 A_1A_2,B_1B_2,C_1C_2,D_1D_2 上的点 E,F,G,H,满足 $\dfrac{A_1E}{EA_2} = \dfrac{B_1F}{FB_2} = \dfrac{C_1G}{GC_2} = \dfrac{D_1H}{HD_2} = \dfrac{m}{n}$,则四边形 $EFGH$ 为正方形.

此定理可看做爱氏定理的推广,且为练习题 3.5 中第 14 题的特殊情形. 证略.

定理 5 两正方形 $AEDB$,$ACFG$ 共顶点 A,则

(1) $BG = CE$,且 $BG \perp CE$;$S_{\triangle ABC} = S_{\triangle AGE}$;

(2) 若 BG 与 CE 交于 K,则 AK 平分 $\angle EKG$;

(3) BG,CE,DF 共点于 K,且 $AK \perp DF$;

(4) 设 $AEDB$,$ACFG$ 的中心分别为 O_1,O_2,则 O_1O_2 垂直平分 AK;

(5) 四边形 $EBCG$ 的四边中点为一正方形的顶点,四边形 $EBCG$ 对边的平方和相等;特别是,若 M 为 BC 的中点,N 为 EG 的中点,则 $\triangle O_1NO_2$ 和 $\triangle O_1MO_2$ 均为等腰直角三角形,M,N 分别为直角顶点;

(6) $AN = \dfrac{1}{2}BC$,延长 NA 交 BC 于 H,则 $AH \perp BC$;

(7) AH,CD,BF 三线共点;

(8) 取 DF 的中点 T,则 $\triangle ETG$,$\triangle BTC$ 均为等腰直角三角形;T 到 BC 的距离是 BC 的一半;

(9) 四边形 $TMAN$ 是平行四边形;

(10) 延长 HA 到 S,使 $AS = BC$,过 A 作 EG 的垂线,使 $AR = EG$(R 在 BC 下方),则 $DRFS$ 是正方形.

证明 如图 3.5.11.

(1) 由 $\triangle AEC$ 绕点 A 逆时针旋转 $90°$ 后变为 $\triangle ABG$,即证前面两结论;后一结论由面积公式即证;

(2) 由 $\triangle ABG \cong \triangle AEC$, 有对应边 BG, EC 上的高相等, 所以 AK 平分 $\angle EKG$(或由 A, K, C, G 共圆证);

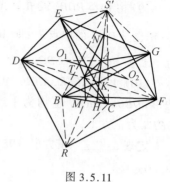

(3) 设 BG 与 CE 相交于 K, 连 DK, KF. 由 $\angle AGK = \angle ACK$ 知 A, K, C, G 共圆, 从而 $\angle AKG = \angle ACG = 45°$. 又 $BG \perp CE$, 则 $\angle AKC = 135°$, 而 $\angle AKG = 45°$, 则 K, C, F, A 共圆, 故 $\angle AKF = \angle ACF = 90°$. 同理 $\angle AKD = 90°$. 故 BG, CE, DF 共点于 K, 且 $AK \perp DF$;

图 3.5.11

(4) 由 AK 是圆 $AKCFG$ 与圆 $KAEDB$ 的公共弦即证;

(5) 由前述定理 4 及本篇第三章中定理 15(1) 即证;

(6) 延长 AN 至 S', 使 $NS' = AN$, 则 $S'G = AE = AB$, 故 $\triangle S'GA \cong \triangle BAC$, 即有 $S'A = BC$, 从而 $AN = \dfrac{1}{2}BC$; 由 $\angle NAG = \angle ACH$, 有

$$\angle HCA + \angle HAC = \angle NAG + \angle HAC = 90°$$

故 $\angle AHC = 90°$, 即 $AH \perp BC$;

(7) 连 $S'B, S'C$, 由 $\triangle S'AC \cong \triangle BCF$, 有 $\angle ACS' = \angle CFB = 90° - \angle S'CF$(或由两相似三角形两对边对应垂直, 则第三双对边也对应垂直证), 故 $BF \perp S'C$. 同理, $CD \perp S'B$, 从而 AH, CD, BF 共点于 $\triangle S'BC$ 的垂心.

(8) 由 $TO_2 = \dfrac{1}{2}AD = O_1E$, $TO_1 = \dfrac{1}{2}AF = O_2G$, 又 AO_1TO_2 为平行四边形, 则 $\triangle O_1DT \cong \triangle O_2TB$, 故 $TE = TG$, 且 $\angle O_1ET = \angle O_2TB$, $\angle O_1TE = \angle O_2BT$. 由

$$\angle O_1TO_2 + \angle TO_2A = 180°$$

及 $\angle GTO_2 + \angle TO_2A + \angle TGO_2 = \angle GTO_2 + \angle TO_2A + \angle O_1TE = 90°$ 两式相减得 $\angle ETG = 90°$, 故 $\triangle ETG$ 为等腰直角三角形;

同理可证 $\triangle BTC$ 为等腰直角三角形;

设 D, T, F 在直线 BC 上的射影分别为 D', T', F', 则

$$TT' = \frac{1}{2}(DD' + FF')$$

又易证 $Rt\triangle BDD' \cong Rt\triangle ABH$, $Rt\triangle CFF' \cong Rt\triangle ACH$, 则 $DD' = BH$, $FF' = CH$. 又 $BH + HC = DD' + FF'$, 故 $TT' = \dfrac{1}{2}BC$;

(9) 由 $\mathrm{Rt}\triangle BDD' \cong \mathrm{Rt}\triangle ABH$ 知 $D'B = AH$.同理 $F'C = AH$,即知 BC 的中点 M 也是 $D'F'$ 的中点 T',即 M 与 T' 重合.由此即知 $NA = \dfrac{1}{2}BC$,$TM = \dfrac{1}{2}BC$ 且 $NA \perp BC$,$TM \perp BC$.从而 $NA = TM$,$NA /\!/ TM$,故 $TMAN$ 为平行四边形.

(10) 上证 $AGSE$,$ABRC$ 均为平行四边形,于是知 $ECFS$,$EDRC$ 均为平行四边形,$DBGS$,$BRFG$ 也均为平行四边形.由(1) 知 $BG = EC$ 且 $BG \perp EC$,故 $DRFS$ 为正方形.

定理 6　三个正方形 $ADEB$,$BFGC$,$CHIA$ 均在 $\triangle ABC$ 外侧,其中心分别为 O_1,O_2,O_3.

(1) 设 $AG \cap BH = J$,$CD \cap BI = K$,$AF \cap CE = L$,则 A,K,O_2;B,L,O_3;C,J,O_1 分别共线,且此三线共点;

(2) 设 $AF \cap BH = P_1$,$BH \cap CF = Q_1$,$CD \cap AF = R_1$,$AG \cap CE = P_2$,$BI \cap AG = Q_2$,$CE \cap BI = R_2$,则 $\triangle P_1 Q_1 R_1 \cong \triangle P_2 Q_2 R_2$.

证明　如图 3.5.12.

(1) **证法 1**　设 P,Q 分别为 $\square FBEP$,$\square HCGQ$ 的顶点,连 PB,AP,CQ,AQ,对 $\triangle APB$ 和 $\triangle QAC$ 运用定理 5(6),知 $PB /\!/ AI$,故 $AP /\!/ IB$.同理 $AQ /\!/ DC$.再由定理 5(1),知 $AP = AQ$ 且 $AP \perp AQ$.

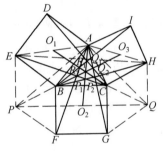

图 3.5.12

连 PQ,则 $\triangle APQ$ 为等腰直角三角形.

又由于 $\triangle DPF \cong \triangle CAB \cong \triangle GQC$,推知 $BPGQ$ 为平行四边形,推知 O_2 在 PQ 上且为其中点,故 $AO_2 \perp PQ$.

连 EH,AE,AH,则 O_1,O_3 分别在 AE,AH 上,且 $O_1 O_3 /\!/ EH$.又 $EP /\!/ HQ$,知 $EH /\!/ PQ$,故 $AO_2 \perp O_1 O_3$,$AO_2 \perp EH$.

又由定理 5(3) 知 $AK \perp EH$,故 A,K,O_2 三点共线,且此线与 $O_1 O_3$ 垂直.

同理,B,L,O_3 共线且此线与 $O_1 O_2$ 垂直;C,J,O_1 共线且此线与 $O_2 O_3$ 垂直.故此三线共点于 $\triangle O_1 O_2 O_3$ 的垂心.

证法 2　由 $\triangle ABI \cong \triangle ADC \Rightarrow \angle DKB = 180° - \angle ABI - \angle BMK = 180° - \angle ADC - \angle AMD = 90°$,知 A,K,C,H,I 共圆,知 $\angle AKI = 45°$.同理 B,O_2,C,K 共圆,知 $\angle O_2 KC = 45°$,故 A,K,O_2 共线.同理其他两组点共线.

设 $AO_2 \cap BC = S, BO_3 \cap AC = T, CO_1 \cap AB = R$,则

$$\frac{BS}{SC} = \frac{S_{\triangle ABO_2}}{S_{\triangle ACO_2}} = \frac{AB \cdot BO_2 \cdot \sin(B + 45°)}{AC \cdot CO_2 \cdot \sin(C + 45°)} = \frac{AB \cdot \sin(B + 45°)}{AC \cdot \sin(C + 45°)}$$

同理　$\dfrac{CT}{TA} = \dfrac{BC \cdot \sin(C + 45°)}{AB \cdot \sin(A + 45°)}, \dfrac{AR}{RB} = \dfrac{AC \cdot \sin(A + 45°)}{BC \cdot \sin(B + 45°)}$

再由塞瓦定理之逆定理知此三直线共点.

证法 3　由 $DC \xrightarrow{R(A, 90°)} BI$ 知 $DC \perp BI$. 由 $\angle CAI = \angle CKI = 90°$,知 C, K, A, I 共圆,则 $\angle AKI = \angle ACI = 45°$. 由 $\angle BKC = \angle BO_2C = 90°$ 知 B, O_2, C, K 共圆,则 $\angle BKO_2 = \angle BCO_2 = 45°$. 即 $\angle AKI = \angle BKO_2 = 45°$,故 A, K, O_2 共线.

同理可证其他两组点共线.

又 $O_2 \xrightarrow{S(B, 45°, \sqrt{2})} C \xrightarrow{S(A, 45°, \frac{\sqrt{2}}{2})} O_3, A \xrightarrow{S(B, 45°, \sqrt{2})} D \xrightarrow{S(A, 45°, \frac{\sqrt{2}}{2})} O_1$,则

$$AO_2 \xrightarrow{S(B, 45°, \sqrt{2}) \cdot S(A, 45°, \frac{\sqrt{2}}{2})} O_1O_3, 故 AO_2 \perp O_1O_3.(下略)$$

证法 4　由 B, L, A, E 共圆,C, J, A, H 共圆,有

$$\angle BLC = 180° - \angle ELB = 180° - \angle EAB = 180° - 45°$$
$$180° - \angle CAH = 180° - \angle CJH = \angle BJC$$

从而 B, C, J, L 四点共圆.

同理,$C, J, K, A; A, K, L, B$ 分别四点共圆.

而 BL, CJ, AK 分别为圆 $BLJC$,圆 $BLKA$,圆 $CJKA$ 的公共弦,故由本篇第四章定理 14(3) 知这三线共点.

(2) 由(1)知 AK, BL, CJ 共点于 O. 由 $BI \perp DC$,知 A, K, C, I 四点共圆, $\angle AKI = 45°, \angle R_2KO = 45°$.

同理,$\angle R_1LO = 45°$,则 $\angle R_2LO = 45°$,从而 R_2, L, O, K 共圆. 又易证 R_2, L, K, R_1 共圆,故 K, O, L, R_2, R_1 五点共圆.

由 $\angle R_2R_1O = \angle R_2KO = 45° = \angle R_1LO = \angle R_1R_2O$ 知 $\triangle R_1OR_2$ 为等腰直角三角形.

同理,$\triangle Q_1OQ_2$ 也为等腰直角三角形. 从而 $\triangle R_1OQ_1 \cong \triangle R_2OQ_2$,即有 $R_1Q_1 = R_2Q_2$. 同理 $P_1Q_1 = P_2Q_2, R_1P_1 = R_2P_2$. 故 $\triangle P_1Q_1R_1 \cong \triangle P_2Q_2R_2$.

定理 7　四个正方形 $BAFE, CBHG, JIDC, DLKA$ 均在凸四边形 $ABCD$ 外侧. 如图 3.5.13.

427

第五章　关联正多边形的问题

(1) 设 O_1, O_2, O_3, O_4 依次为上述各正方形中心,则 O_1O_3 和 O_2O_4 相互垂直且相等;

(2) 设 A_1, B_1, C_1, D_1 分别为 O_1O_2, O_2O_3, O_3O_4, O_4O_1 的中点,则 $A_1B_1C_1D_1$ 为正方形;

(3) 当 $AC \perp BD$ 时,将四条直线 CL, DF, AH, BJ 的交点分别记为 P_1, Q_1, R_1, S_1,将四条直线 AI, BK, CE, DG 的交点分别记为 P_2, Q_2, R_2, S_2,则四边形 $P_1Q_1R_1S_1$ 与 $P_2Q_2R_2S_2$ 全等.

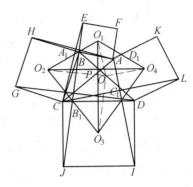

图 3.5.13

证明 (1) 设 BD 中点为 O,则 $OO_3 \underline{\underline{\parallel}} \frac{1}{2}BJ$, $OO_2 \underline{\underline{\parallel}} \frac{1}{2}GD$. 由定理 5(1) 有 GD 和 BJ 垂直且相等,则 OO_3 和 OO_2 也垂直相等. 同理 OO_4 和 OO_1 垂直相等,注意到 $\triangle O_1O_3O$ 和 $\triangle O_4O_2O$ 即证;

(2) 由 (1) 即证.(略)

(3) 注意到分别以 AC 和 BD 为对角线的两个正方形是同位相似的,则对应顶点连线共点于 AC 与 BD 的交点 P.

又可证 P 到 DF, BK 的距离相等,且 DF 与 BK 垂直且相等,绕点 A 逆时针旋转 $90°$ 可将 DF 变为 BK. 同理分别将 AH, BJ, CL 变为 CE, DG, AI,因此四边形 $P_1Q_1R_1S_1$ 变为 $P_2Q_2R_2S_2$,即可证结论为真.

注:定理中条件 $ABCD$ 为凸四边形变为凹四边形,结论 (1),(2) 也成立,特别当 $ABCD$ 为一般平行四边形时,可得 $O_1O_2O_3O_4$ 为正方形.

例 5 如图 3.5.14,以 $\triangle ABC$ 的 AB, AC 边为边在其外侧作正方形 $BAED$, $ACFG$;DC 与 AB 交于 P,BF 与 AC 交于 Q. 若 $AP = AQ$,则 $AB = AC$ 或 $\angle BAC = 90°$.

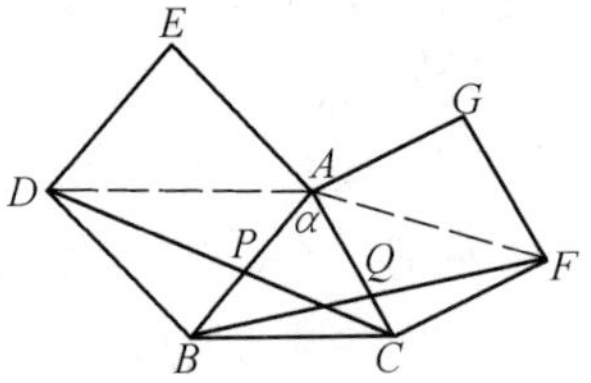

证明 连 AD, AF,记 $\angle BAC = \alpha$. 由 $S_{\triangle ADC} = S_{\triangle ADP} + S_{\triangle APC}$,有

图 3.5.14

$$\frac{1}{2}AD \cdot AC \cdot \sin(45° + \alpha) = \frac{1}{2}AD \cdot AP \cdot \sin 45° + \frac{1}{2}AP \cdot AC \cdot \sin \alpha$$

所以
$$AP = \frac{\sqrt{2}AB \cdot AC \cdot \sin(45° + \alpha)}{AB + AC \cdot \sin \alpha}$$

同理
$$AQ = \frac{\sqrt{2}AB \cdot AC \cdot \sin(45° + \alpha)}{AC + AB \cdot \sin \alpha}$$

又 $AP = AQ$，则 $AB + AC \cdot \sin \alpha = AC + AB \cdot \sin \alpha$，即 $(AB - AC)(1 - \sin \alpha) = 0$，故 $AB = AC$ 或 $\angle BAC = 90°$.

例6 如图 3.5.15，过锐角 $\triangle ABC$ 的顶点 A 作 BC 边上的高 AM，反向延长 AM 到 H，使 $AH = BC$，作 $CD \perp BH$，取 $CD = BH$，CD 交 AM 于 O，连结并延长 BO 到 F，使 $BF = HC$，求证：$HD = HF$.

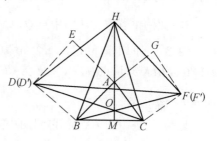

图 3.5.15

证明 分别以 AB，AC 为边向外作正方形 $ABD'E$，$ACF'G$，则由定理 5(7) 知 D' 与 D，F' 与 F 分别重合.

在 $\triangle BAF$ 和 $\triangle DAC$ 中分别用余弦定理求 BF^2 与 DC^2，两式相减有
$$BA^2 + BF^2 = CA^2 + CD^2 \qquad ①$$

又 $CD \perp BH$，$BF \perp HC$，有
$$BC^2 + HD^2 = BD^2 + CH^2 \qquad ②$$
$$BC^2 + HF^2 = CF^2 + BH^2 \qquad ③$$

由 ①，②，③ 并注意 $BD = AB$，$CF = AC$，$BH = CD$，$BF = HC$，得 $HD^2 = HF^2$，故 $HD = HF$.

429

例7 如图 3.5.16，三个正方形 $ABCD$，$DEFG$，$FHLK$ 共顶点 D，F，又 P 为 AK 中点，求证：$PE \perp CH$，且 $PE = \frac{1}{2}CH$.

证明 连 GH，GC，EK，AE，延长 AE 交 CH 于 M，延长 EP 至 N，使 $PN = EP$. 连 AN，KN，则 $EKNA$ 为平行四边形.

由定理 5(1) 知，$AE = CG$ 且 $AE \perp CG$，$EK = GH$ 且 $EK \perp GH$. 又 $\angle NKE$ 与 $\angle AEK$ 互补，则

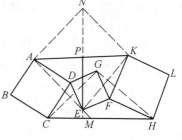

图 3.5.16

$$\angle CGH = 90° - \angle DGC + \angle FGH = 90° - \angle DEA + \angle FEK =$$
$$90° - (\angle DEA - \angle FEK) = 90° - (\angle AEK - 90°)$$

即知 $\angle CGH$ 与 AEK 互补，从而可证 $\triangle NKE \cong \triangle CGH$. 故 $NE = CH$，即 $PE =$

$\frac{1}{2}CH$.

延长 AE 交 CH 于 M,则 $\angle AEN = \angle GCN$,又 $\angle GCM$ 与 $\angle EMC$ 互余,从而可证 PE 与 CH 成 $90°$ 角,即 $PE \perp CH$.

注:此例中若取 CH 的中点 Q,则有 $QG \perp AK$,且 $QG = \frac{1}{2}AK$.

例 8 如图 3.5.17,三个正方形 $ABCD$,$DEFG$,$FHLK$ 共顶点 D,F,又 E 为 CH 的中点,求证:$DF = \frac{1}{2}AK$.

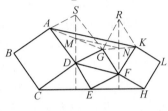

图 3.5.17

证明 连 AG,GK,取它们的中点 M,N,连 DM 并延长至 S 使 $MS = DM$,连 FN 并延长至 R 使 $NR = FN$,则由定理 5(6) 推知 $DFNM$ 为平行四边形,而 MN 为 $\triangle GAK$ 的中位线,故 $DF = \frac{1}{2}AK$.

430

例 9 如图 3.5.18,以 $\triangle RPT$ 的边为对角线作三个正方形 $APQR$,$PBTV$,$TCRS$,其中心分别为 O_4,O_5,O_6.设 BC,CA,AB 的中点分别为 X,Y,Z.求证:O_4X,O_5Y,O_6Z 三线共点.

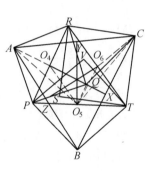

图 3.5.18

证明 连 AO_4,AO_5,O_4O_5,CO_6,CO_5,O_5O_6,则在 $\triangle AO_5O_4$ 和 $\triangle O_5CO_6$ 中,$AO_4 = \frac{1}{2}PR = O_5O_6$,

$O_4O_5 = \frac{1}{2}RT = O_6C$,$\angle AO_4O_5 = 90° + \angle PRT = \angle O_5O_6C$,从而 $\triangle AO_5O_4 \cong \triangle O_5CO_6$.于是 $AO_5 = O_5C$,故 O_5Y 垂直平分 AC.

同理,O_4X 垂直平分 BC,O_6Z 垂直平分 AB.故 O_4X,O_5Y,O_6Z 三线共点于 $\triangle ABC$ 的外心.

例 10 如图 3.5.19,以 $\triangle PTR$ 的边为对角线,作三个正方形 $PBTV$,$TCRS$,$QRAP$,又以 $\triangle ABC$ 的边为边向外侧作三个正方形 $ADEB$,$BFGC$,$CHIA$;设 $BH \cap CE = M$,$CD \cap AG = N$,$AF \cap BI = O$.求证:A,M,T;B,N,R;C,O,P 分别三点共线,且这三条直线共点.

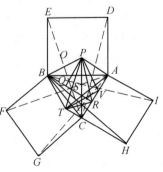

图 3.5.19

思路　由于 C,B,A 可看做以 $\triangle PTR$ 的边为边向外侧作的三个正方形的中心,相当于定理6的图3.5.12中的 O_1,O_2,O_3,这里的 T 相当于图3.5.12中的点 A,故由定理6(1)证法1中的推导知,$TA \perp BC$.

又由定理5(7)中证明知 $AM \perp BC$.由此即知 A,M,T 三点共线.

同理,$B,N,R;C,O,P$ 也分别三点共线.

由上述证明过程即知这三条直线共点于 $\triangle ABC$ 的垂心.

例11　如图3.5.20,以凸四边形 $QSCD$ 的边 QS 为对角线作正方形 $QRSP$,以边 SC,CD,DQ 为边向外侧作正方形 $SGHC,DCAB,EQDF$,且 $PR \underset{=}{\parallel} \frac{1}{2}AD$.求证:$E,R,G$ 三点共直线,且 R 为 EG 的中点.

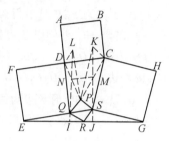

图 3.5.20

证明　取 PD 中点 N,PC 中点 M,则 $MN \underset{=}{\parallel} \frac{1}{2}DC$.连 QN,SM 并延长使 $NL = QN$,$MK = SM$,

由 $PR \underset{=}{\parallel} \frac{1}{2}BC$,知 $QSMN$ 为平行四边形.

再由定理5(6)知 $LQ = ER$,且 $LQ \perp ER$,$KS = RG$,$KS \perp RG$.而 $LQ = KS$,故命题结论获证.

431

练习题 3.5

1.$\triangle ABC$ 中,$\angle C = 90°$,$\angle A = 30°$,分别以 AB,AC 为边在 $\triangle ABC$ 的外侧作正 $\triangle ABE$ 与 $\triangle ACD$,DE 与 AB 交于 F.求证:$EF = FD$.

2.$\triangle ABC$ 三条中线为 AD,BE,CF,重心为 G.$\triangle DGL$,$\triangle FGM$ 为正三角形,N 为 BG 中点.求证:$\triangle LMN$ 为正三角形.

3.以等边 $\triangle ABC$ 的 BC 边上的高 AD 为一边作正 $\triangle ADE$ 交 AC 于 N,再以正 $\triangle ADE$ 的 AD 边上的高 HE 为一边作正 $\triangle HGE$ 交 AN 于 M,交 DC 于 F,交 DE 于 J.试证:(1) 点 C 在边 GE 上;(2) 点 M,N 依次为 $\triangle ADE$ 与 $\triangle HGE$ 的重心;(3) $S_{\triangle FGC} : S_{\triangle HEC} : S_{\triangle ADE} : S_{\triangle ABC} : S_{ABCE} = 1 : 9 : 12 : 16 : 24$.

4.$\triangle ABC$,$\triangle DEA$ 均为正三角形,F,G,H 分别为 AD,BE,AC 的中点,求证:$\triangle FGH$ 为正三角形.

5.$\triangle ABC$,$\triangle CDE$,$\triangle EHK$ 均为正三角形,且 D 为 AK 的中点,则 $\triangle BHD$ 是正三角形.

6. $\triangle ABC$，$\triangle ADE$，$\triangle BDF$ 均为正三角形，且 $\triangle ADE$，$\triangle DBF$ 在 $\triangle ADB$ 的内侧，则 CD 与 EF 互相平分.

7. 在 $\triangle ABC$ 外侧以各边长作正 $\triangle BDC$，$\triangle CEA$，$\triangle AFB$，又作正 $\triangle DRE$，$\triangle EPF$，$\triangle FQD$，则 P，A，D；F，C，R；E，B，Q 分别共直线且 A，C，B 分别是 PD，FR，EQ 的中点.

8. 在凸四边形 $ABCD$ 外侧作正 $\triangle BAE$，$\triangle CGD$，在其内侧作正 $\triangle BCF$，$\triangle AHD$. 则 (1) $EFGH$ 是平行四边形；(2) $HG = AC$.

9. 在 $\triangle ABC$ 外侧以各边为边长作正 $\triangle CBA_1$，$\triangle ACB_1$，$\triangle BAC_1$，设它们的重心分别为 O_1，O_2，O_3；又设 $\triangle AB_1C_1$，$\triangle BA_1C_1$，$\triangle CB_1A_1$ 的重心分别为 G_1，G_2，G_3. 则六边形 $O_1G_3O_2G_1O_3G_2$ 是正六边形.

10. 以 $\triangle ABC$ 的各边为边向外侧作与其相似的 $\triangle A'CB$，$\triangle CB'A$，$\triangle BAC'$，则它们的外心构成的三角形与这三个三角形相似.

11. 设 $\triangle A_1B_1C_1$，$\triangle A_2B_2C_2$ 同向相似，D，E，F 分别为 A_1A_2，B_1B_2，C_1C_2 上的点，且 $\dfrac{A_1D}{DA_2} = \dfrac{B_1E}{EB_2} = \dfrac{C_1F}{FC_2} = \dfrac{m}{n}$，则 $\triangle DEF$ 也与 $\triangle A_1B_1C_1$ 及 $\triangle A_2B_2C_2$ 同向相似.

12. 设 n 边形 $A_1B_1\cdots C_1$ 与 n 边形 $A_2B_2\cdots C_2$ 同向相似，点 D，E，$\cdots$，F 分别在 A_1A_2，B_1B_2，$\cdots$，C_1C_2 上，且 $\dfrac{A_1D}{DA_2} = \dfrac{B_1E}{EB_2} = \cdots = \dfrac{C_1F}{FC_2} = \dfrac{m}{n}$，则 n 边形 $DE\cdots F$ 与 n 边形 $A_1B_1\cdots C_1$ 及 $A_2B_2\cdots C_2$ 同向相似.

13. 设 $ABCD$ 为凸四边形，$AC = BD$. 在它的各边 AB，BC，CD，DA 上各向外作一个中心为 O_1，O_2，O_3，O_4 的正三角形. 证明：$O_1O_3 \perp O_2O_4$.

14. 若两正方形 $BMAG$，$ANCH$ 其顶点为 A，BC 交 AM 于 D，交 AN 于 E. 求证：$\dfrac{BD \cdot BE}{CD \cdot CE} = \dfrac{AB^2}{AC^2}$.

15. 两个边长为 a 的正方形，其中一个正方形的顶点是另一个正方形的中心. 求重叠部分面积.

16. 以 $\triangle ABC$ 的各边为边向外侧作正方形 $BADE$，$BFGC$，$ACHK$.

(1) 记 $AB = a$，$AC = b$，则 $S_{\triangle AKD} + S_{\triangle BEF} + S_{\triangle CGH}$ 的最大值为 $\dfrac{3}{2}ab$；

(2) DK，EF，GH 分别是 $\triangle ABC$ 的 BC，AC，AB 边上的中线长的两倍；

(3) 顶点 D，E，F，G，H，K 共圆的充要条件是 $\triangle ABC$ 为等边三角形或为等腰直角三角形.

17. 以 $\triangle ABE$ 各边为边作正方形 $AEMN$，$EBFG$，$ABCD$（字母均按逆时针方

向排列).求证:$NC \parallel AF$.

18.以 $\triangle RPT$ 的边为对角线作正方形 $PAPQ$,$PBTV$,$TCRS$,则 $APBS$,$CRAV$,$BTCQ$,$ASTV$,$BQRS$,$CQPV$ 均为平行四边形.

19.在任意四边形 $P_1P_2P_3P_4$ 外侧作顶角为 $90°$ 的等腰 $\triangle P_1P_1'P_2$,$\triangle P_2P_2'P_3$,$\triangle P_3P_3'P_4$,$\triangle P_4P_4'P_1$,.设线段 $P_1'P_2'$,$P_2'P_3'$,$P_3'P_4'$,$P_4'P_1'$ 的中点为 O_1,O_2,O_3,O_4.求证:$O_1O_2O_3O_4$ 为正方形.

433

几何学把严格的逻辑推理应用于空间和图形的性质,不论这些性质本身是何等明显与无懈可击,几何学的严格推理还要把它向前推进一步.亦即无论什么性质,不论它多么明显,在几何学中仍然不允许不加证明,因此,几何学是从最少的前提出发而证明全部几何真理的.

—— 德·摩根(De Morgan, A.)

第五章 关联正多边形的问题

附录 Ⅰ

几何题究竟是怎样证明的

田廷彦

几何问题究竟该如何证明,特别是奥数级别的几何问题该如何应对?关于这一问题的探讨多得无从统计,随着奥数的普及和深入,以及数学机械化的发展,它会不断地受到大家的重视.

我认为,证明几何题固然要求有高的技巧,但决非无章可循.这里列举出若干条基本思路.

0.1 简化图形原则

这需要作如下理解:在证明几何题之前,你面对的是文字叙述与几何图形.注意,一般来讲,重要的是图形,而不是式子.希望在正式写出证明之前,能够不断将图形简单化,而在这过程中式子可能变得复杂,尤其是待证式,但这不要紧,不管怎样你是在朝答案的方向努力.

中国数学家张景中教授等对几何定理的机器证明作出了出色的成果,其主要想法就是消点法,也就是不断简化图形以寻找从结论到题设的一条退路,消点法的基本手段就是利用面积.

需要说明的是,这个简化图形的过程属分析法,但说得比较具体,可操作性强一些,也可以称做"找退路原则"或"元素分析法".

下面我们举例说明简化图形的过程是何以完成证明的.

希望同学们以后解几何题也能养成这种习惯.

例 1 如图 0.1,锐角 $\triangle ABC$ 中,$\angle BAC = 60°$,向外作正 $\triangle ABD$ 与正 $\triangle ACE$,设 CD 与 AB 交于 F,BE 与 AC 交于 G,CD 又与 BE 交于 P.求证:$S_{AFPG} = S_{\triangle BPC}$.

分析 在作任何一道几何题之前,我们必须留心作图的次序.

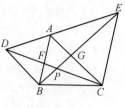

首先确定的是 A,B,C,称为第一元素,然后是 D,E,为第二元素,再后来是 F,G,P,为第三元素,但我们又可将 P 单独看成第四元素,因为它的位置最"玄妙"(至少一开始如此).

但是,作者解题多年积累的经验发现,有时一条线段比该线段上某一点位置好刻画.故更合理的题将线段也结合进来,于是有如下序列:

第一元素:A,B,C,AB,BC,CA;

第二元素:D,E,DA,DB,EA,EC;

第三元素:DC,BE;

第四元素:F,G;

第五元素:P.

图 0.1

之所以把 P 排在 F,G 之后,是由于 P 是由第三元素生成的,而 F,G 分别由一个第一元素和一个第三元素生成,原则上 P 更麻烦些.

简化图形或找退路的原则,就是把排位高的元素层层去除,最后完成条件与结论之间的通路.

根据这一精神,上题可如下处理:

$$S_{AFPG} = S_{\triangle BPC} \Leftrightarrow S_{\triangle AFC} = S_{\triangle BGC} \Leftrightarrow \frac{S_{\triangle AFC}}{S_{\triangle ABC}} = \frac{S_{\triangle BGC}}{S_{\triangle ABC}} \Leftrightarrow \frac{AF}{AB} = \frac{CG}{AC} \Leftrightarrow \frac{AF}{BF} = \frac{CG}{AG} \Leftrightarrow \frac{AC}{BD} = \frac{CE}{AB}$$

由于 $BD = AB$,$CE = AC$,最后一步显然,例数第二步用到了 $AB \parallel CE$ 与 $AC \parallel BD$.注意这一过程:我们确实是先去除 P,再去除 F,G,然后是 D,E,最后只剩下 A,B,C 的.

435

评注 此题反之亦然,即由面积相等可得 $\angle BAC = 60°$,方法上也差不多.由此可知,简化图形或找退路,首先要注意作图的顺序.

例 2 如图 0.2,$AB \perp DG$,$BF \perp AD$,$BE \perp AG$,FE,DG 延长后交于 C,O 是 AB 中点,CO 直线分别与 AD,AG 交于 N,M,求证:$\dfrac{AM^2}{AN^2} = \dfrac{CF}{CE}$.

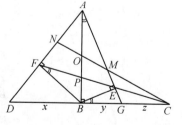

图 0.2

分析 由于 $\triangle BCE \backsim \triangle BFC$,故 $\dfrac{CF}{CE} =$

$\dfrac{S_{\triangle BFC}}{S_{\triangle BCE}} = \dfrac{BF^2}{BE^2}$,于是待证式等价于 $\dfrac{AM}{AN} = \dfrac{BF}{BE} = \dfrac{\sin \angle FAB}{\sin \angle EAB}$,上式等价于 $S_{\triangle AOM} = S_{\triangle AON}$,或求证 $OM = ON$.

我们来通过作图顺序给出元素的顺序.

第一元素:A,D,G 及诸边;

第二元素:B,O,AB;

第三元素:BE,BF,E,F;

第四元素:EF,C;

第五元素:CO;

第六元素:M,N,OM,ON.

注意分类并非绝对惟一,目前是为了解题.现在开始倒推,注意新元素的消失意味着图形的简化.在此梅涅劳斯定理可为首选.如图,不妨设 $BD=x$,$BG=y$,$CG=z$.以 AD 为截线,有

$$\frac{x+y+z}{x}\cdot 2\cdot\frac{NO}{NO+CO}=1$$

即

$$\frac{CO}{NO}=\frac{2(x+y+z)}{x}-1 \qquad ①$$

以 AG 为截线,有

$$2\cdot\frac{OM}{CO-OM}\cdot\frac{z}{y}=1$$

即

$$\frac{CO}{OM}=\frac{2z}{y}+1 \qquad ②$$

欲证 $OM=ON$,只需证

$$\frac{2(x+y+z)}{x}-1=\frac{2z}{y}+1$$

或

$$\frac{y+z}{x}=\frac{z}{y}$$

这等价于 $z=\dfrac{y^2}{x-y}$.

注意此处只剩下第一至第四元素了.

再以 FC 为截线,有

$$\frac{x+y+z}{z}\cdot\frac{EG}{EA}\cdot\frac{AF}{DF}=1$$

由射影定理或面积比,知

$$\frac{EG}{EA}=\frac{BG^2}{AB^2},\frac{AF}{DF}=\frac{AB^2}{BD^2}$$

于是

$$\frac{x+y+z}{z}=\frac{x^2}{y^2}$$

由此解得

$$z=\frac{xy^2+y^3}{x^2-y^2}=\frac{y^2}{x-y}$$

证毕.

评注 一般说来,找退路不是一下子退到底,只要退一两步即可;条件也

可以"正面出击",与倒推法在中间"接上头".

例 3 设锐角 $\triangle ABC$ 的外心为 O,垂心为 H.证明:$\triangle AOH$,$\triangle BOH$ 与 $\triangle COH$ 中,有一个的面积等于其余两者面积之和.

分析 当 O 在某条高上时,$\triangle ABC$ 变成等腰三角形,结论显然成立,下设 $\triangle ABC$ 是不等腰三角形.

证点 P 到某直线 QT 的距离为 $d(P,QT)$.如图 0.3,延长 AO,BO,CO,分别与对边相交,得 A_1,B_1,C_1.不妨设 H 在 6 个小三角形中的 $\triangle B_1CO$ 内,易知此时有 $\angle C > \angle A > \angle B$(这里 $\angle C = \angle ACB$).

下证 $S_{\triangle AOH} = S_{\triangle BOH} + S_{\triangle COH}$.易知只需证

$$AH \cdot d(O,AH) = BH \cdot d(O,BH) + CH \cdot d(O,CH)$$

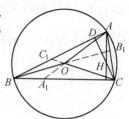

图 0.3

设 $\triangle ABC$ 外接圆半径为 R,则 $AH = 2R \cdot \cos A$,$BH = 2R \cdot \cos B$,$CH = 2R \cdot \cos C$,又设 $\triangle ABC$ 对应边为 a,b,c,则

$$d(O,AH) = \frac{a}{2} - b \cdot \cos C = \frac{a}{2} - \frac{a^2 + b^2 - c^2}{2a} = \frac{c^2 - b^2}{2a}$$

于是

$$AH \cdot d(O,AH) = \frac{R(c^2 - b^2)(c^2 + b^2 - a^2)}{2abc}$$

同理

$$BH \cdot d(O,BH) = \frac{R(c^2 - a^2)(c^2 + a^2 - b^2)}{2abc}$$

$$CH \cdot d(O,CH) = \frac{R(a^2 - b^2)(a^2 + b^2 - c^2)}{2abc}$$

于是问题变为证明

$$(c^2 - b^2)(c^2 + b^2 - a^2) = (c^2 - a^2)(c^2 + a^2 - b^2) + (a^2 - b^2)(a^2 + b^2 - c^2)$$

把 $c^2 - b^2$ 拆成 $c^2 - a^2 + a^2 - b^2$,合并同类项,上式变为一恒等式(先抵消平方差也可),故结论成立.

437

评注 本题的后半部分完全成了代数运算,只与 $\triangle ABC$ 有关,O,H 之类都用不到了,尽管待证式在形式上是变复杂了,但我们知道已临近目标.待证式往往在形式上有复杂性,这是找退路的"代价".(本题也可延长 AO,AH 与外接圆相交,然后运用托勒密定理求 $d(O,AH)$)当然不找退路也可以,如果我们知道欧拉线的性质,是很容易得出 $d(A,OH) = d(B,OH) + d(C,OH)$ 的,顺便我们也获知欧拉线把不等边 $\triangle ABC$ 分成两部分,A 在单独一侧,$\angle A$ 既不是最大角,也不是最小角,而是排在中间的那个角.其实,在计算出 $d(O,AH)$ 等之后,我们已不难有如下形式上更简洁的结论

$$d(O,AH)\sin A = d(O,BH)\sin B + d(O,CH)\sin C$$
$$d(O,AH)\cos A = d(O,BH)\cos B + d(O,CH)\cos C$$

后者就是本题结论.

又如只用正弦定理而不用余弦定理,本题也十分方便,即只证

$$(c^2 - b^2)\cot A = (c^2 - a^2)\cot B + (a^2 - b^2)\cot C$$

为此,只要考虑

$$(c^2 - a^2)(\cot B - \cot A) = (a^2 - b^2)(\cot A - \cot C)$$

设 C 在 AB 上射影为 D,则

$$(c^2 - a^2)(\cot B - \cot A) = (c^2 - a^2)\frac{(BD - AD)}{CD} =$$

$$\frac{(c^2 - a^2)(BD - AD)(BD + AD)}{c \cdot CD} =$$

$$\frac{(c^2 - a^2)(a^2 - b^2)}{2S_{\triangle ABC}}$$

同理,$(a^2 - b^2)(\cot A - \cot C)$ 也是此值.

0.2 破坏对称原则

简化图形原则中有一个特例,因为显得重要,所以也可作为与之并列的原则.这就是破坏对称原则.它专门针对这样的几何命题:图形中有两个对称的子图,而待证命题本身也是对应于两个子图的对称命题 $A = B$,于是我们可以除去其中一个子图,并引入一个中间对称量 C,先证明 $A = C$,再说明由于对称性,同理可证 $B = C$.不等命题相仿.

例 4 如图 0.4,四边形 $ABCD$ 对角线垂直且交于 O,OM,ON 分别与 AB,AD 垂直,延长 MO,NO,分别与 CD,BC 交于 P,Q,求证:$PQ \parallel BD$.

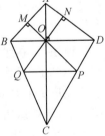

图 0.4

分析 这个图形显然是对称的,首先,为了去除最后出现的元素 PQ,我们把待证式改为 $\dfrac{BQ}{CQ} = \dfrac{DP}{CP}$,应该说这已经退了一步了.因为 P,Q 单独出现已比 PQ 好刻画了.

接下去就是要破坏对称性了,我们要找到一个中间量 Ω,满足

(1)$\Omega = \dfrac{BQ}{CQ}$;

(2)Ω 是关于 A,B,C,D,O,M,N 甚至只有 A,B,C,D,O 的对称量(于是 $\Omega = \dfrac{DP}{CP}$ 就同理可证了).

这个 Ω 是存在的.考虑面积,有

$$\frac{BQ}{CQ} = \frac{S_{\triangle BOQ}}{S_{\triangle COQ}} = \frac{BO \cdot \sin \angle BOQ}{CO \cdot \sin \angle COQ} = \frac{BO \cdot \sin \angle DON}{CO \cdot \sin \angle NOA} = \frac{BO \cdot \sin \angle CAD}{CO \cdot \sin \angle NDB} = \frac{BO \cdot DO}{AO \cdot CO}$$

最后一式就是要找的 Ω,至此,我们的任务已经完成.

例 5 如图 0.5,圆心在圆内接四边形 $ABCD$ 内部,O 是对角线交点,O 在 AB,BC,CD,DA 上的射影分别为 L,M,N,K,求证:$S_{KLMN} \leqslant \frac{1}{2} S_{ABCD}$.

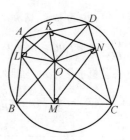

图 0.5

分析 这个四边形中存在四个类似的子图,故可先对其中一个做文章.

易知 $\angle OKN = \angle ODN = \angle BAC$;同理,$\angle ONK = \angle ACB$.于是 $\triangle KON \backsim \triangle ABC$.这样就有

$$\frac{S_{\triangle KON}}{S_{\triangle ABC}} = \frac{KN^2}{AC^2} = \frac{OD^2 \cdot \sin^2 \angle ADC}{AC^2} = \frac{OD^2}{4R^2}$$

此处 R 是外接圆半径.设 AC 与 BD 的夹角为 θ,于是

$$S_{\triangle KON} = \frac{OD^2}{4R^2} \cdot S_{\triangle ABC} = \frac{OD^2}{8R^2} \cdot BO \cdot AC \cdot \sin \theta$$

同理有另外几个表达式.故

$$S_{\triangle KON} + S_{\triangle LOM} = \frac{AC \cdot \sin \theta}{8R^2} \cdot OD \cdot BO(OD + BO) =$$

$$\frac{AC \cdot BD \cdot \sin \theta}{8R^2} \cdot OD \cdot BO \leqslant$$

$$\frac{AC \cdot BD \cdot \sin \theta}{8R^2} \cdot \frac{(OD + BO)^2}{4} \leqslant$$

$$\frac{1}{8} AC \cdot BD \cdot \sin \theta = \frac{1}{4} S_{ABCD}$$

同理,$S_{\triangle OKL} + S_{\triangle OMN} \leqslant \frac{1}{4} S_{ABCD}$.加之即得结论.

评注 此题涉及四个小三角形,先从一个入手,再增加至两个,搞清楚局部再研究整体.

例 6 如图 0.6,P 是 $\triangle ABC$ 外接圆 O 上任一点(不妨在 $\overset{\frown}{AB}$ 上),圆 I_A 与圆 I_B 分别是 $\triangle ABC$ 的 BC,AC 边上的旁切圆.求证:O 是 $P_A P_B$ 之中点,其中 P_A,P_B 分别是 $\triangle PI_A C$ 与 $\triangle PI_B C$ 的外心.

分析 显然,O 在 $P_A P_B$ 上,接下来证明 $P_A O = P_B O$ 就不太容易了.

考虑到图的对称性,可分别计算 OP_A 与 OP_B,而且 OP_A 与圆 I_B 无关,算得 OP_A 后,OP_B 同理可得.

439

考虑到圆心角是圆周角的 2 倍, 知 $\triangle P_A I_A C$ 与 $\triangle OQC$ 是两个相似的等腰三角形, 其中 Q 是 PI_A 与 $\triangle ABC$ 外接圆之交点.

由顺向相似, 又知 $\triangle P_A OC \backsim \triangle I_A QC$. 故 $\dfrac{QP_A}{QI_A} = \dfrac{OC}{CQ}$. 记 $\angle I_A PC = \alpha$, $\angle PQC = \beta$, R, r_A 分别是 $\triangle ABC$ 的外接圆半径及 BC 边上的旁切圆半径, 则

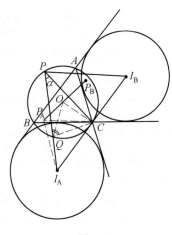

图 0.6

$$OP_A = \frac{QI_A}{2\sin\alpha} = \frac{QI_A \cdot PI_A}{2PI_A \cdot \sin\alpha} = \frac{Rr_A}{PI_A \cdot \sin\alpha} =$$

$$\frac{R^2 r_A \cdot \sin\beta}{\frac{1}{2}PI_A \cdot CQ \cdot \sin\beta} =$$

$$\frac{R^2 r_A \cdot \sin\beta}{S_{\triangle PI_A C}} = \frac{R^2 r_A \cdot \sin\beta \cdot I_A I_B}{I_A C \cdot S_{\triangle PI_A I_B}} =$$

$$\frac{R^2 \cdot I_A I_B \cdot \cos\frac{C}{2} \cdot \sin\beta}{S_{\triangle PI_A I_B}} =$$

$$\frac{R \cdot PC \cdot I_A I_B \cdot \cos\frac{C}{2}}{2S_{\triangle PI_A I_B}}$$

此处 $\dfrac{\angle C}{2} = \dfrac{1}{2}\angle ACB$. 这已经是对称式, 同理 OP_B 也是此值, 证毕.

评注 这里 I_A 关于圆 O 的幂为 $2Rr_A$ 是常识, 如果还不熟悉的话, 读者最好动手一证. 为此, 只要注意内心 I 关于圆 O 的幂为 $2Rr$(r 为内切圆半径) 的证法即可, 并注意到以 $I_A I$ 为直径的圆经过 B, C.

0.3 以进为退原则

这一原则的实质就是添加辅助线. 辅助线表面上是将图形弄复杂了, 其实是起到了一个桥梁作用, 把原本不易联系的信息联系到一起. 这等于是将隐藏的图形揭露出来, 从心理学角度讲, 这些辅助线本可以存在, 是命题者为了增加难度而故意隐藏的. 辅助线的添法千变万化, 大致分成两种:一种是相对惯用的添法, 最典型的是《几何原本》中对勾股定理的证明;另一种是极度夸张的, 就是利用大量的辅助线出现原先不易想到的新图形, 其技巧过高以至短时间不可能理清, 大多超越了奥数的要求, 属于有极大兴趣者研究的内容.

440

例7 如图 0.7,已知锐角 $\triangle ABC$,M 为 AC 中点,O 为外心,延长 OM 至 P,使 $AP = OP$,又在 AB,BC 直线上分别找点 Q,R,使 $\angle BQM = \angle BRM = \angle B$.求证:$S_{PQBR} = \dfrac{1}{2}QR \cdot BP$.

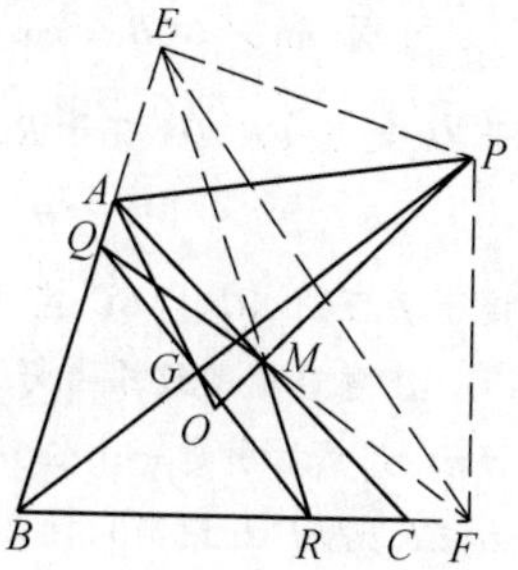

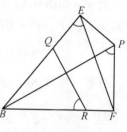

图 0.7

分析 题目等价于要求证明 $BP \perp QR$,但 Q,R 的位置似乎不太好,需要有更好的刻画方式,这时辅助线就起作用了.

不妨设 $\angle ABC = \theta$,延长 RM,BA 交于 E,延长 QM,BC 交于 F,连接 PE,PF,EF.易知

$$\angle BER = \angle QFB = 180° - 2\theta =$$
$$180° - 2\angle AOP = \angle APO = \angle CPO$$

故 E,Q,R,F 共圆,E,A,M,P 共圆,P,M,C,F 也共圆.由于 $OP \perp AC$,故 $PE \perp BE$,$PF \perp BF$,E,P,F,B 也共圆.

这样我们就可以开始简化图形了,作圆内接四边形 $PEBF$,BP 是直径.再在 EB,BF 上分别找点 Q,R,使 E,Q,R,F 共圆,则 $QR \perp BP$.这时的论证已相当容易,图形也很简化,也不需要 A,C,M,O 之类了.

简化的图形如图 0.8 所示.

图 0.8

例8 如图 0.9,平行四边形 $ABCD$ 中,E,F 分别在 AD,AB 上,且 $CE \perp AD$,$CF \perp AB$,延长 FE,BD 后交于 G,连接 GC,求证:$\dfrac{GC}{GB} = \dfrac{AC}{BD} \cdot \tan\theta$,其中 $\theta = \angle ACB$.

分析 E,F 这两点位置一般,而 G 的位置就更不好刻画,GC 该如何计算呢?让我们先研究一下待证式再说.

由于

$$\frac{BD}{GB} = \frac{S_{\triangle CBD}}{S_{\triangle GBC}} = \frac{S_{\triangle ACD}}{S_{\triangle GBC}} = \frac{AD \cdot AC \cdot \sin\theta}{BC \cdot GC \cdot \sin\angle GCB} =$$
$$\frac{AC \cdot \sin\theta}{GC \cdot \sin\angle GCB} = \frac{AC}{GC} \cdot \tan\theta$$

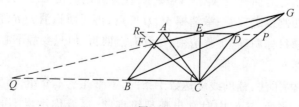

图 0.9

441

于是 $\sin \angle GCB = \cos \theta$, 下面就是要证明 $AC \perp GC$. 延长 AD 至 GC 于 P, 延长 GF, CB 交于 Q, 延长 CF, DA 交于 R, 则 $\dfrac{RE}{AE} = \dfrac{CQ}{QB} = \dfrac{EP}{ED}$, 即

$$AE \cdot EP = RE \cdot ED = CE^2$$

接下去证明 $AC \perp GC$ 就容易了.

注意这辅助线添得好, 证明才能一气呵成. 首先是引进 P, G 不需要了, 但是 P 的位置依赖于 G, 然后引进一个位置更好的点 Q, 这时 G, P 都不需要了, 最后 R 比 Q 的位置更好 (因为 CF 比 EF 好刻画), 问题就这样解决了. 如果一开始就作出 R, Q, P, 不就是简化图形的思想了吗?

例 9　如图 0.10, AC, BD 是切线, A, B 在圆上, CD 与圆交于 Q, P, $AP = BP$, M 是 AB 中点, 求证: M, R, Q 共线.

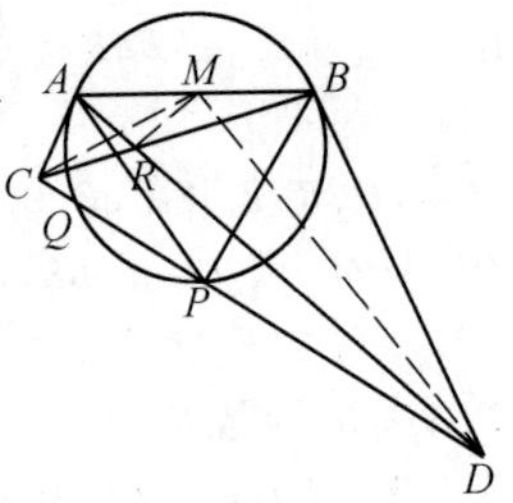

图 0.10

分析　连接 MC, MR, MD, 无非是证明 $\dfrac{S_{\triangle CMR}}{S_{\triangle DMR}} = \dfrac{CQ}{DQ}$.

易知 $S_{\triangle CMR} = \dfrac{1}{2} S_{\triangle ACR}$, $S_{\triangle DMR} = \dfrac{1}{2} S_{\triangle BDR}$, $CQ = \dfrac{AC^2}{CP}$, $DQ = \dfrac{BD^2}{DP}$, 于是问题变为求证 $\dfrac{S_{\triangle ACR}}{S_{\triangle BDR}} = \dfrac{AC^2 \cdot DP}{BD^2 \cdot CP}$, 于是待证式与 Q, M 无关了.

易知

$$\frac{S_{\triangle ACR}}{S_{\triangle BDR}} = \frac{AR \cdot CR}{DR \cdot BR} = \frac{S_{\triangle ABC}}{S_{\triangle DBC}} \cdot \frac{S_{\triangle ACD}}{S_{\triangle ABD}} = \frac{AC}{BD} \cdot \frac{S_{\triangle ACD}}{S_{\triangle CBD}}$$

此处是由于 $\angle CAB = \angle DBA$. 于是问题又变为论证 $\dfrac{S_{\triangle ACD}}{S_{\triangle CBD}} = \dfrac{AC \cdot DP}{BD \cdot CP}$.

这显然成立, 由于

$$\frac{S_{\triangle ACD}}{S_{\triangle CBD}} = \frac{\dfrac{CD}{CP} \cdot S_{\triangle ACP}}{\dfrac{CD}{DP} \cdot S_{\triangle PBD}} = \frac{DP}{CP} \cdot \frac{S_{\triangle ACP}}{S_{\triangle PBD}} = \frac{DP}{CP} \cdot \frac{AC}{BD}$$

证毕. 这是由于 $AP = BP$, 且 $\angle CAP = \angle DBP$.

评注　此题对面积变换有一定要求. 注意此题的论证过程: 首先是引进面积, 然后利用切割线定理, 一举消掉 M, Q 两点, 再用面积消去 R, 接下去就越走越平坦了. 本题目标明确, 步骤清晰, 尽管有点曲折, 但只要静下心来, 便可以完成证明.

至于夸张的添法, 辅助线多达数十条的, 本书几乎不介绍, 因为我们还是比较强调实用性. 当然, 几何中时常出现超级难题, 逼着你不得不寻找夸张的做法, 也就是说, 无论是否夸张, 辅助线总是越精简越好, 夸张做法并未背离实用

442

原则,我们这里说的实用性是特指奥数的实用性.

凡是对进一步钻研几何有兴趣的读者,可以看一看 R. A. 约翰逊的《近代欧氏几何学》和梁绍鸿的《初等几何复习及研究(平面几何)》.叶中豪先生近年来的许多工作也是既漂亮又深刻的,有的命题比费尔巴哈定理难多了.

0.4　重新表述原则

这一方法范围很广.结论可以改变,也可以不改变,题设中先后次序变了或有另一种表述,图形看上去比较"舒服"了,等等,都属于这个范畴.反证法、同一法只是其中最重要的两种,它们都改变了结论的叙述方式.如何改变结论的叙述方式,这也往往与个人的心理喜好有关,故而非常之灵活.记忆、经验积累与心理喜好,是人类解决几何乃至其他各种问题的特点.这在 0.2 中也同样得到体现.

下面的例 10 以及勾股定理的赵爽证法和加菲尔德证明都是典型例题.

例 10　如图 0.11,锐角 △ABC 的 AB,AC 边上的旁切圆分别与直线 BC 切于 M,N,BC 边上的旁切圆与 AB,AC 直线分别切于 P,Q,连接 MP,NQ 并延长交于 R,求证:AR ⊥ BC.

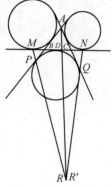

图 0.11

分析　R 这点位置不易刻画,不如作高 AD,不妨设 MP 延长后与 AD 延长后交于 R,NQ 延长后与 AD 延长后交于 R′,我们证明 R 与 R′ 重合.

由面积比或梅涅劳斯定理,有

$$\frac{AR}{RD} = \frac{MB \cdot PA}{DM \cdot BP}, \frac{AR'}{R'D} = \frac{NC \cdot QA}{DN \cdot CQ}$$

易知只需证上两式相等即可.由于 MB = NC,PA = QA,待证式变为

$$DM \cdot BP = DN \cdot CQ$$

设 △ABC 中 ∠A,∠B,∠C 的对应边为 a,b,c,易知

$$DM = \frac{a+b+c}{2} - b \cdot \cos C = \frac{(b+c)(a+c-b)}{2a}, BP = \frac{a+b-c}{2}$$

于是　　　　　$$DM \cdot BP = \frac{(b+c)(a+b-c)(a+c-b)}{4a}$$

同理,DN · CQ 也是此值.证毕.

评注　证明垂直,往往不如先添垂线,然后用同一法论证一些点重合.因

为垂线性质较多,重新叙述命题,对解题有利.

例 11 $\triangle ABC$ 的边 BC,CA,AB 上的旁切圆分别切对应边于 R,K,L,AR,BK,CL 交于同一点 N(称为 Nagel 点),证明:N 在重心 G 与内心 I 的连线上.

分析 我们可以换作证明 G 在 NI 的连线上.

设 $\triangle ABC$ 中 $\angle A,\angle B,\angle C$ 的对应边长为 a,b,c,不妨设 $b \geqslant c$,AP 是角平分线,AN 延长后交 BC 于 R,如图 0.12 所示.

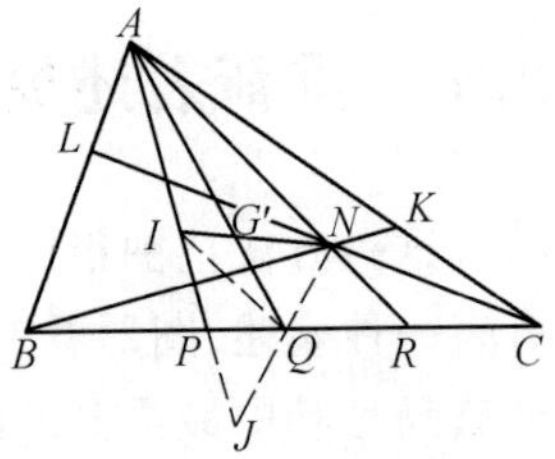

易知 $BP = \dfrac{ac}{b+c}$,$BR = \dfrac{a+b-c}{2}$,故

$$PR = \frac{a+b-c}{2} - \frac{ac}{b+c} = \frac{(a+b+c)(b-c)}{2(b+c)}$$

又作 $IQ \parallel AR$,交 PR 于 Q,易知由于 $\dfrac{IP}{AP} = \dfrac{a}{a+b+c}$,故

$$PQ = \frac{IP}{AP} \cdot PR = \frac{a(b-c)}{2(b+c)}$$

$$BQ = \frac{ac}{b+c} + \frac{a(b-c)}{2(b+c)} = \frac{a}{2}$$

图 0.12

于是 Q 为 BC 中点,若设 AQ 与 IN 交于 G',只要证明 $\dfrac{IQ}{AN} = \dfrac{G'Q}{G'A} = \dfrac{1}{2}$ 即可.

由梅涅劳斯定理(本质上也就是面积比),知 $\dfrac{CB}{BR} \cdot \dfrac{RN}{NA} \cdot \dfrac{AK}{KC} = 1$,由于 $BR = AK$,于是

$$\frac{RN}{NA} = \frac{b+c-a}{2a}$$

又延长 NQ 交 AP 延长线于 J,又由梅氏定理 $\dfrac{AR}{AN} \cdot \dfrac{NJ}{JQ} \cdot \dfrac{QP}{PR} = 1$,由于

$$\frac{AR}{AN} = 1 + \frac{RN}{NA} = \frac{a+b+c}{2a}$$

$$\frac{QP}{PR} = \frac{a(b-c)}{2(b+c)} \cdot \frac{2(b+c)}{(a+b+c)(b-c)} = \frac{a}{a+b+c}$$

于是 $\dfrac{JQ}{NJ} = \dfrac{1}{2}$,此即 $\dfrac{IQ}{AN} = \dfrac{1}{2}$,证毕.

例 12 有一凸四边形 $ABCD$,AB 上有一点 P,自 P 出发一条光线,至 BC 上的点 Q,反射至 CD 上的点 R,再反射至 DA 上的点 S,最后回到 P,求证:四边形 $ABCD$ 是圆内接四边形,并且当 P 在 AB 上运动时,四边形 $PQRS$ 的周长只与四边形 $ABCD$ 有关,与 P 的位置无关.

分析 根据光的反射角原理,论证四边形 $ABCD$ 是圆内接四边形非常容易,这里就不多费口舌了.麻烦的是后一命题,如果将某些边或图形不断翻折,把 $PQRS$ "拉"成一条直线段,这条路走得通,但十分复杂,也极易出错.如果我们换一个角度看问题,不仅论证简洁,而且一下子就能算出四边形 $PQRS$ 的周长如何定值.

444

办法不是从 $ABCD$ 出发,而是从 $PQRS$ 出发!

如图 0.13,不妨设 QP 射线与 RS 射线交于 X(图中未画出),或 $QP \parallel RS$.

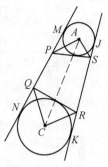

当 X 存在时,圆 A 为 $\triangle XPS$ 的内切圆,而圆 C 为 $\triangle XQR$ 的旁切圆,这是由光线反射一下子就看出来的.

不妨设圆 A 与 PQ,SR 分别切于 M,J;圆 C 与 PQ,SR 分别切于 N,K,如图所示.连接 AC,于是有

$$PQ + QR + RS + SP = MN + JK = 2MN = 2AC \cdot \cos \frac{X}{2}$$

又易知,由于 A 为 $\triangle XPS$ 之内心,故 $\angle PAS = 90° + \frac{1}{2}\angle X$.

这样便有

图 0.13

$$PQ + QR + RS + SP = 2AC \cdot \sin \angle PAS = 2AC \cdot \sin \angle BAD = \frac{AC \cdot BD}{r}$$

这里 r 是四边形 $ABCD$ 外接圆半径,这样,四边形 $PQRS$ 的周长就与 P 的位置无关.

当 $PQ \parallel SR$ 时,也是同理可证.

0.5 制造对称原则

有时图中并没有对称子图,或者对称子图太小,比如仅仅只有两根线段等,此时还需构造或补全对称子图,然后再利用破坏对称原则.这一原则其实也可以归结为 0.4,一般是同一法的一种,而且是比较高级的一种.但由于其重要性,故而也提出来单独阐述,以期给读者留下深刻印象.

例 13 如图 0.14,锐角 $\triangle ABC$ 中,AD 是角平分线,DM,DN 分别与 AB,AC 垂直,CM 与 BN 交于 K,过 A,M,K 的圆还与 BK 交于 P,过 A,N,K 的圆还与 CK 交于 Q,MD 与 BN 交于 F,MC 与 DN 交于 R. 求证:
$$\frac{BF \cdot QR}{PF \cdot CR} = \frac{BK^2}{CK^2}.$$

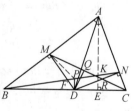

图 0.14

分析 首先把式子改成

$$\frac{BK^2 \cdot PF}{BF} = \frac{CK^2 \cdot QR}{CR}$$

这已经是一个对称式了,如何寻找中间量以打破对称性呢?K 这个点的位置不好刻画,先用塞瓦定理之逆定理探讨一下它与 BC 边的关系.

作 $AE \perp BC$,于是 $\triangle BMD \backsim \triangle BEA$,$\triangle AEC \backsim \triangle DNC$,这样,便有

445

$$\frac{AM}{BM} \cdot \frac{BE}{EC} \cdot \frac{CN}{NA} = \frac{BE}{BM} \cdot \frac{CN}{CE} = \frac{AE}{MD} \cdot \frac{DN}{AE} = 1$$

原来 K 在 $\triangle ABC$ 的高上.接下来就容易了,由 $BP \cdot BK = BM \cdot BA = BD \cdot BE$,得 $P, D, E,$ K 共圆,故而 $DP \perp BK$,故 M, B, D, P 共圆.于是

$$\frac{BK^2 \cdot PF}{BF} = BK^2 \cdot \frac{S_{\triangle MPD}}{S_{\triangle MBD}} = BK^2 \cdot \frac{MP \cdot PD}{MB \cdot BD} = BK^2 \cdot \frac{AK}{BK} \cdot \frac{EK}{BK} = AK \cdot EK$$

这就是我们要找的对称式,同理 $\frac{CK^2 \cdot QR}{CR}$ 也是此值,证毕.

注意此题的高 AE 正是为了破坏对称性,一旦证明 K 在 AE 上,K 的位置就容易刻画多了.

例 14 如图 0.15,两圆外切于 R,A,B 是小圆上两点,AMP,BNQ 是小圆的切线,分别依次交大圆于 M,P;N,Q,若过 A,R,P 的圆与过 B,R,Q 的圆交于 I,求证:PI,QI 分别平分 $\angle APQ$,$\angle BQP$.

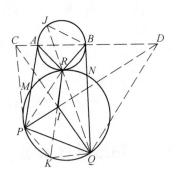

图 0.15

分析 本题的难点在于 I 的位置不好刻画,但也和上题类似,因为图形是对称的,故而要寻找一种对 I 位置对称刻画的方法,然后左右两块分头处理.

如图,延长 PI 至大圆于 K,连接 PK,QK,我们试图证明 K 为 $\overset{\frown}{PQ}$ 中点,这样 PIK 就被"对称"定义了,从而 I 也获得了更清晰的刻画.

设大圆、小圆半径分别为 r 与 r'.延长 QR 交小圆于 J,连接 JB,则易知 $\angle RKQ = \angle JBR$,又 $\angle KIQ = \angle RBQ = \angle J$,故 $\triangle KIQ \backsim \triangle JBR$,于是

$$\frac{KQ}{KI} = \frac{BR}{JB} = \sqrt{\frac{S_{\triangle BRQ}}{S_{\triangle JBQ}}} = \sqrt{\frac{RQ}{JQ}} = \sqrt{\frac{r}{r+r'}}$$

其中用到了 $\triangle RBQ \backsim \triangle JBQ$.注意最终得一对称式,故同理有 $\frac{KP}{KI} = \sqrt{\frac{r}{r+r'}}$.

这样一来便有 $PK = QK$,于是 $\angle PRK = \angle QRK$.又延长 PI,QI,分别交 AB 于 D,C.连接 PC,QD.由于

$$\angle CAP = 180° - \angle PAR - \angle BAR = 180° - \angle PIK - \angle RBQ =$$
$$180° - \angle PIK - \angle KIQ = \angle CIP$$

故 C,P,I,R,A 五点共圆.同理,D,B,R,I,Q 亦五点共圆.

这样,便有 $\angle ICP = \angle IRP = \angle IRQ = \angle IDQ$,故 C,P,Q,D 四点共圆.

于是,$\angle IPQ = \angle ACI = \angle API$,即 PI 平分 $\angle APQ$,同理 QI 平分 $\angle BQP$,证毕.

评注 此题的论证无疑十分精致、漂亮,其中关键一步是定出 K 的确切位

446

置,这样 I 就可通过 $\triangle ARP$ 的外接圆和 RK 单方面直接作出,对称性就这样通过制造而被破坏了.

例 15 如图 0.16,圆心 O 是 AB 的中点,过 A,B 分别作圆 O 的切线,在过 A 的两切线上分别找点 P,Q,使 PQ 也是切线,同理得到 MN,求证:$PM \parallel QN$.

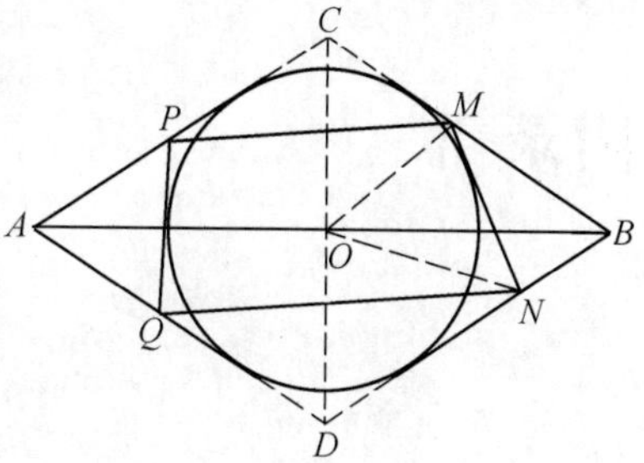

图 0.16

分析 若延长 AP,BM 交于 C,延长 AQ,BN 交于 D,发现四边形 $ADBC$ 是菱形,欲证 $PM \parallel QN$,只需证 $\triangle PCM \backsim \triangle QDN$,或 $\dfrac{PC}{CM} = \dfrac{DN}{QD}$(因为已有 $\angle ACB = \angle ADB$),下一步是关键,上式可化为求证 $PC \cdot QD = CM \cdot DN$.

这样对称性就被破坏了,因为左式只依赖于 PQ,右式只依赖于 MN.于是我们只需要整个图形的一半,比如右半部分,叙述如下:

已知 $\triangle CBD$ 中,$BC = BD$,半圆 O 的圆心为 CD 之中点,且半圆与 BC,BD 均相切.M,N 为动点,保持 MN 也与半圆相切,求证:$CM \cdot DN$ 是常数.

这是显然的,因为连接 OM,ON,有

$$\angle CMO + \angle DNO = \frac{1}{2}(\angle CMN + \angle DNM) = 90° + \frac{1}{2}\angle CBD =$$

$$180° - \angle OCM = \angle CMO + \angle COM$$

故 $\angle DNO = \angle COM$,又 $\angle OCM = \angle ODN$,故有 $\triangle COM \backsim \triangle DON$,于是 $CM \cdot DN = 447$ $CO \cdot DO = CO^2$ 为常数,证毕.

附录 Ⅱ

塔克图形

叶中豪

命题1 设 $\triangle ABC$ 和 $\triangle A_1B_1C_1$ 透视于点 K，则这两个三角形的非对应边的六个交点 D_1,D_2,E_1,E_2,F_1,F_2 必在同一条二次曲线上.（Carnot 定理），如图 0.17.

证明 如图 0.18，设直线 E_1F_2 与 BC 交于 D_3，直线 F_1D_2 与 CA 交于 E_3，直线 D_1E_2 与 AB 交于 F_3.

由于 $\triangle ABC$ 和 $\triangle A_1B_1C_1$ 透视，根据 Desargues 定理，D_3,E_3,F_3 三点必共线.

又对 $\triangle ABC$ 和截线 $D_3E_1F_2,D_2F_1E_3$，$D_1E_2F_3,D_3F_3E_3$ 分别应用 Menelaus 定理得

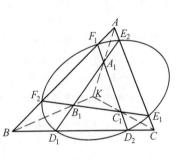

图 0.17

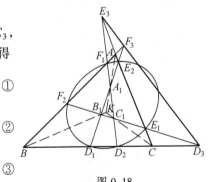

图 0.18

$$\frac{\overline{AF_2}}{\overline{F_2B}} \cdot \frac{\overline{BD_3}}{\overline{D_3C}} \cdot \frac{\overline{CE_1}}{\overline{E_1A}} = -1 \qquad ①$$

$$\frac{\overline{AF_1}}{\overline{F_1B}} \cdot \frac{\overline{BD_2}}{\overline{D_2C}} \cdot \frac{\overline{CE_3}}{\overline{E_3A}} = -1 \qquad ②$$

$$\frac{\overline{AF_3}}{\overline{F_3B}} \cdot \frac{\overline{BD_1}}{\overline{D_1C}} \cdot \frac{\overline{CE_2}}{\overline{E_2A}} = -1 \qquad ③$$

$$\frac{\overline{AF_3}}{\overline{F_3B}} \cdot \frac{\overline{BD_3}}{\overline{D_3C}} \cdot \frac{\overline{CE_3}}{\overline{E_3A}} = -1 \qquad ④$$

①×②×③÷④，得

$$\overline{\frac{AF_1}{F_1B}} \cdot \overline{\frac{AF_2}{F_2B}} \cdot \overline{\frac{BD_1}{D_1C}} \cdot \overline{\frac{BD_2}{D_2C}} \cdot \overline{\frac{CE_1}{E_1A}} \cdot \overline{\frac{CE_2}{E_2A}} = -1 \qquad ⑤$$

⑤ 正是三角形三边上六个点同在一条二次曲线上的充要条件(Carnot 定理).

注记 事实上,Carnot 定理等价于 Pascal 定理的逆定理.可直接对折六边形 $D_1D_2F_1F_2E_1E_2$ 应用 Pascal 逆定理(其三组对边交点共线,即上述两三角形的透视轴).

观察 如图 0.19,当 $\triangle ABC$ 和透视中心 K 保持不动,而让 $\triangle A_1B_1C_1$ 三边平行地移动,这时六个动点 $D_1, D_2, E_1, E_2, F_1, F_2$ 所共的二次曲线 Ω 形状不变,只是位似地移动.(不难进一步注意到:这时两三角形的透视轴也仅仅平行地移动.)

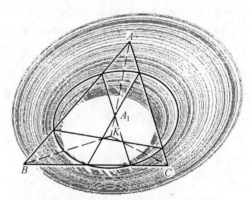

图 0.19

注记 可以分两个步骤来论证上述现象.先证明当 $D_1, D_2, E_1,$ E_2, F_1, F_2 六点共圆时,平移后所得六点仍然共圆.

如图 0.20,由圆幂定理得

$$AF_1 \cdot AF_2 = AE_1 \cdot AE_2 \qquad ①$$

而由比例线段得

$$\frac{AF_1}{AF_1'} = \frac{AE_2}{AE_2'} \qquad ②$$

$$\frac{AF_2}{AF_2'} = \frac{AE_1}{AE_1'} \qquad ③$$

由 ①,②,③ 即可得

$$AF_1' \cdot AF_2' = AE_1' \cdot AE_2' \qquad ④$$

④ 表明 E_1', E_2', F_1', F_2' 四点共圆.同理可得 D_1', D_2', E_1', E_2' 以及 F_1', F_2', D_1', D_2' 也都共圆.由 Davis 引理即可保证 $D_1', D_2', E_1',$ E_2', F_1', F_2' 六点同在一个圆上.

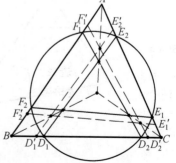

图 0.20

而当上述六点在一条二次曲线 Ω 上时,可通过适当的仿射变换或射影变

换先将 Ω 转变为圆,从而归结到前一种情况,最后再变回去.(注意:在同一仿射变换下,任意两个圆将变成一对位似的二次曲线.)

有了上面的准备工作,我们就可以来定义塔克图形了.

定义 我们将上述变化过程中得到的二次曲线 Ω 的系列称为 Tucker 二次曲线系.特别是当三条线段都经过点 K 时(即 $\triangle A_1 B_1 C_1$ 退化为点 K),所得那一条特殊的二次曲线 Ω_0 称为 Lemoine 二次曲线.

注记 "对于给定的 $\triangle ABC$ 和点 K,过 K 作三条如图 0.21 所示的线段,使其六个端点共二次曲线."上述问题具有无穷多解.事实上,其中两条线段可任意作,第三条由前两条所确定,只要满足每条线与对边的交点共线即可(仍用 Pascal 定理).

取极端状态:设法让 $\triangle A_1 B_1 C_1$ 变得无穷大(相当于 $\triangle ABC$ 退化成点),再与 $\triangle A_1 B_1 C_1$ 退化为点的情况结合在一起考虑,就可得到如下有趣的结论.

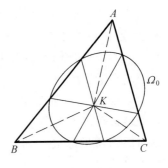

图 0.21

450

命题2 设 P_1, P_2 分别是三角形 $A_1 B_1 C_1$ 和 $A_2 B_2 C_2$ 内的点,满足 $A_1 P_1 \parallel A_2 P_2, B_1 P_1 \parallel B_2 P_2, C_1 P_1 \parallel C_2 P_2$. 又过 P_1 分别作 $D_1 E_1 \parallel B_2 C_2, F_1 G_1 \parallel C_2 A_2, H_1 I_1 \parallel A_2 B_2$;再过 P_2 分别作 $D_2 E_2 \parallel B_1 C_1, F_2 G_2 \parallel C_1 A_1, H_2 I_2 \parallel A_1 B_1$. 那么 D_1, E_1 诸点所共的二次曲线必位似于 D_2, E_2 诸点所共的二次曲线.

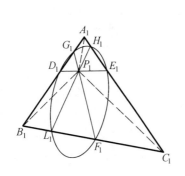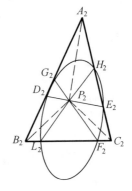

图 0.22

观察 可注意到,如图 0.23,当 $\triangle ABC$ 和点 K 固定不变而 $\triangle A_1 B_1 C_1$ 三边平行地移动时,线段 $F_1 E_2, F_2 D_1, E_1 D_2$ 的方向也保持不变.延长线段 $F_1 E_2, F_2 D_1$ 和 $E_1 D_2$ 而交成 $\triangle A_2 B_2 C_2$,这时 $\triangle A_2 B_2 C_2$ 也与 $\triangle ABC$ 透视于点 K.

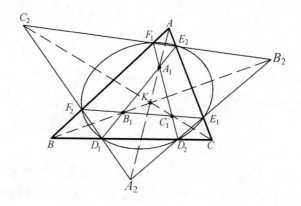

图 0.23

注记 线段 F_1E_2, F_2D_1, E_1D_2 方向不变,易用比例线段予以说明,至于 $\triangle A_2B_2C_2$ 和 $\triangle ABC$ 透视于 K,可巧妙地说明如下:对折六边形 $D_1E_2E_1D_2F_1F_2$ 应用 Pascal 定理,可得其三组对边交点 A, A_1, A_2 共线.同理,B, B_1, B_2 及 C, C_1, C_2 也共线.证毕.

反之,当一条二次曲线 Ω 与 $\triangle ABC$ 的三边都相交,只要将六个交点适当地标记为 $D_1, D_2, E_1, E_2, F_1, F_2$,就可以倒过去构造出塔克图形.

命题3 设二次曲线 Ω 与 $\triangle ABC$ 各边分别交于 $D_1, D_2, E_1, E_2, F_1, F_2$.连接 D_1E_2, D_2F_1 交于 A_1;连接 D_1E_2, E_1F_2 交于 B_1;连接 D_2F_1, E_1F_2 交于 C_1.则 AA_1, BB_1, CC_1 一定共点(即 $\triangle ABC$ 与 $\triangle A_1B_1C_1$ 必透视). 451

定义 我们把上述所共点 K 称做二次曲线 Ω 关于 $\triangle ABC$ 的广义类似重心(或广义 Lemoine 点).

注记 若一条二次曲线 Ω 与 $\triangle ABC$ 的各边交于六点,则共有四类不同的方法标记这些交点.如图 0.24,0.25.相应地,就可得到四个广义类似重心.

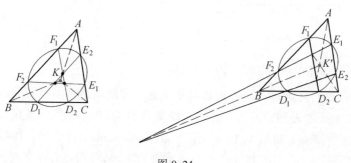

图 0.24

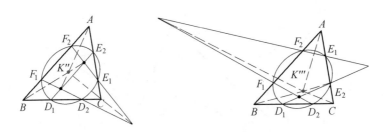

图 0.25

然后把这四个不同意义上的广义类似重心合在同一图中考察,暂时还找不到它们之间的内在联系,如图 0.26.(只能观察到一些初步的现象:当其中两点重合时,另两点也必重合 —— 这时 Ω 与某一边相切;如果 Ω 与两边同时相切,则这四点全都重合.)

注记 当 $D_1, D_2, E_1, E_2, F_1, F_2$ 分别取作 $\triangle ABC$ 旁切圆的六个切点时,$\triangle A_1 B_1 C_1$ 和 $\triangle ABC$ 的透视中心恰好是 $\triangle ABC$ 的垂心,如图 0.27.这就是 1996 年全国高中数学联赛平面几何题的背景(也可参见[法]J.阿达玛《几何(平面部分)》习题 No.379).

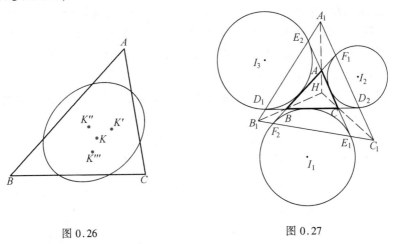

图 0.26   图 0.27

下面,我们将通过不同的观察角度来重新理解前述基本构形.特别是当上述二次曲线退化为圆的情况,历史上曾受到泰勒(B. Taylor[英国],1685 ~ 1731),塔克(Tucker,1832 ~ 1905),莱莫恩(Emile Lemoine[法国],1840 ~ 1912)等几何学家的关注.对于共圆这一尤为重要的情形,我们也将给予充分的重视,因为借助于共圆的情形,可对这族彼此位似的二次曲线作出更为精细的刻画

—— 可以说明其包络还是一条二次曲线,并可讨论其中心的轨迹.

观察 当六点共圆时,随着 $\triangle A_1 B_1 C_1$ 三边的平行移动,所共圆的圆心轨迹是一条直线,我们把这条直线称做塔克图形的广义 Brocard 轴.

注记 圆心的轨迹为什么一定是条直线?可参见《数学通讯》1997 年第 6 期征解题的评述.

为了探究广义 Brocard 轴的意义,我们不妨先改换一下立足点,从圆与三角形三边的六个交点出发来观察问题.

命题 4 设一个圆与 $\triangle ABC$ 的三边 BC, CA, AB 依次交于 D_1, D_2; E_1, E_2; F_1, F_2 六点(每边上各两点).从这六点中取出三点 D_1, E_1, F_1 作为一组(保证每边上各取一点),剩下三点 D_2, E_2, F_2 另成一组.那么内接 $\triangle D_1 E_1 F_1$ 和内接 $\triangle D_2 E_2 F_2$ 关于 $\triangle ABC$ 的两个 Miquel 点 X_1, X_2 恰好构成一对等角共轭点.

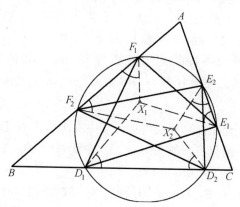

图 0.28

注记 见于《近代欧氏几何学》第 8 章 240 节中的定理.

观察 这时由 Miquel 定理可知,三条斜线 $X_1 D_1$, $X_1 E_1$, $X_1 F_1$ 与 $\triangle ABC$ 各边 BC, CA, AB 的夹角均相等 —— 可将这三个相等角理解为内接 $\triangle D_1 E_1 F_1$ 对于 $\triangle ABC$ 的倾斜角;同样,斜线 $X_2 D_2$, $X_2 E_2$, $X_2 F_2$ 与 $\triangle ABC$ 各边倾斜角也相等.而且,上述两组倾斜角彼此互为补角.

特别地,当上述倾斜角等于 $90°$ 时,D_1, D_2; E_1, E_2; F_1, F_2 诸点是一对等角共轭点 X_1, X_2 在 $\triangle ABC$ 各边上的射影,所共圆称为这对等角共轭点的垂足圆,其圆心是这两个等角共轭点的中点.

注记 可详见梁绍鸿先生《初等数学复习及研究(平面几何)》第三章例题 46.

453

我们还可从 $\triangle ABC$ 的任意一对等角共轭点入手,反过来构造出上面的图形:

命题 5　设 X_1, X_2 是 $\triangle ABC$ 的等角共轭点.自 X_1, X_2 作 $\triangle ABC$ 各边的垂线,然后让所作的六条垂线各自绕着 X_1 和 X_2 分别按角度 θ 和 $-\theta$ 旋转,所得斜线与 $\triangle ABC$ 各边相应的六个交点始终保持共圆,圆心轨迹是线段 X_1X_2 的垂直平分线.

观察　在上述六条垂线旋转的过程中,所得内接 $\triangle D_1E_1F_1$ 和 $D_2E_2F_2$ 形状始终保持不变 —— 都相似于 X_1 或 X_2 的垂足三角形,只是倾斜角发生变化(因而大小也在不断改变).这两个动态的内接三角形对于原 $\triangle ABC$ 的 Miquel 点正是 X_1 和 X_2.

还可以从某一固定形状的内接三角形入手来重新理解这一变化过程:

命题 6　设 $\triangle D_1E_1F_1$ 是一个形状已知的三角形,当它动态地内接于 $\triangle ABC$ 时,根据 Miquel 定理,$\triangle D_1E_1F_1$ 对于 $\triangle ABC$ 的 Miquel 点 X_1 是定点,其外接圆的圆心轨迹构成一条直线.外接圆与 $\triangle ABC$ 三边的另外三个交点 D_2, E_2, F_2 所构成的内接三角形对于 $\triangle ABC$ 的 Miquel 点 X_2 也是一个定点,它恰是 X_1 的等角共轭点.

总之,上述种种变化都可看成塔克图形中二次曲线 Ω 退化成圆时的特例.

定义　我们将退化成圆的 Tucker 二次曲线系称为广义 Tucker 圆系.把上述 X_1, X_2 两点称做其广义 Brocard 点.

特别地,当 $\triangle F_1D_1E_1$, $\triangle E_2F_2D_2$ 均与 $\triangle ABC$ 顺相似时(必须注意顶点的排列顺序),X_1, X_2 就成为经典意义上的 Brocard 点.这时的圆系,也就是经典意义上的 Tucker 圆系,它关于 $\triangle ABC$ 的广义类似重心 K,也就成了真正的类似重心.

对于广义 Tucker 圆系而言,其广义 Brocard 点和广义类似重心究竟有何内在联系?这是一个非常重要的问题.只有在精细地对广义 Turker 圆系加以研究之后,这一问题才能获得圆满的解答.

研究表明,广义 Tucker 圆系是一种所谓的准共轴圆系.

我们知道,共轴圆系主要有两类:

第一类共轴圆系是两个定点 I, J(称为极限点)所确定的 Apollonius 圆全体.第一类共轴圆系中的任意两个圆都以两个极限点的垂直平分线为共同的根轴.

第二类共轴圆系是经过两个定点 M, N 的圆全体.第二类共轴圆系中的任意两个圆都以两个定点的连线为共同的根轴.

定义 将某共轴圆系中的全体圆按照同一比例系数放缩,每个圆的圆心都保持不动,就得到准共轴圆系.

我们来具体观察各种情况:

(1)第一类准共轴圆系 —— 将以 I, J 为极限点的第一类共轴圆系中的动圆 c 按比例 $k = OP'/OP$ 放缩,得到动圆 c',则全体 c' 就构成第一类准共轴圆系.

当 $k < 1$ 时,第一类准共轴圆系形成的包络是以 I, J 为焦点,离心率 $e = 1/k$ 的双曲线(内部).如图 0.29.

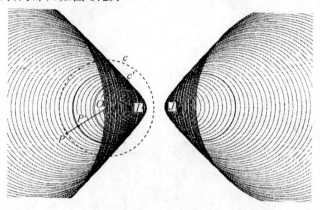

图 0.29

当 $k > 1$ 时,第一类准共轴圆系弥漫整个平面,因而没有包络.如图 0.30.

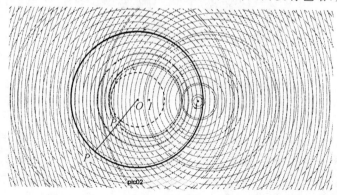

图 0.30

(2) 第二类准共轴圆系——将以 M, N 为公共点的第二类共轴圆系中的动圆 c 按比例 $k = OP'/OP$ 放缩, 得到动圆 c', 则全体 c' 构成第二类准共轴圆系.

当 $k < 1$ 时, 第二类准共轴圆系形成的包络是以 M, N 为焦点, 离心率 $e = 1/k$ 的双曲线(外部). 如图 0.31.

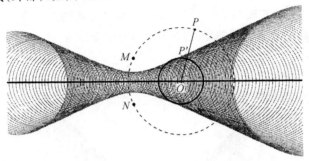

图 0.31

当 $k > 1$ 时, 第二类准共轴圆系形成的包络是以 M, N 为焦点, 离心率 $e = 1/k$ 的椭圆(外部). 如图 0.32.

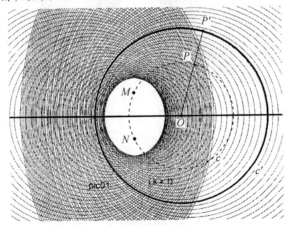

图 0.32

注记 上述两种情况中, 尤其以第二类准共轴圆系更为重要, 因为只有它才和塔克图形密切相关. 在历史上, 准共轴圆系正是为研究塔克图形而引进的. 从《近代欧氏几何学》第 459 节知, Third 在 1912 年时已经作过研究, 但细节不得而知.

命题7 以 X_1, X_2 为广义 Brocard 点的广义 Tucker 圆系, 是第二类准共轴圆系——以 X_1, X_2 为定点, 它的包络曲线与 $\triangle ABC$ 的各边都相切(如图 0.33, 图

中 X_1，L 是自动点）．

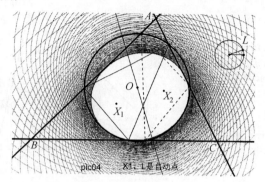

图 0.33

定义 如图 0.34，设二次曲线 Ω_0 与 $\triangle ABC$ 的三边分别相切于 D，E，F 三点，根据 Carnot 定理的特例，可知 $\triangle DEF$（内接三角形）必满足 Ceva 定理，记其 Ceva 点为 K——我们将点 K 称为二次曲线 Ω_0 关于 $\triangle ABC$（外切三角形）的 Gergonne 点；反之，任取一点 K，设其对于 $\triangle ABC$ 的 Ceva 三角形为 $\triangle DEF$，则必存在二次曲线 Ω_0 与 $\triangle ABC$ 的各边恰相切于 D，E，F 三点——我们将 Ω_0 称为点 K 所对应的 Gergonne 二次曲线．

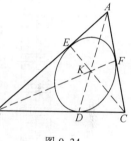

图 0.34

457

注记 我已于 2004 年 6 月 12 日晚将 Gergonne 二次曲线的作图过程制成几何画板工具，只需依次点击 A，B，C，K 四点就可将它做出．

命题 8 以 X_1，X_2 为广义 Brocard 点的广义 Tucker 圆系所对应的第二类准共轴圆系的包络曲线，正是广义类似重心 K 对于 $\triangle ABC$ 的 Gergonne 二次曲线（如图 0.35）．

有了上面的命题，就可以从广义类似重心 K 出发构造广义 Brocard 点及其相应的广义 Tucker 圆系：先作 K 对于 $\triangle ABC$ 的 Gergonne 二次曲线，这条二次曲线的两个焦点就是广义 Brocard 点．

观察 为使 Gergonne 二次曲线的形状（离心率）保持不变，K 和 X_1，X_2 的轨迹是图 0.36（图中 X_1 是自动点）所描出的曲线．

当 K 沿直线运动时，所对应 Gergonne 二次曲线的中心 O 的轨迹是经过 $\triangle ABC$ 三边中点的二次曲线，而两个焦点 X_1，X_2 则是复杂的高次曲线．如图 0.37．

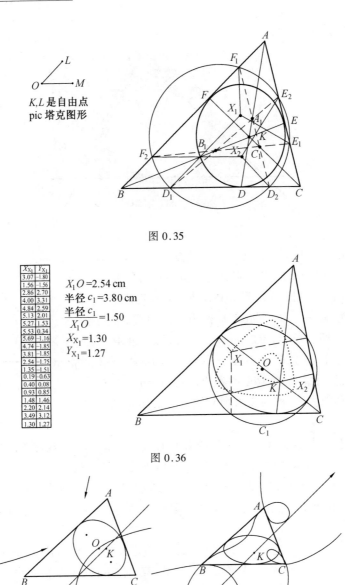

K,L 是自由点
pic 塔克图形

图 0.35

X_{X_1}	Y_{X_1}
3.07	-1.80
1.56	-1.56
2.86	2.70
4.00	3.31
4.84	2.59
5.13	2.01
5.27	1.53
5.53	0.34
5.69	-1.16
4.74	-1.85
3.81	-1.85
2.54	-1.75
1.35	-1.51
0.19	-0.63
0.40	0.08
0.93	0.85
1.48	1.46
2.20	2.14
3.49	3.12
1.30	1.27

$X_1O = 2.54 \text{ cm}$

半径 $c_1 = 3.80 \text{ cm}$

$\dfrac{\text{半径 } c_1}{X_1O} = 1.50$

$X_{X_1} = 1.30$

$Y_{X_1} = 1.27$

图 0.36

图 0.37

当 K 沿某个圆运动时,所对应 Gergonne 二次曲线的中心 O 以及两个焦点 X_1, X_2 的轨迹都是形状古怪的高次曲线.如图 0.38.

广义类似重心 K 和相应的广义 Brocard 轴还有没有进一步的关系?图 0.39

画出了 K 所对应的 Gergonne 二次曲线、K 所对应的广义 Brocard 轴及这条直线关于原三角形的等角共轭象,但从图中暂未找到深刻的联系.

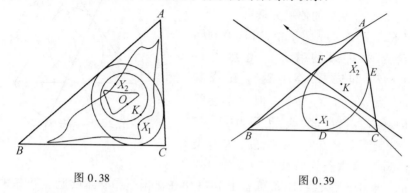

图 0.38　　　　　　　　　　　　图 0.39

可以证明,在 $\triangle ABC$ 固定的前提下,当 K 取重心时,相应的 Gergonne 椭圆所包围的面积达到最大值.

命题 9　重心 G 所对应的 Gergonne 椭圆的两个焦点就是原三角形的两个 X— 点:其连线必平行于原三角形的 Kiepert 双曲线的一条渐近线.

注记　　三角形的 X— 点是我于 1999 年所引进的一对特殊点,有其特定的几何意义.两个 X— 点恰以原三角形的重心 G 为其中点.X— 点对于其垂足三角形而言是类似重心,而重心对于其垂足三角形而言正是 X— 点.

观察　当 $\triangle ABC$ 的底边 BC 固定,而让点 A 运动,并保持其视角不变,则两个 X— 点的轨迹是图 0.40 所示的曲线.(当 $\angle A > 60°$ 时,轨迹呈现为两个圈;当 $\angle A < 60°$ 时,轨迹变成一个下垂的圈;$\angle A = 60°$ 是其临界状态.)

459

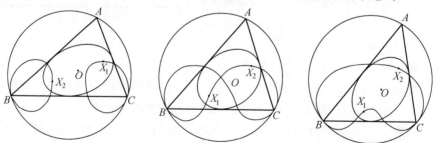

图 0.40

图 0.41 是为了试图推广"两个 X— 点平行于 Kiepert 双曲线的一条渐近线"这一结论.图中画出了 $\triangle ABC$ 内任意点 K 所对应的两个广义 Brocard 点 X_1, X_2,并作出了渐近线与广义 Brocard 点连线 $X_1 X_2$ 平行的外接等轴双曲线(虚线),图

中粗实线是其等角共轭象.目前暂时还
未观察得到可喜的结论(例如,找不出
Tarry 点 T 与点 K 的依赖关系).

在广义 Tucker 圆系中,可注意到随
着六点所共圆的移动,虽然内接
$\triangle D_1E_1F_1$ 和内接 $\triangle D_2E_2F_2$ 在绕着
Miquel 点 X_1 和 X_2 转动,但六条连线
$D_1E_2,D_2F_1,E_1F_2,F_1E_2,D_1F_2,D_2E_1$ 均
保持固定不变的方向.特别是当 K 取类
似重心时,这六条连线交替地成为对边

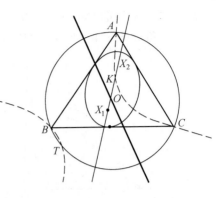

图 0.41

的平行线和逆平行线.E.莱莫恩于 1873 年在法国里昂学术奖励会开幕式上作
了"三角形的奇异点及其性质"的报告,就是以平行线和逆平行线作为话题的
切入点.其实,对于 Tucker 二次曲线系,类似的特性得以保持.

下面就从六条方向保持平行的线段入手来重新考虑一般的塔克图形.

命题 10　如图 0.42,设 $D_1E_2F_1D_2E_1F_2$
是 $\triangle ABC$ 的内接折六边形(其顶点依次取在
各边上).在直线 AB 上任取一点 F_1',依次作
$F_1'D_2' \ /\!/ \ F_1D_2,D_2'E_1' \ /\!/ \ D_2E_1,E_1'F_2' \ /\!/$
$E_1F_2,F_2'D_1' \ /\!/ \ F_2D_1,D_1'E_2' \ /\!/ \ D_1E_2,,$与相
应的边相交.则 $F_1'E_2' \ /\!/ \ F_1E_2$ 的充要条件是
D_1,D_2,E_1,E_2,F_1,F_2 在同一条二次曲线上.

注记　这个结论等价于 Carnot 定理,不
难用比例线段给予证明.

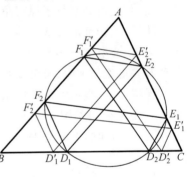

图 0.42

定义　这样一来,由平行线截线段成比
例定理知,$D_1E_2F_1D_2E_1F_2$ 的六边可以随意地平行移动.我们将满足这种特性
的折六边形 $D_1E_2F_1D_2E_1F_2$ 称为平行型内接折六边形.

命题 11　只要知道了平行型内接折六边形四条边的方向,就能确定剩下
的两条边的方向.特别是如果假定 D_1,D_2,E_1,E_2,F_1,F_2 六点共圆,则由其中两
条边(不是对边)的方向,就能确定另外四条边的方向.

注记　如图 0.43,我们采用取极端情况的办法来说明:让 F_1' 重合于顶点
A,这时 E_2' 也不得不重合于 A.从图中可以看出,由四边 E_2D_1,D_1F_2 及 F_1D_2,
D_2E_1 的方向可以确定第五边 F_2E_1 的方向.至于 F_1E_2 的方向,再换一个顶点考

虑,也就能确定了.

当 D_1, D_2, E_1, E_2, F_1, F_2 共圆时,由于各组对边均为逆平行线,故图 0.44 中 A, D_1', F_2', E_1', D_2' 五点共圆,因此,仅由 D_1E_2 和 D_2E_1 的方向就能确定剩下四条边的方向.

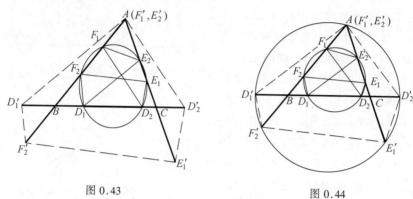

图 0.43　　　　　　　　　　　　　　图 0.44

注记　特别地,当上述折六边形各边交替地取 $\triangle ABC$ 各边的平行线和逆平行线方向,则折六边形的顶点一定共圆,所共圆形成经典意义上的 Tucker 圆系.

回到本文的出发点:设 $\triangle ABC$ 和 $\triangle A_1B_1C_1$ 透视于点 K,这两个三角形的非对应边六个交点所共的二次曲线为 Ω.我们尤其关心 Ω 何时退化为圆.下面就来作这方面的讨论.我们从三线共点的极端情况入手.

问题　对于给定的 $\triangle ABC$ 和点 K,过 K 作三条如图 0.45 所示的线段(夹在相应的两边之间),使其六个端点共圆.

前面已经讨论过六点共二次曲线的类似问题.但是现在的要求更高,于是问题的自由度也发生了改变.只要 $\triangle ABC$ 和点 K 取定了,这一问题就不再有自由度,其解也就确定了,但一般说来会产生两组解(每一组中某条线段与另一组中相应那条线段互为逆平行线).具体过程如下:

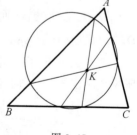

图 0.45

以 K 为广义类似重心,先作出对应的两个广义 Brocard 点.相应地,就产生六个平行的方向,将这六个方向恰当地分成两组,便可获得上述问题的两组解.

定义　上述两个圆都称做点 K 对于 $\triangle ABC$ 的广义 Lemoine 圆.

显然,广义 Lemoine 圆是广义 Tuker 圆系这一大家族的两个特殊成员.因此,其圆心也必在广义 Brocard 轴上.而且,由于点 K 对这两个广义 Lemoine 圆具有相等的幂,故 K 必位于它们的根轴上. O_1, O_2 分别是两个广义 Lemoine 圆的圆心.

461

注记 我于2004年6月13日在几何画板中编出了由 $\triangle ABC$ 和点 K 画两个广义 Lemoine 圆的工具.

对两个广义 Lemoine 圆作深入的探讨,就可以回答何时二次曲线 Ω 退化成圆.但目前只在这方面做了初步的工作.

命题 12 如图 0.47(此图是从 $\angle A$ 和 K, F_1, F_2 三点出发而作出的),设两个广义 Lemoine 圆与 $\triangle ABC$ 各边的交点分别为 D_1, D_2; E_1, E_2; F_1, F_2 和 D_1', D_2'; E_1', E_2'; F_1', F_2'.则 E_2, E_2', F, F_1' 四点共圆,其圆心与 K 的连线垂直于对边 BC.(由于 E_1F_2 和 $E_1'F_2'$ 互为逆平行线,故显然 E_1, E_1', F_2, F_2' 四点也共圆,但其圆心与 K 的连线并不垂直于 BC.)

命题 13 如图 0.48,若记 E_2, E_2', F_1, F_1' 所共圆的圆心为 O_1,记 F_2, F_2', D_1, D_1' 所共圆的圆心为 O_2,记 D_2, D_2', E_1, E_1' 所共圆的圆心为 O_3,则 $\triangle ABC$ 与 $\triangle O_1O_2O_3$ 彼此透视,而且 O_2O_3, O_3O_1, O_1O_2 分别垂直于 AK, BK, CK.

图 0.49 画出了广义 Lemoine 圆所对应的两条特定的透视轴,它们是由点 K 所完全决定的,但暂时还观察不出这两条轴的几何意义.

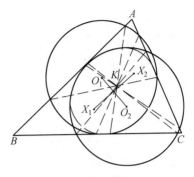

图 0.46

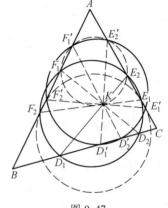

图 0.47

462

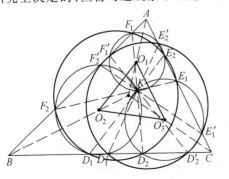

图 0.48

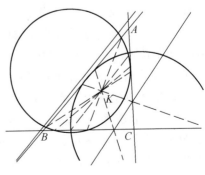

图 0.49

透视轴也是研究塔克图形的很好参照物,下面就来做这方面的工作.

观察 设 $\triangle ABC$ 和 $\triangle A_1B_1C_1$ 透视于点 K,它们的透视轴为 LMN,两三角形非对应边六个交点所共的二次曲线为 Ω,如图 0.50.图 0.50 是从透视中心 K 及透视轴 LMN 出发而作出图形.附加线段 PQ 控制透视轴方向,附加点 R 控制透视轴位置,A_1 也是自动点(尤其要注意 A_1 和 K 重合时的情况).

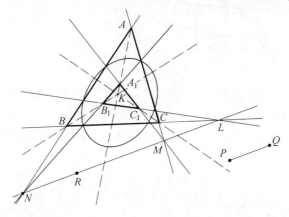

图 0.50

现试图通过透视轴入手,来对这个图形作些探讨:首先画定 $\triangle ABC$ 及透视中心 K,透视轴 LMN,这时 $\triangle A_1B_1C_1$ 尚有一个自由度——可在 AK 直线上任意选取一点作为 A_1,然后 $\triangle A_1B_1C_1$ 就确定了.拖动 A_1,观察二次曲线 Ω 的变化,发现 Ω 的包络就是点 K 关于 $\triangle ABC$ 的 Gergonne 二次曲线 Ω_0.这就得到一个非常重要的结论.

命题 14 若 $\triangle ABC$ 和 $\triangle A_1B_1C_1$ 透视于点 K,则它们非对应边六个交点所共的二次曲线 Ω 理应与 K 对 $\triangle ABC$ 的 Gergonne 二次曲线 Ω_0 相切(包络的意义上).

注记 有时从表面上看这两条曲线好像并不相切,而是相含的.但这两条曲线的代数本质仍是相切的,只不过切点成为"虚点".对此,我在《数学通讯》1998 年第 8 期的评述中作了详细剖析.

观察 如图 0.51,设 $\triangle ABC$ 和 $\triangle A_1B_1C_1$ 透视于点 K,透视轴为 LMN,它们非对应边六个交点所共的二次曲线为 Ω.如果透视轴 LMN 与 Ω 相交的话,拖动 A_1 后意外地发现,其交点 S,T 是两个定点.

S,T 两点究竟有什么意义?进一步拖动透视轴 LMN 后,如图 0.52,呈现出如下现象:S,T 的轨迹为另一条二次曲线,外接于 $\triangle ABC$.怎么来刻画这条二次曲线?

463

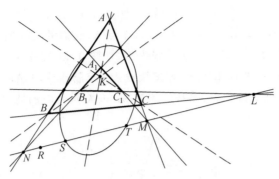

图 0.51

如图 0.53,作出 K 关于 $\triangle ABC$ 的反 Geva $\triangle A'B'C'$ 以后发现,S,T 两点的轨迹就是 K 对于 $\triangle A'B'C'$ 的 Gergonne 二次曲线 Ω'——我们将 Ω' 称为 K 关于 $\triangle ABC$ 的反 Gergonne 二次曲线(外接于 $\triangle ABC$).在这基础上,可总结出如下结论.

464

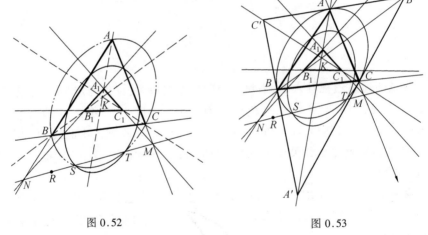

图 0.52　　　　　　　　　　　图 0.53

猜测　若 $\triangle ABC$ 和 $\triangle A_1B_1C_1$ 透视于点 K,其非对应边的六个交点所共二次曲线为 Ω.则这两个三角形的透视轴必穿过 Ω 和 Ω' 的交点(如果它们相交的点),其中 Ω' 是 K 对 $\triangle ABC$ 的反 Gergonne 二次曲线.

观察　在图 0.54 中,当透视轴绕固定点 R 旋转(而点 A_1 固定)时,发现二次曲线 Ω 始终经过两个定点 U,V,而且,定点 U,V 位于直线 RA_1 上.继续拖动 A_1,进一步发现 U,V 的轨迹又是一条二次曲线,经过顶点 A,且与对边 BC 相切.

怎么来刻画上述二次曲线?首先可注意到它与 K 关于 $\triangle ABC$ 的 Gergonne 二次曲线 Ω_0 恰相切于点 D.其次来关心它和 AB,AC 两边的交点,以进一步确

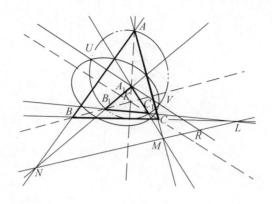

图 0.54

定这条曲线的位置.我们通过下述轨迹命题旁敲侧击完成这一任务.

命题 15 首先画定 △ABC,点 K,以及一条 Menelaus 型的截线 LMN.如图 0.55.在直线 AK 上任意选取一点 A_1,作出 $\triangle A_1B_1C_1$,使它与 △ABC 透视,且透视中心为 K,透视轴为 LMN.如图 0.55,在 LMN 上再取一个定点 R,则随着点 A_1 的运动,直线 A_1R 与 B_1C_1 的交点 P 的轨迹是一条穿越点 K 的直线,AR 与 BC 的交点 X 也在这条直线上.

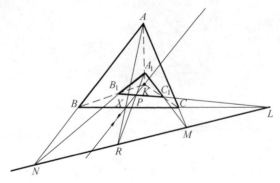

图 0.55

借助于上面的辅助工作,我们终于可以画出这条二次曲线了!

猜测 设 △ABC 和 $\triangle A_1B_1C_1$ 透视于点 K,透视轴为 LMN,R 是直线 LMN 上任意一点,AR 与 BC 交于 P,PK 与 AB,AC 分别交于 U_1,V_1.再作出点 K 关于 △ABC 的 Gergonne 二次曲线 Ω_0,它与 BC 边的切点为 D.然后作出经过 A,D,U_1,V_1 四点且与 Ω_0 相切于 D 的二次曲线 Ω_1,直线 RA_1 交 Ω_1 于 U,V 两点,如图 0.56.那么 △ABC 和 $\triangle A_1B_1C_1$ 非对应边的六个交点所共的二次曲线 Ω 一定

经过 U, V 两点!

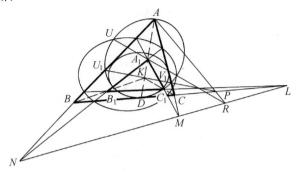

图 0.56

上述命题其实是相当深刻的,但叙述还稍嫌繁琐.下面我们改换立足点:从透视三角形本身,重新来考察塔克图形.

观察 设 $\triangle A_1 B_1 C_1$ 和 $\triangle A_2 B_2 C_2$ 透视于点 O,它们的非对应边六个交点所共的二次曲线为 Ω.如图 0.57(图中 O, M, N, A_2 是自由点),适当标记并且合理地连接这些非对应边的交点,可以获得第三个三角形 $\triangle A_3 B_3 C_3$,它与前两个三角形地位上完全平等,三者公用同一个透视中心 O 和同一条二次曲线 Ω.

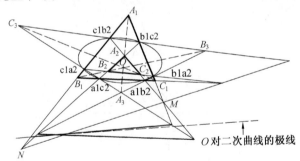

图 0.57

这一图形具有高度的美感和地位上的对称性,它是对 Desargues 定理所涉图形的一种深化和完善(将背后隐藏的另一个三角形挖掘出来).经探索,得到如下结论.

猜测 $\triangle A_1 B_1 C_1, \triangle A_2 B_2 C_2, \triangle A_3 B_3 C_3$ 两两间的三条透视轴及 O 关于 Ω 的极线四线共点.

图 0.58(图中 O, M, N, A_2 是自由点)中进一步作出了 O 对上述每个三角形的 Gergonne 二次曲线,根据前面的命题 14,非对应边交点所共的二次曲线 Ω 同时与这三条 Gergonne 二次曲线相切.

从图中还可观察到:某两个三角形之间的透视轴,必经过与这两个三角形相应的 Gergonne 二次曲线的两个交点.这应该是一个非常重要的结论,表明三条透视轴所共之点,相当于图中三条 Gergonne 二次曲线某种意义上的根心.(估计能通过适当的射影变换,将这三条 Gergonne 二次曲线同时变为圆.)

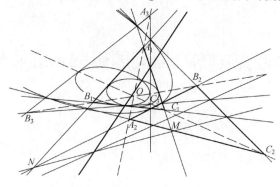

图 0.58

如果再画出 O 对 $\triangle A_1B_1C_1$ 的反 Geva$\triangle A_1'B_1'C_1'$,则还成立如下结论.

命题 16 $\triangle A_1B_1C_1$ 和 $\triangle A_2B_2C_2$ 的透视轴恰重合于 $\triangle A_3B_3C_3$ 和 $\triangle A_1'B_1'C_1'$ 的透视轴.

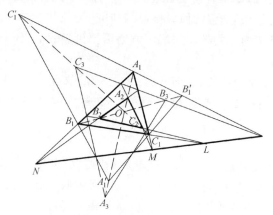

467

图 0.59

上述命题用射影几何知识并不难证明.

附录 Ⅲ

数学奥林匹克中的几何问题研究与几何教学探讨

沈文选

(湖南师范大学　数学奥林匹克研究所,湖南　长沙　410081)

468

摘要:数学奥林匹克活动是一种有着深刻内涵的全球文化现象,而几何问题是这种文化现象的重要载体.几何试题中蕴含着这种文化现象的深刻内涵,折射着这种文化品质特有的内容与风格.因此,几何内容的教学与培训应有新的理念,主要是:(1)要认真落实课程改革精神,以学生发展为本,发展英才教育,清晰培训理念;(2)加强几何教学心理研究,为几何教学与培训提供坚实的理论基础;(3)几何内容的教学与培训方略需要创新;(4)几何解题理论需进一步发展.

关键词:数学奥林匹克;几何问题;文化现象;文化品质;载体;内涵;理念

中图分类号:G420　**文献标识码**:A　**文章编号**:1004 – 9894(2004)04 – 0078 – 04

数学奥林匹克是起步最早,规模最大,种类、层次较多的学科竞赛活动.在我国有各省市的初、高中竞赛,有全国的初、高中联赛,还有西部竞赛、女子竞赛、希望杯邀请赛等各种各样的邀请赛、通迅赛.

世界上一些文化较发达国家和地区,除举办本国或本地区的各类各级数学奥林匹克竞赛外,越来越多地积极参加国际数学奥林匹克.这是一种有着深刻内涵的全球文化现象.

1　几何问题是数学奥林匹克活动的重要载体

在各种类别、层次的数学竞赛中,几何内容始终占据着重要地位,随着竞赛级别的升高,几何份量也随之加重.例如,中国西部竞赛、全国女子竞赛 6 ~ 8 道试题中,就有两道平面几何试题.全国高中联赛加试中、数学冬令营中、国家队选拔赛中,几何内容在试题中占有更重的份量,联赛加试 3 题中的第一题就是平面几何题,数学冬令营及国家队选拔赛常是 6 道题中有 1～2 道.在国际数学奥林匹克中,试题内容分为几何、代数、数论、组合 4 大部分,到 2003 年为止的 44 届中有 27 届至少有两道几何试题,特别是近九年几乎年年都有两道平面几何试题.

2 几何试题蕴含数学奥林匹克活动的深刻内涵

数学奥林匹克是中学生数学才能与数学素养的比赛,而几何试题的竞赛内涵与开发价值在发展人的才能和培养素养中有着重要的作用.

2.1 几何试题的检测作用与开发价值

几何既可以作为不同水平的创造活动的源泉,成为训练各种推理能力的场所;也可以作为检测、选拔各年龄阶段具有优秀数学才能的学生的有力工具.

平面几何试题具有重要的检测作用与开发价值.根据平面几何的特点,可以体现在以下几个方面:

(1)可以检测应试者所形成的科学世界观和理性精神(平面几何知识是人们认识自然、认识现实世界的中介与工具,这种知识对于人的认识形成有较强功用,是一种高级的认识与方法论系统)的某些侧面.

(2)可以检测应试者所具有的思维习惯(平面几何材料具有深刻的逻辑结构,丰富的直观背景和鲜明的认知层次).

(3)可以检测应试者的演绎推理和逻辑思维能力(平面几何内容的直观性、难度的层次性、真假的实验性、推理过程的可预见性,成为训练逻辑思维与演绎推理的理想材料)的某些侧面.

(4)试题内容的挑战性具有开发价值.平面几何是一种理解、描述和联系现实空间的工具(几何图形保持着与现实空间的直接的丰富联系;几何直觉在数学活动中常常起着关键的作用;几何活动常常包含创造活动的各个方面,从构造猜想、表示假设、提供证明、发现特例和反例到最后形成理论等,这些在各种水平的几何活动中都得到反映).

(5)试题内容对进行创新教育具有开发价值.平面几何能为各种水平的创造活动提供丰富的素材(几何题的综合性便于学生在研究时能够借助于观察、实验、类比、直觉和推理等多种手段;几何题的层次性使得不同能力水平的学生都能从中得到益处;几何题的启发性可以使学生建立广泛的联系,并把它应用于更多的领域).

(6)试题内容对开展应用与建模教育具有开发价值.平面几何建立了简单

469

直观、能为青少年所接受的数学模型,然后教会他们用这样的数学模型去思考、探索.点、线、面、三角形和圆——这是一些多么简单又多么自然的数学模型.却能让青少年在数学思维的天地里乐而忘返,很难想象有什么别的模型能够这样简单同时又这样有成效.平面几何又可作为多种抽象数学结构的模型(许多重要的数学理论都可以通过几何的途径以自然的方式组织起来,或者从几何模型中抽象出来).

2.2 几何试题在培养学生推理能力中的重要地位与作用

几何试题的重要地位,是由它的深刻内涵来决定的.2002 年 8 月在北京召开的第 24 届国际数学家大会上,来自多个国家的数学教育专家就各国的数学教育改革进行了广泛的交流,所达成的基本共识之一就是培养学生的数学推理能力应当作为数学教育的中心任务,并提出了共同担心的问题:"推理、证明在基础教育中的地位有下降的危险."主要原因在于:各国早期数学教育的课程设置基本上是将焦点集中在算术概念、计算和算法上,进入 7 年级或 8 年级后,突然要求学生理解并写出严密的推理过程,缺少一定的"缓冲余地",学生普遍感到吃力,产生畏难情绪.而解决这一问题的手段又过于简单粗暴,认为以推理见长的几何证明是造成这一困境的"罪魁祸首",因而削减几何内容几乎成为一种时尚[1],这种思潮也波及到了我国.现在,许多国家也正为这种消极的"回避"政策所付出的代价进行反省,我们也要引起关注.

平面几何内容对培养学生的数学推理能力有着不可替代的地位和作用,我国的一些著名数学家、数学教育家有过许多精辟的论述.

吴文俊院士指出:"几何在中学教育有着重要位置.几何直觉与逻辑推理的联系是基本的训练,不应忽视."[2]

王元院士在部分省市教育学院数学专业继续教育研讨会上的报告中指出:"几何的学习不是说学习这些知识有什么用,而是针对它的逻辑推导能力和严密的证明,而这一点对一个人成为一个科学家,甚至成为社会上素质很好的一个公民都是非常重要的,而这个能力若能在中学里得到训练,会终身受益无穷."[2]

李大潜院士在上海市中小学数学教育改革研讨会上指出:"培养逻辑推理能力这一重要的数学素质,最有效的手段是学习平面几何,学习平面几何自然要学一些定理,但主要是训练思维,为此必须要学习严格的证明和推理.""对几何的学习及训练要引起足够的重视,现在学生的几何观念差,逻辑推理的能力也比较薄弱,是和对几何这门课程的学习及训练不到位有关的.如果不强调几何观念及方法的训练,将几何学习简单地归结为对图形与测量这类实用性知识的了解上,岂不是倒退到因尼罗河泛滥而重新丈量土地的时代去了吗?"[3]

张景中院士在一次访谈中论及几何教学时指出:"我认为几何是培养人的逻辑思维能力,陶冶人的情操,培养人良好性格特征的一门很好的课程.几何虽然是一门古老的科学,但至今仍然有旺盛的生命力.中学阶段的几何教育,对于学生形成科学的思维方法与世界观具有不可替代的作用.为什么当前西方国家普遍感到计算机人才缺乏,尤其是编程员缺乏,其中一个原因是他们把中学课程里的几何内容砍得太多,造成学生的逻辑思维能力以及对数学的兴趣大大降低."[2]

陈重穆、宋乃庆等撰文指出:"平面几何对学生能同时进行逻辑思维与形象思维训练,使左、右脑均衡发展,最能发展学生智能,提高学生思维素质.此外,平面几何在国内外皆有其深厚的文化品质,对学生文化素质的培养也有重要影响,平面几何这种贴近初中学生思维实际,对素质教育能起多方面作用的品质,是其它任何学科难以企及的."[4]

3 几何试题折射深厚文化品质特有的内容与风格

(1)平面几何能够提供各种层次、各种难度的题目,是数学奥林匹克一个方便而丰富的题源.

数学奥林匹克中的几何试题(各类数学竞赛的早期均有一些立体几何试题,由于新颖的立体几何题不好编制,要么过浅,要么过旧,要么过难,后来均消失了),从内容上大致可以分为 3 个层次[5]:

471

第一层次是与中学教材结合比较紧密的常规平面几何题.虽也有轨迹与作图,但主要是以全等法、相似法为基础的证明题,有些题甚至由课本例、习题改编而生成.证明题的重点是与圆有关的命题,因为涉及圆的命题知识容量大、变化余地大、综合性也强,是编拟竞赛试题的优质素材.

第二层次是比中学教材要求稍高的内容.如三角形的巧合点的性质及几个基本定理的运用,探讨共线性、共点性、共圆性、求证几何不等式、求解几何极值等.这些问题结构优美、解法灵活、常与几何名题相联系,有时还可用几何变换来巧妙求解.

第三层次是几何与组合数学结合的组合几何题,这类题是组合数学的思想、方法与传统几何相结合的产物,讨论的是几何对象的组合性质.例如,计数、分类、构造、覆盖、嵌入、剖分、染色、格点,等等.这类问题离不开几何知识的运用与几何结构的分析,将几何的直观与组合的多变有机结合起来,这类问题优美而富于技巧.

各个层次内容的试题的难度可分为:A 级(最难)、B 级(中等)、C 级(较易).在各类竞赛只有一道平面几何题时,大多为 C 级题,在各类竞赛有两道平面几何题时,大多一道 C 级,一道 B 级,其中 C 级题基本上为常规平面几何问题,比较容易;B 级题常常脱离常规而变为共点、共线、共圆、几何不等式、极值、充要条件、存在性等内容,强调运动、变化、变换等观点,难度也就随之提高了.而组合几何题大多为 A 级,近年来时常出现在各类竞赛中.

(2)平面几何试题题型多样、花样翻新、解法多彩,令人陶醉.

平面几何试题有证明题、计算题、轨迹题、作图题等丰富的题型.由于几何计算少不了几何推理,且许多计算题其实就是证明题;又轨迹题要分完备性和纯粹性两方面给出证明;作图题要说明作得合理,必须给出证明.由此可见,证明题是核心,当然,证明中也少不了计算.证明题又可分为两大类:一类叫等式型问题,一类叫不等式型问题.若要证明两线平行、两线垂直、点共线、线共点、点共圆、圆共点、定值问题,这些结论可以用等式表达,都是等式型问题.结论中明显摆出等号,如证明图形面积相等、角相等、线段相等、线段及角和差倍分、比例式,当然是等式型问题.若要证明点在圆内或圆外,某 3 条线段可构成三角形或某些几何量(线段、角度、面积)的大小关系式,就叫做不等式问题.

从 1978 年以来的全国高中数学联赛第二试中的 34 道几何题来看,除了 3 道立体几何题外,其余 31 道平面几何试题中,6 道计算题、25 道证明题.证明题中,证明不等式有 9 道,证明线段或角度相等有 8 道,证明直线平行或垂直有 5 道,证明直线共点、点共直线或点共圆有 3 道.这些题又涉及一些典型知识点,如涉及面积的有 8 道,涉及三角形的内心、外心、垂心、重心、旁心等巧合点的有 10 道,涉及可运用正弦定理、余弦定理、梅内劳斯定理、塞瓦定理、托勒密定理等重要定理的有 16 道.历届 CMO、历届国家队选拔赛、从 1981 年以来的 IMO 中的几何试题,其情形也类似.

求解这些平面几何试题除了广泛涉及平面几何的内容、方法之外,还涉及代数、三角与解析几何的内容与方法.因此,求解平面几何试题的方法是丰富多彩的,列举出来有一大串,如分析法、综合法、反证法、同一法、面积法、割补法、代数法、参量法、三角法、几何变换法、向量法、复数法、解析法、射影法、消点法、构造法、物理模拟方法、数学归纳法等.近些年,特别是 2002、2003 年的全国高中联赛及 IMO 中的平面几何题均可给出多种不同证法,且可运用几个基本定理来证,有的证法达十多种.

由上也进一步说明了,数学奥林匹克活动能够吸引全世界近百个国家上千万的青少年,正是因为有这么多回味无穷、令人陶醉的平面几何问题.

4 几何内容的教学与培训应有新理念

(1)认真落实课程改革精神,以学生发展为本,发展英才教育,清晰培训理念.

当前的课程改革强调"以学生的发展为本".这就是说,对数学学科有特殊兴趣或特殊天赋的学生,应该使他们有进一步发展的空间.发展英才教育是我国现代化建设的需要,我们正处在高科技迅猛发展的时代,人才的竞争十分激烈,而人才竞争的焦点是顶尖人才的竞争.平面几何内容的教学对顶尖人才的培养具有方法论意义:几何概念为抽象的科学思维提供直观的模型,几何方法在所有的领域都有广泛的应用,几何直觉是"数学地"理解高科技和解决问题的工具,几何的公理系统是组织科学体系的典范,几何思维习惯则能使一个人终身受益.袁震东先生撰文指出:"平面几何中的难题证明,可能不是普遍需要,然而对于未来各行各业的领袖人物而言,平面几何的训练,包括若干难题的证明,却是非常重要的."[6]

英才教育,是一种氛围、一种理想[6].它需要我们清晰培训理念,改革培训方式,避免过度训练,避免步入应试教育及题海战术怪圈,进行创新教育,培养学生对数学的好奇心、对数学的兴趣.我们要认识到:平面几何是学生对数学产生兴趣的一个重要激发点.张景中院士曾指出:"几何在数学里占有举足轻重的地位,在历史上,数学科学首先作为几何学而出现.几何学提出的问题,诱发出了一个又一个重要的数学观念和有力的数学方法.在现代,几何学正趋于活跃与复兴.它的方法和分析的、代数的、组合的方法相辅相成,扩展着人类对数与形的认识.青少年当中的数学爱好者,大多数首先是几何爱好者."[7]这种理念是值得我们关注的.

(2)进行几何教学心理研究,加强几何双基教学与培训,加强几何教学心理研究,可为几何教学与培训提供坚实的理论基础.

近年来,我国数学学习论研究蓬勃开展,已取得了一些成果,形成了一些优势领域.例如,中科院心理所卢仲衡先生就标准图形与变式图形的作用,图形交错和外周线段对感知与思维的影响,以及图形知觉对思维过程的影响进行了系列研究,得出了一些心理规律,对几何教学与培训有一定的指导意义[8].教学与培训实践也已证明:直观的图形和演绎体系,有利于挖掘大脑左右两个半球的潜力,使学习效率增加,智力发展完善.

认知心理学的研究表明,传授一般问题解决策略和演绎推理策略对学生并无多大帮助;学生在解决数学问题的过程中能否成功地使用一般问题解决策略和一般推理规则,关键在于他是否具备了相应的数学知识.因此,在几何教学中,在几何专题培训辅导中,应按照竞赛大纲要求,加强平面几何双基的教学.诸如三角形的内心、外心、重心、垂心、旁心的性质及应用,几个基本定理及应用,各类典型问题的求解思路等.目的是试图弥补当前许多竞赛辅导用书只讲题目,不太关注图形的基本性质,希望参赛的学生掌握应有的基础知识,加强局部自主性的发挥,使我国的数学奥林匹克事业漫步在繁荣发展的康庄大道上[9].这是值得我们关注的理念.

  章建跃博士撰文指出:"双基"是我国数学教育的立足之本、发展根基.数学知识是数学能力发展的基础,"无知者无能",没有数学知识的人不可能有数学能力[10].认知心理学研究表明,一个人不能"数学地"思考和解决问题的主要原因是缺乏必要的数学知识,所谓"隔行如隔山"就是这个道理.正是由于已掌握的数学知识的广泛迁移,个体才能形成系统化、概括化的数学认知结构,从而形成数学能力.求解竞赛中的平面几何问题何尝不是如此呢! 在解决平面几何问题中体现出来的能力,其实质是能根据问题情景重组已有平面几何图形知识,能正确、迅速地检索、选择和提取相关平面几何图形知识并及时转化为适当的操作程序,从而使问题从初始状态转变为目的状态.显然,如果一个长时记忆中缺乏相关的平面几何图形知识,那么,相应的知识检索、选择、提取、重组等活动就失去了基础.丰富、系统的平面几何图形知识不仅是解题创新所不可或缺的材料,而且还能直接激发解题创新的直觉或灵感.只有具备了充分的几何图形与逻辑推理知识,才能进行有目的、有方向、有成效的探究性活动,求解竞赛中的几何问题效能才有保障,否则就只能是尝试错误.

  (3)几何内容的教学与培训方略有待创新.

  笔者曾撰文研讨了奥林匹克数学的教学方略[9],这些方略同样适合于几何内容的教学与培训:提高学生学习的主动精神;培养良好的认知结构;突出数学思想方法;利用交往的功能发挥智力群体的作用等.笔者认为,随着形势的发展,这些方略也有待于完善、更新,乃至于创新.几何教学的方略创新显然需要考虑如下3点[8]:①几何学科特点:生动直观的图形和严谨的逻辑结构.图形是几何证明的一支有力拐杖,忽视图形直观,几何思维教育功能就不能充分发挥出来.②学生思维特征:荷兰学者赫尔曾提出几何思维发展模式,认为几何学习依次经历直观、分析、演绎、严密等4个阶段,这为我们进行几何教学模式的创建提供了依据.几何学习需要逻辑思维和形象思维,相互协调.③几何教学难点:入门难、论证难、表达难.这些难点可能是学科知识本身的问题,据张景中院士的意见,应由加强教育数学研究来解决;也可能是教学法问题,这需要创造新的教学方法来解决.笔者赞同这样的观点,几何内容教学与培训应该以几何图形为手段,以基本图形性质为核心,运用基本图形教学法来进行.注意运用解析几何方法引发综合法,适当避免用繁复的解析几何方法包打天下的作法(即不管什么几何问题均用解析法来处理).

(4)几何解题理论有待进一步发展.

几何解题是几何教学研究的重要内容,几何解题理论是数学奥林匹克理论的重要组成部分.笔者认为,应关注如下的4种重要模式[8]:①类型模式:主要是根据所求解的结论分类,如线段相等角度相等,点共线与线共点,点共圆与圆共点.②方法模式:是根据几何证明所运用的方法进行宏观和微观两个层次的分类研究.③面积模式:张景中院士创立了以面积为中心的平面几何新体系,运用共边比例定理和共角比例定理,建立完备、系统化的面积方法来解决几何"一理一证"之难点,作为数学奥林匹克培训的内容让中学生认识和掌握.④图形模式:这是一种在竞赛培训各单元教学中,抓住平面几何中的主要定理与性质所对应的基本图形,分析其基本性质,借助形象思维,由图索骥,掌握和巩固几何知识的一种基本图形方法.这种方法抓几何图形的识别、分解与构造,以及基本图形与定理、性质问题的相互导引和思维转换,从而解决几何问题.显然这均是一些卓有成效的解题理论,但需要进一步发展,我们还可以从兵法的理念发展解题理论.如果把求解平面几何问题比作打仗,则可认为解题者的"兵力"就是平面几何图形的基本性质,解题者的"兵器"就是求解平面几何问题的基本方法,解题者的"兵法"就是熟悉各种典型问题的基本思路.部署优势"兵力",装备精良"兵器",运用诸子"兵法",这是夺取战斗胜利的根本保证.

[参考文献]

[1] 宁连华.数学推理的本质和功能及其能力培养[J].数学教育学报,2003,12(3):42~45

[2] 俞求是.空间与图形教学目标和教材编制的初步研究[J].数学教学通讯,2002,(4):15

[3] 李大潜.在上海市中小学教学改革研讨会的发言[J].数学教学,2003,(1):6~10

[4] 陈重穆.宋乃庆,曾宗燊.21世纪的初中平面几何[J].数学教育学报,1997,6(4):6~8

[5] 罗增儒.数学竞赛教程[M].西安:陕西师范大学出版社,1993

[6] 袁震东.教育公平与英才教育[J].数学教学,2003,(7):封二

[7] 张景中.教育数学探索[M].成都:四川教育出版社,1994

[8] 游安军.近20年我国平面几何教学研究的回顾与思考[J].数学教育学

报,2000,9(3):29~32

[9] 沈文选.奥林匹克数学研究与数学奥林匹克教育[J].数学教育学报,2002,11(3):21~25

[10] 章建跃.对数学教育改革的一些认识[J].数学教育学报,2003,12(3):33~36

Research on Geometric Problems and Geometric Teaching in the Mathematics Olympic

SHEN Wen-xuan

(Institute of Mathematics Olympic, Hunan Normal University, Hunan Changsha 410081, China)

Abstract: The activity of the mathematics Olympic was a global cultural phenomenon with deep-going connotation and profound cultural character. The geometric problems were important carriers in this phenomenon. The geometric tests contained profound connotation of this phenomenon and embody special content and style of this cultural character. To think the development of students as its root, mathematic Olympic requested that the teaching and training of the geometric content should have new thoughts in the education of talents.

Key words: mathematics Olympic; geometric problems; cultural phenomenon; cultural character; carrier; connotation; thought

注:本文发表于数学教育学报 2004 年 11 月第 13 卷第 4 期.

封面图形说明①

江泽民主席濠江中学出几何题亲历记

澳门数学教育研究学会、澳门濠江中学　郑志民②

公元 1582 年 8 月 7 日,著名的耶稣会传教士利玛窦携带欧几里得的《几何原本》踏足澳门,开始其长达 28 年之久、影响深远的中国之旅.从那一天起,澳门——这块中西文化融合交汇之地,便似乎注定要与几何结下不解之缘.

历史进入了新的千年,澳门也终于等来了这么一天,三年前的今天,那是 2000 年 12 月 20 日,中华人民共和国国家主席江泽民莅临澳门,与各界同胞共庆澳门回归祖国一周年.下午 3 时 10 分,江主席来到了濠江中学,走进热烈欢迎的师生中间.江主席平易近人,谈笑风生,对在场的老师们说:"我跟你们是同行,也在中学教过书,教师这职业很高尚."又说"中学是人生最重要的阶段,是打基础的阶段.中学基础不好,念大学会遇到很多困难.不管将来念什么,工程也好,法律也好,经济也好,中学的基本科目都必须念好."江主席还说"我喜欢数学,特别是几何,可以发展形式思维和逻辑思维."说到这里,江主席即兴掏出笔来,要了一张白纸,给大家出了一道几何题:"任意一个五角星形的五个三角形的外接圆交于五点,求证这五点共圆."他希望老师们一齐来思考这个问题,并表示回京后将寄来参考答案.

四海升平,五点共圆.江主席莅临濠江中学出几何题的消息顷刻之间传遍海内外,极大地激发起濠江师生研究几何问题的热情和兴趣.这是一道有一定难度的几何题,也是一道富有挑战性的问题.五角星形是任意的,但五个三角形的外接圆在星形外的五个交点却有一定的秩序——共圆.看似无序却有序,道是无情却有情,一个多么美妙而诱人的问题!数学科组的老师们纷纷披挂上阵.23 日,结果陆续出来了,濠江中学的四位数学老师分别作出了四个独立的

477

---

① 摘自《数学教学》2004 年第 6 期.
② 本文作者郑志民是澳门数学教育研究学会副理事长、澳门濠江中学教务主任.

证明.这些证明包含了"五点共圆"几何题两种具有代表性的证法.(杨万忍、郑志民及郑家秀老师的)第一种证法是利用圆内接四边形的判定与性质定理,反复进行角的分解、合成与转化;(刘增荣老师的)第二种证法则注意到欲证共圆的五点为五个密克(Miguel)点,抓住了问题的本质.

12 月 28 日,濠江中学数学科组专门召开了"五点共圆"几何题证法研讨会.与此同时,学校把四份不同的证明交中央驻澳联络办转呈江主席,请予指正.两天后,也就是 2000 年 12 月 30 日,濠江中学喜出望外地接到江泽民主席的亲笔复信及随附的"五点共圆"几何题参考答案.江主席在信中对我校四位老师"从不同思路得出解答不胜欣慰,"并祝学校"在新世纪中取得更大的进步,为祖国、为澳门培养出更多的优秀人才."濠江中学沸腾了,全校师生欢欣鼓舞,无不沉浸在巨大的喜悦之中.为了留下濠江校史上这光辉的一页,学校出版了《江泽民主席视察濠江中学纪念特刊》.《特刊》收入江主席的亲笔题词"濠江中学桃李芬芳",江主席兴致勃勃出五点共圆几何题的手迹,江主席的亲笔复信与"五点共圆"参考答案,以及我校数学老师给出的"五点共圆"四份证明,还收入了许许多多弥足珍贵的历史镜头.

478

人生几何,盛事难再.作为濠江中学的教务主任,一名从事教育四十余年的数学教师.同时也是一名"五点共圆"的证题者,我有幸亲历了江泽民主席视察濠江中学出几何题的全过程.时间虽然过去了整整三年,但江主席"我喜欢数学,特别是几何,可以发展形式思维和逻辑思维."以及强调"要有钻研精神"等一番话语,仍时常在我的耳边回响,江主席的话充分肯定了几何学的教育价值,肯定了几何学乃至于整个数学的素质教育功能.

就在江泽民主席澳门行之后的第二年,一个以研究澳门中、小、幼学校数学教育为宗旨,以促进数学教育的交流、改革与发展为目的的"澳门数学教育研究学会"在澳门应运而生了.学会的会徽图案由澳门的标志性建筑"松山灯塔"与江主席"五点共圆"几何图形两部分组成.她记载着一段历史,铭刻着一份记忆,也凝聚着一段情缘.历经岁月沧桑的松山灯塔今晚依旧闪亮,仿佛象征着几何之光、数学之光、科学之光普照人间.今天、明天、直至永远!

以下提供的是濠江中学的四位数学老师郑志民、杨万忍、郑家秀和刘增荣对"五点共圆"几何题的不同证明方法——编者.

命题 任意五角星形的五个(小)三角形的外接圆(在星形外)的五个交点共圆.

已知:如图 1,任意五角星形的五个小三角形的外接圆分别交于星形外的五个点 M、N、P、Q、R.求证:M、N、P、Q、R 五点共圆.

证明:连结 MN、NP、PQ、QR、RM. 又连结 CQ、QQ'、$P'Q$.

由 Q'、Q、C、R' 四点共圆知:

$\angle 7 = \angle 3 (\angle EQ'Q = \angle QCR')$.

由 P'、E、Q、Q' 四点共圆知:

$\angle 8 = \angle 7 (\angle EP'Q = \angle EQ'Q)$.

所以 $\angle 8 = \angle 3$.

所以 D、P'、Q、C 四点共圆.

同理 D、N、P'、C 四点共圆.

所以 D、N、Q、C 四点共圆(此圆为 $\triangle DP'C$ 的外接圆).

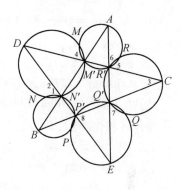

图 1

连结 DN、NQ,则 $\angle 1 + \angle 2 + \angle 3 = 180°$.

连结 RR'、MM'. 由 M、M'、N、D 四点共圆及 M、M'、R'、R 四点共圆知:

$\angle 2 = \angle 4$ 及 $\angle 4 = \angle 6$.

所以 $\angle 2 = \angle 6 (\angle DNM = \angle MRR')$.

由 Q、C、R、R' 四点共圆知:

$\angle 3 = \angle 5 (\angle R'CQ = \angle R'RQ)$.

所以 $\angle 1 + \angle 6 + \angle 5 = 180°$.

即 $\angle MNQ + \angle MRQ = 180°$.

479

所以 M、N、Q、R 四点共圆.

同理 M、P、Q、R 四点共圆.

所以 M、N、P、Q、R 五点共圆.

(上述证法由郑志民老师提供)

命题 任意五角星形的五个三角形的外接圆的五个交点共圆.

已知:如图2,任意五角星形的五个三角形的外接圆分别交于 A、B、C、D、E 五点.

求证:A、B、C、D、E 五点共圆.

探究 若能证其中四点共圆,同理(对称地)另外也有四点共圆,这两个四点集有三个点相同(各有一个点不同),则此五点共圆.

连结 E、C;E、J,则

$\angle B'BA = \angle JA'A = \angle JEA$.

连结 G、C,则 $\angle B'BC = \angle B'GC$.

这样只需证明 J、G、C、E 四点共圆(从而 $\angle JEK = \angle B'GC = \angle B'BC$,

$\angle AEC + \angle ABC = 180°$，则 A、E、C、B 四点共圆）.

连结 D'、C，则

$\angle B'GC = \angle CC'H = \angle CD'H$.

所以 J、D'、C、G 四点共圆.

同理（对称地）J、E、D'、G 四点共圆.即 J、G、C、E 四点共圆.

综上所述,命题得证.

点评 "切入点"——证四点共圆."关键处"——角的变换.

证明:连结 C、E 延长至 K;连结 E、J.

因为 A、A'、B'、B 四点共圆.

所以 $\angle B'BA = \angle AA'J$.

又因为 A、A'、E、J 四点共圆.

所以 $\angle AA'J = \angle AEJ$.

则 $\angle AEJ = \angle B'BA$.

连结 C、G；C、D',

因为 B'、B、G、C 四点共圆.

所以 $\angle B'BC = \angle B'GC$.

又因为 B'、G、C、C' 四点共圆.

所以 $\angle B'GC = \angle CC'H$.

而 C、C'、D'、H 四点共圆,

所以 $\angle CC'H = \angle CD'H$.

则 $\angle CD'H = \angle JGC$.

所以 J、D'、C、G 四点共圆.

同理（对称地）J、E、D'、G 四点共圆.

即 J、E、C、G 四点共圆.

则 $\angle JEK = \angle B'GC = \angle B'BC$

又 $\angle JEK + \angle AEJ + \angle AEC = 180°$；

所以 $\angle AEC + \angle ABC = 180°$.

所以 A、E、C、B 四点共圆.

同理（对称地）A、D、C、B 四点共圆.

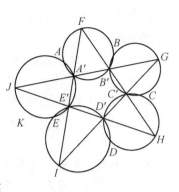

图 2

480

所以 A、B、C、D、E 五点共圆.

（上述证法由杨万忍老师提供）

命题 任意一个五角星形的五个三角形的外接圆交于五点,求证这五点共圆.

已知:如图 3,$PQRTSP$ 为任意五角星,圆 O_1、圆 O_2、$\cdots$、圆 O_5 分别为其五个三角形 PA_1B_1、TB_1C_1、$\cdots$、RE_1A_1 的外接圆.除 A_1、B_1、C_1、D_1、E_1 外,它们依次相交于 A、B、C、D、E 五点.

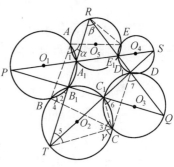

图 3

求证:A、B、C、D、E 五点共圆.

思路:循环运用圆内接四边形充要条件:

(1)凸的,任一外角等于内对角;

(2)折的,对角相等.并巧用模拟法.

证明:在圆 O_1 中,A、A_1、B_1、B 四点共圆,

于是 $\angle 1 = \angle 2$.

在圆 O_2 中,B,B_1、C、T 四点共圆.

于是 $\angle 2 = \angle 3$,所以 $\angle 1 = \angle 3$ 且 $\angle 4 = \angle 5$.

（＊）

481

又 B、B_1、C_1、C 四点共圆,$\angle 6 = \angle 4$.

所以 $\angle 6 = \angle 5$.

在圆 O_3 中,连结 CD_1.

因为 C_1、C、Q、D_1 四点共圆,

所以 $\angle 7 = \angle 6$,

所以 $\angle 7 = \angle 5$.

从而可见 T、C、D_1、R 四点共圆.

类似地,D_1、E、R、T 四点共圆.

所以 T、C、D_1、E、R 五点共圆.

于是有 T、C、E、R 四点共圆,$\angle \beta = \angle \gamma$.

在圆 O_5 中,A、A_1、E、R 四点共圆,

$\angle \alpha = \angle \beta$.

所以 $\angle \alpha = \angle \gamma$

（＊＊）

由（＊）、（＊＊）得

$\angle 1 + \angle \alpha = \angle 3 + \angle \gamma$.

所以 A、B、C、E 四点共圆.

类似地,A、B、C、D 四点共圆.

所以 A、B、C、D、E 五点共圆.

(上述证法由郑家秀老师提供)

定理 任意五角星形的五个小三角形的外接圆轮回相交于星形外的五个点,这五个点共圆.

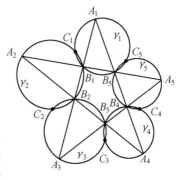

图 4

为了证明定理,我们需要下面两个引理.

引理 1 四条直线交成四个三角形,它们的外接圆共点.

引理 2 设定直线上有四点,通过其第一第二两点,第二第三两点,第三第四两点,第四第一两点各作一圆,轮回相交,则所得的四个第二交点共圆或共线.

以上两个引理分别见于梁绍鸿《初等数学复习及研究(平面几何)》P.198 与 P.196(人民教育出版社 1958 年初版).

定理的证明:如图 4,欲证 C_1、C_2、C_3、C_4、C_5 五点共圆,只需证其中任意四点共圆,下面来证 C_1、C_2、C_3、C_4 四点共圆.

记过 A_k 的外接圆为 γ_k($k = 1$、2、3、4、5). 应用引理 1 到四条直线 A_2A_4、A_2A_5、A_1A_4、A_3A_5 交成的四个三角形,知 C_4、B_5、A_2、A_4 四点共圆;

同理,C_1、A_2、A_4、B_5 四点共圆.

故 C_1、C_4、A_2、A_4 四点共圆,记此圆为 γ.

考察共线的四点 A_2、B_2、B_3、A_4. 因为过 A_2、B_2 的圆 γ_2,过 B_2、B_3 的圆 γ_3,过 B_3、A_4 的圆 γ_4,以及过 A_4、A_2 的圆 γ 这四个圆轮回相交,由引理 2,依次得到的四个第二交点 C_2、C_3、C_4、C_1 共圆.

由此可知诸 C_k 中任意四点共圆.

定理证毕.

(上述证法由刘增荣老师提供)

封面图形说明(补)①

　　早在 1993 年,江主席在接见我国获国际数学奥林匹克(IMO)大奖的选手时,就出了这道几何题,此后,他又与著名数学家陈省身、中国科学院张景中院士等讨论过这个问题.

　　"五点共圆"问题是数学中具有深远背景和广泛开发价值的"好问题"(陈省身语)之一.最先关注这个问题的应为英国数学家 A. Miquel 博士,大约在 1839 年,他就提出并证明了下列两个定理(Miquel 定理):

　　1. 完全四边形的四个三角形的外接圆共点. 此点称为 Miquel 点.

　　2. 完全五边形(即五角星)的五个 Miquel 点共圆. 此圆称为 Miquel 圆.

　　上述定理 2 与江主席提出的几何题,只是表述上不同,实质是等价的. 19 世纪中叶,曾在非欧几何和非交换代数方面作出过杰出贡献的英国数学家 W. K. Clifford②,首次将 Miquel 定理推广到任意完全 $n(n \geqslant 4)$ 边形,并得到一串互相衔接的定理——Clifford 定理.令人遗憾的是,Clifford 的这篇论文并未公开发表,只是收录在他的《Clifford 全集》中,故知之者甚少.

　　我国数学工作者在上世纪初就引进了 Miquel 定理并对它进行了深入探讨.如严济慈院士的《几何证题法》和梁绍鸿教授的《初等数学复习及研究》(平面几何)等书中都载有这两个定理,陈圣德教授在《数学通报》1964 年第 11 期上发表《关于五边形的密克圆》一文,对 Miquel 第 2 定理进行了论证和引申,这方面登峰造极的工作是我国数学家周毓麟院士完成的.他于 1954 年 12 月发表一篇题为《连环定理》的著名论文,该文除独立发现 Clifford 定理外,还对欧氏几何的共圆点、共点圆问题作了统一处理,得到了一条囊括全局的普遍性定理.

　　2001 年初,上海的余应龙教授到新加坡开会,买回一本 David Wells 所著的《几何学奇趣辞典》(此书已由上海教育出版社出版中译本,几何学专家叶中豪是责任编辑),在该书原版的第 79 页,有一个奇趣的定理:

　　作五个圆,其圆心都落在同一定圆上,且相邻两圆的一个交点也在该定圆上,将这些圆在定圆内的另五个交点中相邻的两个连成直线,则这五条直线交成顶点在所作五圆上的五角星.

　　这个定理与 Miquel 第 2 定理颇为相似,实际上,它是后者的一个特例.

483

---

　　① 此说明根据《湖南教育(数学教师)》中陈都先生的《"五点共圆"趣话》一文摘编得到.

　　② Clifford William Kingdon,英国人,1845 年 5 月 4 日生于埃克塞特,他 18 岁在剑桥大学就读时就发表了两篇有创见的几何论文.毕业后在该校任教. 1871 年起转任伦敦大学教授,1879 年 3 月 3 日逝世.

参 考 文 献

［1］阿达玛 J 著. 几何（平面部分）. 朱德祥译. 上海：上海科学技术出版社,1980

［2］考克塞特 H S M,格雷策 S L 著. 几何学的新探索. 陈维恒译. 北京：北京大学出版社,1986

［3］波拉索洛夫 B B 著. 平面几何问题集及其解答. 周春荔,等译. 长春：东北师范大学出版社,1988

［4］梁绍鸿. 初等数学复习及研究（平面几何）. 北京：高等教育出版社,1959

［5］钟集. 平面几何证题法. 广州：广东科学技术出版社,1986

［6］朱德祥. 初等几何研究. 北京：高等教育出版社,1992

［7］汪江松,黄家礼. 几何明珠. 武汉：中国地质大学出版社,1988

［8］沈文选,等. 初等数学研究教程. 长沙：湖南教育出版社,1996

［9］单墫. 数学竞赛研究教程. 南京：江苏教育出版社,1993

［10］杜锡录,等. 初中数学竞赛教程. 南京：江苏教育出版社,1990

［11］张求诚. 初中数学奥林匹克的方法与技巧. 长沙：湖南教育出版社,1996

［12］沈文选,等. 初等数学解题研究. 长沙：湖南科学技术出版社,1996

［13］高仁安,杜仁光. 怎样用复数法解中学数学题. 广州：广东人民出版社,1984

［14］席振伟,张明. 向量法证几何题. 重庆：重庆出版社,1985

［15］沈文选. 中学数学解题典型方法例说. 长沙：湖南师范大学出版社,1996

［16］沈文选. 中学数学解题方法基础. 哈尔滨：哈尔滨出版社,1997

［17］高灵. 三角形不等式的一个基本定理. 湖南数学通讯,1984(2)

［18］邹泽民. 关于三角形内角与半内角的三角式相关定理及应用. 数学通讯,1992(4)

［19］苏化明. 谈一个不等式. 中学数学（苏州）,1984(1)

［20］唐立华,黄西灵. 关于 A. Oppenheim 不等式. 数学通报,1992(7)

［21］张景中. 消点法浅谈. 数学教师,1995(1)

［22］刘健. 三角形几何不等式的变换原则及其应用. 中学数学（湖北）,1992(9)

484

［23］吴振奎.中学数学中的物理方法.上海:科学普及出版社,1987

［24］杨之.初等数学研究的问题与课题.长沙:湖南教育出版社,1993

［25］杨世明.中国初等数学研究文集.郑州:河南教育出版社,1992

［26］沈文选,黄金贵.向量坐标及应用.见:湖南教育出版社编.数学竞赛（20辑）.长沙:湖南教育出版社,1994

［27］沈文选.位似变换及应用.见:湖南教育出版社编.数学竞赛（21辑）.长沙:湖南教育出版社,1994

［28］沈文选.仿射变换及应用.见:湖南教育出版社编.数学竞赛（22辑）.长沙:湖南教育出版社,1994

［29］南秀全.利用反演变换解几何题.见:湖南教育出版社编.数学竞赛（17辑）.长沙:湖南教育出版社,1993

［30］沈文选.数学竞赛中点共直线问题的求解思路.中学教研（数学）,1994(4)

［31］沈文选.数学竞赛中两直线平行问题的求解思路.中学数学（湖北）,1993(12)

［32］沈文选.数学竞赛中两直线垂直问题的求解思路.中学数学（湖北）,1994(1)

［33］沈文选.数学竞赛中线段相等问题的求解思路.中学数学（湖北）,1995(2)

485

［34］沈文选.数学竞赛中角度相等问题的求解思路.中学数学（湖北）,1995(3)

［35］黄汉生,张述松.计算三角形五心坐标的统一公式.数学教学研究,1991(4)

［36］李明,等.三角形各心的性质.中学数学教学,1993(1)

［37］李凤坤,等.三角形旁心的性质.数学通报,1995(2)

［38］冯跃峰.三角形"心距"公式.中学数学教学,1995(1)

［39］尹成江.三角形的外接圆、内接圆、旁切圆之间的关系.中学教研（数学）,1995(7~8)

［40］袁祖志.三角形重心的性质.中学数学教学,1995(1)

［41］张学哲.三角形的周界中线.数学通报,1995(4)

［42］孙哲.三角形界心的几个结论.中学数学（湖北）,1995(9)

［43］熊光汉.三角形的半外切圆及其性质.中学教研（数学）,1993(3)

［44］李平龙.半内切圆及其性质.中学数学（湖北）,1995(7)

[45] 黄汉生. 计算三角形的中线、高、角平分线长的统一公式. 数学教学研究, 1988(6)

[46] 刘楚炤. 凸 n 边形中的正弦定理、余弦定理和射影定理. 数学通报, 1988(8)

[47] 叶文耀. 非圆内接四边形中的边角关系. 数学教学研究, 1987(3)

[48] 沈文选. 双圆四边形的一些结论. 数学通报, 1991(5)

[49] 沈文选. 从一道竞赛题谈起. 湖南数学通讯, 1993(1)

[50] 沈文选. 两圆相交的两条性质及应用. 中学数学(湖北), 1990(2)

[51] 沈文选. 三圆两两相交的一条性质及应用. 中学数学(湖北), 1992(6)

[52] 沈文选. 正三角形的连接. 中等数学, 1995(6)

[53] 沈文选. 直角三角形中的一些数量关系. 中学数学(湖北), 1997(7)

[54] 沈文选. 射影法及应用. 中学数学(苏州), 1991(10)

[55] 杨润生. 梯形的重心定理及中线长公式. 数学通讯, 1989(5)

[56] 梁卷明. 三等分线构成的三角形性质. 中学数学(湖北), 1997(7)

[57] 李平龙. 莫莱三角形对应边的位置关系. 中学数学(湖北), 1995(2)

[58] 李康海. 莫莱定理及其两种演变的统一证法. 数学教学通讯, 1996(4)

[59] 赵心敬, 焦和平. 三角形的内接三角形面积的不等式链. 数学通报, 1996(8)

[60] 李琴英, 阮子昭. 一个几何定理的推广. 中学数学教学, 1997(4)

[61] 张志华. 一类内接三角形面积的统一公式. 中学数学(湖北), 1997(6)

[62] 胡文生. 一个新几何不等式. 数学通讯, 1993(10)

[63] 张汉清. Whc 32 的解决. 数学通讯, 1997(11)

[64] 沈文选. 关联正方形的一些有趣结论与数学竞赛命题. 中等数学, 1998(1)

486

编辑手记

平面几何是惟一一门可以难倒世界上任何一位著名数学家的初等数学课程。大几何学家陈省身曾多次公开声明他解不出数学竞赛中的几何题。1991年在华东师范大学的一次讲座上,我亲耳听到这样的话,这不是自谦,是事实,是所有学过平面几何并曾为解不出题目而苦恼的人的共识。

人们对几何学的认识不尽相同,但对平面几何学的教育功能的认识却相当一致。1978 年 4 月 27 日,陈省身先生在美国加州大学伯克莱分校做了一个"教授会研究报告"。其中他谈到了这个问题:"对于"几何"这个词的含义,不同的时期和不同的数学家都有不同的看法。在欧几里得看来,几何是由一组从公理引出的逻辑推论组成,随着几何范围的不断扩展,这样的说法显然是不够的。1932 年,大几何学家 O. 维布伦(Veblen,Oswald,1880 ~ 1960)和 J. H. C. 怀特海德(Whitehead,John Henry Constantin,1904 ~ 1960)说:'数学的一个分支之所以称为几何,是因为这个名称对于相当多的有威望的人,在感情和传统上看来是好的。'这个看法,得到法国大几何学家 E. 嘉当(Cartan,Elie Joseph,1869 ~ 1951)的热情赞同。一个分析学家,美国大数学家 G. 伯克霍夫(Birkhoff,George David,1884 ~ 1944)谈到了一个'使人不安的隐忧:几何学可能最后只不过是分析学的一件华丽的直观外衣'。最近我的朋友 A. 韦伊(Weil,Andre,1906 ~ 1998)说:'从心理学角度来看,真实的几何直观也许是永远不可能弄明白的。以前它主要意味着三维空间中的形象的了解力。现在高维空间已经把比较初等的问题基本上都排除了,形象的了解力至多只能是部分的或象征性的。某种程度的触觉的想像也似乎牵涉进来了。'"

虽然几何不易说清,但平面几何的教育功能却是显著的。美国著名经济学家米尔顿·弗里德曼曾回忆其中学的一位政治学教师叫科恩,当时教一门叫"公民学"(Civics)的课程,另外还教"欧氏几何学"。时隔70年后弗里德曼还记得当时的证明(见《两个幸运的人——弗里德曼回忆录》,中信出版社,2004)。在丹尼斯·奥

487

弗比著的《恋爱中的爱因斯坦》(世纪出版集团)中记叙了一位爱因斯坦家的常客当时在慕尼黑的大学里学医的一个波兰人塔尔梅(Max Talmey)。他送给了爱因斯坦一本平面几何书。在爱因斯坦的后半生,他都把它当做"圣"书。"这在他的头脑中点燃了一把数学之火。阿尔伯特在这门学科中已经成了内行,他向他的妹妹吹嘘说,他已找到了毕达哥拉斯定理的原始证明。

平面几何一直在中学数学中占有重要位置。出版界也对其相当关注,解放前严济慈先生曾用《几何证题术》这本小册子的稿费赴法留学。其后的几十年,许纯舫、梁绍鸿、朱德祥几位平面几何大家的著作一直"统治"着中学数学界,从与时俱进的角度看应该有新的著作问世了。但近几年来出版的几何书总令人有种"求之不得,得之不求"的感觉,希望这本书的出版能有所改观。

沈文选先生是我的老作者,功底深厚,学问扎实,为人纯朴,既有高校背景又有中学实践,在平面几何研究者中颇有影响。叶中豪先生是我的书友,上海十大藏书家,毕业于复旦大学,是当年上海市高中数学竞赛的优胜者,在数学界属于"无名有品,无位有尊"之人。他的长文原是为我筹办的杂志《数学奥林匹克与数学文化》所做,但由于刊号问题久未刊出,所以"委屈"一下收为附录。田廷彦先生也是竞赛界的"域外高手",解起 IMO 试题是"手起刀落"令人惊诧,经常给我提出令我无法解答的难题,想必思维一定有过人之处。他们文章也是应约而做,收为附录,望能理解。

近几十年来国家领导人对数学教育宏观上很重视,微观上江泽民在参观澳门濠江中学提出一个平几问题引起了不小波澜,这是一个有趣的问题,也是一个亮点,将其设计为封面有些创意。

哈师大附中刘利益老师,郭城、张一木同学帮助校对了手稿,在此表示感谢。

李广鑫编辑对书稿进行了认真细致的加工,时值盛夏,酷热难耐,挥汗如雨,敬业精神实在可佳。

廖廖数语,谨以为记。

刘培杰

2005 年 8 月 30 日

488

书 名	出版时间	定 价	编号
新编中学数学解题方法全书(高中版)上卷(第2版)	2018—08	58.00	951
新编中学数学解题方法全书(高中版)中卷(第2版)	2018—08	68.00	952
新编中学数学解题方法全书(高中版)下卷(一)(第2版)	2018—08	58.00	953
新编中学数学解题方法全书(高中版)下卷(二)(第2版)	2018—08	58.00	954
新编中学数学解题方法全书(高中版)下卷(三)(第2版)	2018—08	68.00	955
新编中学数学解题方法全书(初中版)上卷	2008—01	28.00	29
新编中学数学解题方法全书(初中版)中卷	2010—07	38.00	75
新编中学数学解题方法全书(高考复习卷)	2010—01	48.00	67
新编中学数学解题方法全书(高考真题卷)	2010—01	38.00	62
新编中学数学解题方法全书(高考精华卷)	2011—03	68.00	118
新编平面解析几何解题方法全书(专题讲座卷)	2010—01	18.00	61
新编中学数学解题方法全书(自主招生卷)	2013—08	88.00	261
数学奥林匹克与数学文化(第一辑)	2006—05	48.00	4
数学奥林匹克与数学文化(第二辑)(竞赛卷)	2008—01	48.00	19
数学奥林匹克与数学文化(第二辑)(文化卷)	2008—07	58.00	36'
数学奥林匹克与数学文化(第三辑)(竞赛卷)	2010—01	48.00	59
数学奥林匹克与数学文化(第四辑)(竞赛卷)	2011—08	58.00	87
数学奥林匹克与数学文化(第五辑)	2015—06	98.00	370
世界著名平面几何经典著作钩沉——几何作图专题卷(共3卷)	2022—01	198.00	1460
世界著名平面几何经典著作钩沉(民国平面几何老课本)	2011—03	38.00	113
世界著名平面几何经典著作钩沉(建国初期平面三角老课本)	2015—08	38.00	507
世界著名解析几何经典著作钩沉——平面解析几何卷	2014—01	38.00	264
世界著名数论经典著作钩沉(算术卷)	2012—01	28.00	125
世界著名数学经典著作钩沉——立体几何卷	2011—02	28.00	88
世界著名三角学经典著作钩沉(平面三角卷Ⅰ)	2010—06	28.00	69
世界著名三角学经典著作钩沉(平面三角卷Ⅱ)	2011—01	38.00	78
世界著名初等数论经典著作钩沉(理论和实用算术卷)	2011—07	38.00	126
世界著名几何经典著作钩沉(解析几何卷)	2022—10	68.00	1564
发展你的空间想象力(第3版)	2021—01	98.00	1464
空间想象力进阶	2019—05	68.00	1062
走向国际数学奥林匹克的平面几何试题诠释.第1卷	2019—07	88.00	1043
走向国际数学奥林匹克的平面几何试题诠释.第2卷	2019—09	78.00	1044
走向国际数学奥林匹克的平面几何试题诠释.第3卷	2019—03	78.00	1045
走向国际数学奥林匹克的平面几何试题诠释.第4卷	2019—09	98.00	1046
平面几何证明方法全书	2007—08	35.00	1
平面几何证明方法全书习题解答(第2版)	2006—12	18.00	10
平面几何天天练上卷·基础篇(直线型)	2013—01	58.00	208
平面几何天天练中卷·基础篇(涉及圆)	2013—01	28.00	234
平面几何天天练下卷·提高篇	2013—01	58.00	237
平面几何专题研究	2013—07	98.00	258
平面几何解题之道.第1卷	2022—05	38.00	1494
几何学习题集	2020—10	48.00	1217
通过解题学习代数几何	2021—04	88.00	1301
圆锥曲线的奥秘	2022—06	88.00	1541

书　名	出版时间	定　价	编号
最新世界各国数学奥林匹克中的平面几何试题	2007-09	38.00	14
数学竞赛平面几何典型题及新颖解	2010-07	48.00	74
初等数学复习及研究(平面几何)	2008-09	68.00	38
初等数学复习及研究(立体几何)	2010-06	38.00	71
初等数学复习及研究(平面几何)习题解答	2009-01	58.00	42
几何学教程(平面几何卷)	2011-03	68.00	90
几何学教程(立体几何卷)	2011-07	68.00	130
几何变换与几何证题	2010-06	88.00	70
计算方法与几何证题	2011-06	28.00	129
立体几何技巧与方法(第2版)	2022-10	168.00	1572
几何瑰宝——平面几何500名题暨1500条定理(上、下)	2021-07	168.00	1358
三角形的解法与应用	2012-07	18.00	183
近代的三角形几何学	2012-07	48.00	184
一般折线几何学	2015-08	48.00	503
三角形的五心	2009-06	28.00	51
三角形的六心及其应用	2015-10	68.00	542
三角形趣谈	2012-08	28.00	212
解三角形	2014-01	28.00	265
探秘三角形:一次数学旅行	2021-10	68.00	1387
三角学专门教程	2014-09	28.00	387
图天下几何新题试卷.初中(第2版)	2017-11	58.00	855
圆锥曲线习题集(上册)	2013-06	68.00	255
圆锥曲线习题集(中册)	2015-01	78.00	434
圆锥曲线习题集(下册·第1卷)	2016-10	78.00	683
圆锥曲线习题集(下册·第2卷)	2018-01	98.00	853
圆锥曲线习题集(下册·第3卷)	2019-10	128.00	1113
圆锥曲线的思想方法	2021-08	48.00	1379
圆锥曲线的八个主要问题	2021-10	48.00	1415
论九点圆	2015-05	88.00	645
近代欧氏几何学	2012-03	48.00	162
罗巴切夫斯基几何学及几何基础概要	2012-07	28.00	188
罗巴切夫斯基几何学初步	2015-06	28.00	474
用三角、解析几何、复数、向量计算解数学竞赛几何题	2015-03	48.00	455
用解析法研究圆锥曲线的几何理论	2022-05	48.00	1495
美国中学几何教程	2015-04	88.00	458
三线坐标与三角形特征点	2015-04	98.00	460
坐标几何学基础.第1卷,笛卡儿坐标	2021-08	48.00	1398
坐标几何学基础.第2卷,三线坐标	2021-09	28.00	1399
平面解析几何方法与研究(第1卷)	2015-05	18.00	471
平面解析几何方法与研究(第2卷)	2015-06	18.00	472
平面解析几何方法与研究(第3卷)	2015-07	18.00	473
解析几何研究	2015-01	38.00	425
解析几何学教程.上	2016-01	38.00	574
解析几何学教程.下	2016-01	38.00	575
几何学基础	2016-01	58.00	581
初等几何研究	2015-02	58.00	444
十九和二十世纪欧氏几何学中的片段	2017-01	58.00	696
平面几何中考.高考.奥数一本通	2017-07	28.00	820
几何学简史	2017-08	28.00	833
四面体	2018-01	48.00	880
平面几何证明方法思路	2018-12	68.00	913
折纸中的几何练习	2022-09	48.00	1559
中学新几何学(英文)	2022-10	98.00	1562
线性代数与几何	2023-04	68.00	1633
四面体几何学引论	2023-06	68.00	1648

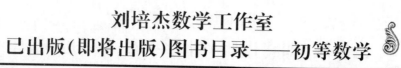

刘培杰数学工作室
已出版（即将出版）图书目录——初等数学

书　名	出版时间	定　价	编号
平面几何图形特性新析.上篇	2019—01	68.00	911
平面几何图形特性新析.下篇	2018—06	88.00	912
平面几何范例多解探究.上篇	2018—04	48.00	910
平面几何范例多解探究.下篇	2018—12	68.00	914
从分析解题过程学解题:竞赛中的几何问题研究	2018—07	68.00	946
从分析解题过程学解题:竞赛中的向量几何与不等式研究(全2册)	2019—06	138.00	1090
从分析解题过程学解题:竞赛中的不等式问题	2021—01	48.00	1249
二维、三维欧氏几何的对偶原理	2018—12	38.00	990
星形大观及闭折线论	2019—03	68.00	1020
立体几何的问题和方法	2019—11	58.00	1127
三角代换论	2021—05	58.00	1313
俄罗斯平面几何问题集	2009—08	88.00	55
俄罗斯立体几何问题集	2014—03	58.00	283
俄罗斯几何大师——沙雷金论数学及其他	2014—01	48.00	271
来自俄罗斯的5000道几何习题及解答	2011—03	58.00	89
俄罗斯初等数学问题集	2012—05	38.00	177
俄罗斯函数问题集	2011—03	38.00	103
俄罗斯组合分析问题集	2011—01	48.00	79
俄罗斯初等数学万题选——三角卷	2012—11	38.00	222
俄罗斯初等数学万题选——代数卷	2013—08	68.00	225
俄罗斯初等数学万题选——几何卷	2014—01	68.00	226
俄罗斯《量子》杂志数学征解问题100题选	2018—08	48.00	969
俄罗斯《量子》杂志数学征解问题又100题选	2018—08	48.00	970
俄罗斯《量子》杂志数学征解问题	2020—05	48.00	1138
463个俄罗斯几何老问题	2012—01	28.00	152
《量子》数学短文精粹	2018—09	38.00	972
用三角、解析几何等计算解来自俄罗斯的几何题	2019—11	88.00	1119
基谢廖夫平面几何	2022—01	48.00	1461
基谢廖夫立体几何	2023—04	48.00	1599
数学:代数、数学分析和几何(10—11年级)	2021—01	48.00	1250
直观几何学:5—6年级	2022—04	58.00	1508
几何学:第2版.7—9年级	2023—08	68.00	1684
平面几何:9—11年级	2022—10	48.00	1571
立体几何.10—11年级	2022—01	58.00	1472

书　名	出版时间	定　价	编号
谈谈素数	2011—03	18.00	91
平方和	2011—03	18.00	92
整数论	2011—05	38.00	120
从整数谈起	2015—10	28.00	538
数与多项式	2016—01	38.00	558
谈谈不定方程	2011—05	28.00	119
质数漫谈	2022—07	68.00	1529

书　名	出版时间	定　价	编号
解析不等式新论	2009—06	68.00	48
建立不等式的方法	2011—03	98.00	104
数学奥林匹克不等式研究(第2版)	2020—07	68.00	1181
不等式研究(第三辑)	2023—08	198.00	1673
不等式的秘密(第一卷)(第2版)	2014—02	38.00	286
不等式的秘密(第二卷)	2014—01	38.00	268
初等不等式的证明方法	2010—06	38.00	123
初等不等式的证明方法(第二版)	2014—11	38.00	407
不等式·理论·方法(基础卷)	2015—07	38.00	496
不等式·理论·方法(经典不等式卷)	2015—07	38.00	497
不等式·理论·方法(特殊类型不等式卷)	2015—07	48.00	498
不等式探究	2016—03	38.00	582
不等式探秘	2017—01	88.00	689
四面体不等式	2017—01	68.00	715
数学奥林匹克中常见重要不等式	2017—09	38.00	845

刘培杰数学工作室
已出版(即将出版)图书目录——初等数学

书　名	出版时间	定　价	编号
三正弦不等式	2018—09	98.00	974
函数方程与不等式:解法与稳定性结果	2019—04	68.00	1058
数学不等式.第1卷,对称多项式不等式	2022—05	78.00	1455
数学不等式.第2卷,对称有理不等式与对称无理不等式	2022—05	88.00	1456
数学不等式.第3卷,循环不等式与非循环不等式	2022—05	88.00	1457
数学不等式.第4卷,Jensen不等式的扩展与加细	2022—05	88.00	1458
数学不等式.第5卷,创建不等式与解不等式的其他方法	2022—05	88.00	1459
不定方程及其应用.上	2018—12	58.00	992
不定方程及其应用.中	2019—01	78.00	993
不定方程及其应用.下	2019—02	98.00	994
Nesbitt不等式加强式的研究	2022—06	128.00	1527
最值定理与分析不等式	2023—02	78.00	1567
一类积分不等式	2023—02	88.00	1579
邦费罗尼不等式及概率应用	2023—05	58.00	1637
同余理论	2012—05	38.00	163
[x]与{x}	2015—04	48.00	476
极值与最值.上卷	2015—06	28.00	486
极值与最值.中卷	2015—06	38.00	487
极值与最值.下卷	2015—06	28.00	488
整数的性质	2012—11	38.00	192
完全平方数及其应用	2015—08	78.00	506
多项式理论	2015—10	88.00	541
奇数、偶数、奇偶分析法	2018—01	98.00	876
历届美国中学生数学竞赛试题及解答(第一卷)1950—1954	2014—07	18.00	277
历届美国中学生数学竞赛试题及解答(第二卷)1955—1959	2014—04	18.00	278
历届美国中学生数学竞赛试题及解答(第三卷)1960—1964	2014—06	18.00	279
历届美国中学生数学竞赛试题及解答(第四卷)1965—1969	2014—04	28.00	280
历届美国中学生数学竞赛试题及解答(第五卷)1970—1972	2014—06	18.00	281
历届美国中学生数学竞赛试题及解答(第六卷)1973—1980	2017—07	18.00	768
历届美国中学生数学竞赛试题及解答(第七卷)1981—1986	2015—01	18.00	424
历届美国中学生数学竞赛试题及解答(第八卷)1987—1990	2017—05	18.00	769
历届国际数学奥林匹克试题集	2023—09	158.00	1701
历届中国数学奥林匹克试题集(第3版)	2021—10	58.00	1440
历届加拿大数学奥林匹克试题集	2012—08	38.00	215
历届美国数学奥林匹克试题集	2023—08	98.00	1681
历届波兰数学竞赛试题集.第1卷,1949~1963	2015—03	18.00	453
历届波兰数学竞赛试题集.第2卷,1964~1976	2015—03	18.00	454
历届巴尔干数学奥林匹克试题集	2015—05	38.00	466
保加利亚数学奥林匹克	2014—10	38.00	393
圣彼得堡数学奥林匹克试题集	2015—01	38.00	429
匈牙利奥林匹克数学竞赛题解.第1卷	2016—05	28.00	593
匈牙利奥林匹克数学竞赛题解.第2卷	2016—05	28.00	594
历届美国数学邀请赛试题集(第2版)	2017—10	78.00	851
普林斯顿大学数学竞赛	2016—06	38.00	669
亚太地区数学奥林匹克竞赛题	2015—07	18.00	492
日本历届(初级)广中杯数学竞赛试题及解答.第1卷(2000~2007)	2016—05	28.00	641
日本历届(初级)广中杯数学竞赛试题及解答.第2卷(2008~2015)	2016—05	38.00	642
越南数学奥林匹克题选:1962—2009	2021—07	48.00	1370
360个数学竞赛问题	2016—08	58.00	677
奥数最佳实战题.上卷	2017—06	38.00	760
奥数最佳实战题.下卷	2017—05	58.00	761
哈尔滨市早期中学数学竞赛试题汇编	2016—07	28.00	672
全国高中数学联赛试题及解答:1981—2019(第4版)	2020—07	138.00	1176
2022年全国高中数学联合竞赛模拟题集	2022—06	30.00	1521

书　名	出版时间	定　价	编号
20 世纪 50 年代全国部分城市数学竞赛试题汇编	2017－07	28.00	797
国内外数学竞赛题及精解:2018～2019	2020－08	45.00	1192
国内外数学竞赛题及精解:2019～2020	2021－11	58.00	1439
许康华竞赛优学精选集.第一辑	2018－08	68.00	949
天问叶班数学问题征解 100 题.Ⅰ,2016－2018	2019－05	88.00	1075
天问叶班数学问题征解 100 题.Ⅱ,2017－2019	2020－07	98.00	1177
美国初中数学竞赛:AMC8 准备(共 6 卷)	2019－07	138.00	1089
美国高中数学竞赛:AMC10 准备(共 6 卷)	2019－08	158.00	1105
王连笑教你怎样学数学:高考选择题解题策略与客观题实用训练	2014－01	48.00	262
王连笑教你怎样学数学:高考数学高层次讲座	2015－02	48.00	432
高考数学的理论与实践	2009－08	38.00	53
高考数学核心题型解题方法与技巧	2010－01	28.00	86
高考思维新平台	2014－03	38.00	259
高考数学压轴题解题诀窍(上)(第 2 版)	2018－01	58.00	874
高考数学压轴题解题诀窍(下)(第 2 版)	2018－01	48.00	875
北京市五区文科数学三年高考模拟题详解:2013～2015	2015－08	48.00	500
北京市五区理科数学三年高考模拟题详解:2013～2015	2015－09	68.00	505
向量法巧解数学高考题	2009－08	28.00	54
高中数学课堂教学的实践与反思	2021－11	48.00	791
数学高考参考	2016－01	78.00	589
新课程标准高考数学解答题各种题型解法指导	2020－08	78.00	1196
全国及各省市高考数学试题审题要津与解法研究	2015－02	48.00	450
高中数学章节起始课的教学研究与案例设计	2019－05	28.00	1064
新课标高考数学——五年试题分章详解(2007～2011)(上、下)	2011－10	78.00	140,141
全国中考数学压轴题审题要津与解法研究	2013－04	78.00	248
新编全国及各省市中考数学压轴题审题要津与解法研究	2014－05	58.00	342
全国及各省市 5 年中考数学压轴题审题要津与解法研究(2015 版)	2015－04	58.00	462
中考数学专题总复习	2007－04	28.00	6
中考数学较难题常考题型解题方法与技巧	2016－09	48.00	681
中考数学难题常考题型解题方法与技巧	2016－09	48.00	682
中考数学中档题常考题型解题方法与技巧	2017－08	68.00	835
中考数学选择填空压轴好题妙解 365	2024－01	80.00	1698
中考数学:三类重点考题的解法例析与习题	2020－04	48.00	1140
中小学数学的历史文化	2019－11	48.00	1124
初中平面几何百题多思创新解	2020－01	58.00	1125
初中数学中考备考	2020－01	58.00	1126
高考数学之九章演义	2019－08	68.00	1044
高考数学之难题谈笑间	2022－06	68.00	1519
化学可以这样学:高中化学知识方法智慧感悟疑难辨析	2019－07	58.00	1103
如何成为学习高手	2019－09	58.00	1107
高考数学:经典真题分类解析	2020－04	78.00	1134
高考数学解答题破解策略	2020－11	58.00	1221
从分析解题过程学解题:高考压轴题与竞赛题之关系探究	2020－08	88.00	1179
教学新思考:单元整体视角下的初中数学教学设计	2021－03	58.00	1278
思维再拓展:2020 年经典几何题的多解探究与思考	即将出版		1279
中考数学小压轴汇编初讲	2017－07	48.00	788
中考数学大压轴专题微言	2017－09	48.00	846
怎么解中考平面几何探索题	2019－06	48.00	1093
北京中考数学压轴题解题方法突破(第 9 版)	2024－01	78.00	1645
助你高考成功的数学解题智慧:知识是智慧的基础	2016－01	58.00	596
助你高考成功的数学解题智慧:错误是智慧的试金石	2016－04	58.00	643
助你高考成功的数学解题智慧:方法是智慧的推手	2016－04	68.00	657
高考数学奇思妙解	2016－04	38.00	610
高考数学解题策略	2016－05	48.00	670
数学解题泄天机(第 2 版)	2017－10	48.00	850

书　名	出版时间	定　价	编号
高中物理教学讲义	2018-01	48.00	871
高中物理教学讲义:全模块	2022-03	98.00	1492
高中物理答疑解惑65篇	2021-11	48.00	1462
中学物理基础问题解析	2020-08	48.00	1183
初中数学、高中数学脱节知识补缺教材	2017-06	48.00	766
高考数学客观题解题方法和技巧	2017-10	38.00	847
十年高考数学精品试题审题要津与解法研究	2021-10	98.00	1427
中国历届高考数学试题及解答.1949-1979	2018-01	38.00	877
历届中国高考数学试题及解答.第二卷,1980-1989	2018-10	28.00	975
历届中国高考数学试题及解答.第三卷,1990-1999	2018-10	48.00	976
跟我学解高中数学题	2018-07	58.00	926
中学数学研究的方法及案例	2018-05	58.00	869
高考数学抢分技能	2018-07	68.00	934
高一新生常用数学方法和重要数学思想提升教材	2018-06	38.00	921
高考数学全国卷六道解答题常考题型解题诀窍:理科(全2册)	2019-07	78.00	1101
高考数学全国卷16道选择、填空题常考题型解题诀窍.理科	2018-09	88.00	971
高考数学全国卷16道选择、填空题常考题型解题诀窍.文科	2020-01	88.00	1123
高中数学一题多解	2019-06	58.00	1087
历届中国高考数学试题及解答:1917-1999	2021-08	98.00	1371
2000~2003年全国及各省市高考数学试题及解答	2022-05	88.00	1499
2004年全国及各省市高考数学试题及解答	2023-08	78.00	1500
2005年全国及各省市高考数学试题及解答	2023-08	78.00	1501
2006年全国及各省市高考数学试题及解答	2023-08	88.00	1502
2007年全国及各省市高考数学试题及解答	2023-08	98.00	1503
2008年全国及各省市高考数学试题及解答	2023-08	88.00	1504
2009年全国及各省市高考数学试题及解答	2023-08	88.00	1505
2010年全国及各省市高考数学试题及解答	2023-08	98.00	1506
2011~2017年全国及各省市高考数学试题及解答	2024-01	78.00	1507
突破高原:高中数学解题思维探究	2021-08	48.00	1375
高考数学中的"取值范围"	2021-10	48.00	1429
新课程标准高中数学各种题型解法大全.必修一分册	2021-06	58.00	1315
新课程标准高中数学各种题型解法大全.必修三分册	2022-01	68.00	1471
高中数学各种题型解法大全.选择性必修一分册	2022-06	68.00	1525
高中数学各种题型解法大全.选择性必修二分册	2023-01	58.00	1600
高中数学各种题型解法大全.选择性必修三分册	2023-04	48.00	1643
历届全国初中数学竞赛经典试题详解	2023-04	88.00	1624
孟祥礼高考数学精刷精解	2023-06	98.00	1663

新编640个世界著名数学智力趣题	2014-01	88.00	242
500个最新世界著名数学智力趣题	2008-06	48.00	3
400个最新世界著名数学最值问题	2008-09	48.00	36
500个世界著名数学征解问题	2009-06	48.00	52
400个中国最佳初等数学征解老问题	2010-01	48.00	60
500个俄罗斯数学经典老题	2011-01	28.00	81
1000个国外中学物理好题	2012-04	48.00	174
300个日本高考数学题	2012-05	38.00	142
700个早期日本高考数学试题	2017-02	88.00	752
500个前苏联早期高考数学试题及解答	2012-05	28.00	185
546个早期俄罗斯大学生数学竞赛题	2014-03	38.00	285
548个来自美苏的数学好问题	2014-11	28.00	396
20所苏联著名大学早期入学试题	2015-02	18.00	452
161道德国工科大学生必做的微分方程习题	2015-05	28.00	469
500个德国工科大学生必做的高数习题	2015-06	28.00	478
360个数学竞赛问题	2016-08	58.00	677
200个趣味数学故事	2018-02	48.00	857
470个数学奥林匹克中的最值问题	2018-10	88.00	985
德国讲义日本考题.微积分卷	2015-04	48.00	456
德国讲义日本考题.微分方程卷	2015-04	38.00	457
二十世纪中叶中、英、美、日、法、俄高考数学试题精选	2017-06	38.00	783

刘培杰数学工作室
已出版（即将出版）图书目录——初等数学

书　名	出版时间	定　价	编号
中国初等数学研究　2009 卷(第 1 辑)	2009－05	20.00	45
中国初等数学研究　2010 卷(第 2 辑)	2010－05	30.00	68
中国初等数学研究　2011 卷(第 3 辑)	2011－07	60.00	127
中国初等数学研究　2012 卷(第 4 辑)	2012－07	48.00	190
中国初等数学研究　2014 卷(第 5 辑)	2014－02	48.00	288
中国初等数学研究　2015 卷(第 6 辑)	2015－06	68.00	493
中国初等数学研究　2016 卷(第 7 辑)	2016－04	68.00	609
中国初等数学研究　2017 卷(第 8 辑)	2017－01	98.00	712
初等数学研究在中国.第 1 辑	2019－03	158.00	1024
初等数学研究在中国.第 2 辑	2019－10	158.00	1116
初等数学研究在中国.第 3 辑	2021－05	158.00	1306
初等数学研究在中国.第 4 辑	2022－06	158.00	1520
初等数学研究在中国.第 5 辑	2023－07	158.00	1635
几何变换(Ⅰ)	2014－07	28.00	353
几何变换(Ⅱ)	2015－06	28.00	354
几何变换(Ⅲ)	2015－01	38.00	355
几何变换(Ⅳ)	2015－12	38.00	356
初等数论难题集(第一卷)	2009－05	68.00	44
初等数论难题集(第二卷)(上、下)	2011－02	128.00	82,83
数论概貌	2011－03	18.00	93
代数数论(第二版)	2013－08	58.00	94
代数多项式	2014－06	38.00	289
初等数论的知识与问题	2011－02	28.00	95
超越数论基础	2011－03	28.00	96
数论初等教程	2011－03	28.00	97
数论基础	2011－03	18.00	98
数论基础与维诺格拉多夫	2014－03	18.00	292
解析数论基础	2012－08	28.00	216
解析数论基础(第二版)	2014－01	48.00	287
解析数论问题集(第二版)(原版引进)	2014－05	88.00	343
解析数论问题集(第二版)(中译本)	2016－04	88.00	607
解析数论基础(潘承洞,潘承彪著)	2016－07	98.00	673
解析数论导引	2016－07	58.00	674
数论入门	2011－03	38.00	99
代数数论入门	2015－03	38.00	448
数论开篇	2012－07	28.00	194
解析数论引论	2011－03	48.00	100
Barban Davenport Halberstam 均值和	2009－01	40.00	33
基础数论	2011－03	28.00	101
初等数论 100 例	2011－05	18.00	122
初等数论经典例题	2012－07	18.00	204
最新世界各国数学奥林匹克中的初等数论试题(上、下)	2012－01	138.00	144,145
初等数论(Ⅰ)	2012－01	18.00	156
初等数论(Ⅱ)	2012－01	18.00	157
初等数论(Ⅲ)	2012－01	28.00	158

书　　名	出版时间	定　价	编号
平面几何与数论中未解决的新老问题	2013—01	68.00	229
代数数论简史	2014—11	28.00	408
代数数论	2015—09	88.00	532
代数、数论及分析习题集	2016—11	98.00	695
数论导引提要及习题解答	2016—01	48.00	559
素数定理的初等证明.第2版	2016—09	48.00	686
数论中的模函数与狄利克雷级数(第二版)	2017—11	78.00	837
数论:数学导引	2018—01	68.00	849
范氏大代数	2019—02	98.00	1016
解析数学讲义.第一卷,导来式及微分、积分、级数	2019—04	88.00	1021
解析数学讲义.第二卷,关于几何的应用	2019—04	68.00	1022
解析数学讲义.第三卷,解析函数论	2019—04	78.00	1023
分析·组合·数论纵横谈	2019—04	58.00	1039
Hall 代数:民国时期的中学数学课本:英文	2019—08	88.00	1106
基谢廖夫初等代数	2022—07	38.00	1531
数学精神巡礼	2019—01	58.00	731
数学眼光透视(第2版)	2017—06	78.00	732
数学思想领悟(第2版)	2018—01	68.00	733
数学方法溯源(第2版)	2018—08	68.00	734
数学解题引论	2017—05	58.00	735
数学史话览胜(第2版)	2017—01	48.00	736
数学应用展观(第2版)	2017—08	68.00	737
数学建模尝试	2018—04	48.00	738
数学竞赛采风	2018—01	68.00	739
数学测评探营	2019—05	58.00	740
数学技能操握	2018—03	48.00	741
数学欣赏拾趣	2018—02	48.00	742
从毕达哥拉斯到怀尔斯	2007—10	48.00	9
从迪利克雷到维斯卡尔迪	2008—01	48.00	21
从哥德巴赫到陈景润	2008—05	98.00	35
从庞加莱到佩雷尔曼	2011—08	138.00	136
博弈论精粹	2008—03	58.00	30
博弈论精粹.第二版(精装)	2015—01	88.00	461
数学 我爱你	2008—01	28.00	20
精神的圣徒　别样的人生——60 位中国数学家成长的历程	2008—09	48.00	39
数学史概论	2009—06	78.00	50
数学史概论(精装)	2013—03	158.00	272
数学史选讲	2016—01	48.00	544
斐波那契数列	2010—02	28.00	65
数学拼盘和斐波那契魔方	2010—07	38.00	72
斐波那契数列欣赏(第2版)	2018—08	58.00	948
Fibonacci 数列中的明珠	2018—06	58.00	928
数学的创造	2011—02	48.00	85
数学美与创造力	2016—01	48.00	595
数海拾贝	2016—01	48.00	590
数学中的美(第2版)	2019—04	68.00	1057
数论中的美学	2014—12	38.00	351

刘培杰数学工作室
已出版（即将出版）图书目录——初等数学

书　　名	出版时间	定　价	编号
数学王者　科学巨人——高斯	2015—01	28.00	428
振兴祖国数学的圆梦之旅：中国初等数学研究史话	2015—06	98.00	490
二十世纪中国数学史料研究	2015—10	48.00	536
数字谜、数阵图与棋盘覆盖	2016—01	58.00	298
数学概念的进化：一个初步的研究	2023—07	68.00	1683
数学发现的艺术：数学探索中的合情推理	2016—07	58.00	671
活跃在数学中的参数	2016—07	48.00	675
数海趣史	2021—05	98.00	1314
玩转幻中之幻	2023—08	88.00	1682
数学艺术品	2023—09	98.00	1685
数学博弈与游戏	2023—10	68.00	1692
数学解题——靠数学思想给力（上）	2011—07	38.00	131
数学解题——靠数学思想给力（中）	2011—07	48.00	132
数学解题——靠数学思想给力（下）	2011—07	38.00	133
我怎样解题	2013—01	48.00	227
数学解题中的物理方法	2011—06	28.00	114
数学解题的特殊方法	2011—06	48.00	115
中学数学计算技巧（第2版）	2020—10	48.00	1220
数学趣题巧解	2012—01	58.00	117
高中数学教学通鉴	2012—03	28.00	128
和高中生漫谈：数学与哲学的故事	2015—05	58.00	479
算术问题集	2014—08	28.00	369
张教授讲数学	2017—03	38.00	789
陈永明实话实说数学教学	2018—07	38.00	933
中学数学学科知识与教学能力	2020—04	68.00	1132
怎样把课讲好：大罕数学教学随笔	2020—06	58.00	1155
中国高考评价体系下高考数学探秘	2022—03	58.00	1484
数苑漫步	2022—03	48.00	1487
	2024—01	58.00	1670
自主招生考试中的参数方程问题	2015—01	28.00	435
自主招生考试中的极坐标问题	2015—04	28.00	463
近年全国重点大学自主招生数学试题全解及研究. 华约卷	2015—02	38.00	441
近年全国重点大学自主招生数学试题全解及研究. 北约卷	2016—05	38.00	619
自主招生数学解证宝典	2015—09	48.00	535
中国科学技术大学创新班数学真题解析	2022—03	48.00	1488
中国科学技术大学创新班物理真题解析	2022—03	58.00	1489
格点和面积	2012—07	18.00	191
射影几何趣谈	2012—04	28.00	175
斯潘纳尔引理——从一道加拿大数学奥林匹克试题谈起	2014—01	28.00	228
李普希兹条件——从几道近年高考数学试题谈起	2012—10	18.00	221
拉格朗日中值定理——从一道北京高考试题的解法谈起	2015—10	18.00	197
闵科夫斯基定理——从一道清华大学自主招生试题谈起	2014—01	28.00	198
哈尔测度——从一道冬令营试题的背景谈起	2012—08	28.00	202
切比雪夫逼近问题——从一道中国台北数学奥林匹克试题谈起	2013—04	38.00	238
伯恩斯坦多项式与贝齐尔曲面——从一道全国高中数学联赛试题谈起	2013—03	38.00	236
卡塔兰猜想——从一道普特南竞赛试题谈起	2013—06	18.00	256
麦卡锡函数和阿克曼函数——从一道前南斯拉夫数学奥林匹克试题谈起	2012—08	18.00	201
贝蒂定理与拉姆贝克莫斯尔定理——从一个拣石子游戏谈起	2012—08	18.00	217
皮亚诺曲线和豪斯道夫分球定理——从无限集谈起	2012—08	18.00	211
平面凸图形与凸多面体	2012—10	28.00	218
斯坦因豪斯问题——从一道二十五省市自治区中学数学竞赛试题谈起	2012—07	18.00	196

刘培杰数学工作室
已出版(即将出版)图书目录——初等数学

书　名	出版时间	定　价	编号
纽结理论中的亚历山大多项式与琼斯多项式——从一道北京市高一数学竞赛试题谈起	2012－07	28.00	195
原则与策略——从波利亚"解题表"谈起	2013－04	38.00	244
转化与化归——从三大尺规作图不能问题谈起	2012－08	28.00	214
代数几何中的贝祖定理(第一版)——从一道IMO试题的解法谈起	2013－08	18.00	193
成功连贯理论与约当块理论——从一道比利时数学竞赛试题谈起	2012－04	18.00	180
素数判定与大数分解	2014－08	18.00	199
置换多项式及其应用	2012－10	18.00	220
椭圆函数与模函数——从一道美国加州大学洛杉矶分校(UCLA)博士资格考题谈起	2012－10	28.00	219
差分方程的拉格朗日方法——从一道2011年全国高考理科试题的解法谈起	2012－08	28.00	200
力学在几何中的一些应用	2013－01	38.00	240
从根式解到伽罗华理论	2020－01	48.00	1121
康托洛维奇不等式——从一道全国高中联赛试题谈起	2013－03	28.00	337
西格尔引理——从一道第18届IMO试题的解法谈起	即将出版		
罗斯定理——从一道前苏联数学竞赛试题谈起	即将出版		
拉克斯定理和阿廷定理——从一道IMO试题的解法谈起	2014－01	58.00	246
毕卡大定理——从一道美国大学数学竞赛试题谈起	2014－07	18.00	350
贝齐尔曲线——从一道全国高中联赛试题谈起	即将出版		
拉格朗日乘子定理——从一道2005年全国高中联赛试题的高等数学解法谈起	2015－05	28.00	480
雅可比定理——从一道日本数学奥林匹克试题谈起	2013－04	48.00	249
李天岩－约克定理——从一道波兰数学竞赛试题谈起	2014－06	28.00	349
受控理论与初等不等式:从一道IMO试题的解法谈起	2023－03	48.00	1601
布劳维不动点定理——从一道前苏联数学奥林匹克试题谈起	2014－01	38.00	273
伯恩赛德定理——从一道英国数学奥林匹克试题谈起	即将出版		
布查特－莫斯特定理——从一道上海市初中竞赛试题谈起	即将出版		
数论中的同余数问题——从一道普特南竞赛试题谈起	即将出版		
范·德蒙行列式——从一道美国数学奥林匹克试题谈起	2015－01	28.00	430
牛顿程序与方程求根——从一道全国高考试题解法谈起	即将出版		
库默尔定理——从一道IMO预选试题谈起	即将出版		
卢丁定理——从一道冬令营试题的解法谈起	即将出版		
沃斯滕霍姆定理——从一道IMO预选试题谈起	即将出版		
卡尔松不等式——从一道莫斯科数学奥林匹克试题谈起	即将出版		
信息论中的香农熵——从一道近年高考压轴题谈起	即将出版		
约当不等式——从一道希望杯竞赛试题谈起	即将出版		
拉比诺维奇定理	即将出版		
刘维尔定理——从一道《美国数学月刊》征解问题的解法谈起	即将出版		
卡塔兰恒等式与级数求和——从一道IMO试题的解法谈起	即将出版		
勒让德猜想与素数分布——从一道爱尔兰竞赛试题谈起	即将出版		
天平称重与信息论——从一道基辅市数学奥林匹克试题谈起	即将出版		
哈密尔顿－凯莱定理:从一道高中数学联赛试题的解法谈起	2014－09	18.00	376
艾思特曼定理——从一道CMO试题的解法谈起	即将出版		

刘培杰数学工作室
已出版（即将出版）图书目录——初等数学

书　名	出版时间	定　价	编号
阿贝尔恒等式与经典不等式及应用	2018－06	98.00	923
迪利克雷除数问题	2018－07	48.00	930
幻方、幻立方与拉丁方	2019－08	48.00	1092
帕斯卡三角形	2014－03	18.00	294
蒲丰投针问题——从2009年清华大学的一道自主招生试题谈起	2014－01	38.00	295
斯图姆定理——从一道"华约"自主招生试题的解法谈起	2014－01	18.00	296
许瓦兹引理——从一道加利福尼亚大学伯克利分校数学系博士生试题谈起	2014－08	18.00	297
拉姆塞定理——从王诗宬院士的一个问题谈起	2016－04	48.00	299
坐标法	2013－12	28.00	332
数论三角形	2014－04	38.00	341
毕克定理	2014－07	18.00	352
数林掠影	2014－09	48.00	389
我们周围的概率	2014－10	38.00	390
凸函数最值定理：从一道华约自主招生题的解法谈起	2014－10	28.00	391
易学与数学奥林匹克	2014－10	38.00	392
生物数学趣谈	2015－01	18.00	409
反演	2015－01	28.00	420
因式分解与圆锥曲线	2015－01	18.00	426
轨迹	2015－01	28.00	427
面积原理：从常庚哲命的一道CMO试题的积分解法谈起	2015－01	48.00	431
形形色色的不动点定理：从一道28届IMO试题谈起	2015－01	38.00	439
柯西函数方程：从一道上海交大自主招生的试题谈起	2015－02	28.00	440
三角恒等式	2015－02	28.00	442
无理性判定：从一道2014年"北约"自主招生试题谈起	2015－01	38.00	443
数学归纳法	2015－03	18.00	451
极端原理与解题	2015－04	28.00	464
法雷级数	2014－08	18.00	367
摆线族	2015－01	38.00	438
函数方程及其解法	2015－05	38.00	470
含参数的方程和不等式	2012－09	28.00	213
希尔伯特第十问题	2016－01	38.00	543
无穷小量的求和	2016－01	28.00	545
切比雪夫多项式：从一道清华大学金秋营试题谈起	2016－01	38.00	583
泽肯多夫定理	2016－03	38.00	599
代数等式证题法	2016－01	28.00	600
三角等式证题法	2016－01	28.00	601
吴大任教授藏书中的一个因式分解公式：从一道美国数学邀请赛试题的解法谈起	2016－06	28.00	656
易卦——类万物的数学模型	2017－08	68.00	838
"不可思议"的数与数系可持续发展	2018－01	38.00	878
最短线	2018－01	38.00	879
数学在天文、地理、光学、机械力学中的一些应用	2023－03	88.00	1576
从阿基米德三角形谈起	2023－01	28.00	1578
幻方和魔方（第一卷）	2012－05	68.00	173
尘封的经典——初等数学经典文献选读（第一卷）	2012－07	48.00	205
尘封的经典——初等数学经典文献选读（第二卷）	2012－07	38.00	206
初级方程式论	2011－03	28.00	106
初等数学研究（Ⅰ）	2008－09	68.00	37
初等数学研究（Ⅱ）（上、下）	2009－05	118.00	46,47
初等数学专题研究	2022－10	68.00	1568

刘培杰数学工作室
已出版(即将出版)图书目录——初等数学

书 名	出版时间	定 价	编号
趣味初等方程妙题集锦	2014-09	48.00	388
趣味初等数论选美与欣赏	2015-02	48.00	445
耕读笔记(上卷):一位农民数学爱好者的初数探索	2015-04	28.00	459
耕读笔记(中卷):一位农民数学爱好者的初数探索	2015-05	28.00	483
耕读笔记(下卷):一位农民数学爱好者的初数探索	2015-05	28.00	484
几何不等式研究与欣赏.上卷	2016-01	88.00	547
几何不等式研究与欣赏.下卷	2016-01	48.00	552
初等数列研究与欣赏·上	2016-01	48.00	570
初等数列研究与欣赏·下	2016-01	48.00	571
趣味初等函数研究与欣赏.上	2016-09	48.00	684
趣味初等函数研究与欣赏.下	2018-09	48.00	685
三角不等式研究与欣赏	2020-10	68.00	1197
新编平面解析几何解题方法研究与欣赏	2021-10	78.00	1426
火柴游戏(第2版)	2022-05	38.00	1493
智力解谜.第1卷	2017-07	38.00	613
智力解谜.第2卷	2017-07	38.00	614
故事智力	2016-07	48.00	615
名人们喜欢的智力问题	2020-01	48.00	616
数学大师的发现、创造与失误	2018-01	48.00	617
异曲同工	2018-09	48.00	618
数学的味道(第2版)	2023-10	68.00	1686
数学千字文	2018-10	68.00	977
数贝偶拾——高考数学题研究	2014-04	28.00	274
数贝偶拾——初等数学研究	2014-04	38.00	275
数贝偶拾——奥数题研究	2014-04	48.00	276
钱昌本教你快乐学数学(上)	2011-12	48.00	155
钱昌本教你快乐学数学(下)	2012-03	58.00	171
集合、函数与方程	2014-01	28.00	300
数列与不等式	2014-01	38.00	301
三角与平面向量	2014-01	28.00	302
平面解析几何	2014-01	38.00	303
立体几何与组合	2014-01	28.00	304
极限与导数、数学归纳法	2014-01	38.00	305
趣味数学	2014-03	28.00	306
教材教法	2014-04	68.00	307
自主招生	2014-05	58.00	308
高考压轴题(上)	2015-01	48.00	309
高考压轴题(下)	2014-10	68.00	310
从费马到怀尔斯——费马大定理的历史	2013-10	198.00	I
从庞加莱到佩雷尔曼——庞加莱猜想的历史	2013-10	298.00	II
从切比雪夫到爱尔特希(上)——素数定理的初等证明	2013-07	48.00	III
从切比雪夫到爱尔特希(下)——素数定理100年	2012-12	98.00	III
从高斯到盖尔方特——二次域的高斯猜想	2013-10	198.00	IV
从库默尔到朗兰兹——朗兰兹猜想的历史	2014-01	98.00	V
从比勃巴赫到德布朗斯——比勃巴赫猜想的历史	2014-02	298.00	VI
从麦比乌斯到陈省身——麦比乌斯变换与麦比乌斯带	2014-02	298.00	VII
从布尔到豪斯道夫——布尔方程与格论漫谈	2013-10	198.00	VIII
从开普勒到阿诺德——三体问题的历史	2014-05	298.00	IX
从华林到华罗庚——华林问题的历史	2013-10	298.00	X

书　　名	出 版 时 间	定　价	编号
美国高中数学竞赛五十讲.第1卷(英文)	2014—08	28.00	357
美国高中数学竞赛五十讲.第2卷(英文)	2014—08	28.00	358
美国高中数学竞赛五十讲.第3卷(英文)	2014—09	28.00	359
美国高中数学竞赛五十讲.第4卷(英文)	2014—09	28.00	360
美国高中数学竞赛五十讲.第5卷(英文)	2014—10	28.00	361
美国高中数学竞赛五十讲.第6卷(英文)	2014—11	28.00	362
美国高中数学竞赛五十讲.第7卷(英文)	2014—12	28.00	363
美国高中数学竞赛五十讲.第8卷(英文)	2015—01	28.00	364
美国高中数学竞赛五十讲.第9卷(英文)	2015—01	28.00	365
美国高中数学竞赛五十讲.第10卷(英文)	2015—02	38.00	366
三角函数(第2版)	2017—04	38.00	626
不等式	2014—01	38.00	312
数列	2014—01	38.00	313
方程(第2版)	2017—04	38.00	624
排列和组合	2014—01	28.00	315
极限与导数(第2版)	2016—04	38.00	635
向量(第2版)	2018—08	58.00	627
复数及其应用	2014—08	28.00	318
函数	2014—01	38.00	319
集合	2020—01	48.00	320
直线与平面	2014—01	28.00	321
立体几何(第2版)	2016—04	38.00	629
解三角形	即将出版		323
直线与圆(第2版)	2016—11	38.00	631
圆锥曲线(第2版)	2016—09	48.00	632
解题通法(一)	2014—07	38.00	326
解题通法(二)	2014—07	38.00	327
解题通法(三)	2014—05	38.00	328
概率与统计	2014—01	28.00	329
信息迁移与算法	即将出版		330
IMO 50年.第1卷(1959—1963)	2014—11	28.00	377
IMO 50年.第2卷(1964—1968)	2014—11	28.00	378
IMO 50年.第3卷(1969—1973)	2014—09	28.00	379
IMO 50年.第4卷(1974—1978)	2016—04	38.00	380
IMO 50年.第5卷(1979—1984)	2015—04	38.00	381
IMO 50年.第6卷(1985—1989)	2015—04	58.00	382
IMO 50年.第7卷(1990—1994)	2016—01	48.00	383
IMO 50年.第8卷(1995—1999)	2016—06	38.00	384
IMO 50年.第9卷(2000—2004)	2015—04	58.00	385
IMO 50年.第10卷(2005—2009)	2016—01	48.00	386
IMO 50年.第11卷(2010—2015)	2017—03	48.00	646

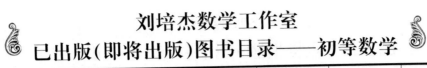

刘培杰数学工作室
已出版(即将出版)图书目录——初等数学

书　　名	出版时间	定　价	编号
数学反思(2006—2007)	2020—09	88.00	915
数学反思(2008—2009)	2019—01	68.00	917
数学反思(2010—2011)	2018—05	58.00	916
数学反思(2012—2013)	2019—01	58.00	918
数学反思(2014—2015)	2019—03	78.00	919
数学反思(2016—2017)	2021—03	58.00	1286
数学反思(2018—2019)	2023—01	88.00	1593
历届美国大学生数学竞赛试题集.第一卷(1938—1949)	2015—01	28.00	397
历届美国大学生数学竞赛试题集.第二卷(1950—1959)	2015—01	28.00	398
历届美国大学生数学竞赛试题集.第三卷(1960—1969)	2015—01	28.00	399
历届美国大学生数学竞赛试题集.第四卷(1970—1979)	2015—01	18.00	400
历届美国大学生数学竞赛试题集.第五卷(1980—1989)	2015—01	28.00	401
历届美国大学生数学竞赛试题集.第六卷(1990—1999)	2015—01	28.00	402
历届美国大学生数学竞赛试题集.第七卷(2000—2009)	2015—08	18.00	403
历届美国大学生数学竞赛试题集.第八卷(2010—2012)	2015—01	18.00	404
新课标高考数学创新题解题诀窍:总论	2014—09	28.00	372
新课标高考数学创新题解题诀窍:必修1~5分册	2014—08	38.00	373
新课标高考数学创新题解题诀窍:选修2—1,2—2,1—1,1—2分册	2014—09	38.00	374
新课标高考数学创新题解题诀窍:选修2—3,4—4,4—5分册	2014—09	18.00	375
全国重点大学自主招生英文数学试题全攻略:词汇卷	2015—07	48.00	410
全国重点大学自主招生英文数学试题全攻略:概念卷	2015—01	28.00	411
全国重点大学自主招生英文数学试题全攻略:文章选读卷(上)	2016—09	38.00	412
全国重点大学自主招生英文数学试题全攻略:文章选读卷(下)	2017—01	58.00	413
全国重点大学自主招生英文数学试题全攻略:试题卷	2015—07	38.00	414
全国重点大学自主招生英文数学试题全攻略:名著欣赏卷	2017—03	48.00	415
劳埃德数学趣题大全.题目卷.1:英文	2016—01	18.00	516
劳埃德数学趣题大全.题目卷.2:英文	2016—01	18.00	517
劳埃德数学趣题大全.题目卷.3:英文	2016—01	18.00	518
劳埃德数学趣题大全.题目卷.4:英文	2016—01	18.00	519
劳埃德数学趣题大全.题目卷.5:英文	2016—01	18.00	520
劳埃德数学趣题大全.答案卷:英文	2016—01	18.00	521
李成章教练奥数笔记.第1卷	2016—01	48.00	522
李成章教练奥数笔记.第2卷	2016—01	48.00	523
李成章教练奥数笔记.第3卷	2016—01	38.00	524
李成章教练奥数笔记.第4卷	2016—01	38.00	525
李成章教练奥数笔记.第5卷	2016—01	38.00	526
李成章教练奥数笔记.第6卷	2016—01	38.00	527
李成章教练奥数笔记.第7卷	2016—01	38.00	528
李成章教练奥数笔记.第8卷	2016—01	48.00	529
李成章教练奥数笔记.第9卷	2016—01	28.00	530

书　名	出版时间	定　价	编号
第19~23届"希望杯"全国数学邀请赛试题审题要津详细评注(初一版)	2014—03	28.00	333
第19~23届"希望杯"全国数学邀请赛试题审题要津详细评注(初二、初三版)	2014—03	38.00	334
第19~23届"希望杯"全国数学邀请赛试题审题要津详细评注(高一版)	2014—03	28.00	335
第19~23届"希望杯"全国数学邀请赛试题审题要津详细评注(高二版)	2014—03	38.00	336
第19~25届"希望杯"全国数学邀请赛试题审题要津详细评注(初一版)	2015—01	38.00	416
第19~25届"希望杯"全国数学邀请赛试题审题要津详细评注(初二、初三版)	2015—01	58.00	417
第19~25届"希望杯"全国数学邀请赛试题审题要津详细评注(高一版)	2015—01	48.00	418
第19~25届"希望杯"全国数学邀请赛试题审题要津详细评注(高二版)	2015—01	48.00	419
物理奥林匹克竞赛大题典——力学卷	2014—11	48.00	405
物理奥林匹克竞赛大题典——热学卷	2014—04	28.00	339
物理奥林匹克竞赛大题典——电磁学卷	2015—07	48.00	406
物理奥林匹克竞赛大题典——光学与近代物理卷	2014—06	28.00	345
历届中国东南地区数学奥林匹克试题集(2004~2012)	2014—06	18.00	346
历届中国西部地区数学奥林匹克试题集(2001~2012)	2014—07	18.00	347
历届中国女子数学奥林匹克试题集(2002~2012)	2014—08	18.00	348
数学奥林匹克在中国	2014—06	98.00	344
数学奥林匹克问题集	2014—01	38.00	267
数学奥林匹克不等式散论	2010—06	38.00	124
数学奥林匹克不等式欣赏	2011—09	38.00	138
数学奥林匹克超级题库(初中卷上)	2010—01	58.00	66
数学奥林匹克不等式证明方法和技巧(上、下)	2011—08	158.00	134,135
他们学什么:原民主德国中学数学课本	2016—09	38.00	658
他们学什么:英国中学数学课本	2016—09	38.00	659
他们学什么:法国中学数学课本.1	2016—09	38.00	660
他们学什么:法国中学数学课本.2	2016—09	28.00	661
他们学什么:法国中学数学课本.3	2016—09	38.00	662
他们学什么:苏联中学数学课本	2016—09	28.00	679
高中数学题典——集合与简易逻辑·函数	2016—07	48.00	647
高中数学题典——导数	2016—07	48.00	648
高中数学题典——三角函数·平面向量	2016—07	48.00	649
高中数学题典——数列	2016—07	58.00	650
高中数学题典——不等式·推理与证明	2016—07	38.00	651
高中数学题典——立体几何	2016—07	48.00	652
高中数学题典——平面解析几何	2016—07	78.00	653
高中数学题典——计数原理·统计·概率·复数	2016—07	48.00	654
高中数学题典——算法·平面几何·初等数论·组合数学·其他	2016—07	68.00	655

刘培杰数学工作室

已出版(即将出版)图书目录——初等数学

书　名	出版时间	定　价	编号
台湾地区奥林匹克数学竞赛试题.小学一年级	2017—03	38.00	722
台湾地区奥林匹克数学竞赛试题.小学二年级	2017—03	38.00	723
台湾地区奥林匹克数学竞赛试题.小学三年级	2017—03	38.00	724
台湾地区奥林匹克数学竞赛试题.小学四年级	2017—03	38.00	725
台湾地区奥林匹克数学竞赛试题.小学五年级	2017—03	38.00	726
台湾地区奥林匹克数学竞赛试题.小学六年级	2017—03	38.00	727
台湾地区奥林匹克数学竞赛试题.初中一年级	2017—03	38.00	728
台湾地区奥林匹克数学竞赛试题.初中二年级	2017—03	38.00	729
台湾地区奥林匹克数学竞赛试题.初中三年级	2017—03	28.00	730
不等式证题法	2017—04	28.00	747
平面几何培优教程	2019—08	88.00	748
奥数鼎级培优教程.高一分册	2018—09	88.00	749
奥数鼎级培优教程.高二分册.上	2018—04	68.00	750
奥数鼎级培优教程.高二分册.下	2018—04	68.00	751
高中数学竞赛冲刺宝典	2019—04	68.00	883
初中尖子生数学超级题典.实数	2017—07	58.00	792
初中尖子生数学超级题典.式、方程与不等式	2017—08	58.00	793
初中尖子生数学超级题典.圆、面积	2017—08	38.00	794
初中尖子生数学超级题典.函数、逻辑推理	2017—08	48.00	795
初中尖子生数学超级题典.角、线段、三角形与多边形	2017—07	58.00	796
数学王子——高斯	2018—01	48.00	858
坎坷奇星——阿贝尔	2018—01	48.00	859
闪烁奇星——伽罗瓦	2018—01	58.00	860
无穷统帅——康托尔	2018—01	48.00	861
科学公主——柯瓦列夫斯卡娅	2018—01	48.00	862
抽象代数之母——埃米·诺特	2018—01	48.00	863
电脑先驱——图灵	2018—01	58.00	864
昔日神童——维纳	2018—01	48.00	865
数坛怪侠——爱尔特希	2018—01	68.00	866
传奇数学家徐利治	2019—09	88.00	1110
当代世界中的数学.数学思想与数学基础	2019—01	38.00	892
当代世界中的数学.数学问题	2019—01	38.00	893
当代世界中的数学.应用数学与数学应用	2019—01	38.00	894
当代世界中的数学.数学王国的新疆域(一)	2019—01	38.00	895
当代世界中的数学.数学王国的新疆域(二)	2019—01	38.00	896
当代世界中的数学.数林撷英(一)	2019—01	38.00	897
当代世界中的数学.数林撷英(二)	2019—01	48.00	898
当代世界中的数学.数学之路	2019—01	38.00	899

刘培杰数学工作室
已出版(即将出版)图书目录——初等数学

书　　名	出版时间	定　价	编号
105 个代数问题:来自 AwesomeMath 夏季课程	2019－02	58.00	956
106 个几何问题:来自 AwesomeMath 夏季课程	2020－07	58.00	957
107 个几何问题:来自 AwesomeMath 全年课程	2020－07	58.00	958
108 个代数问题:来自 AwesomeMath 全年课程	2019－01	68.00	959
109 个不等式:来自 AwesomeMath 夏季课程	2019－04	58.00	960
国际数学奥林匹克中的 110 个几何问题	即将出版		961
111 个代数和数论问题	2019－05	58.00	962
112 个组合问题:来自 AwesomeMath 夏季课程	2019－05	58.00	963
113 个几何不等式:来自 AwesomeMath 夏季课程	2020－08	58.00	964
114 个指数和对数问题:来自 AwesomeMath 夏季课程	2019－09	48.00	965
115 个三角问题:来自 AwesomeMath 夏季课程	2019－09	58.00	966
116 个代数不等式:来自 AwesomeMath 全年课程	2019－04	58.00	967
117 个多项式问题:来自 AwesomeMath 夏季课程	2021－09	58.00	1409
118 个数学竞赛不等式	2022－08	78.00	1526
紫色彗星国际数学竞赛试题	2019－02	58.00	999
数学竞赛中的数学:为数学爱好者、父母、教师和教练准备的丰富资源. 第一部	2020－04	58.00	1141
数学竞赛中的数学:为数学爱好者、父母、教师和教练准备的丰富资源. 第二部	2020－07	48.00	1142
和与积	2020－10	38.00	1219
数论:概念和问题	2020－12	68.00	1257
初等数学问题研究	2021－03	48.00	1270
数学奥林匹克中的欧几里得几何	2021－10	68.00	1413
数学奥林匹克题解新编	2022－01	58.00	1430
图论入门	2022－09	58.00	1554
新的、更新的、最新的不等式	2023－07	58.00	1650
数学竞赛中奇妙的多项式	2024－01	78.00	1646
120 个奇妙的代数问题及 20 个奖励问题	2024－04	48.00	1647
澳大利亚中学数学竞赛试题及解答(初级卷)1978～1984	2019－02	28.00	1002
澳大利亚中学数学竞赛试题及解答(初级卷)1985～1991	2019－02	28.00	1003
澳大利亚中学数学竞赛试题及解答(初级卷)1992～1998	2019－02	28.00	1004
澳大利亚中学数学竞赛试题及解答(初级卷)1999～2005	2019－02	28.00	1005
澳大利亚中学数学竞赛试题及解答(中级卷)1978～1984	2019－03	28.00	1006
澳大利亚中学数学竞赛试题及解答(中级卷)1985～1991	2019－03	28.00	1007
澳大利亚中学数学竞赛试题及解答(中级卷)1992～1998	2019－03	28.00	1008
澳大利亚中学数学竞赛试题及解答(中级卷)1999～2005	2019－03	28.00	1009
澳大利亚中学数学竞赛试题及解答(高级卷)1978～1984	2019－05	28.00	1010
澳大利亚中学数学竞赛试题及解答(高级卷)1985～1991	2019－05	28.00	1011
澳大利亚中学数学竞赛试题及解答(高级卷)1992～1998	2019－05	28.00	1012
澳大利亚中学数学竞赛试题及解答(高级卷)1999～2005	2019－05	28.00	1013
天才中小学生智力测验题. 第一卷	2019－03	38.00	1026
天才中小学生智力测验题. 第二卷	2019－03	38.00	1027
天才中小学生智力测验题. 第三卷	2019－03	38.00	1028
天才中小学生智力测验题. 第四卷	2019－03	38.00	1029
天才中小学生智力测验题. 第五卷	2019－03	38.00	1030
天才中小学生智力测验题. 第六卷	2019－03	38.00	1031
天才中小学生智力测验题. 第七卷	2019－03	38.00	1032
天才中小学生智力测验题. 第八卷	2019－03	38.00	1033
天才中小学生智力测验题. 第九卷	2019－03	38.00	1034
天才中小学生智力测验题. 第十卷	2019－03	38.00	1035
天才中小学生智力测验题. 第十一卷	2019－03	38.00	1036
天才中小学生智力测验题. 第十二卷	2019－03	38.00	1037
天才中小学生智力测验题. 第十三卷	2019－03	38.00	1038

刘培杰数学工作室
已出版(即将出版)图书目录——初等数学

书　名	出版时间	定　价	编号
重点大学自主招生数学备考全书:函数	2020－05	48.00	1047
重点大学自主招生数学备考全书:导数	2020－08	48.00	1048
重点大学自主招生数学备考全书:数列与不等式	2019－10	78.00	1049
重点大学自主招生数学备考全书:三角函数与平面向量	2020－08	68.00	1050
重点大学自主招生数学备考全书:平面解析几何	2020－07	58.00	1051
重点大学自主招生数学备考全书:立体几何与平面几何	2019－08	48.00	1052
重点大学自主招生数学备考全书:排列组合·概率统计·复数	2019－09	48.00	1053
重点大学自主招生数学备考全书:初等数论与组合数学	2019－08	48.00	1054
重点大学自主招生数学备考全书:重点大学自主招生真题.上	2019－04	68.00	1055
重点大学自主招生数学备考全书:重点大学自主招生真题.下	2019－04	58.00	1056
高中数学竞赛培训教程:平面几何问题的求解方法与策略.上	2018－05	68.00	906
高中数学竞赛培训教程:平面几何问题的求解方法与策略.下	2018－06	78.00	907
高中数学竞赛培训教程:整除与同余以及不定方程	2018－01	88.00	908
高中数学竞赛培训教程:组合计数与组合极值	2018－04	48.00	909
高中数学竞赛培训教程:初等代数	2019－04	78.00	1042
高中数学讲座:数学竞赛基础教程(第一册)	2019－06	48.00	1094
高中数学讲座:数学竞赛基础教程(第二册)	即将出版		1095
高中数学讲座:数学竞赛基础教程(第三册)	即将出版		1096
高中数学讲座:数学竞赛基础教程(第四册)	即将出版		1097
新编中学数学解题方法1000招丛书.实数(初中版)	2022－05	58.00	1291
新编中学数学解题方法1000招丛书.式(初中版)	2022－05	48.00	1292
新编中学数学解题方法1000招丛书.方程与不等式(初中版)	2021－04	58.00	1293
新编中学数学解题方法1000招丛书.函数(初中版)	2022－05	38.00	1294
新编中学数学解题方法1000招丛书.角(初中版)	2022－05	48.00	1295
新编中学数学解题方法1000招丛书.线段(初中版)	2022－05	48.00	1296
新编中学数学解题方法1000招丛书.三角形与多边形(初中版)	2021－04	48.00	1297
新编中学数学解题方法1000招丛书.圆(初中版)	2022－05	48.00	1298
新编中学数学解题方法1000招丛书.面积(初中版)	2021－07	28.00	1299
新编中学数学解题方法1000招丛书.逻辑推理(初中版)	2022－06	48.00	1300
高中数学题典精编.第一辑.函数	2022－01	58.00	1444
高中数学题典精编.第一辑.导数	2022－01	68.00	1445
高中数学题典精编.第一辑.三角函数·平面向量	2022－01	68.00	1446
高中数学题典精编.第一辑.数列	2022－01	58.00	1447
高中数学题典精编.第一辑.不等式·推理与证明	2022－01	58.00	1448
高中数学题典精编.第一辑.立体几何	2022－01	58.00	1449
高中数学题典精编.第一辑.平面解析几何	2022－01	68.00	1450
高中数学题典精编.第一辑.统计·概率·平面几何	2022－01	58.00	1451
高中数学题典精编.第一辑.初等数论·组合数学·数学文化·解题方法	2022－01	58.00	1452
历届全国初中数学竞赛试题分类解析.初等代数	2022－09	98.00	1555
历届全国初中数学竞赛试题分类解析.初等数论	2022－09	48.00	1556
历届全国初中数学竞赛试题分类解析.平面几何	2022－09	38.00	1557
历届全国初中数学竞赛试题分类解析.组合	2022－09	38.00	1558

刘培杰数学工作室
已出版(即将出版)图书目录——初等数学

书　名	出版时间	定　价	编号
从三道高三数学模拟题的背景谈起:兼谈傅里叶三角级数	2023—03	48.00	1651
从一道日本东京大学的入学试题谈起:兼谈 π 的方方面面	即将出版		1652
从两道 2021 年福建高三数学测试题谈起:兼谈球面几何学与球面三角学	即将出版		1653
从一道湖南高考数学试题谈起:兼谈有界变差数列	2024—01	48.00	1654
从一道高校自主招生试题谈起:兼谈詹森函数方程	即将出版		1655
从一道上海高考数学试题谈起:兼谈有界变差函数	即将出版		1656
从一道北京大学金秋营数学试题的解法谈起:兼谈伽罗瓦理论	即将出版		1657
从一道北京高考数学试题的解法谈起:兼谈毕克定理	即将出版		1658
从一道北京大学金秋营数学试题的解法谈起:兼谈帕塞瓦尔恒等式	即将出版		1659
从一道高三数学模拟测试题的背景谈起:兼谈等周问题与等周不等式	即将出版		1660
从一道 2020 年全国高考数学试题的解法谈起:兼谈斐波那契数列和纳卡穆拉定理及奥斯图达定理	即将出版		1661
从一道高考数学附加题谈起:兼谈广义斐波那契数列	即将出版		1662
代数学教程.第一卷,集合论	2023—08	58.00	1664
代数学教程.第二卷,抽象代数基础	2023—08	68.00	1665
代数学教程.第三卷,数论原理	2023—08	58.00	1666
代数学教程.第四卷,代数方程式论	2023—08	48.00	1667
代数学教程.第五卷,多项式理论	2023—08	58.00	1668

联系地址:哈尔滨市南岗区复华四道街 10 号　哈尔滨工业大学出版社刘培杰数学工作室

网　　　址:http://lpj. hit. edu. cn/

邮　　　编:150006

联系电话:0451—86281378　　13904613167

E-mail:lpj1378@163.com